Kai Borgeest

Elektronik in der Fahrzeugtechnik

Kai Borgeest

Elektronik in der Fahrzeugtechnik

Hardware, Software, Systeme und Projektmanagement

Mit 155 Abbildungen und 25 Tabellen

ATZ/MTZ-Fachbuch

vieweg

Bibliografische Information Der Deutschen Nationalbibliothek
Die Deutsche Nationalbibliothek verzeichnet diese Publikation in der
Deutschen Nationalbibliografie; detaillierte bibliografische Daten sind im Internet über
<http://dnb.d-nb.de> abrufbar.

1. Auflage 2008

Lektorat: Reinhard Dapper

Der Vieweg Verlag ist ein Unternehmen von Springer Science+Business Media.
www.vieweg.de

Umschlaggestaltung: Ulrike Weigel, www.CorporateDesignGroup.de
Technische Redaktion: FROMM MediaDesign, Selters/Ts.
Druck und buchbinderische Verarbeitung: MercedesDruck, Berlin
Gedruckt auf säurefreiem und chlorfrei gebleichtem Papier.
Printed in Germany

ISBN 978-3-8348-0207-1

Vorwort

Im Sommersemester 2005 hielt ich an der Hochschule Aschaffenburg erstmalig die Vorlesung „Kfz-Elektronik“ für Studenten der Mechatronik und der Elektrotechnik, beide im achten Semester. Das Ziel sollte sein, die Teilnehmer, die bereits Kenntnisse in Elektronik und Informatik mitbringen, zu befähigen, erfolgreich die vielen interessanten Aufgaben bei einem Automobilzulieferer oder einem Autohersteller zu meistern. Aber welche Kenntnisse sind das?

Man könnte nun jedes einzelne elektronische System im Fahrzeug detailliert vorstellen. Das mag sogar ganz interessant erscheinen (deswegen werden wir das auch im Buch tun, aber kurz und bündig), es hilft dem Ingenieur aber nicht unbedingt weiter, zuverlässige Produkte unter den Anforderungen der Automobilbranche zu entwickeln. Oft arbeitet er lange Zeit nur an einem Teilsystem im Fahrzeug, muss dieses Teilsystem aber in all seinen Facetten (Hardware, Software, Gesamtsystem) kennen. Er muss wissen, wie ein Elektronikmodul aufzubauen ist, das mal mit der Temperatur des heißen Motorraums arbeiten muss und mal mit klirrendem Frost. Neben den Temperaturen gibt es noch weitere Anforderungen, die aus anderen Anwendungsfeldern der Elektronik nicht so bekannt sind. Eine ganz besonders wichtige Anforderung ist der Preis. Noch größer sind die Unterschiede bei der Software. Wer sich mit PC gut auskennt, wird schnell bemerken, dass Steuergeräte im Auto im Vergleich zum PC recht eigenartige Rechner sind. Ein Entwicklungsingenieur im Automobilbereich sollte auch einige grundlegende Kenntnisse zum Thema Zuverlässigkeit mitbringen.

Wenn es bei der Entwicklung von Kfz-Elektronik zu Problemen kommt, sind dies aber meist gar keine technischen Probleme. Entwickelt wird nicht alleine in der Dachkammer, sondern in einem Team, dabei arbeiten Zulieferer und Fahrzeughersteller sehr eng zusammen. Ein Entwicklungsingenieur bei einem Zulieferer kann durchaus täglichen Kundenkontakt haben, ein Entwicklungsingenieur bei einem Fahrzeughersteller hingegen hat keinen Kontakt zu seinen Kunden, den späteren Käufern. Neben der reinen Technik spielen Entwicklungsabläufe eine große Rolle. Und ein enormer Zeitdruck. Der Ingenieur muss auch verstehen, „wie“ richtig entwickelt wird.

Damit ist das Programm einer Vorlesung mit 4 Semesterwochenstunden dann auch mehr als gefüllt. Nun fehlt nur noch ein passendes Buch zur Vorlesung. Es gibt einige gute Bücher zu Teilaspekten, es gab aber Keines, das unmittelbar zur Vorlesung passte. So entstand dieses Buch. Es ist etwas dicker geworden, an einigen Stellen geht es über die Vorlesung hinaus, es dürfte nun aber alles drin stehen, was man benötigt, um Kfz-Elektronik zu entwickeln.

Kein Buch entsteht allein dadurch, dass man es einfach schreibt. So möchte ich vor allem Herrn Dapper vom Vieweg Verlag für die gute Zusammenarbeit danken.

Wenn im Buch die Bedeutung des Testens für die technischen Systeme im Fahrzeug betont wird, gilt das auch für das Buch selbst. „Testen“ bedeutet hier vor allem, das Buch noch einmal gründlich nach Fehlern und Verbesserungsmöglichkeiten zu durchsuchen. Daher möchte ich auch allen danken, die kleinere oder auch größere Teile noch einmal mit einem anderen Blickwinkel gelesen haben, nämlich den Herren Prof. Dr.-Ing. Jörg Abke, Dipl.-Ing. Björn Arnold, Dipl.-Ing. Marian-Peter Bawol, Dipl.-Ing. Harald Wojtkowiak und Frau Dr.-Ing. Mingli Bai.

Danken möchte ich auch Herrn Schreier (Akkumulatorenfabrik Moll), Frau Dangel und Herrn Dietsche (Robert Bosch GmbH), Herrn Schäfer (Sharp Electronics GmbH) und Herrn Thurau (VTI Technologies Oy) für die Unterstützung beim Bildmaterial.

Aschaffenburg, im November 2007 *Kai Borgeest*

Inhaltsverzeichnis

1 Einleitung

Der Ruf des Autos war vor 20 Jahren geprägt durch die hohe Umweltbelastung, durch zahlreiche Verkehrstote und durch wenig komfortables Reisen auf langen Strecken. Zwar belastet der Straßenverkehr auch heute noch die Umwelt, sind auch heute 5000 Verkehrstote jährlich 5000 zu viel und eine weite Reise ist, wenn man nicht die inzwischen gut ausgebauten Hochgeschwindigkeitsnetze der Bahn oder das inzwischen erschwingliche Flugzeug nutzt, immer noch beschwerlich. Trotzdem hat es in diesen 20 Jahren gewaltige Verbesserungen beim Umweltschutz, bei der Sicherheit und beim Komfort gegeben. Während die Verbesserung der passiven Sicherheit maßgeblich auf konstruktive Verbesserungen der Karosserie und des Interieurs zurückzuführen ist, gehen beim Umweltschutz (Motormanagement, Abgasnachbehandlung), bei der aktiven Sicherheit (ABS, ESP) und beim Komfort diese Verbesserungen überwiegend auf das Konto der Elektronik. Und selbst bei den Fortschritten in der passiven Sicherheit durch den Airbag war die Elektronik nicht ganz unbeteiligt.

Diese Entwicklungen sind keinesfalls abgeschlossen, sondern stellen auch zukünftig Ingenieure vor reizvolle Aufgaben. Bei PKW ist mit neuen Antriebskonzepten zu rechnen, die von japanischen Herstellern bereits in Serie gebracht wurden. Viele Fortschritte, die bei PKW bereits gemacht wurden, werden bei Nutzfahrzeugen und Zweirädern folgen. Während bei der passiven Sicherheit bereits ein hoher Stand erreicht ist, bieten die aktive Sicherheit und vor allem die Kombination aktiver und passiver Sicherheit neue Möglichkeiten. Wenn Ingenieure neben ihrer Liebe zum technischen Detail auch permanent den Kundennutzen im Auge behalten, wird es sicher auch noch weitere sinnvolle Verbesserungen im Bereich Komfort und Unterhaltung geben.

Daneben gibt es weitere Fortschritte, so ermöglichen inzwischen auch die traditionell eher mit Traktoren assoziierten Dieselmotoren eine sportliche Fahrweise, 2006 siegte zum ersten Mal ein Dieselfahrzeug beim Tourenwagenrennen in Le Mans. Auch wenn dies dem gewöhnlichen Autofahrer nichts nützt, so erfährt auch dieser in immer mehr Fahrzeugen, dass ein Dieselmotor durchaus Spaß machen kann. Daneben entstehen neuartige Verbrennungsmotoren, die in vielerlei Hinsicht zwischen heutigen Diesel- und Ottomotoren angesiedelt sein werden, zurzeit aber noch den Status von Forschungsprojekten haben. Auch diese lassen sich nur mit Hilfe präziser elektronischer Regelungen realisieren.

Durch elektronische Diagnosesysteme kann eine aufwändige Fehlersuche theoretisch erheblich vereinfacht werden (in der Praxis trifft dies allerdings nicht immer zu).

Weitere Fortschritte, die sich erst anbahnen, liegen in der Vernetzung der Fahrzeuge untereinander und in der Kommunikation zur Infrastruktur. Damit wachsen Fahrzeuge und die Strassen langfristig zu einem aufeinander abgestimmten System zusammen. Insbesondere im Nutzfahrzeugbereich wird das einzelne Fahrzeug ein integraler Bestandteil von logistischen Konzepten.

Ein nützlicher Nebeneffekt der Weiterentwicklungen ist die Sicherung von Arbeitsplätzen, vor allem, wenn die deutsche Automobilindustrie auch bei zukünftigen Entwicklungen die Nase vorne behält und nicht Entwicklungen verschläft.

Bei aller Freude über die Verbesserungen dürfen jedoch auch die Kehrseiten nicht geleugnet werden.

Ein wesentlicher Nachteil ist die hohe Komplexität. Wo Zuverlässigkeit gefordert ist, gilt nach wie vor der klassische Grundsatz, ein System so einfach wie möglich zu halten. Genau dies geschieht durch den massiven Elektronikeinsatz im Fahrzeug nicht mehr. Wer einmal in einer kalten Winternacht aufgrund eines Softwarefehlers mit seinem Fahrzeug liegen blieb, wird die bisherige Marke vermutlich meiden und seine Erfahrungen auch Freunden und Verwandten mitteilen. Wenn ein elektronisches Lenksystem aufgrund eines Softwarebugs beschließt, den nächsten Baum anzusteuern, wäre dies noch weitaus schlimmer. Leider zeigt sich, dass insbesondere in der Oberklasse zunehmend negative Erfahrungen mit der Zuverlässigkeit gemacht wurden. Um auch komplexe Systeme mit hinreichender Zuverlässigkeit zu realisieren, genügt es nicht, nur das fertige Produkt zu betrachten. Vielmehr müssen die Prozesse und Abläufe zur Entwicklung eines Gerätes oder Systems selbst erst entwickelt werden. Der Ingenieur muss also nicht nur im Auge haben, was bei der Arbeit eines Entwicklungsteams am Ende herauskommen soll, sondern auch, auf welchem Wege er dieses Ziel unter schwierigen Randbedingungen (Zeitdruck, Kostendruck) sicher erreicht, ohne Abstriche bei der Qualität hinzunehmen.

Ebenfalls wenig Begeisterung löst der steigende Elektronikumfang bei Autofahrern aus, die bisher zahlreiche Wartungsarbeiten und Reparaturen selbst durchgeführt haben. Diese machen die Erfahrung, dass die elektronische Diagnose zwar hilfreich sein kann, dass eventuell aber viele Arbeiten auch gar nicht mehr selbst, sondern nur noch durch eine Werkstatt durchgeführt werden können. Dies ist leider manchmal sogar beabsichtigt, da der Service eine wichtige Einnahmequelle darstellt. Die Elektronik bietet insofern einen Vorteil für den Hersteller und evtl. einen Nachteil für den Kunden, als der Hersteller inzwischen relativ frei gestalten kann, welche Tätigkeiten er noch dem Halter zugesteht und für welche Tätigkeiten ein zeitaufwändiger, aber lukrativer Werkstattbesuch nötig ist.

2 Bordelektrik

Lange bevor elektronische Steuergeräte Einzug in das Fahrzeug hielten, gab es bereits einfache elektrische und elektromechanische Systeme, z. B. die Beleuchtung oder die Zündung. Diese Systeme mussten mit Energie versorgt werden, was zum einen geeignete Energiequellen, zum anderen die Weiterleitung über Kabel erforderte. Der Begriff *Bordelektrik* wird als Sammelbegriff für diese klassischen elektrischen Anlagen und den modernen elektronisch gesteuerten Systemen verstanden. Da die elektronisch gesteuerten Systeme in späteren Kapiteln vertieft werden, sollen in diesem Kapitel zunächst nur die konventionellen Systeme betrachtet werden, also das Bordnetz, Generatoren, Batterien, Anlasser und weitere Verbraucher. Da es sich bei Zündanlagen heute um elektronische Anlagen handelt, sind diese im Kapitel über Anwendungen untergebracht.

2.1 Bordnetz

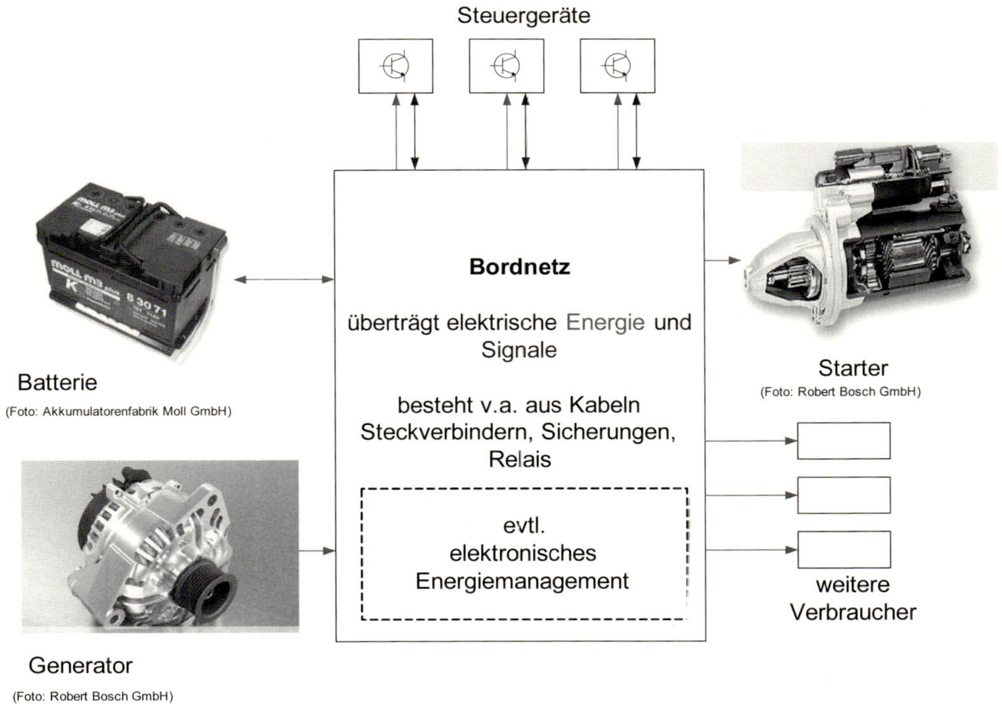

Bild 2-1 Überblick über das Bordnetz

Unter dem Begriff Bordnetz sei hier das System von Leitungen verstanden, das zum einen Energie von den Energiequellen im Fahrzeug (Batterie/Generator) zu den Verbrauchern überträgt, zum anderen aber auch Signale und Informationen elektrisch und in Einzelfällen auch optisch überträgt.

Während sich an den Energieflüssen in den letzten Jahrzehnten nicht viel geändert hat, ist der Informationsaustausch zwischen den immer mehr werdenden elektronischen Steuergeräten geradezu explodiert. Dies führte dazu, dass Informationen heute über digitale Bussysteme wie den CAN-Bus übertragen werden, die in Kapitel 4 näher vorgestellt werden. Eine weitere Stufe zur Beherrschung der zunehmenden Verkabelung wäre die drahtlose Signalübertragung. In der Praxis scheitert diese aber an den zahlreichen abschirmenden Metallstrukturen im Fahrzeug und an den zu erwartenden Problemen im bereich der elektromagnetischen Verträglichkeit (EMV). Die teils hitzig geführte öffentliche Diskussion über eventuelle Gesundheitsrisiken elektromagnetischer Wellen in bestimmten Frequenzbereichen, häufig unter dem unscharfen Schlagwort „Elektrosmog" zusammen gefasst, könnte der Akzeptanz eines Modells mit drahtlosen Techniken schaden.

2.1.1 Leitungen und Kabelbäume

Die häufigste Ursache für Fahrzeugbrände sind Kabelbrände, deshalb müssen alle Leitungen so ausgelegt sein, dass sie sich auch bei den teilweise sehr hohen Strömen nicht unzulässig erwärmen. Kurzschlüsse müssen durch Schmelz- oder elektronische Sicherungen verhindert werden, in einigen Bereichen ist dies allerdings nicht möglich, so z. B. bei den Leitungen zum Anlasser, die einen Strom von über 1 kA leiten müssen.

Daraus folgt, dass die zulässige Stromdichte S nicht überschritten werden darf, die sich aus dem Strom I und dem Leitungsquerschnitt A definiert zu

$$S = \frac{I}{A} \tag{2.1}$$

Die zulässige Stromdichte hängt davon ab, ob es sich um einen Einzelleiter oder eine Litze handelt, vom Leitermaterial (praktisch nur Kupfer), außerdem von der Dicke und vom Material der Isolierung. Als grobe Richtwerte können zulässige Stromdichten von 5 A/mm für den Dauerbetrieb und von 10 A/mm für kurzzeitige Stromspitzen angenommen werden. Wird die zulässige Stromdichte überschritten, führt die Verlustleistung P_V in der Leitung zu einer Überhitzung und damit zum Schmelzen, zur Zersetzung oder zum Brennen des Isoliermaterials oder angrenzender Strukturen. Die Verlustleistung beim Strom I ergibt sich zu

$$P_V = I^2 R \tag{2.2}$$

mit

$$R = \frac{\rho l}{A} \tag{2.3}$$

Darin ist l die Länge der Leitung, ρ der spezifische Widerstand des Leiters (bei Kupfer 0,0185 $\Omega mm^2/m$). Der Strom I kann aus der Leistung des Verbrauchers P und der anliegenden Spannung U bestimmt werden mit der Formel

$$I = \frac{P}{U} \tag{2.4}$$

Tabelle 2.1 Beispiele elektrischer Verbraucher [Bosch07]

Verbraucher	Leistungsaufnahme P
Heckscheibenheizung	200 W
Abblendlicht	110 W
Innengebläse	120 W
Kühlerventilator	120 W

Ein praktisches Vorgehen ist, nach Berechnung des Stromes den erforderlichen Querschnitt einer Tabelle für den entsprechenden Kabeltyp zu entnehmen. Diese enthalten eventuell auch gleich den zu wählenden Sicherungsnennwert. Solche Tabellen sind für die im Fahrzeug verwendeten Leitungstypen *FLY* und *FLRY* z. B. von den Kabelherstellern zu bekommen. Diese beiden Typen sind speziell für den Einsatz im Fahrzeug genormt [ISO6722].

Neben der Verlustleistung ist zu berücksichtigen, dass die ohmschen Widerstände der Leitungen keinen unzulässigen Spannungsabfall verursachen. Auch dieser kann nach dem ohmschen Gesetz berechnet oder aus Tabellen entnommen werden.

[DIN72552] legt die zu verwendenden Farben der Leitungen fest, z. B. Braun für Masse. Häufig sind Kennzeichnungen zweifarbig.

Leitungen werden nur über kurze Strecken einzeln verlegt, über längere Strecken werden sie in *Kabelbäumen* gebündelt. Der Name beruht auf der verzweigten Struktur mit einem Hauptstrang, in dem viele Leitungen über lange Strecken parallel verlaufen, davon abzweigende kürzere Nebenstränge und daraus wiederum abzweigende Leitungen zu einzelnen Sensoren, Aktoren, Steuergeräten oder anderen elektrischen Einrichtungen. Gebündelt werden Kabelbäume oft in flexiblen Kunststoffschläuchen oder grobmaschigen Textilschläuchen. Heutige Fahrzeuge haben in der Regel mindestens einen Fahrzeugkabelbaum und einen Motorkabelbaum, oft besteht die Verkabelung des Gesamtfahrzeugs aus noch mehr Kabelbäumen. Die aufaddierte Länge der einzelnen Leiter in einem Fahrzeug erreicht heute mehrere Kilometer.

Da die klassischen Kabelbäume immer schwieriger im Fahrzeug unterzubringen sind, ist in der Zukunft zu erwarten, dass die gewöhnlichen isolierten Rundleiter zukünftig durch flache Leiter mit rechteckigem Querschnitt, die auf einer flexiblen Kunststofffolie untergebracht sind, ersetzt werden. In einigen Bereichen, z. B. im Armaturenbrett, werden Flachleiter vereinzelt bereits heute eingesetzt, der Ersatz kompletter Fahrzeugkabelbäume ist in nächster Zukunft noch nicht zu erwarten. Eine höhere Bordnetzspannung käme diesem Ziel entgegen, dann könnten auch Leitungen zur Energieversorgung mit kleinerem Querschnitt ausgeführt werden.

2.1.2 Verdrahtungspläne

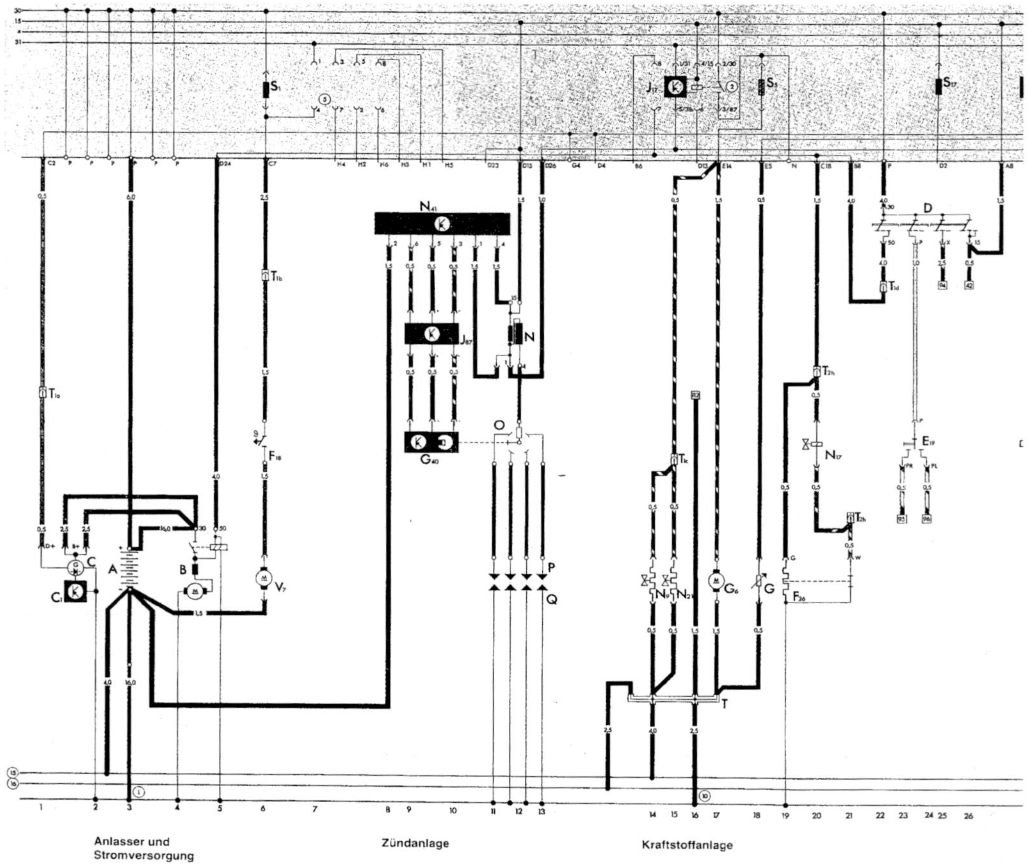

Bild 2-2 Ausschnitt aus einem Verdrahtungsplan mit Stromversorgung, Anlasser, Zündung (noch mit rotierendem Verteiler) und Kraftstoffanlage

Dargestellt werden Verdrahtungspläne in einer standardisierten Weise, die sich auf die Norm [DIN72552] stützt. Die Kennzeichnung von Betriebsmitteln (z. B. R für Widerstände, C für Kondensatoren) ist in [DIN61346] geregelt (vormals DIN 40719)[1]. Im oberen Teil sind wichtige Anschlüsse eingezeichnet, auf die alle Systeme im Fahrzeug zugreifen, dies ist v. a. die Spannungsversorgung mit den Klemmen 15, 30 und 31 (Tabelle 2.2). Die graue Färbung soll hier andeuten, dass es sich um die Zentralelektrik handelt, in der neben diesen Leitungen noch einzelne weitere Betriebsmittel vorhanden sind. Bei älteren Fahrzeugen ist die Zentralelektrik

1 Einige der neuen Bezeichnungen sind noch immer gewöhnungsbedürftig, so wird z. B. eine Drosselspule seit 2000 ebenfalls R statt L genannt. Um den Leser nicht zu verwirren, bleibt es in diesem Buch bei L.

der in der Nähe des Armaturenbrettes, im Kofferraum oder im Motorraum untergebrachte Sicherungskasten, bei modernen Fahrzeugen kann diese Zentralelektrik ein eigenes, intelligentes Steuergerät mit Funktionen wie dem Energiemanagement sein, dass evtl. durch einen weiteren Sicherungskasten ergänzt wird. Am unteren Bereich ist die Masse eingezeichnet, die teilweise durch die Karosserie realisiert wird, teilweise auch durch Masseleitungen. Im Bild sind unten zwei Masseleitungen zu sehen, die untere dritte „Leitung" ist in diesem Falle die Karosserie. Zwischen den beiden durchlaufenden Rändern befinden sich an den von links nach rechts durchnummerierten Positionen die elektrischen Systeme. Zusätzlich sind Leitungsquerschnitte angegeben. Zur leichteren Identifikation der Leitungen im Fahrzeug können auch Hinweise auf die Farben gegeben werden, sofern der Plan nicht bereits farbig vorliegt. Aufgrund der ausgeprägten Standardisierung sind auch Pläne unterschiedlicher Fahrzeuge mit etwas Übung schnell zu verstehen. Bei elektronischen Steuergeräten, bei denen nicht immer aus dem Schaltplan ersichtlich ist, welchem Zweck eine Leitung dient, wäre eine zusätzliche Information über die Aufgabe einer Leitung hilfreich, diese fehlt jedoch oft völlig oder es findet sich lediglich eine herstellerspezifische Abkürzung.

[DIN72552] normt in Blatt 2 auch die Bezeichnung von Klemmen, die in nahezu jedem Fahrzeug vorkommen, ggf. mit ergänzenden Indizes. Die Tabelle 2.2 zeigt eine kleine Auswahl. Die Begriffe treten oft auch in zusammengesetzter Form auf, z. B. K15 für Klemme 15.

Tabelle 2.2 Klemmenbezeichnungen nach [DIN72552] (Auswahl)

Nr.	
1	Zündspule (gemeinsame Klemme)
4	Zündspule (Hochspannungsausgang)
15	**positive Batteriespannung, über Schlüsselschalter**
30	**positive Batteriespannung**
31	**negative Batteriespannung**
50	Anlasser (geschaltete Klemme)
B+	positive Generatorklemme zur Batterie
B-	negative Generatorklemme zur Batterie
D+	positive Klemme an Generator und Regler für Regelung und Leuchte
D-	negative Klemme an Generator und Regler für Regelung und Leuchte
DF	„Dynamo Feld", Klemme an Generator und Regler für Erregerwicklung
U, V, W	Drehstromklemmen des Generators

2.1.3 Steckverbinder

Die Verbindung von Teilkabelbäumen untereinander sowie zwischen einem Kabelbaum und den elektrischen Einrichtungen im Fahrzeug erfolgt lösbar über Steckverbinder. Eine Ausnahme bilden wenige Verbindungen, die durch hohe Ströme belastet werden, z. B. an der Batterie, am Starter, z. T. auch an Generatoren, dort werden aufgeschraubte Kabelschuhe oder andere Schraubverbindungen bevorzugt.

Im Fahrzeug gelten besondere Anforderungen an Steckverbinder, die Vibrationen, widrigen Temperaturbedingungen und Feuchtigkeit ausgesetzt sind. Da Steckverbinder eine häufige Ursache von Störungen in der Elektrik sind, kommt diesen vernachlässigten Bauteilen eine wesentliche Bedeutung für die Zuverlässigkeit des Fahrzeugs zu.

Steckverbinder im Auto müssen hinreichend fest schließen, um sich nicht durch Vibrationen zu lösen. Wer schon einmal versucht hat, Steckverbinder im Fahrzeug zu lösen, weiß, dass dies mit Kraftaufwand und gelegentlich mit abgebrochenen Fingernägeln verbunden ist. Vielpolige Stecker an Steuergeräten besitzen deshalb integrierte Öffnungshilfen wie Hebel oder Zugkeile, die sich mit einem Schraubendreher aufhebeln lassen.

Der Schutz vor Feuchtigkeit wird durch Dichtungen und korrosionsfeste Kontakte sichergestellt. Ideal aber teuer sind Goldkontakte. Beide Kontaktpartner müssen aus dem gleichen Werkstoff bestehen, da andernfalls ein unbeabsichtigtes galvanisches Element entsteht. Außerhalb des Innenraumes muss mindestens Schutzklasse IP 67 erfüllt sein (Kapitel 5).

Wenn eine Verpolung zu Funktionsstörungen oder Schäden führen, kann, sollte der Steckverbinder z. B. mit Hilfe kleiner Kerben o. ä. asymmetrisch aufgebaut sein, um einen falschen Anschluss im Werk oder im Service zu verhindern. Auch wenn ein Steuergerät mehrere sonst gleichartige Steckverbinder hat, sollte eine Verwechslung durch solch eine *Codierung* vermieden werden.

Üblich sind Bauskastensysteme aus Kunststoffformteilen, in die von hinten Kontakte aus unterschiedlichen Materialien, eventuell auch mit unterschiedlichen Stromtragfähigkeiten eingepresst werden können.

Bei größeren Steckverbindern können unterschiedliche Abgangsrichtungen des Kabels gewählt werden, was angesichts des oft beengten Bauraumes an typischen Orten zur Steuergerätemontage (Motorraum, hinter der Mittelkonsole, hinter dem Handschuhfach, unter den Sitzen oder neben dem Kofferraum) unverzichtbar ist. Der Steckverbinder und der Raum für den Kabelabgang sollten bereits frühzeitig in der Konstruktion eines Fahrzeugs berücksichtigt und in das CAD-System integriert werden, um zu vermeiden, dass sich erst beim Serienanlauf ein Montageort als ungeeignet herausstellt.

Bild 2-3
Beispiel eines Steckers an einem Steuergerät. Der Stecker passt auf den Anschluss links unten. Man erkennt links am Stecker eine aufgezogene Öffnungshilfe. Der Stecker enthält kleine Signalkontakte und einige große Hochstromkontakte.

2.2 Energiespeicher

Die zum Betrieb des Fahrzeugs erforderliche Energie wird bei laufendem Motor durch den Generator bereitgestellt. Ein hoher Energiebedarf entsteht vor allem beim Starten des Motors durch den Anlasser, bei Dieselmotoren evtl. auch für die Glühkerzen (s. Kapitel 3). Ausgerechnet in dieser energieaufwändigen Phase kann der Generator bei noch stehendem Motor noch keine Energie liefern. Gelöst wird dieses Problem durch die *Starterbatterie*, die im Betrieb durch den Generator aufgeladen wird, um dann beim Start die benötigte Energie bereit zu stellen. Da immer mehr Verbraucher auch im Stillstand des Fahrzeugs Strom verbrauchen, muss die Starterbatterie auch diese Energie liefern oder besser eine zweite Energiequelle (*APU, Auxiliary Power Unit*) für diese Verbraucher zur Verfügung gestellt werden. Mit den Fortschritten bei alternativen Antrieben gewinnt außer Starterbatterien eine weitere Anwendung von Batterien im Fahrzeug an Bedeutung, nämlich *Traktionsbatterien*, die den Fahrstrom für einen elektrischen Antrieb liefern.

Eine Batterie, die mehrfach aufgeladen und entladen werden kann, wird als *Akkumulator* (Sammler) oder auch als *Sekundärbatterie* bezeichnet. Alle Akkumulatoren werden *aufgeladen*, indem an ihren Polen eine Spannung angelegt wird, die dann chemische Veränderungen in den Zellen bewirken. Man spricht auch von einer chemischen Energiespeicherung. Durch Anschließen eines Verbrauchers laufen diese chemischen Reaktionen rückwärts ab (*Entladung*) und die chemisch eingespeicherte Energie wird wieder in elektrische Energie umgewandelt.

Die Spannungen, die bei den elektrochemischen Reaktionen entstehen, erreichen nicht die Größenordnungen, die für Anwendungen im Fahrzeug sinnvoll sind. Deshalb besteht jede Batterie aus einer Reihenschaltung mehrerer elektrochemischer *Zellen*, um auf die benötigte Spannung zu kommen. Die Batteriespannung ist also das Produkt aus der *Zellenspannung* und der Anzahl der Zellen.

Die Anforderungen an eine Starterbatterie sind sehr vielfältig. Zunächst erwartet man von ihr, dass sie eine möglichst hohe Energiedichte besitzt, also möglicht viel elektrische Energie pro Volumeneinheit (und auch pro Gewichtseinheit) speichern können. Sie soll einen hohen *Wirkungsgrad* haben, also einen möglichst hohen Anteil der eingespeicherten Energie auch wieder abgeben können. Die *Selbstentladung* soll gering sein, damit das Fahrzeug auch nach längerer Standzeit sicher wieder gestartet werden kann. Die Batterie muss auch bei extremen Außentemperaturen funktionieren. Die Lebensdauer muss auch unter rauen Betriebsbedingungen mehrere Jahre betragen. Nach dem Betrieb muss die Batterie entsorgt werden, damit gewinnt auch die Umweltfreundlichkeit an Bedeutung.

Dem Leser sind eventuell verschiedenartige Akkumulatoren aus elektrischen Kleingeräten bekannt, z. B. Nickel-Cadmium (NiCd), Nickel-Metallhydrid (NiMH) oder Lithium-Ionen-Akkus (Li-Ionen). Im Fahrzeug hingegen hat sich der *Bleiakkumulator* bewährt. In Fahrzeugen, bei denen der Antrieb teilweise elektrisch erfolgt (Hybridfahrzeuge) kommen auch Li-Ionen-Akkus zum Einsatz.

Um etwa 1980 herum wurde vor allem im Zusammenhang mit Elektrofahrzeugen intensiv an Natrium-Schwefel-Batterien (Na-S) geforscht. Die Nachteile erwiesen sich als so schwerwiegend, dass die Arbeiten an diesem Batterietyp trotz der hohen erreichbaren Energiedichte eingestellt wurden.

Die folgende Tabelle gibt einen Vergleich über die wichtigsten Kenndaten verschiedenartiger Batterien.

Tabelle 2.3 Übersicht über einige Typen von Akkumulatoren (Auswahl). Die Energie- und Leistungsdichten können sich auch bei einem Batterietyp erheblich unterscheiden und hängen zudem von den Betriebsbedingungen (z. B. Temperatur) ab. Die angegebenen Werte sind als Maximalwerte nach dem heutigen Stand zu verstehen.

Typ	Energiedichte	Spezifische Energie	Zellspannung (aufgeladen)
Bleiakkumulator	bis 100 Wh/l [Kiehn00]	bis 50 Wh/kg [Kiehn00]	2 V
NiCd	bis 60 Wh/l [Kiehn00]	bis 55 Wh/kg [Kiehn00]	ca. 1,3 V
NiMH	bis 240 Wh/l [Emadi05]	bis 80 Wh/kg [Emadi05]	ca. 1,3 V
Li-Ionen	bis 350 Wh/l [Emadi05]	bis 150 Wh/kg [Emadi05]	3,5 V
Natrium-Schwefel	bis 240 Wh/l [Kiehn00]	bis 120 Wh/kg [Kiehn00]	2,1 V

Als langfristige Alternative zu Batterien entwickeln sich Kondensatoren, bei denen die Energie nicht chemisch, sondern mit Hilfe eines elektrischen Feldes gespeichert wird. Zurzeit bieten auch sehr leistungsfähige Kondensatoren noch nicht die Energiedichte einer chemischen Batterie. Die Weiterentwicklung erfolgt jedoch dermaßen rasant, dass Kondensatoren in einigen Jahren in Bereiche vordringen könnten, die bislang Batterien vorbehalten waren.

Ein Verwandter der chemischen Batterie ist die Brennstoffzelle. Auch bei ihr wird die elektrische Energie durch eine chemische Reaktion erzeugt. Der wesentliche Unterschied zur Batterie ist jedoch, dass die reagierenden Substanzen in getrennten Behältnissen gespeichert werden und bei Abnahme von elektrischer Leistung der Zelle permanent zugeführt werden. Dabei verbrauchen sich die reagierenden Substanzen. Da bei heutigen Zellen eine der beiden Substanzen Sauerstoff ist, entspricht die chemische Reaktion einer Verbrennung der anderen Substanz (des „Brennstoffs"), daher werden diese Zellen Brennstoffzellen genannt.

2.2.1 Bleiakkumulatoren

Bleiakkumulatoren haben sich als Starterbatterien etabliert und sind bis heute bei allen Fahrzeugen trotz der in Tabelle 2-3 erkennbaren Einschränkungen Standard. Eine Zelle liefert eine Spannung von 2 V, in einer 12-V-Batterie befinden sich also 6 Zellen. Die Zelle besteht im ungeladenen Neuzustand aus zwei Bleiplatten (Pb) in einem Elektrolyt aus verdünnter Schwefelsäure ($H_2SO_4 + n{*}H_2O$). Genau genommen handelt es sich bei den Elektroden nicht um simple Bleiplatten, sondern um Metallgerüste, die als Träger für gepresstes, poröses Blei dienen, das um bestimmte Eigenschaften zu erreichen z. B. mit Calcium oder Antimon legiert wird [WalRei06]. In der Säure bildet sich auf den Platten sehr schnell das weiße Bleisulfat ($PbSO_4$). In diesem entladenen Zustand sollte die Batterie nicht zu lange gelagert werden, weil sich die Bleisulfat-Schicht verfestigt und später kaum noch zu chemischen Reaktionen imstande ist, man nennt diesen ungewünschten Effekt *Sulfatierung*.

Zum Laden der Batterie wird an den Platten eine Spannung angelegt. Wenn der Pluspol an den Pluspol der Ladequelle (Ladegerät oder Generator mit Gleichrichter) und der Minuspol der Batterie an den Minuspol der Ladequelle angelegt werden, dann fließen Elektronen (in Reaktionsgleichungen als e⁻ bezeichnet) aus der positiven Elektrode heraus. Man bedenke, dass die technische Stromrichtung dem Elektronenfluss entgegengesetzt definiert ist, der Strom fließt also beim Laden in die positive Batterieelektrode hinein.

Auf der anderen Seite des Ladestromkreises fließen die Elektronen wieder in die negative Elektrode hinein (oder der Ladestrom fließt hinaus). Bei dieser Elektrode ist die Ladereaktion einfach: Die beiden Elektronen auf der linken Seite der Gleichung werden aus dem äußeren Ladestromkreis zugeführt. Das zunächst noch an die Elektrode gebundene Sulfat nimmt die Elektronen an und geht in Form von Sulfat-Ionen (SO_4^{2-}) wieder in die Lösung. An der Elektrode bleibt graues, metallisches Blei zurück.

Minuspol:

$$PbSO_4 + 2e^- \xrightarrow{\text{Aufladung}} Pb + SO_4^{2-} \quad (2.5)$$

Komplexer ist die Reaktion an der positiven Elektrode, von der beim Laden Elektronen abgezogen werden. Dort entsteht Bleioxid (PbO_2), Schwefelsäure und Wasserstoff sowie die Elektronen, die an den äußeren Ladestromkreis abgegeben werden.

Pluspol:

$$PbSO_4 + 2H_2O \xrightarrow{\text{Aufladung}} PbO_2 + H_2SO_4 + 2H^+ + 2e^- \quad (2.6)$$

Der entstehende Wasserstoff bildet mit den Sulfat-Ionen der anderen Elektrode weitere Schwefelsäure. Größere Mengen Wasserstoff (Explosionsgefahr durch Bildung von Knallgas mit dem Luft-Sauerstoff!) werden nur bei zu hoher Ladespannung durch die dann stattfindende Elektrolyse frei. Der genaue Wert dieser *Gasungsspannung* ist temperaturabhängig und liegt pro einzelner Zelle zwischen etwa 2,2 V (40 °C) und 2,5 V (–20 °C).

Beim Entladen laufen die beiden Reaktionen in die entgegengesetzte Richtung ab.

Da beim Ladevorgang Schwefelsäure entsteht und diese dichter ist als Wasser, kann die Säuredichte als Maß für den Ladezustand betrachtet werden und bei Batterien mit Wartungsöffnungen mit Hilfe eines Säurehebers gemessen werden. Aufgrund der höheren Dichte der Säure nimmt die Säurekonzentration von unten nach oben etwas ab (*Schichtung*). Beim Umgang mit Bleiakkus ist zu bedenken, dass die Schwefelsäure ätzend ist. Ein Schwappen oder gar Auslaufen der Säure kann durch Bindung in einem Gel oder einem Vlies verhindert werden. Solche Akkumulatoren werden vereinzelt eingesetzt bei Anwendungen, bei denen im Betrieb mit einer starken Schräglage der Batterie zu rechnen ist, sind aber teurer als normale Akkus mit freiem Elektrolyt.

Blei belastet die Umwelt, deshalb existiert für die Bleiplatten aus Akkumulatoren inzwischen eine nahezu geschlossene Recycling-Kette.

2.2.2 Nickel-Cadmium-Akkumulatoren

Nickel-Cadmium-Akkus bestehen aus einer positiven Elektrode aus Nickel, einer negativen Elektrode aus Cadmium Der Elektrolyt ist Kalilauge. Nickel-Cadmium-Akkus waren lange Zeit in Kleingeräten verbreitet.

Ein NiCd-Akku verliert an Kapazität, wenn er in nur teilweise entladenem Zustand wieder nachgeladen wird. Er „verlernt“ quasi, seinen maximalen Energieinhalt abzugeben. Dieser Effekt wird deshalb *Memory-Effekt* genannt und stünde einem sinnvollen Energiemanagement in einem Elektro- oder gar einem Hybridfahrzeug entgegen.

Da Cadmium Krebs auslösen kann, sind NiCd-Akkus in der EU seit 2006 in Neufahrzeugen verboten. Inzwischen wurden NiCd-Akkus durch Nickel-Metallhydrid-Akkus abgelöst.

2.2.3 Nickel-Metallhydrid-Akkumulatoren

Die Nickel-Metallhydrid-Akkumulatoren sind eine Weiterentwicklung der Nickel-Cadmium-Akkumulatoren. Die Cadmium-Elektrode wurde durch eine Legierung ersetzt, die in der Lage ist, Wasserstoff-Ionen zu binden.

Die Tabelle zeigt, dass sich die Energiedichte und die spezifische Energie dadurch erhöhten. Da die Zellspannung gleich wie beim NiCd-Akku ist und sich sogar das Lade- und Entladeverhalten ähneln[2], ließen sich NiCd-Akkus leicht durch NiMH-Akkus ablösen. Weitere Vorteile sind der Entfall des gefährlichen Cadmiums. NiMH-Akkus zeigen einen Effekt, der dem Memory-Effekt von NiCd-Akkus ähnelt, allerdings wesentlich schwächer ausgeprägt ist. Nachteilig ist, dass die Freisetzung des Wasserstoffs aus dem Metall bei tiefen Temperaturen nachlässt und damit auch die Leistungsfähigkeit mit sinkender Temperatur stärker sinkt als bei anderen Akkumulatoren.

Die in Serie produzierten Hybridfahrzeuge von Toyota und Honda sind mit NiMH-Akkus bestückt, die Hersteller untersuchen aber bereits den Einsatz von Li-Ionen-Akkus.

2.2.4 Li-Ionen-Akkumulatoren

Lithium ist ein Metall, das aufgrund seiner Stellung in der elektrochemischen Spannungsreihe schon in den 30er Jahren das Interesse der Batteriehersteller weckte und deshalb recht bald zur Entwicklung von Primärelementen eingesetzt wurde. Akkumulatoren unter Verwendung von Lithium sind hingegen noch eine recht neue Technik.

Die positive Elektrode besteht aus einem Lithium-Mangan-Oxid, die negative Elektrode aus Kohlenstoff, z. B. in Form von Graphit. Zwischen den Elektroden befindet sich ein organischer Elektrolyt (eine Flüssigkeit oder bei Li-Polymer-Akkus ein nahezu festes Gel), der Lithium-Ionen transportieren kann. Beide Elektroden sind in der Lage, in ihrer atomaren Gitterstruktur Lithium-Ionen einzuladen. Beim Laden wandern diese vom Oxid in das Graphit und nehmen dort ein Elektron auf. Beim Entladen hinterlassen sie dieses Elektron wieder in der negativen Graphit-Elektrode und wandern wieder in die positive Oxid-Elektrode.

Nach Tabelle 2.3 haben Li-Ionen-Akkumulatoren unter den dort verglichenen Typen die höchste Energiedichte und die höchste spezifische Energie. Sie gelten deshalb als Favoriten für Elektro- oder Hybridfahrzeuge. Die Kosten sind allerdings zurzeit noch nicht konkurrenzfähig. Die in der Tabelle erwähnte Hochstromtauglichkeit stellt noch ein Problem beim Anfahren aus einer Li-Ionen-Batterie dar. Sicherheitsfragen für den Einsatz im Fahrzeug (Brandgefahr bei mechanischer Beschädigung oder Überladung) sind noch ungeklärt.

2.2.5 Natrium-Schwefel-Akkumulatoren

In den 70er und 80er Jahren galten Natrium-Schwefel-Akkus mit ihrer damals als geradezu sensationell geltenden Energiedichte als die Erfolg versprechenden Energiequellen für Fahrzeuge mit elektrischem Antrieb. Die positive Elektrode besteht aus flüssigem Schwefel, die

2 Dies gilt leider nicht für die in Kleingeräten oft durchgeführte Schnellladung. Aus diesem Grunde sind trotz der Ähnlichkeit beide Akku-Typen nicht immer beliebig austauschbar.

negative Elektrode aus flüssigem Natrium. Als Elektrolyt dient ein zylindrischer Keramikbecher, das Natrium befindet sich innen, der Schwefel außerhalb.

Dieser Aufbau verdeutlicht auch die Probleme. Der Akku muss auf ca. 300 °C beheizt werden, damit sowohl das Natrium als auch der Schwefel flüssig sind. Natrium ist ein Gefahrstoff, der chemisch heftig reagieren kann und sogar beim Kontakt mit Feuchtigkeit anfängt zu brennen.

Der Nickel-Metallhydrid-Akku kommt bei vergleichbaren Leistungsdaten ohne Heizung und eine aufwändige Sicherheitskonstruktion aus, damit wird der Natrium-Schwefel-Akku wahrscheinlich Geschichte bleiben.

2.2.6 Kondensatoren als Energiespeicher

Kondensatoren speichern Energie nicht chemisch, sondern im elektrischen Feld zwischen zwei Elektroden. Die Elektronik kennt zahlreiche Bauformen von Kondensatoren. Folienkondensatoren und Keramikkondensatoren haben typische Kapazitäten von einigen pF bis hin zu einem µF. Die größeren Elektrolytkondensatoren haben typische Kapazitäten von 1 µF bis hin zu 1 mF. Die im Feld gespeicherte Energie W beträgt

$$W = \frac{1}{2} C U^2 \tag{2.7}$$

Benutzt man also einen sehr großen Elektrolytkondensator von C = 1 mF und lädt diesen auf U = 100 V auf, so speichert dieser eine Energie von 5 J. Mit 1 Wh = 3600 Ws = 3600 J kommt man auf eine gespeicherte Energie von 0,0014 Wh. Berücksichtigt man, dass solch ein großer Kondensator bereits einige 100 g wiegt, kommt man auf Energiedichten unter 0,01 Wh/kg. Das wäre gerade einmal 1/500 der Energiedichte eines Bleiakkus. Damit erschien die Energiespeicherung durch Kondensatoren lange Zeit unrealistisch.

Dies änderte sich, als in den 90er Jahren eine neue Gattung von Kondensatoren, die *Doppelschichtkondensatoren*, mit den Markenbezeichnungen UltraCap (Epcos), GoldCap (Panasonic) oder Supercap (WIMA) auf den Markt kam, die Kapazitäten von mehreren F auf kleinem Bauraum ermöglicht. Diese können als Weiterentwicklung bisheriger Elektrolytkondensatoren betrachtet werden. Wie lassen sich solche Kapazitäten erreichen?

Die Kapazität C eines Plattenkondensators beträgt

$$C = \varepsilon_0 \varepsilon_r \frac{A}{d} \tag{2.8}$$

Darin ist die Dielektrizitätskonstante ε_0 eine Naturkonstante mit der Größe $8{,}85419 \cdot 10^{-12}$ As/Vm, die relative Dielektrizitätskonstante ε_r eine Materialkonstante mit einem Wert ≥ 1, A die Fläche der Elektroden und d der Elektrodenabstand. Um eine hohe Kapazität zu erreichen, sollte also ein Dielektrikum mit hohem ε_r gewählt werden, die Elektroden sollten großflächig sein und der Abstand gering. Der Elektrodenabstand lässt sich nicht beliebig reduzieren, weil dadurch die Spannungsfestigkeit sinkt. Die Grenzen beim ε_r sind weitgehend ausgereizt und lassen sich durch neue Materialien nur noch geringfügig erweitern. Stattdessen hat man bei diesen neuartigen Kondensatoren die Oberfläche extrem erhöht, indem ein hochgradig poröses Elektrodenmaterial, nämlich Kohle statt Metall, verwendet wird.

Während ein gewöhnlicher Plattenkondensator die Ladung an den Elektrodenoberflächen durch Influenz speichert, geschieht dies bei den hochkapazitiven Kondensatoren stattdessen durch organische Ionen, die sich in einem Elektrolyt zwischen den Elektroden bewegen können. Angesichts dieser Ähnlichkeit zur Li-Ionen-Batterie stellt sich die Frage, ob es sich denn noch um einen Kondensator handele, oder ob man nicht auch hier von einer Batterie sprechen müsste. Die Ionen werden aber bei diesen Kondensatoren nicht chemisch gebunden (bei Li-Ionen-Akkus geschieht dies an der positiven Oxid-Elektrode), sondern durch lokale Influenzladungen an der Grenzschicht zum Elektrolyten, deshalb werden sie Doppelschichtkondensatoren genannt.

Doppelschichtkondensatoren erreichen spezifische Energien bis 10 Wh/kg, und Energiedichten bis 20Wh/l. Dies ist wenig im Vergleich zu den Batteriekennwerten aus Tabelle 2.3, es werden jedoch ständig neue Typen mit höheren Kapazitäten entwickelt. Eine Stärke ist bereits jetzt, dass sie spezifische Leistungen bis 6 kW/kg und Leistungsdichten bis 10 kW/l ermöglichen, die von Batterien nicht annähernd erreicht werden [Emadi05]. Dies ist z. B. wichtig, um kurzzeitig einen hohen Anfahrstrom bereit zu stellen. Als Anwendung erscheint also vor allem die Fahrstromversorgung bei Hybridfahrzeugen, bei denen der Elektromotor nur kurzzeitig zum Anfahren und Beschleunigen eingesetzt wird, realistisch.

2.2.7 Brennstoffzellen

Bei einer Brennstoffzelle wird permanent ein „Brennstoff“, z. B. Wasserstoff und der zum „Verbrennen“ erforderliche Sauerstoff zugeführt. Würde man diese beiden Stoffe einfach in einem Behälter miteinander reagieren lassen, bekäme man eine stark exotherme Reaktion, bei Wasserstoff und Sauerstoff auch bekannt als Knallgas-Explosion.

Die Idee der Brennstoffzelle ist, diese Energie nicht wie bei chemischen Reaktionen üblich, als Wärme frei werden zu lassen, sondern als elektrische Energie. Dies geschieht durch eine Aufteilung der Verbrennungsreaktionen in Teilreaktionen und einen Eingriff in die Reaktionskette zum Abgreifen der dabei frei werdenden Ladungsträger. Gelingt dies, erzeugt die Brennstoffzelle elektrische Energie und kaum Wärme. Aus diesem Grunde wurden die Begriffe „Brennstoff“ und „verbrennen“ oben in Anführungsstriche gesetzt, da es sich um eine *kalte Verbrennung* ohne Flammen handelt.

Bild 2-4 soll dieses Prinzip am einfachsten Fall verdeutlichen, nämlich einer Brennstoffzelle, in der nur Wasserstoff und Sauerstoff reagieren. Die oben erwähnten Zwischenreaktionen sind die Reaktion an der positiven Elektrode nämlich die Umwandlung molekularen Sauerstoffs (reiner Sauerstoff oder aus der Umgebungsluft) unter Aufnahme von Elektronen in Sauerstoff-Ionen, die Reaktion an der negativen Elektrode, nämlich die Umwandlung molekularen Wasserstoffs unter Abgabe von Elektronen in positiv geladene Wasserstoff-Ionen und die abschließende Reaktion, nämlich die Bildung von Wasser. Insbesondere die Reaktion an der Minus-Elektrode würde nicht selbsttätig stattfinden und erfordert ein Elektrodenmaterial, das katalytisch die Abspaltung von Elektronen unterstützt. Eine mit Wasserstoff betriebene Brennstoffzelle liefert in der Praxis eine Spannung von ca. 1 V. Werden die Brennstoffzellen, die jeweils nur einige mm dick sind, gestapelt und in Serie geschaltet, lassen sich beliebige Spannungen erzeugen. Um eine Brennstoffzelle optimal zu betreiben müssen ggf. die Drücke und Volumenströme der zugeführten Gase sowie die Feuchtigkeit und Temperatur geregelt werden.

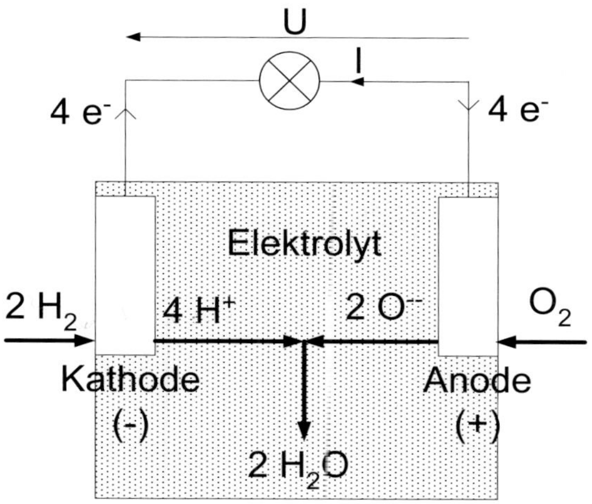

Bild 2-4
Vereinfachtes Prinzip der Brennstoffzelle. Bei technisch realisierten Brennstoffzellen leitet der Elektrolyt nur entweder Anionen oder Kationen, die Bildung des Wassers erfolgt dann innerhalb einer der Elektroden.

Ein wichtiges Unterscheidungsmerkmal, nach dem die verschiedenen Arten von Brennstoffzellen benannt werden, ist der verwendete flüssige oder feste Elektrolyt.

Bei der *PEMFC* (**P**roton **E**xchange **M**embrane **F**uel **C**ell) handelt es sich um eine protonendurchlässige Polymerfolie als Elektrolyt, die Abkürzung wird deshalb auch manchmal **P**olymer **E**xchange **M**embrane **F**uel **C**ell gelesen. Diese Zellen sind trotz der Edelmetalle (v. a. Platin), die als Katalysatoren in den Elektroden erforderlich sind, am preisgünstigsten und benötigen für den Betrieb keine Heizung. Sie sind robust gegenüber den im Fahrzeug auftretenden Beanspruchungen, eine Verunreinigung mit CO, auch in Spuren, muss aber vermieden werden. Ein Nachteil ist, dass aufgrund der geringen Betriebstemperaturen das Wasser in flüssiger Form entsteht und schwieriger abzuführen ist als Dampf. Der Wirkungsgrad ist geringer als bei Hochtemperatur-Brennstoffzellen. Der PEMFC werden die größten Chancen eingeräumt, die Traktionsenergie für Elektrofahrzeuge zu liefern oder auch als Zusatzquelle in Hybridfahrzeugen eingesetzt zu werden. Die 2004 von der Bundeswehr in Betrieb genommenen U-Boote der Klasse U212 beziehen den Strom für Ihre Fahrmotoren bei nahezu geräuschloser Fahrt ebenfalls aus PEMFC.

BMW arbeitet daran, eine *SOFC* (**S**olid **O**xide **F**uel **C**ell) als APU, also als Hilfsenergiequelle zu nutzen. Die SOFC arbeitet mit einer Zirkonium-Oxid-Keramik als Elektrolyt und gehört mit ihrer Betriebstemperatur von ca. 800 °C zu den Hochtemperaturbrennstoffzellen. Die BMW-Lösung sieht einen Reformer vor, der den zum Betrieb nötigen Wasserstoff aus Benzin erzeugt. Da sie ohnehin permanent beheizt wird, kann die dabei entstehende Wärme auch für die Standheizung oder die Scheibenenteisung benutzt werden.

Weitere Arten von Brennstoffzellen, z. B. die für stationäre Großanlagen eingesetzte *MCFC* (**M**olten **C**arbonate **F**uel **C**ell), oder die ebenfalls in Großanlagen eingesetzte phosphorsauren Brennstoffzelle (*PAFC*, **P**hosphoric **A**cid **F**uel **C**ell) werden in den nächsten Jahren vermutlich nicht ins Fahrzeug einziehen.

Der Wasserstoff kann in geeigneten Behältern (in Drucktanks, Kryotanks oder chemisch gebunden als Hydrid) mitgeführt werden. Er kann auch im Fahrzeug in einem Reformer aus anderen Brennstoffen wie Alkohol oder Benzin erzeugt werden. Daneben gibt es auch Brennstoffzellen, die auf den Direktbetrieb mit bestimmten organischen Verbindungen, z. B. Methanol (*DMFC*, **D**irect **M**ethanol **F**uel **C**ell), optimiert sind. Die DMFC zerlegt das Methanol mit Hilfe eines Katalysators in Wasserstoff und Kohlendioxid.

Tabelle 2.4 Brennstoffzellen (**F**uel **C**ells)

Art	**Elektrolyt**	**Betriebstemperatur**
PEM**FC** (Proton Exchange Membrane)	Protonen leitende Polymerfolie	Umgebungstemperatur
DM**FC** (Direct Methanol)	Protonen leitende Polymerfolie	Umgebungstemperatur
A**FC** (Alkaline)	Kalilauge (OH^--leitend)	ca. 80 °C
PA**FC** (Phosphoric Acid)	Phosphorsäure (Protonen leitend)	170 °C bis 200 °C
MC**FC** (Molten Carbonate)	Schmelzkarbonate (CO_3^{2-}-leitend)	ca. 700 °C
SO**FC** (Solid Oxide)	dotiertes Zirkondioxid (O^{2-}-leitend)	ca. 800 °C bis 1000 °C

2.2.8 Weitere Energiespeicher

Grundsätzlich gibt es viele Möglichkeiten Energie zu speichern. Durchgesetzt hat sich nur die zuvor beschriebene Speicherung in chemischer Form oder in einem elektrischen Feld. Die Physik kennt jedoch eine Vielzahl weiterer Energieformen, die einzige Voraussetzung zur Speicherung ist die Rückführbarkeit in elektrische Energie.

Zwei weitere Techniken wurden bereits experimentell untersucht, führten aber nicht zur Anwendungsreife, nämlich in Analogie zum Kondensator die Speicherung in einem Magnetfeld und die Speicherung als kinetische Energie mit Hilfe von Schwungrädern in Bussen. Die induktive Speicherung käme, wenn überhaupt, nur mit gekühlten supraleitenden Spulen in Frage und erscheint damit für mobile Anwendungen ungeeignet. Schwungrädern als Energiespeicher wurde vor etwa 60 Jahren sogar in einem Serienprodukt, dem Schweizer „Gyrobus" eingesetzt. Die wenigen verkauften Fahrzeuge bewährten sich aber nicht im Einsatz. Es gab und gibt weitere Versuche und Neuentwicklungen. [vBurg98] gibt für Schwungradspeicher eine Energiedichte bis 50 Wh/kg (entspricht einem guten Bleiakkumulator) und eine Leistungsdichte bis 1800 W/kg an. In näherer Zukunft werden diese Speicher vermutlich keine große Bedeutung erlangen.

2.3 Mehrspannungs-Bordnetz

Sowohl im Zusammenhang mit Hybridfahrzeugen als auch mit leistungsstarken Verbrauchern kommt die Problematik auf, mehrere Spannungen im Bordnetz vorzuhalten. Das Thema Hybridfahrzeuge wird in einem späteren Abschnitt noch diskutiert.

Bis auf einige Oldtimer mit 6-V-Bordnetz und einigen Versuchsfahrzeugen haben derzeit zugelassene PKW eine 12-V-Batterie und einen Generator, der eine höhere Ladespannung von 14 V in das Bordnetz einspeist (12-V-Bordnetz). Bei LKW sind diese Werte doppelt so hoch, wobei dort 2 Batterien zu je 12 V in Reihe geschaltet sind. Bei Zweirädern ist das 6-V-Netz noch heute weit verbreitet, wird aber auch dort langsam vom 12-V-Netz verdrängt.

In Zukunft ist mit neuen Fahrzeugsystemen wie „Brake-by-Wire“ oder „Steer-by-Wire“ (Kapitel 9) zu rechnen, die einen hohen Bedarf an elektrischer Energie haben. Damit steigen auch die Ströme im Bordnetz an und so auch quadratisch die Leitungsverluste (2.2). Durch Einsatz einer höheren Bordnetzspannung kann die gleiche Leistung mit reduzierten Strömen übertragen werden. Je höher die Spannungen sind, umso geringer werden die Leitungsverluste, aus Sicherheitsgründen dachte man aber in der Autoindustrie an eine Spannung, die noch gefahrlos berührt werden kann, damit war zumindest gedanklich das 42-V-Bordnetz geboren, das mit einer Batteriespannung von 36 V (3 · 12 V) arbeitet (im Gegensatz zu allen anderen Bordnetzen aber nach der höheren Ladespannung von 42 V benannt wurde). Diese Spannung fällt auch außerhalb des Automobils noch in die Definition einer gefahrlos berührbaren Spannung (*SELV*, **S**afe **E**xtra **L**ow **V**oltage, früher Schutzkleinspannung) nach [DIN61140].

Neben dem Berührungsschutz, gibt es bei der Wahl der Spannung einen zweiten Aspekt. Bei Spannungen ab 18 V können bereits Lichtbögen entstehen, wenn ein Leiter unter Last getrennt wird. Abgesehen von zunehmendem Schalterverschleiß durch Kontaktabbrand, könnte ein Lichtbogen unter ungünstigen Umständen, wenn z. B. eine Leitung durch Unfalleinwirkung getrennt wird, Benzindämpfe entzünden. Dieses Problem wird aber als beherrschbar betrachtet.

Dieses Konzept, bei erhöhtem Leistungsbedarf die Spannung anzuheben, ist auch bei elektrischen Energieversorgungsnetzen üblich. So werden Fernleitungen nicht mit 230 V, sondern in Deutschland mit bis zu 380 kV betrieben. Es liegt zunächst nahe, dies im Bordnetz eines Fahrzeugs ähnlich zu tun, also einen zentralen Strang mit hoher Spannung (natürlich keine 380 kV) zu legen, aus dem leistungsstarke Verbraucher womöglich direkt versorgt werden. Für kleine Verbraucher würden dann Stichleitungen mit kleineren Spannungen abzweigen. Dieses Konzept funktioniert aber nicht, weil Transformatoren, die in Energienetzen die Spannungen umsetzen, auch in wesentlich kleinerer Ausführung zu schwer und damit für den mobilen Einsatz ungeeignet sind. Deshalb ist es auch nicht sinnvoll, das Netz im Fahrzeug mit Wechselspannungen zu betreiben.

Es wäre aber auch ungeschickt, alle Verbraucher im Fahrzeug einheitlich mit 42 V zu betreiben. In vielen Steuergeräten arbeiten Bausteine, die für Spannungen von 5 V oder weniger vorgesehen sind. In jedem Gerät müsste dann die Spannung sehr weit von 42 V auf 5 V heruntergesetzt werden. Dies könnte mit einem linearen Spannungsregler geschehen oder mit einem Schaltnetzteil [TieSch02]. Ein linearer Spannungsregler setzt die Differenz in Verlustleistung um. Selbst bei wenigen Steuergeräten wären so die Verlustleistungen in den Steuergeräten höher als die durch die 42 V eingesparten Leitungsverluste. Schaltregler haben bessere Wirkungsgrade, sind aber teuer, benötigen Platz und können EMV-Probleme verursachen.

Die Lösung des Problems ist eine Kombination aus einem 12-V-Netz für Kleinverbraucher und einem 42-V-Netz für Großverbraucher. Zweckmäßigerweise werden beide Netze über einen Schaltwandler gekoppelt. Dieser eine Schaltwandler wird bezüglich der Kosten, der Unterbringung und der elektromagnetischen Verträglichkeit unkritischer bewertet als viele einzelne Wandler in den Steuergeräten. Damit entfallen auch die hohen Entwicklungskosten für die Umrüstung aller Steuergeräte. Fällt eine Batterie aus, kann die andere Batterie beide Teilsysteme stützen.

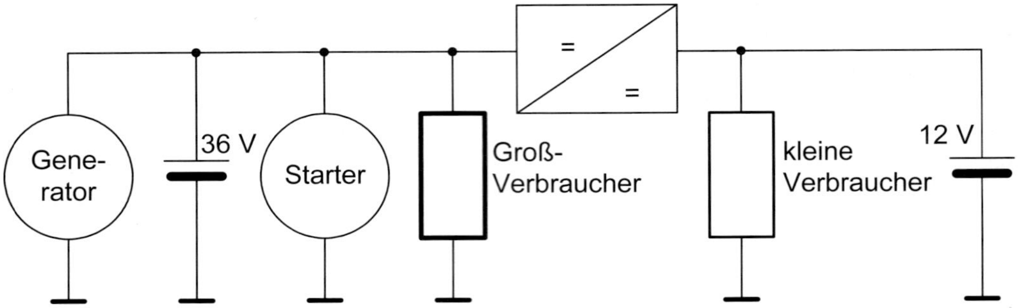

Bild 2-5 Struktur eines künftigen Mehrspannungsbordnetzes

2.4 Generatoren

Die ersten Generatoren waren noch Gleichstrommaschinen, heute werden sowohl in PKW als auch in LKW ausschließlich dreiphasige Maschinen (Drehstrommaschinen) verwendet. Angetrieben wird der Generator vom Verbrennungsmotor über einen Riementrieb. Er liefert im Betrieb die gesamte Energie für das Bordnetz und lädt die Batterie. Übliche Leistungen liegen zwischen 1 kW bei kleinen PKW und 4 kW bei LKW oder besonders ausgestatteten PKW. Da die Beleuchtung einer der wichtigsten Stromverbraucher ist, wird der Generator umgangssprachlich auch *Lichtmaschine* (kurz *LiMa*) genannt.

Die Erregerwicklungen zur Erzeugung des Magnetfeldes befinden sich auf dem Läufer und werden über Schleifringe versorgt. Generatoren für batterielose Zweiräder benutzen Permanentmagnete anstelle der Erregerwicklung. Während einige große Generatoren für Nutzfahrzeuge auch Einzelpole haben, enthalten fast alle anderen Lichtmaschinen 12, manchmal auch 16 *Klauenpole*. Klauenpole sind Finger aus einem magnetisierbaren Material, die sich von den beiden Enden einer zylindrischen Erregerwicklung außen über die Wicklung erstrecken. Über den Umfang verteilt läuft immer abwechselnd ein am Nordpol der Wicklung und ein am Südpol ansetzender Finger durch. Die drei Drehstromwicklungen U, V und W, in denen die erzeugte Spannung induziert wird, befinden sich im Ständer. Der innere Aufbau ist ausführlich beschrieben in [Bosch07E].

Bild 2-6 zeigt, wie die dreiphasige Spannung, die durch die drei Wicklungen erzeugt werden, durch sechs Leistungsdioden in *B6-Schaltung* gleichgerichtet wird. Dabei handelt es sich um Leistungsdioden im Metallgehäuse, die zwecks Wärmeabfuhr in zwei Metallplatten (Diodenplatten) innerhalb des Generatorgehäuses eingepresst sind. Zwischen den Klemmen B+ und B- wird dann eine pulsierende Gleichspannung abgegeben.

Die Spannung an den Generatorklemmen hängt von der Drehzahl, der Feldstärke bzw. Flussdichte des rotierenden Magnetfeldes und auch der elektrischen Last ab. Um die Bordnetzspannung konstant zu halten, bedarf es einer Regelung. Dabei sind Drehzahl und Last Störgrößen, deren Einfluss durch die Regelung zu kompensieren ist. Da der Erregerstrom beliebig einstellbar ist, kann er als Stellgröße benutzt werden, um das Magnetfeld und damit die Spannung im gewünschten Sinne zu beeinflussen. Zu diesem Zweck wird die Regelgröße, also die Bordnetzspannung zwischen den Klemmen D+ und B- der Lichtmaschine abgegriffen und dem

Regler über dessen Klemmen D+ und D- zugeführt. Der Regler vergleicht die gemessene Regelgröße U mit dem Sollwert der Bordnetzspannung (bis 14 V bei hohen Temperaturen, bei geringen Temperaturen auch mehr) und passt den Erregerstrom an, bis der Sollwert erreicht ist. Der Regler ist heute eine elektronische Schaltung, die über einen Leistungstransistor den Erregerstrom stellt. Da der Strom durch die Induktivität der Erregerwicklung sich nicht schlagartig ändern kann, geschieht die Einstellung des Stromes durch Einschalten und Ausschalten des Transistors (Zweipunktregelung). In der Schaltung Bild 2-6 befindet sich der Transistor im Regler zwischen den Klemmen DF und D-. Wenn er durchschaltet, steigt der Erregerstrom an, wenn er sperrt, sinkt der Erregerstrom. Bei Reglern, die den Transistor zwischen DF und D+ haben, muss die Erregerwicklung nicht wie im Bild, sondern zwischen DF und B- angeschlossen werden. Der Regler ist meist zusammen mit den Schleifern zur Stromzuführung der Erregerwicklung in den Generator integriert.

Moderne Regler werden teilweise auch vom Generator getrennt als Softwarefunktionen in Steuergeräten, z. B. einem Energiemanagement-Steuergerät untergebracht.

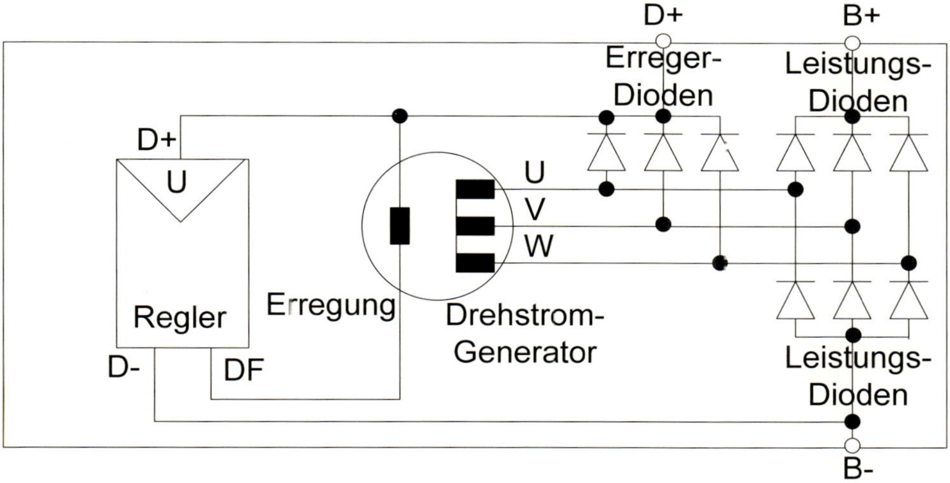

Bild 2-6 Drehstrom-Generator mit Regler

Das folgende Bild zeigt, wie die Lichtmaschine in das Bordnetz integriert wird. Die Klemmen B+ und B- werden direkt mit den beiden Batteriepolen zusammengeschaltet. Der Anschluss D+ wird über den Schlüsselschalter (Zündung ein) und die Ladekontrollleuchte mit dem positiven Pol der Batterie verbunden. Dieser *Vorerregerstromkreis* ist nötig, weil die Lichtmaschine beim Start noch nicht den eigenen Erregerstrom erzeugen kann. Sie muss zunächst von der Starterbatterie *fremderregt* werden. Sobald an B+ und D- die volle Bordnetzspannung erzeugt wird, erlischt die Ladekontrollleuchte. Der Strom im Vorerregerkreis kann durch zusätzliche Widerstände, im Bild gestrichelt, angepasst werden, v. a. um die Kontrollleuchte zu schonen. Ein Widerstand parallel zur Ladekontrollleuchte ermöglicht auch dann die Vorerregung, wenn die Leuchte defekt ist. Da heute fast ausschließlich LED verwendet werden, tritt dieses Problem aber kaum mehr auf.

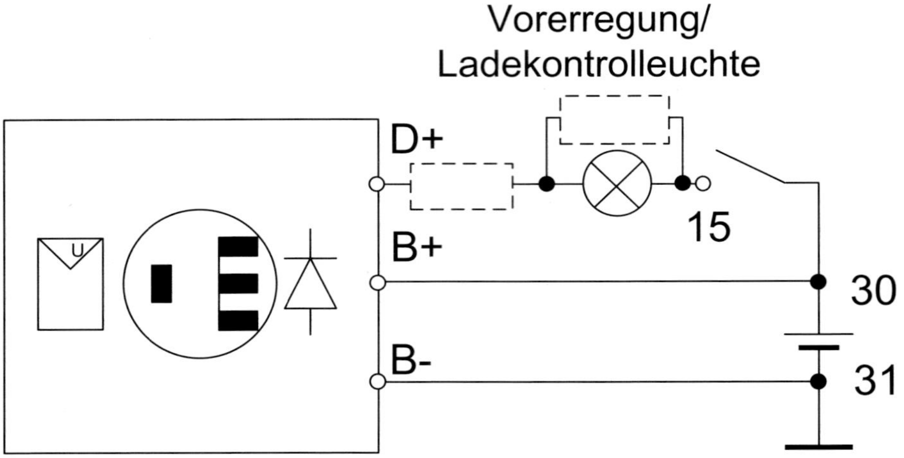

Bild 2-7 Drehstrom-Generator im Bordnetz

Wenn die Zündung ausgeschaltet wird, soll auch der Erregerstrom abgeschaltet werden, aus diesem Grunde gibt es die Klemme D+ mit drei eigenen Dioden, andernfalls würde der Regler nach Ausschalten versuchen, die nun geringere Batteriespannung durch eine Erhöhung der Erregerstroms zu kompensieren, was bei stehendem Generator sinnlos wäre.

2.5 Energiemanagement

Das Energiemanagement lässt sich in mehrere Stufen einteilen. Die einfachste Stufe ist eine reine Batterieüberwachung, die den Fahrer über den Batteriezustand informiert. Möglich ist ein Eingriff in die Laderegelung, das Energiemanagement wäre dann ein intelligenter Regler für die Lichtmaschine. Sinnvoll ist auch ein Eingriff in das Motormanagement, um zum Aufladen der Batterie eine Mindestdrehzahl zu erzwingen. Die nächste Stufe ist, automatisch Verbraucher je nach Wichtigkeit und Leistungsbedarf abzuschalten oder auch wieder einzuschalten. Ein Zulieferer bietet einen „Power-Trader" an, der wie an einer Börse oder auf einem Markt Leistung quasi an die Verbraucher „verkauft", wobei sich der „Preis" nach dem Angebot richtet und jeder Verbraucher nach Wichtigkeit „bietet". Die Steuerung eines hybriden Antriebssystems schließlich kann als die höchste Stufe des Energiemanagements betrachtet werden.

Die reine Batterieüberwachung unterscheidet drei Ziele, die Bestimmung des Ladezustandes (*State of Charge*, *SOC*), der Restlebensdauer der Batterie (*State of Health*, *SOH*) und als komplexere Messgröße die Funktionsfähigkeit der Fahrzeugfunktionen, vor allem des Startens (*State of Function*, *SOF*).

Zur Gewinnung dieser Informationen benötigt ein Energiemanagement-Steuergerät von der Batterie Informationen über Temperatur, Spannung und Strom. Aus diesen drei Messgrößen können mit Hilfe von Simulationsmodellen in der Steuerung die drei Zielgrößen abgeleitet werden.

Leider benutzen die Hersteller uneinheitliche Bezeichnungen für dieses Steuergerät. Verbreitet ist auch die Bezeichnung „Bordnetzsteuergerät“, die bei anderen Herstellern aber wiederum eine ganz andere Bedeutung haben kann.

Die Simulationsmodelle sind auf die jeweilige Batterie angepasst. Das Batteriemanagement lässt sich nicht hinreichend genau realisieren, wenn mit nur einem Modell alle Batterien auf dem Markt abgedeckt werden sollen. Eine extreme Lösung wäre, nur genau einen Batterietyp im Modell zu implementieren, möglicherweise eine Batterie, die nur über die eigene Serviceorganisation des Herstellers vertrieben wird. Diese Lösung würde langfristig die Kundenzufriedenheit beeinträchtigen, da viele Fahrzeughalter es von Fahrzeugen ohne Energiemanagement gewohnt sind, Batterien beliebiger Marken einzusetzen. Eine mögliche Lösung ist, über den Diagnosetester dem Energiemanagement mitzuteilen, welcher Batterietyp eingebaut wurde. Auch wenn es im kurzfristigen wirtschaftlichen Interesse der Serviceorganisation liegt, dass zum Batteriewechsel die Fachwerkstatt aufzusuchen ist, sollte das Batteriemanagement auch mit einer nicht programmierten Batterie, die der Halter selbst eingebaut hat, arbeiten können, dann evtl. mit reduzierter Genauigkeit.

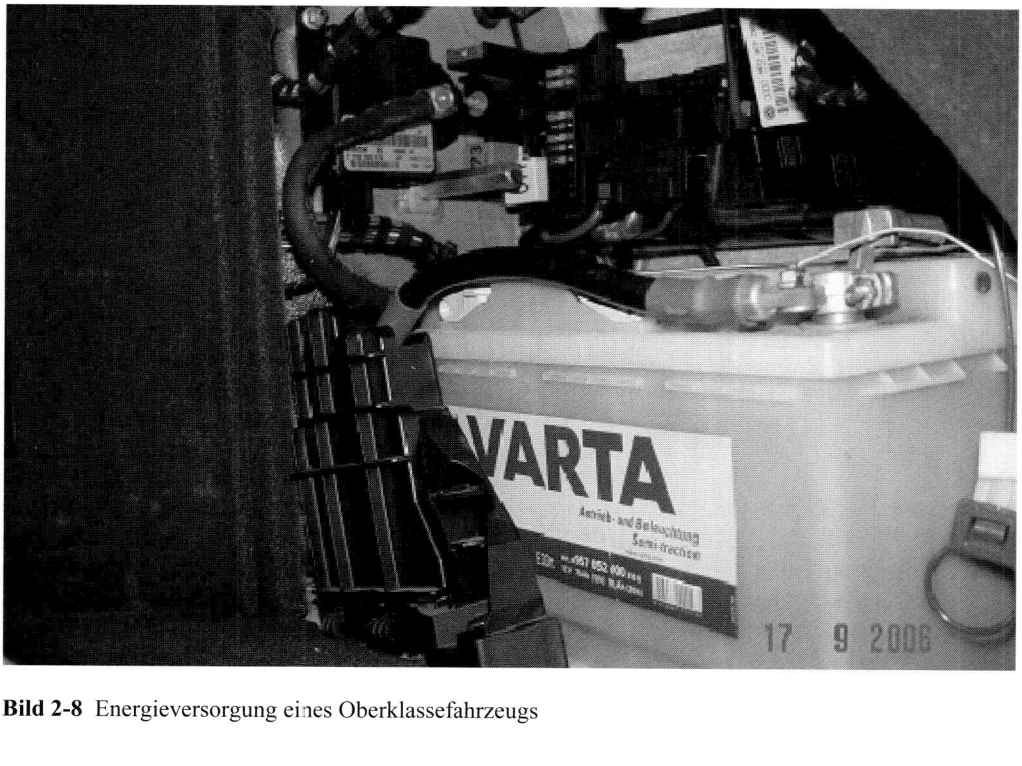

Bild 2-8 Energieversorgung eines Oberklassefahrzeugs

In Bild 2-8 ist das kleine Steuergerät hinten das Energiemanagement-Steuergerät. Schräg darunter befindet sich der Fremdstartbolzen, der bei Starthilfe anstelle des Batterie-Minuspols zu verwenden ist, damit das Steuergerät den Fremdstart registriert und bei seinen Berechnungen berücksichtigt. Rechts ist die Zentralelektrik mit einigen Sicherungen zu erkennen. Vor der

Batterie befindet sich ein Relais, das bei einem schweren Unfall (Signal vom Airbag-Steuergerät) das Bordnetz spannungsfrei schaltet.

2.6 Starter

Da ein Verbrennungsmotor im Gegensatz zu einem Elektromotor kein Drehmoment aus dem Stillstand entwickeln kann, sondern eine Mindestdrehzahl benötigt, um sich aus eigener Kraft zu drehen, muss diese Mindestdrehzahl mit Hilfe einer Startvorrichtung erzeugt werden. Die Startdrehzahl heutiger PKW-Motoren liegt in der Größenordnung von 50 bis 200 Umdrehungen pro Minute.

In der Frühzeit des Automobils geschah dies mit einer Handkurbel, die unter dem Kühler aufgesteckt wurde. Abgesehen von der Unannehmlichkeit, bei widrigem Wetter auszusteigen und zu kurbeln, birgt diese Lösung auch ein hohes Verletzungsrisiko.

Kleinstmotoren werden heute manuell über einen Seilzug und eine Rolle angeworfen, für Fahrzeugmotoren bräuchte man jedoch zu viel Kraft.

Die bei großen Schiffsmotoren übliche Lösung, zum Starten nacheinander entsprechend der Zündfolge Pressluft in die Zylinder zu blasen, ist für kleine Fahrzeugmotoren zu aufwändig. In einigen Ländern werden Fahrzeuge, die explosive Stoffe transportieren, mit Druckluft gestartet.

Durchgesetzt hat sich beim PKW und bei fast allen Nutzfahrzeugen ein Elektromotor als Anlasser. Er wird von der Batterie versorgt, die aus diesem Grunde Starterbatterie genannt wird. Zunächst wurden Anlasser als Gleichstrom-Reihenschlussmotoren ausgeführt. Beim Reihenschlussmotor sind die Ständerwicklung zur Erzeugung des Magnetfeldes und die Läuferwicklung in Reihe geschaltet. Da ein zunächst noch stillstehender Motor noch keine Gegenspannung erzeugt, fließt beim Start ein hoher Strom durch die Wicklungen, dadurch erzeugt die Ständerwicklung ein entsprechend starkes Magnetfeld und damit ein hohes Anzugsmoment, das mit steigender Drehzahl sinkt.

Neue Magnetwerkstoffe führten dazu, dass bei heutigen PKW-Anlassern das Ständerfeld meist nicht mehr durch Wicklungen, sondern durch Permanentmagnete erzeugt wird, bei LKW-Anlassern sind Reihenschlussmotoren noch üblich.

Der Starter soll nur während des Anlassens mit dem Verbrennungsmotor verbunden sein. Sobald der Motor anspringt, soll er wieder getrennt werden. Ein Durchdrehen des Starters durch den Verbrennungsmotor würde die nutzbare Leistung des Verbrennungsmotors herabsetzen und den Starter zerstören. Eine Ausnahme sind die im nächsten Abschnitt behandelten Starter-Generatoren, die so konstruiert sind, dass Sie ständig im Eingriff bleiben. Ein normaler Anlasser benötigt also eine Einrückvorrichtung und eine Ausrückvorrichtung.

Das Einrücken erfolgt elektromagnetisch über die *Einrückwicklung* des *Einrückrelais* (Bild 2-9), das beim Betätigen des Anlass-Schalters durch den Fahrer aktiviert wird. Es drückt ein kleines Zahnrad am Ende der Anlasserwelle (*Ritzel*) in den größeren Zahnkranz an der Schwungscheibe des Verbrennungsmotors im Kupplungsgehäuse. Da die Zähne beim Einrücken oft nicht ineinander passen, verdreht ein Steilgewinde bei vielen Startern das Ritzel beim Einspuren, schon bevor der Anlasser seine Drehzahl erreicht. Starter, die so einrücken, werden *Schub-Schraubtrieb-Starter* genannt. Parallel dazu schaltet das Einrückrelais über die *Haltewicklung* den Hauptstrom (bei PKW bis zu ca. 1,5 kA) durch die Anlasser-Wicklungen ein. Häufig betätigt der Startermotor das Ritzel über ein in den Starter integriertes Planetengetriebe.

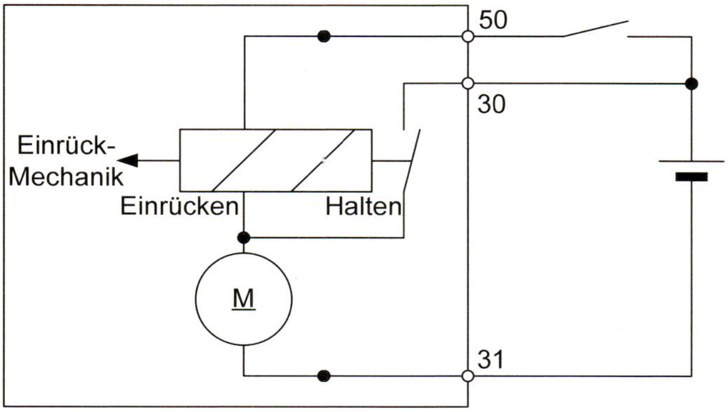

Bild 2-9
Elektrischer Teil des Starters mit Einrückrelais, angeschlossen über die Klemmen 30, 31 und 50

Nachdem der Verbrennungsmotor angesprungen ist, wird die Drehzahl des Ritzels über einen Freilauf von der Drehzahl des Starters entkoppelt. Bei PKW-Startern wird ein Rollenfreilauf eingesetzt, bei größeren Startern ein Lamellenfreilauf [Künne04]. Nun sollte der Fahrer den Schlüsselschalter loslassen, damit Klemme 50 wieder getrennt wird und damit auch das Einrückrelais loslässt. Vertiefende Informationen über Starter finden sich in [Bosch07E] und [WalRei06].

2.7 Starter-Generatoren

In einem heutigen PKW sind zwei größere elektrische Maschinen untergebracht, nämlich der Starter und der Generator. Elektromotoren lassen sich auch umgekehrt als Generatoren benutzen, bzw. Elektromotoren als Generatoren. Demnach wäre eine Maschine ausreichend, die sowohl zum Anlassen als auch zur Stromerzeugung während der Fahrt benutzt wird. Diese Idee ist nicht neu, es gab in der Geschichte immer wieder Ansätze, beide Maschinen zusammenzufassen. Besonders interessant ist dieser Ansatz, wenn die elektrische Maschine weitere Aufgaben wie den Ausgleich von Drehzahlschwankungen im Antriebsstrang übernehmen kann. Eine andere interessante Anwendung zur Kraftstoffeinsparung ist die Start/Stop-Automatik, die den Motor an der Ampel selbsttätig abschaltet und z. B. beim Betätigen des Gaspedals vom Fahrer fast unbemerkt wieder startet. Beim Einsatz als Nutzbremse kann er die Bremsenergie wieder in die Batterie einspeisen, anstatt wie bei einer herkömmlichen Reibungsbremse unwiederbringlich in Wärme umzusetzen. Der Starter-Generator kann schon als einen Schritt in Richtung auf das im nächsten Abschnitt vorgestellte Hybridfahrzeug gesehen werden. Deswegen werden Fahrzeuge mit Nutzbremse und Start/Stop-Automatik auch als *Micro-Hybride* bezeichnet.

Für kleine Leistungen werden Starter-Generatoren eingesetzt, die in einem gewöhnlichen Generatorgehäuse untergebracht sind und auch über einen Keilriemen angebunden sind. Wenn der Starter-Generator ständig mit dem Verbrennungsmotor verbunden bleibt, muss er auch dessen Drehzahlen dauerhaft überstehen und darf kein zu hohes Trägheitsmoment aufweisen. Trotzdem muss er für Anwendungen wie die Start/Stop-Automatik ein ausreichendes Drehmoment haben, um den Verbrennungsmotor schnell und trotzdem sanft auf seine Betriebsdrehzahl zu bringen. Bei größeren Leistungen liegt es nahe, dass der Starter-Generator anders konstruiert sein muss. Bewährt hat sich eine mit Permanentmagneten erregte Maschine, die zwischen Motor und Getriebe direkt auf der Welle untergebracht und dabei so schmal ist, dass sie dazwischen kaum Platz beansprucht.

2.8 Hybridfahrzeuge

Hybridfahrzeuge sind Fahrzeuge mit zwei Antriebsmotoren, einem Elektromotor und einem Verbrennungsmotor. Die Vorteile eines Hybridfahrzeugs sind ein geringer Kraftstoffverbrauch v. a. im Stadtverkehr und folglich reduzierte CO_2-Emissionen. Die Optimierung lässt sich umgekehrt auch so nutzen, dass ein Hybridantrieb mehr Drehmoment im Vergleich zu einem reinen Verbrennungsmotor-Antrieb bietet, ohne dass sich dadurch der Verbrauch erhöht.

Die Vorteile lassen sich deshalb realisieren, weil der Verbrennungsmotor für einen schmalen Drehzahlbereich mit wenig Veränderung der Drehzahl eingesetzt werden kann. Die Zusatzleistung bei starken Beschleunigungen kann der Elektromotor übernehmen, der verbrauchssteigernde Beschleunigungsbetrieb des Verbrennungsmotors kann reduziert werden oder entfallen. Ferner kann der Verbrennungsmotor gezielt auf einen reduzierten Drehzahlbereich optimiert werden. Ein weiterer Vorteil des Hybridantriebs ist, dass wie beim Starter-Generator die Bremsenergie nicht verloren geht, sondern in elektrischer Form gespeichert werden kann. Nachteilig ist das höhere Gewicht, vor allem aufgrund der höheren Batteriekapazität eines Hybridfahrzeugs. Die größten Verbrauchsvorteile sind so im Stadtverkehr realisierbar.

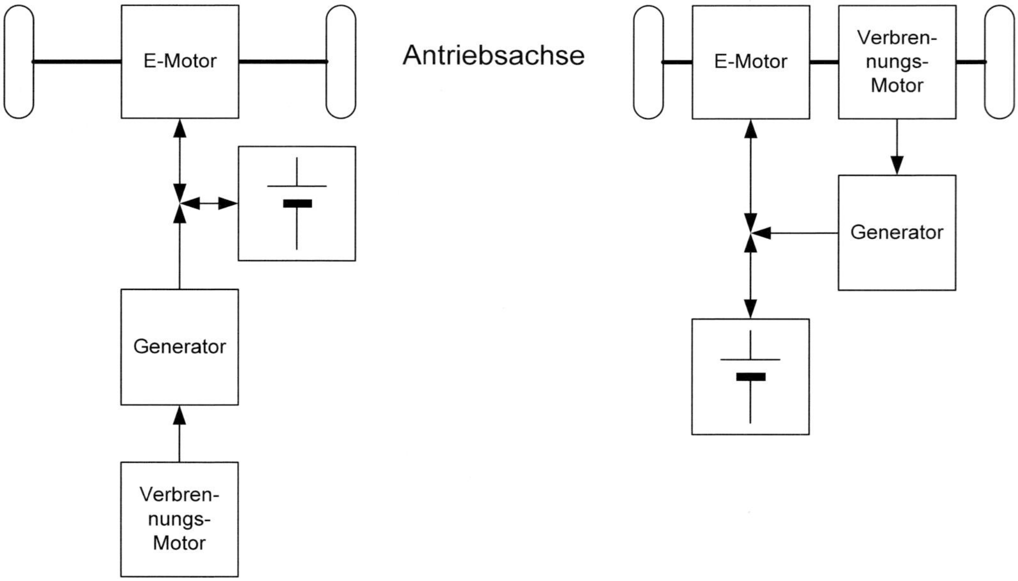

Bild 2-10 Links Serienhybrid, rechts Parallelhybrid

Bild 2-10 stellt zwei grundsätzliche Bauarten der Hybridfahrzeuge gegenüber. Die ersten Entwicklungen waren Serienhybride (links), die versuchten, den bei zahlreichen Diesellokomotiven[3] und auf modernen Schiffen[4] bewährten dieselelektrischen Antrieb auf Straßen-Fahrzeuge zu übertragen. Auch das erste Hybridfahrzeug der Welt, der *Lohner-Porsche* aus dem Jahre 1896, war bereits so aufgebaut. Ein Verbrennungsmotor treibt einen Generator an. Dessen elektrische Leistung treibt den elektrischen Fahrmotor an (bei Einzelradantrieb bis zu vier Fahrmotoren). Der elektrische Teil wirkt also wie ein stufenloses Getriebe mit elektrischer statt mechanischer Leistungsübertragung. Zusätzlich ist noch die Batterie im elektrischen Teil als Energiepuffer vorhanden, um Bremsenergie vom Elektromotor aufnehmen zu können, bei geringen Antriebsleistungen zusätzlich die Batterie zu laden oder für Spitzen der Antriebsleistung kurzfristig zusätzliche Energie aus der Batterie bereit zu stellen, ohne den Verbrennungsmotor beschleunigen zu müssen.

Heute in Serie produzierte Hybridfahrzeuge (Toyota Prius und die Hybridvariante des Honda Civic [BraIij06]) entsprechen dem parallelen Hybridkonzept. Toyota selbst nennt sein System „seriell-parallel“, weil der Verbrennungsmotor ausgekuppelt werden kann und dann nur noch den Generator antreibt. Während der Prius elektrisch anfährt, bei höheren Leistungen mit Verbrennungsmotor fährt und bei starken Beschleunigungen beide Motoren gleichzeitig nutzt, fährt der Civic fast immer mit Verbrennungsmotor, nur wenn der Fahrer bei warmen Motor in der Ebene eine niedrige Geschwindigkeit konstant hält, also der Antrieb nur schwache Reibkräfte zu kompensieren hat, dann kann auch er elektrisch fahren. Ansonsten nutzt der Honda den elektrischen Antrieb für eine Start/Stop-Automatik (automatisches Abschalten und erneutes Starten des Verbrennungsmotors an der Ampel) und als Beschleunigungsunterstützung.

Mann kann den Hybridantrieb also als Erweiterung des Starter-Generators (Mikro-Hybrid) in zwei Stufen betrachten. Die erste Stufe, den Elektromotor nur unterstützend einzusetzen wird mit dem englischen Ausdruck *Mild Hybrid* bezeichnet, die zweite Stufe, die den Elektromotor intensiv als Fahrmotor nutzt als *Full Hybrid*. In diesem Sinne ist der Prius ein Vollhybrid, der Civic ist zwischen dem milden Hybrid und dem Vollhybrid anzusiedeln. Die folgende Tabelle zeigt die typischen Leistungsmerkmale unterschiedlicher Hybridfahrzeuge, daneben gibt es einige interessante herstellerspezifische Konzepte, z. B. ein äußerlich gewöhnliches Getriebe, in dem aber feste Gänge oder eine Hybridübertragung gewählt werden können.

3 Weltweit ist die elektrische Übertragung vom Motor zu den Antriebsachsen der Diesellok das dominierende Prinzip, in Deutschland hingegen dominiert die hydraulische Kraftübertragung.

4 Vor allem bei Fähren und U-Booten ist eine elektrische Kraftübertragung von meist mehreren parallel betriebenen Dieselmotoren verbreitet. Auf großen Containerfrachtern und Tankschiffen dominiert die direkte mechanische Übertragung von nur einem großen Dieselmotor.

Tabelle 2.5 Stufen der Hybridisierung

	Start/Stop	**Nutzbremse**	**Kombinierte Traktion**	**Elektrische Traktion**
Mikro-Hybrid	√	√		
„Mild Hybride"	√	√	√	
Vollhybrid	√	√	√	√

Die elektronische Steuerung übernimmt die Koordination des elektrischen und des Verbrennungsantriebs. Der Verbrennungsmotor hat ein eigenes Steuergerät, evtl. auch der Elektroantrieb. Diese untergeordneten Steuergeräte kommunizieren über Bussysteme wie dem CAN-Bus mit dem Hybridsteuergerät. Das Hybridsteuergerät enthält weiterhin alle Funktionen des zuvor vorgestellten Energiemanagements.

Der Audi R8.
Gebaut aus unseren stärksten Ideen.
Unsere Idee „Aluminium-Leichtbau"
revolutionierte vor 70 Jahren den Rennsport.
Auch der Audi R8 verdankt seine gewichtsreduzierte,
hochfeste Struktur einem Rahmen aus Aluminium und Magnesium:
dem Audi Space Frame.
Eingebettet in diesen Rahmen:
weitere Ideen, mit denen wir Rennsportgeschichte
geschrieben haben – z. B. der Mittelmotor.
In Kombination mit FSI®-Technologie
und quattro® bildet er das Kraftzentrum des Audi R8.
Das Resultat: ein Sportwagen,
dessen Fahrdynamik
Sie automobile Perfektion spüren lässt.
Mehr unter: www.audi.de/R8

R8
HH BA 740
Audi

3 Beispiel Elektronische Dieselsteuerung (EDC)

1892 erfand Rudolf Diesel den Motor, der heute PKW, LKW, Busse, Schiffe, Panzer, Baumaschinen, Landmaschinen und Gabelstapler antreibt und der auch stationär zur Stromerzeugung eingesetzt wird. Der Motor von 1892 funktionierte ohne eine elektronische Steuerung, wäre aber nach heutigen Maßstäben nicht mehr konkurrenzfähig. Der Dieselmotor wurde im Laufe der Jahre zunächst kleiner und leichter, dann sparsamer. Inzwischen stehen die vom europäischen Gesetzgeber vorgeschriebene Reduktion der Schadstoffe im Abgas (beim Diesel vor allem Stickoxide und Partikel), die Lärmreduktion sowie der „Fahrspaß" im Vordergrund.

Die Partikel bestehen hauptsächlich aus Ruß. Deren Oberfläche ist mit Krebs erzeugenden polyzyklischen aromatischen Kohlenwasserstoffen (PAK) angereichert [MeScSO04]. Die Partikelgröße variiert. Vor allem die Feinstäube, also Partikel mit einem aerodynamischen Durchmesser kleiner als 10 µm, sind Gegenstand öffentlicher Diskussionen[1]. Seitdem Nanopartikel präzise messbar sind [VDI-N06], ist auch hier eine Diskussion zu erwarten. In die Gesetzgebung gehen die Partikel unabhängig von ihrer Größe und chemischen Zusammensetzung nur mit ihrer Gesamtmasse ein.

Die Stickoxide reizen die Atemwege und tragen zur sommerlichen Ozonbildung bei. Sie besitzen für die Gesetzgebung eine vergleichbare Bedeutung, werden allerdings nicht in dem Maße öffentlich diskutiert wie die Partikel. Die Reduktion der Stickoxid-Emissionen hat dazu bei beigetragen, dass Fahrverbote aufgrund hoher Ozonbelastung seltener ausgesprochen werden.

Bei der Geräuschreduktion wird unterschieden zwischen Geräuschen, die von der Mechanik des Motors, z. B. vom Ventiltrieb, verursacht werden und dem Verbrennungsgeräusch, das durch den schnellen Druckanstieg im Zylinder bei der Verbrennung erzeugt wird. Selbst moderne Dieselmotoren erzeugen nach einem Kaltstart unkomfortable Geräusche.

Neben mechanischen Verbesserungen waren und sind zum Erreichen dieser teilweise widersprüchlichen Ziele (Fahrspaß, Abgase, Geräusch) präzise und komplexe Steuerungen und Regelungen erforderlich, die sich durch rein mechanische Konzepte (z. B. Fliehkraftregler) nicht mehr ausreichend darstellen lassen. Daneben bietet die Elektronik neuartige Diagnosemöglichkeiten, die dem privaten Fahrzeughalter allerdings nicht immer zugute kommen.

So ist die Motorsteuerung, beim Dieselmotor *elektronische Dieselsteuerung* (***E**lectronic **D**iesel **C**ontrol, EDC*) genannt, neben den Fahrdynamikreglern eines der komplexesten Steuergeräte im Fahrzeug und damit ein gutes Beispiel für die Möglichkeiten und die Realisierung von Funktionen mit elektronischen Steuergeräten. Dieses Beispiel wird deshalb in diesem Kapitel sehr ausführlich erläutert.

Das Innere eines elektronischen Dieselsteuergerätes von Bosch ist in Bild 5-2 im Kapitel über Hardware als Foto dargestellt.

1 Die öffentliche Diskussion verläuft nicht sachlich. Häufig werden andere Feinstaubquellen, z. B. Gebäudeheizungen, ignoriert, obwohl der Verkehr in Deutschland mit weniger als einem Viertel zur Feinstaubbelastung beiträgt. Auch die stark unterschiedliche Toxizität und Kanzerogenität verschiedenartiger Feinstäube (z. B. Abgas, Zigarettenrauch, Straßenstaub, Hausstaub) wird oft nicht berücksichtigt.

3.1 Aufgaben

Die Hauptaufgabe der Motorsteuerung liegt bei einem Dieselmotor in der **Einspritzung** des Kraftstoffes in die Zylinder.

Neben der Einspritzung fallen zahlreiche weitere Aufgaben an, diese sind:

- Regelung und Begrenzung von Drehzahl und Geschwindigkeit,
- Regelung des Luftsystems (Abgasrückführung und Ladedruckregelung)
- Abgasnachbehandlung,
- Glühkerzensteuerung und Thermomanagement,
- Diagnose,
- Wegfahrsperre.

Diese Liste stellt nur eine Auswahl dar, weitere Funktionen hängen vom Hersteller, vom Modell oder gar der Ausstattungs-Variante ab. Meist sind diese Funktionen in einem Steuergerät zusammengefasst, vereinzelt werden aber auch Teilaufgaben in eigene Steuergeräte ausgelagert, die dann mit der Motorsteuerung kommunizieren (s. Kapitel 4). Wenn das Motorsteuergerät über ausreichende Rechenleistung verfügt, werden auch vereinzelt Funktionen in diesem Steuergerät untergebracht, die nicht unmittelbar mit dem Motor zu tun haben.

3.2 Einspritzung

Die Aufgabe der Einspritzsteuerung besteht darin, zu jedem Zeitpunkt die gerade erforderliche Menge an Kraftstoff in die Zylinder des Motors einzuspritzen. Dies setzt voraus, dass der Rechner im Steuergerät für jeden Zylinder den optimalen Zeitpunkt für den Beginn der Einspritzung berechnet und die „richtige“ Menge für die Einspritzung kennt. Dann muss das Steuergerät die Einspritzventile und evtl. weitere *Aktoren* so ansteuern, dass die berechneten Zeiten und Mengen auch wirklich eingehalten werden.

Die in Bild 3-1 gezeigte Struktur ist bis auf den Block „Einspritzung“ unabhängig davon, welches Einspritzsystem (Reihenpumpe, Verteilerpumpe, Pumpe-Düse, Common-Rail oder andere Systeme) verwendet wird [Bosch04D]. Bei älteren Systemen, bei denen der Spritzbeginn über die Nockenwelle vorgegeben ist, entfällt dessen Berechnung. Wenn die Menge und der Zeitpunkt errechnet wurden, ist es Aufgabe dieses Blocks, dafür zu sorgen, dass das Einspritzsystem diese Vorgabe umsetzt. Wie aus diesen Mengen Stellgrößen für Aktoren entstehen hängt nun von der Art des Einspritzsystems ab.

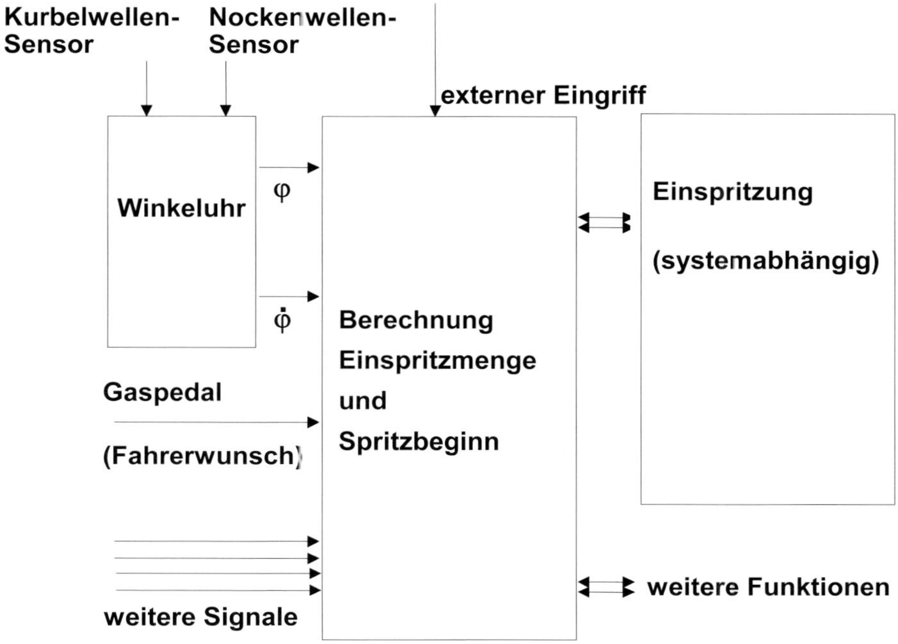

Bild 3-1 Überblick über die Einspritzfunktion eines Dieselsteuergerätes

3.2.1 Winkeluhr

Es hat sich bei vielen Berechnungen im Steuergerät bewährt, zeitlich veränderliche Vorgänge im Motor nicht direkt als Funktion der Zeit, sondern als Funktion des Kurbelwellenwinkels anzugeben. Dies erleichtert auch die Definition von Steuergerätedaten, da auch Motorenentwickler es gewohnt sind, in °KW[2] (Kurbelwelle) zu denken und seltener in Sekunden oder Millisekunden. In der Zeit Δt bewegt sich bei der Drehzahl n die Kurbelwelle um den Winkel

$$\frac{\Delta\varphi}{[°\,\mathrm{KW}]} = 6 \cdot \frac{n}{[\mathrm{min}^{-1}]} \cdot \frac{\Delta t}{[\mathrm{s}]} \tag{3.1}$$

Eine Einspritzung bei 0° bedeutet z. B., dass der Kolben bei einem als Bezug gewählten Zylinder gerade oben am *oberen Totpunkt (OT)* steht. –10° bedeuten, dass sich die Kurbelwelle noch um 10° drehen muss, bis der Kolben im Bezugszylinder den OT erreicht hat. +10° bedeuten, dass der Kolben schon wieder auf dem Weg vom OT nach unten ist. Zu bedenken ist, dass bei einem *Viertaktmotor* (Bild 3-2) mit einem *Ansaugtakt*, einem *Verdichtungstakt*, einem *Arbeitstakt* (auch Verbrennungstakt genannt) und einem *Ausstoßtakt* in jedem Zylinder nur nach jeder zweiten Umdrehung (also nach 720°) zwischen dem Verdichtungstakt und dem Arbeitstakt eine Einspritzung stattfindet. Zwischen dem Ausstoßen des Abgases und dem An-

2 Im Folgenden wird statt °KW nur ° geschrieben.

saugen der frischen Verbrennungsluft (also bei 360°) erreicht der Kolben ebenfalls den OT, hier findet aber keine Einspritzung statt.

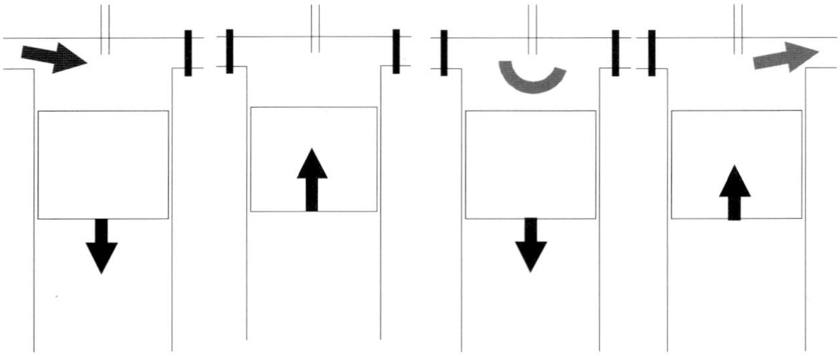

Bild 3-2 Darstellung der vier Takte eines Viertaktmotors von links nach rechts:
Beginn des **Ansaugtaktes** (360°–540°): Bei geöffneten Einlassventil saugt der sich abwärts bewegende Kolben Luft an.
Ende des **Verdichtungstaktes** (540°–720°): Beide Ventile sind geschlossen, durch die Aufwärtsbewegung des Kolbens wird die Luft komprimiert und dadurch erhitzt.
Beginn des **Arbeitstaktes** (0°–180°): Der Kraftstoff wird eingespritzt und verbrennt durch die hohe Lufttemperatur. Dadurch wird der Kolben nach unten gedrückt.
Ende des **Ausstoßtaktes** (180°–360°): Durch das nun geöffnete Auslassventil drückt der wieder steigende Kolben die Verbrennungsgase aus dem Zylinder heraus.

Die Winkeluhr liefert dem Steuergerät ständig eine präzise Information über die aktuelle Stellung der Kurbelwelle und über die aktuelle Drehzahl. Sie nutzt dabei zwei Sensoren an der Kurbelwelle und der Nockenwelle. An der Kurbelwelle befindet sich ein Impulsgeber, dessen Impulsfrequenz mit der Drehzahl steigt. Durch Abzählen der Impulse (*Inkrementalgeber*) lässt sich der gedrehte Winkel bestimmen. Da sich bei einem Viertaktmotor in einem Durchlauf aller Arbeitstakte die Kurbelwelle zweimal gedreht hat (Bild 3-2), benötigt man noch eine zusätzliche Information, da ein Kurbelwellensensor alleine nicht zwischen z. B. dem OT vor der Verbrennung (0°) und dem OT vor dem Ausstoß (360°) unterscheiden kann. Da sich die Nockenwelle bei zwei Drehungen der Kurbelwelle nur einmal dreht, kann mit Hilfe eines zweiten Sensors an der Nockenwelle diese Zweideutigkeit aufgelöst werden.

Ein Problem von Inkrementalgebern ist, dass sie zwar die Anzahl der Impulse und damit den relativen Winkel zwischen zwei Zeitpunkten bestimmen können, aber der absolute Winkel benötigt wird. Diesen erzeugt man durch eine Bezugsmarke, die dadurch realisiert wird, dass bei einer bestimmten Position der Kurbelwelle keine Zählsignale kommen. Bild 3-3 verdeutlicht, wie aus beiden Signalen die Winkelinformation gewonnen wird. Man erkennt zweimal die Lücke im Kurbelwellensignal, unterschieden werden beide dadurch, dass bei der zweiten Lücke ein zusätzliches Nockenwellensignal vorhanden ist.

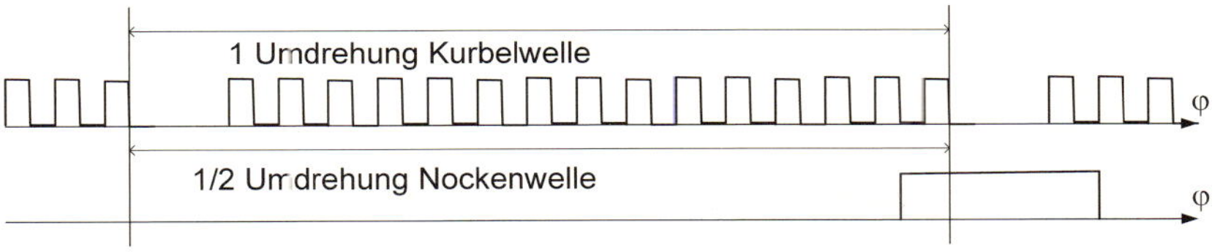

Bild 3-3 Signale vom Kurbelwellen- und Nockenwellensensor

Das Vorhandensein zweier Sensoren hilft auch, durch Vergleich der Signale einige Sensorfehler zu erkennen. Ein weiteres Verfahren zur Überwachung des Kurbelwellensensors ist, zu überprüfen, ob sich die gemessene Drehzahl eventuell schneller ändert, als dies am Motor möglich ist (*dynamische Plausibilität*).

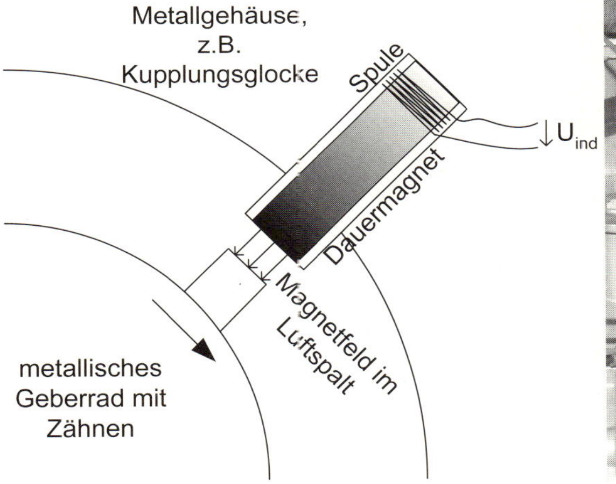

Bild 3-4 Elektromagnetischer Sensor für die Drehzahl der Kurbelwelle. Die nur im Luftspalt eingezeichneten Magnetfeldlinien schließen sich über das Zahnrad, dessen Lagerung und über das Gehäuse, welches das Zahnrad umfasst und den Sensor aufnimmt. Durch Änderung des Feldes wird in der Spule die Spannung U_{ind} induziert. Rechts ist der Anbau-Ort bei einem Daimler-Motor OM 639 in der Kupplungsglocke zu erkennen, der links unten im Bild durch die Laborkabel verbundene Stecker sitzt normalerweise direkt auf dem Sensor.

Nachdem das Prinzip der Winkeluhr grob beschrieben ist, stellt sich die Frage wie die beiden Signale physikalisch erzeugt werden. Auf der Kurbelwelle befindet sich ein Zahnrad. Ein oder mehrere aufeinander folgende Zähne fehlen, diese Lücke dient als Referenzmarke. Ein fest montierter Sensor tastet nun diese vorbeidrehenden Zähne ab. Dies könnte z. B. mit einer Lichtschranke geschehen. Da optische Systeme aber empfindlich gegenüber Verschmutzungen sind, haben sich hier Magnetsensoren wie in Bild 3-4 durchgesetzt. Die magnetische Flussdichte im Luftspalt ändert sich etwa rechteckförmig[3] mit dem am Sensor vorbeilaufenden Zahnprofil. Das Ausgangssignal stellt theoretisch aufgrund des Induktionsgesetzes die Ableitung der magnetischen Flussdichte nach der Zeit dar, wäre theoretisch also eine Folge von Nadelimpulsen, ist in der Praxis aber ungefähr sinusförmig. Ein Grund dieser Abweichung zwischen Theorie und Praxis ist, dass das Induktionsgesetz die induzierte Spannung im Leerlauf angibt und nicht die an der Induktions-Spule angeschlossene Schaltung berücksichtigt.

Im Steuergerät wird dieses Signal dann wieder zu einem Rechtecksignal aufbereitet.

Anstelle der Zähne wird an der Nockenwelle ein rotierendes Segment abgetastet. Da der Nockenwellensensor nur zweimal pro Umdrehung eine Änderung des Magnetfeldes misst und die beiden Flanken möglichst präzise dargestellt werden sollen, werden hier Hall-Sensoren benutzt.

3.2.2 Berechnung der Einspritzmenge

Die Einspritzmenge berechnet sich bei der Haupteinspritzung aus dem angeforderten Drehmoment, das v. a. vom Fahrerwunsch, bzw. im Leerlauf von der Anforderung des *Leerlaufreglers* (s. nächster Abschnitt) abhängt. Ersterer wird vom Gaspedal über einen *Pedalwertgeber* (*PWG*) elektrisch an das Steuergerät übertragen. Der PWG ist ein Sensor, der einen Winkel in eine Spannung umsetzt. Dies kann z. B. mit Hilfe eines Potentiometers geschehen. Dieser Sensor erscheint trivial, betrachtet man aber die Folgen eines Sensorfehlers, z. B. eine unbeabsichtigte Beschleunigung, wird deutlich, dass für solche Sensoren ein *Sicherheitskonzept* entwickelt werden muss, um solche Folgen zuverlässig zu verhindern.

Weitere wichtige Parameter für das Drehmoment bzw. die Einspritzmenge sind vor allem die aktuelle Drehzahl, die aktuelle Fahrgeschwindigkeit und die Motorlast. Daneben gehen noch die Temperatur des Motors (gemessen über die Kühlwassertemperatur, manchmal auch über die Öltemperatur), die Batteriespannung, Informationen über das Getriebe, der Betriebszustand (z. B. Kaltstart) sowie etliche Begrenzungen (z. B. Rauchbegrenzung) in die Berechnung ein.

Externe Eingriffe sind Signale von anderen Steuergeräten, so könnte z. B. ein Getriebesteuergerät die Menge während des Schaltvorganges heruntersetzen.

Wir haben bislang von *der* Einspritzmenge im Singular gesprochen. Tatsächlich gibt es aber neben der Drehmoment bildenden Haupteinspritzung eventuell weitere Einspritzungen (mit deutlich kleineren Mengen), z. B. eine Voreinspritzung zur Geräuschminderung oder eine bis mehrere Nacheinspritzungen zur Nachverbrennung von Partikeln im Zylinder oder zur Unterstützung der Abgasnachbehandlung. Auch für diese „kleinen" Einspritzungen ist jedes Mal eine Menge zu berechnen. Da diese Einspritzungen anderen Zwecken dienen als die Haupteinspritzung, werden deren Mengen auch nach anderen Kriterien berechnet.

Eine derartige Komplexität ist nur noch durch Software realisierbar und nicht mehr mechanisch[4]. Die Voreinspritzmenge liegt bei einem PKW in der Größenordnung von 1 bis 2 mm^3,

---

3 Ein häufiger Trugschluss ist, dass das Feld eines Dauermagneten eine konstante Flussdichte habe, nämlich die Remanenz-Flussdichte. Dies würde nur dann gelten, wenn die magnetische Feldstärke 0 beträgt, was hier aufgrund des Luftspalts nicht zutrifft [KEQSFK03].

4 Voreinspritzungen wurden schon vor Einzug der Elektronik über die Gestaltung der Einspritzventile realisiert, eine Nachverbrennung ließ sich über die Gestaltung der Kolbenmulde umsetzen. Die Zeitpunkte und Dauern waren aber durch die Konstruktion starr vorgegeben und konnten entweder nur manuell oder gar nicht angepasst werden.

die Haupteinspritzmenge in der Größenordnung einiger 10 mm^3. Die geforderte Genauigkeit liegt bei einem mm^3. Man bekommt eine Vorstellung von diesen Dimensionen, wenn man sich klar macht, dass ein Wassertropfen ein Volumen von ca. 30 mm^3 hat.

3.2.3 Berechnung des Spritzbeginns

Eine zu frühe Einspritzung führt zu einer zu frühen Verbrennung. Dadurch wird bereits eine Kraft von oben auf den Kolben ausgeübt, bevor er den OT erreicht. Dies führt zu einem Verlust an Leistung, im Extremfall sogar zum Stillstand oder zur Beschädigung des Motors. Weiterhin erreicht die Verbrennungstemperatur zu hohe Spitzenwerte, die zu einer vermehrten Bildung von Stickoxiden im Abgas führen.

Eine zu späte Einspritzung führt dazu, dass der eingespritzte Kraftstoff nicht mehr vollständig verbrennt. Dadurch geht ebenfalls Leistung verloren und es bildet sich schwarzer Rauch, der die eingangs erwähnten Partikel enthält. Bei noch späterer Einspritzung wird der Kraftstoff völlig unverbrannt ausgestoßen, das Abgas färbt sich bläulich und riecht nach Diesel. Im Extremfall, wenn unverbrannter Kraftstoff sich als Flüssigkeit in der Kolbenmulde ansammelt, kommt es zum Motorschaden.

Die Erfahrung zeigt, dass sich bereits bei einer Abweichung des Spritzbeginns um 1° die gültigen Abgasgrenzwerte nicht mehr einhalten lassen [Bosch04D]. Dies setzt auch hohe Anforderungen an die Erfassung von Drehzahl und Kurbelwinkel.

Der Einfluss des Spritzbeginns auf die Leistung und damit bei gegebener Einspritzmenge auf den Wirkungsgrad lässt sich sehr gut mit Hilfe der Thermodynamik zeigen. Da dies den Rahmen eines Buches über die Elektronik im Fahrzeug sprengen würde, muss darauf an dieser Stelle verzichtet werden. Der leistungsoptimierte Spritzbeginn liegt geringfügig vor dem abgasoptimierten Spritzbeginn. Da die Leistung weniger empfindlich gegenüber Abweichungen des Spritzbeginns ist, wird üblicherweise der abgasoptimierte Spritzbeginn eingestellt, damit ist dann auch die Leistung nahe am Optimum.

Der optimale Spritzbeginn ist keine Konstante, sondern er hängt vom Motor und von mehreren Betriebsparametern ab. Die wichtigsten Parameter sind die Drehzahl und die Einspritzmenge. Sowohl mit steigender Drehzahl als auch mit zunehmender Menge wird der Spritzbeginn nach früh verschoben. Weitere Parameter mit einem geringeren Einfluss auf den optimalen Spritzbeginn sind die Temperatur des Motors, die Temperatur der Ansaugluft und der atmosphärische Druck.

In rein mechanischen Systemen erfolgte häufig nur eine drehzahlabhängige Einstellung des Spritzbeginns mit Hilfe eines durch Fliehkraft gesteuerten Gestänges. Die Elektronik ermöglicht eine feinfühligere Einstellung, die erstens nicht auf eine bestimmte, z. B. lineare Funktion zwischen Messgröße und Stellgröße angewiesen ist und zweitens mit Hilfe zusätzlicher Sensoren weitere Messgrößen in die Optimierung einbeziehen kann. Im Steuergerät wird der Zusammenhang zwischen den gemessenen Parametern und dem daraus ermittelten Spritzbeginn nicht durch Formeln, sondern über Kennlinien und Kennfelder, also über Wertetabellen dargestellt. Diese werden zunächst mit Erfahrungswerten gefüllt, dann erfolgt am Prüfstand eine experimentelle Optimierung. Aufgrund der vielen Einflussgrößen und oft extrem knapper Terminpläne, sollten die Prüfstandsversuche gut geplant sein und die Optimierung sollte dort am gründlichsten erfolgen, wo sich Änderungen am stärksten auswirken *(Design of Experiments, DoE)*.

Auch für eventuelle Voreinspritzungen und Nacheinspritzungen ist jedes Mal ein Spritzbeginn zu berechnen.

3.2.4 Ansteuerung des Einspritzsystems

Nachdem sowohl die Ansteuerdauer als auch der Spritzbeginn berechnet wurden muss nun das Einspritzsystem mit seinen Aktoren so angesteuert werden, dass die berechneten Größen korrekt umgesetzt werden. Während die Berechnung noch von der physikalischen Realisierung des Einspritzsystems unabhängig war, hängt dieser Block nun vom hydraulischen System ab.

Exemplarisch soll dieser Block am Beispiel des Einspritzsystems erläutert werden, das sich innerhalb von weniger als 10 Jahren als Standard bei Neufahrzeugen etabliert hat: dem *Common-Rail*-System.

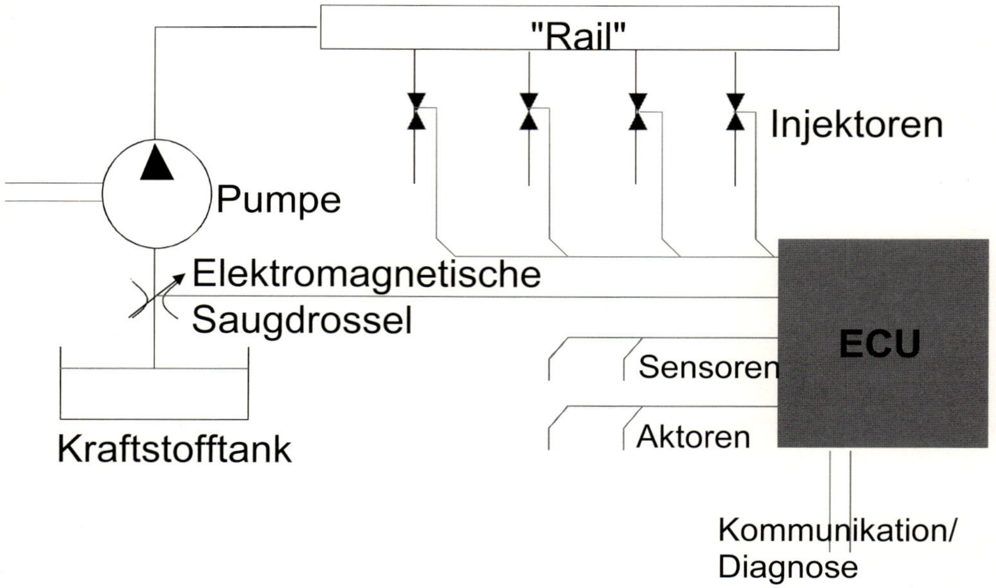

Bild 3-5 Überblick über ein Common-Rail-Einspritzsystem

Das zentrale Element einer Common-Rail-Einspritzung ist ein meist rohrförmiger Druckbehälter mit Kraftstoff. Ein Hersteller hatte ein *„Common-Ball"*-System auf dem Markt, bei dem anstelle des Rohrs ein kugelförmiger Druckbehälter benutzt wurde. Diese Variante konnte sich nicht durchsetzten. In Analogie zu einer elektrischen Sammelschiene wird die Druckleitung *„Rail"* genannt. Die Besonderheit gegenüber älteren Einspritzsystemen ist, dass permanent Kraftstoff einspritzbereit unter einem hohen Druck verfügbar ist und nicht wie bei Reihenpumpen nur zu bestimmten Zeiten, in denen ein Nocken ein Pumpenkolben betätigt. Der Vorteil ist, dass die Einspritzung nun weitgehend frei nach den Ideen der Motorenentwickler programmiert werden kann, z. B. mit mehreren Einspritzungen, mit beliebigen Mengen und Ansteuerdauern ohne Einschränkungen durch das mechanische oder hydraulische System. Eine Restriktion bei der Festlegung der Einspritzzeiten, dass zwischen dem Schließen und dem Öffnen des Injektors, ein Mindestabstand liegen muss, andernfalls könnte die Menge der zweiten Einspritzung unpräzise dargestellt werden. Piezo-Injektoren sind in diesem Punkt den elektromagnetischen Injektoren überlegen. Bild 3-5 zeigt einen Überblick über ein Common-Rail-System.

Über kurze Leitungen ist je ein *Injektor* (Einspritzventil) pro Zylinder mit dem Rail verbunden. Dieser Injektor kann vom Steuergerät (ECU) zu definierten Zeiten zur Einspritzung geöffnet werden. Die eingespritzte Menge hängt von der Ansteuerdauer (die ungefähr der Dauer entspricht, in der der Injektor geöffnet ist) und vom Druck im Rail ab. Der Druck von bis zu ca. 2000 bar[5] wird erzeugt von einer Kolbenpumpe, die z. B. über einen Riementrieb durch den Motor angetrieben wird. An dieser Stelle wird deutlich, dass der Funktionsblock „Einspritzung“ bei einem Common-Rail-System nicht nur die Injektoren ansteuern, sondern auch den gewünschten Druck im Rail regeln muss. Als Stellglied zur Druckregelung ist im Bild ein saugseitiges Drosselventil zu erkennen.

3.2.5 Ansteuerung der Injektoren

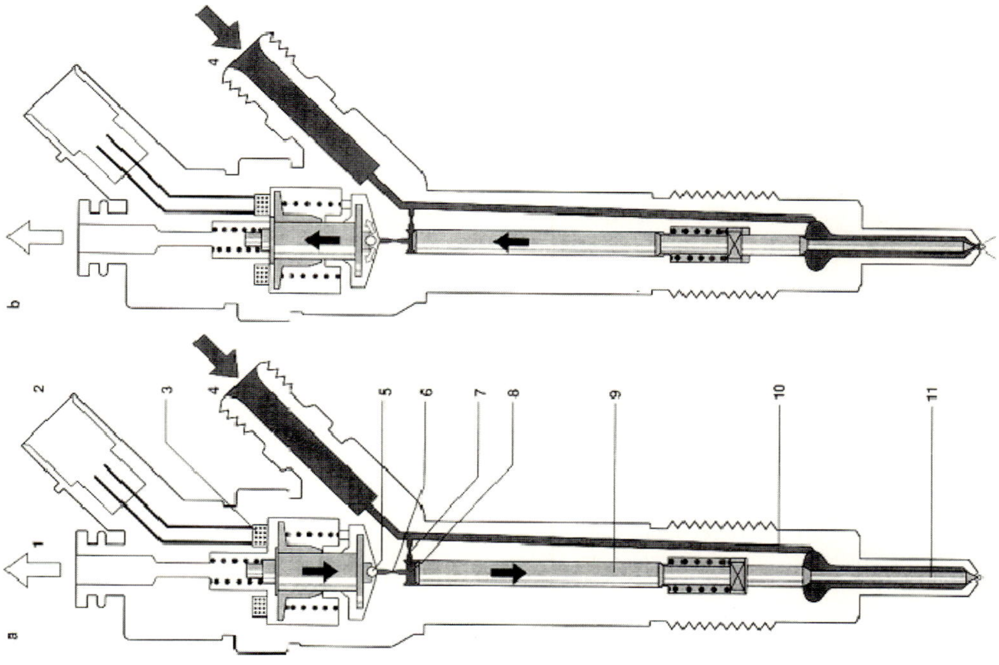

Bild 3-6 Aufbau eines Common-Rail-Injektors mit Magnetventil, oben geöffnet, unten geschlossen. 1 Kraftstoff-Rücklauf, 2 elektrischer Anschluss, 3 Elektromagnet, 4 Kraftstoff-Zulauf, 5 Ventilkugel, 6 Ablaufdrossel, 7 Zulaufdrossel, 8 Steuerraum, 9 Druckkolben, 10 Kraftstoff, 11 Nadel (Bild: Robert Bosch GmbH)

In Common-Rail-Einspritzsystemen kommen grundsätzlich zwei verschiedene Arten von Injektoren zum Einsatz, im Massenmarkt elektromagnetisch betätigte Injektoren (Magnetventile), bei hohen Anforderungen an die Einspritzgenauigkeit auch Injektoren, die mit Hilfe eines piezokeramischen Aktors öffnen und schließen (Piezo-Injektoren). Aufgrund der größeren

---

5 Bar ist keine SI-Einheit, es ist aber branchenüblich den Raildruck in bar anzugeben. Umrechnung: 1 bar = 100 kPa.

Verbreitung sollen hier die vorwiegend elektromagnetischen Injektoren als Beispiel herangezogen werden, Piezo-Injektoren und ihre Ansteuerung werden aber auch kurz vorgestellt.

3.2.5.1 Injektoren mit Magnetventil

Bild 3-6 erläutert den Aufbau und die Funktionsweise eines Common-Rail-Injektors. Die Nadel (11), die die Einspritzöffnung freigibt oder schließt wird nicht direkt elektromagnetisch betätigt, sondern der Elektromagnet (3) öffnet und schließt über eine kleine Keramikkugel (5) ein Ventil vom Steuerraum (8) zum Kraftstoffrücklauf. Die Nadel wird nun über die relativen Druckverhältnisse zwischen Steuerraum und dem Druck im unteren Nadelbereich betätigt.

Der Kraftstoffdruck im Steuerraum und der Druck der Feder im mittleren Bereich der Nadel halten diese zu. Demgegenüber steht der Druck, den der Kraftstoff von unten auf die kleine Schulter ausübt, die im Bild über der ovalen Kammer zu erkennen ist. Mit diesen drei Drücken entsteht ein Kräftegleichgewicht, das die Nadel in den unteren Anschlag drückt und damit geschlossen hält (unteres Bild).

Dies ändert sich, wenn der Druck im Steuerraum nachlässt. Dann ist die Kraft, die von unten wirkt, stärker als die Federkraft und die restliche Druckkraft im Steuerraum. Die Nadel öffnet. Die dazu erforderliche Druckabsenkung im Steuerraum erfolgt über die Öffnung des Kugelventils, nachdem der durch Federn auf die Kugel gedrückte Anker durch den Elektromagneten angezogen wurde. Nun kann Kraftstoff vom Steuerraum in den Rücklauf abfließen und im Steuerraum stellt zwischen der Zulaufdrossel (7) und der nun geöffneten Ablaufdrossel (6) ein niedriger Restdruck ein, der zwischen dem Raildruck und dem Atmosphärendruck liegt (oberes Bild).

Wir haben also die folgende Wirkungskette vorliegen: Bestromung des Elektromagneten → Anzug des Anker → Anheben der Nadel → Einspritzung. Eine Aufgabe der Injektorentwickler ist, den zeitlichen Verzug und dessen Schwankung zwischen diesen Schritten möglichst klein zu halten.

Die Wirkungskette beginnt im Steuergerät aber noch früher mit dem Befehl zu öffnen. Das Problem liegt nun darin, möglichst schnell den vollen Strom zu erreichen, um den Anker hochzureißen. Solch ein Stromprofil ist in Bild 3-7 gezeigt.

Die linke Hälfte des Oszillograms zeigt eine Voreinspritzung, die rechte Hälfte eine Haupteinspritzung. In beiden Fällen ist zunächst ein steiler Anstieg des Stromes auf ca. 20 A innerhalb ca. 80 μs zu beobachten. Danach schwankt der Strom um 20 A. Bei der länger dauernden Haupteinspritzung bleibt der Strom nicht auf 20 A, sondern sinkt später auf 13 A ab. Auch um diesen Wert schwankt der Strom, meist für eine deutlich längere Dauer als in diesem Beispiel. Zwischen den Einspritzungen sind noch einige Stromimpulse bis ca. 8 A erkennbar, deren Bedeutung später erläutert wird.

Das erste Stromniveau von ca. 20 A ist der *Anzugsstrom*, der möglichst schnell den Anker heben soll. Eine sehr kurze Einspritzung wie die Voreinspritzung kann bereits während dieser Anzugsphase wieder enden. Nach einer Dauer von etwa einer halben Millisekunde kann davon ausgegangen werden, dass der Anker angezogen ist. Von nun an genügt ein kleinerer Strom von z. B. 13 A, der *Haltestrom*, um den Anker in dieser Position zu halten.

Der zackige Verlauf der Stromniveaus ist darauf zurückzuführen, dass der Strom durch Ein- und Ausschalten von Transistoren um den mittleren Wert geregelt wird.

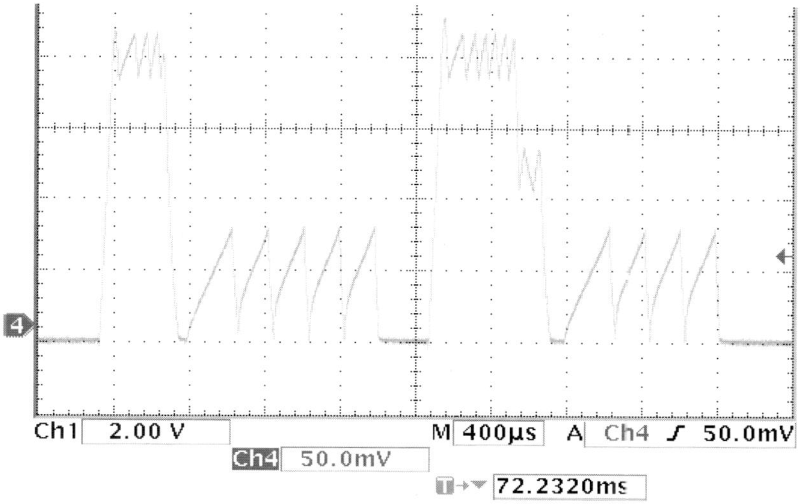

Bild 3-7 Zeitlicher Verlauf des Stromes durch einen Common-Rail-Injektor bei einer Voreinspritzung und einer Haupteinspritzung. 1 Skalenteilung entspricht vertikal einem Strom von 5 A, horizontal einer Dauer von 400 µs.

Eine Schwierigkeit stellt der steile Anstieg des Stromes zu Beginn der Einspritzung mit einer Steilheit von 250 kA/s dar. Diese Steilheit lässt sich wegen der Leitungsinduktivitäten nicht mit Hilfe der Fahrzeug-Batterie realisieren. Stattdessen wird ein hinreichend großer Kondensator, auch Booster-Kondensator genannt, im Steuergerät auf eine Spannung in der Größenordnung 70 V ... 90 V aufgeladen, der die Energie für den Anzug liefert. Bei genauer Betrachtung des Oszillograms fällt auf, dass die Stromschwankungen um das Anzugsniveau herum nicht gleichmäßig sind, weil nach erfolgtem Anzug wieder vom Kondensator auf die Batterie umgeschaltet wird.

In älteren Steuergeräten wird der Kondensator einerseits beim Abschalten der Injektoren mit der noch im Magnetfeld gespeicherten Energie, andererseits mit Ladeimpulsen, die in Bild 3-7 zwischen den Einspritzungen erkennbar sind, aufgeladen. Dieses Verfahren ist in der Praxis kompliziert, weil die Injektoren durch die Ladeimpulse nicht einspritzen dürfen. Das Prinzip ist im folgenden Bild dargestellt.

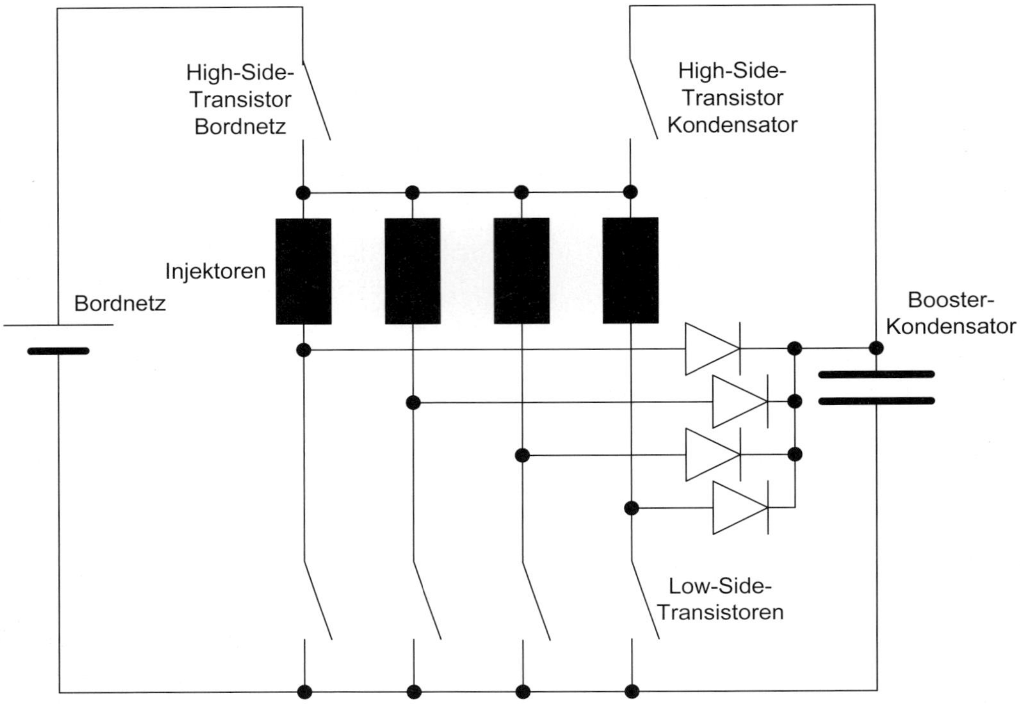

Bild 3-8 Ansteuerschaltung für Common-Rail-Injektoren mit Magnetventilen (Prinzip)

Aufgrund der Schwierigkeiten mit diesem Prinzip besitzen modernere Steuergeräte zur Aufladung des Booster-Kondensators einen eingebauten Hochsetzsteller wie in Unterabschnitt 5.1.4, der die Batteriespannung auf die erforderliche Anzugsspannung hoch setzt. Die Zwischenimpulse würden in diesem Falle im Oszillogramm fehlen. Vergleicht man den dort dargestellten Hochsetzsteller mit dem Bild oben, stellt man fest, dass auch die Schaltung in Bild 3-8 im Prinzip ein Hochsetzsteller ist, bei dem die Drossel durch die vier Injektoren ersetzt wurde.

3.2.5.2 Piezo-Injektoren

Bei besonderen Anforderungen an die Einspritzgenauigkeit werden neuartige Injektoren mit einem abweichenden Funktionsprinzip verwendet, die Piezo-Injektoren. Das Aktorelement in einem Piezo-Injektor besteht aus einer piezoelektrischen Keramik, die sich bei Anlegen einer Spannung dehnt. Über einen hydraulischen Übersetzter betätigt das Piezo-Element ein Servoventil, welche das Öffnen der Nadel ermöglicht. Der Vorteil gegenüber einem Magnetventil ist ein kürzerer Verzug zwischen der elektrischen Ansteuerung und dem Beginn der Einspritzung. Daneben ist mit Piezo-Injektoren eine kompaktere Bauweise möglich, dies kommt vor allem dem Bestreben entgegen, aus Gründen des Fußgängerschutzes keine harten Teile bis direkt unter die Motorhaube reichen zu lassen. Nachteilig sind in erster Linie höhere Kosten. Weitere Nachteile sind das laute „Klackern", der Betrieb mit einer nicht mehr sicheren Spannung bis 200 V und die noch nicht abschließend geklärte Lebensdauerfrage.

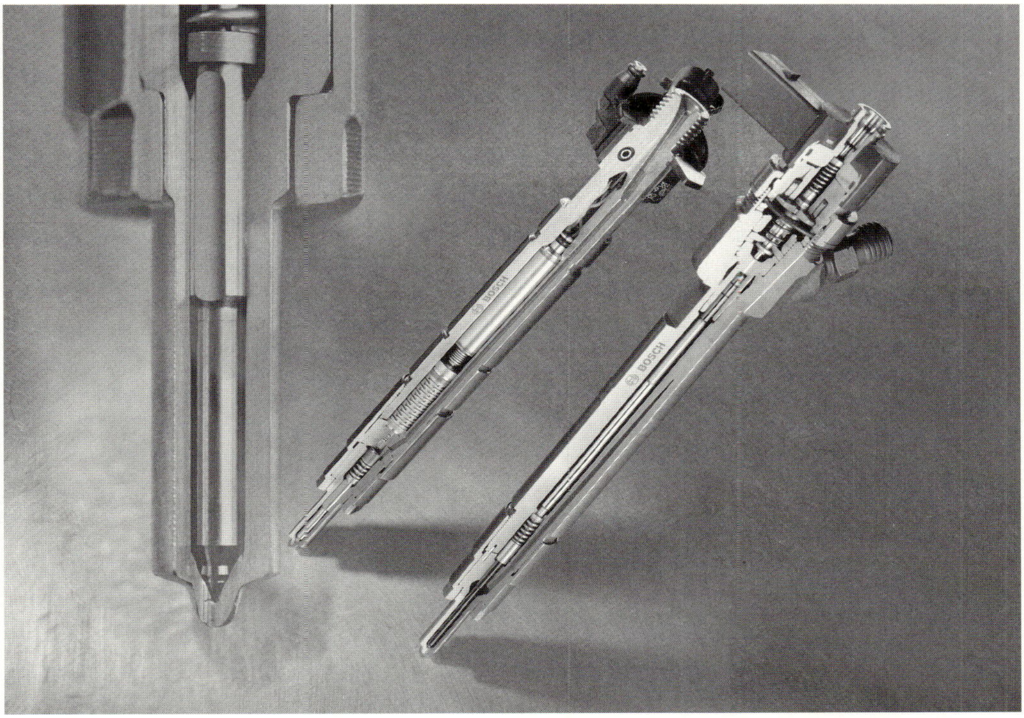

Bild 3-9 Vergleich zwischen Magnetventil-Injektor (rechts) und Piezo-Injektor (Mitte). Links wird ein Detail einer Düsennadel gezeigt. (Foto: Robert Bosch GmbH)

Aus elektrischer Sicht verhält sich ein Piezo-Injektor nicht wie eine Spule, sondern wie ein Kondensator, der zum Einspritzen aufgeladen und zum Schließen wieder entladen wird. Bild 3-9 zeigt die Schaltung zum Laden und Entladen Schaltung. Zum Laden wird der obere Transistor geschlossen, der untere Transistor bleibt offen. Zum Entladen wird der untere Transistor geschlossen, der obere Transistor bleibt offen. Prinzipiell genügen also zwei Transistoren zum Aufladen und zum Entladen, zu welchem Zweck wird dann noch eine Induktivität zu den Injektoren in Reihe geschaltet? Diese ergibt mit der Kapazität eines Injektors (und evtl. einem weiteren Kondensator) einen Schwingkreis. Zum Laden schließt der obere Schalter, aber exakt nach einer Halbwelle der Resonanzfrequenz beim Nulldurchgang des Stromes öffnet er wieder. Entsprechend nutzt auch der untere Transistor genau eine Halbwelle zum Entladen, er schaltet ebenfalls nur bei Nulldurchgängen des Stromes. Die Schaltung ermöglicht also das Öffnen und Schließen der Transistoren im stromlosen Zustand. Dadurch werden hohe Verlustleistungen beim Schalten in den Transistoren verhindert und durch die Vermeidung abrupter Schaltvorgänge mit hohen Strömen wird die Abstrahlung elektromagnetischer Störungen reduziert.

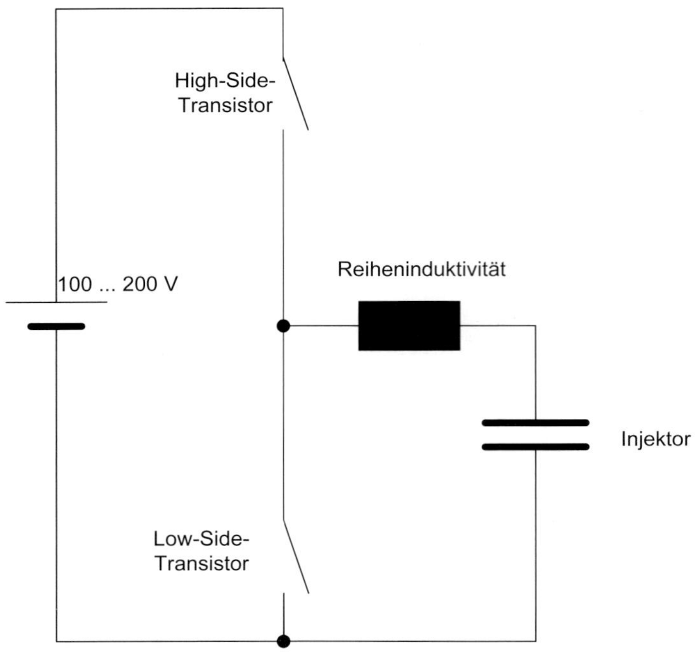

Bild 3-10
Prinzip der Ansteuerung eines Piezo-Injektors

3.2.6 Regelung des Raildrucks

Während die Einspritzmenge über die Anspritzdauer kurzfristig zwischen zwei Einspritzungen variiert werden kann, ändert sich der Raildruck zu träge. Ein hoher Raildruck ist wünschenswert, um eine feine Zerstäubung des Kraftstoffs im Brennraum zu erreichen. Würde man aber im Leerlauf mit einem maximalen Einspritzdruck von fast 2000 bar arbeiten, wäre der Motor unzumutbar laut und es wäre auch schwierig, bei solchen hohen Drücken mit entsprechend kurzen Ansteuerdauern kleine Mengen noch präzise darzustellen. Man wird also zuerst abhängig vom Fahrzustand einen geeigneten Druck auswählen und dann erst die Ansteuerdauer als Funktion der gewünschten Menge und des Raildrucks berechnen.

Die ersten Common-Rail-Systeme besaßen eine Hochdruck-Pumpe, die ungedrosselt und nur in Abhängigkeit der durch den Motor vorgegebenen Antriebsdrehzahl den Kraftstoff in das Rail pumpte. Da die Pumpe so ausgelegt ist, dass auch bei einer kleinen Motordrehzahl noch die maximale Kraftstoffmenge zum Beschleunigen verfügbar ist, wird nahezu ständig eine zu große Kraftstoffmenge in das Rail gepumpt, der Druck würde also immer weiter ansteigen, bis ein Überdruckventil anspricht. Um nun den Druck auf den gewünschten Wert einstellen zu können, lässt ein Druckregelventil den überschüssigen Kraftstoff wieder in den Kraftstoffrücklauf zum Tank ab. Nachteilig bei dieser Lösung ist, dass eine hohe Pumpleistung aufgebracht wird, die gar nicht benötigt wird. Ein weiterer Nachteil ist, dass diese Leistung in Wärme umgewandelt wird, dadurch kann der rücklaufende Kraftstoff Temperaturen annehmen, die zu einer Verformung des Kraftstofftanks aus Kunststoff führen.

Es leuchtet ein, dass es sinnvoll ist, von vornherein nur die Kraftstoffmenge zu pumpen, die auch wirklich gebraucht wird. Dies wird durch Systeme wie in Bild 3-5 erreicht, bei denen eine Saugdrossel vor der Pumpe sitzt. Erst nachdem einige hydraulische Probleme (Kavitation[6], ausreichende Kühlung und Schmierung der Pumpe) und gelöst waren, konnte diese Variante die Systeme mit Druckregelventil ablösen.

Die ältere Variante mit dem Druckregelventil hat aber auch zwei Vorteile. Ein Abbau des Druckes, z. B. beim Gaswegnehmen ist schneller möglich als über eine Drosselung der Fördermenge. Wer ein Fahrzeug mit Common-Rail-Einspritzung fährt, kann selbst eine Vorstellung vom Druckabbau gewinnen, indem er nach einer Beschleunigung das Gaspedal los lässt und nach wenigen Sekunden wieder leicht Gas gibt. Wenn der Motor dabei unangenehm laut knattert, liegt es an einem langsamen Druckabbau nach der Beschleunigungsphase. Ein weiterer Vorteil des Druckregelventils ist, dass in einigen Situationen, z. B. nach einem Kaltstart bei Frost, eine geringe Aufheizung des Kraftstoffs durchaus erwünscht sein kann.

Um die Vorteile beider Varianten zu nutzen, kombinieren deshalb inzwischen zahlreiche Systeme die Saugdrossel vor der Pumpe und das Druckregelventil am Rail. Je nach Betriebszustand wird der Raildruck dann entweder über die Drossel oder über das Druckregelventil geregelt. Ein weiterer Schritt ist, nicht nur zwischen den beiden Stellern umzuschalten, sondern ständig beide parallel zu nutzen. Eine solche Regelung mit zwei unterschiedlich wirkenden Stellgliedern ist allerdings regelungstechnisch sehr anspruchsvoll.

Die Regelung des Druckes setzt einen geeigneten Drucksensor im Rail voraus. Diese *Raildrucksensoren* sind ein Anwendungsbeispiel der *Mikrosystemtechnik* in der Sensorik. Durchgesetzt haben sich *piezoresistive* Sensoren, bei denen Druckänderungen in Widerstandsänderungen umgesetzt werden. Sie enthalten eine Metallmembran, die durch den Druck durchgebogen wird. Auf dieser Membran sind vier Dehnungsmessstreifen so aufgedampft, dass zwei Streifen mit zunehmender Biegung gestaucht, die anderen beiden gedehnt werden. Die vier Streifen sind zu einer Wheatstone-Brücke verschaltet, in deren Diagonalzweig eine zum Druck näherungsweise proportionale Spannung abgegriffen werden kann. Heutige Sensoren enthalten bereits eine elektronische Auswerteelektronik, welche die Brückenspannung auf die gewünschte Ausgangsspannung umrechnet und Temperatureinflüsse kompensiert [Bosch04D].

3.3 Drehzahlregelung

Die Drehzahl hängt unmittelbar mit der gerade gefahrenen Geschwindigkeit und dem eingelegten Gang zusammen. Eine Regelung findet in normalen Fahrsituationen nicht statt. Eine Änderung der Drehzahl ergibt sich aus der Einspritzmenge, die wiederum vom Fahrerwunsch abhängt und der Last, die z. B. vom Fahrzeuggewicht und der Steigung abhängt. Eine Regelung der Drehzahl ist in den meisten Fahrsituationen nicht erforderlich und findet auch nicht statt, da schon die Trägheit des Fahrzeugs dafür sorgt, dass die Drehzahl bei eingelegtem Gang nicht zu stark variiert.

Ein Sonderfall ist der Leerlauf. Wenn der Motor durch das Auskuppeln oder weil kein Gang eingelegt ist, keinen Kraftschluss mit den Rädern hat und der Fahrer kein Gas gibt, erwarten wir vom Motor einen ruhigen gleichmäßigen Lauf ohne hörbare Drehzahlschwankungen. Die-

6 Unter Kavitation versteht man in der Hydraulik das Problem, dass sich bei Unterdruck Blasen bilden können, deren späterer Zusammenfall zu Druckwellen führt, welche wiederum zu einem beschleunigten Verschleiß führen.

se Aufgabe übernimmt der *Leerlaufregler*, der heute als eine Software-Funktion im Motorsteuergerät realisiert ist.

Der Leerlaufregler benötigt zunächst eine Solldrehzahl. Eine zu hohe Leerlaufdrehzahl würde den Kraftstoffverbrauch, die Lautstärke und die Emissionen von Schadstoffen erhöhen (aus diesem Grunde wird die Leerlaufdrehzahl auch bei der regelmäßigen AU mit überprüft). Eine zu niedrige Drehzahl würde zu einem trägen Anfahrverhalten führen und der Generator könnte nicht mehr die benötigte Bordnetzspannung erzeugen. Ein typischer Wert liegt bei 750 min^{-1}. Es sind Situationen denkbar, in denen das Steuergerät eine höhere Drehzahl als Führungsgröße vorgibt, z. B. wenn ein kritischer Ladezustand der Batterie erkannt wird, ein Fahrzeug bei sehr kalten Außentemperaturen gerade gestartet wurde oder wenn größere Arbeitsmaschinen, z. B. die Hydraulik eines mobilen Krans angetrieben werden.

Die eigentliche Regelung erfolgt dann durch Vergleich zwischen der Ist- und der Solldrehzahl. Über einen PID-Regler wird das Moment bzw. die Einspritzmenge so variiert, dass die Solldrehzahl möglichst schnell und möglichst glatt wieder erreicht wird.

Eine besondere Situation liegt vor, wenn zwar ein Gang eingelegt ist, dass Fahrzeug aber ohne Betätigung des Gaspedals gefahren wird. Dies ist zwar kein Leerlauf im engeren Sinne mehr, aber auch hier wählt der Leerlaufregler eine geeignete Führungsgröße und versucht dieser exakt zu folgen. Insbesondere beim Befahren einer Steigung ohne Gas zu geben, zeigen sich erhebliche Unterschiede zwischen verschiedenen Fahrzeugen. Einige Fahrzeuge laufen sehr ruhig in die Steigung hinein, Andere beginnen zu ruckeln oder bleiben gar stehen. Interessant ist, dass bei diesem Versuch keine Beziehung zur Motorleistung erkennbar ist, maßgeblich ist die gekonnte Auslegung des Reglers durch den zuständigen Applikateur.

Eine weitere Aufgabe des Steuergerätes ist, bei Erreichen der zulässigen Drehzahl oder Fahrzeuggeschwindigkeit, die Menge zu reduzieren. Durch das *Abregeln* wird eine Überschreitung verhindert.

So wie die Drehzahl in manchen Situationen geregelt werden kann, lässt sich ebenfalls die Fahrgeschwindigkeit regeln. Darauf bauen Funktionen wie die Fahrgeschwindigkeitsregelung oder die Abstandsregelung auf, die im Kapitel über Anwendungen der Kfz-Elektronik erläutert werden.

3.4 Regelung des Luftsystems

Die motorische Verbrennung ist auf eine ausreichende Luftzufuhr angewiesen. Reicht die Luft nicht aus, verbrennt der Kraftstoff unvollständig. In Folge entstehen Schadstoffe und der Motor kann die geforderte Leistung nicht bringen. Während das Luftsystem eines Ottomotors möglichst genau die zur Kraftstoffmenge passende Luftmenge liefern muss, genügt es bei einem Dieselmotor die mindestens zur vollständigen Verbrennung erforderliche Luftmenge zu liefern. Eine höhere Menge ist unproblematisch, deswegen werden Dieselmotoren in den meisten Betriebssituationen mit einem Luftüberschuss betrieben. Knapp wird das Luftangebot eventuell in dynamischen Situationen, in denen viel Kraftstoff eingespritzt wird. Dies äußert sich bei vielen Dieselfahrzeugen in einem schwarzen Rauchstoß beim Beschleunigen.

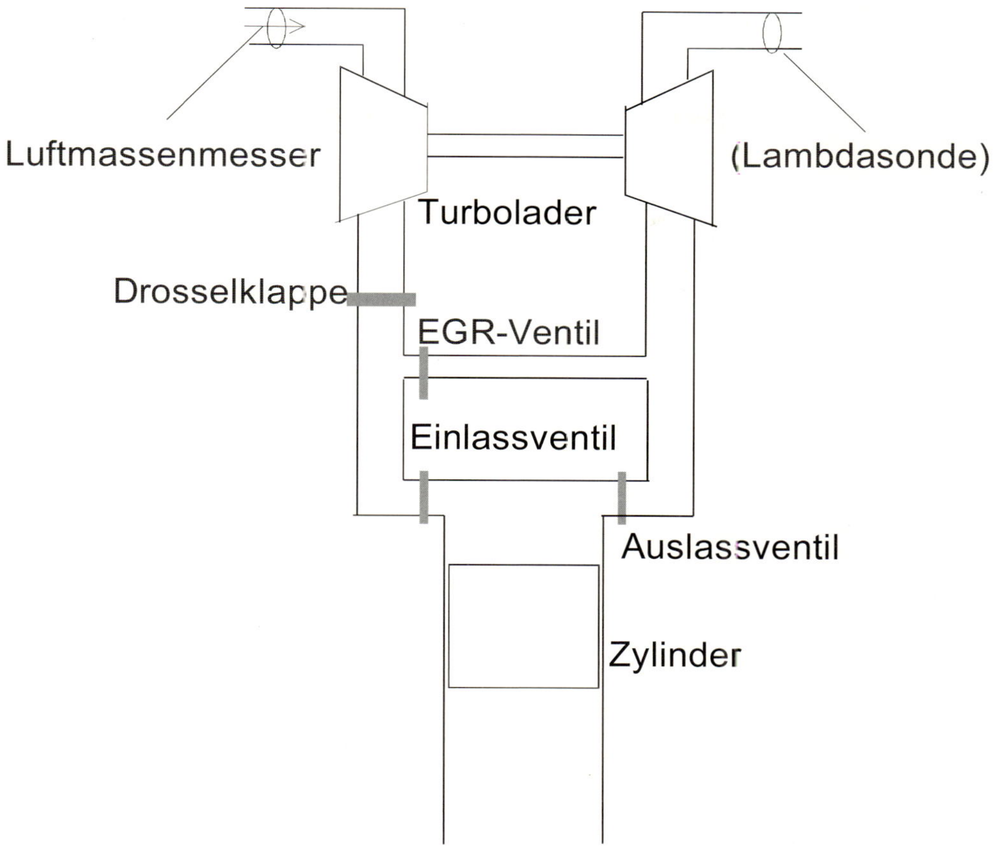

Bild 3-11 Luftsystem eines modernen Dieselmotors mit Sensoren und Aktoren (EGR: Abgasrückführung)

Es gibt aber auch Situationen, in denen ein Luftmangel erwünscht ist. Der Verbrennungsprozess des Dieselmotors ist mit höheren Spitzentemperaturen (zwischen 1000 °C und 2000 °C) als bei Ottomotoren verbunden. Bei solch hohen Temperaturen reagiert auch der in der Luft enthaltene Stickstoff[7] mit dem Sauerstoff. Es entstehen Stickoxide, vor allem Stickstoffmonoxid (NO) und Stickstoffdioxid (NO_2) [MeScSO04]. Die Mengen an Stickoxiden sind so hoch, dass es für Dieselmotoren schwierig ist, die heutigen Grenzwerte[8] einzuhalten. Dieses Problem wird gelöst, indem ein Teil des Abgases wieder zum Einlass des Zylinders rückgeführt wird. Diese Technik wird als *Abgasrückführung* (*AGR*) oder *Exhaust Gas Recirculation* (*EGR*) bezeichnet.

---

7 Man bezeichnet die so entstehenden Stickoxide als thermische Stickoxide. Es gibt einen weiteren Reaktionsmechanismus bei niedrigeren Temperaturen, dessen Anteil an der Stickoxidbildung unter 10 % liegt.

8 Zum Zeitpunkt des Erscheinens gilt die Grenzwertstufe Euro4, gem. EU-Richtlinie [EU97], geändert durch die Richtlinien [EU01, EU02-88], in Deutschland eingeführt durch [BImSchV28].

Bild 3-11 zeigt ein Luftsystem, das den oben genannten Aufgaben gerecht wird. Um die Luftversorgung zu verbessern, saugt der Motor nicht nur selbst Umgebungsluft an, sondern ein Turbolader pumpt zusätzliche Luft in den Motor. Man nennt diesen Vorgang *Aufladen*. Nahezu alle Dieselmotoren, die heute auf den Markt kommen, vom PKW-Antrieb bis zum großen Schiffsdiesel sind aufgeladen. Hinter dem Turbolader befindet sich die durch ein Ventil verschließbare Abgasrückführung, die das Abgas wieder zum Einlass leiten kann. Die Drosselklappe unterstützt die Abgasrückführung. Auch die wichtigsten Sensoren sind eingezeichnet.

3.4.1 Abgasrückführung

Wie bereits einleitend erwähnt, hat die Abgasrückführung die Aufgabe, einen Teil der frischen Verbrennungsluft durch sauerstoffarmes Abgas zu ersetzen und damit die NO_X-bildende Temperaturspitze bei der Verbrennung zu senken. Die Abgasrückführung stellt eine künstliche Verschlechterung der Verbrennung dar, die nicht nur den Stickoxid-Ausstoß senkt, sondern auch die Motorleistung. Gleichzeitig entstehen mehr Russpartikel durch die kältere Verbrennung. Die Aufgabe einer Regelung ist es, einen günstigen Kompromiss zu realisieren.

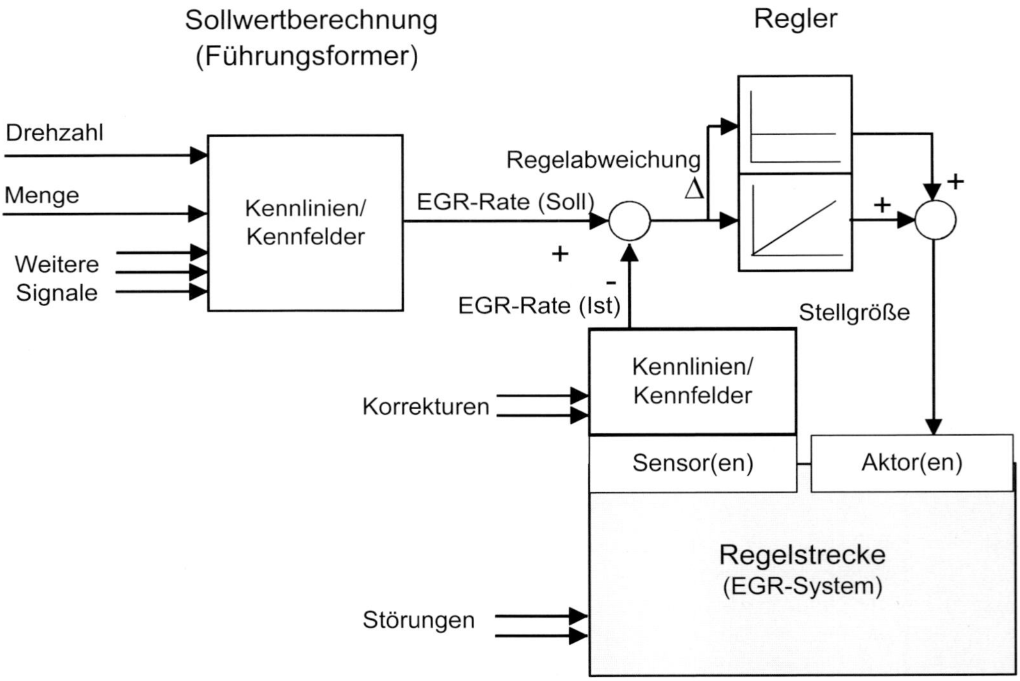

Bild 3-12 Regelung der Abgasrückführrate

Da die Spitzentemperatur bei der Verbrennung nicht direkt geregelt werden kann, dient die Abgasrückführrate als Regelgröße. Die maximal bei PKW-Dieselmotoren eingesetzten Rückführraten liegen in der Größenordnung um 50 %, d. h. die Hälfte der Zylinderfüllung stammt aus dem Abgas, der Rest ist Frischluft. Sobald die Rückführrate vom Sollwert abweicht, steigt entweder die NO_X-Emission wieder drastisch an oder verbunden mit einem Leistungsverlust und einer Verkokung des Turboladers die Ruß-Emission. Es handelt sich also um eine äußerst sensible Regelung, die obendrein nicht nur bei einem Neufahrzeug, sondern auch bei einem gealterten Fahrzeug die optimale Rückführrate präzise einstellen muss. Auch hier ist sehr viel Erfahrung der Ingenieure gefordert, für jeden Betriebszustand die richtige Rate als Führungsgröße zu definieren. Umfangreiche Prüfstandsversuche sind unverzichtbar. Bild 3-12 zeigt den grundsätzlichen Aufbau der Regelung.

Als Sensor dient in einfachen Systemen, nur der in Bild 3-11 gezeigte *Luftmassenmesser*. Dieser misst nicht direkt die Rückführrate, sondern die angesaugte Frischluftmasse. Die ältesten Luftmassenmesser bestanden aus einer Klappe, die durch den Luftstrom angehoben wurde. Über ein Potentiometer konnte dann der Winkel dieser Klappe gemessen werden. Abgelöst wurden diese mechanischen Sensoren durch Hitzdrahtsensoren. Diese wurden dann zu den heute verbreiteten Heißfilm-Sensoren weiterentwickelt. Deren Prinzip ist in Bild 3-13 dargestellt.

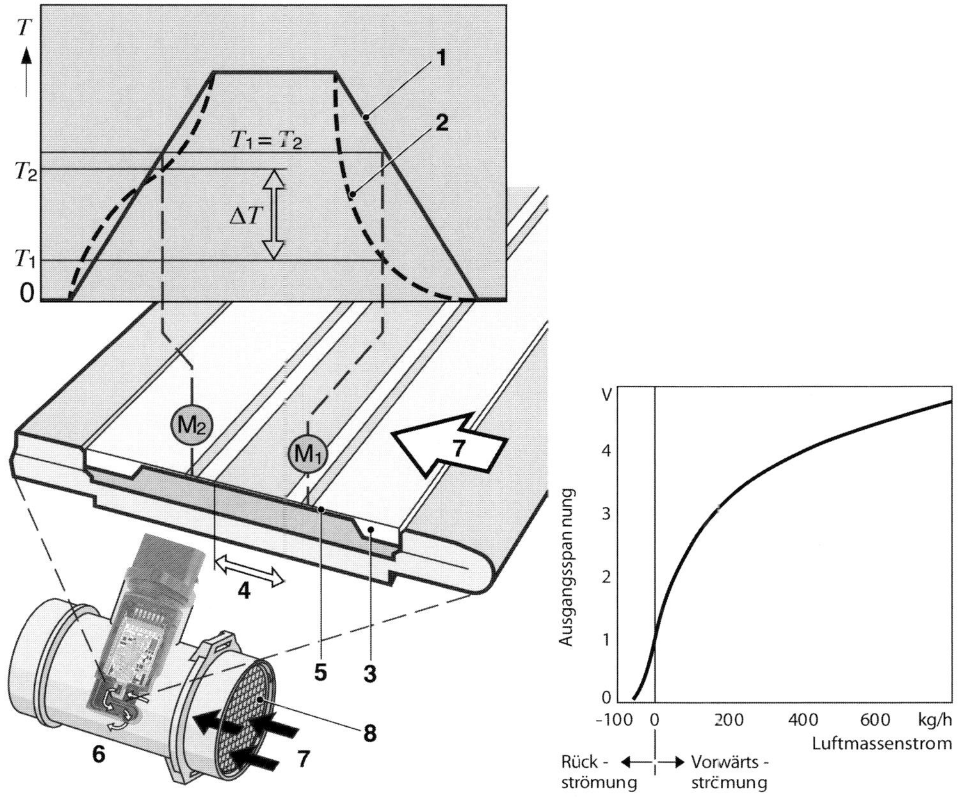

Bild 3-13 Aufbau und Prinzip des Heißfilm-Luftmassenmesser (Bild: Robert Bosch GmbH)

In der Mitte des Sensorelements befindet sich eine beheizte Zone, auf beiden Seiten der Heizung befinden sich Temperatursensoren. Wenn keine Luft durch den Sensor strömt, stellt sich eine symmetrische Temperaturverteilung um die Heizung ein und beide Sensoren liefern das gleiche Signal. Wenn nun Luft über die Oberfläche strömt, dann wird der in Strömungsrichtung vordere Sensor durch die Luft abgekühlt. Da die Luft über der Heizfläche Wärme aufnimmt, wird der hintere Sensor nur noch sehr schwach gekühlt. Die Temperaturdifferenz vor und hinter der Heizfläche wird als Maß für die vorbeiströmende Luftmasse und auch für die Strömungsrichtung benutzt. Das Sensorelement ist komplett mit der Auswertungselektronik im Sensorgehäuse integriert. Die vorbeiströmende Luft enthält Staub und Öldämpfe aus dem Kurbelgehäuse des Motors. Der Sensor muss trotzdem über die gesamte Fahrzeuglebensdauer präzise messen, andernfalls richtet die Abgasrückführung mehr Schaden an, als sie nützt. Grobe Abweichungen können die Motorsteuergeräte über Plausibilitätsprüfungen selbst erkennen und melden dann den Defekt.

Zu bedenken ist, dass der Heißfilm-Luftmassenmesser nicht direkt die Rückführrate misst. Da aber das gesamte Luftvolumen des Motors bekannt ist, kann die Differenz zwischen der gemessenen Frischluftmenge und der Gesamtmenge nur aus der Abgasrückführung stammen, solange sich keine Undichtigkeiten im Luftsystem befinden. Da der Sensor die Luftmasse misst, die bekannte Größe aber das Luftvolumen im Motor ist, muss das Volumen in eine Masse umrechnen. Hierzu muss das Steuergerät die Dichte kennen, die mit Hilfe eines Drucksensors und ggf. eines Temperatursensors bestimmt wird.

Komplizierter wird die Berechnung, wenn die Massenströme sich z. B. beim Beschleunigen ändern. Dann trifft diese einfache Bilanzrechnung vorübergehend nicht mehr zu. Dieses Problem könnte man durch einen weiteren Luftmassensensor direkt innerhalb der Abgasrückführung messen. Dieser Sensor würde allerdings unter gegenüber wesentlich ungünstigeren Umgebungsbedingungen (Temperaturen, Ruß, korrosive Abgasbestandteile) arbeiten müssen, als der Frischluftsensor.

Man könnte die Inkonsistenz im dynamischen Betrieb zwischen den tatsächlichen Luftverhältnissen am Zylinder-Einlass und der geometrisch weit davor stattfinden Luftmessung auch durch eine aufwändige Simulationsrechnung der Gasströmung und der thermodynamischen Zustandsgrößen reduzieren. Regelungen, die das Verhalten der Regelstrecke durch eine Simulation zu erfassen versuchen, nennt man auch *modellbasierte Regelungen*. Wenn man sich vergegenwärtigt, dass in der Forschung und Entwicklungen schnelle Rechner oder gar Rechnerfarmen für Simulationsrechnungen verwendet, wird sehr schnell deutlich, dass das Modell sehr einfach gehalten werden muss und trotzdem extreme Anforderungen an die Rechenleistung der Steuergeräte stellt. Da diese aber steigt, könnten modellbasierte Regelungen, die heute kaum eingesetzt, in Zukunft an Bedeutung gewinnen.

Weitere Informationen kann eine Lambda-Sonde im Abgastrakt liefern, die ursprünglich für die Gemischregelung von Ottomotoren entwickelt wurde, inzwischen aber auch immer mehr Aufgaben in Dieselmotoren übernimmt. Sie misst den Restsauerstoff im Abgas und wird im Abschnitt über Abgasnachbehandlung genauer erläutert.

Als Aktor für die Abgasrückführung wird mindestens ein Ventil in der Abgasrückführleitung verwendet. Üblich ist es, dieses Ventil durch eine Drosselklappe zu unterstützen. Öffnet man das Abgasrückführventil, wird dabei durch die Drosselklappe gleichzeitig die Frischluftzufuhr reduziert. Die Aktoren werden häufig durch einen Elektromotor angesteuert und besitzen oft Potentiometer zur Lagerückmeldung. Ebenfalls noch verwendet werden pneumatisch betätigte Rückführventile und Drosselklappen. Diese Arbeiten nicht mit Überdruck, sondern durch einen Unterdruck, der von der Vakuumpumpe für den Bremskraftverstärker erzeugt wird. In diesem Falle befinden sich *elektropneumatische Wandler* in den Unterdruckleitungen, die elektrisch vom Steuergerät einstellbar ein Druckniveau zwischen dem Pumpenvakuum und dem Atmosphärendruck einstellen können.

3.4.2 Aufladung

Die Luftmenge, die ein Motor aufnehmen kann, wenn der Kolben im Einlasstakt als saugende Pumpe wirkt, ist bei Atmosphärendruck durch das Volumen des Zylinders begrenzt. Erhöhen ließe sich diese Menge, wenn die Luft mit einem Überdruck in den Zylinder gepresst wird. Dadurch verbrennt der Kraftstoff in den Phasen, in denen eine große Menge eingespritzt wird, besser und damit entsteht weniger Rauch. Darüber hinaus lässt mit einer vergrößerten Luftfüllung auch mehr Kraftstoff verbrennen und mehr Leistung erzeugen. **Tatsächlich lässt sich mit einer Verdopplung des Ladedrucks der gleiche Effekt wie mit einer Verdopplung des Hubraums erzielen**, als Formel wird dieser Zusammenhang in [BasSch07] erläutert. Üblich sind Ladedrücke bis zum 2,5-fachen Atmosphärendruck.

Es gibt verschiedene Verfahren, Motoren aufzuladen. Hier soll nur das gängigste Verfahren betrachtet werden, nämlich die Aufladung mit Hilfe eines Abgasturboladers, kurz *Turbolader* genannt.

Ein Turbolader, wie er in Bild 3-11 dargestellt ist, besteht aus einem Pumpenrad im Ansaugtrakt, das über eine Welle von einer Turbine angetrieben wird. Die Turbine wird durch die Energie im Abgasstrom angetrieben. Dies hat im Vergleich zu einem motorgetriebenen Kompressor den Vorteil, dass die Abgasenergie sinnvoll genutzt wird und den Nachteil, dass insbesondere bei kleinen Drehzahlen die Energie im Abgas nicht ausreicht, um einen nennenswert erhöhten Ladedruck aufzubauen. Dieser Drehzahlbereich wird umgangssprachlich auch als *Turboloch* bezeichnet und ist für den Fahrer spürbar. Insofern ersetzt ein Turbolader doch nicht in jeder Fahrsituation einen größeren Hubraum.

Die Aufgabe des elektronischen Motorsteuergerätes liegt nun darin, den Ladedruck zu regeln und eine schädliche Drucküberhöhung zu vermeiden. Zu diesem Zwecke befindet sich hinter dem Turbolader ein Drucksensor[9], der ähnlich aufgebaut sein kann, wie der zuvor beschriebene Raildrucksensor. Da der *Ladedrucksensor* aber einen fast um den Faktor 1000 kleineren Messbereich hat, wird seine Membran kostengünstiger aus Silizium gefertigt. Ein Lufttemperaturfühler wird oft in den Ladedrucksensor integriert.

Die Software im Steuergerät besteht wieder aus einer Vorgabe der Führungsgröße und dem Regler mit meist PI-Charakteristik, der die Differenz zwischen Führungsgröße und Istwert (Regelabweichung) in eine geeignete Stellgröße umsetzt. Da der Ladedruck einen erheblichen Einfluss auf das Fahrverhalten und den Krafftstoffverbrauch hat, können Steuergeräte eventuell die Führungsgrößen passend zum messbaren Fahrstil auswählen.

Als Stellgröße stand bei älteren Turboladern nur ein Ventil zur Verfügung, dass einen Bypass (*Wastegate*) um die Abgasturbine öffnen und schließen kann. Bei modernen Ladern kann die

---

9 Ein einfacher Tuningtrick besteht darin, durch einen Widerstand das Signal des Ladedrucksensors zu verfälschen. Die zulässigen Spitzendrücke werden dadurch regelmäßig überschritten, die Lebensdauer der betroffenen Motorkomponenten wird verkürzt. Darüber hinaus entfällt jegliche Gewährleistung. Die Betriebserlaubnis erlischt, eine weitere Teilnahme am öffentlichen Verkehr kann ist strafbar.

Abgasturbine durch stufenlos verstellbare Leitschaufeln unterschiedlich angeströmt werden. Man nennt dieses Verstellprinzip *VTG* (**V**ariable **T**urbine **G**eometry) oder *VNG* (**V**ariable **N**ozzle **G**eometry).

Zur Ladedruckbegrenzung werden ebenfalls das Wastegate oder die Leitschaufeln angesteuert.

3.5 Abgasnachbehandlung

Motorische Maßnahmen zur Absenkung der Stickoxidemissionen, z. B. Abgasrückführung oder späte Einspritzung führen beim Dieselmotor zu erhöhten Partikelemissionen. Umgekehrt führen zahlreiche Maßnahmen zur Reduktion der Partikelemissionen zu erhöhten Emissionen von Stickoxiden. Um nun die schädliche Abgase zu minimieren, bieten sich drei Möglichkeiten:

- ein Kompromiss zwischen Stickoxiden und Partikeln wird gesucht,
- der Motor wird auf minimale NO_X-Emissionen optimiert, die dabei zusätzlich entstehenden Partikel werden gefiltert oder
- der Motor wird auf minimale Partikelemissionen optimiert, die dabei zusätzlich entstehenden Stickoxide werden gefiltert.

Ein weiterer Ansatz wäre, den Kohlenstoffanteil der Partikel dazu zu nutzen, die Stickoxide chemisch zu reduzieren, damit würden sich die Partikel und Stickoxide gegenseitig beseitigen. Dieser Ansatz, auch *Continuous Regeneration Trap* (*CRT*) genannt, funktioniert aber nur in einem sehr engen Verhältnis der beiden Edukte und ähnelt in der Praxis der zweiten Variante.

Die Grenzen der ersten Variante, einen Kompromiss zwischen Partikel- und Stickoxid-Emissionen zu suchen, sind inzwischen nahezu erreicht und die neue Abgasnorm Euro 5 löst einen Wechsel zu den anderen beiden Varianten aus. Dabei zeichnet sich ab, dass sich bei PKW die Stickoxid-Optimierung der Verbrennung mit einem nachgeschalteten Partikelfilter durchsetzt, während sich bei LKW die Ruß-Optimierung der Verbrennung mit nachgeschaltetem NO_X-Filter durchsetzt.

Wird das Abgas des PKW mit Hilfe eines Filters von den Rußpartikeln befreit, muss die Elektronik sicher die Beladung des Filters erkennen und rechtzeitig die Reinigung einleiten. Die Ladungserkennung kann über eine Druckdifferenz erfolgen. In diesem Falle befinden sich in der Abgasanlage zwei Drucksensoren, einer vor und einer hinter dem Filter. Anstelle zweier Sensoren wird auch gerne ein Differenzdrucksensor verwendet. Solange das Filter frei ist, kann das Abgas weitgehend unbehindert strömen und zwischen den beiden Sensoren stellt sich nur eine kleine Druckdifferenz ein. Setzt sich das Filter langsam mit Ruß zu, steigt zunächst der Strömungswiderstand und damit auch der Druckunterschied. Das zuständige Steuergerät, meist wird dies das Motorsteuergerät sein, kann nun durch einen Vergleich von Volumenstrom und Druckdifferenz (z. B. mit Hilfe eines Kennfeldes) entscheiden, ob eine Regeneration schon nötig ist.

Für den Abgasvolumenstrom ist kein eigener Sensor nötig, da das Motorsteuergerät die angesaugte Luftmasse misst und auch die einzuspritzende Kraftstoffmenge (Sollmenge) kennt. Verfälschungen dieser Abgasvolumenbestimmung können auftreten durch Abgasrückführung und durch Abweichungen zwischen der rechnerischen Einspritzmenge und der tatsächlich eingespritzten Menge. In diesem Falle ist ein Sensor hilfreich, der über den Sauerstoffgehalt des Abgases das Verhältnis von Luft zu Kraftstoff bestimmt, nämlich die λ-Sonde. Nur für diesen Zweck wäre der Einsatz einer teuren λ-Sonde weit übertrieben, sie kann jedoch viele weitere nützliche Aufgaben bei der Regelung der Abgasrückführung und bei der Erkennung unbeabsichtigter Verbrennung (z. B. von Schmieröl) oder von Verbrennungssaussetzern übernehmen.

Aufgrund des Kostendrucks in der Autoindustrie würde man gerne auch auf die Drucksensoren verzichten. Dies ist zu Lasten der Genauigkeit möglich, indem keine Druckdifferenz gemessen wird, sondern das Steuergerät in einer Simulationsrechnung anhand der Fahrzustände die Beladung des Filters schätzt. Selbst mit Sensoren kann solch eine Simulation helfen, durch Implausibilität zwischen Rechnung und Messung Sensorfehler zu erkennen.

Wenn im Nutzfahrzeugbereich der Motor so eingestellt ist, dass er keinen Ruß produziert, sondern Stickoxide, dann erreicht man damit hohe Wirkungsgrade und einen geringen Kraftstoffverbrauch, für Spediteure ergibt sich ein Kostenvorteil. Die Reduktion der Stickoxide gilt aber als zu komplex für PKW. Ein einfaches für PKW entwickeltes Verfahren, ein Katalysator der die Stickoxide durch chemische Bindung einspeichert und durch gelegentliche Anfettung des Gemisches regeneriert wird, konnte sich bislang nicht durchsetzen. Bei LKW werden die Stickoxide durch *selektive katalytische Reduktion* (*Selective Catalytic Reduction, SCR*) reduziert, ein Verfahren, das sich bereits einige Jahrzehnte in Großanlagen (Kraftwerken) bewährt hat.

Bei der SCR wird eine wässrige Lösung von 32,5 % Harnstoff (an Tankstellen abgegeben unter dem Markennamen AdBlue, Markeninhaber VDA) in den Abgaspfad eingeblasen. Diese Lösung ist ungiftig und kostengünstig, gefriert allerdings bei –11 °C, deswegen muss die Steuerelektronik ggf. eine Heizung für den Behälter einschalten. Im Reduktionskatalysator reagiert der Harnstoff (NH_2-CO-NH_2) mit dem Wasser (H_2O), wobei sich Kohlendioxid (CO_2) und Ammoniak (NH_3) bildet. Ammoniak ist ein starkes Reduktionsmittel, das die Stickoxide nun zu Stickstoff reduziert. Dieser Katalysator als Chemie-Reaktor muss elektronisch geregelt werden. Falls zu wenig Harnstofflösung eingespritzt wird, bleibt das Potential des Filters unausgenutzt, wird zuviel eingespritzt, bleibt Ammoniak übrig. Die Reaktion findet bei Temperaturen ab ca. 200 °C statt. Der Vorgang wird durch Temperatursensoren und einen Sensor, der den Stickoxidgehalt des Abgases hinter dem Filter und evtl. auch den Ammoniakgehalt misst, überwacht. Eine weitere Option ist, die Zusammensetzung der Harnstoff-Lösung elektrochemisch zu messen und die Einspritzung bei zu geringem Harnstoffgehalt zu unterbinden. Dieses Abgasnachbehandlungssystem hat meist ein eigenes in der Dosiereinheit verbautes Steuergerät, das über einen CAN-Bus mit dem Motorsteuergerät in Verbindung steht. Von Bosch wird dieses System unter der Bezeichnung Denoxtronic vermarktet. Bosch beziffert die Einsparungen im Verbrauch durch den damit ermöglichten NOx-reichen Betrieb auf 5 %. Inzwischen stattet Daimler auch einige PKW für den amerikanischen Markt mit solch einem System (Daimler-Markenbezeichnung „BlueTec") aus.

Trotz einer präzisen Regelung entweichende Reste von Ammoniak können durch ein Sperrfilter in Form eines Oxidationskatalysators eliminiert werden

3.5.1 Lambda-Sonde

Die λ-Sonde ist eine *elektrochemische Zelle*. Sie besteht aus einer Keramik, die bei hohen Temperaturen für Ionen leitfähig wird, sie ist also ein fester Elektrolyt. Das als Keramik hier verwendete Zirkondioxid (ZrO_2) beginnt bei ca. 350 °C für Sauerstoff-Ionen leitfähig zu werden, die optimale Betriebstemperatur liegt bei ca. 600 °C. Üblich ist eine elektrische Beheizung der Sonde, da die Abgastemperatur insbesondere nach dem Start nicht immer ausreicht.

Auf einer Seite der Keramik-Schicht strömt das Abgas vorbei, auf der anderen Seite befindet sich eine Referenzluft mit einem bekannten Sauerstoffgehalt von 21 %. Als Referenzluft eignet sich die Umgebungsluft. Wenn sich im Abgas deutlich weniger Sauerstoff befindet, kommt es zu einem Konzentrationsgefälle infolge dessen negativ geladene Sauerstoff-Ionen durch das Material zur sauerstoffarmen Abgasseite diffundieren. Dadurch bildet sich eine negative Spannung von ca. 0.8 V bis 1 V auf der Abgasseite. Diese Spannung kann über Platin-Elektroden abgegriffen und ausgewertet werden. Enthält das Abgas hingegen noch freien Sauerstoff, findet nur noch eine schwache Diffusion statt und die Spannung erreicht kaum 100 mV. Eine präzise Messung ist schwierig, da sich die Spannung sprunghaft bei $\lambda=1$ ändert. Es ist nur möglich sauerstoffarmes und sauerstoffreiches Abgas (dessen Sauerstoffanteil in der Regel immer noch geringfügig unter der Umgebungsluft liegt) zu unterscheiden. Dies ist für eine Zweipunktregelung des Luft-Kraftstoff-Verhältnisses eines Otto-Motors ausreichend, für weitere Aufgaben wünscht man jedoch genaue Messwerte.

Zu diesem Zweck wurden die Breitband-Lambdasonden entwickelt. Zur Unterscheidung werden die konventionellen, sprunghaft reagierenden Lambdasonden auch Zweipunkt-Lambda-Sonden genannt.

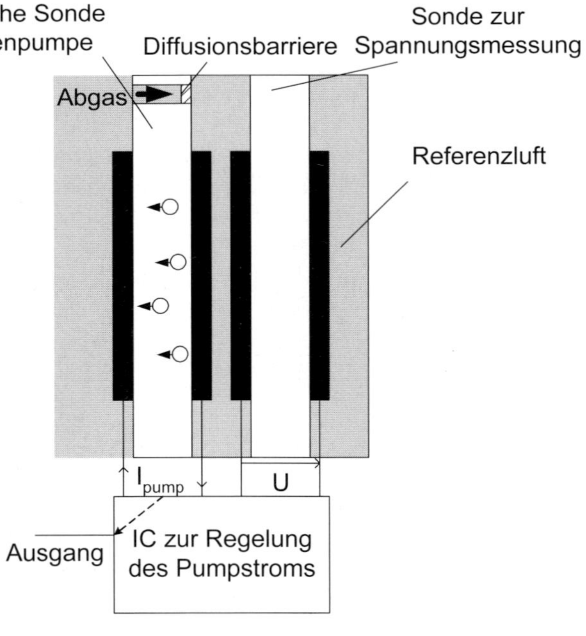

Bild 3-14
vereinfachtes Prinzip einer Breitband-Lambdasonde

Bild 3-14 zeigt den prinzipiellen Aufbau einer Breitband-Sonde. Rechts befindet sich eine Sonde, die wie eine einfache Zweipunkt-Sonde arbeitet. Links befindet sich eine weitere ZrO_2-Schicht, die nicht als Messsonde, sondern umgekehrt als Ionenpumpe betrieben wird. Zu diesem Zweck wird ein geregelter Strom in die linke Pumpschicht eingespeist, der die Sauerstoff-Ionen je nach Polarität in beide Richtungen pumpen kann.

Ist das Abgas in der mittleren Kammer sauerstoffarm, erkennt die rechte Sonde, dass $\lambda<1$. Der Regler erzeugt jetzt einen Strom, der die Sauerstoff-Ionen von der Elektrode im äußeren Abgasstrom in die Kammer pumpt, bis die rechte Sonde erkennt, dass λ=1erreicht ist. Der dazu erforderliche Pumpstrom ist ein Maß für den Sauerstoffgehalt des Abgases.

Eine Diffusionsbarriere verhindert ein sofortiges Nachströmen von links. Ist das Abgas in der mittleren Kammer sauerstoffreich (λ>1), würde die linke Zelle die Sauerstoff-Ionen wie im Bild angedeutet herauspumpen, bis die rechte Zelle λ=1 meldet. Über den sich langsam ändernden Pumpstrom durch die linke Schicht kann die Luftzahl wesentlich feinfühliger bestimmt werden, als über die sich sprunghaft ändernde Spannung über der rechten Schicht. Diese dient deshalb nur noch dazu, die linke Pumpe zu steuern und wird nicht mehr direkt vom Steuergerät ausgewertet.

3.5.2 NO_X-Sonde

NO_X-Sonden sind nicht nur für das SCR-Verfahren interessant, sondern auch für Speicherkatalysatoren bei Dieselmotoren oder direkteinspritzenden Otto-Motoren. Ein im Kfz-Bereich angewandtes Verfahren beruht auf der λ-Sonde. Die zugrunde liegende Idee ist, in der Messsonde die Stickoxide katalytisch zu spalten und über den dabei frei werdenden Sauerstoff nach dem Prinzip einer Breitband-Lambdasonde zu messen [Hertzb01]. Es existieren sechs verschiedene Oxide des Stickstoffs (N_2O, NO, N_2O_3, NO_2, N_2O_4, N_2O_5), die es zunächst unmöglich erscheinen lassen, aus der Anzahl der aus Stickoxiden katalytisch abgespaltenen Sauerstoff-Ionen eindeutig Rückschlüsse über Stickoxid-Mengen zu ziehen. Im frischen Abgas dominiert aber zu fast 100 % das Monoxid (NO), damit ist die Menge bestimmbar.

Von Bedeutung für die Umwelt sind vor allem das N_2O (Lachgas) und das NO_2 (Stickstoffdioxid). Das Lachgas kommt nur in Spuren vor, ist aber ein potentes Treibhausgas. NO_2 ist das dominierende Stickoxid in der Atmosphäre, weil das im Abgas noch überwiegende NO bereits unter Umgebungsbedingungen zu NO_2 oxidiert.

3.6 Thermomanagement

Das Ziel des Thermomanagements ist, nach dem Start zunächst schnell die optimale Betriebstemperatur des Motors von ca. 90 °C zu erreichen und dann zu halten. Gewöhnlich geschieht das noch über eine mechanisch angetriebene Wasserpumpe und über eine Zweipunktregelung mit Hilfe eines Thermostaten. Der Thermostat bewirkt, dass bei noch kaltem Motor das Kühlwasser zunächst nicht über den Luftwärmetauscher (Kühler) fließt, sondern nur in einem kleinen Kreislauf.

Die heute noch übliche Lösung ist nicht optimal, weil eine mechanisch angetriebene Wasserpumpe dann die höchste Leistung bringt, wenn bei hohen Geschwindigkeiten ohnehin eine Kühlung durch den Fahrtwind vorhanden ist. Eine Verbesserung wird durch elektrisch angetriebene Wasserpumpen erzielt, deren Verbreitung allerdings die hohe Leistung des Elektromotors entgegensteht. Erst mit höheren Bordnetzspannungen erscheint ein elektronisch geregelter Wasserpumpenantrieb realistisch.

Hinter dem Kühler befindet sich ein Gebläse mit einem Lüfterrad, das den Luftstrom unterstützt, wenn der Fahrtwind nicht ausreicht. Das Gebläse wird vom Motorsteuergerät abhängig von der Kühlwassertemperatur gesteuert. Eventuell wird es auch nach Abstellen des Fahrzeugs und Ausschalten der Zündung noch angesteuert. In diesem Falle muss das Steuergerät während des Lüfternachlaufs auch noch seine eigene Spannungsversorgung aufrechterhalten. Bei größeren Motoren ist die Leistung elektrischer Lüfter zu hoch für das Bordnetz, in diesem Fall wird der Lüfter mechanisch über eine Ölkupplung (*Visco-Kupplung*) angetrieben. Steht z. B. bei Baumaschinen eine Hydraulikanlage zur Verfügung, werden auch Hydraulikmotoren zur Ansteuerung des oder der Lüfter verwendet.

Um schnell die Betriebstemperatur zu erreichen, werden bereits heute v. a. bei Dieselmotoren mit hohem Wirkungsgrad (und damit geringer Verlustleistung) elektrische Zuheizer im Kühlwasserkreislauf oder auch im Ansauglufttrakt verwendet. Als Zuheizer werden anstelle konventioneller Heizwiderstände immer häufiger *PTC-Heater* verwendet, dies sind selbstregelnde Heizelemente aus einer Keramik mit einem positiven Temperaturkoeffizienten. Bei Erreichen einer Solltemperatur steigt deren Widerstand sprunghaft an und der Heizstrom sinkt. Das Thermomanagement des Motors ist eine typische Aufgabe eines Motorsteuergerätes oder eines Hilfssteuergerätes, das mit der Motorsteuerung kommuniziert.

Im weitesten Sinne ist auch die Ansteuerung der Glühkerzen dem Thermomanagement zuzuordnen, oft wird diese Aufgabe von einem eigenen Steuergerät erfüllt. Die Glühkerzen ragen bei direkt einspritzenden Motoren in den Brennraum, bei Vorkammermotoren heizen sie die Vorkammerwände auf. Sie sollen eine schnellere Verdampfung des Kraftstoffes beim Kaltstart bewirken. Sie erreichen Oberflächentemperaturen von über 1000 °C. Das lange Vorglühen eines Dieselmotors vor dem Start, einst umgangssprachlich als Diesel-Gedenkminute bezeichnet, ist mit heutigen Glühkerzen nur noch bei tiefem Frost nötig. Die Glühkerzen können allerdings einen Strom von über 30 A (pro Kerze) verbrauchen, dies zu einem Zeitpunkt, zu dem auch der Anlasser Leistung von der evtl. kälteschwachen Batterie abfordert und der Fahrer womöglich Großverbraucher wie die Heckscheibenheizung eingeschaltet hat. Auch nachdem der Motor gestartet ist, können Glühkerzen zugeschaltet werden, um insbesondere im Leerlauf die Verbrennung zu verbessern (*Zwischenglühen*). Im Zusammenhang mit der Glühzeitsteuerung wird auch die gelbe Kontrollleuchte im Armaturenbrett angesteuert. Um den Fahrer nicht zu irritieren, leuchtet sie nicht bei jedem Glühvorgang, sondern nur wenn es sinnvoll ist, mit dem Starten zu warten. Die Glühsteuerung wird in Kapitel 6 noch einmal als Beispiel für eine Ablaufsteuerung aufgegriffen.

4 Bussysteme

4.1 Zuordnung von Funktionen zu Geräten

Die Elektronik im Fahrzeug erfüllt zahlreiche unterschiedliche Funktionen, z. B. die Motorsteuerung oder die Getriebesteuerung, wobei sich diese Funktionen wiederum in kleinere Teilfunktionen unterteilen lassen. Diese Aufteilung der Fahrzeugfunktionen in Unterfunktionen wird *Partitionierung* genannt Diese vielfältigen Aufgaben müssen von den Entwicklungsingenieuren auf physikalisch vorhandene Steuergeräte im Fahrzeug verteilt werden. Diese Abbildung von Funktionen auf physikalische Geräte wird auch *Mapping* oder vereinzelt ebenfalls Partitionierung genannt.

Ein zunächst nahe liegender Gedanke wäre, die zahlreichen elektronischen Systeme im Fahrzeug in wenigen oder gar in einem einzigen Steuergerät mit entsprechender Leistung zu vereinen. Bedenkt man, dass die teuersten Komponenten von Steuergeräten im Fahrzeug meist das Gehäuse, der Steckverbinder und die Leiterplatte sind, ließen sich dadurch Kosten senken. Dieser extreme Ansatz, alle Funktionen in einem einzigen Zentralsteuergerät unterzubringen, ist in Bild 4-1 angedeutet.

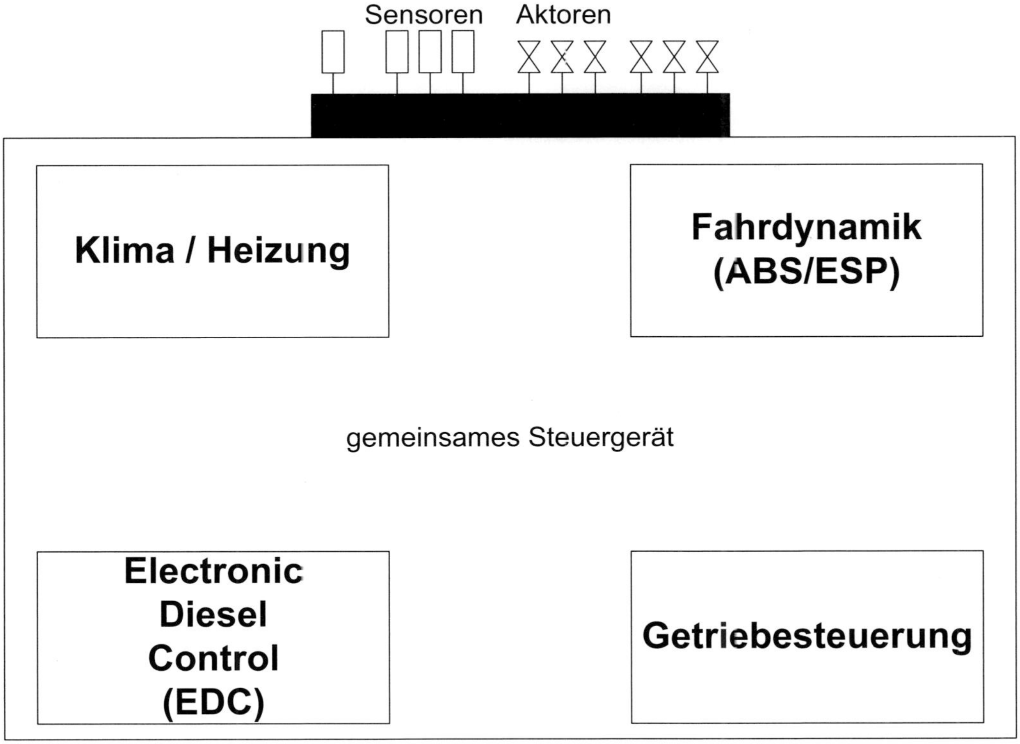

Bild 4-1 Abbildung vier wichtiger Funktionen auf ein einziges Zentralsteuergerät

Dieser scheinbaren Lösung stehen aber gewichtige Nachteile im Weg. Fahrzeuge kommen in einer hohen Anzahl von verschiedener Ausstattungen auf den Markt, die sich teilweise in Details unterscheiden, z. B. einer zusätzlichen Leuchte in der Fahrertür, die beim Öffnen angesteuert wird. Ein zentrales Steuergerät müsste alle denkbaren Varianten berücksichtigen und jede Änderung der Ausstattung würde ein anderes „Zentralsteuergerät" erfordern. Für den Hersteller ist es einfacher, wenn der Türlieferant stattdessen die komplette Tür liefert, in der bereits die genau zu dieser Tür passende Elektronik verbaut ist.

Noch wichtiger ist der Gedanke, funktionell nicht zusammengehörige Bereiche auch physikalisch zu trennen. Somit reduziert sich die Gefahr, dass z. B. eine Funktionsstörung im Komfortbereich auch die Funktion der Motorsteuerung stört. Eine Partitionierung, die getrennte Funktionen auch getrennten Steuergeräten zuordnet, ist in Bild 4-2 angedeutet.

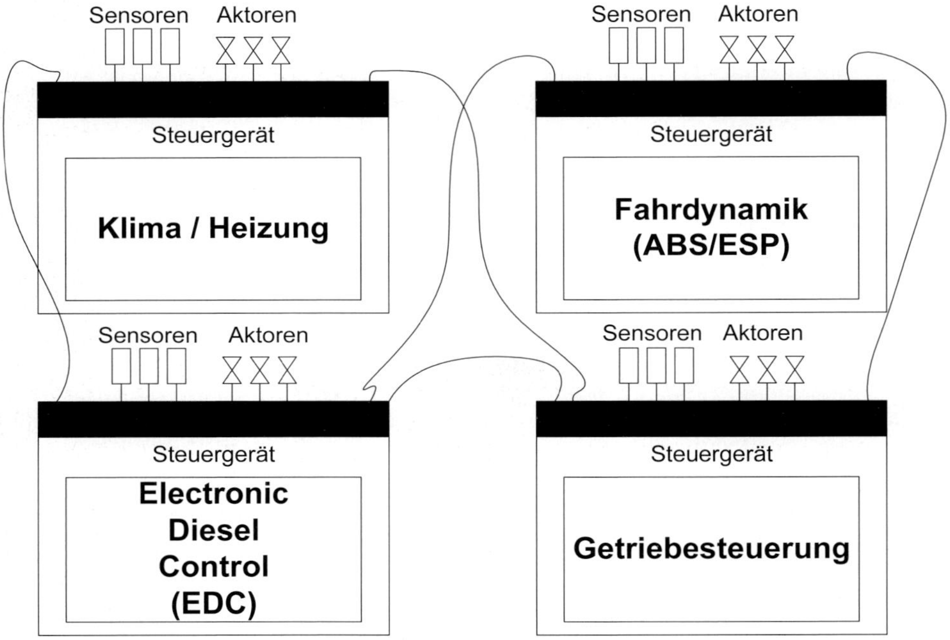

Bild 4-2 Abbildung vier wichtiger Funktionen auf vier spezialisierte Steuergeräte

Betrachtet man die Entwicklung der Fahrzeugelektronik, stellt man im Bereich des Antriebsstrangs fest, dass zwar bereits ein intensiver Informationsaustausch zwischen den verschiedenen Steuergeräten (Motor, Getriebe, ggf. weitere) besteht, die weitere Entwicklung aber eher zu einer Steigerung der Leistungsfähigkeit einzelner Steuergeräte, nicht aber zu einer Erhöhung der Anzahl führt [ATZ06]. Ursächlich sind hier vor allem die Abhängigkeit der Funktionen im Antriebsstrang von bestimmten Sensoren und die verhältnismäßig geringe Anzahl beteiligter Zulieferer.

Eine gegenläufige Tendenz ist im Bereich der Komfortelektronik zu beobachten. Die einzelnen Steuergeräte entwickeln sich hier in ihrer Leistungsfähigkeit kaum weiter, stattdessen steigt

HRZEUGVERNETZUNG - LÖSUNGEN VOM SPEZIALISTEN
Softing bietet Ihnen die passenden Werkzeuge, Standardsoftware und individuelle Dienstleistungen zu den Bussystemen CAN, LIN, FlexRay und MOST.
softing
Gleich informieren!
www.softing.com
Softing setzt auf Standards.
Nutzen Sie das Know-how aus langjähriger Mitarbeit in Standardisierungsgremien:
FlexRay™
ASAM
MOST
AUTOSAR

deren Anzahl mit der Integration zusätzlicher Funktionen, weil hier vor allem viele kleinere Komponenten von verschiedenen Zulieferern kommen.

Die Vernetzung verteilter Funktionen lässt sich realisieren durch analoge Leitungen, die jeweils ein Signal repräsentieren. Dieser Ansatz hat heute keine Bedeutung mehr, da dieses Verfahren störanfällig und unflexibel ist. Bei dem heutigen Umfang an ausgetauschten Daten würde damit auch der Kabelbaum zu dick und zu schwer werden. Bild 4-3 deutet einen kleinen Ausschnitt aus der Kommunikation zwischen 4 Steuergeräten an und verdeutlicht schon damit die Komplexität eines leitungsorientierten Ansatzes.

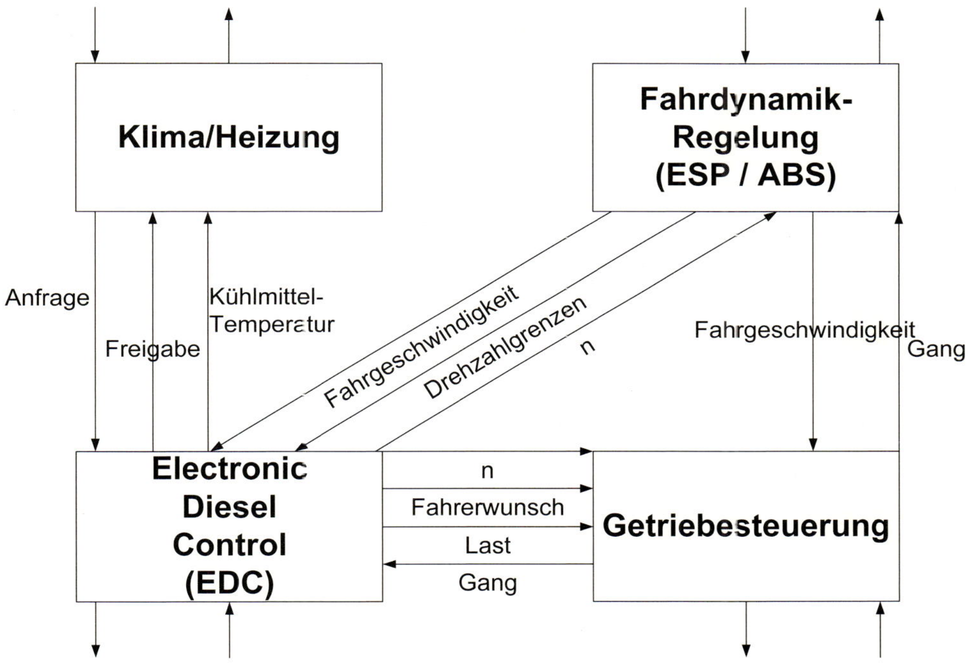

Bild 4-3 Ein kleiner Ausschnitt aus der Kommunikationsmatrix zwischen 4 Steuergeräten

4.2 Kfz-Elektronik als LAN

Wenn mehrere Teilnehmer unterschiedliche Nachrichten über die gleichen Leitungen austauschen, bezeichnet man dies als ein Bussystem. Erfolgt die Nachricht mittels Binärzahlen, die in digitaler Form übertragen werden, handelt es sich um ein digitales Bussystem. Es gibt keine analogen Bussysteme von praktischer Bedeutung im Automobil. Bild 4-4 zeigt, wie sich die Kommunikationsmatrix aus Bild 4-3 mit einem einzigen Bus realisieren lässt.

Solch eine Anbindung mehrerer Geräte an ein digitales Bussystem ist aus der Bürowelt bekannt. Dort werden mehrere PCs an einem Unternehmensstandort zu einem Netzwerk zusammengeschlossen. Solch ein Netzwerk bezeichnet man als *LAN* (*Local Area Network*, der entsprechende deutsche Begriff ist lokales Netzwerk).

Im Zusammenhang mit einer fahrzeuginternen Vernetzung ist der Begriff LAN weniger verbreitet (General Motors verwendet z. B. den Begriff GM-LAN), das Prinzip ist jedoch das selbe, mit den einzigen Unterschieden, dass anstelle von PCs und Druckern im Fahrzeug Steuergeräte vernetzt werden und dass die im Fahrzeug verwendeten Bussysteme diesem Zweck angepasst sind.

Diese Anpassungen resultieren vor allem aus den hohen Zuverlässigkeitsanforderungen im Fahrzeug und dem gleichzeitig vorhandenem erhöhten Kostendruck. Die Busauslastung ist hingegen im Fahrzeug gleichmäßiger und eher geringer, allerdings mit steigender Tendenz.

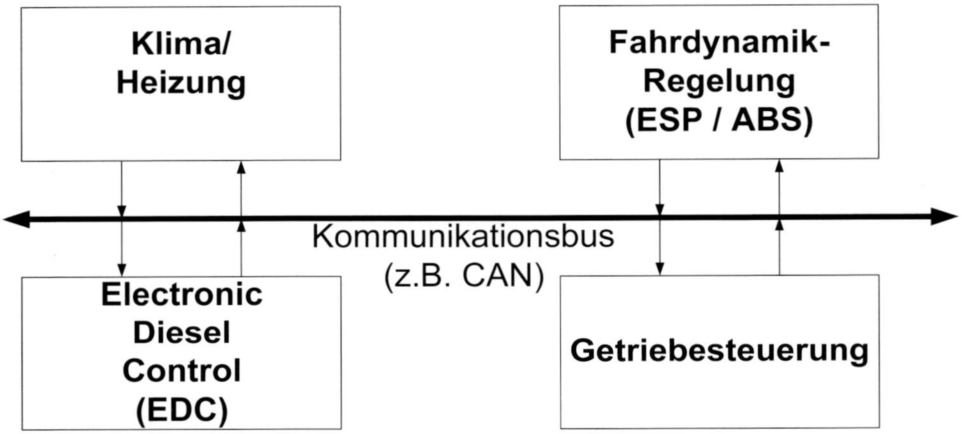

Bild 4-4 Vier über einen Bus kommunizierende Steuergeräte

Aus diesem Szenario heraus begann in den 80er Jahren die Entwicklung von Bussystemen im Fahrzeug. Dabei gab es zunächst viele unterschiedliche, nebenläufige Entwicklungen, bei denen es sich häufig um Alleingänge einzelner Fahrzeughersteller handelte, z. B. ABUS (Volkswagen) CAN (Bosch, Mercedes-Benz), J1850 (Ford, General Motors) [J1850], K-Bus (BMW), SCP (Ford), VAN (Renault, Peugeot) und weitere. Viele dieser Bussysteme haben inzwischen nur noch historische Bedeutung. Der CAN-Bus hingegen hat sich bewährt und ist heute der Standard-Bus in Fahrzeugen nahezu aller Hersteller. Deswegen wird dieser im folgenden Abschnitt auch sehr ausführlich beschrieben.

Bei der Beschreibung eines Bussystems ergeben sich zahlreiche Aspekte, die von den elektrischen Daten der verwendeten Leitungen bis hin zum Verschicken von Nutzdaten reichen. Die ISO hat einen Vorschlag unterbreitet, wie ein Kommunikationssystem in sieben Schichten unterteilt werden kann [ISO7498-1]. Dieser Vorschlag wird auch als ISO-OSI-Modell bezeichnet, wobei OSI für **O**pen **S**ystems **I**nterconnection steht. Diese sieben Schichten können zunächst als Schema oder auch als Checkliste betrachtet werden, um die zahlreichen Merkmale, die erforderlich sind, um eine Kommunikation von den elektrischen Spannungen bis hin zur Anwendung in unterschiedliche Kategorien einzusortieren. Darüber hinaus ermöglichen sie die modulare Implementierung von Kommunikationsprotokollen.

Bei digitalen Bussystemen im Fahrzeug oder in Automatisierungseinrichtungen, die über keine Vermittlungsstellen verfügen und deren Anwendung nur ein einfacher Datenaustausch zwischen Geräten ist, genügt es meist, sich auf ein vereinfachtes Modell mit drei Schichten zu beschränken.

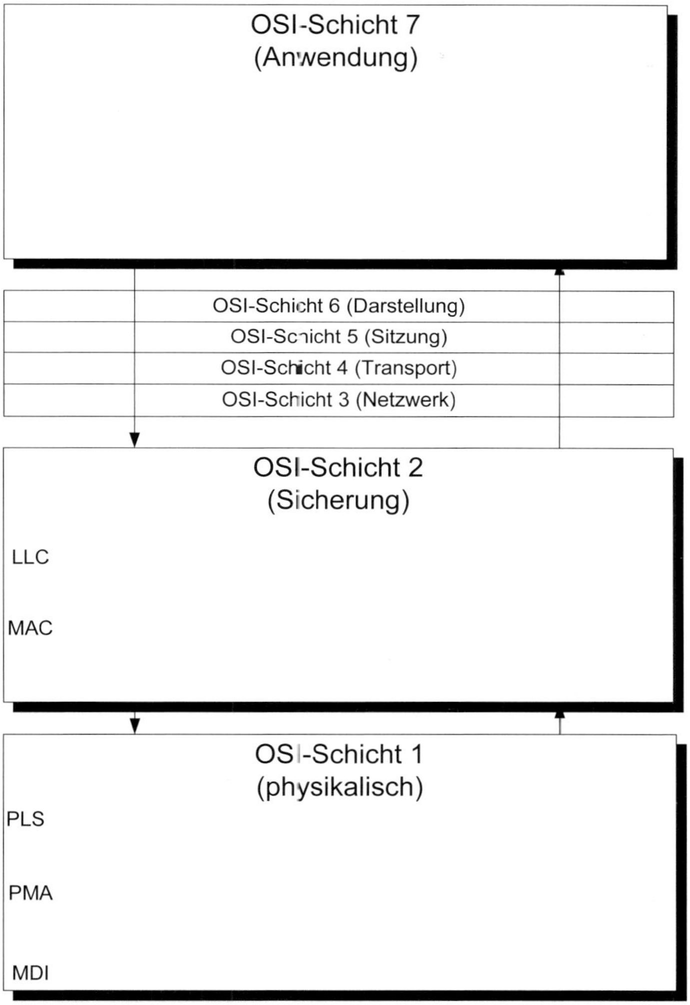

Bild 4-5
Modifiziertes ISO-OSI-Modell mit Unterteilung der beiden untersten Schichten. Die vier Schichten, die für automobile Bussysteme nicht relevant sind, wurden nur angedeutet.

Die unterste Schicht ist die *physikalische Schicht* (*physical layer*), sie definiert die elektrische Signalübertragung. Darüber befindet sich die *Sicherungsschicht* (*link layer*), die definiert, wie die Daten zu Bitfolgen zusammengesetzt werden und wie der Zugriff auf das Übertragungsmedium geregelt wird. Ganz „oben" in diesem Modell befindet sich die *Anwendungsschicht* (*application layer*), die der Steuergerätesoftware eine Schnittstelle zum Zugriff auf das Netzwerk bietet. Nach [ISO7498-1] befinden sich zwischen der Sicherungs- und der Anwendungsschicht noch vier weitere Schichten (*Netzwerkschicht*, *Transportschicht*, *Sitzungsschicht*, *Darstellungsschicht*), die bei den automobilen Bussystemen nicht von Bedeutung sind. Bild 4-5 verdeutlicht dieses angepasste Modell. Für eine Beschreibung des vollständigen Sieben-Schichten-Modells der Kommunikation sei auf [Tan03] verwiesen.

Das Modell nach Bild 4-5 zeigt eine weitere Unterteilung der unteren Schichten. Die unterste Teilschicht ist das *MDI* (**M**edium **D**ependant **I**nterface, medienabhängige Schnittstelle). Hierunter kann z. B. die Spezifikation eines Steckverbinders zur Busankopplung zu verstehen sein. Unter *PMA* versteht man das **P**hysical **M**edium **A**ttachment (Physikalischer Medienzugang). Darunter werden die Sende- und Empfangsschaltungen der Busteilnehmer verstanden, die ausgehende oder ankommende Signale elektrisch aufbereiten. *PLS* ist das **P**hysica**l** **S**ignaling. Auf dieser Ebene wird dargestellt, wann ein Bit gesetzt oder gelöscht wird und im Sendebetrieb überprüft, ob das gesendete Signal auch identisch empfangen wird, um z. B. Kollisionen zu erkennen.

Die Aufgaben der Sicherungsschicht sind in zwei Unterschichten definiert. Die *MAC* (**M**edium **A**ccess **C**ontrol, Medienzugriffssteuerung) legt fest, welcher Teilnehmer zu welchem Zeitpunkt auf den Bus zugreifen darf und definiert, wie die zu übertragenden Nachrichten und die vom Protokoll übertragenen Hilfsdaten gemeinsam in einer Bitfolge verpackt werden. Die *LLC* (**L**ogic **L**ink **C**ontrol, logische Verbindungsabsicherung), sorgt dafür, dass ein Teilnehmer die für ihn bestimmten Nachrichten erhält. Stellt man sich den Empfang eines Busteilnehmers wie einen Briefkasten vor, dann fällt die Leerung, das Sortieren der eingehenden Post (lesen/Altpapier), aber auch Maßnahmen wenn der Briefkasten überquillt (und die Reaktion des Versenders darauf) in die Verantwortung der LLC. Die Begriffe dieser beiden Absätze werden später deutlicher, wenn sie im nächsten Kapitel am Beispiel des CAN-Busses erläutert werden.

Die Erkennung von Fehlern betrifft alle Schichten. Sowohl in der physikalischen, als auch der Sicherungsschicht können Fehler auftreten, die Reaktion auf erkannte Fehler obliegt aber weitgehend der Sicherungsschicht.

4.3 CAN-Bus

Der CAN-Bus war das erste digitale Bussystem, das sich herstellerübergreifend im Fahrzeug durchsetzte. Entwickelt und spezifiziert wurde er von der Robert Bosch GmbH, Stuttgart [Bosch91]. Später wurde er von der ISO genormt. [ISO11898-1] beschreibt die Sicherungsschicht, [ISO11898-2] und [ISO11898-3] beschreiben zwei alternative Implementierungen der physikalischen Schicht. In den USA existiert als „Single-Wire-CAN" [J2411] eine weitere, stark abweichende physikalische Schicht. Eine vierte Variante der physikalischen Schicht, der „Low-Power-CAN" befindet sich in Diskussion und wird zukünftig als ISO11898-5 in die Norm einfließen. Die Anwendungs-Schicht ist nicht genormt und wird vom Fahrzeughersteller, eventuell für jedes Modell unterschiedlich, selbst definiert.

Bild 4-6 zeigt, wo die zuvor besprochenen Schichten beim CAN-Bus zu finden sind. Dabei sind zwei elektronische Bausteine und die Software erwähnt, die sich die Umsetzung des CAN-Protokolls teilen. Der *Transceiver* (ein Kunstwort aus Transmitter/Receiver, also Sender/Empfänger) ist ein meist 8-beiniges IC, das auf der physikalischen Ebene für die rein elektrische Ankopplung zuständig ist. Die zweite Schicht sowie einen Teil der ersten Schicht wird vom *CAN-Controller* realisiert. Dies kann ein eigenständiger elektronischer Baustein sein, häufig ist der CAN-Controller aber in einem ohnehin schon vorhandenen Mikrocontroller integriert. Dieser stellt die CAN-Nachrichten zusammen und wertet empfangene Nachrichten aus.

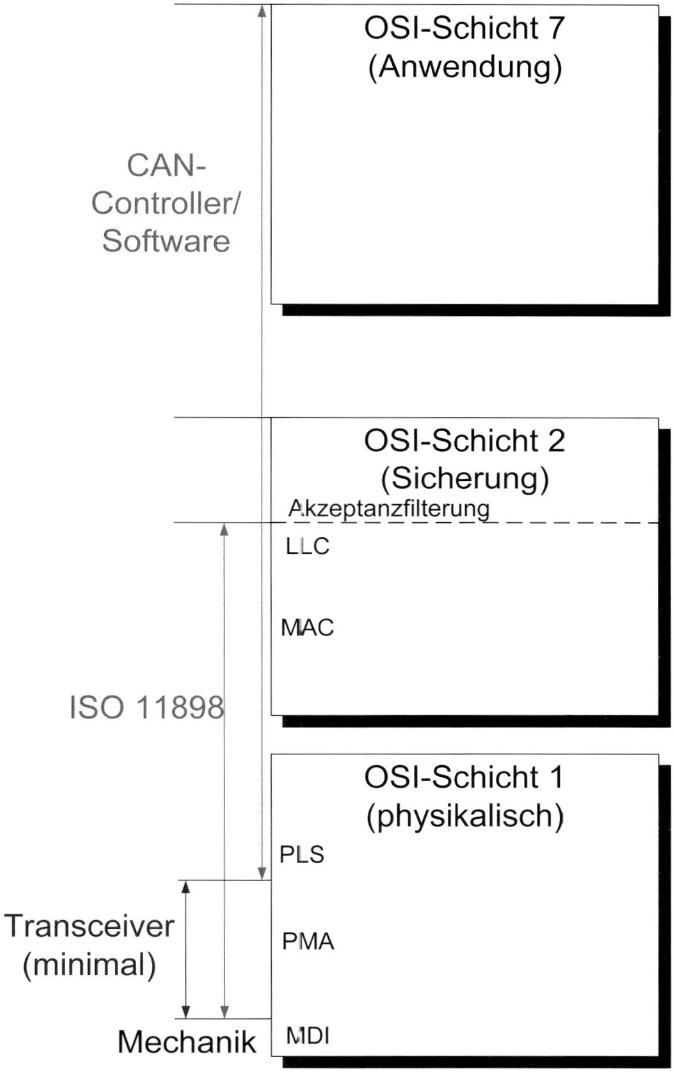

Bild 4-6
Darstellung der „Zuständigkeiten“ im Schichtenmodell des CAN

Das Zusammenspiel beider Bausteine wird in Bild 4-7 als Prinzip-Schaltplan gezeigt. Die inhaltliche Zuordnung der Nachrichten erfolgt in der Anwendungs-Schicht. Diese wird per Software realisiert. Solche Aufgaben kann die Anwendungs-Software des Steuergerätes übernehmen. Moderne Steuergeräte-Betriebssysteme entlasten die Anwendungs-Software und übernehmen solche Funktionen ähnlich wie bei einem PC mit Hilfe von Treibern.

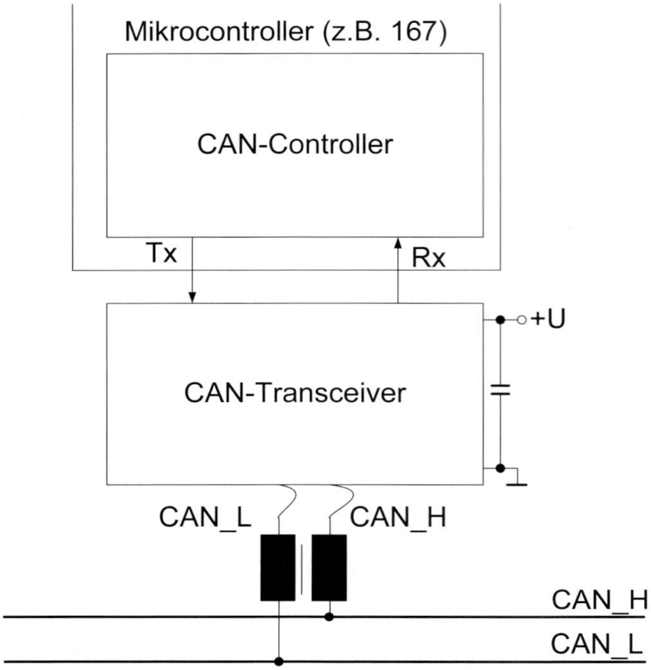

Bild 4-7
Umsetzung des OSI-Modells durch die verwendeten Bauelemente. Der CAN-Controller erzeugt eine Nachricht mit dem gewünschten Inhalt und sendet sie über die Leitung Tx an den Transceiver. Wenn auf dem Bus eine Nachricht erscheint, schickt er diese über die Rx-Leitung an den CAN-Controller, der wiederum Teil eines Mikrocontrollers sein kann, aber nicht sein muss. Die Bezeichnungen CAN_H und CAN_L stehen für „CAN high" und „CAN low" und werden im Text als Teil der physikalischen Schicht erläutert.

4.3.1 Physikalische Schicht des CAN

4.3.1.1 Spannungspegel und Störsicherheit

Ein wesentliches Entwicklungsziel war die Störsicherheit bei vernünftigen Kosten. Abgeschirmte Leitungen wären zu teuer und zu schwer gewesen, man entschied sich stattdessen für zwei verdrillte Adern. Die Verdrillung stellt einen sinnvollen Kompromiss zwischen Störfestigkeit und Kosten dar. Dabei wird nicht etwa eine Leitung als Signal, das andere als Masse genutzt, sondern das Signal wird über beide Leitungen entgegengesetzt übertragen. Bild 4-8 stellt dieses Prinzip dar.

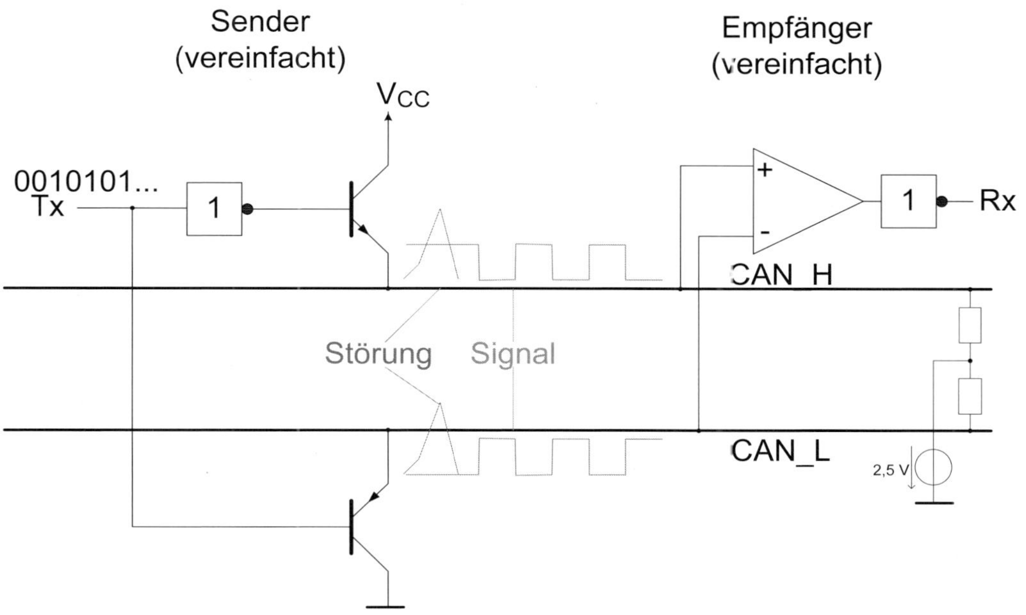

Bild 4-8 Elektrische Ansteuerung und Auswertung des CAN-Busses im Transceiver (vereinfacht). Links ist der Sender, rechts daneben der Empfänger eingezeichnet. Ganz rechts ist klein die Erzeugung des Ruhepotentials von 2,5 V (nicht bei jedem Transceiver integriert) angedeutet.

Wenn eine logische 1 gesendet werden soll, wird der Tx-Eingang des Transceivers vom Controller mit einer Spannung von z. B. 5 V angesteuert. Der untere PNP-Transistor sperrt, der obere NPN-Transistor bekommt das invertierte Signal und sperrt ebenfalls. Der Bus behält seine Ruhespannung von 2,5 V auf beiden Leitungen, die Spannungsdifferenz zwischen den Busleitungen CAN_H und CAN_L ist 0. Die Sendeschaltung muss nicht wie hier gezeigt mit NPN- oder PNP-Transistoren aufgebaut werden, sondern kann auch mit Feldeffekt-Transistoren (FET) realisiert werden.

Umgekehrt leiten beide Transistoren bei einer logischen 0, also wenn der Controller das Signal am Tx-Eingang auf 0 V legt. In diesem Falle wird die Spannung auf CAN_H erhöht, die Spannung auf CAN_L gesenkt. Daher resultieren auch die Bezeichnungen der beiden Leitungen (CAN_H oder „CAN high" für Anhebung, CAN_L oder „CAN low" für Absenkung). Würde man die Schaltung idealisiert aufbauen wie in Bild 4-8, so würden sich 5 V auf dem CAN_H und 0 V auf dem CAN_L ergeben. Reale Transceiver nach [ISO11898-2] stellen hingegen über zusätzliche Widerstände kleinere Spannungshübe ein, nämlich 3,5 V auf dem CAN_H und 1,5 V auf CAN_L.

Die Ruhespannung von 2,5 V wird über hohe Widerstände (einige 10...100 kΩ) auf beide CAN-Leitungen gelegt, damit sich die Spannung auf den Busleitungen beim Durchschalten der Transistoren verändern kann. Die Erzeugung der Ruhespannung ist in vielen Transceivern integriert. In Einzelfällen kann es aber bei starken Störungen auf dem Bus sinnvoll sein, die Ruhespannung extern über ein Filter einzuspeisen.

Die rechte Seite von Bild 4-8 zeigt, wie das Signal des eigenen Senders oder auch fremder Sender auf dem Bus ausgewertet wird. Der Empfänger vergleicht die Spannungen auf CAN_H und CAN_L. Bei einer logischen 1 liegen beide CAN-Leitungen auf 2,5 V, es ergibt sich die Differenz 0. Der nachfolgende Inverter erzeugt aus dieser 0 wieder eine 1. Bei einer logischen 0 ist zwischen den Spannungen eine Differenz von 2 V vorhanden. Wenn die Differenzspannung einen sicheren Minimalwert (z. B. 1 V), überschreitet, wird dies zunächst durch eine 1 signalisiert, aus welcher der Inverter wieder die ursprüngliche 0 erzeugt.

Der Vorteil dieses Verfahrens liegt in der Behandlung von Störungen. Bei zwei räumlich eng beisammen liegenden oder gar verdrillten Leitungen kann davon ausgegangen werden, dass sich eine Störung auf beide Seiten etwa gleich auswirkt (Abschnitt 5.2). Aufgrund der Differenzbildung beeinflussen die beiden gleichen Störimpulse das ausgewertete Ergebnis nicht. Wären die Störimpulse hingegen unterschiedlich, würden sie ein Differenzsignal verursachen, in diesem eher unwahrscheinlichen Falle bringt die hier gezeigte *differenzielle Übertragung* keinen zusätzlichen Schutz vor Störungen.

Im Steuergerät befindet sich meist eine Differenzialdrossel (Bild 4-7), die am günstigsten an der Stelle untergebracht wird, an welcher die beiden Leitungen das abgeschirmte Steuergerätegehäuse verlassen. Diese besteht wie ein Übertrager aus zwei Wicklungen auf einem gemeinsamen Ferritkern. Es gibt allerdings keine Primär- oder Sekundärseite, stattdessen ist diese so geschaltet, dass sie die Ströme auf beiden Leitungen direkt über die Wicklungen durchlässt. Der Wickelsinn ist nun so gewählt, dass sich die Magnetfelder zweier gegenläufiger Ströme (Gegentaktströme) gegenseitig im Kern aufheben, zweier Gleichtaktströme hingegen überlagern. Dadurch erreicht die Drossel für Gleichtaktsignale (Störungen) eine hohe Induktivität, für Gegentaktsignale (Nutzsignal) hingegen eine fast vernachlässigbare Induktivität. Damit dämpft diese Drossel also Störungen sehr stark, das Nutzsignal aber nur geringfügig.

Der Low-Speed-CAN nach [ISO11898-3] funktioniert ebenso, allerdings mit veränderten Spannungspegeln, nämlich einen Ruhepegel (rezessiv) von 5 V am CAN_L und 0 V am CAN_H sowie bei einem dominanten Pegel von 1,4 V (CAN_L) und 3,6 V (CAN_H). Stellt sich eine der beiden Leitungen als defekt heraus, kann diese abgeschaltet werden. Der symmetrische Betrieb wird dann verlassen, indem die verbleibende Leitung gegen Masse betrieben wird.

4.3.1.2 Wellenwiderstand und Abschluss

Wie bei jedem anderen Datenbus, muss auch der CAN an seinen beiden Enden mit seinem *Wellenwiderstand* (*Characteristic Impedance*) abgeschlossen werden. Der Wellenwiderstand ist eine typische Kenngröße einer jeden Leitung. Er sagt aus, welchen fiktiven Widerstand ein Signal am Eingang einer Leitung „sieht“ und damit, welchen Strom die Quelle in die Leitung einspeist. Er darf nicht mit dem deutlich kleineren längenbezogenen Widerstand eines Kupferdrahtes (*Widerstandsbelag R'*) verwechselt werden. Die Größe des Wellenwiderstandes *Z* hängt in der Praxis hauptsächlich von der Induktivität pro Länge (*Induktivitätsbelag L'*) und der Kapazität pro Länge (*Kapazitätsbelag C'*) ab. In geringerem Maße beeinflusst auch der Widerstandsbelag den Wellenwiderstand. Alle diese Leitungsbeläge hängen von der Geometrie der Leitung, vom Leitungsmaterial (Kupfer) und vom Dielektrikum zwischen den Leitern (Kunststoffisolierung, Luft) ab. Von einer genaueren Erläuterung leitungstheoretischer Grundlagen muss hier abgesehen werde, der interessierte Leser sei auf die Fachliteratur zur Leitungstheorie hingewiesen, v. a. auf das Lehrbuch [Unger96]. Eine knappe Darstellung befindet sich seit der 12. Auflage auch in [TieSch02]. Hier bleibt für das weitere Verständnis v. a. festzuhalten, dass der Wellenwiderstand eine charakteristische Kenngröße jeder Leitung, also jedes Leiterpaares, darstellt.

Wird nun eine Leitung nicht mit ihrem Wellenwiderstand abgeschlossen, kommt es zu Reflexionen des Signals an ihren Enden. Die beiden Extremfälle, eine Leitung falsch abzuschließen, sind die Leitung an den Enden offen zu lassen oder an den Enden kurz zu schließen. Der zweite Fall kommt nur bei Fehlern vor, der erste Fall kann aber dann vorkommen, wenn am Ende der Leitung sich ein Steuergerät befindet, dessen Transceiver einen hohen Eingangswiderstand hat (was durchaus üblich ist). In diesem Falle käme es zu einer Reflexion, das Signal würde die Leitung wieder zurücklaufen und sich mit anderen hinlaufenden Signalen überlagern. Damit würden andere Steuergeräte am Bus im schlimmsten Fall einen undefinierten Datenzustand empfangen, die Kommunikation auf dem Bus könnte zusammenbrechen. Deshalb wird der Bus an beiden Enden mit 2 Widerständen von nominal 120 Ω abgeschlossen, die dem Wellenwiderstand der verdrillten 2-Draht-Leitung näherungsweise entsprechen. Nur bei kurzen Leitungslängen funktioniert der CAN meist auch ohne Abschluss, deswegen werden kurze Stichleitungen, die vom Kabelbaum abzweigen nicht abgeschlossen. Eine Stichleitung kann dann als „kurz“ betrachtet werden, wenn sie wesentlich kürzer ist, als die im Signal erscheinenden Wellenlängen. Da die Wellenlänge eines Signals umgekehrt proportional zur Frequenz ist, darf eine Stichleitung also umso länger sein, je niedriger die Frequenz des Signals ist. Deshalb sollte ein Bussystem nicht mit höheren Datenraten betrieben werden, als dies für den beabsichtigten Datenaustausch nötig ist.

In der Praxis kann der Wellenwiderstand des CAN je nach Verlegung ganz erheblich schwanken, aber selbst dann ist ein Abschluss an den Enden mit ungefähr dem Wellenwiderstand besser als gar kein Abschluss. Zweckmäßigerweise wird man diese beiden Widerstände nicht direkt in den Kabelbaum einbauen, sondern in die beiden am Ende sitzenden Steuergeräte. Einige Transceiver haben einen eingebauten Abschlusswiderstand, der mit einer Drahtbrücke oder sogar per Software vom Controller aktiviert oder deaktiviert werden kann. Wenn Versuchsaufbauten mit dem CAN im Labor nicht funktionieren, liegt das erfahrungsgemäß sehr oft an vergessenen Abschlüssen.

Die bisher in 4.3.1.1 und 4.3.1.2 besprochenen Eigenschaften entsprechen der Unterschicht PMA in Bild 4-6.

4.3.1.3 Verbindung von Steuergeräten

Dieses Thema kann in der Unterschicht MDI in Bild 4-6 eingeordnet werden.

CAN-Steckverbinder sind im Fahrzeug unüblich. In anderen CAN-Anwendungen, wie z. B. in der Automatisierung von Industrieanlagen wird ebenfalls der CAN eingesetzt. Da diese Anlagen modular aus Komponenten verschiedener Hersteller aufgebaut sind und einem häufigen Umbau unterliegen, wurden dort verschiedene Steckverbinder für den CAN genormt, u.a. ein 9-poliger Sub-D-Stecker wie er auch in PCs für die serielle Schnittstelle eingesetzt wird [CiA DS102]. Obwohl diese Norm für die Autoindustrie formal nicht relevant ist, hat sich dieser Steckverbinder auch dort als Quasi-Standard für Laboraufbauten bewährt und sehr viel käufliches Labor-Zubehör, z. B. PC-Karten oder Adapter verfügt über diesen weit verbreiteten Stecker. Bild 4-9 zeigt den Anschluss, weitere Pins sind unbenutzt oder werden optional als Spannungsversorgung oder Masse eingesetzt. Für den Serieneinsatz im Fahrzeug wäre dieser Stecker hingegen ungeeignet, er würde sich durch starke Vibrationen zu leicht lösen und ist nicht ausreichend gegen Feuchtigkeit geschützt. Daneben besteht im Fahrzeug kein Bedarf für einen speziellen CAN-Steckverbinder, da der CAN in der Regel nicht einzeln verlegt wird, sondern Teil des großen Kabelbaumes mit etlichen anderen Leitungen ist.

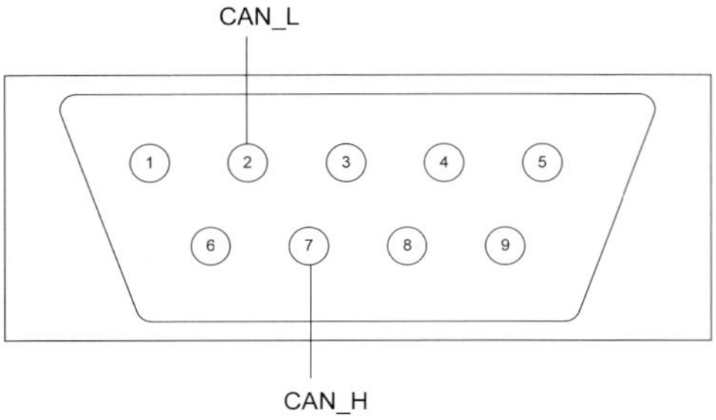

Bild 4-9
CAN-„Laborstecker“ (nicht im Fahrzeug eingesetzt). Optional kann der Stecker mit weiteren Leitungen belegt werden (oft eine positive Spannungsversorgung auf Pin 9 und zwei Masseleitungen auf Pin 3 und Pin 6). Die Belegung bezieht sich auf den Stecker und ist bei der Buchse spiegelbildlich.

Wegen der Integration der CAN-Leitungen in den Kabelbaum sind die beiden CAN-Kontakte im Fahrzeug deshalb Teil größerer Steckverbinder, die auch die anderen Leitungen eines Steuergerätes mit dem Kabelbaum verbinden. Der CAN-Bus unterscheidet sich von vielen anderen Leitungen im Kabelbaum aber dadurch, dass er nicht nur zwei Punkte miteinander, sondern zahlreiche Steuergeräte untereinander verbindet. Die in Bild 4-4 gezeigte Busstruktur ließe sich über zahlreiche Anzapfungen des Busses realisieren. Da Leitungsverzweigungen im Kabelbaum aufwändig sind, hat sich in der Praxis eine kostengünstigere Lösung durchgesetzt, nämlich der passive Stern, wie er in Bild 4-10 gezeigt ist. Das Gegenteil wäre ein aktiver Stern, bei dem sich ein weiteres Gerät[1] im Sternpunkt befände, um jede Verzweigung mit einem eigenen Transceiver anzusteuern. Ein solcher wird später noch vorgestellt werden.

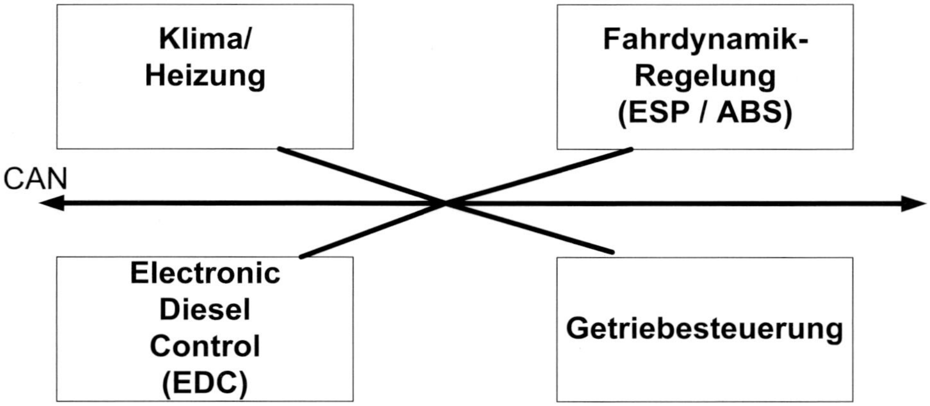

Bild 4-10 CAN-Bus mit sternförmiger Anbindung (passiver Stern)

Der passive Stern wird häufig in der Nähe des Armaturenbretts realisiert, evtl. existieren auch mehre Sternpunkte. Vorbildlich hat z. B. Audi beim A6 und beim A8 die Sternpunkte realisiert. Sämtliche Zugänge treffen sich an den beiden Seiten des Armaturenbrettes, die Verbin-

[1] In Computernetzwerken wird solch ein aktiver Sternpunkt meist *Hub* genannt.

dungen erfolgen über Brückenstecker. Beim C5 hingegen musste zum Zugriff noch der Kabelbaum aufwändig geöffnet werden. Für die Abschlüsse werden auch beim passiven Stern die beiden am weitesten entfernten Geräte vorgesehen.

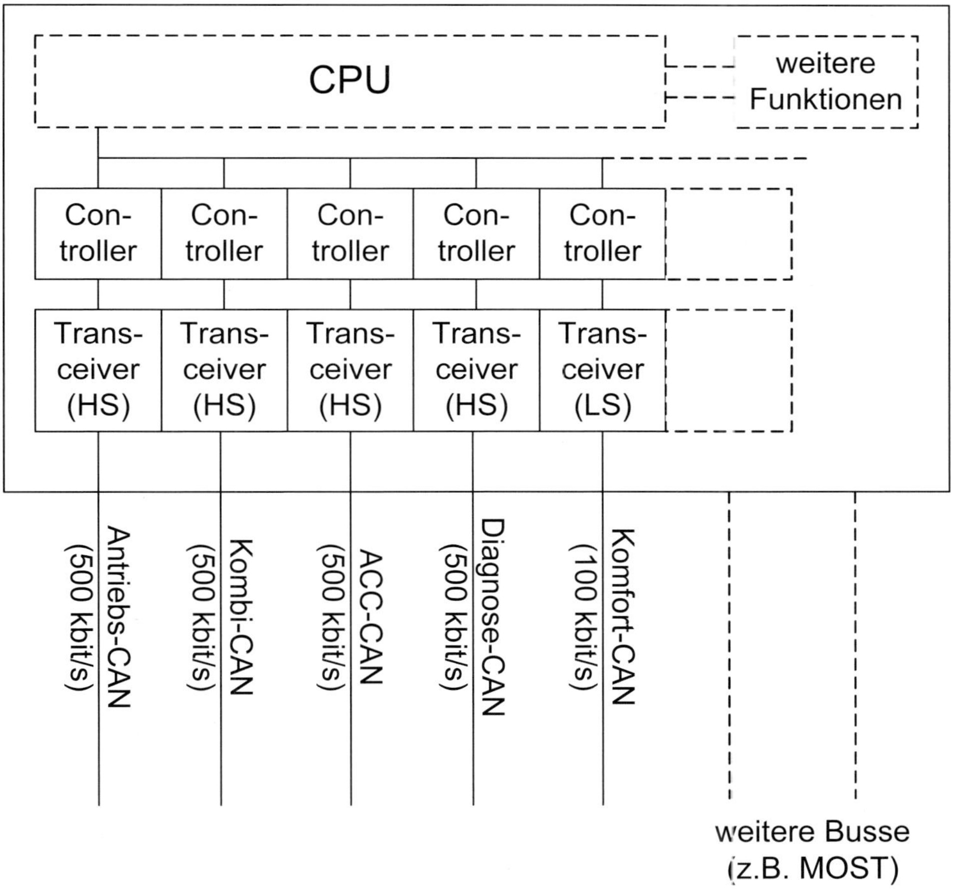

Bild 4-11 Gateway (aktiver Stern) in einem Oberklasse-Fahrzeug mit vier Highspeed-Transceivern nach ISO 11898-2 und einem Lowspeed-Transceiver nach ISO 11898-3 für den langsameren Komfort-CAN. Eine CPU (Mikrocontroller) kann z. B. gezielt Nachrichten aufarbeiten und an andere Busse weiterleiten.

Inzwischen ist es üblich, in einem Fahrzeug mehrere elektrisch getrennte CAN-Busse zu haben, die sich auch in ihren Datenraten unterscheiden können, aber nicht müssen. Verbunden sind diese dann über einen aktiven Sternpunkt, der auch als *Gateway* bezeichnet wird (Bild 4-11). Während bei Systemen von geringer Komplexität (bis ca. 5 Steuergeräte im Fahrzeug) evtl. auf ein Gateway verzichtet wird, besitzen Systeme von mittlerer bis hoher Komplexität (ab ca. 50 Steuergeräte im Fahrzeug) auf jeden Fall eines. Das Gateway kann eine zusätzliche Funktion eines möglichst zentralen Steuergerätes, z. B. des Kombiinstruments sein, mit zunehmender Komplexität verwendet man als Gateway ein eigenständiges Gerät, welches nur diese Aufgabe verrichtet.

4.3.1.4 zeitlicher Ablauf und Synchronisation

Dieser Aspekt ist dem Physical Signaling (PLS) in Bild 4-6 zuzuordnen. Wenn mehrere Teilnehmer auf einem Bus kommunizieren, ist zunächst sicherzustellen, dass alle Busteilnehmer mit der gleichen Frequenz kommunizieren. Andernfalls geschieht es, dass ein Empfänger, der z. B. mit der doppelten Geschwindigkeit des Senders arbeitet, ein gesendetes Bit als zwei empfangene Bits interpretiert. Die Frequenz wird in einem Register des CAN-Controllers durch die Software vorgegeben und entsteht aus dem Controllertakt durch einen programmierbaren Teiler.

Betreibt man doch Geräte mit unterschiedlichen Übertragungsraten, so müssen diese an verschiedenen Bussen angeschlossen sein. Eine Kommunikation untereinander ist über ein Gateway möglich, welches die Möglichkeit haben muss, empfangene Nachrichten in einem Speicher zu puffern und mit anderer Datenrate auf einem anderen Bus wieder zu senden.

Die maximale Übertragungsrate des CAN beträgt 1 Mbit/s, tatsächlich im Fahrzeug eingesetzte Datenraten sind meist 500 kbit/s, im Komfortbereich auch oft 125 kbit/s. Im Folgenden wird noch gezeigt, dass auch die Leitungslängen einen Einfluss auf die Datenrate haben.

Neben der Frequenz ist auch die Phase, also ein eventueller zeitlicher Versatz zwischen mehreren Busteilnehmern von Bedeutung. Ein Bit beginnt nicht bei jedem Teilnehmer zur exakt gleichen Zeit, weil jedes Steuergerät seinen Bustakt aus seinem eigenen Oszillator generiert. Selbst wenn alle Teilnehmer mit der gleichen Nenndatenrate arbeiten, so wird es doch geringfügige Toleranzen geben, die dazu führen, dass die Bitgeneratoren der Teilnehmer langsam ein wenig auseinander laufen. Dies ist vergleichbar mit Quarzuhren, die gemeinsam auf eine Zeit eingestellt nach einigen Wochen oder Monaten doch vor oder nachgehen. Völliger Gleichlauf ist nur bei Funkuhren gewährleistet, die alle von derselben Zentraluhr gesteuert werden. Es war sogar eines der Entwicklungsziele des CAN, die zulässigen Differenzen so groß zu halten, dass keine gemeinsame Uhr (vergleichbar den Funkuhren) erforderlich ist und dass auch die Genauigkeitsanforderungen an die einzelnen Oszillatoren aus Kostengründen gering gehalten werden können.

Ein zweiter Grund für Phasenunterschiede sind bei langen Leitungen die nicht mehr vernachlässigbaren Laufzeiten des Signals über den Bus von einem Gerät zum anderen. Näherungsweise wird meist eine Ausbreitungsgeschwindigkeit von $2*10^8$ ms/s angenommen, also 2/3 der Lichtgeschwindigkeit. Diese Näherung ist in der Praxis hinreichend, für eine präzise Bestimmung wären leitungstheoretische Berechnungen erforderlich [Unger96].

Um trotz der Phasenunterschiede zuverlässig übertragen zu können, muss sich der Empfänger einer Nachricht synchronisieren. Er muss also zunächst eine zu große Abweichung erkennen können, dann muss er je nach Richtung der Abweichung sein Lesetempo erhöhen oder reduzieren. Da seine Bitabtastfrequenz aber durch den Oszillator vorgegeben ist und der eingebaute Teiler nur um Zweierpotenzen, nicht aber um wenige Prozente verändert werden kann, muss die Reaktion anders erfolgen. Wenn der Empfänger merkt, er ist zu schnell, legt er gelegentlich eine Wartezeit ein, wenn er hingegen merkt, dass er zu langsam ist, überspringt er einen Teil einer Bitzeit.

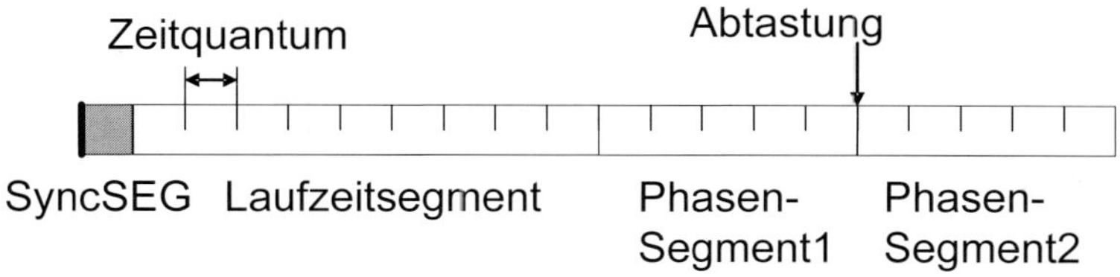

Bild 4-12 Unterteilung eines einzelnen Bits in Abschnitte zwecks Synchronisation

Das Bild zeigt den Aufbau eines einzelnen Bits. Es ist unterteilt in eine Anzahl von Zeitschlitzen, *Zeitquanta* genannt, die vom verwendeten Controller, dessen Taktfrequenz und der Bitrate abhängt. Der Controller verfügt über eine Schaltung, die den Zeitpunkt einer Flanke (auf dem CAN_L zur niedrigeren Spannung hin) erkennt. Das Laufzeitsegment soll die maximal mögliche Laufzeit zwischen einem Empfänger und Sender auf dem Netz ausgleichen. Erst zwischen den beiden Phasensegmenten wird der gültige Wert des Bits übernommen. Die beiden Phasensegmente um den Abtastzeitraum herum werden als Spielraum benutzt, um Phasenunterschiede auszugleichen.

Eine Flanke, die ein neues Bit einleitet, sollte im SyncSEG liegen. Kommt sie später, heißt dies, der Empfänger war zu schnell (was auch daran liegen kann, dass der Sender etwas langsamer als die Nennbitrate war) und verlängert einmalig das Phasensegment1 um eine Wartezeit.

Kommt eine solche Flanke schon kurz vor dem Sollbereich im SyncSEG, war der Empfänger relativ zu langsam. Er gleicht dies durch eine einmalige Verkürzung des Phasensegments2 aus.

Wie lang die Segmente sein müssen, ist vor der Auslegung eines Netzwerks im Fahrzeug zu berechnen (bei Laboraufbauten oder Prototypen erspart man sich diese Arbeit gerne, solange alles funktioniert). Die Controller verfügen über Register, in die diese Werte eingetragen werden können. Auch die *Synchronisationssprungweite* (SJW, **S**ynchronization **J**ump **W**idth) bei einer Abweichung, also die Anzahl der Zeitquanta, um die je nach Richtung der Abweichung verkürzt oder verlängert werden, muss eingetragen werden. Ein konkretes Beispiel zur Berechnung und Eintragung ist in [Infineon03] zu finden.

4.3.2 Sicherungsschicht des CAN

Wie Bild 4-6 zeigt, unterteilt sich die Sicherungsschicht in zwei Unterschichten, der *Medium Access Control* (MAC), also einer Reglementierung des Buszugriffs und der beim CAN vergleichsweise schlanken *Logic Link Control*, die definiert, was der Empfänger einer Nachricht zu tun hat. Daneben ist die LLC für umfangreiche Aufgaben der Fehlerbehandlung zuständig, diese wird hier aber gemeinsam für alle Schichten in einem weiteren Unterabschnitt behandelt.

4.3.2.1 Medium Access Control

Der CAN kennt 4 Arten von Datenpaketen:

- Daten-Frame,
- Request-Frame,
- Error-Frame,
- Overload-Frame.

Das Daten-Frame dient der Übertragung von Nutzdaten, ein störungsfrei arbeitendes Netzwerk kommt mit diesem Frame-Typ alleine aus. Ein Request-Frame ist eine Anfrage ein bestimmtes Daten-Frame zu schicken. Es sieht aus wie das angeforderte Daten-Frame, wobei die Daten selbst noch fehlen. Ein Bit markiert, dass es sich noch nicht um ein Daten-Frame, sondern erst um die Anfrage danach handelt. Praktisch werden Request-Frames kaum eingesetzt, stattdessen ist es üblich, dass Steuergeräte, die bestimmte Daten senden, dies in regelmäßigen Zeitabständen unaufgefordert tun.

Zwei hoffentlich selten auftretende Frames sind das Error-Frame und das Overload-Frame. Wenn ein Knoten (egal ob Sender oder Empfänger) einen Fehler erkennt, so teilt er dies anderen Knoten mit, um diese zu warnen. Dies geschieht, indem der noch laufende Frame mit einer Bitsequenz überschrieben wird, die im normalen Betrieb nicht auftritt. Schickt ein Knoten ein Overload-Frame, signalisiert es damit den anderen Geräten, mit der Übertragung zu warten. Es ist wie ein Error Frame aufgebaut, kann aber nur während der Pause zwischen zwei Nachrichten auftreten (Reactive Error Frame). Daneben kann ein Gerät auch aktiv ein Overload-Frame erzeugen, wenn es z. B. mit der Verarbeitung eingehender Nachrichten nicht mehr hinterher kommt (Requested Overload Frame). Der Requested Overload-Frame ist ebenfalls eines der vielen Merkmale des CAN, die in der Praxis kaum genutzt werden.

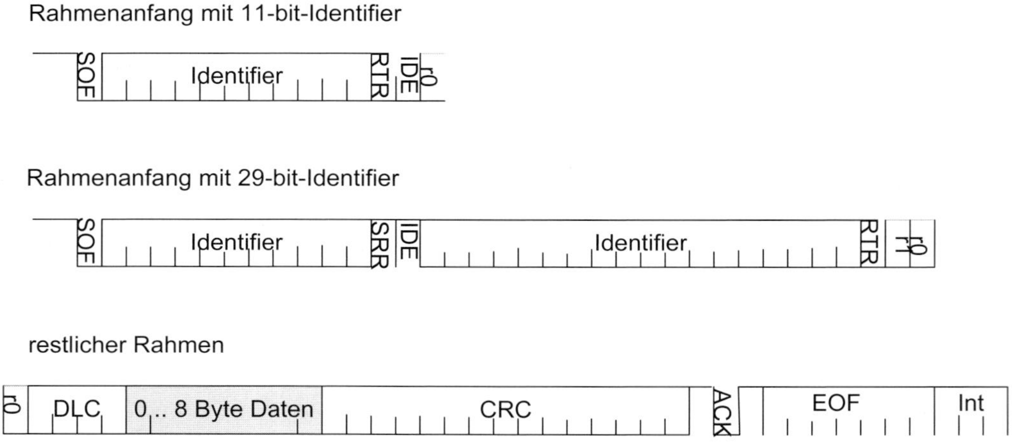

Bild 4-13 Aufbau eines Datenpakets auf dem CAN-Bus

Bild 4-13 zeigt den Aufbau eines CAN-Datenrahmens. So lange noch keine Kommunikation auf dem Bus stattfindet, behält er seine Ruhespannung, die nach Bild 4-8 einer logischen 1 entspricht (es sei empfohlen, dies gedanklich einmal sowohl mit der Sendeschaltung im linken Teil des Bildes als auch mit der Empfangsschaltung rechts nachzuvollziehen).

Weil die Transistoren mehrerer Steuergeräte ein verdrahtetes ODER bilden, genügt es, dass ein Transistor durchschaltet, um einen Pegelwechsel zu verursachen, im Falle des CAN_L entspricht dieser logischen 0 ein Pegelabfall. Dieses erste Bit zum Markieren eines Datenpakets wird *SOF* (**S**tart **O**f **F**rame, Rahmenbeginn) genannt.

Stellt man sich einen CAN-Rahmen wie eine Email vor, so stellt der *Identifier* die Betreffzeile dar, allerdings nicht als Text, sondern als 11-bit-Zahl (CAN 2.0A). Der Standard wurde nachträglich so auf 29 bit erweitert (CAN 2.0B), dass die Kompatibilität zum 11-bit-Standard erhalten blieb.

Es fällt auf, dass eine Nachricht weder eine Absender- noch eine Empfängerinformation enthält. Jeder Knoten sendet anonym, wobei aber sichergestellt werden muss, dass nicht der gleiche Identifier von unterschiedlichen Knoten verschickt wird. Bei der Entwicklung des CAN-Netzwerks sollte vorher eine Tabelle aufgestellt werden, welche Steuergeräte für das Versenden welcher Identifier (und damit auch welcher Dateninhalte) „zuständig" sind. Aus der Nachricht selbst kann der Absender nicht mehr ermittelt werden, es sei denn, ein Knoten bekäme die Zuordnungstabelle mitgeteilt und könnte dann aus dem Identifier auf den Absender zurück schließen. Ein Empfänger wird nicht angegeben, weil jeder Knoten zunächst alle Nachrichten mitliest und dann anhand des Identifiers selbst entscheidet, ob diese Nachricht für ihn relevant ist, dies ist die in Bild 4-6 erwähnte *Akzeptanzfilterung*.

Das folgende *RTR*-Bit (**R**emote **T**ransmission **R**equest) markiert ein Request-Frame wenn es dominant ist. Bei einem 29-bit-Identifier wird es nach hinten verlegt. Das ursprüngliche RTR-Bit wird dann bedeutungslos und heißt *SRR*-Bit (**S**ubstitute **R**emote **R**equest). Zur Ankündigung eines verlängerten Identifiers dient ein rezessives IDE-Bit (**Id**entifier **E**xtension). Die Bits r0 und r1 wurden für spätere Zwecke reserviert und haben keine Bedeutung.

Da die Anzahl folgender Datenbytes zwischen 0 und 8 variieren kann, muss diese zuvor angegeben werden. Ein *DLC* (**D**ata **L**ength **C**ode) 1000 kündigt 8 Datenbytes an, mehr Bytes sind obwohl sie durch die vier Bits des DLC noch angezeigt werden können, nicht zulässig. Überlegungen, die dazu führten, maximal 8 Bytes zuzulassen, waren die mit längerem Rahmen steigende Wahrscheinlichkeit einer Zerstörung durch einen Bitfehler (und der Mehraufwand zur Wiederholung) sowie die bessere Chance für höher priorisierte Nachrichten, bei kürzeren Rahmen schneller in der nächsten Buszuteilung berücksichtigt werden zu können.

Um eventuelle Übertragungsfehler aufzudecken, folgt auf die Daten eine aus dem vom CAN-Rahmen berechnete Prüfziffer. Die Abkürzung *CRC* bezeichnet ein verbreitetes Verfahren zur Absicherung eines Datenblocks namens **C**yclic **R**edundancy **C**heck [Tan03], vereinzelt auch **C**yclic **R**edundancy **C**ode genannt. Die Prüfziffer entsteht bei der binären Division des Rahmens vom SOF bis zum Datenfeld durch die Bitfolge 1100 0101 1001 1001 als 15-stelliger Divisionsrest. Auf dem Papier ist eine Division größerer Binärzahlen sehr aufwändig und fehlerträchtig, das Verfahren lässt sich aber sehr kompakt (und zuverlässig) mit wenigen Gattern und einem Schieberegister als digitale Schaltung im CAN-Controller realisieren. Der Empfänger führt diese Division ebenfalls aus, allerdings mit dem empfangenen Rahmen von SOF bis einschließlich dem Divisionsrest. Wenn sich dabei ein Divisionsrest von 0 ergibt, wurde das Signal wahrscheinlich (nicht mit völliger Sicherheit) richtig empfangen, andernfalls liegt mit Sicherheit ein Fehler vor. Der Prüfsumme folgt ein immer rezessives Bit, CRC-Delimiter genannt.

Empfängt ein Knoten eine Nachricht, bestätigt er dies, indem er das *ACK*-Bit (**ack**nowledge) sofort auf dominant setzt. Der Empfänger erkennt also noch während der Übertragung, dass die Botschaft bei mindestens einem Knoten angekommen ist, er kann allerdings nicht erkennen, ob alle relevanten Knoten diese Nachricht erhalten haben. Das ACK-Bit ist auf dem Oszilloskop leicht zu finden, weil alle empfangenen Knoten gleichzeitig das Bit auf dominant ziehen und dabei die Spannung auf dem CAN_L noch geringfügig niedriger wird (beim

CAN_H höher), als bei einem gewöhnlichen dominanten Bit. Auf das ACK-Bit folgt ein rezessiver ACK-Delimiter.

Begrenzt wird der Rahmen schließlich durch 7 rezessive *EOF*-Bits (**E**nd **o**f **F**rame) und mindestens drei weitere Zwischenraum-Bits (*IFS*, **I**nterframe **S**pace) bis zum nächsten Frame.

Da Sender und Empfänger nominell mit der gleichen Frequenz arbeiten, tatsächlich aber ein geringer Unterschied existiert, muss verhindert werden, dass beide auseinander laufen und dadurch irgendwann vom Empfänger ein Bit doppelt abgetastet oder verschluckt wird. Der Empfänger nutzt Flankenwechsel im Signal, um sich auf die Bitfolge zu synchronisieren. Da der CAN ein NRZ-Signal (**N**on **R**eturn to **Z**ero) benutzt, würde eine längere Folge gleichartiger Bits dazu führen, dass auf dem Bus eine Gleichspannung anliegt und der Empfänger weiß irgendwann nicht mehr, wann ein Bit beginnt und endet. Um dies zu verhindern, wird nach fünf gleichen Bits ein umgekehrtes Bit in die Sendefolge eingefügt (*Bit-Stuffing*). Der Empfänger weiß in diesem Fall, dass es sich um solch ein Stopfbit handelt und nutzt dieses nur zur Synchronisation, ohne es inhaltlich zu interpretieren. Die rezessiven Bits am Ende des Rahmens sind davon ausgenommen. Wird z. B. eine Nachricht mit dem Identifier 7C1 gesendet, so würden die ersten 12 bit ohne Stuffing 0111 1100 0001 lauten, mit zwei Stopfbits 0111 11**0**00 00**1**01.

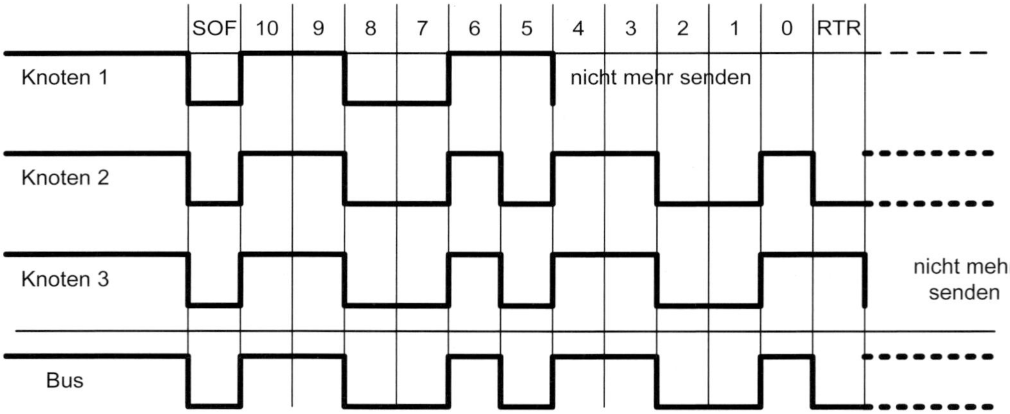

Bild 4-14 Arbitrierung beim CAN-Bus (dargestellt für die Leitung CAN_L. Die niedrigste Spannung der Knotenausgänge ist dominant und bestimmt die Spannung auf dem Bus, s. Bild 4-8.)

Viele andere Bussysteme benutzen ein Master/Slave-Konzept, bei dem ein Master-Steuergerät das Privileg hat, selbständig Daten zu senden, während alle anderen Geräte, die Slaves, nur nach Aufforderung senden dürfen. Beim CAN hingegen sind alle am Bus angeschlossenen Geräte gleichberechtigt. Damit nun nicht alle Knoten gleichzeitig senden, ist ein Verfahren nötig, das entscheidet, wer gerade senden darf (*Arbitrierung*). Es wird vorausgesetzt, dass sich alle Steuergeräte dabei kooperativ verhalten und jedes Gerät, das gerade nicht an der Reihe ist, dies erkennt und akzeptiert. Bild 4-14 zeigt den Ablauf einer Arbitrierung, bei denen zunächst drei Knoten senden wollen, zum Schluss aber nur ein Knoten übrig bleibt, der senden darf.

Zunächst senden alle drei Knoten gleichzeitig. Sendet kein Knoten ein dominantes Bit, bleibt der Bus rezessiv. Sendet ein Knoten oder senden mehrere Knoten ein dominantes Bit, geht der Bus auf dominant. Ein sendender Knoten vergleicht den Bus mit dem von ihm selbst erzeugten Signal. Im gezeigten Beispiel senden bis einschließlich Bit 6 alle drei Knoten die gleiche Sequenz, bei keinem Knoten tritt eine Abweichung zwischen dem gesendeten Signal und dem Bussignal auf. Bei Bit 5 versucht Knoten 1 ein rezessives Bit senden, da aber die anderen beiden Knoten ein dominantes Bit setzen, nimmt der Bus die dominante Spannung an. Knoten 1 erkennt jetzt, dass auf dem Bus eine von der eigenen Nachricht abweichende Nachricht liegt, dass er die Arbitrierungsrunde also verloren hat. Fortan stellt er das Senden ein und verfolgt das weitere Geschehen nur noch als Empfänger. In ähnlicher Weise unterliegt Knoten 3 beim RTR-Bit. Spätestens zu diesem Zeitpunkt sollte jetzt nur noch ein Teilnehmer übrig bleiben, wenn nicht fälschlicherweise der gleiche Identifier für zwei unterschiedliche Nachrichten festgelegt wurde. Nach dem Ende der Arbitrierung schaltet der Sender eine Überwachung an. Von hier an gilt eine Abweichung zwischen dem eigenen und dem Bus-Signal als Fehler. Sollte tatsächlich ein zweiter Knoten die Arbitrierung „überlebt" haben, würde dieser Fehler also erkannt werden, sofern nicht auch beide zufällig exakt den gleichen Inhalt senden.

Da bei der Arbitrierung das Senderecht mit Hilfe der Identifier-Bits vergeben wird, sollte bei der Zuordnung von Botschaften zu Identifiern also darauf geachtet werden, dass wichtige Botschaften entsprechend „starke" Identifier haben. Eine Konsequenz aus diesem Verfahren ist auch, dass nur der Rahmen mit einem Identifier aus ausschließlich dominanten Bits sicher den Bus zugeteilt bekommt, alle anderen können mit unterschiedlichen Wahrscheinlichkeiten von wichtigeren Botschaften verdrängt werden. Eine Botschaft, die bei der Arbitrierung „verloren" hat, wird nach der vorgeschriebenen Ruhezeit wieder gesendet, kann dabei aber erneut verlieren. Damit ist der CAN nicht für sicherheitsrelevante Anwendungen geeignet, in denen eine Nachricht auf keinen Fall durch andere Nachrichten unterdrückt werden darf. Die Einbeziehung des RTR-Bits in die Arbitrierung ist sinnvoll, denn wenn ein Datenpaket bereits zur Sendung anfragt, ist eine Anfrage nach genau diesem Paket nicht mehr nötig.

Einige Controller ermöglichen es, im laufenden Betrieb Identifier bestimmter Botschaften zu verändern. Damit könnte man z. B. die Priorität einer nicht zugeteilten Botschaft nach mehreren vergeblichen Sendeversuchen erhöhen und somit zusätzliche Kriterien wie Wartezeit in die Arbitrierung einbringen. Solch eine dynamische Berechnung kann aber nicht vom CAN-Controller selbst geleistet werden und beansprucht Rechenzeit des Steuergerätes. Mit einer dynamischen Vergabe lassen sich sogar Verfahren programmieren, die eine Übertragung bestimmter Botschaften zusichern können. Die Erfahrung zeigt, dass selbst bei der üblichen statischen Vergabe von Identifiern oft Fehler unterlaufen, dieses Risiko steigt mit komplexen Algorithmen zur laufenden Vergabe während des Betriebs.

4.3.2.2 Logic Link Control

Bereits erwähnt wurde die Akzeptanzfilterung, also die Auswahl der empfangenen Nachrichten nach Relevanz. Diese Auswahl kann vom CAN-Controller durchgeführt werden (*Full-CAN*-Controller) oder auch vom Steuergerät und dessen Software, in diesem Fall wäre der CAN-Controller nur ein *Basic-CAN*-Controller. Da die Akzeptanzfilterung bei einem Basic-CAN-Controller regelmäßig für kurze Zeit das Steuergerät von seinen hauptsächlichen Steuerungs- und Regelungsaufgaben abhält, haben sich Full-CAN-Controller im Fahrzeug durchgesetzt.

Die Fehlerbehandlung des CAN ist ebenfalls zu einem großen Teil in dieser Teilschicht untergebracht, wird aber im Folgenden als Ganzes behandelt.

4.3.2.3 Fehlerbehandlung

Die Fehlerbehandlung ist v. A. durch viele Ausnahmeregelungen sehr komplex. Jede diese Ausnahmeregelungen ist durchdacht und erfüllt einen bestimmten Zweck. Ohne Erläuterung aber vollständig können die Regelungen in der Dokumentation [Bosch91] nachgelesen werden. [Etschb02] erläutert alle Details verständlich. Hier sollen die grundlegenden Ideen dargestellt werden.

Elektromagnetische Störeinflüsse, Spannungseinbrüche, Kontaktprobleme, vielleicht auch defekte elektronische Bausteine können eine übertragene Nachricht verfälschen. Dies führt dazu, dass einige oder alle Empfänger eine Nachricht bekommen, die gegenüber der vom Sender beabsichtigten Nachricht ein oder mehrere veränderte Bits (die oft, aber nicht immer unmittelbar aufeinander folgen) enthält.

Der CAN-Bus wurde mit der Zielsetzung einer hohen Zuverlässigkeit entwickelt, daher wurde auch eine komplexe und durchdachte Fehlerbehandlung implementiert, die bei anderen Bussystemen so nicht selbstverständlich ist. Zunächst muss ein Fehler erkannt werden. Eine Besonderheit ist vor allem die Warnung anderer Knoten, sobald ein Knoten einen Fehler entdeckt. Damit ein einzelner Knoten, der irrtümlich Fehler erkennt oder als einzelner von einem Übertragungsfehler betroffen ist, nicht den ganzen Bus blockiert, enthält der CAN eine Strategie, um derart betroffene Knoten sukzessiv aus dem Datenverkehr zu entfernen.

Nach Erkennungsstrategie unterteilt können fünf Arten von Fehlern unterschieden werden, nämlich

- **Bitfehler**: Der Sender vergleicht seine eigene Bitfolge mit dem Bus. Treten nach der Arbitrierung Unterschiede auf, geht er davon aus, dass sein Signal gestört wurde und signalisiert einen Fehler.
- **Formatfehler**: Der immer rezessive CRC-Delimiter, der immer rezessive ACK-Delimiter oder die immer rezessiven Bits am Ende des Rahmens sind abweichend dominant.
- **CRC-Fehler**: Die binäre Division des Rahmens bis vor den CRC-Delimiter durch die in 4.3.2.1 beschriebene Bitfolge ergibt einen Rest.
- **Stuffing-Fehler**: 6 Bits mit gleichem Wert folgen aufeinander.
- **Bestätigungsfehler**: Eine Botschaft wird von keinem Empfänger durch das ACK-Bit bestätigt.

Eine Analyse der Wahrscheinlichkeit eines Fehlers, der trotz dieser Mechanismen unerkannt bleibt (*Restfehlerwahrscheinlichkeit*), führte unter realistischen Betriebsbedingungen auf $4{,}7 \cdot 10^{-14}$ [UnMaKa90]. [Etschb02] leitet daraus her, dass ca. alle 2000 Jahre mit einem unerkannten Fehler zu rechnen ist.

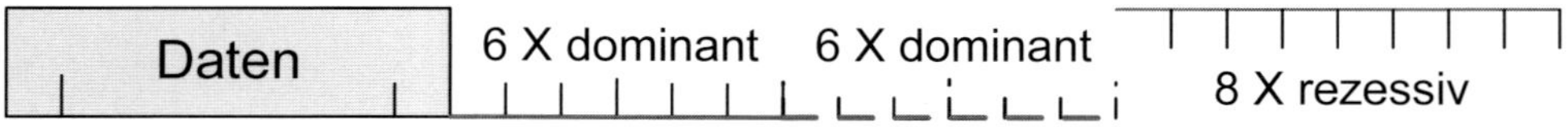

Bild 4-15 In einen Datenrahmen eingefügter Error-Frame. Der Error Frame beginnt mit den 6 dominanten Bits, die den regulären Rahmen überschreiben.

Erkennt ein Teilnehmer einen Fehler, warnt er die anderen Knoten durch Aussendung eines Error-Frames. Bemerkt z. B. ein Sender mitten in der Übertragung einen Bitfehler wie im Bild dargestellt, sendet er nicht mehr den normalen Rahmen weiter, sondern überschreibt ihn sofort durch den gezeigten Error-Frame. Auch Empfänger überschreiben in gleicher Weise eine laufende Botschaft (Ausnahme: Bei einem CRC-Fehler wird erst nach dem Acknowledge ein Error-Frame gesetzt). Der Error Frame besteht zunächst aus 6 dominanten Bits. Da diese ohne Bit-Stuffing gesetzt werden, erkennen andere Knoten diesen Error-Frame als Bit-Stuffing-Fehler und setzten ihrerseits einen Error-Frame, durch diese Antwort der anderen Knoten folgen in der Regel (es gibt Ausnahmefälle) 6 weitere dominante Bits. Abgeschlossen wird der Error-Frame durch 8 rezessive Bits.

Wie bereits erwähnt, muss verhindert werden, dass ein einzelner Knoten aufgrund eines lokalen Fehlers den Bus ständig mit Error-Frames blockiert. Zu diesem Zweck verfügt jeder Knoten über zwei Zähler für Sendefehler (TEC, Transmission Error Counter) und Empfangsfehler (REC, Receive Error Counter). Diese können nicht nur aufwärts zählen, sondern durch erfolgreich gesendete oder empfangene Nachrichten auch wieder dekrementiert werden. Das Inkrementieren der Fehlerzähler erfolgt je nach Fehlersituation mit unterschiedlichen Gewichtungen von 1 und 8. Jeder Knoten kann gemäß seinem eigenen Fehlerstand nach Bild 4-16 in drei verschieden Zustände gehen. Der „normale“ Zustand heißt „Error Active“. Überschreiten die Fehlerzähler vorgegebene Schwellen, wird der Knoten „Error Passive“, er darf jetzt nur noch Error-Frames aus rezessiven Bits senden. Bei der Arbitrierung gelten ebenfalls Sonderregeln. Steigt der Fehlerzähler weiter, darf der Knoten nicht mehr senden („Bus off“) und kann nur noch durch einen Reset wieder in den Normalzustand gebracht werden.

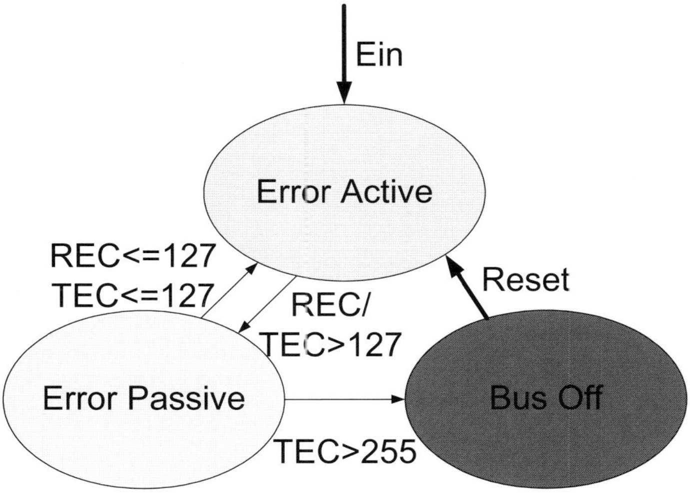

Bild 4-16
Zustandsdiagramm der Fehlereingrenzung durch einen CAN-Teilnehmer

4.3.3 Beispiele für aufgesetzte Protokollschichten

4.3.3.1 J1939

Der CAN-Standard definiert nur die unteren beiden Schichten, die siebte Schicht, also die Anwendungsschicht, wird bei PKW von jedem Hersteller unterschiedlich realisiert. Dies ist bei Nutzfahrzeugen anders, dort gibt es auch für die auf dem CAN aufsetzende Anwendungsschicht in der Steuergerätekommunikation einen Standard [J1939-71], speziell für die Diagnoseanwendung gilt [J1939-73]. J1939 enthält auch eine Definition der unteren beiden Schichten, diese ist aber identisch aber dem CAN 2.0B. Als Besonderheit definiert J1939 auch die dritte und vierte Schicht, nämlich die Netzwerkschicht [J1939-31] und die Transportschicht [J1939-21].

Ein Problem jedes aufgesetzten Protokolls ist die Kompatibilität zum zugrunde liegenden Protokoll, wenn neben den Nutzdaten zusätzliche Protokolldaten zu übertragen sind. J1939 löst dieses Problem, indem es die sonst kaum verwendeten 29-Bit-Identifier nutzt. Die ersten 3 Bits werden nur benutzt, um 8 verschiedene Prioritätsstufen darzustellen. Die restlichen 26 Bits des Identifiers werden zur Übertragung zusätzlicher Protokollinformationen, u. a. Absender und Empfänger umfunktioniert. Da ein gewöhnlicher CAN-Controller benutzt wird, weiß dieser nichts von der Umwidmung und bezieht bei gleicher Prioritätsgruppe diese Protokollbits mit in die Arbitrierung ein, was nicht unmittelbar beabsichtigt ist, aber auch nicht schadet. Erst die Software im Steuergerät weiß mit diesen erweiterten Identifiern umzugehen. Die automatische „FullCAN"-Filterung eines modernen Controllers kann hier also nicht sinnvoll genutzt werden.

Die Anwendungsschicht enthält herstellerübergreifend eine gemeinsame Tabelle aller Nachrichten. Der Hersteller kann also Entwicklungskosten sparen, weil er nicht sämtliche Nachrichten neu festlegen muss, was insbesondere bei Nutzfahrzeugen mit kleineren Stückzahlen und mehr Varianten als im PKW-Bereich sinnvoll ist.

4.3.3.2 TP 2.0

Die Marken des VW-Konzerns benutzen ebenfalls zu Diagnosezwecken ein spezielles Transportprotokoll (Schicht 4), das nach einer Diagnoseanfrage mehr als 8 Datenbytes in mehreren CAN-Nachrichten unter dem gleichen Identifier verschicken kann und Transportprotokoll (TP) 2.0 genannt wird. Durch derartige Protokolle kann zumindest in Teilbereichen (Diagnose) eine Vereinheitlichung erreicht werden, die allerdings beim VW-Protokoll durch unterschiedliche Versionen gestört wird. Die zusätzlichen Protokollinformationen werden dabei in den CAN-Datenbereichen untergebracht. Eine ausführliche Beschreibung findet sich in [ZimSch07].

4.3.3.3 Bosch MCNet

Das Bosch MCNet (**M**obile **C**ommunication **Net**work) ist ein Beispiel eines Transportprotokolls für Multimedia-Anwendungen auf den vom CAN bereitgestellten unteren beiden Schichten (physikalische und Sicherungsschicht). Es konnte sich nicht auf breiter Front durchsetzen, es zeigt aber, wie auf den unteren beiden Schichten des CAN ein komplexes Protokoll aufgesetzt werden kann, dass den CAN aus Sicht der Software in den Knoten zu einem völlig andersartigen Bussystem umdefiniert, ohne dabei die Kompatibilität zu verletzen.

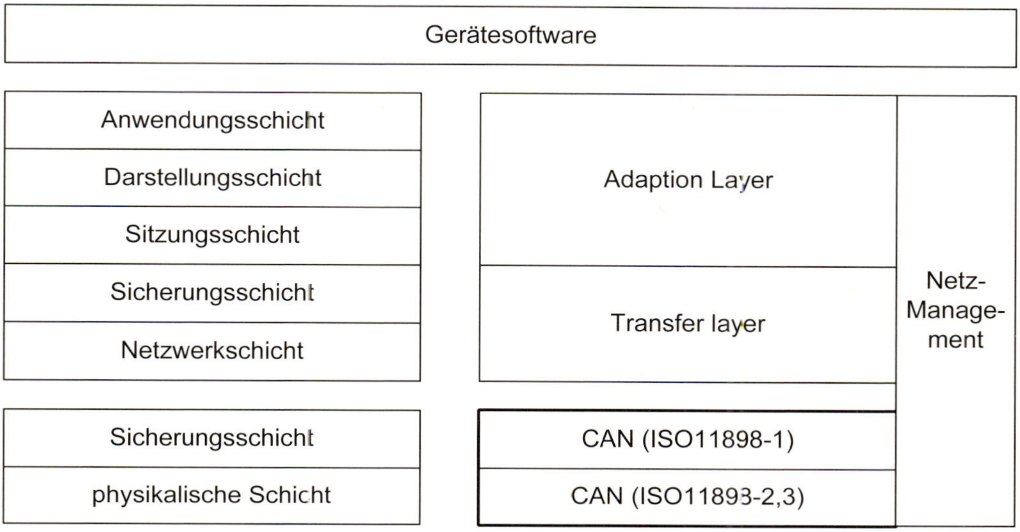

Bild 4-17 Aufbau des MCNets in Gegenüberstellung zu den OSI-Schichten

Dabei geht es nicht um den Transport von Video- oder Audiodaten, sondern nur um den Austausch von Befehlen und Informationen. Das MCNet definiert dazu einen „Transfer Layer", der den Schichten 4 und 4 im ISO-Modell entspricht und einen „Adaptation Layer", der den Schichten 5 bis 7 des OSI-Modells entspricht. Die auf den Knoten laufende Software hat nun die Möglichkeit, der Adaptionsschicht eine Information mit einem Adressaten zu übergeben. Vergleichbar den verschiedenen Möglichkeiten, eine Postsendung aufzugeben (z. B. mit/ohne Einschreiben), bietet die Adaptionsschicht die Möglichkeit, zwischen verschiedenartigen Übertragungsdiensten auszuwählen, so gibt es „Long Data Services" mit mehr Bytes, als in einen CAN-Frame passen, „Expedited Data Services" (Kurznachrichten) und „Broadcast Data Services" (die noch am ehesten einem rohen CAN-Frame entsprechen).

Die Schichten 3 bis 7 des MCNet übersetzten dann diese Anforderungen in CAN-Frames, was insbesondere bei Nachrichten mit Empfängern eine Umwidmung des beim CAN normalerweise adresslosen Identifier-Prinzips erfordert [Bosch96].

4.4 Weitere Bussysteme

4.4.1 LIN

Der CAN ist neben seiner Zuverlässigkeit auch kostengünstig. Trotzdem entstand Bedarf an einem sparsamen Bus, der nur einen Draht und die Karosserie als Rückleitung nutzt. In den USA wurde eine in [J2411] eine zusätzliche Variante der physikalischen Schicht des CAN definiert, die mit nur einem Draht auskommt. In Europa wurde seit 1999 mit dem LIN (Local Interconnect Network) [LIN2006] ein neues Bussystem geschaffen, das mit einer Leitung arbeitet, extrem billig zu realisieren ist, allerdings nicht die Zuverlässigkeit eines CAN erreicht. Er nutzt physikalisch das Prinzip der bereits früher zu Diagnosezwecken verbauten K-Line (Kapitel 6). Eine typische Anwendung ist die Bildung von kleinen Teilnetzwerken (*Clustern*) von Steuergeräten, bei denen der Ausfall weniger Datenpakete nicht zu Schäden führt.

Bild 4-18 zeigt die sehr einfach realisierte physikalische Schicht. Durch Pull-Up-Widerstände wird der LIN etwa auf Batteriespannung gehalten. Eine Diode verhindert, dass ein abgeschaltetes Steuergerät über den Bus mit Spannung versorgt wird. Durch Schalten eines Transistors kann die Spannung gegen 0 reduziert werden. Am billigsten ließe sich die Schaltung durch Verzicht auf einen integrierten Transceiver realisieren durch direkten Anschluss an eine serielle Schnittstelle eines Mikrocontrollers. Tatsächlich wird das gezeigte Rx-Signal nicht direkt am Bus ausgewertet, sondern mit einer Hysterese durch einen Schmitt-Trigger. Damit ist ein Transceiver-Baustein gerechtfertigt. Wie beim CAN_L ist ein niedriger Spannungswert dominant, ein hoher Spannungswert rezessiv.

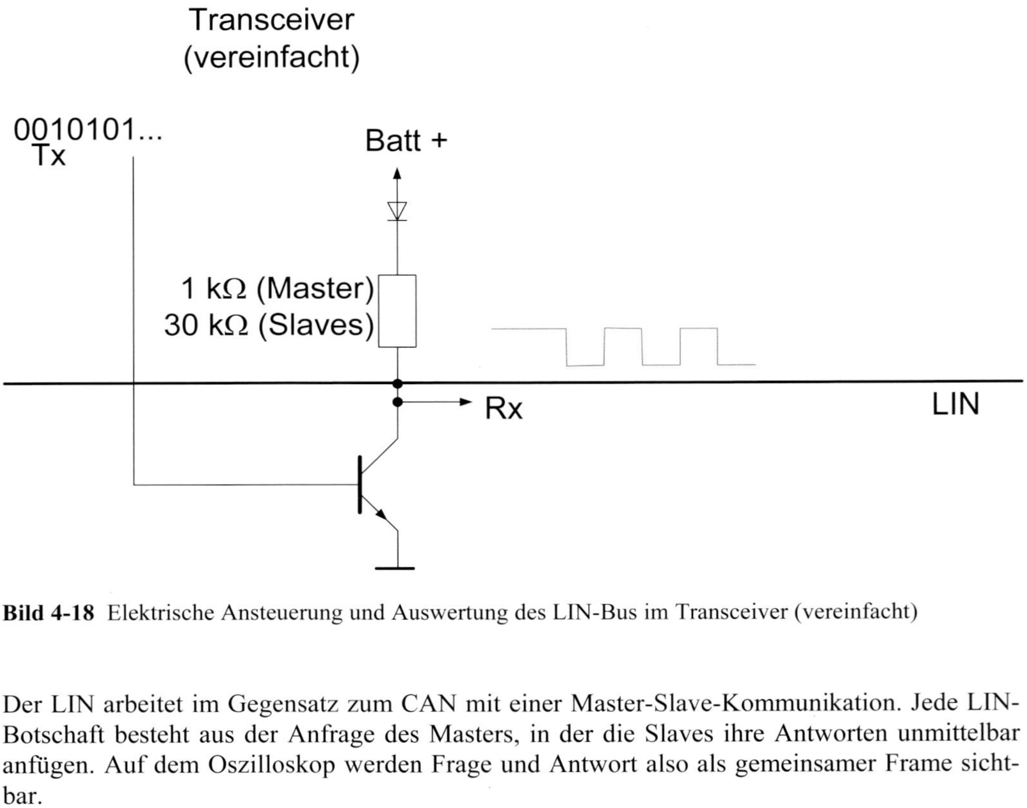

Bild 4-18 Elektrische Ansteuerung und Auswertung des LIN-Bus im Transceiver (vereinfacht)

Der LIN arbeitet im Gegensatz zum CAN mit einer Master-Slave-Kommunikation. Jede LIN-Botschaft besteht aus der Anfrage des Masters, in der die Slaves ihre Antworten unmittelbar anfügen. Auf dem Oszilloskop werden Frage und Antwort also als gemeinsamer Frame sichtbar.

Ein wesentlicher Unterschied der LIN-Spezifikation im Vergleich zum CAN-Standard ist, dass nicht nur die Hard-/ und Software genormt wurde, sondern auch die Hilfsmittel zur Entwicklung eines Netzwerkes. So existiert eine genormte Beschreibungssprache zur Spezifikation eines LIN-Knotens, die NCL (**N**ode **C**apability **L**anguage) und eine standardisierte Beschreibung der Busdaten (LDF, **LIN** **D**escription **F**ile). Aus dieser Sprache heraus kann C-Code für die Software des Knotens generiert.

Durch den Einsatz des Transceivers ist der LIN-Knoten nicht mehr wesentlich günstiger als die ca. 2 € eines CAN-Knoten. Der Verzicht auf eine zweite Leitung ermöglicht aber Einsparungen beim Bus selbst.

4.4.2 Zeitgesteuerte Bussysteme (Byteflight, TTCAN, TTP, FlexRay)

Die Buszuteilung beim CAN-Bus erfolgt nach Prioritäten. Dadurch ist die Wahrscheinlichkeit, dass wichtige Nachrichten mit hoher Priorität sofort den Zugriff auf den Bus bekommen, hoch. Mit absoluter Sicherheit kann aber kein sofortiger Buszugriff garantiert werden. Wenn z. B. zwei Nachrichten mit hoher Priorität gleichzeitig abgesetzt werden, bekommt die zweitwichtigste Nachricht zunächst keinen Zugriff und der sendende Knoten muss nach der wichtigsten Nachricht erneut versuchen, den Zugriff auf den Bus zu bekommen. Für sicherheitsrelevante Systeme wie elektronische Bremssysteme muss eine Buszuteilung bestimmter Nachrichten garantiert werden, eine hohe Wahrscheinlichkeit genügt nicht.

Da BMW als einer der ersten Fahrzeughersteller begann, sicherheitsrelevante Systeme mit elektronischer Übertragung zu entwickeln, begann dort in Kooperation mit einigen Halbleiterherstellern die Entwicklung eines Bussystems namens Byteflight, das den CAN für typische Sicherheitsfunktionen ergänzt. Neben der optischen Übertragung, die bei späteren Bussystemen wieder verworfen wurde, wurde wie im Bild unten dargestellt ein Zeitscheibenverfahren eingeführt.

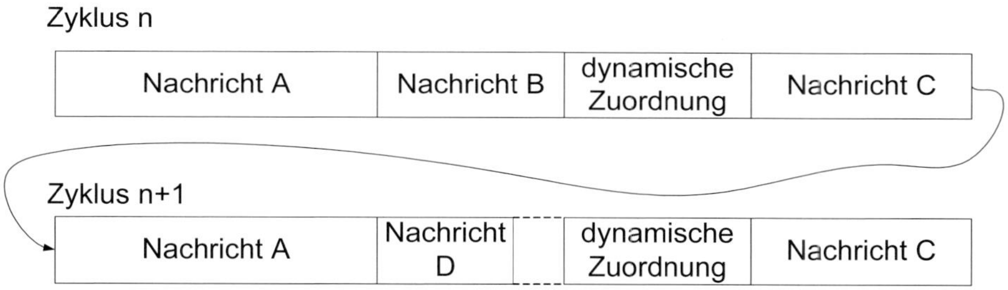

Bild 4-19 Prinzip zeitgesteuerter Busse

Dieses Verfahren sieht regelmäßige Zyklen vor, in denen bestimmten Nachrichten immer wieder exklusiv bestimmte Zeitschlitze zugeteilt werden. Damit ist, solange keine Fehler auftreten, eine Nachricht spätestens innerhalb eines Wiederholungszyklus erfolgreich abgeschickt. Nachteilig bei diesem Verfahren ist allerdings, dass bei festen Zeitfenstern auch dann Buszeit zugeteilt wird, wenn das Senden einer Nachricht gerade nicht erforderlich ist, weil es keine Neuigkeiten gibt. Wenn für sehr viele Nachrichten Zeitschlitze zu reservieren sind, kann dies zu unakzeptabel langen Zyklen führen. Kompensieren lässt sich diese Zyklenlänge nur durch hohe Übertragungsraten (beim Byteflight 10 Mbit/s, daher auch zunächst der Lichtwellenleiter als physikalische Schicht). Da nicht alle Nachrichten zwingend innerhalb eines Zyklus übertragen werden müssen, bietet sich der Kompromiss an, z. B. in einem Zeitschlitz mehre Nachrichten im Wechsel unterzubringen, z. B. die Nachrichten B und D im Bild. Weiterhin kann ein Zyklus in einen Teil mit festen Zeitschlitzen und einen zweiten Teil, der noch immer mit Prioritäten arbeitet unterteilt werden.

Bosch beteiligte sich nicht an der Entwicklung von Byteflight, sondern versuchte, den CAN in ähnlicher Weise weiter zu entwickeln. Heraus kam der TTCAN (**T**ime **T**riggered **CAN**). Dabei stellte sich aber ein weiterer Engpass des bisherigen CAN heraus: Die Zuteilung von Zeitscheiben setzt voraus, dass alle Knoten über die gleiche Zeit verfügen. Das Synchronisationsverfahren des CAN war zu diesem Zweck nicht mehr ausreichend. Dadurch entstanden zwei Varianten des TTCAN, eine Variante, die auf die gemeinsame Zeit verzichtet, dafür aber den Vorteil hat, zum bisherigen CAN kompatibel zu sein, indem die festen Sendezeiten einfach mit vorhandener Hardware und einer dynamischen Vergabe von Identifiern realisiert wurden. Erst die zweite Variante des TTCAN ist ein vollwertiges zeitgesteuertes System, das mit einer gemeinsamen Systemzeit arbeitet, aber nicht mehr voll kompatibel zum Standard-CAN ist.

Inzwischen begann BMW und Daimler aber schon gemeinsam mit Philips und Motorola einen Nachfolger des Byteflight zu entwickeln, der dessen Konzepte weitgehend übernehmen soll, aber die hohen Kosten des optischen Byteflight reduzieren soll. Dieser Nachfolger von Byteflight wurde FlexRay genannt und setzt sich langsam als Standard für zeitgesteuerte Busse in der Autoindustrie durch. Da FlexRay noch sehr neu ist, muss noch mit größeren Änderungen des Standards gerechnet werden. Momentan (im Herbst 2007) ist die Version 2.1 aktuell.

Das Wiener Unternehmen TTTech entwickelte parallel noch einen weiteren zeitgesteuerten Bus (TTP/C sowie der kostenoptimierte TTP/A)[TTPTUW], der sich in der Autoindustrie nicht durchsetzte, aber z. B. im Airbus A380 eingesetzt wird.

Inzwischen unterstützen auch Bosch und TTTech FlexRay neben ihren eigenen Systemen.

Die physikalische Schicht von FlexRay besteht nun wieder aus kostengünstigeren Kupferleitungen mit differenzieller Übertragung (die Spezifikation erlaubt aber alternativ eine optische physikalische Schicht) und ermöglicht trotzdem 10 Mbit/s. Eine Besonderheit ist, dass eine parallele Verlegung zweier Busse möglich ist, die wahlweise als Redundanz oder zur Verdopplung der Datenrate auf 20 Mbit/s genutzt werden können. Bei der topographischen Struktur ist FlexRay sehr flexibel (daher der Name). So kann der Bus linear oder auch sternförmig angelegt werden.

Ein Kommunikationszyklus besteht aus einem statischen Segment (mit festen Zeitscheiben), einem dynamischen Segment (prioritätsgesteuert), einem Symbolfenster für businterne zwecke und einer Ruhepause bis zum nächsten Zyklus. Die Zeitschlitze unterteilen sich in Macrotick genannte Zweiteinheiten, die nach „Uhrenvergleich" busweit gelten. Die Macroticks sind Vielfache der aus dem internen Takt eines jeden Knotens abgeleiteten Microticks. Die Anzahl der Microticks pro Macrotick wird nach jedem Uhrenvergleich überprüft und korrigiert. Im Gegensatz zum CAN werden also nicht die Nachrichten selbst bitweise synchronisiert, sondern dieses Verhältnis wird aktualisiert. An die Ganggenauigkeit der internen Oszillatoren werden höhere Anforderungen gestellt als beim CAN.

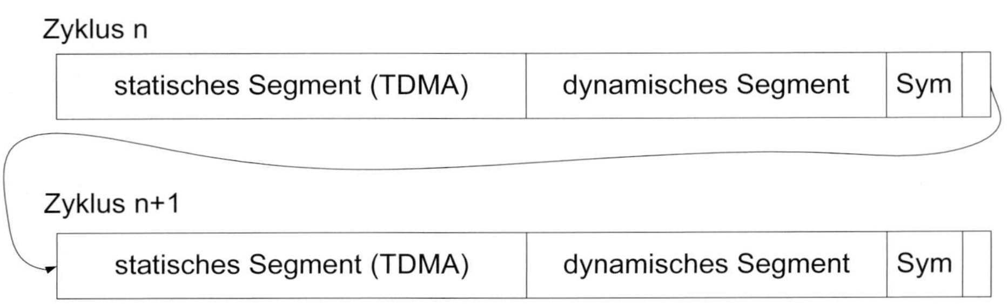

Bild 4-20 Zeitsegmente des FlexRay (TDMA: Time Division Multiple Access, Zeitschlitzverfahren)

Die Datenrahmen ähneln dem CAN, allerdings mit zwei wesentlichen Unterschieden. Die erste CRC-Prüfung wird bereits im Header durchgeführt, bevor die Nutzdaten übertragen werden. Die Anzahl der Nutzdaten pro Rahmen kann bis zu 254 Byte (beim CAN maximal 8 Byte) betragen.

Ein *Bus Guardian* in jedem Knoten überwacht während des statischen Segments die Kommunikation. Verstößt ein Knoten gegen die Regel, kann der Bus Guardian den Transceiver abschalten. Die Definition des Bus Guardians (und die Frage, ob ein Bus Guardian überhaupt erforderlich ist) ist ein Bereich der FlexRay-Spezifikation, der noch stark im Fluss ist.

4.4.3 Busse für Rückhaltesysteme

In jedem Rückhaltesystem, das z. B. aus Crashsensoren, Airbags, Gurtstraffern und mindestens einem Steuergerät besteht, müssen Informationen ausgetauscht werden. Die wohl wichtigste Information in solch einem System ist der Befehl des Steuergerätes an die Airbags, im Falle einer Kollision auszulösen. Sowohl ein Verlust dieser Information als auch eine Fehlauslösung kann nicht verantwortet werden. Die neuerdings für solche Rückhaltesysteme benutzten Bussysteme führen ein Schattendasein und sind oft nur denen bekannt, die damit unmittelbar zu tun haben. Sie stellen jedoch ein sehr interessantes Beispiel für Bussysteme in sicherheitskritischen Anwendungen dar. Diese Busse übertragen nur geringe Datenraten, zeichnen sich aber durch sehr hohe Zuverlässigkeit und Störfestigkeit aus.

Ein erster Schritt waren Bussysteme (z. B. PAS3 und PAS4, **P**eripheral **A**cceleration **S**ensor) von den Sensoren zum Airbagsteuergerät, die Auslösung der Airbags erfolgte zunächst noch über spezielle Leitungen. Aus Gründen der Störsicherheit wird das Signal über eine zweiadrige Stromschnittstelle übertragen. Das PAS-Protokoll wurde zum PSI5-Protokoll (**P**eripheral **S**ensor **I**nterface) weiterentwickelt, das eine größere Wortlänge bis 24 bit ermöglicht und herstellerübergreifend standardisiert wird [PSI5].

PSI5 sieht einen asynchronen Betrieb vor, in denen nur jeweils ein Sensor an einem Bus hängt und gelegentlich ein Datenwort sendet (in dieser Konfiguration ist es übertrieben, von einem Bus zu reden). Möglich ist aber auch ein synchroner Betrieb, bei dem mehrere Sensoren auf Anforderung nacheinander ihr Signal auf den Bus legen. Als dritte Variante ist eine Verkettung von Sensoren möglich. Die Sensoren werden über den Bus auch mit Spannung versorgt. Eine Weiterentwicklung zur bidirektionalen Kommunikation befindet sich gerade in Form einer vorläufigen Spezifikation in Arbeit.

Die Entwickler von Rückhaltesystemen haben auch proprietäre Busse für das gesamte System entwickelt, wie den BOTE von Bosch und Temic, sowie andere Systeme von Siemens, TRW und Philips (heute NXP). Inzwischen haben sich alle Hersteller im „Safe by Wire Plus" Konsortium zusammen getan. Ein gemeinsames Produkt dieses Konsortiums ist der Rückhaltebus ASRB 2.0 [ISO22896].

Das auffälligste Merkmal dieses Zweidraht-Busses mit integrierter Spannungsversorgung ist seine redundante Auslegung, beide Teilbusse verlaufen parallel. Während die reguläre Datenübertragung ähnlich wie bei anderen Bussystemen arbeitet, werden Zündbefehle für die Airbags durch einen höheren Spannungspegel gegeben. Eine große Herausforderung ist, dass elektrostatische Entladungen nicht zu einer Zündung führen können. NXP bietet nicht nur Master- und Slave-Bausteine an, sondern mit dem AU6102 auch einen Baustein zur direkten Auslösung des Zünders mit ASRB-Schnittstelle.

4.4.4 Busse für Multimedia-Anwendungen

Insbesondere in der Oberklasse nimmt der Umfang an integrierter Unterhaltungselektronik zu. Daraus resultierte die Notwendigkeit eines geeigneten Bussystems, das Audiodaten und sogar komprimierte Videodaten übertragen kann. Die Anforderungen an die Zuverlässigkeit sind nicht so extrem hoch gesteckt wie z. B. beim FlexRay. Die Anforderungen an die Datenmenge sind noch höher, als Richtgrößen können angenommen werden:

- Audio (komprimiert) bis 500 kbit/s,
- Audio (unkomprimiert) bis 4 Mbit/s,
- Video (komprimiert) bis 12 Mbit/s,
- Video (unkomprimiert) bis 50 Mbit/s,
- Video (hochauflösend) bis 400 Mbit/s.

Eine besondere Anforderung wird an die relative Verzögerung von Daten gestellt. Stellt man sich eine Videoübertragung vor, ist es völlig irrelevant, ob diese z. B. mit 50 ms Verspätung ankommen, es ist aber wichtig, dass die Verzögerung während einer Übertragung konstant bleibt (*isochrone* Übertragung), sonst beginnt ein Bild zu ruckeln oder die Musik klingt „abgehackt".

Ein Bus, der bis auf unkomprimierte Videodaten diesen Anspruch erfüllt ist der MOST sowie ein weiteres, als potenzieller Nachfolger gehandeltes System, der IDB1394. Ein Vorgängersystem der D2B bzw. DDB (**D**igitaler **D**aten**b**us) von Daimler hat keine Bedeutung mehr, viele Ideen aus diesem System kommen aber noch im MOST zur Anwendung. Der MML (**M**obile **M**ultimedia **L**ink) von Delphi konnte sich trotz seiner Übertragungsrate bis 100 Mbit/s nicht auf dem Markt behaupten.

4.4.4.1 MOST

Der MOST [MOST07] wurde zunächst als optischer Bus mit einer Brutto-Datenrate bis 25 Mbit/s entwickelt und verbaut, inzwischen ist eine elektrische Variante spezifiziert, die kostengünstiger ist als der Lichtwellenleiter, das Problem, dass Lichtwellenleiter weite Verlegeradien benötigen, um nicht beschädigt zu werden, umgeht und außerdem die Datenrate verdoppelt.

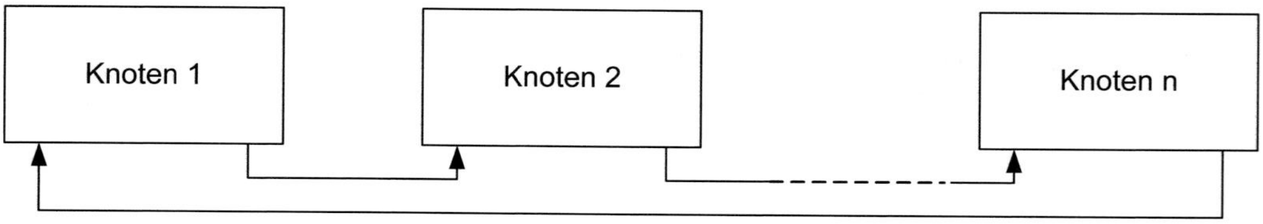

Bild 4-21 Optischer Ring

Die optische Variante wird als Ring installiert, wobei jedes Steuergerät jeweils einen optischen Eingang und einen optischen Ausgang hat. Der Ring ist also nicht geschlossen, sondern besteht aus den Segmenten vom Ausgang des einen Steuergerätes zum Eingang des benachbarten Gerätes. Der Ein- und der Ausgang sind in einem gemeinsamen optischen Steckverbinder untergebracht. Ein Gerät, der Timing-Master, bestimmt den Takt des Systems.

Der Datenrahmen besteht aus zyklisch wiederholten Blöcken, die ihrerseits aus jeweils 16 Datenrahmen (Frames) bestehen. Ein Rahmen besteht aus 15 4-bit-Gruppen, Quadletts genannt. Neben wenigen Verwaltungsdaten besteht der Rahmen aus einem synchronen Datenteil, der z. B. mit jedem Rahmen einen konstanten Beitrag zu einem Videobild liefert und einem asynchronen Teil, der eher zum einmaligen Transport größerer Datenmengen (z. B. Kartendaten von DVD zum Navigationssystem) geeignet ist. Die Grenze zwischen den beiden bereichen, der Boundary Descriptor, kann verschoben werden.

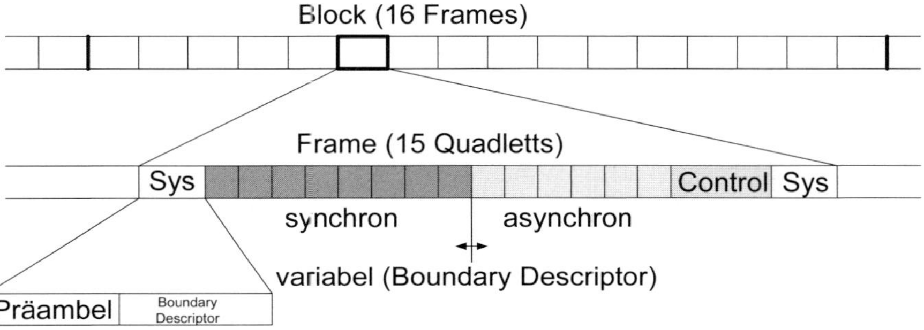

Bild 4-22 Rahmenstruktur bei MOST

In jedem Gerät befinden sich bestimmte Funktionen, die vordefiniert und katalogisiert sind. Ein Beispiel wäre ein Tuner mit eingebautem Verstärker, das Gerät hätte dann die Funktionen „Tuner“ und „Verstärker“, sowie eine dritte Funktion zum Netzmanagement, die in jedem MOST-Gerät vorhanden sein muss. Der Katalog gibt herstellerunabhängig für jeden Typ einer Funktion vordefinierte Eigenschaften und Methoden an. Hier wird erkennbar, dass Ideen aus der objektorientierten Programmierung in die Netzwerkarchitektur einflossen.

4.4.4.2 IDB1394

Wie der Name bereits vermuten lässt, ist der IDB1394 mit dem als „FireWire“ bekannten seriellen Bus nach [IEEE1394] verwandt. IDB steht dabei für das Industrie-Konsortium „IDB Forum“, welches die Normung dieses Busses für den Automobilbereich betreibt. Neben einer optischen Variante der physikalischen Schicht befindet sich auch eine drahtgebundene Variante in Entwicklung. Vorgesehen ist auch ein *Consumer Convenience Port* (CCP), der eine gewöhnliche IEEE1394-Schnittstelle bereitstellt, an die der Benutzer externe Geräte wie einen MP3-Player anschließen kann.

4.4.5 Drahtlose Netze

Drahtlose Netze (der Begriff Bus erscheint hier unpassend) werden im Multimedia-Bereich eingesetzt. Ein Beispiel ist eine Freisprecheinrichtung, die auf Kanälen oberhalb 2,4 GHz mit Bluetooth [BltSIG] arbeitet.

Bislang handelt es sich beim Einsatz drahtloser Netze um wenige Einzelfälle. Sie gelten als potenzielle Störquellen, müssen in einigen Anwendungen gegen Abhören und Manipulation gesichert werden und auch die Angst vor gesundheitlichen Auswirkungen elektromagnetischer Felder könnte Käufer abschrecken, obwohl die Sendeleistungen deutlich unterhalb denen eines Mobiltelefons liegen.

4.5 Praktisches Vorgehen

Wie ein Bussystem entwickelt wird, soll im Folgenden am Beispiel der in Bild 4-3 gezeigten Kommunikation dargestellt werden. Als zugrunde liegendes Bussystem sei der CAN angenommen, bei anderen Systemen kann das Vorgehen an einigen Stellen abweichen, ist aber grundsätzlich ähnlich.

In der Regel wird das System vom Fahrzeughersteller geplant, die Zulieferer der einzelnen Steuergeräte setzen dann nach dessen Spezifikation jeweils ihre Kommunikationsschnittstelle um. Der Zulieferer bekommt keine Informationen über die weitere Kommunikation auf dem Bus. Die Beschreibung der gesamten Kommunikationsstruktur (K-Matrix) unterliegt beim CAN keinem standardisierten Format. Bei zeitgesteuerten Protokollen wie FlexRay macht die Einteilung der Zeitschlitze einen großen Anteil dieser Arbeit aus.

Zunächst müssen alle auszutauschenden Variablen zu CAN-Botschaften zusammengefasst werden. Bei Fließkommazahlen sind 2 Byte üblich, je nach Anforderungen wären aber auch 1 Byte oder mehr als 2 Byte üblich. Wenn 8 Byte in eine CAN-Botschaft passen, lassen sich also 4 Fließkommavariablen übertragen. Wir nehmen an, alle Signale aus Bild 4-3 seien 2 Byte lang mit Ausnahme von Gang, Anfrage und Freigabe, die jeweils 1 Byte lang seien (Anfrage und Freigabe lassen sich jeweils als einzelne Bits darstellen, die mögliche Länge des Datenfeldes kann beim CAN aber nur in Stufen von einem Byte gewählt werden, eine Länge von z. B. 17 Bit ist nicht möglich).

Bei anderen Bussystemen kann bereits das Format dieser Systembeschreibung standardisiert sein (z. B. beim LIN). Die Tendenz zur Standardisierung wird zukünftig die Zusammenarbeit zwischen Zulieferern und Herstellern vereinfachen. Die ASAM hat das FIBEX (**Fi**eld **B**us **E**xchange **F**ormat) als systematisches Format standardisiert, das zunächst nicht an ein bestimmtes Bussystem gebunden ist, aber vor allem bei FlexRay genutzt wird.

Bei der Implementierung und beim Test ist ein sukzessives Vorgehen erforderlich. Ein Zulieferer wird nicht immer ein komplettes Fahrzeug zur Verfügung haben, insbesondere nicht zu Beginn eines Projekts. Selbst beim Fahrzeughersteller wird erst recht spät ein seriennahes Fahrzeug verfügbar sein, so dass zuvor oft noch ein improvisierter Laboraufbau mit wenigstens den meisten der beteiligten Steuergeräte ausreichen muss. Ein Zulieferer wird in der Regel keinen Zugriff auf die anderen Steuergeräte haben, sofern diese nicht aus dem eigenen Hause kommen. Die Kommunikationsschnittstelle eines einzelnen Steuergerätes lässt sich aber nur schwierig allein entwickeln.

Abhilfe schafft hier zunächst eine Simulation (Phase I in Bild 4-23), bei der zunächst weder die Steuergeräte, noch der Bus real existieren. Der Fahrzeughersteller wird ein Interesse daran haben, möglichst frühzeitig die Leistungsfähigkeit des Gesamtsystems zu testen und Probleme wie mehrfach belegte Identifier, ungeschickt gewählte Prioritäten oder Überlastsituationen zu erkennen. Dabei kann es erforderlich werden, die simulierten Steuergeräte nicht nur als „dumme" Nachrichtengeneratoren zu simulieren. Sobald Nachrichten in Abhängigkeit bestimmter Ereignisse erzeugt werden, kann es nötig werden, in begrenztem Maße auch einen Teil der Intelligenz hinter der Schnittstelle zu simulieren. Betätigt ein Steuergerät einen Aktor, kann dies physikalische Größen ändern, die von den Sensoren anderer Steuergeräte erkannt werden und evtl. ein Ereignis auslösen. Eventuell müssen also sogar physikalische Querbeziehungen zwischen Steuergeräten, sofern sie für die Kommunikation wichtig sind, nachgebildet werden. Auch der Zulieferer führt ähnliche Simulationen durch, wird dies aber nur so weit tun, wie es erforderlich ist, um das Verhalten des eigenen Steuergerätes am Bus zu testen. Er wird die anderen Steuergeräte schon deswegen wesentlich gröber modellieren müssen, weil er nicht über sämtliche Informationen des Herstellers verfügt.

Tabelle 4.1 Beispiel einer K-Matrix entsprechend Bild 4-3

Name des Frames	von	Frame-ID/Signale	Länge	Werte	Auslösung
Frame_v_EDC	EDC	ID = 100	8 Byte		alle 5 ms
		n	2 Byte	0...10000 rpm	
		Fahrerwunsch	2 Byte	0...100 %	
		Kühlmitteltemperatur	2 Byte	–40...140 °C	
		Last	2 Byte	0...100 %	
Frame_v_Getriebe	ETC	ID=200			alle 5 ms
		Gang	1 Byte	0...5	
Frame_v_FDynReg	FDR	ID=300			alle 5ms
		Fahrgeschwindigkeit	2 Byte	–50...250 km/h	
		Drehzahlgrenze min	2 Byte	[wie n]	
		Drehzahlgrenze max	2 Byte	[wie n]	
Klima_Anfrage	Kli	ID=901			vor Einrücken Magnet-kupplung
		Freigabe	1 Byte	Bit 0 = 1, Bit 1...7 = 0	
Klima_Freigabe	EDC	ID=900	1 Byte		nach Anfrage oder wenn EDC Abschalten efordert
		Freigabe	1 Byte	Bit 0 = 1, Bit 1...7 = 0	

Wenn schon einige Steuergeräte physikalisch verfügbar sind, können die simulierten Steuergeräte nach und nach durch reale Steuergeräte ersetzt werden (Phase II). Der restliche Teil des Busses wird noch simuliert (*Restbussimulation*).

Erst in Phase III, meist kurz vor Serienanlauf, liegt das System komplett physisch vor und das zuvor zur Restbussimulation benutzte Werkzeug, dient jetzt nur noch dazu, den Datenverkehr auf dem realen Bus zu protokollieren und statistisch auszuwerten, sowie zu Testzwecken noch einzelne Nachrichten abzusetzen. Mit Hilfe von Datenbanken oder Beschreibungsdateien können den Nachrichten und Signalen Bedeutungen gemäß der K-Matrix zugewiesen werden, die Anzeige kann so in Klartext erfolgen. Tabelle 4.2 zeigt einige Anbieter zur Analyse und Stimulation von Bussen. Dabei bestehen erhebliche Unterschiede im Ausstattungsgrad, so ermöglichen nicht alle Werkzeuge, das komplette Verhalten eines Steuergerätes am Bus zu simulieren.

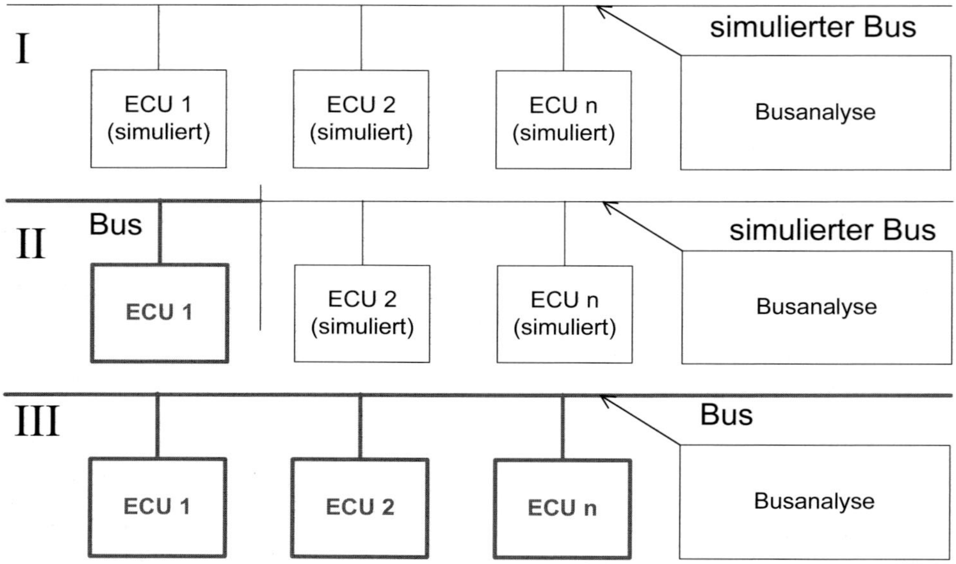

Bild 4-23 Phasen der Entwicklung verteilter Funktionen

Tabelle 4.2 Einige Anbieter von Entwicklungswerkzeugen (alphabetische Reihenfolge). Drei Punkte bedeuten, dass auch einige aufgesetzte und verwandte Protokolle unterstützt werden.

Name	**www.-Adresse**	**Busse (nur Automobilsysteme, Stand 05/2007)**
Condalo GmbH, Lichtenau	www.condalo.de	CAN, MOST
GÖPEL electronic GmbH, Jena	www.goepel.com	CAN, LIN
Ixxat Automation GmbH, Weingarten	www.ixxat.de	CAN, LIN, FlexRay, ...
SMART Electronic Development GmbH, Stuttgart	www.smart-gmbh.de	CAN, LIN, ...
Softing AG, Haar	www.softing.com	CAN, FlexRay, MOST, ...
Vektor-Informatik, Stuttgart	www.vektor-informatik.de	CAN, LIN, FlexRay, MOST, ...

5 Hardware

5.1 Steuergeräteschaltungen

So unterschiedlich die Anwendungen verschiedener Steuergeräte auch sind, der grundsätzliche Aufbau ähnelt sich doch sehr stark. Wie Bild 5-1 zeigt, besitzt inzwischen jedes Steuergerät einen Rechnerkern, wobei es allerdings erhebliche Unterschiede in der Leistungsfähigkeit gibt. Steuergeräte, die wie in den 70er Jahren komplexe Funktionen ausschließlich in analoger Schaltungstechnik realisierten, haben heute keine Bedeutung mehr. Die Aufgabe eines Steuergerätes ist die Verarbeitung von Sensorsignalen und eine der Betriebssituation angepasste Betätigung von Stellgliedern (Aktoren), z. B. über Regelalgorithmen. Zu diesem Zweck sind Schnittstellenschaltungen in das Steuergerät zu integrieren, die auf die jeweiligen Sensoren und Aktoren angepasst sind. Aus wirtschaftlichen Gründen sollte hier auch bei unterschiedlichen Sensoren und Aktoren eine weitgehende Vereinheitlichung erreicht werden (Baukasten-Prinzip), es wird jedoch immer sehr spezielle Aktoren und Sensoren geben, die auch spezielle Schaltungen benötigen. Wie schon im vorigen Kapitel gezeigt, besitzt ein Steuergerät auch Kommunikationsschnittstellen, z. B. CAN-Transceiver (Kapitel 4), zu anderen Steuergeräten und auch zu externen Geräten, die in der Entwicklung und im Service eingesetzt werden. Darüber hinaus benötigt jedes Steuergerät eine interne Infrastruktur zur Versorgung mit Spannungen und mit digitalen Taktsignalen. In den folgenden Abschnitten werden diese Funktionsblöcke ausführlicher beschrieben.

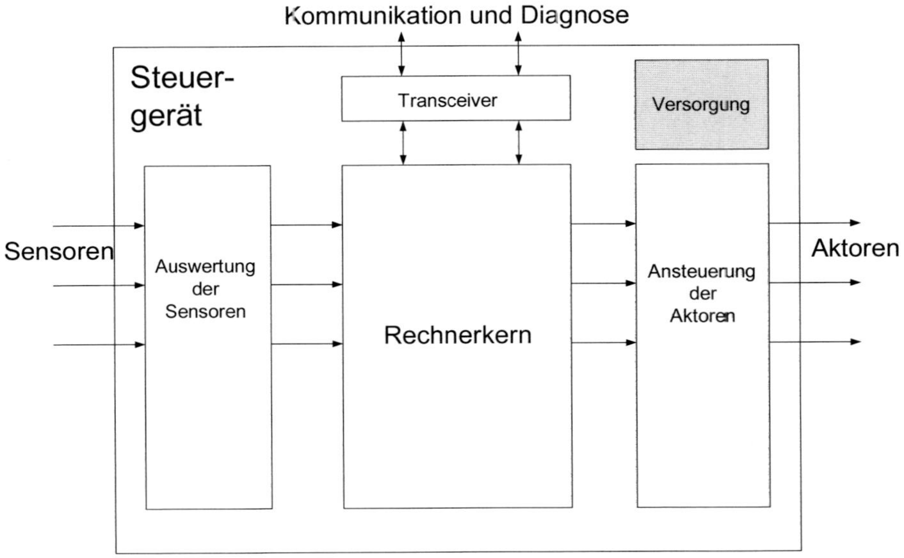

Bild 5-1 Grundsätzlicher Aufbau eines Steuergerätes

Bild 5-2 Beispiel eines Steuergerätes für Dieselmotoren

Während Bild 5-1 den grundsätzlichen Aufbau eines Steuergerätes schematisch darstellt, ist in Bild 5-2 exemplarisch ein Foto gezeigt. In der Mitte ist der Rechnerkern mit zwei Taktgeneratoren erkennbar. Der große IC oben ist der Mikrocontroller [Infineon03]. Die Kondensatoren oberhalb des Steckverbinders sind Teil der Spannungsversorgung. Die Ansteuerung der Aktoren ist links und rechts zu finden. Links befinden sich zwei integrierte Mehrfach-Treiberbausteine CJ420 [Bosch06-420] und CJ920 [Bosch06-920]. Rechts befinden sich einzelne Leistungstransistoren. Oben rechts befindet sich ein Kondensator, der für eine spezielle Endstufe eine erhöhte Spannung von fast 100 V bereithält. Die Schnittstellen zur Kommunikation und die hauptsächlich aus passiven Bauelementen bestehenden Eingangsschaltungen befinden sich auf der Rückseite der Leiterplatte. Eine Besonderheit ist der Atmosphärendrucksensor oben links.

5.1.1 Rechnerkern

Der Rechnerkern eines Steuergerätes unterscheidet sich trotz zahlreicher Ähnlichkeiten von jenem eines PC. Links in Bild 5-3 sind Hilfseinrichtungen des Rechnerkerns, nämlich die Spannungsversorgung (U), der Oszillator (f wie Frequenz) und eine Überwachung zu sehen. Eine Spannungsversorgung und ein Taktgenerator sind unverzichtbare Bestandteile eines jeden Rechnerkerns, im Fahrzeug oder im PC. Ein wesentlicher Unterschied ist die Überwachung, die besonders bei Steuergeräten mit sicherheitskritischen Aufgaben sehr ausgeprägt ist und bei einem Rechnerabsturz automatisch einen Neustart oder weitergehende Maßnahmen wie ein Abschalten des Systems ausführen soll.

Daneben sind wie bei jedem anderen Rechner der Prozessor, der Speicher sowie die Busse, welche Prozessoren und Speicher verbinden, zu sehen. Anstelle eines Universal-Mikroprozessors wie im PC ist in *eingebetteten Systemen* (engl. *embedded Systems*) ein spezieller Prozessor, Mikrocontroller genannt, vorhanden. Unter eingebetteten Systemen versteht man Rechner, die nicht als selbständige Arbeitsplatzrechner auf einem Schreibtisch stehen, sondern Teil von Geräten und Systemen sind und dort, meist für den Anwender verborgen, Aufgaben der Mess-, Steuer- und Regeltechnik oder Überwachungsaufgaben übernehmen. Die Steuerung einer Waschmaschine ist ein typisches Beispiel eines eingebetteten Systems, aber auch jedes einzelne Steuergerät im Fahrzeug. Die Speicherbausteine sind Schreib/Lesespeicher (*RAM*) und ein *Flash-EEPROM*, evtl. noch ein weiteres im Bild nicht eingezeichnetes kleines *EEPROM*, das über eine serielle Leitung mit dem Controller verbunden ist. Die Nutzung der unterschiedlichen Speicherarten durch die Software wird in Kapitel 6 (Software) ausführlich erläutert.

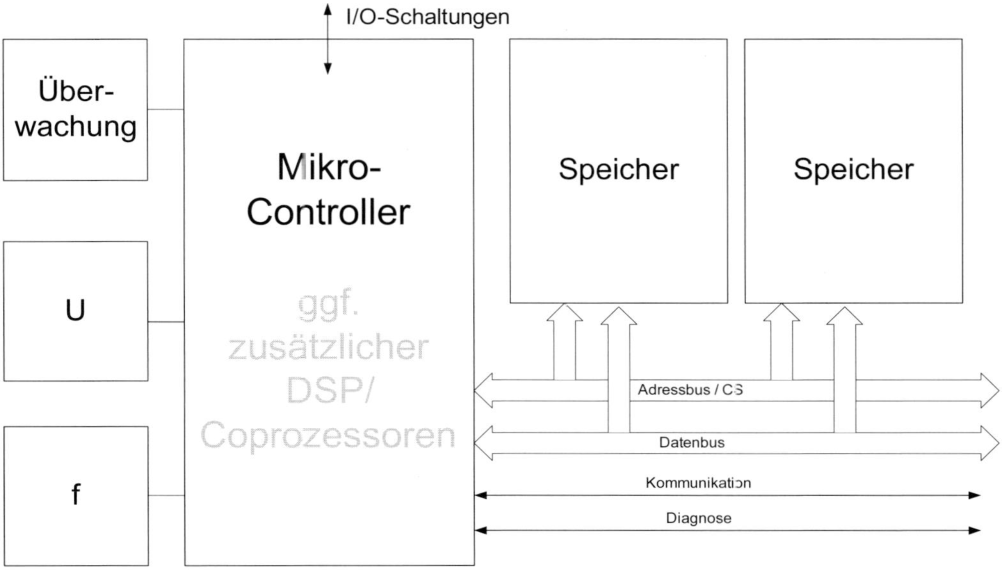

Bild 5-3 Grundsätzlicher Aufbau des Rechnerkerns

5.1.1.1 Mikrocontroller

Einem *Mikrocontroller* fehlen diverse Funktionen eines PC-Mikroprozessors (z. B. für Multimedia-Anwendungen), dafür verfügt er über zusätzliche Funktionseinheiten, die er für Steuerungs- oder Regelungsaufgaben benötigt, z. B. integrierte Analog-Digital-Wandler und pulsweitenmodulierte Ausgänge. Der Mikrocontroller kann ergänzt werden durch einen zusätzlichen oder internen digitalen Signalprozessor (*DSP*), der für digitale Verarbeitung von Signalen optimiert ist. Wie ein Mikroprozessor wird auch ein Controller abgekürzt als CPU (**C**entral **P**rocessing **U**nit) bezeichnet.

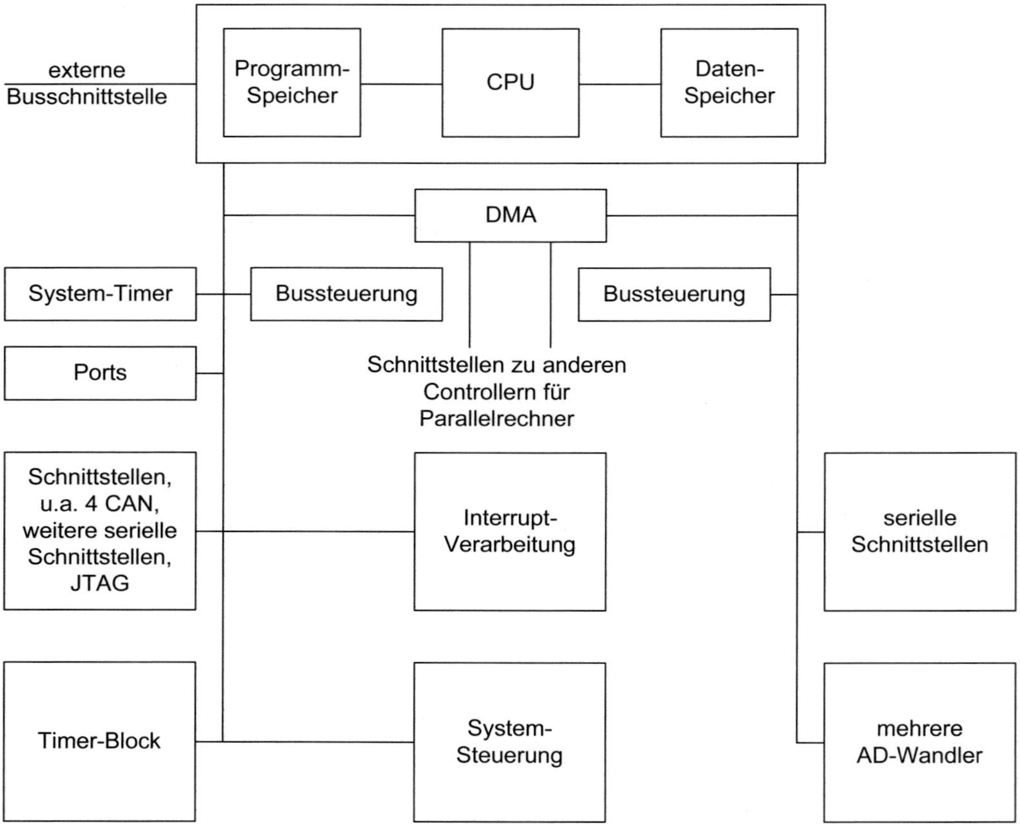

Bild 5-4 Übersicht über einen modernen 32-Bit-Controller mit Peripherie

Ein grobes Kriterium zur Einteilung der Leistungsfähigkeit und damit auch der Kosten ist die Breite des Datenbusses. Diese besagt zunächst, wie viele Bits der Controller parallel über seinen Datenbus übertragen kann. In einigen Fällen ist der interne Bus breiter als der herausgeführte externe Bus. Moderne Controller können auch mehrere interne Busse besitzen. Die interne Busbreite sagt häufig auch aus, wie viele Bits in einer Operation verarbeitet werden können.

Darüber hinaus hängt die Leistungsfähigkeit eines Controllers davon ab, wie viele Taktzyklen er zur Bearbeitung eines Befehls benötigt. Mit Ausnahme komplexerer Befehle wie der Division schaffen viele moderne Controller einen Befehl pro Zyklus. Die Geschwindigkeit ist proportional zur Taktfrequenz.

Sehr viele Controller besitzen inzwischen mehrere Rechenwerke, häufig mit speziellen Aufgaben.

Tabelle 5.1 Auswahl einiger fahrzeugtypischer Mikrocontroller

Busbreite	Typen	Hersteller	Internet
8 bit	8051, z. B. C515C, P8XC591	verschiedene Hersteller	
16 bit	167, z. B. SAK-C167CR	Infineon, München	www.infineon.com
32 bit	PowerPC, z. B. MPC 555 („Black Oak"), MPC 563 („Silver Oak"), MPC 565 („Green Oak")	Freescale, München	www.freescale.com
32 bit	MB91460, z. B. MB91F469GAPB	Fujitsu, Langen	www.fujitsu.com
32 bit	TriCore, z. B. CT 1765, CT 1775 („Audo1"), CT 1796 („Audo-NG")	Infineon, München	www.infineon.com

5.1.1.2 Speicher

Grundsätzlich unterscheiden sich die unterschiedlichen Speichertypen im Rechnerkern danach, ob sie flüchtig sind, also sämtliche Inhalte nach Abschalten der Versorgungsspannung verlieren, oder nichtflüchtig, also ihre Inhalte für eine sehr lange Dauer nach Abschalten behalten. **Auch einige Arten nichtflüchtiger Speicher können nach Zeiträumen vieler Jahre unter rauen Betriebsbedingungen Inhalte verlieren,** „nichtflüchtig" darf bei langlebigen Produkten also nicht in jedem Falle mit „dauerhaft" gleich gesetzt werden.

Der flüchtige Speicher wird als *RAM* (**R**andom **A**ccess **M**emory, Speicher mit wahlfreiem Zugriff) bezeichnet. Man unterscheidet *statisches* ***RAM*** (*SRAM*), das eingespeicherte Informationen mit Hilfe digitaler Kippschaltungen (Flipflops) bis zum Ausschalten behält, und *dynamisches RAM* (*DRAM*), das Informationen wesentlich kompakter in kleinen Kondensatoren ablegt und damit eine höhere Integrationsdichte ermöglicht. Die Kapazität der auf dem Chip befindlichen Kondensatoren ist mit einigen fF allerdings so gering, dass sie im Rhythmus einiger Millisekunden regelmäßig nachgeladen werden müssen. Der hierzu erforderliche *Refresh-Controller*, eine Schaltung, die das Nachladen organisiert, ist ein Nachteil von DRAM. Weitere Speichertypen werden zurzeit erforscht und besitzen bislang keine praktische Bedeutung. Da DRAM eine hohe Integrationsdichte ermöglicht, wird eine Sonderform dieser Technik, das SDRAM (**s**ynchrones **DRAM**) oder dessen Nachfolger DDR-SDRAM (**D**ouble **D**ata **R**ate, doppelte Datenrate), DDR2-SDRAM oder DDR3-SDRAM, in PCs eingesetzt. Da Mikrocontroller mit wenigen kByte als flüchtigen Datenspeicher auskommen, wird im Gegensatz zum PC in Steuergeräten SRAM eingesetzt. Bevorzugt werden Mikrocontroller, die bereits ihr RAM eingebaut haben, auf externe RAM-Bausteine kann dann verzichtet werden.

Die Software und Kennfelder werden nichtflüchtig abgespeichert. Auch dies ist ein wesentlicher Unterschied zum PC, der seine Software zunächst von der Festplatte ins RAM lädt. Eine Festplatte ist in Steuergeräten nicht enthalten, dies könnte sich allerdings mit einigen neu entwickelten, besonders kleinen und robusten Festplatten in Zukunft ändern. Mit der magnetischen Speicherung auf Festplatten wäre bereits ein Beispiel der nichtflüchtigen Speichertechnologien genannt, in der Regel wird der Begriff nichtflüchtiger Speicher aber auf Halbleiterspeicher eingegrenzt. Diese übernehmen nicht nur die persistente Speicherung von Software und Datensätzen, die Software wird auch direkt aus nichtflüchtigen Speicherbausteinen heraus ausgeführt.

Nichtflüchtiger Speicher lässt sich durch eine bei der Herstellung erzeugte feste Verdrahtung realisieren. Anstelle einer programmierbaren Speicherzelle besteht eine feste Verbindung zur Versorgungsspannung oder zur Masse, die eine logische 1 oder 0 darstellen kann. Einen solchen Speicherbaustein nennt man *ROM* (**R**ead **O**nly **M**emory, Nur-Lese-Speicher) oder *MROM* (**M**asken-**ROM**). Der Begriff Masken-ROM spielt auf den Herstellungsprozess an, bei dem der entstehende Chip in der Halbleiterfabrik vor jedem Prozess-Schritt mit einem Fotolack beschichtet und durch eine Maske hindurch belichtet wird, um festzulegen, welche Strukturen im nächsten Schritt chemisch bearbeitet werden. Ein MROM behält seine Inhalte dauerhaft, sofern man von Defekten absieht, die bei jedem anderen integrierten Baustein auch auftreten können. Er kann als eigenständiger Baustein oder auch innerhalb des Controllers aufgebaut sein. Da der Zulieferer oder Autohersteller ein MROM nicht selbst programmieren kann und die Herstellung eines MROM ein neues Chip-Design darstellt, ist die Herstellung mit hohen einmaligen Investitionen verbunden, die je nach Technologie in die Millionen gehen können und sich nur bei großen Stückzahlen amortisieren. Während der Entwicklungsphase hingegen ist ein Speicher, der nicht von den Entwicklern selbst programmiert werden kann, ungeeignet.

Nichtflüchtige Speicher, die nicht beim Hersteller, sondern vor Ort programmiert werden, heißen *PROM* (**p**rogrammierbares **ROM**). Bei der Programmierung zerstört ein Programmiergerät gezielt mikroskopisch kleine Sicherungen im Halbleiter, um die zu speichernden Daten abzubilden. Dieses Verfahren ist irreversibel (*OTP*, **O**ne **T**ime **P**rogrammable, einmalig programmierbar).

Während der Entwicklung oder im Service ist es sinnvoll, wenn ein PROM wieder gelöscht und neu programmiert werden kann. Ein solches PROM wird *EPROM* (**e**rasable **PROM**, löschbares PROM) genannt. Die Programmierung erfolgt nicht über irreversibel durchtrennte Verbindungen wie beim PROM, sondern durch *Floating-Gate*-Transistoren [Floyd05], die über eine Programmierspannung geschaltet werden und nach Abschalten der Programmierspannung geschaltet bleiben. Das Abschalten der Transistoren erfolgt über energiereiche UV-Strahlung. EPROMS besitzen deswegen ein Quarzglas-Fenster im Gehäuse, durch welches der Chip zum Löschen belichtet werden kann. Eher unbeabsichtigt kann die Löschung auch durch Röntgenstrahlen erfolgen.

Da die Löschprozedur mit UV-Licht langwierig und umständlich ist, kamen alsbald auch elektrisch löschbare EPROMS auf den Markt, die *EEPROM* (**E**lectrically **E**rasable **PROM**) genannt werden. EEPROM brauchen zum Löschen nicht wie PROM in spezielle Löschgeräte gelegt werden, sondern können beim Löschen in der Schaltung verbleiben (*ISP*, **I**n **S**ystem **P**rogramming, Programmierung im System oder ICP, **I**n **C**ircuit **P**rogramming, Programmierung in der Schaltung), sie benötigen also weder einen für automobile Anwendungen kritischen Stecksockel, noch müssen sie zum Umprogrammieren mühevoll entlötet werden. Um

Kosten und Leiterplattenfläche einzusparen werden kleine EEPROM mit wenigen kByte Speicherkapazität meist über einen seriellen Bus statt über parallele Daten- und Adressleitungen angebunden und als *serielle EEPROM* bezeichnet. EEPROM mit besonders kurzer Programmierzeit werden als Flash-EEPROM oder kurz Flash bezeichnet. Auch EEPROM und Flash können durch Röntgenstrahlung gelöscht werden und verlieren auch durch Alterung ihr Gedächtnis. Unter den rauen Betriebsbedingungen im Fahrzeug werden die von den Herstellern angegebenen Lebensdauern eher unterschritten. Da sie nur eine begrenzte Anzahl von Programmierzyklen funktionieren, sollten sie nicht wie ein RAM benutzt werden.

In Fahrzeugsteuergeräten wird üblicherweise ein Flash (als eigener Baustein oder im Controller integriert) verwendet, um die Software und Kennfelder abzulegen. Eine typische Größe für den Flash-Speicher eines Steuergerätes waren lange Zeit 256 kByte. Bei leistungsfähigen Steuergeräten für die aktive Sicherheit und den Antriebsstrang sind inzwischen mehrere MByte übrig. Um einige veränderliche Daten (z. B. Fehlerspeicher) auch nach dem Ausschalten zu behalten, wird oft zusätzlich ein serielles EEPROM mit z. B. 1 kByte verwendet.

5.1.1.3 Spannungsversorgung des Rechnerkerns

Wie viele andere Funktionen im Steuergerät kann auch der Rechnerkern nicht direkt mit der Bordnetzspannung betrieben werden, sondern benötigt kleinere Spannungen von 5 V, 3,3 V oder noch weniger. Deshalb muss die außen am Bordnetz anliegende Spannung auf die benötigten Werte heruntergesetzt werden. Da auch andere Baugruppen des Steuergerätes und einige angeschlossene Sensoren eine Spannung unterhalb der Bordnetzspannung benötigen, ist es aus Platz- und Kostengründen sinnvoll, an einer Stelle im Steuergerät alle benötigten Spannungen bereit zu stellen und aus diesem zentralen „Netzteil" auch den Rechnerkern zu versorgen. Der größte Leistungsbedarf ist für den Mikrocontroller und einen eventuellen digitalen Signalprozessor einzuplanen. Bei digitalen Bausteinen, die intern in CMOS-Technik aufgebaut sind (also bei nahezu allen, die heute auf dem Markt sind), steigt der Leistungsbedarf mit der Taktfrequenz, da diese mit jedem Takt einen Stromimpuls aus der Versorgung ziehen, zwischen den Takten aber nur einen meist vernachlässigbaren, konstanten Grundstrom benötigen. Nähere Angaben sind den Datenblättern der Hersteller zu entnehmen. Da diese kurzen, hohen Stromimpulse leicht andere Schaltungsteile stören, sollte die gemeinsame Spannungsversorgung getrennte Ausgänge für den Rechnerkern und für analoge Schaltungsteile haben. Weiterhin sollte zumindest der Controller durch einen Kondensator zwischen dem positiven und dem negativen Versorgungsanschluss entstört werden. Der Kondensator sollte selbst induktivitätsarm sein (z. B. ein keramischer SMD-Kondensator) und auch über möglichst kurze Zuleitungen angeschlossen sein, da sonst die Kapazität mit internen Induktivitäten oder den Induktivitäten der Zuleitungen einen Serienschwingkreis bildet und dadurch der Kondensator seine Wirkung verfehlt [KAFSCD05, KAFSXC06]. Stehen auf der Leiterplatte genügend viele Verbindungsebenen zur Verfügung (meist ist dies eine Kostenfrage), ist es sinnvoll, zwei benachbarte Ebenen flächig für die Versorgung des Rechnerkerns zu nutzen. Diese beiden Leiterebenen bilden dann mit dem dazwischen liegenden Isolator einen großen Plattenkondensator [KAFSXD06].

5.1.1.4 Takterzeugung

Jeder Rechnerkern wird mit einem periodischen Rechtecksignal, Takt genannt, versorgt. Jeder Taktzyklus löst z. B. die Abarbeitung eines CPU-Befehls oder bei komplexen Befehlen eines Teilschritts aus. Je schneller ein Rechnerkern getaktet wird, umso mehr Operationen kann der

Controller pro Zeiteinheit ausführen. Aus diesem Grunde sind bei Mikroprozessoren inzwischen Frequenzen von einigen GHz üblich. Erkauft wird die so erreichte Beschleunigung mit einer hohen Verlustleistung und einer elektromagnetischen Abstrahlung mit der Taktfrequenz und deren Vielfachen. In Steuergeräten genügen meist einige 10 MHz. Ein Lüfter ist nicht erforderlich.

Neben der Höhe ist auch die Genauigkeit der Taktfrequenz ein Punkt, der bei der Entwicklung beachtet werden muss. Eine hohe Genauigkeit wird bei präzisen Regelvorgängen gefordert und damit mehrere über Busse kommunizierende Steuergeräte mit einer ungefähr gleichen Zeitbasis arbeiten.

Der Takt für den Mikrocontroller wird meist durch einen Quarzoszillator erzeugt, der bereits als Pierce-Schaltung [TieSch02] weitgehend auf dem Chip integriert ist. Lediglich nicht sinnvoll integrierbare Bauelemente, nämlich zwei Kondensatoren und der Quarz, müssen dann als diskrete Bauelemente hinzugenommen werden. Bei geringen Anforderungen an die Präzision des Taktes kommen auch Oszillatoren zur Anwendung, die auf den teuren Quarz verzichten, z. B. die in Bild 5-8 gezeigten Schaltungen.

5.1.1.5 Überwachung

Eine leider alltägliche Erfahrung bei der Arbeit mit Computern sind Abstürze eines Programms oder im schlimmsten Fall des ganzen Rechners. Während sich das Problem beim PC meist durch den Reset-Taster lösen lässt, der den Rechner neu startet, ist dieses Vorgehen bei Systemen im Fahrzeug nicht tragbar.

Zu diesem Zweck werden Controller überwacht und bei Fehlfunktionen kommt es zu einer Reaktion.

Die Überwachung kann im einfachsten Fall über einen *Watchdog* erfolgen. Dies ist ein Baustein, eventuell auch eine in den Controller integrierte Funktionseinheit, die darauf wartet, in bestimmten Zeitabständen ein bestimmtes Signal zu erhalten. Controller mit einem eingebauten Watchdog verfügen oft über einen eigenen Maschinensprachbefehl zur „Bedienung" des Watchdogs. Erhält der Watchdog nicht das erwartete Signal, interpretiert er dies als einen Fehler im Controller. Bei komplexen Steuergeräten fungiert ein ASIC oder gar ein zweiter Controller als Überwachungsmodul. Ein in diesem Falle oft realisiertes Überwachungsschema sieht so aus, dass das Überwachungsmodul dem Controller regelmäßig eine Datenfolge aus einer vordefinierten Auswahl schickt. Zu jeder Datenfolge gehört eine weitere Datenfolge als Antwort. Sowohl der Controller als auch das Überwachungsmodul verfügen über eine Tabelle zulässiger Frage-Antwort-Paare. Der Controller muss innerhalb eines bestimmten Zeitfensters (das noch von der Frage abhängig sein kann) die korrekte Antwort geben. Wird keine, eine falsche, eine zu frühe oder eine zu späte Antwort gegeben, unterstellt das Überwachungsmodul einen Fehler.

Die Reaktion bei einem Fehler ist im einfachsten Fall ein Reset. Komplexe Steuergeräte enthalten ein Überwachungsmodul, das über eine Fehlerstatistik zu einer gestuften Reaktion (z. B. Unterbrechung der Kraftstoffeinspritzung) bis hin zum Abschalten oder Reset führt.

Bei einigen Steuergeräten überprüft auch der Controller das Überwachungsmodul auf korrekte Funktion, z. B. durch gelegentliche gezielte falsche Reaktionen auf Anfragen vom Überwachungsmodul.

5.1.1.6 interne Busse

Eine Besonderheit bei manchen Steuergeräten mit geringen Anforderungen an den Rechnerkern ist, dass evtl. die gleichen Leitungen abwechselnd als Adressbus oder Datenbus benutzt werden (Multiplex-Bus). Bei höheren Anforderungen müssen aber auf jeden Fall beide Busse physikalisch getrennt durch jeweils eigene Leitungen realisiert sein, wie dies auch bei PC der Fall ist. Einige Controller können über ein Register weitgehend konfiguriert werden, dabei kann auch eingestellt werden, ob mit zwei separaten Bussen oder einem Multiplex-Bus gearbeitet wird. Die internen Bussysteme sind im Gegensatz zu den externen Bussen zwischen den Steuergeräten (Kapitel 3) parallel.

5.1.1.7 programmierbare Logik, ASIC und ASSP

Nicht alle Funktionen eines Steuergerätes müssen notwendigerweise über Mikrocontroller und der darauf laufenden Software realisiert werden. Dies wird zwar in den meisten Fällen die sinnvollste Lösung sein, trotzdem sollten andere Lösungswege nicht kategorisch verworfen werden, da diese in Einzelfällen vorteilhafter sein können. Vorteile sind vor allem dann zu erwarten, wenn die durchzuführenden Operationen eher einfach sind, diese aber mit einer Vielzahl gleichartigen Daten durchzuführen sind. Während ein Mikrocontroller dann unter hoher Taktrate viel Verlustleistung produziert, die aus Steuergeräten oft schwierig abzuführen ist, kann eine parallel strukturierte Digitalschaltung diese Aufgabe evtl. mit einem Bruchteil der Verlustleistung lösen. Bei sehr zeitkritischen Anwendungen kann eine schaltungstechnische Realisierung ebenfalls einer Software-Lösung überlegen sein.

Eine Alternative zu einem Mikrocontroller ist eine digitale Schaltung, bei der die Funktion als Hardware realisiert ist. Dabei schreckt zunächst der Gedanke ab, eine Schaltung aus digitalen Standardbausteinen aufzubauen, also integrierten Schaltungen, die jeweils nur wenige Gatter oder Kippstufen enthalten und von denen man zur Realisierung komplexer Funktionen entsprechend viele braucht (umgangssprachlich „TTL-Gräber"). Diese Schaltungen aus vielen Standard-IC sind heute nur noch bei sehr alten Geräten und bei privaten Basteleien zu finden.

Für professionelle Anwendungen gibt es zwei Alternativen, umfangreiche Digitalschaltungen Platz sparend zu realisieren, zum einen *programmierbare Logik* (vor allem für die Entwicklung) und komplexe IC, die auf eine bestimmte Anwendung zugeschnitten sind, *ASIC* genannt (**A**pplication **S**pecific **I**ntegrated **C**ircuit, anwendungsspezifische integrierte Schaltung). Vor dem Einsatz sollte anhand des Datenblattes überprüft werden, ob die Verlustleistung des Bausteins wirklich geringer als bei einem Controller ist, da auch einige programmierbare Logikbausteine über interne Widerstände hohe Verluste erzeugen.

Programmierbare Logik wird nicht wie ein Controller durch ein Programm gesteuert, sondern es handelt sich um eine Digitalschaltung in einem IC, deren innere Verdrahtung vom Benutzer reversibel oder auch irreversibel konfiguriert werden kann. Das „Programmieren" ist also nicht die Herstellung einer Software, sondern die Erstellung eines internen Verdrahtungsplans des IC. Da ein IC nicht manuell verdrahtet werden kann, sind alle möglichen Verbindungen bereits auf dem Chip vorbereitet und müssen nur noch von außen geschaltet werden. Dabei sind aber zwei Analogien zur Programmierung vorhanden, so benutzen programmierbare Logikbausteine zur Speicherung von Verbindungen intern die gleichen Technologien, die auch in Speicherbausteinen benutzt werden ([TieSch02] veranschaulicht, dass bekannte Speicherbausteine adressorientierte Formen programmierbarer Digitalschaltungen sind). Eine weitere Analogie liegt darin, dass Digitalschaltungen nicht immer als Schaltplan beschrieben werden, sondern zunehmend auch in Textdarstellungen. Die hierzu verwendeten Beschreibungssprachen *VHDL* (**V**HSIC **H**ardware **D**escription **L**anguage) [IEC61691-1] und *Verilog* [IEC61691-4] ähneln höheren Programmiersprachen, damit ist ein digitaler Schaltungsentwurf für einen programmierbaren Logikbaustein vergleichbar mit einer Software-Entwicklung für einen Mikrocontroller [GesMah07].

Aus der Digitaltechnik ist bekannt, dass speicherlose Digitalschaltungen (*Schaltnetze*) sich immer realisieren lassen über ein Oder-Gatter, das unterschiedliche Und-Verknüpfungen der Eingänge kombiniert [Floyd05]. Die einfachsten *PLD* (**P**rogrammable **L**ogic **D**evices, programmierbare Logikbausteine) nutzen diesen grundlegenden Sachverhalt (Bild 5-5).

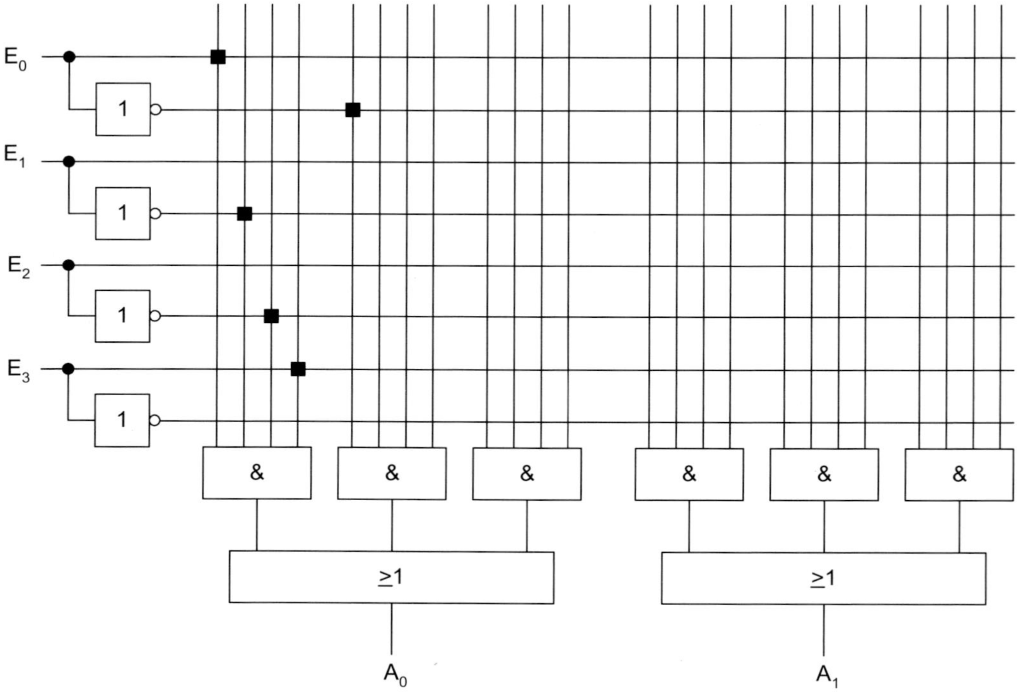

Bild 5-5 Einfacher programmierbarer Logikbaustein

Der Benutzer kann in der Matrix aus Eingangsleitungen und den Und-Eingängen Verbindungen frei definieren, im Bild exemplarisch durch die kleinen Quadrate dargestellt. PLD, bei denen dies irreversibel geschieht, werden *PAL* genannt (**P**rogrammable **A**rray **L**ogic). Vergleichbare Bausteine existieren auch mit reversibler Programmierung (*GAL*). Dabei werden die Verbindungen intern in einer ähnlichen Technologie abgespeichert, wie in einem EEPROM. Da eine dauerhafte Speicherung der Verbindungen über eine längere Lebensdauer unter automobilen Betriebsbedingungen nicht sichergestellt werden kann, dürfen GAL nur während der Entwicklung benutzt werden und müssen später durch PAL ersetzt werden.

Ergänzt man die Ausgänge des im Bild gezeigten Bausteines durch universelle Flipflops, so lässt sich nicht nur kombinatorische Logik (bei der Ausgangsvariablen nur von den Eingangsgrößen abhängen), sondern auch sequentielle Logik (bei der neben den Eingangsvariablen auch gespeicherte Zustände die Ausgangsvariablen beeinflussen) darstellen, insbesondere wenn man die Möglichkeit in Betracht zieht, gespeicherte Ausgangsgrößen auf die Eingangsgrößen zurückzukoppeln. Viele Bausteine enthalten bereits intern rückgekoppelte Ausgänge, die gemeinsam mit den Eingängen in der Eingangsmatrix kombiniert werden können.

Neben der gezeigten Struktur gibt es auch Bausteine, bei denen auch zwischen den Und-Gattern und den Ausgangsgattern eine programmierbare Matrix vorhanden ist[1], diese werden auch PLA (Programmable Logic Array) genannt. Die bisher vorgestellten PLD werden wegen ihrer geringen Komplexität (die aber für viele Anwendungen schon genügt) auch *SPLD* (**S**imple **PLD**) genannt.

Programmiert werden SPLD mit Hilfe einer Datei, die logische Gleichungen einschließlich der Zustandsübergänge bei Bausteinen mit Flipflops enthält. Eine Software erzeugt daraus einen Verbindungsplan, der über eine Schnittstelle vom PC an das Programmiergerät geschickt wird. Die Programmiergeräte enthalten einen oder mehrere Sockel zur Aufnahme dieser Bausteine, moderne Bausteine lassen sich auch in der Schaltung verbaut programmieren.

Kombinationen mehrerer SPLD auf einem Chip werden als *CPLD* bezeichnet (**C**omplex **PLD**). Die höchste Flexibilität bieten *FPGA* (**F**ield **P**rogrammable **G**ate **A**rray), von einem führenden Hersteller auch treffender *LCA* (**L**ogic **C**ell **A**rray) genannt. Diese bestehen ähnlich einem CPLD aus einer Vielzahl vielseitiger Logikzellen, die ganz oder teilweise beliebig untereinander verbunden werden können. Für den Entwickler stellt sich ein FPGA dar wie ein großer Vorrat von bis zu mehreren Millionen Gattern und einigen Zigtausend Flipflops, aus denen er mit Hilfe eines Schaltplans oder einer Beschreibung in Verilog oder VHDL auch hochgradig komplexe Automaten entwickeln kann. Einige Hersteller integrieren auch unterschiedliche Spezialzellen in ein FPGA, z. B. ganze Mikrocontrollerkerne (womit wir dann teilweise wieder bei einer Ablaufsteuerung durch Software sind), Signalprozessoren, Kommunikationsschnittstellen oder sogar analoge Baugruppen wie Leistungstreiber, Verstärker oder Filter.

Beim Einsatz von FPGA ist zu beachten, dass die Konfiguration häufig aus einem EEPROM geladen wird, das nach dem Einschalten des Bausteins evtl. in ein RAM kopiert wird. Einige der angeführten Hersteller bieten aber haltbare Bausteine an, die für Anforderungen im Fahrzeug qualifiziert sind.

Eine bei hohen Stückzahlen nahe liegende Lösung ist, eine Schaltung, die zunächst nur mit programmierbarer Logik entwickelt wurde, für die Serienproduktion als IC zu entwickeln. Solch ein IC für eine bestimmte Anwendung heißt *ASIC* (**A**pplication **S**pecific **I**ntegrated **C**ircuit). Wenige große Automobilzulieferer sind in der Lage, ASIC selbst zu entwickeln und sogar selbst zu produzieren. In der Regel werden Unternehmen beauftragt, die auf die Entwicklung und Herstellung von IC spezialisiert sind. Die Einführung eines eigenen IC für eine Anwendung rentiert sich nur bei hohen Stückzahlen. Die Auswahl solcher Anbieter erfolgt

1 Bausteine, bei denen das Feld vor den Und-Gattern festgelegt ist und das Feld vor den Ausgangsgattern programmierbar ist gibt es ebenfalls: Sieht man für alle möglichen Kombinationen der Eingangsgrößen jeweils ein Und-Gatter vor, können diese als Adressen aufgefasst werden und wir haben ein PROM oder ein EEPROM.

natürlich nach den Kosten, aber auch danach, ob deren Fertigungstechnologie automobilen Qualitätsanforderungen gewachsen ist.

Werden diese Bausteine vermarktet, obwohl sie für eine bestimmte Anwendung vorgesehen sind, werden sie *ASSP* (**A**pplication **S**pecific **S**tandard **P**roduct) genannt.

Tabelle 5.2 Anbieter programmierbarer Logikbausteine

Hersteller	Internet	Typen
Actel Corporation, Mountain View (CA), Neufahrn	www.actel.com	FPGA (auch mit analogen Komponenten)
Altera Corporation, San Jose (CA), Unterschleißheim	www.altera.com	CPLD, FPGA
Atmel Corporation, San Jose (CA), Wedel	www.atmel.com	SPLD, CPLD, FPGA
Cypress Semiconductor Corporation, San Jose (CA), Zorneding	www.cypress.com	SPLD, CPLD, FPGA
Lattice Semiconductor Corporation, Hillsboro (OR), Hallbergmoos	www.latticesemi.com	SPLD, CPLD, FPGA
Quicklogic Corporation, Sunnyvale (CA), Chertsey	www.quicklogic.com	FPGA
Vantis	ehemalige PLD-Sparte von AMD, später von Lattice übernommen	
Xilinx Inc., San Jose (CA), München	www.xilinx.com	CPLD, FPGA

5.1.2 Auswertung der Sensoren

Jedes Steuergerät, das über Sensoren verfügt, ist zugleich ein Messgerät. Angeschlossene Sensoren wandeln physikalische Größen in elektrische Größen um, zur Verarbeitung dieser Größen genügt dieser Umwandlungsschritt jedoch nicht. So liegt die vom Sensor gelieferte elektrische Größe evtl. in einem nur schwer nutzbaren Bereich und muss deshalb in einen anderen Bereich transformiert werden. Fehlerhafte Signale müssen erkannt werden. Das Signal muss von Störungen befreit werden. Das Signal muss digitalisiert werden, um vom Rechner letzen Endes als binär dargestellte Zahl weiter verarbeitet zu werden. Da der Zusammenhang zwischen einer Messgröße und dem Sensorsignal häufig nicht linear ist, also nicht durch einen einfachen konstanten Umrechnungsfaktor ausgedrückt werden kann, muss der Rechner das Verhalten des Sensors kennen, um aus der gemessenen Größe wieder auf die ursprüngliche physikalische Größe schließen zu können. Wie diese Schritte im Einzelnen durchgeführt werden, hängt von der Art des jeweiligen Sensors ab, trotzdem lässt sich verallgemeinernd eine Verarbeitungskette angeben. Teile dieser Kette können im Sensorgehäuse untergebracht sein, andere Teile hingegen im Steuergerät.

Tabelle 5.3 Sensoren im Fahrzeug (Beispiele).

	Digital (zwei Zustände)	**Analog (kontinuierlicher Wertebereich)**
Ohmsche Sensoren	Schalter	Temperatursensoren, Gassensoren, elektronisches Gaspedal
Kapazitive Sensoren		Sensoren für Feuchtigkeit
Induktive Sensoren		Drehzahlsensoren
Sensoren mit Spannungsausgang und Hilfsenergie	Drehzahlsensoren mit Hall-Element	Drucksensoren, Breitband-λ-Sonden, alle Sensoren mit integrierter Auswerteelektronik, vor allem mikrosystemtechnische Sensoren
Aktive Sensoren		λ-Sonden

Eine sehr ausführliche Übersicht über die inzwischen zahlreiche Anwendungen von Sensoren im Fahrzeug findet sich in [GevGrü06], auch Kapitel 9 dieses Buches stellt einige Sensoren im Zusammenhang mit ihrer Anwendung vor, daher soll im Folgenden nur ein kurzer und gewiss nicht vollständiger Abriss gegeben werden. Einen allgemeinen Überblick über Sensorprinzipien gibt [Hoffmn04]. Eine intensive physikalische Vertiefung des Themas Sensorik liefert [Schaum92].

Temperatursensoren werden eingesetzt, um die Temperatur von Kühlwasser, Motoröl, Getriebeöl, Ansaugluft und der Luft im Innenraum zu messen. In der Messtechnik bekannte Prinzipien sind Thermoelemente, die eine temperaturabhängige Spannung erzeugen und temperaturabhängige Widerstände (*Thermistoren*). Thermoelemente sind störempfindlich und relativ teuer, deshalb werden sie im Fahrzeug nicht eingesetzt. Bei Thermistoren unterscheidet man solche, bei denen der Widerstand mit der Temperatur steigt, Kaltleiter oder PTC (**P**ositive **T**emperature **C**oefficient genannt) und solche, bei denen der Widerstand mit steigender Temperatur abnimmt (Heißleiter oder NTC). Aus Kostengründen werden im Fahrzeug überwiegend Halbleiter-NTC verwendet (s. auch Beispiel in 5.1.2.1). Reicht deren Genauigkeit nicht, werden vereinzelt auch die teureren PTC aus Platin verwendet, die den bei allen Metallen vorhandenen positiven Temperaturkoeffizienten nutzen. Keramische PTC lassen sich aufgrund ihrer sprunghaften Kennlinie nur zum Schalten, aber nicht zum Messen nutzen und werden deswegen nur für Lüftersteuergeräte eingesetzt, sofern diese Funktion nicht bereits von der Motorsteuerung übernommen wird.

Weg- und Winkelsensoren werden eingesetzt, um eine Rückmeldung über die Position elektromechanischer Aktoren zu bekommen. Auch das elektronische Gaspedal ist ein Winkelsensor, beim Lenkwinkelsensor verdeutlicht bereits der Name seine Funktion. Eingesetzt werden überwiegen Potentiometer, bei denen ein beweglicher Schleifer eine Spannung auf einer Widerstandsbahn abgreift. Aufgrund des Verschleißes werden zunehmend die teureren berührungslosen Sensoren eingesetzt, bei denen meist ein Magnet gegenüber einem Magnetfeldsensor bewegt wird. In der *Umfeldsensorik* werden auch **Distanzsensoren** eingesetzt, die optisch oder mit Hilfe eines Radars berührungslos den Abstand zwischen einem Fahrzeug und z. B. einem anderen Fahrzeug messen (Unterabschnitt 9.3.1).

Magnetfeldsensoren kommen einzeln im Fahrzeug kaum zum Einsatz, sind aber Bestandteile der gerade beschriebenen berührungslosen Weg- oder Winkelsensoren. Ebenfalls eingesetzt werden Sie bei Drehzahlsensoren (Kapitel 3). Als Sensorelemente kommen Spulen, Hall-Elemente oder magnetfeldabhängige Widerstände in Frage.

Für die **Geschwindigkeit** wird man im Fahrzeug keine eigenständigen Sensoren finden, obwohl die Fahrgeschwindigkeit und bei Abstandsregelsystemen (9.3.1) auch die Relativgeschwindigkeit zu anderen Fahrzeugen gemessen werden muss. Die Fahrzeuggeschwindigkeit wird indirekt über die Raddrehzahlen bestimmt. Relativgeschwindigkeiten zu anderen Fahrzeugen werden über den gleichen optischen oder Radarsensor bestimmt, der auch zur Distanzmessung verwendet wird.

Drehzahlsensoren wurden bereits im Beispiel im Kapitel 3 erwähnt. Im Fahrzeug werden nur magnetische Sensoren eingesetzt, da optische Messprinzipien zu anfällig gegen Verschmutzungen sind.

Beschleunigungssensoren werden in Fahrdynamiksystemen (9.3), als Crash-Sensoren für Rückhaltesysteme (9.4) eingesetzt und zum Schutz gegen Fahrzeugdiebstahl (9.9) eingesetzt. Auch **Neigungssensoren**, die ebenfalls in Fahrdynamiksystemen und Diebstahlssicherungen eingesetzt werden, sind Beschleunigungssensoren, die den Anteil der Erdbeschleunigung in einer bestimmten Richtung messen und daraus die Neigung bestimmen. Beschleunigungen werden gemessen, indem die Kraft F auf eine Masse m, die der Beschleunigung a ausgesetzt wird, bestimmt wird zu

$$F = ma \tag{5.1}$$

Die Kraft lässt sich am einfachsten über die Auslenkung einer Feder bestimmen. Waren ältere Beschleunigungssensoren noch elektromechanische Sensoren in makroskopischen Dimensionen, werden heute nur noch Sensoren eingesetzt, die mit Hilfe der Mikrosystemtechnik gemeinsam mit ihrer Auswerteelektronik auf einem Chip erzeugt werden [Mesche06]. Im weitesten Sinne kann auch der am Motorblock befestigte Klopfsensor (9.2.1) als Beschleunigungssensor bezeichnet werden. Er nutzt den piezoelektrischen Effekt, indem die beschleunigungsbedingten Kräfte, die bei Vibrationen des Motorblocks auf seine Masse wirken, eine elektrische Spannung verursachen.

Reine **Kraftsensoren** werden im Fahrzeug selten eingesetzt, die Kraftmessung ist meist Bestandteil einer Beschleunigungsmessung oder einer Druckmessung. Ein Beispiel einer direkten Kraftmessung ist der „iBolt" von Bosch, eine Sitzbefestigungsschraube mit integrierter Sensorik, die intern die Kraftmessung wieder auf eine Wegmessung zurückführt und dem Airbagsteuergerät Informationen über die Sitzbelegung liefert. Dehnungs-Messstreifen, auf Kunststoffsubstrat aufgebrachte mäandrierte Leiter, die bei einer Dehnung ihren Widerstand ändern, sind in vielen industriellen Anwendungen verbreitete Kraftsensoren, für einen Serieneinsatz im Fahrzeug sind sie zu teuer und zu schwierig zu montieren. Piezoelektrische Keramiken können gut zur Messung von Kraftänderungen verwendet werden, für statische Kräfte sind sie ungeeignet.

Drucksensensoren werden verwendet zur Messung von Gasdrücken (Atmosphärendruck, Ladedruck hinter Turbolader, Reifendruck, Differenzdruckmessung an Partikelfilter), zur Messung schneller Änderungen des Luftdrucks (Crashsensoren in Seitentüren) und zur Messung von Flüssigkeitsdrücken (Kraftstoff im Einspritzsystem, Bremsflüssigkeit). Während ein Atmosphärendrucksensoren nur Drücke um etwa ein bar herum zu messen, können die Drücke beim Kraftstoffdrucksensor in einem Common-Rail-System (Kapitel 3) kurzzeitig 2000 bar überschreiten. Übliche Sensoren bestehen aus einer Membran aus Silizium oder Metall, die von einer Seite mit dem zu messenden Druck, von der anderen Seite mit einem Referenzdruck oder bei einem Differenzdrucksensor mit einem zweiten unbekannten Druck beaufschlagt wird. Die Durchbiegung dieser Membran wird durch aufgedruckte oder aufgedampfte piezoresistive Strukturen (wie Dehnungsmessstreifen) in Widerstandsänderungen umgesetzt. Da diese Strukturen üblicherweise zu einer Wheatstone-Brücke verschaltet sind, muss eine Versorgungs-Spannung angelegt werden und der Sensor liefert als Ausgangsgröße die Spannung über der Brückendiagonalen. Eine Auswerteelektronik ist meist im Sensor integriert.

Feuchtesensoren werden zur Kontrolle des Innenraumklimas verwendet, u. a. um ein Beschlagen der Scheiben durch Beheizung oder Lufttrocknung in der Klimaanlage zu verhindern. Sie bestehen aus einem Kondensator mit einem porösen Dielektrikum, dessen Kapazität durch Aufnahme von Feuchtigkeit steigt.

Gassensoren bilden ein sehr weites Gebiet, auf dem eine umfangreiche Forschungs- und Entwicklungstätigkeit stattfindet, allerdings ziehen diese Sensoren erst in neuester Zeit in größerem Umfang ins Fahrzeug ein. Die Hauptanwendungen sind in der Abgasnachbehandlung (Kapitel 3) und der Steuerung der Lüftung in Abhängigkeit der Luftqualität im Innenraum (Messung von CO_2) und der Frischluft (Messung von CO durch voraus fahrende Fahrzeuge). Ein spezieller Gassensor ist die λ-Sonde (Kapitel 3). Grundsätzlich unterscheidet man potentiometrische Sensoren, die durch Einwirkung des Messgases eine Spannung bilden (z. B. λ-Sonde) und Sensoren, die bei anliegender Spannung durch das Messgas ihren Widerstand/Strom ändern (z. B. CO-Sensor). Im weitesten Sinne zählen hierzu auch spezielle Feldeffekt-Transistoren, die nicht über eine extern angelegte Spannung, sondern über angelagerte Ionen aus dem Gas gesteuert werden. Darüber hinaus gibt es einige weitere, im Auto nicht relevante Messprinzipien, z. B. kapazitiv oder über Quarze, die unter Einwirkung bestimmter Substanzen ihre Resonanzfrequenz ändern.

Durchflusssensoren werden im Ansaugtrakt des Motors zur Messung der Luftmasse eingesetzt (Kapitel 3). Neben dem dort vorgestellten Verfahren, gibt es auch Sensoren, bei denen beheizte Platindrähte Teil einen Teil einer Wheatstone-Brücke bilden, deren Diagonalspannung verstärkt wird und so den Heizstrom nachregelt (Heißdraht-Anemometer). In älteren Fahrzeugen gibt es Sensoren, bei denen die Bewegung einer Klappe im Luftpfad gemessen wird. Daneben gibt es zahlreiche weitere prinzipiell mögliche Verfahren zur Durchflussmessung.

5.1.2.1 Ohmsche Sensoren

Die größte Gruppe von Sensoren sind ohmsche Sensoren, deren Widerstand von einer zu messenden physikalischen Größe abhängt.

Als einfaches Beispiel sei ein Temperatursensor angenommen. Im Fahrzeug werden zu diesem Zweck oft billige Heißleiter verwendet, deren Widerstand mit steigender Temperatur gemäß einer Exponentialfunktion sinkt (Bild 5-6).

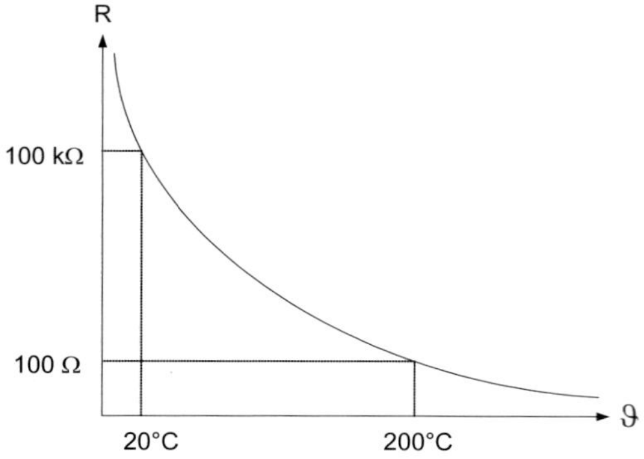

Bild 5-6
Beispiel für Kennlinie eines Heißleiters

Ein Widerstand ist keine direkt messbare elektrische Größe. Man könnte den Sensor an eine Spannung anschließen und den Strom durch den Sensor messen. Zur Messung von Strömen benötigt man aber einen Hilfswiderstand, außerdem müsste die vorgegebene Spannung recht hoch sein, damit auch bei einem hohen Widerstand noch ein ausreichender Strom gemessen wird. Eine bessere Idee liegt darin, den unbekannten Widerstand in Reihe mit einem bekannten Widerstand an die Spannungsquelle zu legen. Nach der Spannungsteilerregel fällt dann am Sensor eine Spannung in Abhängigkeit der zu messenden Temperatur ab. Diese Spannung kann dann im Steuergerät weiter verarbeitet werden (Bild 5-7).

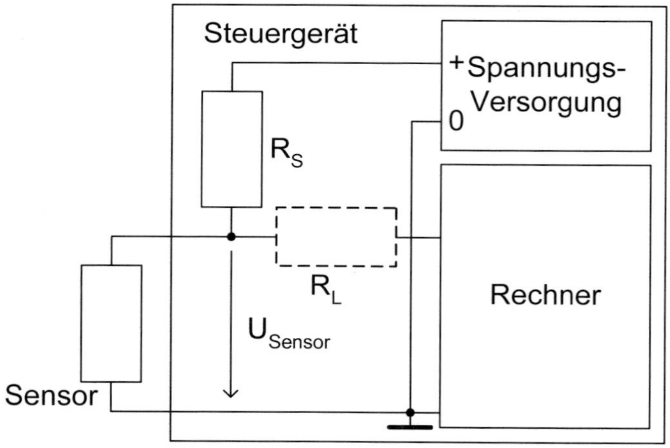

Bild 5-7
Sensor als Teil eines Spannungsteilers

Im Beispiel wurde die Versorgungsspannung für den Sensor über den Serienwiderstand R_S vom Steuergerät zur Verfügung gestellt. Meist sind dies 5 V, die auch intern genutzt werden. Alternativ kann der Spannungsteiler auch aus der Batterie gespeist werden. Dies wird jedoch nur selten getan, da diese Spannung starken Schwankungen und Störungen unterworfen ist, die sich proportional auf die gemessene Spannung U_{Sensor} auswirken. In Einzelfällen ließe sich so jedoch der Verkabelungsaufwand im Fahrzeug reduzieren.

Wenn viele Sensoren aus dieser Spannung gespeist werden, kommt es auch bei guter Stabilisierung zu Spannungsschwankungen, die für genaue Messungen unakzeptabel sein können. Eine sinnvolle Lösung ist in diesem Falle eine *ratiometrische* Messung. Dabei wird die Messgröße nicht absolut, sondern in Verhältnis zur Versorgungsspannung des Sensors gemessen. Praktisch lässt sich dies durch eine Messung der Versorgungsspannung und eine Korrekturrechnung im Rechner realisieren oder indem die möglicherweise ungenaue Versorgungsspannung als Referenzspannung für den Analog/Digitalwandler benutzt wird.

Zur Entstörung des Signals muss ein Filter in den Pfad integriert werden. Dies geschieht fast immer in der kostengünstigsten Form durch einen Kondensator zwischen der Signalleitung und Masse.

Um den Spannungsteiler nicht durch die parallel zum Sensor liegende Eingangsimpedanz des Mikrocontrollers zu belasten, kann ein Längswiderstand R_L sinnvoll sein. Weiterhin kann ggf. ein weiterer Widerstand parallel zum Sensor eine genau definierte Belastung herstellen.

5.1.2.2 Kapazitive und induktive Sensoren

Grundsätzlich wäre es möglich, Blindwiderstände ähnlich wie Wirkwiderstände zu messen, die Spannungsversorgung müsste mit Wechselspannung erfolgen. Denkbar ist auch eine Wechselstrommessbrücke.

Tatsächlich ist es am einfachsten und zuverlässigsten, wenn die gesuchte Reaktanz Teil eines Oszillators ist und dessen Frequenz ausgewertet wird. Ein Rechtecksignal kann sogar direkt zur Auswertung auf einen digitalen Eingang eines Mikrocontrollers gegeben werden.

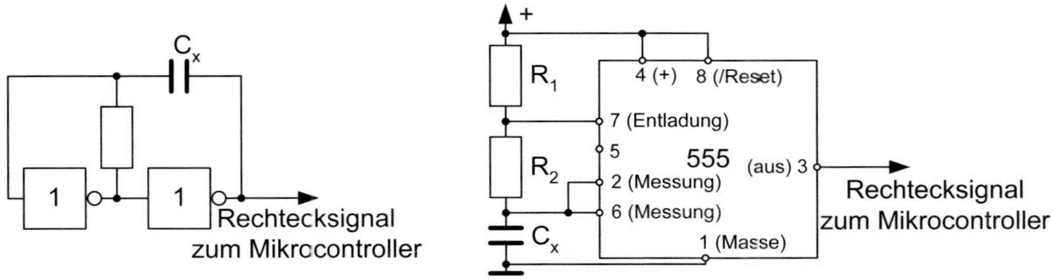

Bild 5-8 Zwei kostengünstige Oszillatorschaltungen (unter 1€) zur Auswertung kapazitiver Sensoren [TieSch02]

5.1.2.3 aktive Sensoren

Diese Sensoren sind grundsätzlich am einfachsten, weil sie bereits eine Spannung liefern. Eventuell ist aber eine Anpassung an den Auswertbereich erforderlich, also ein Spannungsteiler bei zu hohen Amplituden, bei extrem kleinen Amplituden auch ein Verstärker.

5.1.2.4 Analog-/Digitalwandlung

Der am Steuergeräteeingang anliegende Spannungsbereich muss zur weiteren Verarbeitung durch die Software in eine Binärzahl umgewandelt werden. Dies ist die Aufgabe eines *Analog-Digital-Wandlers* (ADC, **A**nalog-**D**igital-**C**onverter). Der ADC kann bei besonderen Anforderungen ein eigener Baustein sein, in der Regel wird aus Kostengründen der ADC benutzt, der bereits im Mikrocontroller integriert ist.

Der kontinuierliche Wertebereich, z. B. von 0 bis 5 V, wird in eine durch den Wandler vorgegebene Anzahl von Zwischen-Bereichen unterteilt (*quantisiert*). Jeder dieser Zwischenbereiche entspricht einer Binärzahl. Die Feinheit der Quantisierung bestimmt, wie genau der ursprüngliche Analogwert dargestellt werden kann und nennt sich *Auflösung*. Wird z. B. angegeben, dass der Analog-Digital-Wandler mit n = 3 bit Auflösung arbeitet, ergeben sich daraus $N = 2^n = 8$ darstellbare Spannungsstufen, die den Binärzahlen 000 (dezimal 0) bis 111 (dezimal 7) zugeordnet werden.

Bild 5-9 verdeutlicht das Prinzip anhand eines fiktiven Wandlers mit der Auflösung n = 3 bit (kurz als 3-bit-Wandler bezeichnet). Fiktiv ist dieser deshalb, weil Auflösungen von 8 bis 16 bit marktüblich sind.

Der Bezugspunkt der Wandlung ist eine Referenzspannung U_{ref}, die von außen an den Wandler angelegt wird oder auch intern erzeugt wird. Die Eingangsspannung wird also nicht als absoluter Wert gemessen[2], sondern im Verhältnis zur Referenz. Wie im Bild zu sehen ist, gibt es zwei Möglichkeiten, das gemessene Verhältnis in Bereiche zu quantisieren und diese Binärzahlen zuzuordnen.

Die links dargestellte Möglichkeit fällt als unsymmetrisch auf. Interpretiert man die entstehende Binärzahl so, dass sie besagt, wie viele Achtel der Referenzspannung anliegen, dann erhält man z. B. zwischen 2/8 und 3/8 eine korrekte Rundung. Lediglich bei genau 2,5/8 könnte sowohl 101 (dezimal 2) oder 011 (dezimal 3) angezeigt werden. Bei 2,4/8 ergibt sich 101 (dezimal 2), bei 2,6 wird korrekt auf 101 (dezimal 3) aufgerundet. Nachteilig bei diesem Verfahren ist, dass rechts ein sehr breiter Bereich von 6,5/8 bis 8/8 als 111 (dezimal 7) klassifiziert wird.

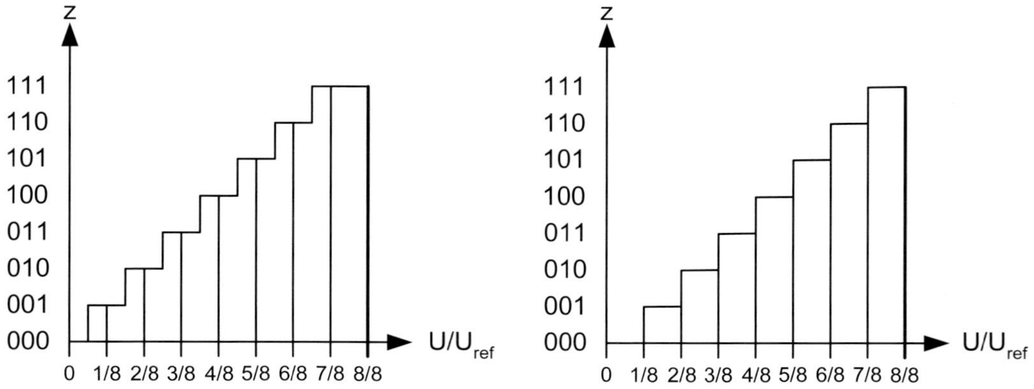

Bild 5-9 Zuordnung von Spannungsbeeichen zu Binärzahlen, links mit korrekter Rundung, rechts mit gleichmäßiger Aufteilung.

2 Messen beruht immer auf einem Vergleich mit einem Normal, dies wird einem bei vielen messtechnischen Aufgaben nicht immer bewusst, da das Vergleichnormal oft nur indirekt durch das Messmittel dargestellt wird.

Einige Wandler quantisieren auch nach der rechts dargestellten Methode, die Binärzahl ist dann etwas anders zu interpretieren, 010 (dezimal 2) bedeutet so, dass eine Spannung größer als 2/8 U_{ref} anliegt.

Von einpoliger Referenzspannung wird gesprochen, falls die minimale Eingangsspannung des Analog-Digital-Wandler bezogen auf Masse 0 V ist. Bei Verwendung von zweipoliger Referenzspannung wird nicht nur die maximale (dann U_{ref+}), sondern auch die, eventuell von Masse abweichende, minimale Referenzspannung U_{ref-} vorgegeben. Mit einer Referenzspannung von z. B. 5 V gegen Masse erhält man bei 10 Bit Auflösung eine Quantisierung in 1024 Bereiche, die jeweils eine Breite von 4,883 mV abdecken. Beim Anlegen der minimalen Referenzspannung (Masse oder U_{ref-}) an den Eingang, wird der ermittelte Zahlenwert 0 ergeben, beim Anlegen der maximalen Referenzspannung U_{ref+} an den Eingang 1023.

Nicht nur die Spannungswerte werden diskretisiert, sondern auch die Zeitachse (*Abtastung*). Üblich ist eine Abtastung einer Messgröße in festen Intervallen, z. B. alle 10 ms. Alternativ zur äquidistanten Abtastung ist auch eine bedarfsgesteuerte Wandlung aufgrund einzelner Ereignisse möglich.

Nach dem Anstoßen einer Wandlung vergeht je nach Wandlertyp und Einstellung eine gewisse Zeit, bis der korrekt gewandelte Wert in digitaler Form am Ausgang vorliegt und an ein Rechenwerk übermittelt werden kann. Falls der Analog-Digital-Wandler in einem Controller integriert ist, kann die Fertigstellung der Wandlung entweder durch Setzen eines Statusbits (Flag), oder durch Ausführen eines Interrupts angezeigt werden. Die wichtigsten Eigenschaften gängiger Typen von Analog-Digital-Wandler sind in Tabelle 5.4 gegenübergestellt.

Tabelle 5.4: Kenngrößen bekannter Analog-Digital-Wandler. Die Auflösung in bit wird mit n bezeichnet.

	Kenngrößen
SA-Wandler (**S**ukzessive **A**pproximation)	n Wandelschritte nötig, aber auch nur n benötige Vergleichsspannungen. **Wird häufig in Mikrocontroller integriert, daher auch häufigster Wandler in Steuergeräten.**
ΣΔ-Wandler (**S**igma-**D**elta-Wandler)	Technische Umsetzung zu etwa 90% digital, inklusive benötigter Filterung, die ebenfalls digital erfolgen kann, Anwendung v. a. in der Unterhaltungselektronik.
Flash-Wandler (Parallelumsetzer)	Schnellstes Wandlerverfahren mit nur 1 Wandelschritt, aber sehr aufwendig, da 2^n getrimmte Widerstände nötig sind.
Dual-Slope-Wandler (Zwei-Rampen-Wandler)	Sehr langsames integrierendes Verfahren, höchste Genauigkeit, wird in präzisen Messgeräten eingesetzt.

Voraussetzung für die korrekte Wandlung in einen digitalen Wert ist bei den meisten Wandlertypen, dass die Eingangsspannung während der vom Analog-Digital-Wandler benötigten Wandelzeit konstant ist. Diese Bedingung ist bei langsam veränderlichen Signalen (z. B. eines Temperatursensors) meist prinzipbedingt erfüllt, bei schnell veränderlichen Signalen (z. B. eines Beschleunigungssensors) muss das Signal hingegen während einer Wandlung auf einen konstanten Wert gehalten werden. Dies geschieht mit Abtast- und Halte-Gliedern (*Sample-*

Hold), die das Eingangssignal während der Wandlung „einfrieren". Bei Wandlern in Mikrocontrollern ist das Abtast-Halte-Glied gewöhnlich enthalten, ansonsten können als IC erhältliche separate Abtast-Halte-Glieder vorgeschaltet werden.

Da oft viele analoge Größen in einem System umgesetzt werden müssen, und ein eigener Wandler für jede Größe zu teuer wäre, werden mehrere Größen über einen Umschalter (*Multiplexer*) auf den Wandler gegeben.

5.1.2.5 Sensoren mit integrierter Elektronik

Nicht die gesamte Aufbereitungskette, die zuvor dargestellt wurde, muss sich im Steuergerät befinden (Bild 5-10). Die oberste Stufe im Bild, die nur aus einem einfachen Sensor besteht, dessen Signal vollständig im Steuergerät ausgewertet wird, ist in der Kfz-Elektronik im Vergleich zu anderen Branchen wie der industriellen Automatisierungstechnik sehr verbreitet, weil eine zentrale Sensorauswertung im Steuergerät Kosten sparen kann. Nachteilig ist, dass rohe Sensorsignale ungeschützt gegen Störungen über weite Strecken im Fahrzeug laufen und jeweils nur ein Steuergerät Zugriff auf einen Sensor hat. Beispiele sind Temperatursensoren oder potentiometrische Lage- oder Winkelgeber.

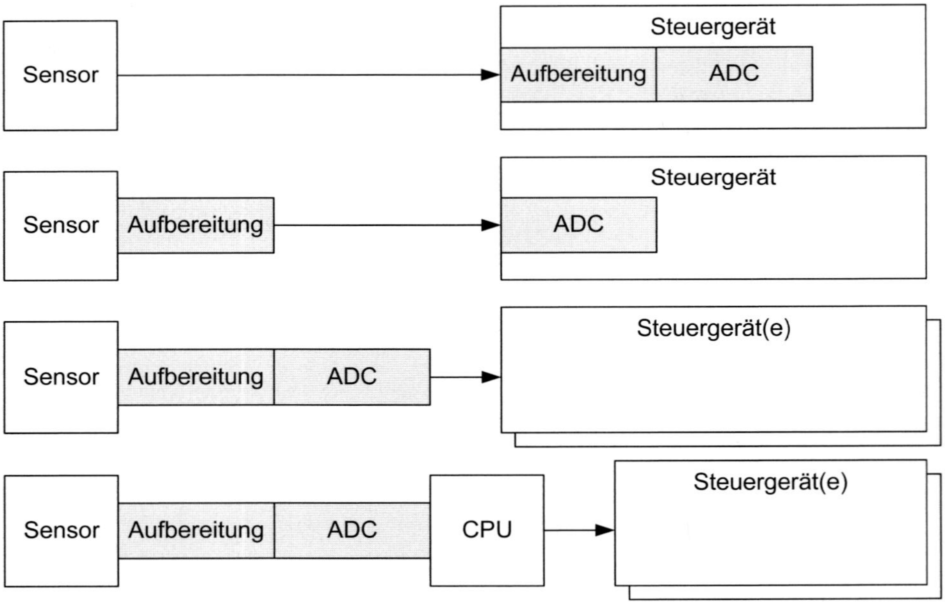

Bild 5-10 Vom einfachen Sensor, dessen Auswertung im Steuergerät untergebracht ist, bis zum „intelligenten Sensor", der dem Steuergerät ein digitales Signal liefert

Die zweite Variante, bei der bereits eine analoge Aufbereitung des Signals erfolgt, wird v. a. dort eingesetzt, wo prinzipbedingt schon elektronische Komponenten nahe der Sensorik erforderlich sind. Ein Beispiel stellen Drucksensoren dar, bei denen auf einer Membran vier Dehnungssensoren in einer Wheatstone-Brücke aufgebracht sind. Dort werden Komponenten zur Spannungsversorgung, zur Temperaturkompensation und zur Linearisierung integriert.

Wird das Signal im Sensor elektronisch aufbereitet, so ist ein nahe liegender Schritt, es nicht mehr als analogen Spannungswert sondern pulsweitenmoduliert zu übertragen. Mit Hilfe einer PWM lassen sich auch mehrere Signale gleichzeitig von einem komplexen Sensor übertragen, z. B. ein Signal über das Tastverhältnis, das Zweite über eine messwertabhängige Änderung der Frequenz (*Frequenzmodulation*) und evtl. ein Drittes, das weniger störgefährdet ist, über den Spannungswert (*Amplitudenmodulation*).

Führt man bereits eine Signalaufbereitung durch, ist der nächste Schritt, das Signal gleich zu digitalisieren, da dies im Steuergerät ohnehin geschehen muss. Im digitalen Signal lassen sich bei kombinierten Sensoren mehrere Sensorsignale übertragen sowie zusätzliche Informationen, z. B. über Fehlerzustände.

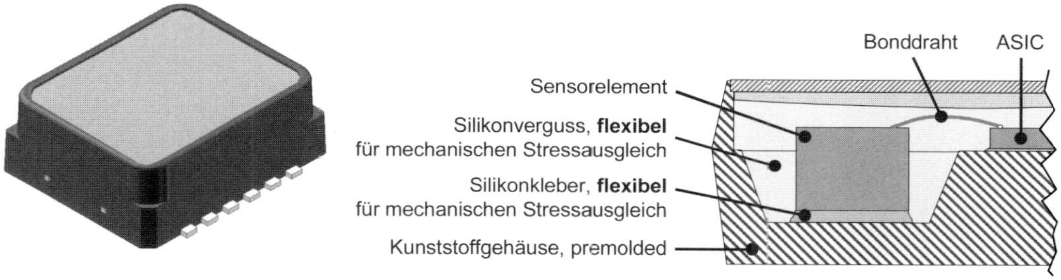

Bild 5-11 Beschleunigungssensor mit integriertem ASIC (Bilder: VTI Technologies Oy)

Im vorigen Kapitel wurde bereits der Vorzug digitaler Bussysteme dargestellt. Wenn die Sensoren hinter dem AD-Wandler noch einen einfachen Controller besitzen, der die Kommunikation mit solch einem Bus ermöglicht, kann dieses Sensorsignal allen Busteilnehmern zur Verfügung gestellt werden. Zu diesem Zwecke gibt es einfache Controller, die nur oder fast nur dazu dienen, digitalisierte Sensorsignale direkt auf verschiedenartige Bussysteme zu legen. Diese Controller werden *SLIO* genannt (**s**erial **l**inked **I/O**). Wenn ohnehin ein Controller eingesetzt wird, verursacht es kaum weitere Mehrkosten, bei entsprechender Leistungsfähigkeit weitere Funktionen zu implementieren. Solche intelligenten Sensoren lassen sich in hohen Stückzahlen produzieren, es bietet sich dann oft an, Funktionen in einem ASIC unterzubringen, der auch einen Controllerkern enthält.

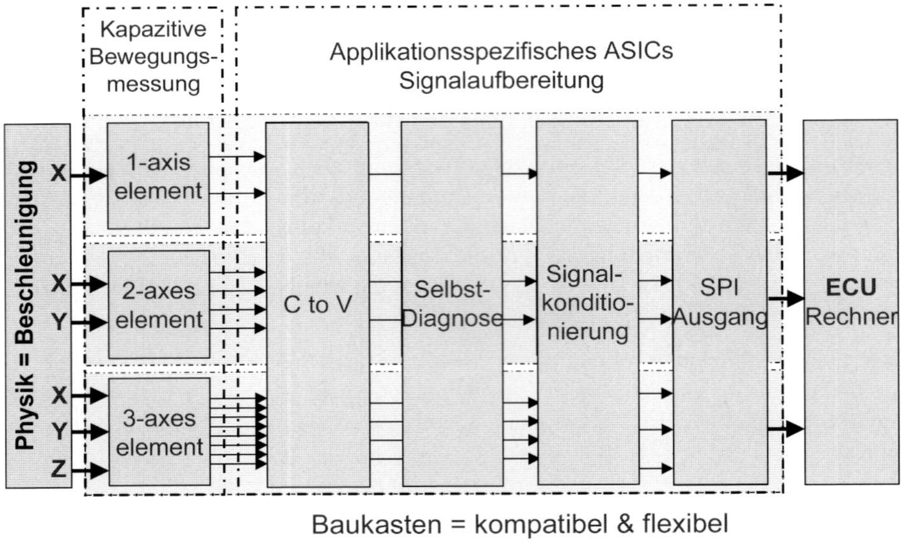

Bild 5-12 Sensor mit integrierter Auswerteelektronik am Beispiel eines mehrachsigen Beschleunigungssensors (Bild: VTI Technologies Oy)

5.1.3 Ansteuerung der Aktoren

Aktoren sind Stellglieder, die im Fahrzeug zahlreiche Aufgaben übernehmen. Sie lassen sich danach unterteilen, ob sie nur ein- und ausgeschaltet, also digital angesteuert werden oder ob sie analog angesteuert werden, d. h. eine elektrische Ansteuergröße wie Spannung oder Strom veränderlich ist und sich damit auch die Stellgröße verändern lässt. Ein weiteres Kriterium ist das elektrische Verhalten. Viele Aktoren im Fahrzeug werden elektrisch vor allem durch ihren Widerstand, ihre Induktivität oder einer Kombination dieser beiden Größen beschrieben. Daneben gibt es auch kapazitive Aktoren. Die folgende Tabelle gibt einen Überblick über verschiedene Aktoren im Fahrzeug. Eine spezielle Form der induktiven Aktoren sind Elektromotoren.

Ein vom Mikrocontroller geschaltetes Signal muss durch einen Leistungshalbleiter so angepasst werden, dass der jeweilige Aktor betätigt werden kann. Nur wenige Aktoren (z. B. Leuchtdioden) können direkt durch einen Ausgang des Mikrocontrollers angesteuert werden.

Bei kontinuierlichen Aktoren muss der Mikrocontroller einen Wert in zunächst digitaler Form ausgeben. Das digitale Signal wird dann in ein Analogsignal gewandelt und über einen geeigneten Leistungshalbleiter wird mit diesem Analogsignal ein Aktor angesteuert.

Tabelle 5.5 Aktoren im Fahrzeug (Beispiele). Auch induktive Aktoren besitzen häufig einen ohmschen Widerstand und umgekehrt. Weiterhin ist zu beachten, dass zahlreiche „intelligente" Aktoren bereits eine Ansteuerelektronik integriert haben und ein Steuergerät elektrisch nur die Ansteuerschaltung und nicht den Aktor selbst „sieht".

	Digital (ein/aus)	**Analog (kontinuierlicher Wertebereich)**
Kapazitive Aktoren	Warnsummer, Zündkerzen	Piezo-Injektoren
Ohmsche Aktoren	Außenbeleuchtung, Leuchtmelder, Kühlwasservorheizung, Zünder für pyrotechnische Aktoren (Airbag, Gurtstraffer)	Heizung Innenraum, Innenbeleuchtung
Induktive Aktoren	Wegeventile	elektromagnetische Injektoren, elektromagnetische Abgasrückführsteller, Drosselklappensteller, elektropneumatische Stellventile, elektromagnetische Proportionalventile, magnetorheologische Dämpfer
Elektromotoren	Anlasser, Scheibenwischer, Sitzverstellung, Motorlüfter	Lüftung Innenraum, elektrische Lenkunterstützung
Sonstige Aktoren	Zündkerzen	

5.1.3.1 Digital-/Analog-Wandlung

Wie ein digitales Signal in ein analoges Signal umgewandelt wird, hängt zunächst davon ab, wie der Mikrocontroller das digitale Signal ausgibt. Eine Möglichkeit ist, über eine Leitung des Mikrocontrollers ein Rechtecksignal auszugeben und je nach Wert dessen Tastverhältnis zu modifizieren. Eine weitere Möglichkeit ist, dass der Controller das Signal parallel ausgibt. Dabei stellt der elektrische Zustand jeder Leitung eines Ports jeweils ein Bit einer Binärzahl dar. Eine dritte Möglichkeit ist, die Binärdaten seriell auszugeben, also eine Leitung des Controllers als serielle Schnittstelle zu nutzen und auf dieser die Bits der Binärzahl nacheinander auszugeben.

Die erste dieser drei Möglichkeiten bezeichnet man als *Pulsweitenmodulation* (*PWM*). Eine Periode eines solchen Signals wird z. B. in 255 gleich lange Zeitbereiche unterteilt. Wollte man damit die Zahl 127 darstellen, so muss das Signal während einer Periode über 127 Bereiche eingeschaltet, über die restlichen 128 Bereiche einer Periode ausgeschaltet bleiben. Das Tastverhältnis betrüge dann T=127/255, also ca. 1/2. Um die Zahl 0 darzustellen, bliebe das Signal ständig ausgeschaltet (T=0). Um die Zahl 255 darzustellen, bliebe das Signal ständig eingeschaltet (T=1). Um größere Zahlen darstellen zu können, muss eine Periode in mehr als 255 Bereiche unterteilt werden.

Gängige Mikrocontroller besitzen häufig mehrere PWM-Ausgänge. Das Programm muss in ein Register (meist 8 Bit, manchmal auch 16 Bit) eine Binärzahl eintragen, die dann wie oben beschrieben als Tastverhältnis ausgegeben wird. Sollte man mehr PWM-Ausgänge benötigen, als der Controller zur Verfügung stellt, so gibt es häufig die Möglichkeit auch einige weitere Ausgänge über die geschickte Benutzung von Timern so zu programmieren, dass sie ein PWM-Signal erzeugen. Ein Beispiel sind die „*Capture and Compare Timer*“ der Mikrocontrollerfamilie C167 [Infineon03].

Zur Ausgabe eines PWM-Signals genügt wie bei einer seriellen Schnittstelle eine Leitung, der hauptsächliche Vorteil liegt jedoch darin, dass die Wandlung in ein Analogsignal besonders einfach ist. Der zeitliche Mittelwert eines PWM-Signals berechnet sich zu

$$U = T\hat{U}, \tag{5.2}$$

ist also das Produkt aus dem Tastverhältnis und der Spitzenspannung, die im eingeschalteten Zustand anliegt. Durch eine einfache Mittelwertbildung lässt sich folglich ein analoges Signal gewinnen, das dem zu übertragenden Zahlenwert proportional ist. Diese Mittelwertbildung kann mit einem einfachen RC-Tiefpass am Ausgang des Controllers durchgeführt werden. Da der Controller bereits einen Ausgangswiderstand hat, lässt sich so mit nur einem Kondensator als zusätzliches Bauelement billig und Platz sparend ein Digital-Analog-Wandler bauen. Zu beachten ist, dass die Grenzfrequenz des Tiefpasses unter der Frequenz des PWM-Signals liegt, aber auch nicht so gering, dass die Reaktion auf Änderungen des Tastverhältnisses zu träge erfolgt. Noch einfacher ist die Mittelwertbildung, wenn die Trägheit des Aktors selbst genutzt werden kann, z. B. die Induktivität von Magnetventilen oder auch eine mechanische Trägheit. In diesem Falle kann der Aktor über einen Leistungstransistor direkt mit dem PWM-Signal angesteuert werden und es sind keine zusätzlichen Bauelemente zur DA-Wandlung mehr erforderlich. Dieses Verfahren wird in Fahrzeugen sehr häufig angewandt.

Die zweite eingangs erwähnte Möglichkeit ist die parallele Ausgabe eines binären Signals. In diesem Fall ist ein „echter“ DA-Wandler, also ein komplexer elektronischer Baustein, zur Bereitstellung einer analogen Spannung erforderlich. Aus Kostengründen kommt diese Variante in der Automobilbranche kaum zum Einsatz. Einen Überblick über die Verfahren gibt [TieSch02].

Für die dritte erwähnte Variante, der seriellen Ausgabe der Datenbits über den Controllerausgang, gibt es keine geeigneten Wandler. Dieses Verfahren kann zur Übertragung der Daten über Bussysteme sinnvoll sein, zur Umwandlung in einen Analogwert müssen diese aber vorher wieder parallelisiert werden.

5.1.3.2 Leistungshalbleiter

Die Hauptaufgabe von Leistungshalbleitern in der Kfz-Elektronik ist die Ansteuerung von Aktoren, z. B. Heizwiderstände, magnetische Steller oder kleine Elektromotoren. Häufig handelt es sich um Aufgaben, bei denen früher Relais eingesetzt wurden. Die Anforderungen an Leistungshalbleiter sind kleine Verlustleistungen, hohe Zuverlässigkeit, geringe Kosten und manchmal auch kurze Schaltzeiten. Zu bedenken ist, dass der Leistungshalbleiter seine höchste Verlustleistung weder im ein- noch im ausgeschalteten Zustand, sondern dazwischen hat. Dadurch wirkt sich auch häufiges Schalten mit langen Übergangszeiten auf die Verlustleistung aus.

Grundsätzliche Alternativen unter den Leistungshalbleitern sind Thyristoren und Transistoren. Thyristoren werden durch einen im Vergleich zum geschalteten Strom kleinen Hilfsstrom an der Steuerelektrode (*Gate*) durchgeschaltet (*gezündet*) und leiten dann auch nach Abschalten des Steuerstromes sehr hohe Ströme. Der Thyristor schaltet erst dann wieder aus, wenn der gesteuerte Strom abreißt. Einige Thyristoren (*GTO-Thyristoren*) können auch über einen negativen Strom am Gate abgeschaltet werden. Der Vorteil von Thyristoren ist der geringe Widerstand von wenigen mΩ im eingeschalteten Zustand, der zu wenig Verlustleistung führt. Nachteilig sind die hohen Kosten und die langen Schaltzeiten [Heumann89]. Aufgrund dieser Eigenschaften werden im Automobil fast ausschließlich Transistoren verwendet, selbst für Umrichter in Hybridfahrzeugen. Ein seltenes Beispiel für den Einsatz von Thyristoren in Straßenfahrzeugen sind Thyristorzündungen, die aber neben den üblichen Transistorzündungen als Exoten gelten.

Unter den Leistungstransistoren konkurrieren *bipolare Transistoren*, Feldeffekttransistoren in MOS-Technologie (*MOSFET*) und als Kombination aus beiden die *IGBT* (**I**nsulated **G**ate **B**ipolar **T**ransistor). Bipolare Transistoren zeichnen sich vor allem durch einen geringen Widerstand im eingeschalteten Zustand aus, MOS-Transistoren durch kurze Schaltzeiten und durch eine Ansteuerung mit einer Spannung statt eines Stromes. In den letzten Jahren sind die Einschaltwiderstände R_{on} auch bei MOSFET kontinuierlich gesunken. Damit haben die MOSFET die bipolaren Transistoren als Leistungshalbleiter in Automobilanwendungen verdrängt. IGBT scheiden im Fahrzeug aus Kostengründen aus, obwohl sie in nahezu idealer Weise die Vorteile von bipolaren Transistoren und MOSFET kombinieren.

Die im Fahrzeug eingesetzten Transistoren besitzen im Transistorgehäuse oder gar auf dem gleichen Chip zusätzliche Funktionen wie Überlastschutz, Eigendiagnose und Aufbereitung des Ansteuersignals. Es scheint zunächst kostengünstiger den Leistungstransistor mit allen Zusatzschaltungen auf einen Chip zu integrieren. Problematisch ist jedoch, dass dabei häufig viele unterschiedliche Halbleiter-Fertigungstechnologien für einen Chip zu kombinieren sind. So kann es in Einzelfällen doch günstiger werden, zwei separate, mit unterschiedlichen Verfahren gefertigte Chips im gleichen Transistorgehäuse unterzubringen.

Oft sind mehrere Leistungshalbleiter mit ihrer Intelligenz gemeinsam zu einem Leistungs-IC kombiniert.

Langfristig könnten neue Halbleitermaterialien den Leistungstransistoren neue Anwendungen im Hochleistungsbereich, z. B. bei Umrichtern, eröffnen. In Hinblick auf Hybridantriebe wird an Transistoren geforscht, die aus Siliziumkarbid (SiC) statt Silizium hergestellt werden und eine geringere Verlustleistung und höhere Temperaturbeständigkeit ermöglichen [Aschen06].

5.1.3.3 Ansteuerschaltungen

Die häufigsten Ansteuerschaltungen sind Low-Side-Schalter, die eine Last gegen Masse durchschalten, und High-Side-Schalter, die eine Last gegen die Versorgungsspannung durchschalten. Diese Schaltungen werden für manche Anwendungen auch kombiniert eingesetzt.

Low-Side-Schalter werden realisiert durch einen bipolaren Transistor in Emitter-Schaltung, bei dem die Last den Kollektorwiderstand darstellt oder durch einen n-Kanal-FET in Source-Schaltung, bei dem die Last den Widerstand am Drain darstellt. Damit sich im n-Kanal-FET ein leitfähiger Kanal aus negativen Ladungsträgern (Elektronen) bilden kann, muss der Transistor mit einer positiven Spannung angesteuert werden. Es gibt *Logic-Level-FET*, die direkt mit dem Ausgangssignal eines Mikrocontrollers angesteuert werden können.

Da im Fahrzeug FET üblich sind, zeigt Bild 5-13 oben einen Low-Side-Schalter als *Open-Drain-Schaltung*, bei welcher der Drain des Transistors aus dem Steuergerät herausgeführt ist und unten einen High-Side-Schalter als *Open-Source-Schaltung*.

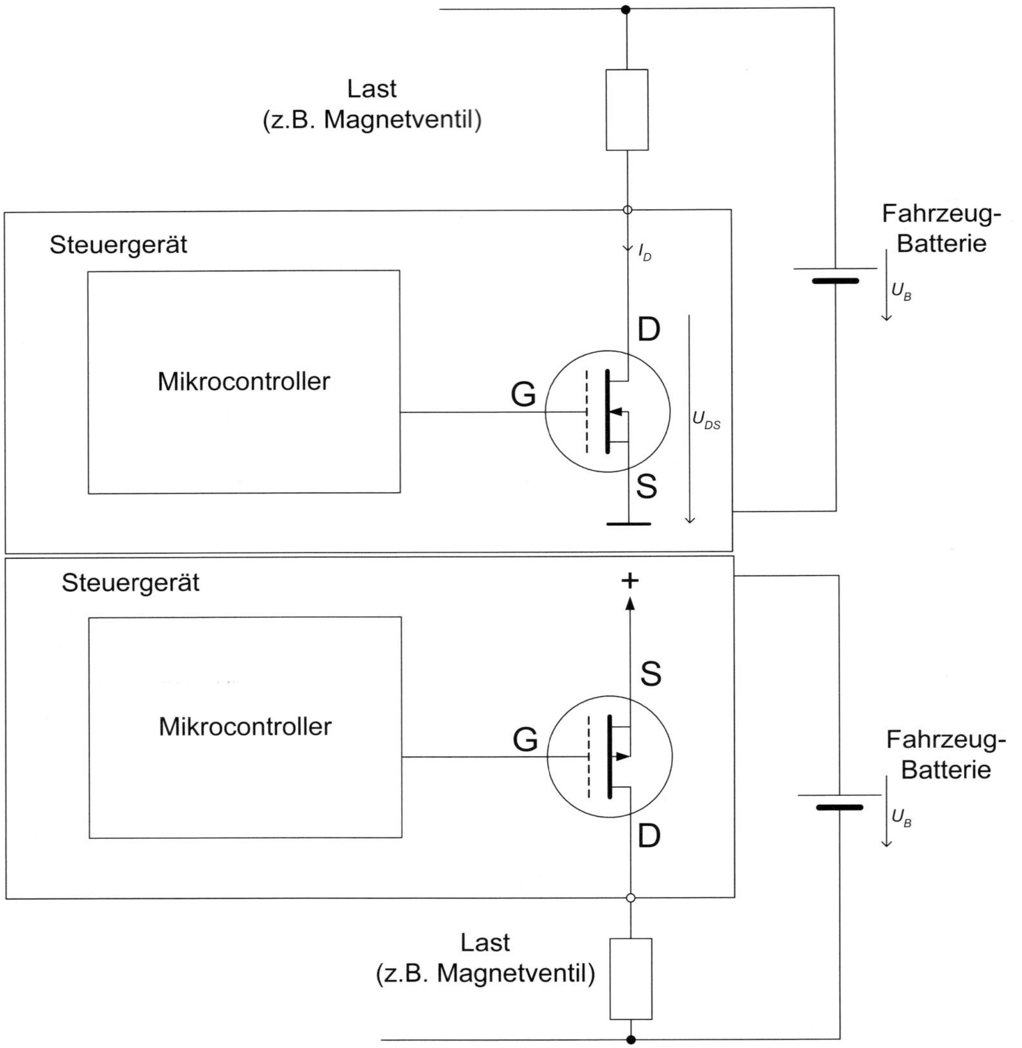

Bild 5-13 Open-Drain-Schaltung mit n-Kanal-FET als Low-Side-Schalter (oben) und Open-Source-Schaltung mit p-Kanal-FET als High-Side-Schalter (unten)

Werden n-Kanal-FET als High-Side-Schalter verwendet, muss die Spannung am Gate höher sein als die Versorgungsspannung am Drain. Zu diesem Zweck muss entweder das Steuergerät die Spannung über einen Schaltwandler oder eine Ladungspumpe hochsetzen (dazu gibt es auch integrierte Schaltungen wie in Bild 5-14) oder der Transistor muss selbst eine interne Ladungspumpe besitzen, wie dies heute bei den als High-Side-Switch verkauften Leistungshalbleitern üblich ist. Alternativ könnte anstelle des üblichen n-Kanal-MOSFET auch ein p-Kanal-MOSFET wie in Bild 5-13 verwendet werden, der mit einer negativen Spannung angesteuert wird. p-Kanal-Transistoren mit vergleichbarer Spezifikation sind jedoch teurer und in geringerer Auswahl verfügbar.

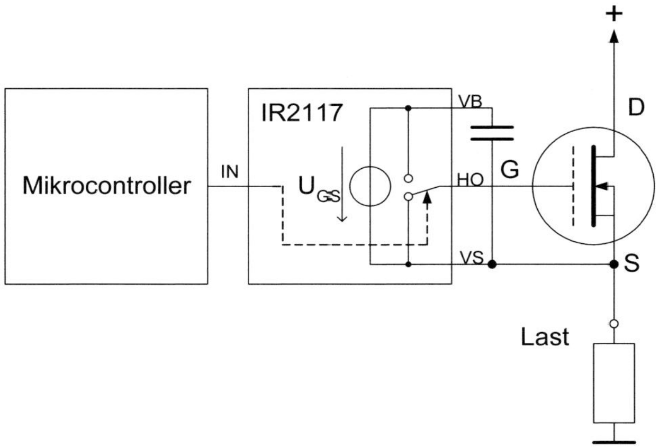

Bild 5-14
Beispiel für die Verwendung eines n-Kanal-FET als High-Side mit Ansteuer-IC [IR04]. Eine Ladungspumpe im IC lädt den externen Kondensator auf eine Gate-Source-Spannung U_{GS} auf, die zum Schalten des Transistors genügt. Je nach Ansteuersignal wird der IC-Ausgang und damit das Gate auf U_{GS} (Transistor ein) oder auf 0 gegenüber der Source (Transistor aus) geschaltet.

Low-Side-Schalter sind also kostengünstiger zu realisieren. Sie haben jedoch den Nachteil, dass den Verbrauchern eine Leitung mit Batteriespannung zugeführt wird, während bei High-Side-Schaltern ein Anschluss an Massepotential (Karosserie) möglich ist.

Ein Beispiel, wie Low-Side- und High-Side-Schalter sinnvoll kombiniert werden können, stellt die H-Brücke (Bild 5-15) dar. Die H-Brücke ermöglicht nicht nur das Ein- und Ausschalten der Last, sondern auch die Wahl der Stromflussrichtung durch die Last, um damit z. B. den Drehsinn eines Elektromotors zu steuern.

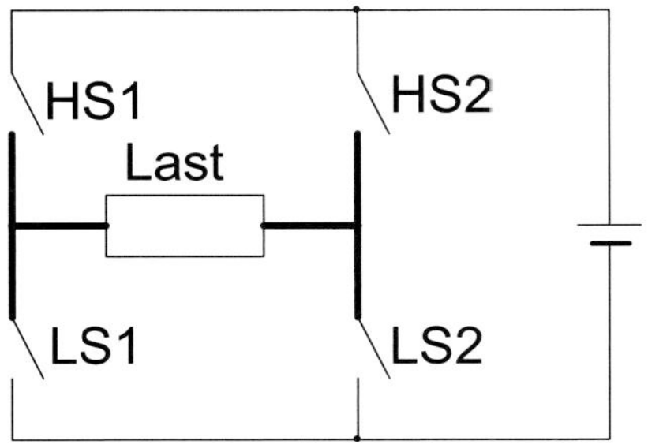

Bild 5-15
H-Brücke zur richtungsabhängigen Ansteuerung einer Last. Für Stromfluss von links nach rechts werden HS1 und LS2 geschlossen, für die Gegenrichtung HS2 und LS1.

Ein weiteres kombiniertes Beispiel ist die Ansteuerung von Airbag-Zündern durch ein spezielles IC, das sowohl einen Low-Side-Transistor als auch einen High-Side-Transistor enthält. Hier müssen aus Sicherheitsgründen beide Transistoren schalten. Zusätzlich wird über Mess-Ströme der Zustand des Zünders überwacht [Bosch00].

Bei einem Common-Rail-Einspritzsystem mit Magnetventilen für vier Zylinder wird der jeweils einspritzende Injektor über einen zugeordneten Low-Side-Transistor ausgewählt, zwei parallel geschaltete High-Side-Transistoren übernehmen die Stromregelung und die Auswahl der Stromquelle (Kapitel 3). Die Ansteuerung von Piezo-Injektoren ist wesentlich komplizierter, häufig werden hier Hochsetzsteller verwendet, bei dem die Kapazität des Injektors selbst ein Teil des Spannungswandlers ist (Resonanzwandler).

Beim Schalten induktiver Lasten ist in der Regel parallel zur Induktivität eine Freilaufdiode vorzusehen (die im Normalbetrieb sperrt), um den Reststrom aus der Induktivität abzuleiten, ohne dass sich eine für den Transistor gefährliche Induktionsspannung beim Abschalten bildet. Bei Leistungstransistoren mit ausreichender integrierter Z-Diode kann diese Freilaufdiode eingespart werden.

Häufig werden im Fahrzeug stromgeregelte Ausgänge verwendet. Eine typische Anwendung ist die Ansteuerung von Magnetventilen, bei denen ein bestimmter Durchfluss eingestellt werden soll. Charakterisiert sind solche Ventile durch Kennlinien, die bei konstantem Druck den Durchfluss als Funktion des mittleren Ansteuerstromes darstellen. Die in Bild 3-5 gezeigte Saugdrossel ist ein Beispiel. Das Steuergerät will nun eine Durchflussmenge bewirken und muss dazu den erforderlichen Strom durch das Ventil darstellen. Dies geschieht durch ein PWM-Signal. Das PWM-Tastverhältnis alleine ermöglicht noch nicht die Vorgabe eines Stromes, da das gleiche Ansteuersignal bei unterschiedlichen Betriebstemperaturen des Ventils unterschiedliche Ströme bewirkt. In diesem Fall muss also der tatsächlich fließende Strom kontrolliert werden und das Ansteuersignal ggf. nachgestellt werden, um den geforderten Strom zu erreichen (geschlossener *Regelkreis*).

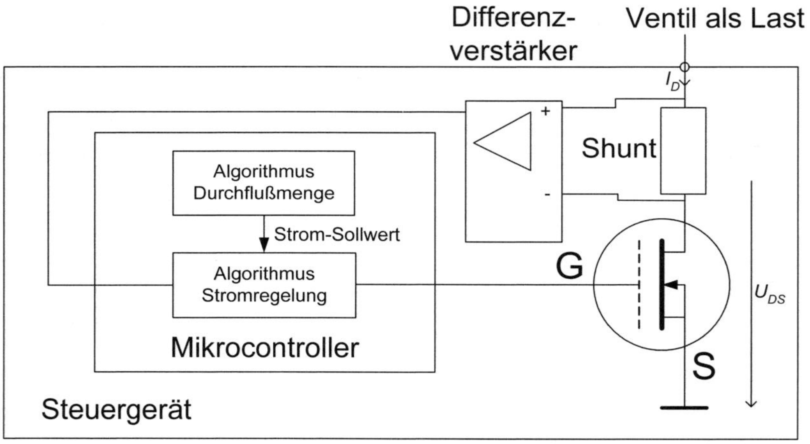

Bild 5-16 Open-Drain-Schaltung mit n-Kanal-FET als Low-Side-Schalter und Stromregelung

In diesem Falle erweitert man die Schaltung aus Bild 5-13 um eine drainseitige Strommessung. Bild 5-16 zeigt dies exemplarisch für einen Low-Side-Schalter. Zu diesem Zweck wird ein extrem kleiner Widerstand von 1 mΩ bis 1 Ω (*Shunt*) in den Drainzweig geschaltet und mit Hilfe eines Differenzverstärkers wird der zum Strom proportionale Spannungsabfall über dem Widerstand gemessen. Dieses Messsignal wird dann wie ein normales Sensorsignal weiterverarbeitet.

5.1.3.4 Endstufenüberwachung

Oft werden im Kfz Transistoren mit interner Fehlerdiagnose verwendet. Diese sollten die folgenden Fehlerfälle unterscheiden können:

- Lastabfall,
- Kurzschluss des Ausgangs zur Versorgungsspannung,

- Masseschluss des Ausgangs,
- Übertemperatur.

Betrachten wir exemplarisch den Low-Side-Schalter aus Bild 5-13. Ohne Fehler im abgeschalteten Zustand des Transistors kann keine Spannung über dem Widerstand abfallen und damit liegt die Batteriespannung am Drain an. Wird nun die Leitung zum Widerstand unterbrochen, liegt der Drain sehr hochohmig (über den sperrenden Transistor) an Masse. Tatsächlich muss das Potential in diesem Fall als undefiniert bezeichnet werden, weil jede Messschaltung vermutlich einen geringeren Widerstand hätte, als der sperrende Transistor. Im durchgeschalteten Zustand des Transistors liegt der Drain in beiden Fällen an Masse, im fehlerfreien Zustand würde also Strom über Drain fließen, im Fehlerfall nicht. Entsprechende Betrachtungen für die anderen Fehlerfälle führen auf die folgende Tabelle.

Tabelle 5.5 Erkennung von Fehlern beim Low-Side-Schalter. Die mit Ausrufezeichen versehenen Gleichungen oder Ungleichungen unterscheiden sich vom fehlerfreien Zustand.

	OK	**Lastabfall**	**Kurzschluss +**	**Masseschluss**
Transistor leitet	$U_{DS} = 0$ $I_D > 0$	$U_{DS} = 0$ $I_D = 0$!	$U_{DS} = U_B$! $I_D \gg 0$ (!)	$U_{DS} = 0$ $I_D = 0$!
Transistor sperrt	$U_{DS} = U_B$ $I_D = 0$	U_{DS} undefiniert (!) $I_D = 0$	$U_{DS} = U_B$ $I_D = 0$	$U_{DS} = 0$! $I_D = 0$

Zunächst fällt auf, dass bei sperrendem Transistor der Drainstrom als Erkennungsmerkmal für Fehler ungeeignet ist, weil er sowohl im funktionsfähigen Zustand, als auch im defekten Zustand 0 beträgt. Wenn der Transistor hingegen leitet, lassen sich Lastabfall und Masseschluss über den Strom erkennen. Eventuell lassen sich auch Kurzschlussströme so erkennen, wenn die Schwelle zwischen normalen Strömen und Kurzschluss-Strömen sinnvoll gewählt wurde und der Kurzschluss niederohmig genug ist (eine Voraussetzung, die bei realen Kurzschlüssen nicht immer gegeben ist).

Benutzt man die Spannung zwischen Drain und Source als Erkennungskriterium für Fehler, so erkennt man beim leitenden Transistor einen Kurzschluss nach +, bei sperrendem Transistor einen Masseschluss. Die undefinierte Spannung bei Lastabfall und sperrendem Transistor kann zur Erkennung genutzt werden, wenn parallel zum Transistor ein hochohmiger Widerstand von Drain nach Masse gelegt wird. Im normalen Betrieb wird dieser nicht stören, wenn er hoch genug ist, bei Lastabfall kann er aber den Drain auf Masse ziehen. Würde man sowohl die Spannungserkennung als auch die Stromerkennung nutzen, könnte man alle Fehler bis auf den Kurzschluss nach + bei gesperrtem Transistor erkennen.

Tatsächlich ist eine eingebaute Diagnose über den Drainstrom sehr aufwändig, ein induktiver Messwandler oder ein Messwandler mit Hallsensor kommt hier nicht in Frage, sondern nur der Abgriff einer Spannung über einen Messwiderstand im Drain. Dieser würde aber den Einschaltwiderstand der Transistoren und damit die Verlustleistung erhöhen.

Man beschränkt sich deshalb auf eine Überwachung der Spannung. In Verbindung mit dem erwähnten Parallelwiderstand könnten wir alle drei Fehlerfälle erkennen, allerdings Lastabfall und Masseschluss nur bei sperrendem Transistor und den Kurzschluss nach + nur bei leitendem Transistor.

Weil Endstufentransistoren in den meisten automobilen Anwendungen mit PWM-Signalen betrieben werden, ist dies kein Problem, da sich sperrender und leitender Betrieb dabei ständig abwechseln. Erlaubt man keine Tastverhältnisse von 0...100 %, sondern nur solche Tastverhältnisse, bei denen der Transistor auch in den beiden Randzuständen noch lange genug ein und aus ist, um alle Fehler zu diagnostizieren (z. B. 5...95 %), ist eine ständige Überwachung möglich. Voraussetzung ist allerdings dass die Aktoren 5 % als Aus und 95 % als Ein betrachten. Andernfalls ist eventuell ein vereinzeltes, kurzes Umtasten des Signals möglich.

Für High-Side-Transistoren lässt sich eine vergleichbare Tabelle aufstellen. Die gleichen Überlegungen führen dort auf die gleiche Überwachungsstrategie.

Die Erkennung einer Übertemperatur am Transistor durch „schwache" Kurzschlüsse oder Anlegen einer unzulässigen Fremdspannung am Ausgang erfolgt durch einen Temperatursensor auf dem Transistorchip.

Damit können die eingangs erwähnten vier Fehlerfälle sicher erkannt werden. Viele Leistungstreiber für automobile Zwecke verfügen über digitale Statusausgänge, über die dem Mikrocontroller ein Fehlerzustand gemeldet werden kann und welcher Fehler vorliegt. Oft werden nur drei Fehler genauer unterschieden, um mit zwei Statusleitungen auszukommen.

5.1.4 Spannungswandler

Spannungswandler, auch als Schaltnetzteile bekannt, werden in vielen Steuergeräten eingesetzt, wenn aus Bordnetzspannung eine höhere Spannung (*Aufwärtswandler, Hochsetzsteller, Boost-Converter*) oder eine niedrigere Spannung (*Abwärtswandler*, *Buck-Converter*) erzeugt werden soll.

Zur Erzeugung einer niedrigeren Spannung kann anstelle des teureren Schaltwandlers auch ein linearer Spannungswandler verwendet werden, der jedoch geringere Wirkungsgrade unter 50 % hat und damit nicht nur zu einem höheren Energiebedarf führt, sondern vor allem mehr Wärme im meist engen Gehäuse eines automobilen Steuergerätes freisetzt. Dieser Nachteil verschärft sich noch mit höheren Bordnetzspannungen. Schaltregler können hingegen Wirkungsgrade bis zu 90 % erreichen.

Spannungswandler sind vom Grundprinzip zwar einfach aufgebaut, in der Praxis begibt man sich aber in einen der anspruchsvolleren Bereiche der Schaltungstechnik. Einen breiten Überblick geben der „Klassiker" [Kilgen92] und das aktuelle Werk [Schli07].

Zunächst soll ein Aufwärtswandler erläutert werden.

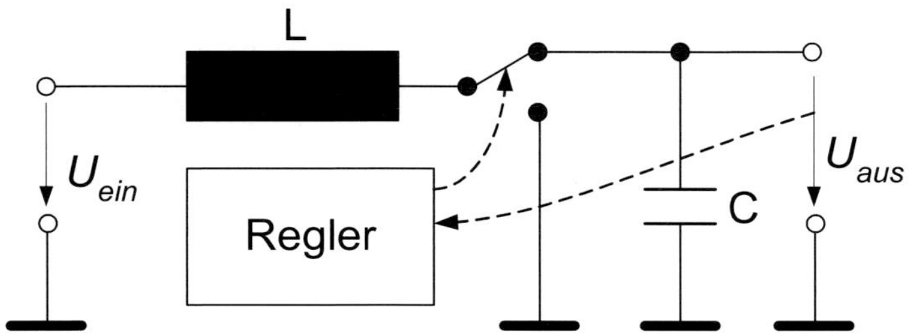

Bild 5-17
Prinzip eines Hochsetzstellers

Wenn der rechts neben der Drossel eingezeichnete Umschalter auf Masse liegt, dann liegt die Drossel L parallel zur Eingangsspannung U_{ein} (hier der Bordnetzspannung). Der Strom steigt an und in der Drossel wird ein Magnetfeld aufgebaut. Wird die Drossel über den Umschalter mit dem Ausgang verbunden, fließt der Strom weiter, dabei baut sich aber das Magnetfeld in der Drossel wieder ab, der Strom sinkt. Der bis zum nächsten Schaltzyklus zeitlich begrenzte Strom lädt den Kondensator auf, dessen Spannung dabei steigt.

Tatsächlich wird anstelle des Umschalters ein Leistungstransistor verwendet, der die rechte Seite der Spule nach Masse schalten kann. Eine Diode von der Spule zum Kondensator kann nach Abschalten des Transistors den Strom weiterleiten. Wenn die Spule im nächsten Zyklus wieder auf Masse gelegt wird, sperrt die Diode und verhindert, dass sich der Kondensator dabei wieder entlädt. Die einzige Entladung erfolgt also über die angeschlossene Last, z. B. wenn für einen kurzen Moment ein Injektor zugeschaltet wird.

Während der Eingangsstrom in der Spule nur moderaten Schwankungen unterliegt, ändert sich der Strom in den geschalteten Zweigen schnell. Diese schnellen Änderungen des Stromes erzeugen elektromagnetische Störfelder. Die geschalteten Strompfade sollten kurz sein, der Regler und die restliche Schaltung außerhalb des Wandlers dürfen nicht gestört werden.

Wird die Schaltung so betrieben, dass der Strom durch die Spule nicht ganz auf 0 fällt (*nichtlückender Betrieb*), errechnet sich die Ausgangsspannung zu

$$U_{aus} = U_{ein} \frac{T}{T_{aus}} = U_{ein} \frac{1}{1 - v_T}, \tag{5.3}$$

wobei T die Periodendauer eines Schaltzyklus ist und T_{aus} die Zeit, in welcher der Transistor zwischen Drossel und Masse sperrt. v_T ist das Tastverhältnis, also das Verhältnis der Einschaltzeit zur Periodendauer. Für die Genauigkeit wirkt sich das Fehlen toleranzbehafteter Bauteilparameter in der Formel vorteilhaft aus. Herleiten lässt sich die Formel, indem für beide Stellungen des Schalters die Maschengleichungen aufgestellt werden. Geht man davon aus, dass im eingeschwungenen Zustand der Stromanstieg bei geschlossenem Schalter gleich dem Stromabfall bei offenem Schalter ist, lassen sich beide Maschengleichungen nach der Stromdifferenz auflösen und gleichsetzen.

Der Regler hat also über die Ansteuerdauer des Transistors (oder über die Periodendauer bei konstanter Aus-Zeit) einen Einfluss auf die Regelgröße, die Ausgangsspannung. In der Kfz-Elektronik werden als Regler meist nicht handelsübliche IC eingesetzt, die es zu diesem Zweck in großer Auswahl gibt (z. B. der verbreitete Baustein SG3524), sondern diese Aufgabe wird meist von einem ASIC zusätzlich übernommen.

Theoretisch ermöglicht diese Schaltung beliebig hohe Ausgangsspannungen, betrachtet man (5.3) wird jedoch deutlich, dass bei extrem kleinen Tastverhältnissen und hohen Ausgangsspannungen schon geringe Ungenauigkeiten im Tastverhältnis zu nicht mehr beherrschbaren Spannungsschwankungen führen. Insbesondere wirkt sich hier aus, dass der verwendete Transistor kein idealer Schalter ist, sondern verzögert ein- und ausschaltet und auch der Schaltvorgang selbst nicht in unendlich kurzer Zeit erfolgen kann. Aus einer Bordnetzspannung von 14 V können mit dieser Schaltung realistisch Spannungen bis etwa 100 V dargestellt werden, eine Anwendung ist in Kapitel 3 gezeigt. Dabei täuscht die einfache Prinzipschaltung leicht darüber hinweg, dass die Entwicklung solcher Wandler eine anspruchsvolle Aufgabe darstellt und im Terminplan einer Steuergeräteentwicklung angemessen berücksichtigt sein muss.

Reichen die mit dieser Schaltung möglichen Spannungen nicht aus, z. B. zur Ansteuerung von Piezo-Common-Rail-Injektoren, die mit Stromimpulsen auf bis zu etwa 200 V aufgeladen werden, sind teurere Schaltungen nötig, z. B. Wandler mit Transformatoren oder Resonanzwandler [Schli07].

Wenn der Schaltung nur ein kleiner Ausgangsstrom abgefordert wird, würde sich der Kondensator immer weiter aufladen, dessen Spannung würde kontinuierlich steigen und den Sollwert überschreiten. In diesem Falle ist ein Übergang zum lückenden Betrieb nötig, die Berechnung gestaltet sich dann allerdings komplizierter und die präzise Regelung ist schwieriger. Mit dem Ausgangsstrom I_{aus} ergibt ich die Ausgangsspannung in diesem Falle zu

$$U_{aus} = U_{ein}^2 \frac{v_T^2 T}{2LI_{aus}} + U_{ein} \tag{5.4}$$

Bild 5-18 zeigt den ähnlichen Aufbau eines Abwärtswandlers. Der Strom durch die Spule steigt in der oberen Stellung und sinkt in der unteren Stellung. Es ist sicher zu stellen, dass der stark schwankende Eingangsstrom keine Störungen verursacht.

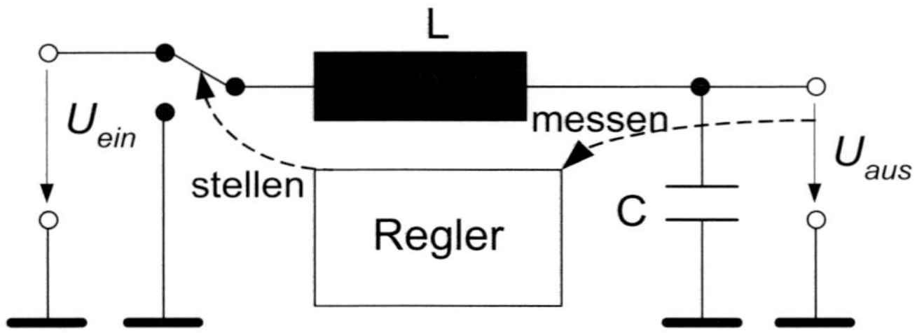

Bild 5-18
Prinzip eines Abwärtswandlers

Die Ausgangsspannung beträgt laut [Schlie07] im nichtlückenden Betrieb

$$U_{aus} = v_T U_{ein} \tag{5.5}$$

und im lückenden Betrieb

$$U_{aus} = \frac{U_{ein}^2 v_T^2 T}{2LI_{aus} + U_{ein} v_T^2 T} \tag{5.6}$$

Den oben gezeigten Schaltwandlern ist die Speicherung magnetischer Feldenergie in einer Drossel gemein. Daneben gibt es als Schaltwandler, nämlich die im vorangehenden Abschnitt erwähnten Ladungspumpen, die ohne Spulen mit Kondensatoren arbeiten. Diese lassen sich kompakter und kostengünstiger aufbauen und werden v. a. als interne Wandler in integrierten Schaltungen verwendet. Sie sind nur bei geringen Leistungen sinnvoll.

5.2 Elektromagnetische Verträglichkeit

Ein Tag im Juni 2002 begann für die Bewohner einer Aschaffenburger Straße mit einem erheblichen Ärgernis: Viele der in einem bestimmten Bereich geparkten Autos sprangen nicht mehr ordnungsgemäß an [ME02]. Der Grund war ein nächtliches Gewitter, das neben Computern, Garagentoren und Rundfunkempfängern auch Autos lahm legte. Der Blitz schlug nicht direkt in die Fahrzeuge ein, die starken elektromagnetischen Felder im Umkreis einer Einschlagstelle genügten offenbar, um elektronische Geräte zu schädigen.

Auch einige Fahrer eines teuren Sportwagens wurden angeblich [mündliche Quellen] sehr überraschend mit einem Problem konfrontiert, nämlich mit einem bei Betätigung der Hupe auslösenden Fahrer-Airbag. Es stellte sich heraus, dass Schwächen bei der elektromagnetischen Verträglichkeit für diesen Fehler verantwortlich waren.

In der Anfangszeit des elektronischen Gaspedals soll es ein Fahrzeug gegeben haben, dass in der Nähe einiger Rundfunksender unbeabsichtigt beschleunigte [mündliche Quellen].

Diese drei Beispiele beschreiben Probleme, die alle mit der Beeinflussung elektronischer Schaltungen durch elektromagnetische – oder auch nur elektrische oder magnetische – Felder in Zusammenhang stehen.

Sowohl die Zielsetzung, solche Probleme zu vermeiden, als auch die technische Disziplin, die sich mit solchen Problemen beschäftigt, wird *elektromagnetische Verträglichkeit* (EMV) oder *electromagnetic compatibility* (EMC) genannt. Eine exakte Definition des Begriffs liefert [DIN57870]:

> „EMV ist die Fähigkeit einer elektrischen Einrichtung, in ihrer elektromagnetischen Umgebung zufrieden stellend zu funktionieren, ohne diese Umgebung, zu der auch andere Einrichtungen gehören, unzulässig zu beeinflussen".

5.2.1 Störquellen und Störsenken

Bei jedem EMV-Problem gibt es sowohl eine Störquelle (also das Gerät oder System, welches die Störung erzeugt) als auch eine Störsenke (das Gerät oder System, welches durch die Beeinflussung gestört oder gar beschädigt wird). Zwischen der Störquelle und der Senke befindet sich (mindestens) ein Kopplungspfad, über den sich die Störung ausbreitet (Bild 5-19). In der Praxis können mehrere Störmechanismen parallel auftreten. So kann ein Gerät A ein anderes Gerät B beeinflussen, gleichzeitig kann aber Gerät B auch Gerät A stören. In einem komplexen System kann also jedes Gerät mal als Störquelle und mal als Störsenke wirken. Nicht nur komplette Geräte oder Systeme können sich gegenseitig beeinflussen auch Teile eines Gerätes oder sogar Teile einer Schaltung oder eines IC können sich gegenseitig stören.

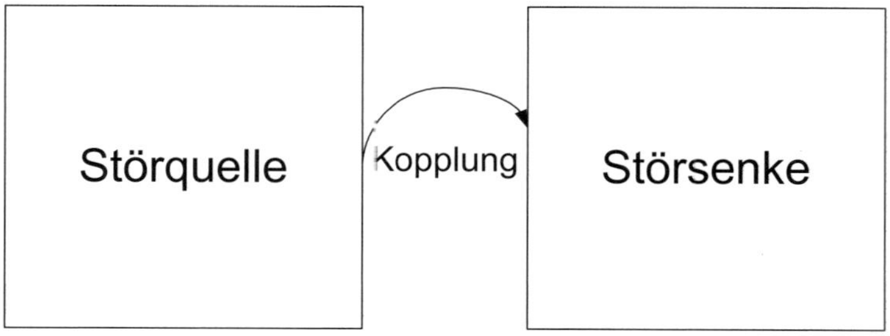

Bild 5-19
Gegenseitige Beeinflussung von Geräten

Typische Störquellen im Fahrzeug oder in dessen Umgebung sind die Zündung, elektromagnetische Stellglieder, leistungsstarke Audio-Verstärker, mitgeführte Mobiltelefone, starke Rundfunksender, Radargeräte oder auch Gewitter.

Empfindliche Störsenken sind z. B. Steuergeräte, Sensoren, das Radio, die Wegfahrsperre oder elektromedizinische Implantate der Fahrzeuginsassen wie Herzschrittmacher.

Im ungünstigsten Falle könnte sogar das Wohl oder die Gesundheit der Insassen direkt durch elektromagnetische Wellen beeinflusst werden. Die gesundheitlichen Auswirkungen elektromagnetischer Wellen sind noch weitgehend unerforscht. Bekannt ist nur, dass extrem hohe Intensitäten, die im normalen Betrieb eines Fahrzeugs nicht zu erwarten sind, zu einer Erwärmung insbesondere schlecht durchbluteter Körperorgane führen (Prinzip des Mikrowellenofens).

5.2.2 Kopplungsmechanismen

Die Kopplungsmechanismen zwischen der Störquelle und der Störsenke lassen sich grob in zwei Kategorien einteilen, nämlich in eine Kopplung über Felder oder eine Kopplung über Leitungen. Oft wirken mehrere Kopplungsmechanismen parallel oder auch sequentiell. Wenn z. B. ein Steuergerät einen Störstrom erzeugt, so wird dieser zunächst über eine Leitung aus dem Gerät herausgeführt, die Leitung wirkt dann wie eine Sendeantenne und strahlt ein Feld ab, während eine weitere Leitung als Empfangsantenne wirkt und wiederum eine Störspannung oder einen Störstrom in ein anderes Gerät einkoppelt.

5.2.2.1 Kopplung über Felder

Bei einer Kopplung über Felder wird unterschieden zwischen einer Kopplung über ein elektrisches Feld, ein Magnetfeld oder ein elektromagnetisches Feld.

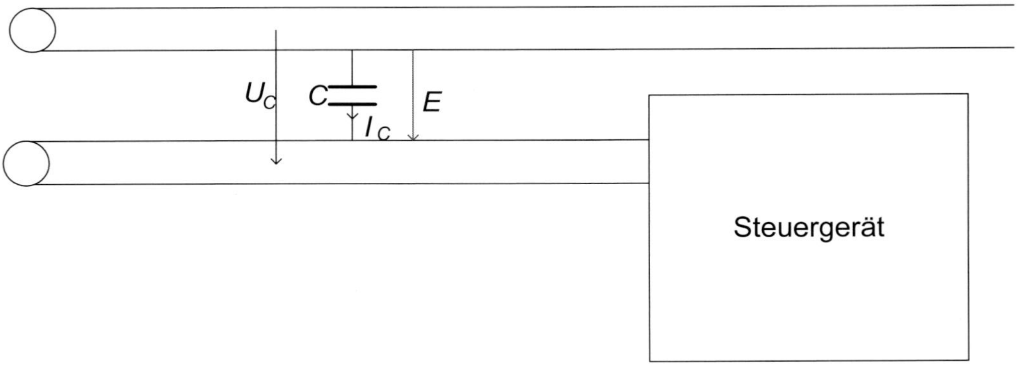

Bild 5-20 Kapazitive Kopplung

Bei der kapazitiven Kopplung verursacht eine Spannung U_C zwischen zwei Leitern ein elektrisches Feld E. Verändert sich die Spannung und damit das Feld, bewirkt diese Veränderung, dass über die Kapazität zwischen den beiden Leitern ein kapazitiver Blindstrom I_C fließt. In Bild 5-20 verursacht die Änderung der Spannung im oberen Leiter einen Stromfluss in das Steuergerät. Die Höhe des gesamten Blindstromes (nicht nur des Anteils, der in das Steuergerät fließt) beträgt

$$I_C = C\frac{dU_C}{dt} \tag{5.7}$$

Ein typisches Beispiel einer kapazitiven Kopplung im Fahrzeug ist die Ansteuerung eines Piezo-Einspritzventils, deren Spannung recht schnell zwischen 0 V und 150 V schwankt. Diese kann Ströme in benachbarten Leitungen des Kabelbaumes verursachen.

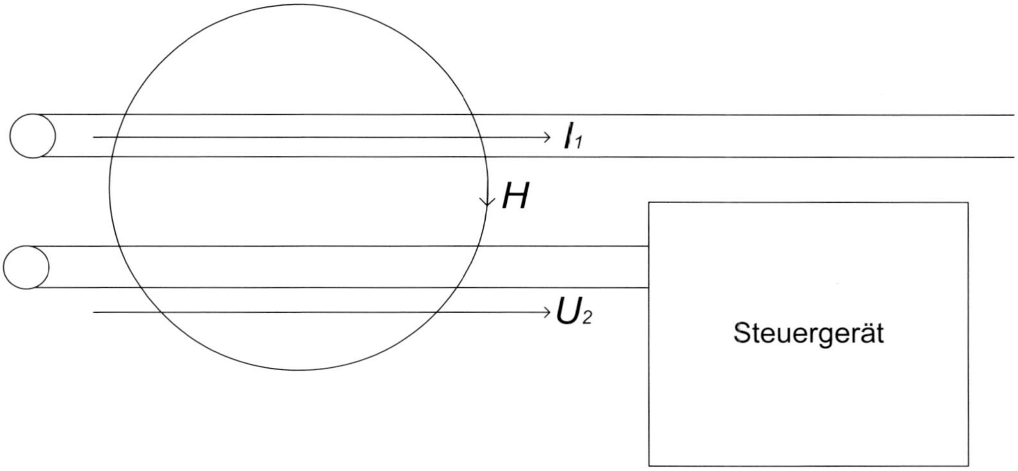

Bild 5-21 Induktive Kopplung

Bei der induktiven Kopplung verursacht ein Strom I_1 ein magnetisches Feld H. Verändert sich dieses Magnetfeld, kann es in einem anderen Leiter wiederum eine Spannung U_2 induzieren. Durch den Strom im oberen Leiter in Bild 5-21 erhält das Steuergerät also an seinem Eingang eine Induktionsspannung

$$U_2 = -L_{12}\frac{dI_1}{dt} \tag{5.8}$$

L_{12} ist dabei die Gegeninduktivität zwischen den Leitern 1 und 2 (die oft auch mit dem Buchstaben M gekennzeichnet wird). Die obere Leitung im Bild kann z. B. zu einem elektromagnetisch betätigten Ventil führen, das mit PWM-Signalen angesteuert wird. Wenn die untere Leitung zum Beispiel der Eingang eines Motorsteuergerätes zur Drehzahlmessung ist, so können induzierte Spannungsimpulse mit der Frequenz des Signals auf der ersten Leitung zu Fehlmessungen der Motordrehzahl führen. Tatsächlich ist gerade die Leitung mit dem Drehzahlsignal besonders gefährdet, weil die Signalamplituden bei kleinen Drehzahlen sehr gering sein können und somit sehr leicht durch Störungen überlagert werden.

Ein dritter Ausbreitungspfad über elektromagnetische Wellen ist in Bild 5-22 dargestellt. Die Störquelle, im Bild durch ein Mobiltelefon angedeutet, sendet zunächst eine sich kugelförmig um die Quelle herum ausbreitende Welle aus, die aus einem elektrischen Feld und einem magnetischen Feld besteht. Im Nahfeld existieren neben transversalen Feldkomponenten (senkrecht zur Ausbreitungsrichtung) auch radiale Feldkomponenten (in Ausbreitungsrichtung). In einiger Entfernung von der Quelle ist der Kugelradius so groß, dass die Welle als ebene Welle betrachtet werden kann. In dieser *ebenen Welle* stehen die Vektoren der elektrischen Feldstärke ***E*** und der magnetischen Feldstärke ***H*** senkrecht zueinander und senkrecht zur Ausbreitungsrichtung der Welle. Die Feldanteile in Ausbreitungsrichtung sind im Fernfeld verschwunden. Eine solche Welle wird auch *TEM-Welle* (**t**ransversal-**e**lektro**m**agnetische Welle) genannt. Der Pfeil im Bild stellt die Ausbreitungsrichtung dar, die angedeuteten Wellenfronten sind die Ebene, in der sich ***E*** und ***H*** befinden. Das Vektorprodukt aus ***E*** und ***H*** ergibt den *Poynting-Vektor* ***S***, dessen Richtung die Ausbreitungsrichtung der Welle darstellt. Der Betrag stellt die Leistungsdichte in W/m^2 dar, ist also ein Maß für die Intensität der Welle. Eine ausführliche Beschreibung der Wellenausbreitung würde den Rahmen dieses Buches sprengen, eine theoretische Darstellung der Hintergründe wurde in [Simonyi56] gegeben, für eine anschauliche Beschreibung sei auf die umfangreiche Literatur zur EMV oder zur Hochfrequenztechnik verwiesen.

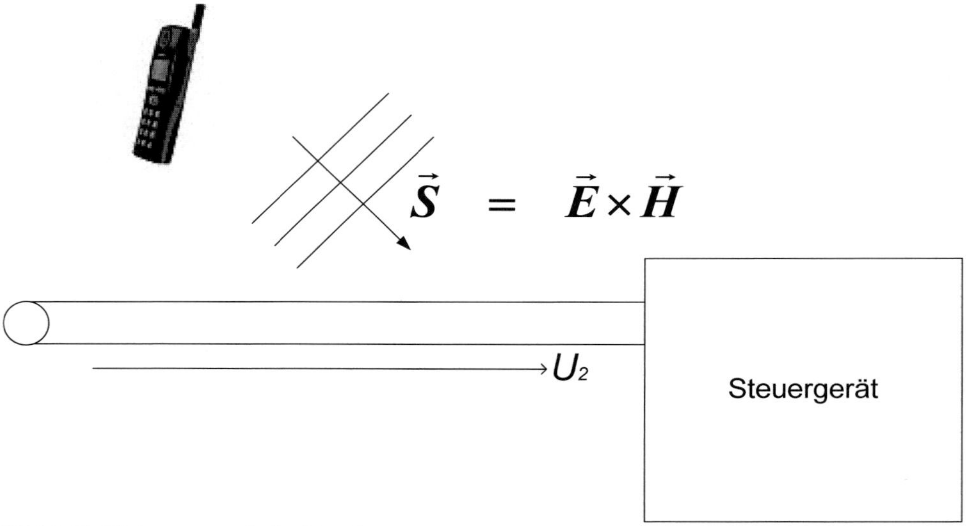

Bild 5-22 Elektromagnetische Kopplung

Befindet sich im Ausbreitungspfad der Welle ein Leiter, wird in diesem eine Störspannung induziert (im Bild U_2), die am Eingang angeschlossener Geräte erscheint. Bei ungenügender Abschirmung kann die Welle auch ins Gerät selbst eindringen und dort Störungen verursachen.

5.2.2.2 Kopplung über Leitungen

Eine Kopplung zwischen der Störquelle kann nicht nur über das Feld erfolgen, sondern auch über Leitungen, wie dies in Bild 5-23 dargestellt ist. Im Bild ist links eine Störquelle dargestellt, deren Beschaffenheit zunächst offen gelassen ist. Die Störquelle kann stellvertretend stehen für die Auswirkung einer eingekoppelten elektromagnetischen Welle, in diesem Falle läge eine Kombination der Ausbreitung über das Feld und die Leitung vor. Die Quelle kann auch ein anderes Gerät darstellen, das aufgrund eines Fehlverhaltens Störsignale in die Leitung einspeist. Sie kann auch eine Änderung der Spannung darstellen, die durch Zuschalten, Abschalten oder veränderlichen Strombedarf einer Last entsteht.

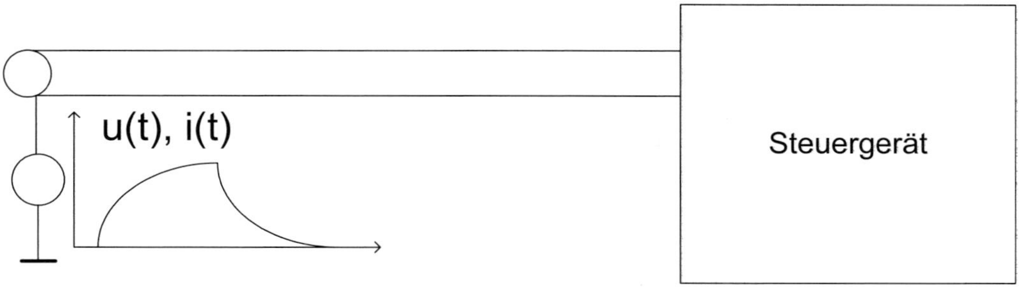

Bild 5-23 Störeinkopplung über eine Leitung

Den zuletzt beschriebenen Fall, dass sich mehrere Lasten an einer Leitung beeinflussen, nennt man Impedanzkopplung oder galvanische Kopplung. Das folgende Bild soll diesen Koppelmechanismus anhand eines Beispiels illustrieren. Ein leistungsstarker Audio-Verstärker wird gemeinsam mit einem anderen Steuergerät über eine Leitung an einem Massepunkt an der Karosserie angeschlossen. Die gemeinsame Leitung hat einen Widerstand und eine Induktivität. Wenn der Audioverstärker einen Wechselstrom von 10 A verursacht, so wird deutlich, dass selbst eine kleine Leitungsimpedanz zu einem ebenso wechselnden Spannungsabfall über der Leitung führt. Dadurch schwankt die Versorgungsspannung des Steuergerätes und im ungünstigsten Fall sinkt sie mit jeder Periode der Musik so tief, dass das Steuergerät einen Reset auslöst. In der Realität verhindert man dieses durch einen großen Kondensator zur Pufferung der Versorgungsspannung.

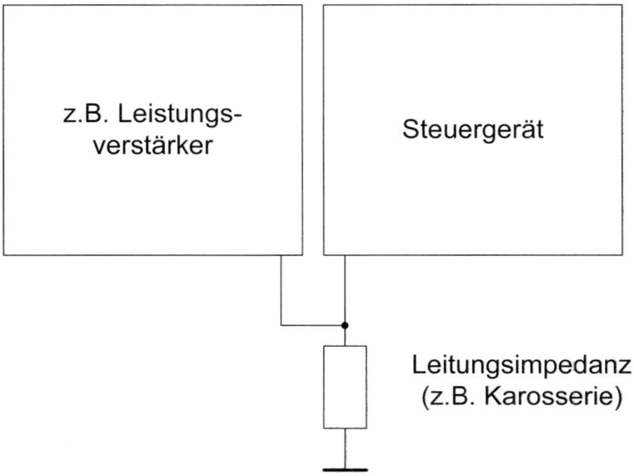

Bild 5-24
Beispiel einer Impedanzkopplung

Eine Impedanzkopplung kann über ohmsche, induktive, kapazitive oder auch gemischte gemeinsame Zweige zweier Stromkreise erfolgen. Der Fall, dass solch eine Kopplung durch zwei Geräte oder Schaltungen entsteht, die sich eine Versorgungs- oder Masseleitung teilen, tritt in der Praxis am häufigsten auf. Deshalb ist auf ausreichenden Querschnitt dieser Leitungen zu achten. Ggf. sind zwei Masseleitungen parallel zu führen und erst an der Quelle zu verbinden (Sternpunkt-Konzept).

5.2.2.3 Elektrostatische Entladungen

Der Leser wird an kalten Wintertagen vermutlich bereits häufiger die Erfahrung gemacht haben, dass gerade bei trockener Heizungsluft das Berühren eines Türdrückers oder eines anderen Metallteils zu einem nicht gefährlichen aber doch spürbaren elektrischen Schlag führt. Würde eine so aufgeladene Person ein elektronisches Bauteil oder eine Baugruppe berühren, kann dies zu Beschädigungen führen.

Elektrostatische Aufladungen entstehen dann, wenn bei der Reibung zweier unterschiedlicher Materialen (z. B. Schuhsohle/Bodenbelag) Ladungsträger von einem Material auf das andere übergehen und damit eine elektrische Spannung zwischen diesen Materialien aufgebaut wird. Diese Spannungen können Größenordnungen von 25 kV oder darüber erreichen. Im Auto können sich Insassen an Sitzbezügen oder Teppichböden aus Kunstfasern aufladen. Außer Personen können sich auch Gegenstände, z. B. Werkzeuge aufladen.

Bei der Berührung nicht geladener Gegenstände erfolgt dann über einen kurzen Stromfluss von mehreren Ampere ein Potentialausgleich. Der Stromfluss beginnt entweder mit der Berührung oder bereits kurz vorher durch einen Überschlag (Funken). Trotz der hohen elektrischen Leistung sind elektrostatische Entladungen für den Menschen ungefährlich, weil diese Entladungen nur einige 10 ns andauern. Die Energie kann in seltenen Fällen allerdings ausreichen, um brennbare Gase zu entzünden. Zu Beschädigungen der Elektronik durch elektrostatische Entladungen kann es z. B. beim Bedienen eines Gerätes oder durch Berührung offener Steckverbinder in der Werkstatt kommen. Die Elektronik im Fahrzeug muss deshalb elektrostatischen Entladungen standhalten.

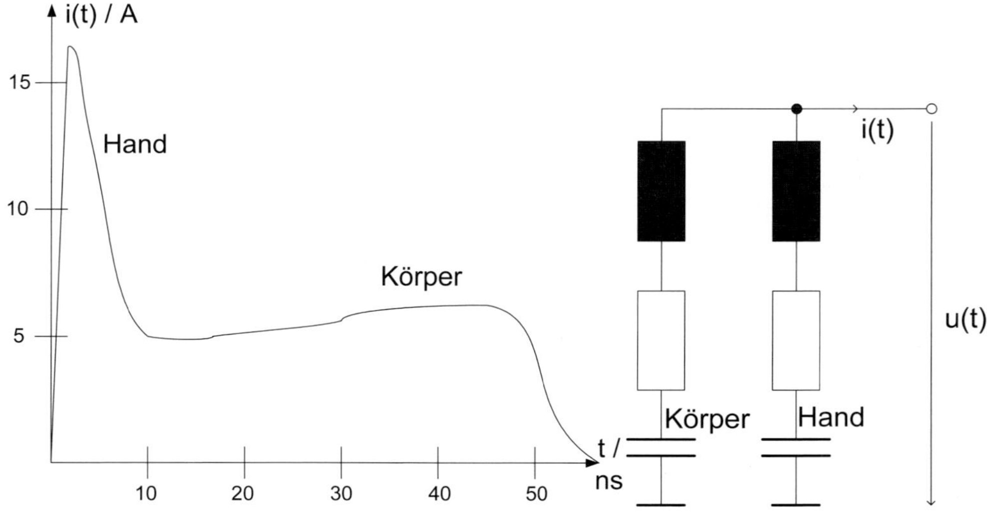

Bild 5-25 Zeitlicher Verlauf einer elektrostatischen Entladung (links) und Ersatzschaltbild (rechts). Die Induktivitäten sind vernachlässigbar. Die Hand hat eine kleine Kapazität und einen kleinen Widerstand, der Körper hat eine große Kapazität und einen großen Widerstand (typisch 250 pF, 2 kΩ).

5.2.3 EMV-Normung

Während die Elektronik in das Fahrzeug Einzug hielt, sorgte die EMV oft für Probleme. Heute kann die EMV im Fahrzeug weitgehend als beherrscht bezeichnet werden. Dies ist nicht zuletzt der umfangreichen Normung zu verdenken, die seitdem stattgefunden hat und viele Erfahrungen beinhaltet. Inzwischen beschreiben zahlreiche Normen, welche Grenzen für die Aussendung von Störungen und für die Störempfindlichkeit zulässig sind. Dabei werden auch die Messverfahren angegeben, mit denen die Einhaltung dieser Grenzen überprüft wird. Es ist hingegen nicht üblich, in Normen zu beschreiben, welche Maßnahmen erforderlich sind, um die Grenzen einzuhalten. Diese liegen in der Freiheit der zuständigen Entwicklungsingenieure.

Tabelle 5.6 Nationale EMV-Normen (im Literaturverzeichnis referenzierte Bezeichnungen in eckigen Klammern.) Das zweite Datum beim Stand bezieht sich auf die spätere internationale Norm, die auch in Tab. 5.5 erwähnt ist.

Norm	Inhalt	Stand
DIN VDE 0879-1 (DIN 57879-1)	Fernentstörung, international [DIN EN 55012]	1979/2005
DIN VDE 0879-2 (DIN 57879-2)	Eigenentstörung, international [DIN EN 55025]	1958/2007
DIN VDE 0879-3 ([DIN 57879-3])	Eigenentstörung: Messtechnik (zurückgezogen)	1981
[DIN40839-1]	leitungsgeführte Störungen, international ISO7637-2	1992
DIN 40839-2	leitungsgeführte Störungen (24-V-Netz, in Teil 1 integriert und als eigenständiger Teil aufgehoben)	1989
DIN 40839-3	kapazitive Einkopplungen (zurückgezogen), international [ISO 7637-3]	Entwurf 1990
DIN 40839-4	eingestrahlte Störgrößen (zurückgezogen), international ISO 11451, ISO 11452	1992
AGN/E 01/2000 [AGN00]	Entwurf für 42-V-Netz	2000

Die Normung erfolgte in der Vergangenheit vor allem auf nationaler Ebene, inzwischen bis auf wenige Ausnahmen international. Tabelle 5.6 gibt einen Überblick über nationale Normen.

Tabelle 5.7 stellt die für das Kraftfahrzeug relevanten internationalen Normen dar, die zu einem großen Anteil mit alten nationalen Normen übereinstimmen. Referenzen auf die nationalen Normen sind noch verbreitet, den internationalen Normen sollte zukünftig der Vorzug gegeben werden.

Tabelle 5.7 Internationale EMV-Normen

Norm	Inhalt	Stand
DIN EN 55012 [DIN55012]	übernimmt CISPR 12 und VDE 0879-1	2005
DIN EN 55025 [DIN55025]	übernimmt CISPR 25 und VDE 0879-2	2007
[ISO 7637] (-> DIN 40839)	übernimmt DIN 40839	1995–2004
ISO 10605	ESD	
[ISO11451-1]	Einstrahlung Fahrzeuge: Allgemeines	2005
[ISO11451-2]	Einstrahlung Fahrzeuge: Störungen außerhalb des Fahrzeugs	2005

[ISO11451-3]	Einstrahlung Fahrzeuge: Sender im Fahrzeug	1994
[ISO11451-4]	Einstrahlung Fahrzeuge: BCI	1995
[ISO11452-1]	Einstrahlung Komponenten: Allgemeines	2005
[ISO11452-2]	Einstrahlung Komponenten: Absorberhalle	2004
[ISO11452-3]	Einstrahlung Komponenten: TEM-Zelle	2001
[ISO11452-4]	Einstrahlung Komponenten: BCI	2005
[ISO11452-5]	Einstrahlung Komponenten: Stripline	2002
ISO 11452-6	Einstrahlung Komponenten: Parallelplattenantenne (aufgehoben)	
[ISO11452-7]	Einstrahlung Komponenten: Direkteinspeisung	2003
[ISO11452-8,-9,-10]	Weitere Standards befinden sich in Arbeit.	

5.2.3.1 Abstrahlung/Einstrahlung

5.2.3.1.1 DIN VDE 0879 und verwandte Normen

Die Norm VDE 0879 stellt die älteste Norm zur EMV im Fahrzeug dar und stammt aus der Zeit, in der die Elektronik im Fahrzeug noch keine Bedeutung hatte. Die EMV war als Begriff noch unbekannt, man redete zu jener Zeit von *Funkentstörung*. Das Standardproblem der Funkentstörung war damals, sicher zu stellen, dass ein eingebautes Radio (Eigenentstörung) oder z. B. ein Fernsehgerät in einer benachbarten Wohnung (Fremdentstörung) nicht durch die Zündanlage des Fahrzeugs beeinträchtigt wurde. Die VDE 0879 gilt nicht nur für Straßenfahrzeuge, sondern auch z. B. für Boote.

Später wurde die VDE 0879 in DIN VDE 0879, dann in DIN 57879 umbenannt. Inzwischen haben die ersten beiden Teile Eingang in die beiden europäischen Normen EN 55012 und 55025 gefunden. In Deutschland werden diese europäischen Normen als DIN EN ... bezeichnet. Der dritte Teil der Norm wurde inzwischen zurückgezogen.

Die DIN EN 55012 definiert die maximal zulässigen elektromagnetischen Abstrahlungen von Kraftfahrzeugen, Booten und anderen, von Verbrennungsmotoren angetrieben Geräten, wie sie außerhalb des Fahrzeugs oder Gerätes auftreten (Fernentstörung). Als Störquellen kommen hier v. a. die Zündanlage eines Ottomotors und die Einspritzanlage (Injektorleitungen) eines Dieselmotors in Frage. Die Messverfahren (Antennen und Messempfänger von 150 kHz bis 1 GHz) sind in dieser Norm inzwischen ebenfalls definiert.

Die DIN EN 55025 beschäftigt sich hingegen mit der Funkentstörung von Empfängern, die in Fahrzeugen eingebaut sind (Eigenentstörung) und den zugehörigen Messverfahren (Antennen und Messempfänger von 150 kHz bis 1 GHz).

Die CISPR ist eine internationale Organisation, die sich bereits seit 1934 mit Normen zur Sicherstellung der EMV befasst. Sie wird von der IEC unterstützt. Das Unterkomitee D befasst sich mit der EMV im Fahrzeug. Die in der Tabelle genannten Normen CISPR 12 und CISPR 25 gelten weltweit, also auch außerhalb des Geltungsgebiets der Euronormen, sind aber inhaltlich mit diesen vergleichbar.

5.2.3.1.1 ISO 11451, ISO 11452

Bezüglich der Einstrahlung ist es dem Fahrzeughersteller zurzeit freigestellt, ob er aus der EMV aller Einzelkomponenten nach ISO 11452 die EMV des Gesamtfahrzeugs begründet oder ob er nach ISO 11451 die elektromagnetische Verträglichkeit des kompletten Fahrzeugs prüft [EU95]. Die Erfahrung zeigt, dass sowohl die Komponenten als auch das Komplettfahrzeug überprüft werden sollten. Die EU-Richtlinie schreibt vor, dass das Gesamtfahrzeug bei einer Geschwindigkeit von 50 km/h in einem Frequenzbereich von 20 MHz bis 1 GHz zu testen ist.

Für das Gesamtfahrzeug sieht ISO 11451-2 eine Überprüfung vor, wie das Fahrzeug auf von außen eingestrahlte Felder reagiert. Diese Prüfung wird in einer Absorberhalle durchgeführt. In der Halle wird eine Sendeantenne aufgebaut, die auf das Fahrzeug gerichtet wird, ein Empfänger misst, mit welchem Feld das Fahrzeug tatsächlich beaufschlagt wird. Die Absorber (leitfähige Schaumstoffkegel oder Ferritkacheln) an den Hallenwänden sollen durch Absorption eintreffender Wellen Reflexionen verhindern und damit sicherstellen, dass das Fahrzeug in reproduzierbarer Weise ausschließlich direkt von der Antenne bestrahlt wird. Um die vorgeschrieben Fahrgeschwindigkeit beim Test zu simulieren, muss die Absorberhalle mit einem Rollenprüfstand und einer Abgasabsaugung ausgestattet sein.

Die Messung in Teil 3 wird ähnlich durchgeführt, die Laborantenne wird dabei aber durch die Originalantenne des Fahrzeugs (z. B. für das Mobiltelefon) ersetzt.

In Teil 4 wird das Fahrzeug nicht mit einem Feld beaufschlagt, sondern die Störströme, die durch das Feld im Kabelbaum entstehen würden, werden direkt erzeugt, indem sie mit Hilfe eines Stromwandlers in den Kabelbaum eingekoppelt werden. Als Stromwandler dient dabei eine invers betrieben Stromzange, also ein Transformator, dessen Sekundärwicklung die Leitung darstellt, in die ein Strom eingeprägt werden soll. Eine weitere normal betriebene Stromzange dient der Rückmessung der eingeprägten Störströme. Dieses Verfahren wird als *Bulk Current Injection* (*BCI*) bezeichnet. Die EU-Richtlinie sieht dieses Verfahren nicht zur Prüfung des Gesamtfahrzeugs vor. Dieses Verfahren ist kostengünstig und bis ca. 400 MHz einsetzbar.

Der Frequenzbereich für die Komponententests beginnt im Gegensatz zum Fahrzeugtest bei 30 MHz. Bei den Verfahren zur Überprüfung der Einstrahlfestigkeit stehen etliche Alternativen zur Verfügung, wie Tabelle 5.7 zeigt. Aus diesen Verfahren kann ein Verfahren frei ausgewählt werden.

Zunächst kann wie bei den Komponenten auch mit BCI oder in der Absorberhalle gemessen werden.

Bei der TEM-Zelle, die in ISO 11452-3 vorgesehen ist, handelt es sich um eine zweigeteilte Kammer, deren Trennwand (*Septum*) mit dem eingespeisten Signal verbunden ist, während die Außenwände auf Masse liegen. Dadurch breitet sich in der Zelle eine TEM-Welle aus, deren elektrischer Feldstärkevektor senkrecht zwischen dem Septum und der Außenwand steht. Lässt man die Seitenwände einer TEM-Zelle offen, erhält man die in Teil 5 vorgesehene Stripline.

Teil 6 sieht eine Parallelplattenantenne, auch E-Feld-Generator genannt vor. Diese werden in der Praxis selten eingesetzt. 2002 wurde dieser Teil der Norm aufgehoben.

In Teil 7 werden die Störungen über eine Kapazität und ein Anpassungsnetzwerk direkt eingekoppelt.

5.2.3.2 Leitungsgeführte Störungen

5.2.3.2.1 DIN 40839, ISO 7637

Die Norm DIN 40839 beschäftigt sich in den ersten beiden Teilen mit leitungsgeführten Störungen im Bordnetz. Die Norm beschreibt 6 verschiedene Störmuster, die im Bordnetz eines Fahrzeugs häufig auftreten und deswegen nicht zu einer Beeinträchtigung der Funktion führen dürfen. Die Teile 1 und 2 unterschieden sich lediglich in den Amplituden dieser Störmuster, deswegen wurde der zweite Teil später zurückgezogen und mit in den ersten Teil integriert.

Die ISO 7637 entspricht inhaltlich der DIN 40839.

Erzeugt werden diese Störmuster mit Hilfe handelsüblicher Störimpulsgeneratoren, an die der Prüfling zum Test angeschlossen wird. Einige Hersteller (GM, Toyota) stellen zusätzliche Anforderungen, für die spezielle Störgeneratoren erforderlich sind.

Der Testimpuls 1 soll die Situation simulieren, dass eine induktive Last mit einem parallel geschalteten Steuergerät von der Batterie getrennt wird (Bild 5-26). Dabei können hohe Induktionsspitzen entstehen. Aufgrund der Lenzschen Regel ergibt sich eine zur Batterie entgegen gesetzte, also negative, Polarität.

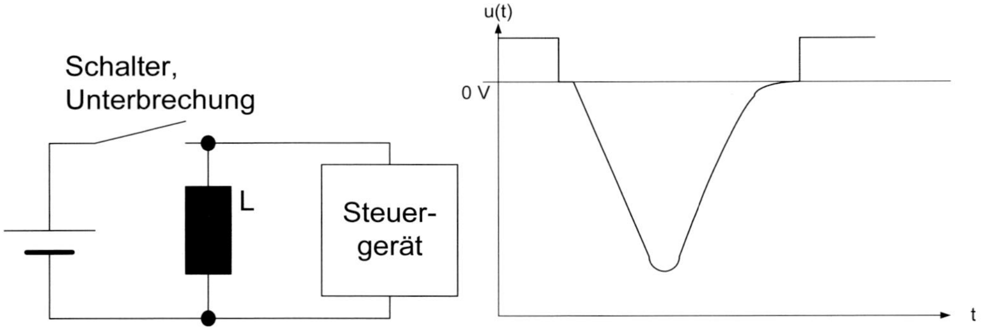

Bild 5-26 Situation, die durch Testimpuls 1 simuliert wird

Der Testimpuls 2 simuliert eine ähnliche Situation, bei der die Induktivität aus Testimpuls 2 durch einen Gleichstrom-Motor (z. B. Lüfter) ersetzt wird (Bild 5-27). Nach Abschalten dreht der Motor aufgrund seiner mechanischen Trägheit noch weiter und wirkt solange als Generator.

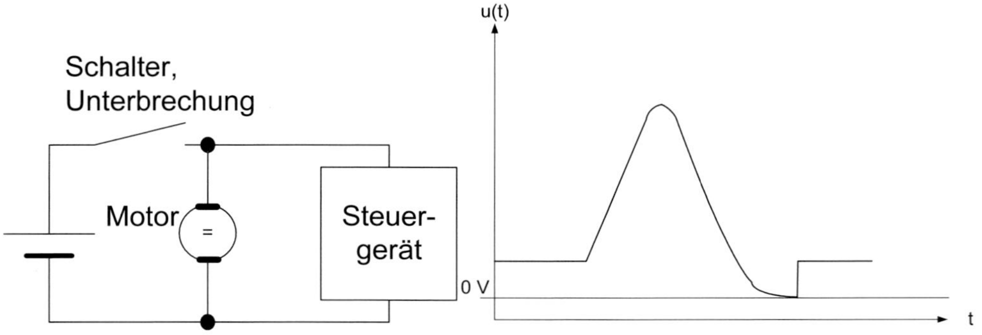

Bild 5-27 Situation, die durch Testimpuls 2 simuliert wird

Das Testsignal 3 simuliert Störungen, die durch prellende Schaltvorgänge in der Elektrik hervorgerufen werden. Wenn sich zwei Schalterkontakte beim Ausschalten- oder Einschalten berühren, so findet meist kein sauberer Übergang zwischen den Schaltzuständen offen und geschlossen statt, sondern der Schalter unterbricht während des Schließens noch einige Male sehr kurzzeitig, bis die Kontakte schließlich fest aufeinander gedrückt sind. Das Öffnen erfolgt meist sauberer, aber auch hier kann es zum Prellen kommen. Der beim Prellen entstehende intermittierende Stromfluss hat also die Form eines hochfrequenten Rechteck-Signals.

Da in der Fahrzeuginstallation parasitäre Induktivitäten und Kapazitäten vorhanden sind, entspricht der Spannungsverlauf an geschalteten Geräten dann nicht mehr notwendigerweise einem sauberen Rechtecksignal, sondern einem durch Spitzen verzerrten Signal (Bild 5-28).

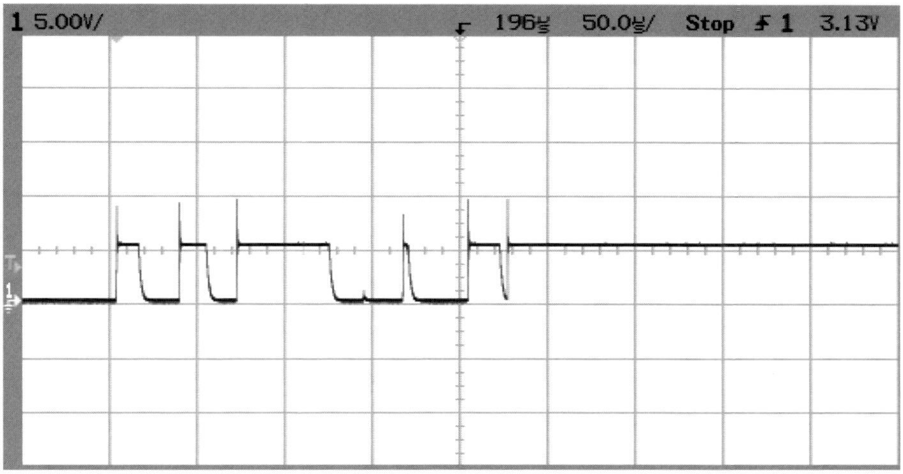

Bild 5-28 Spannungsverlauf durch Prellen eines Schalters [WikiP]

Die im Bild erkennbaren Spannungsspitzen zeichnen sich durch eine extrem schnelle zeitliche Änderung dU/dt aus. Formel (5.7) zeigt, dass es hierdurch zu einer starken kapazitiven Kopplung auf andere Leitungen im Kabelbaum kommt. Selbst ohne die überlagerten Störspitzen, führen schon alleine die Flanken eines Rechtecksignals zu einer starken kapazitiven Kopplung. Da der Gleichanteil eines Rechtecksignals bei der kapazitiven Kopplung aufgrund der Ableitung in der Formel unwirksam bleibt, resultieren positive und negative Nadelimpulse auf anderen Leitungen. Genau diese Nadelimpulse werden mit dem Testsignal 3 simuliert, allerdings getrennt nach positiven und negativen Impulsfolgen. In der EMV werden solche Impulsfolgen auch als *Burst* bezeichnet.

Bild 5-29 zeigt das Aussehen dieser Impulse laut Norm. Links sind die positiven Impulse (Testimpuls 3b) und rechts die negativen Impulse (Testimpuls 3a) erkennbar. Diese Impulse erreichen Amplituden zwischen –150 V und 100 V (12-V-Netz), bzw. zwischen –200 V und 200 V (24-V-Netz). Da es sich um sehr kurze Impulse handelt (Anstieg 5 ns, Abfall 100 ns) sind diese trotz der hohen Amplituden energiearm und führen in der Regel nicht zu Zerstörungen. Tückisch sind allerdings die steilen Flanken, die zu einer aggressiven Ausbreitung durch kapazitive Kopplung führen.

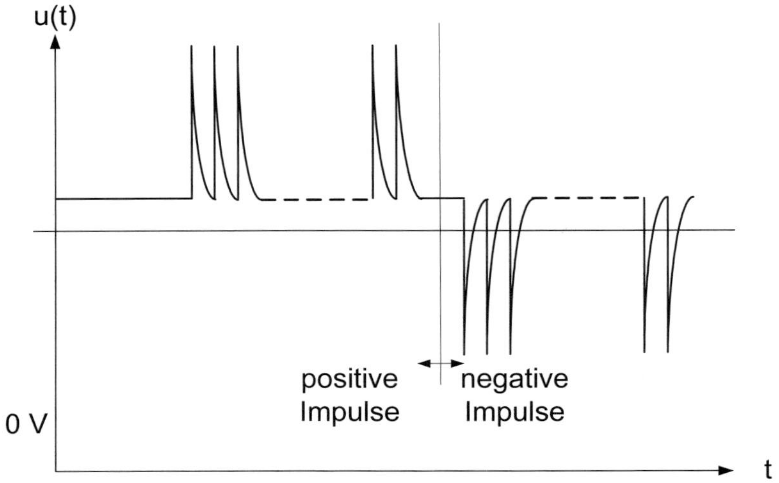

Bild 5-29 Genormte Burst-Impulse

Der Testimpuls 4 simuliert den Einbruch der Bordnetzspannung durch den Anlasser. Zunächst einmal bricht die Spannung sehr tief bis auf die Hälfte ein. In der Realität ist ein noch tieferer Spannungseinbruch möglich, der zu einem Reset einzelner Steuergeräte führen kann. Anschließend verbleibt die Spannung auf einem etwas erhöhtem Plateau, bis die Lichtmaschine die volle Bordnetzspannung liefern kann. Die Welligkeit der Spannung beim Start wird durch den Testimpuls nicht nachgebildet.

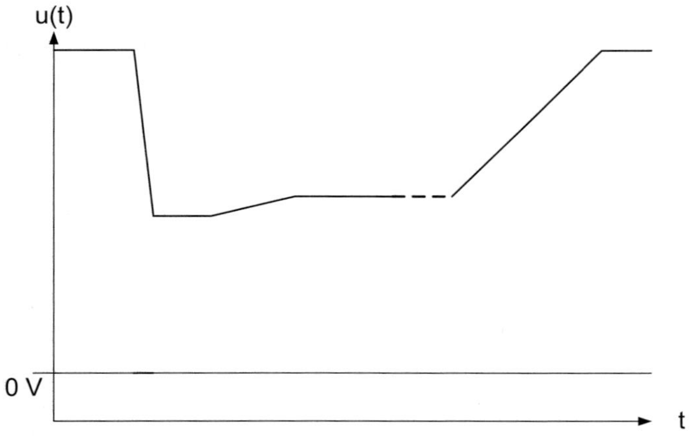

Bild 5-30
Spannungseinbruch beim Startvorgang

Der Testimpuls 5 (Bild 5-31) simuliert den *Load-Dump-Impuls*, der bei einer plötzlichen Entlastung des Generators auftritt. Dies kann v. a. der Abfall einer zu ladenden Batterie sein. Der Generator liefert in diesem Falle kurzzeitig eine erhöhte Spannung, im Extremfall die Leerlaufspannung. Der Regler reduziert nun den Erregerstrom (s. Kapitel Elektrik), da die Entregung aber einige 100 ms dauert, liegt ebenfalls für einige Zeit eine gefährlich hohe Spannung im Bordnetz an.

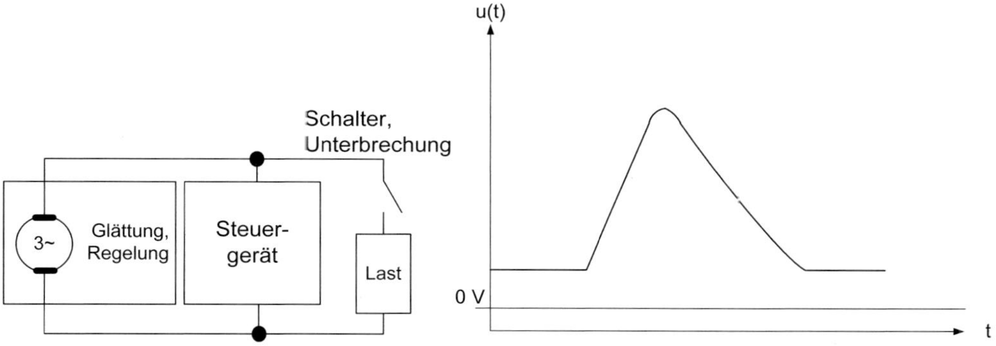

Bild 5-31 Situation, die durch Testimpuls 5 simuliert wird (Load Dump)

5.2.3.2.2 AGN/E 01/2000

Die Arbeitsgruppe Normung (AGN) ist ein Zusammenschluss einiger deutscher Autohersteller und Zulieferer, die sich zum Ziel gesetzt haben, der ISO rechtzeitig einen Normentwurf zu präsentieren, bevor andere Arbeitsgruppen mit anderen Normentwürfen zum Zuge kommen. Teil 1 definiert Grundbegriffe, Teil 2 definiert Testsequenzen, die sich inhaltlich sehr stark von den bisherigen Standards für 12-V und 24-V-Netze unterscheiden, lediglich der Spannungseinbruch beim Anlassen findet sich dort in gleicher Form wieder. Eine Übernahme durch die ISO könnte langfristig auch zu einer Überarbeitung der 12-V-/24-V-Normen führen.

5.2.3.2.3 ISO 16750-2

Die ISO 16750 definiert Umgebungsbedingungen, unter denen Steuergeräte funktionieren müssen, [ISO16750-2] definiert speziell die elektrischen Umgebungsbedingungen. Darunter sind vor allem zu niedrige oder zu hohe Versorgungsspannungen zu verstehen. Dieses Thema wird in der Regel nicht der EMV zugeordnet, diese Norm ergänzt aber die ISO 7637.

Ein besonders wichtiger Aspekt dieser Norm ist die Festigkeit von Steuergeräten bei Starthilfe mit einer zeitlich begrenzten Überspannung (*Jump Start*).

5.2.3.3 Elektrostatische Entladungen

Die Tests auf elektrostatische Entladung sind in ISO 10605 genormt. Benutzt wird ein pistolenförmiges Handgerät, dessen Metallspitze einen aufgeladenen Finger oder ein aufgeladenes Werkzeug simulieren soll (ESD-Pistole). Eine elektrostatische Entladung kann nicht nur bei direkter Berührung stattfinden, sondern auch, wenn man sich einem Gegenstand so annähert, dass ein Funke überspringen kann. Die Norm berücksichtigt beide Fälle. Die höchste Prüfspannung beträgt im Automobilbereich 25 kV. Höhere Spannungen sind theoretisch möglich, diese sind jedoch so selten, dass der Aufwand für einen entsprechenden Schutz unverhältnismäßig wäre.

5.2.4 Maßnahmen zur Sicherstellung der EMV

Die Sicherstellung der EMV in der komplexen Fahrzeugumgebung würde ein eigenes Buch füllen, trotzdem sollen hier kurz einige praxisnahe Tipps gegeben werden. In der EMV wird häufig unterschieden zwischen der EMV auf Systemebene, auf Geräteebene, auf Leiterplattenebene und auf Chipebene.

Die EMV auf Systemebene stellt das störungsfreie Zusammenspiel der Steuergeräte, Sensoren, Aktoren und der Fahrzeugumgebung sicher. Das „System" ist hier also das Fahrzeug. Typische Merkmale dieses Systems sind:

- Inselnetz, das aus einer oder zwei Batterien versorgt wird,
- zahlreiche Varianten mit verschiedenen Kombinationen von Geräten unterschiedlicher Zulieferer,
- Betrieb in undefinierten, wechselnden Umgebungen,
- zahlreiche Störquellen auch im Fahrzeug mit steigender Tendenz.

Die Unterscheidung zwischen Geräteebene und Leiterplattenebene entfällt im Fahrzeug meist, da automobile Steuergeräte typischerweise nur aus einer bestückten Leiterplatte, einem oder mehreren Steckverbindern und einem Gehäuse bestehen. Typische, für die EMV relevante Merkmale der Kfz-Elektronik sind:

- zahlreiche Verbindungen zu anderen Geräten, Sensoren oder Aktoren,
- extremer Kostendruck,
- Sicherheitsrelevanz und damit besonders hohe Zuverlässigkeitsanforderungen einiger Geräte.

Für die EMV auf Chipebene spielt die Besonderheit der Fahrzeugumgebung keine bedeutende Rolle.

5.2.4.1 Spannungsversorgung und Massung

Im Inselnetz des Fahrzeugs existiert keine Erde wie in einem Gebäude oder einem Energieversorgungsnetz, sondern nur eine lokale Masse. Dies ist die mit dem Minuspol der Batterie verbundene Karosserie.

Um Impedanzkopplungen zu verhindern, sollten zwei Stromkreise möglichst wenige Leitungen gemeinsam nutzen. Aus Sicht der EMV wäre ideal, alle Verbraucher direkt an die Batterie anzuschließen (*Sternpunkt-Massung*). Der gemeinsame Pfad bliebe dann auf den geringen Innenwiderstand der Batterie begrenzt. Damit entstünde aber ein gewaltiger Verkabelungsaufwand, so dass in der Praxis hier sinnvolle Kompromisse erforderlich sind.

Wenn Strompfade gemeinsam zu nutzen sind, sollte sorgfältig abgewogen werden, welche Verbraucher sich so besonders stark stören könnten und welche aufgrund ihrer Beschaffenheit ein höheres Maß an Kompatibilität erwarten lassen. Die Impedanz sollte durch große Querschnitte gering gehalten werden. Grundsätzlich ist zu bedenken, dass Übergangswiderstände zwischen leitenden Teilen (vor allem Teile der Karosserie) infolge Rostbildung zunehmen können. Da die Karosserie nicht nur von sehr vielen Verbrauchern gemeinsam genutzt wird, sondern auch wie eine große Antenne zahlreiche Störeinflüsse aus dem Fahrzeug und seiner Umgebung wie eine Antenne aufnimmt, sollte diese trotz ihrer geringen Impedanz (im rostfreien Neuzustand) nur unter Vorsicht als Masseleitung benutzt werden.

5.2.4.2 Abschirmung und Verdrillung

Sowohl Leitungen als auch Geräte sollten abgeschirmt werden. In beiden Fällen stehen der Abschirmung jedoch Kosten und Gewicht gegenüber. Deshalb werden Leitungen häufig ungeschirmt und Steuergeräte manchmal auch in Kunststoffgehäusen verbaut.

Eine vollständig abgeschirmte Leitung besitzt einen dichten Schirm aus Drahtgeflecht, der an mindestens einem Ende, besser an beiden Enden auf Masse aufgelegt ist. Bei beidseitiger Auflage auf Masse ist aber darauf zu achten, dass der Schirm mit externen Verbindungen beider Massepunkte keine große Schleifenfläche aufspannt. Eine einfachere aber weniger wirksame Variante wäre, im Kabelbaum zusätzliche Leitungen auf Massepotential mitzuführen. Ein sehr kostengünstiger Kompromiss, dessen Wirkung einer Abschirmung schon recht nahe kommt, ist die Verdrillung zweier zusammengehöriger Leitungen. Auf Leiterplatten, auf denen eine Verdrillung nicht möglich ist, sollten Hin- und Rückleiter zumindest dicht beieinander geführt werden, z. B. direkt übereinander bei Leiterplatten mit mehreren Verdrahtungsebenen.

Geräte lassen sich am besten durch Metallgehäuse abschirmen. Selbst kleinste Öffnungen im Metall (z. B. am Steckverbinder) können die Abschirmwirkung schon signifikant verschlechtern.

5.2.3.3 Signalübertragung

Eine Störung, die in eine Leitung einkoppelt, trifft nahe beieinander verlegte Leitungen oft in ähnlicher Weise. Auf diesen Leitungen tritt dann eine gemeinsame Störung gegen Masse auf, zwischen den Leitungen untereinander ist aber oft keine starke Störspannung nachweisbar. In diesem Falle redet man von einer *Gleichtakt*-Störung (*Common Mode*), die sich wirkungsvoll durch eine differenzielle Signalübertragung wie beim CAN beschrieben unterdrücken lässt.

Bei digitalen Signalen ist eine logische Protokollabsicherung, z. B. durch eine Prüfsumme sinnvoll. Es sollte ein Verfahren benutzt werden, dass v. a. Folgen fehlerhafter Bits möglichst sicher erkennt. Übliche digitale Bussysteme wie der CAN haben solche Mechanismen bereits implementiert, ohne dass sich der Anwender darum kümmern muss.

Um einen besseren *Störabstand* zu gewinnen, sollten Signalamplituden ausreichend hoch sein. Insbesondere bei Sensoren, die prinzipbedingt nur sehr schwache Signale liefern, sollte eine Verstärkung bereits im Sensor integriert sein.

5.2.3.4 Filterung und Schutz vor Überspannungen

Sofern dies aus Platz- und Kostengründen möglich ist, sollten Signale, die vom Kabelbaum aus in einem Gerät eintreffen, durch Filter von Störanteilen befreit werden. Die Filterung sollte möglichst nur die Nutzsignale durchlassen und andere Frequenzen sperren. Oft werden Tiefpässe benutzt, die nur aus einem Widerstand und einem Kondensator bestehen. Unter geschickter Nutzung der Leitungsimpedanz lässt sich ein zusätzlicher Widerstand evtl. einsparen. Es sollten ausschließlich SMD-Kondensatoren verwendet werden, die Leiterbahnen zu diesen Kondensatoren sind breit und kurz zu halten. Andernfalls würden die Zuleitungsinduktivitäten den Kondensator zu einem Serienschwingkreis verändern, der sich bei hohen Störfrequenzen dann sogar induktiv verhielte.

Energiereiche Störimpulse (z. B. der Load Dump oder ESD) sind in Ihrer Höhe zu begrenzen. Dies kann z. B. mit Hilfe von Z-Dioden oder Varistoren erfolgen. Funkenstrecken sind für den Einsatz im Fahrzeug weniger geeignet.

5.3 Mechanische Anforderungen

Während der Fahrt überträgt das Fahrwerk Stöße und Vibrationen, die auch auf die Elektronik einwirken. Auch der Antriebsstrang erzeugt starke Schwingungen, die insbesondere an Motorsteuergeräte, die direkt am Motor oder Getriebesteuergeräte, die im Getriebe verbaut sind, übertragen werden. Neben Steuergeräten sind vor allem Steckverbinder gefährdet, die sich unter dem Einfluss von Vibrationen lösen können. Denkbar ist auch, dass in der Fertigung oder im Service ein einzelnes Steuergerät zu Boden fällt und trotzdem einsatzfähig bleiben sollte.

Wie schon bei der EMV so muss auch die Festigkeit gegenüber Stößen und Schwingungen getestet werden. Der Umfang solcher Tests ist in der Norm [ISO16750-3] definiert.

Sowohl Schwingungsmessungen, als auch Stoßmessungen werden auf Schwingtischen (Shakern) durchgeführt, der freie Fall eines Steuergerätes aus 1 m Höhe wird auch als freier Fall getestet. Auf den Schwingungstischen wird einerseits eine stochastische Anregung genutzt, die den realen Fahrbetrieb simulieren soll, andererseits wird mit einer reinen sinusförmigen Anregung gearbeitet, deren Frequenz langsam bis zum Maximalwert erhöht wird.

Tabelle 5.8 Anforderungen an die Vibrationsfestigkeit [ISO16750-3]

	Innenraum/Motorraum	**Motornaher Anbau**	**Motoranbau**
stochastisch	2,8 g, bis 100 Hz	2,8 g bis 1000 Hz	2,8 g bis 1000 Hz
Sinus	–	16 g bis 440 Hz	24 g bis 440 Hz
Dauer	8 h	22 h	22 h
Schwingungsklasse	E	U	A

Neben Steckverbindern und unzureichend gesicherten Verschraubungen sind bei den getesteten Vibrationen vor allem schwere Bauelemente (Spulen, große Elektrolytkondensatoren) gefährdet. Wenn solche Bauelemente schon nicht vermieden werden können, sollten sie zumindest so auf der Leiterplatte platziert werden, dass sie sich möglichst in den Schwingungsknoten und nicht den Schwingungsbäuchen befinden. Neben EMV- und thermischen Anforderungen sind beim Leiterplattenentwurf also auch mechanische Anforderungen zu berücksichtigen.

5.4 Thermische Anforderungen

Bild 5-32 Testzentrum zur Wintererprobung in Arjeplog, Schweden (Foto: Bosch)

Extreme Temperaturen im Fahrzeug können z. B. durch kalte Winternächte oder durch das Abstellen des Fahrzeugs in der Sonne bei hohen Außentemperaturen entstehen. Die Norm [ISO16750-4] fordert, die Elektronik für einen Betriebstemperaturbereich von –40 °C bis 85 °C auszulegen (Klasse F). Im Motorraum können noch höhere Temperaturen entstehen, dort wird eine Höchsttemperatur von 105 °C angenommen. Dieser Temperaturbereich wird von der Norm als Klasse H definiert. Bei direktem Motoranbau wird ein Temperaturbereich von –40 °C bis 125 °C angenommen (Klasse K). Die Norm verlangt die Beständigkeit gegen Lagertemperaturen, die noch über den Betriebstemperaturen liegen (105 °C bei Klasse F, 125 °C bei Klasse H und 130 °C bei Klasse K). Die Temperaturen sind nicht konstant, sondern können extremen Schwankungen unterworfen sein.

Gleichzeitig sind elektronische Schaltungen diesen Umgebungstemperaturen nicht nur passiv ausgeliefert, sondern sie setzten selbst Verlustleistung in Wärme um.

Extreme Temperaturen oder schnelle Änderungen der Temperatur können auf unterschiedliche Weise die Funktion elektronischer Systeme beeinflussen oder gar zu irreversiblen Schäden führen.

Die Kennwerte elektronischer Bauelemente und deren Toleranzen sind häufig nur für einen bestimmten Temperaturbereich spezifiziert. Wird dieser Bereich verlassen, kann sich das Verhalten elektronischer Bauelemente ändern. Dies kann z. B. dazu führen, dass ein Steuergerät Sensorsignale falsch misst und dadurch Regelungen falsch nachgeführt werden. Auch bei digitalen Schaltungen können Bits verfälscht werden. Man kennt diesen Effekt von PCs, die bei hohen Umgebungstemperaturen und schwacher Belüftung eine erhöhte Neigung zu Abstürzen zeigen.

Bei noch höheren Temperaturen droht vor allem Halbleiterbauelementen die Gefahr einer irreversiblen Schädigung. Zulässige Sperrschichttemperaturen, die von Herstellen in Datenblättern genannt werden, liegen zwischen 125 °C und 200 °C. Solche Temperaturen treten im Fahrzeug zwar nicht als Umgebungstemperaturen auf, können aber schnell erreicht werden bei unzureichender Abführung der Verlustwärme.

Bei Temperaturen oberhalb von 183 °C kann es zum Aufschmelzen von Lötstellen und damit vor allem bei zusätzlichen Vibrationen zum selbsttätigen Entlöten von Bauelementen kommen.

In Steuergeräten verbaute Kunststoffe können bei hohen Temperaturen vorschnell altern, so führt beispielsweise die Ausdünstung von Weichmachern zu einer Versprödung. Eventuell können bei hohen Temperaturen sogar korrosive Gase (z. B. Chlorwasserstoff bei PVC) freigesetzt werden.

Temperaturwechsel führen zum Ausdehnen und Kontrahieren von Materialien. Dies erfolgt bei unterschiedlichen Materialien in unterschiedlichem Ausmaß. Sind aber Materialien mit abweichenden Ausdehnungskoeffizienten mechanisch verbunden, führt dies unweigerlich zur Bildung mechanischer Spannungen und damit langfristig zur Rissbildung.

Bild 5-33 zeigt zwei Bauteile, die auf der Leiterplatte eines Steuergerätes montiert sind. Der Mikrocontroller links ist ein wärmeempfindliches Bauteil. Die hauptsächliche Wärmequelle ist hier ein Leistungshalbleiter. Handelt es sich um einen sehr leistungsfähigen Mikrocontroller, so wird dieser auch recht viel Verlustleistung abgeben. Das Problem ist nun, diese Verlustleistung nach außen abzuführen. Dazu stehen drei Mechanismen zur Verfügung, die Wärmestrahlung, die Wärmeleitung und die Konvektion.

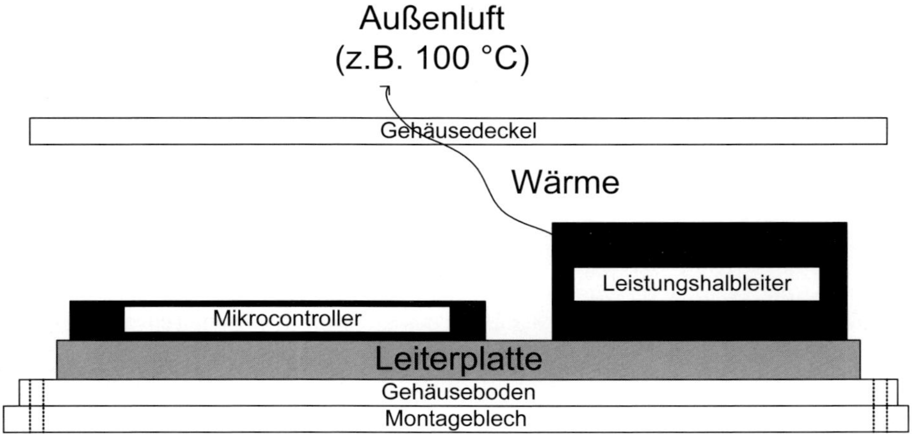

Bild 5-33 Wärmeerzeugung und Ableitung in einem Steuergerät

Bei der Wärmestrahlung wird Energie in Form elektromagnetischer Wellen im Infrarotbereich abgegeben. Die Wärmeabgabe durch Strahlung hat hier nur eine geringe Bedeutung. Das beste Abstrahlverhalten haben Oberflächen, die Wärmestrahlung auch am besten absorbieren, also reflexionsfreie schwarze Flächen. Dies ist auch ein Grund, warum Kühlkörper häufig schwarz eloxiert werden. Die Abführung durch Wärmestrahlung ist aber bei den im Fahrzeug vorkommenden Temperaturen noch so gering, dass z. B. bei Steuergerätegehäusen aus Metall auf die Schwärzung verzichtet wird. Der Wärmestrom berechnet sich nach dem Stefan-Boltzmann-Gesetz zu

$$\dot{Q} = e\sigma A\left(\vartheta^4 - \vartheta_{amb}^4\right) \tag{5.9}$$

Darin ist e der Emissionsgrad, der angibt, wie gut der Körper einem schwarzen Strahler nahe kommt. Ein idealer schwarzer Strahler erreicht den maximalen Emissionsfaktor 1. σ ist die Stefan-Boltzmann-Konstante mit dem Wert 10^{-8} W/m^2K^4. A ist die abstrahlende Oberfläche. υ ist die Temperatur des strahlenden Körpers und υ_{amb} die Umgebungstemperatur. Man beachte, dass der Wärmestrom durch Strahlung mit der vierten Potenz steigt. Ein Wärmestrom durch Strahlung findet immer in beide Richtungen, vom Körper an die Umgebung und aus der Umgebung zum Körper hin statt, die Formel gibt die resultierende Differenz beider Wärmeströme an.

Bei der Wärmeleitung wird die Wärme durch die kinetische Energie von Elektronen oder auch Ionenrümpfen übertragen, in Gasen auch durch komplette Atome oder Moleküle. Die gute Wärmeleitfähigkeit von Metallen ist auf die Verfügbarkeit freier Elektronen zurückzuführen, die zur Wärmeleitung zur Verfügung stehen. Tatsächlich sind gute elektrische Leiter meist auch gute Wärmeleiter, im Gegensatz zum elektrischen Stromfluss liegt bei der Wärmeleitung aber eine unregelmäßige Bewegung vor [Mesch06]. Der Wärmestrom beträgt

$$\dot{Q} = \frac{\lambda}{d} A \Delta\vartheta \tag{5.10}$$

λ bezeichnet die Wärmeleitfähigkeit (Kehrwert des spezifischen Wärmewiderstandes ρ), d die Dicke des Materials und A die Fläche. Die Tabelle zeigt die Wärmeleitfähigkeit einiger Materialien. Grundsätzlich zeigt sich bei Festkörpern eine bessere Leitfähigkeit als beim Wasser und vor allem bei der Luft. Unter den Metallen wiederum sind Silber und Kupfer die besten Wärmeleiter, also genau die Metalle, die auch die besten elektrischen Leiter sind. Auffällig schlecht ist die Wärmeleitfähigkeit von FR4, einem mit Epoxidharz getränkten Glasfasergewebe, das heute als Basismaterial für Leiterplatten in der Elektronik benutzt wird.

Tabelle 5.9 Wärmeleitfähigkeit ausgewählter Materialien bei 20 °C und 1013 hPa [Bosch03]

Material	**Wärmeleitfähigkeit (W/Km)**	
Silber	429	
Kupfer	401	
Aluminium	237	
Eisen	80	(rein)
Stahl	14 – 58	(Legierung verschlechtert Leitfähigkeit)
Keramik	20	(96 % Al2O3)
Keramik	1 – 3	(LTCC)
Kunststoffe	0,2 – 0,7	
FR4	0,25	(Leiterplatte)
Wasser	0,6	
Luft	0,026	

Der dritte Mechanismus zur Wärmeübertragung ist die Konvektion, also die Wärmeübertragung durch bewegte Gase oder Flüssigkeiten. Man unterscheidet freie Konvektion, bei der die Dichteunterschiede zwischen dem warmen und dem kalten Medium zu einer Bewegung führen (Aufsteigen erwärmter Luft) und erzwungener Konvektion, bei der die Bewegung durch Hilfsmittel (Pumpen, Ventilatoren) erzeugt wird.

Der konvektive Wärmestrom berechnet sich zu

$$\dot{Q} = \alpha A \Delta \vartheta \tag{5.11}$$

Auch wenn diese Formel einfach wirkt, gestaltet sich die Ermittlung des Übergangskoeffizienten α schwierig. Dieser hängt von der Geometrie der Übergangsfläche, von den beteiligten Materialien, den Zustandsgrößen des Fluids und von der Art der Strömung (laminar oder turbulent) ab. In der Praxis wird deshalb häufig mit groben Näherungen bzw. mit Worst-Case-Betrachtungen gearbeitet.

Die Wärmeausbreitung in einer Anordnung lässt sich analytisch mittels der Fourier-Gleichung beschreiben [PolKop05], einer partiellen Differenzialgleichung zweiter Ordnung. Diese bildet das theoretische Fundament eines vergleichsweise einfachen und deshalb häufig verwendeten praktischen Verfahrens, nämlich des thermischen Ersatzschaltbildes (Beuken-Modell [Beuken36]), mit dem sich unter Ausnutzung von Analogien zwischen elektrischen Schaltungen und thermischen „Schaltungen" Temperaturen und Wärmeströme berechnen lassen. Dabei muss unterschieden werden, ob nur das thermische Gleichgewicht betrachtet werden soll oder ob auch Temperaturveränderungen mit der Zeit dargestellt werden sollen.

Tabelle 5.10 Analogie zwischen elektrischen und thermischen Größen

Elektrisch	**Thermisch**
Spannung U	Temperaturdifferenz $\Delta\, \upsilon$
Strom I	Wärmestrom $\dot{Q}$
Widerstand R	Wärmewiderstand R_{th}
Kapazität C	Wärmekapazität C_{th}

Im thermischen Gleichgewicht ändern sich Temperaturen nicht mehr. Man braucht deshalb analog zu einem elektrischen Gleichstromkreis nur Wärmeströme, Wärmewiderstände und stationäre Temperaturdifferenzen betrachten.

Für jeden Wärmewiderstand gilt nach (5.10) bei Wärmeleitung oder (5.11) bei Konvektion die Analogie zum Ohmschen Gesetz

$$\Delta \vartheta = R_{th} \dot{Q} \tag{5.12}$$

Ein Wärmestrahlungswiderstand hingegen ist nach (5.9) wegen der 4. Potenz der Temperatur ein nichtlinearer Widerstand, für den das ohmsche Gesetz nicht gilt.

Durch Vergleich mit (5.10) und (5.11) ergeben sich für Wärmewiderstände die Berechnungsformeln

Wärmeleitung: $R_{th} = \frac{d}{\lambda A} = \frac{\rho d}{A},$ (5.13)

Konvektion: $R_{th} = \frac{1}{\alpha A}$ (5.14)

Im Beispiel in Bild 5-33 wird die Wärmeleitung durch die Leiterplatte und den Gehäuseboden dominieren. Oberhalb der Wärmequelle hingegen befindet sich isolierende Luft. Das Gehäuse des Leistungshalbleiters wird einen sehr geringen Wärmestrom durch Wärmestrahlung an den Gehäusedeckel übertragen. Mit Konvektion ist im geschlossenen Gehäuse kaum zu rechnen. Daher ergibt sich ein Ersatzschaltbild in Bild 5-34. Da die Wärmeströme über Konvektion und Strahlung gering sind, die entsprechenden parallelen Widerstände also hoch, kann der gestrichelte Teil vernachlässigt werden.

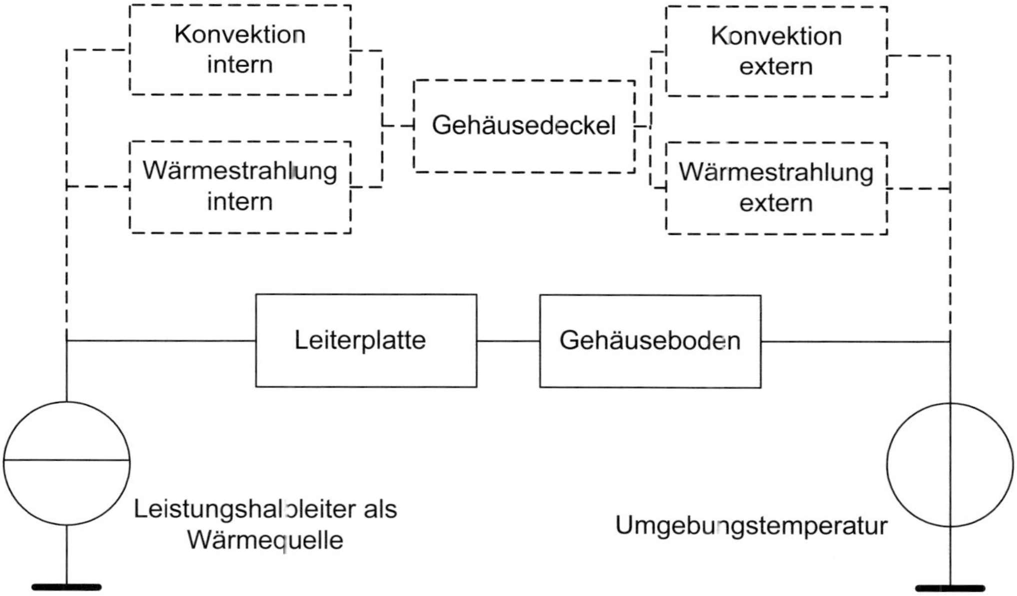

Bild 5-34 Thermisches Ersatzschaltbild für den stationären Fall zur Anordnung in Bild 5-33. Die Stromquelle links repräsentiert den erzeugten Wärmestrom, die Spannungsquelle rechts die Umgebungstemperatur. Alle Wärmeübergänge sind durch Widerstände dargestellt.

Wollte man z. B. berechnen, wie heiß der Leistungstransistor wird, erreicht man dies, indem man zur Umgebungstemperatur (angenommen das Montageblech als Teil der Karosserie sei auf Umgebungstemperatur), die „Spannungsabfälle", also die Temperaturdifferenzen über den beiden verbleibenden Widerständen addiert.

Der „Stromfluss" durch die Widerstände ist der von der Stromquelle erzeugte Wärmestrom. Physikalisch ist dieser gleich der elektrischen Verlustleistung P im Leistungshalbleiter. Die Temperatur des Leistungshalbleiters wäre im Beispiel der Bilder 5-32 und 5-33 also

$$
\begin{aligned}
\vartheta &= (R_{th,Leiterplatte} + R_{th,Gehäuseboden})P + \vartheta_{amb} \\
&= \frac{P}{A}\left(\frac{d_{Leiterplatte}}{\lambda_{Leiterplatte}} + \frac{d_{Gehäuseboden}}{\lambda_{Gehäuseboden}}\right) + \vartheta_{amb}
\end{aligned}
\tag{5.15}
$$

Setzt man nun für die Wärmeleitwerte noch Zahlen aus Tabelle 5.9 ein (0,5 W/mK für die Leiterplatte und 237 W/mK für einen Gehäuseboden aus Aluminium), dann erkennt man, dass bei vergleichbaren Dicken sogar noch der Widerstand des Gehäusebodens vernachlässigbar wird und die Leiterplatte den wesentlichen „Engpass“ in der Wärmeabführung darstellt.

Werden auch Veränderungen der Temperatur im zeitlichen Verlauf betrachtet, dann müssen die Wärmekapazitäten von Körpern zusätzlich berücksichtigt werden. Damit wird das Modell erheblich komplizierter, eine Berechnung ist dann z. B. mit einem Schaltungssimulationsprogramm möglich.

5.5 Chemische Anforderungen und Dichtigkeit

Je nach Anbauort können Steuergeräte auch unterschiedlichen chemischen Belastungen ausgesetzt sein. Besonders hoch sind die Anforderungen bei Geräten, die im Motorraum verbaut sind. Hier können die Steuergeräte durch schmutziges oder salzhaltiges Spritzwasser, durch Betriebsstoffe (Öl, Kraftstoff) und durch Reinigungsmittel gefährdet werden. Diese Stoffe können langsam durch Dichtungen diffundieren oder z. B. bei der Reinigung auch unter Druck in das Steuergerät eindringen.

Im Innenraum oder im Kofferraum sind die Beanspruchungen geringer, aber auch hier ist mit Stäuben, der unsachgemäßen Nutzung von Reinigungsmitteln oder mit Feuchtigkeit (z. B. beim Cabrio, durch tropfnasses Gepäck, durch Kondenswasser oder einen verstopften Wasserkastenablauf) zu rechnen.

Die Anforderungen sind in [ISO16750-5] genormt und müssen ebenfalls getestet werden.

Der beste Schutz ist eine hinreichende Abdichtung der Steuergeräte gegen die Umgebung. Man unterscheidet dabei zwischen einer Abdichtung gegen feste Körper vom bloßen Berührungsschutz bis hin zur Staubdichtigkeit und der Abdichtung gegenüber Flüssigkeiten. Der Grad der Abdichtung wird durch die Zuordnung zu einer *IP-Klasse* nach [DIN60529, DIN40050-9] angegeben. Die IP-Klasse besteht aus zwei Ziffern, Ziffer a gibt den Schutz gegenüber Fremdkörpern und gegen Berührung an, Ziffer b gibt den Schutz gegenüber Flüssigkeiten an.

In einem abgedichteten Steuergerät steigt die Gefährdung, wenn bei Abkühlung ein Unterdruck entsteht, der dann zu einem Einsaugen von Feuchtigkeit führen kann. Eine Dichtung, die selbst gegen eine solche Druckdifferenz perfekt abdichtet, wäre unverhältnismäßig teuer, eine preiswerte Alternative ist ein Druckausgleich zwischen dem Inneren und dem Äußeren, der z. B. mit Hilfe einer Membran realisiert werden kann. Bei einigen Steuergeräten ist auf dem Gehäuse eine münzengroße schwarze Kunststoffscheibe erkennbar. Unter dieser Scheibe befindet sich ein Druckausgleichselement.

Tabelle 5.11 Schutzarten nach [DIN40050-9]

a	**Fremdkörperschutz / Berührungsschutz**
0	Kein Schutz
1	Schutz gegen Fremdkörper mit Durchmesser > 50 mm
2	Schutz gegen Fremdkörper mit Durchmesser > 12,5 mm
3	Schutz gegen Fremdkörper mit Durchmesser > 2,5 mm
4	Schutz gegen Fremdkörper mit Durchmesser > 1 mm
5	staubgeschützt
6	staubdicht
b	**Feuchtigkeitsschutz**
0	Kein Schutz
1	Schutz gegen senkrecht fallendes Tropfwasser
2	Schutz gegen fallendes Tropfwasser bis zu 15° zur Senkrechten
3	Schutz gegen Sprühwasser bis zu 60° zur Senkrechten
4	Schutz gegen Spritzwasser aus allen Richtungen
5	Schutz gegen Strahlwasser aus allen Richtungen
6	Schutz bei Überflutung
7	Schutz bei Eintauchen unter definierten Druck und Zeitbedingungen
8	Schutz beim Untertauchen unter definierten Druck und Zeitbedingungen
9K	Schutz gegen Hochdruckreinigung

5.6 Anforderungen an den Umweltschutz

Bei der Entwicklung von Steuergeräten ist darauf zu beachten, dass diese Geräte nach dem Ende ihrer Lebensdauer bei der Deponierung oder Verbrennung keine Schadstoffe in die Umwelt einbringen. Dies kann zum einen durch Recycling der verwendeten Materialien, zum anderen durch Verzicht auf umweltgefährdende Substanzen sichergestellt werden.

Die EU hat mit zwei Richtlinien (*RoHS*, „Restriction of Hazardous Substances" [EU02-95], *WEEE*, „Waste Electrical and Electronic Equipment" [EU02-96]) diese Maßnahmen zum Umweltschutz gesetzlich erzwungen. Die Richtlinien lassen zahlreiche Ausnahmen zu, z. B. Reparatur, militärische Anwendungen oder nichtgewerbliche Herstellung zum Eigenbedarf. Die Autoindustrie ist auch ausgenommen, trotzdem stellen vor allem asiatische Hersteller bereits seit Jahren ähnliche oder sogar strengere Anforderungen an ihre Zulieferer[3] und die

3 Vor vielen Jahren wurde der Autor bereits mit der Anfrage eines japanischen Autoherstellers nach Schadstoffanteilen in einem bestimmten Steuergerät konfrontiert. Heute wäre diese Frage einfacher zu beantworten.

europäische Altautorichtlinie [EU00], bzw. die daraus folgende deutsche Verordnung [AltfahrzeugV] führt inhaltlich wesentliche Auflagen der RoHS auch für die Autoindustrie ein. Die Altautorichtlinie enthält für zahlreiche nach RoHS strikt verbotene Anwendungen Ausnahmen. Viele dieser Ausnahmen wurden in einer späteren Entscheidung der EU-Kommission befristet und sind bei Erscheinen dieses Buchs ausgelaufen. Bei den verbleibenden Ausnahmen gilt eine Kennzeichnungspflicht des enthaltenen Schadstoffs (von der es allerdings auch wieder Ausnahmen gibt).

Der häufigste Schadstoff in elektronischen Schaltungen ist Blei, das sich langfristig im Körper ansammelt und dann zu Vergiftungen führen kann. Dieses Element wird nicht nur in der Batterie verwendet, sondern kam bis vor kurzem in nahezu allen elektronischen Schaltungen vor. Das bisher verwendete Elektroniklot bestand aus 60 % Zinn, 38 % Blei und 2 % Kupfer. Vorteilhaft war der niedrige Schmelzpunkt von 183 °C. Als Ersatz finden jetzt Legierungen aus Zinn, Silber und Kupfer Anwendung, die allerdings erst bei 217 °C oder darüber schmelzen und damit eine Umstellung der Fertigungsprozesse erfordern. Die RoHS verbietet Blei vollständig, die Altautoverordnung lässt hingegen noch Bleiakkumulatoren zu.

Weitere betroffene Schadstoffe sind das neurotoxische Quecksilber, das in Entladungslampen und Anzeigen zulässig bleibt, aber gekennzeichnet werden muss, das Krebs erzeugende Cadmium als Bestandteil von Kontaktwerkstoffen und Dickschichtpasten und das gleichfalls Krebs erzeugende sechswertige Chrom als Korrosionsschutz. Der Gebrauch der Flammschutzmittel PBB (polybromierte Biphenyle) und PBDE (polybromierte Diphenylether) wird nur durch die RoHS, nicht aber durch die Altautoverordnung eingeschränkt.

Bei der Entwicklung einer Schaltung ist zu bedenken, dass auch elektronische Bauelemente Schadstoffe enthalten. Viele Hersteller bieten inzwischen RoHS-konforme Bauelemente an, die ausschließliche Verwendung solcher Bauteile ist auch im Sinne der gegenwärtigen Altautorichtline sowie zu erwartender zukünftiger Anforderungen anzuraten.

Die WEEE regelt die Entsorgung einer Vielzahl elektronischer Geräte. Für die Entsorgung von Fahrzeugen und der darin enthaltenen Elektronik ist in hingegen in der EU die Altautorichtlinie, in Deutschland die Altfahrzeugverordnung maßgeblich.

5.7 Aufbau- und Verbindungstechnik

Sowohl in der Kfz-Elektronik als auch in anderen elektronischen Anwendungen werden Schaltungen meist auf Leiterplatten aus FR4, einem Verbundmaterial aus Glasfasern und Epoxidharz, aufgebaut. Die Leiterplatten werden als mehrlagige gedruckte Schaltungen (Multilayer) realisiert, typisch sind sechs oder acht Lagen. Dabei verlaufen nicht immer in allen Ebenen Leiterbahnen, sondern es gibt auch Lagen, die bis auf einige Löcher durchgehend metallisiert sind, um Masse und Versorgungsspannung großflächig, widerstandsarm und induktivitätsarm zur Verfügung zu stellen und gleichzeitig Ebenen gegeneinander abzuschirmen.

In der Vergangenheit waren bedrahtete Bauelemente, die durch die Leiterplatte gesteckt werden (Durchsteckmontage, THT, **T**hrough-**H**ole-**T**echnology), verbreitet. Heute werden oberflächenmontierte Bauelemente (SMD, **S**urface **M**ounted **D**evices) bevorzugt. Diese lassen sich kostengünstiger bestücken und löten, sind kleiner und besitzen eine wesentlich kleinere parasitäre Induktivität als Bauelemente mit Anschlussdrähten. Ihre geringere Masse reduziert die Gefahr, dass sie bei starken mechanischen Schwingungen abgeschüttelt werden. Ein völliger

Verzicht auf bedrahtete Bauelemente ist jedoch nicht immer möglich, v. a. große Kondensatoren und Spulen sind oft nur mit Anschlussdrähten verfügbar

Bei Steuergeräten für den direkten Anbau an das Antriebsaggregat (z. B. Getriebesteuerung) werden anstelle herkömmlicher Leiterplatten Keramikträger verwendet. Diese ermöglichen eine bessere Wärmeabfuhr. Mechanisch erscheinen Keramikträger aufgrund ihrer Sprödigkeit und der damit verbundenen Bruchgefahr zunächst ungünstiger. Tatsächlich bieten Keramikträger aber sogar mechanische Vorteile, sofern sie keinen starken Biegungen ausgesetzt werden. Bei den Keramikträgern unterscheidet man, je nachdem, ob sie unterhalb 1000 °C oder darüber gebrannt werden, zwischen LTCC (**L**ow **T**emperature **C**ofired **C**eramic) und HTCC (**H**igh **T**emperature **C**ofired **C**eramic). Die LTCC ist der HTCC in der Wärmeleitfähigkeit unterlegen, die niedrigeren Brenntemperaturen ermöglichen aber den Einsatz guter elektrischer Leiter wie Silber, Gold oder Kupfer, während bei HTCC temperaturbeständigere Leiterwerkstoffe wie Molybdän oder Wolfram nötig sind. Deshalb werden in der Kfz-Elektronik LTCC bevorzugt. Der gegenüber leiterplatten geringere Ausdehnungskoeffizient der Keramiksubstrate ähnelt dem von Silizium, daher ist eine Platz sparende Nacktchip-Montage ohne Gehäuse möglich. In diesem Falle wird der Chip über feine Bonddrähte von den Leiterflächen her kontaktiert.

Der Begriff „Cofired Ceramic“ bezeichnet den Herstellungsprozess. Auch ein Keramikträger wird als Multilayer aufgebaut. Dabei werden die Schichten zunächst einzeln bearbeitet (Bohren und Metallisierung der Durchkontaktierung, Aufdrucken der Leiterpasten und Widerstandspasten im Siebdruck). Danach wird der Stapel ausgerichtet und zu einem Keramikträger zusammen gesintert, der dann die mehreren Leiterebenen enthält. Da neben Leiterpasten auch Widerstandspasten gedruckt werden können, ist eine weitere Platzersparnis dadurch möglich, dass ein Teil der Widerstände sich bereits im Substrat befindet.

Bild 5-35
Motorsteuergerät auf Keramiksubstrat. In der Mitte ist als Nacktchip (engl. *Bare Die*) der Mikrocontroller zu erkennen, unten im Gehäuse eingelassen die Leistungstransistoren. (Foto: Bosch)

Große Zulieferer sind in der Lage, ihre Schaltungen auf Keramik selbst zu entwerfen und zu fertigen, kleinere Zulieferer greifen hier auf Dienstleister zurück.

Neben FR4-Leiterplatten und Keramikträgern kommen vereinzelt auch flexible Leiterfolien zur Anwendung, z. B. für Sensormatten in den Sitzen. Sie bestehen aus einer flexiblen Kunststofffolie mit Kupferbahnen. Ein oft zu diesem Zweck verwendeter Kunststoff ist Polyimid, auch bekannt unter dem Markennamen Kapton. Neben den mechanischen Eigenschaften, die auch unkonventionelle Leiterplattendesigns ermöglichen, sind Polyimide auch temperaturbeständiger als FR4-Leiterplatten mit Erweichungstemperaturen über 200 °C, gefährlich ist allerdings das Brandverhalten.

Bei besonders hohen Strömen (z. B. in der Zentralelektrik), bei denen sich mit Leiterplatten keine geeigneten Leiterquerschnitte darstellen lassen, wird auch mit gestanzten Metallgittern gearbeitet, die durch Kunststoff voneinander isoliert sind.

6 Software

Der Leser, dem Software vor allem in Form von PC-Anwendungen bekannt ist, wird in diesem Kapitel zahlreiche Unterschiede zur Steuergerätesoftware in Fahrzeugen entdecken. (Tabelle 6.1). Auch auf den folgenden Seiten bietet es sich häufig an, von der vertrauten PC-Software ausgehend die Software in Steuergeräten zu verstehen. Die wesentlichen Aufgaben der Software sind mess-, steuer- und regelungstechnische Aufgaben, die Überwachung und Diagnose sowie die bereits in Kapitel 4 vorgestellt Kommunikation mit anderen Steuergeräten.

Tabelle 6.1 Wesentliche Unterschiede zwischen PC-Software und Steuergeräte-Software

PC	Steuergeräte
Aufgabe wird in undefinierter Zeit beendet.	Aufgabe wird in definierter Zeit beendet (Echtzeit).
Gerät mit wenigen externen Schnittstellen.	Viele externe Schnittstellen, Reaktion auf äußere Ereignisse.
Viele Aufgaben gleichzeitig ausgeführt.	Aufgaben werden in Endlos-Schleife ständig wiederholt.
Zugang über Bildschirm und Tastatur.	Kein direkter Zugang, nur über Hilfsmittel.
Software-Fehler sind ärgerlich.	Software-Fehler können tödlich sein.

6.1 Architektur der Steuergeräte-Software

Einfache Mikrocontroller-Anwendungen lassen sich im Gegensatz zu PC-Programmen auch völlig ohne Betriebssysteme realisieren. Ein solches Programm kann aus einer Endlosschleife bestehen, die wiederholt Sensordaten abfragt, daraus Ergebnisse berechnet und schließlich die Aktoren mit Hilfe der berechneten Ergebnisse ansteuert. In diesem Fall würde das Anwendungsprogramm direkt auf die Hardware zugreifen, um z. B. Daten von den AD-Wandlern abzuholen oder wiederkehrende Aufgaben mit Hilfe eingebauter Timer zu organisieren.

Mit zunehmender Komplexität erweist sich diese hardwarenahe Programmierung von Anwendungen als nachteilig. Der Programmierer wird durch die Programmierung der Hardware auf Registerebene von seiner Anwendung, z. B. einem Raildruckregler für ein Motorsteuergerät, abgelenkt. Hinzu kommt, dass sich solche Basisaufgaben wie das automatische Starten bestimmter Prozesse zu bestimmten Zeiten mit Hilfe eines Timers wiederholen und das unabhängig davon, ob z. B. ein Motorsteuergerät oder ein ESP-Steuergerät programmiert werden soll. Daher bietet es sich an, wiederkehrende Aufgaben, die nicht an bestimmte Anwendungen gebunden sind, in eine zentrale Schicht, dem Betriebssystem, auszulagern.

Die Anwendungs-Software steuert bei der Benutzung eines Betriebssystems nicht mehr direkt die Hardware an, sondern informiert über Funktionsaufrufe oder Interrupts das Betriebssystem über zu erledigende Aufgaben. Nur bei sehr zeitkritischen Aufgaben kann es noch sinnvoll sein, die Hardware unter Umgehung des Betriebssystems direkt anzusprechen (in der PC-Welt haben Programmierer von Spielen dies oft getan). Mit zunehmender Leistungsfähigkeit ergibt sich diese Notwendigkeit aber immer seltener. Zukünftig sollten daher direkte Zugriffe aus der Anwendungs-Software auf die Hardware vermieden werden. Auch beim PC hat sich die vollständige Kontrolle der Hardware über das Betriebssystem durchgesetzt, dies ist der Grund, warum z. B. ältere Spiele nicht immer unter heutigen Betriebsystemen laufen und warum man in Entwicklungslaboren noch häufig Rechner mit alten Betriebssystemen antrifft, die noch einen direkten Zugriff auf externe Schnittstellen ermöglichten.

Neben der Software muss das Steuergerät verschiedene Kategorien von Daten vorhalten. Dies können veränderliche Daten (Variablen) sein, z. B. die aktuelle Kühlwassertemperatur. Daneben gibt es festgelegte Daten (Konstanten), wie z. B. die maximal zulässige Kühlwassertemperatur.

In Steuergeräten hat sich eine strikte Trennung auch der Konstanten von der Software bewährt. Der Programmierer könnte mit einer Zeile wie `#define TEMP_COOL_MAX 110`[1] direkt im Code eine Grenztemperatur des Kühlwassers von 110 °C festlegen. Wenn später der Autohersteller bei der Erprobung feststellt, dass die Software vielleicht erst bei 115 °C eingreifen braucht, müsste die Software geändert werden, um diesen Wert anzupassen. Eine Trennung von Daten und Software ermöglicht hingegen, dass der Zulieferer des Steuergerätes seine Software geschützt ablegen kann, während der Fahrzeughersteller nach Belieben im Datensatz definierte Konstanten anpassen und erproben kann. Dieser Vorgang der Datensatz-Entwicklung wird in der Automobilbranche als *Applikation* bezeichnet oder in Anlehnung an den englischen Begriff auch *Kalibrierung*. Da unter Kalibrierung im deutschen Sprachraum häufig etwas anderes verstanden wird, soll hier im Folgenden der Begriff Applikation verwendet werden.

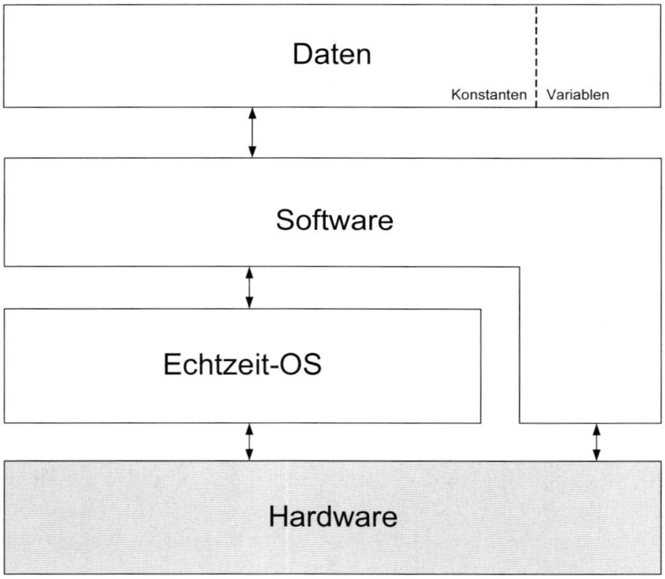

Bild 6-1
Grundlegende Struktur einer Steuergeräte-Software

1 In der Syntax der Programmiersprache C bewirkt diese Zeile, dass an jeder Stelle, an der im Quelltext die Konstante `TEMP_COOL_MAX` steht, unmittelbar vor der Übersetzung der Zahlenwert 110 eingetragen wird. Solche Makros werden in C oft verwendet, um Konstanten zu definieren.

Damit sind die drei Schichten Betriebssystem, Anwendungs-Software und Daten definiert, die wie in Bild 6-1 angedeutet auf die Hardware aufbauen.

Bild 6-2 zeigt, wie die drei Software-Schichten auf die Hardware abgebildet werden. Daneben sind noch einige spezielle Komponenten gezeigt, die in der ROM-Maske des Mikrocontrollers realisiert werden. So sind diverse Maßnahmen, die das Chiptuning erschweren sollen, aus Sicherheitsgründen in der ROM-Maske untergebracht. Ein Bootlader, der ebenfalls im ROM integriert ist, stellt sicher, dass nach der Fertigung der Hardware überhaupt eine Software auf das Steuergerät übertragen werden kann. Nach einem Reset kann ein Controller einen Selbsttest durchführen, der auch auf solche Tests erweitert werden kann, die nicht unmittelbar den Controller betreffen.

Das Betriebssystem wird zusammen mit der Software in den Flash-Speicher programmiert. Da der Flash-Speicher im Vergleich zum internen RAM des Controllers langsamer ist, werden zeitkritische Teile der Software und des Betriebssystems bei einigen Geräten auch nach einem Reset in das interne RAM kopiert.[2] Die permanenten Daten befinden sich in einem separaten Bereich des Flash-Speichers.

Die Konstanten werden gleichfalls im Flash abgelegt, die Variablen liegen im Arbeitsspeicher des Controllers.

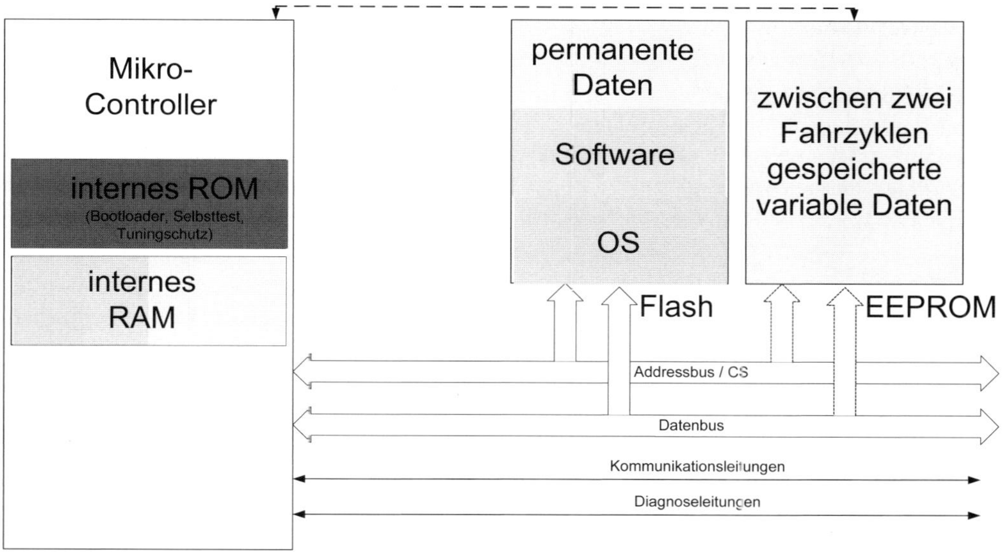

Bild 6-2 Abbildung der Struktur einer Steuergeräte-Software auf die Hardware. Das interne RAM kann ggf. durch einen externen Speicher erweitert werden.

2 Dies geschieht bei PC manchmal ähnlich, wenn Teile des BIOS, das heute ebenfalls in Flash-Speichern untergebracht ist, optional ins RAM kopiert werden können, um den Zugriff zu beschleunigen.

Eine Sonderstellung nehmen einige Daten ein, die zwar veränderlich sind, evtl. aber doch über mehrere Fahrzyklen gespeichert werden müssen. Dies können z. B. die Ergebnisse eines Selbsttests nach Abschalten der Zündung sein, die erst im nächsten Fahrzyklus ausgewertet werden können. Da Wegfahrsperren inzwischen mit wechselnden Codes arbeiten, müssen auch Informationen für diesen Zweck nach dem Ausschalten zwischengespeichert werden. Einträge in den Fehlerspeicher, die im späteren Abschnitt „Diagnose" näher erläutert werden, müssen meist sogar bis zum nächsten Werkstatt-Termin gespeichert bleiben. Zu diesem Zweck wird gerne ein EEPROM genutzt, das aus Platz- und Kostengründen meist nur über eine serielle Schnittstelle an den Controller angebunden wird. Alternativ kann das EEPROM auch in einem Bereich des Flash-Speichers emuliert werden.

6.2 Echtzeit-Betriebssysteme

6.2.1 Aufgaben eines Echtzeit-Betriebssystems

Die Hauptaufgabe eines Echtzeit-Betriebssystems ist, den Aufgaben eines Steuergerätes die Rechenzeit des Controllers so zuzuteilen, dass jede Aufgabe fristgerecht abgearbeitet wird. Neben dieser Hauptaufgabe sind weitere Aufgaben eines Echtzeit-Betriebssystems, die Hardware über Treiber zu abstrahieren, die Schnittstellen für die Programmierung der Anwendungen anzubieten und die Software auf Fehlerzustände zu überwachen.

Ein wesentlicher Unterschied zu Betriebssystemen auf PC ist das Binden des Betriebssystems mit der Anwendungs-Software zu einem einzigen Programm. Unter dem Begriff AUTOSAR (**AUT**omotive **O**pen **S**ystem **AR**chitecture) [Autosar] laufen Bestrebungen, auch die Steuergeräte-Software ähnlich wie die Anwendungen auf einem PC als eigenständige Programme auf dem Betriebssystem laufen zu lassen.

Angesichts der sehr begrenzten Ressourcen eines Steuergerätes mag es erstaunen, dass überhaupt Betriebssysteme eingesetzt werden können. Es handelt sich hier aber um Betriebssysteme, die im Vergleich zu den PC-Systemen extrem schlank sind, nur einige kByte an Speicher und auch weniger Laufzeit erfordern.

6.2.1.1 Zuteilung von Rechenzeit

Dies tun auch Betriebssysteme auf einem PC. Wenn der PC nur einen Mikroprozessor hat, können trotzdem mehrere Programme scheinbar parallel laufen, man bemerkt aber, dass die Geschwindigkeit der einzelnen Aufgaben dadurch sinkt. Diese scheinbare Parallelität wird dadurch erreicht, dass jedes Programm in seinem Ablauf in kleine Scheiben geschnitten wird und diese Scheiben dann z. B. reihum abgearbeitet werden. Nachdem von jedem Programm ein Stück bearbeitet wurde, beginnt der Umlauf erneut. Tatsächlich sind nicht alle Programme gleichberechtigt, sondern wichtigere Aufgaben werden bevorzugt.

Bei einem PC kann das gleichzeitige Bearbeiten zu vieler Aufgaben dazu führen, dass sich die Ausführung einer einzelnen Aufgabe auf unbestimmte Zeit verzögert. Im Fahrzeug hingegen sind solche unvorhersehbaren Verzögerungen nicht akzeptabel. Um die oben erwähnte fristgerechte Erledigung von Aufgaben zu erfüllen, muss ein Echtzeit-Betriebssystem Bearbeitungszeiten (*Latenzzeiten* genannt) garantieren können.

Genau daraus definiert sich der Begriff „Echtzeit“ (engl. „real time“). Ein Echtzeitsystem garantiert Latenzzeiten. Es braucht hingegen nicht schnell sein, auch wenn dies die Erfüllung von Echtzeitbedingungen erleichtern mag. Vereinzelt wird der Begriff „weiche Echtzeit“ verwendet, wenn eine Aufgabe fast immer, aber nicht mit Sicherheit innerhalb einer vorgegebenen Zeit erfüllt ist.

Der Teil des Betriebssystems, der die Rechenzeit zuteilt wird *Scheduler*[3] genannt. Die zu erfüllenden Aufgaben werden als *Task* bezeichnet.

Es existieren verschiedene Kriterien, die Rechenzeit den Tasks zuzuteilen, z. B. nach Priorität, nach Wartezeit oder reihum (*round robin*). Oft werden diese Verfahren auch kombiniert.

Im Automobilbereich verbreitet ist ein statisches Scheduling, bei dem bereits während der Erzeugung einer Software festgelegt wird, wann welche Task ausgeführt wird. Dies ist nur dann möglich, wenn die Anwendungen und das Betriebssystem zu einem Programm integriert werden.

Während Betriebssysteme bisher vorwiegend Aufgaben nach Prioritäten zuteilten, lassen sich harte Echtzeitanforderung insbesondere bei offenen Systemen nur noch erfüllen, wenn jeder Task zyklisch immer wieder bestimmte erforderliche Zeiten zugeteilt werden (auch dann, wenn eine Task gerade nichts zu berechnen hat).

Bild 6-3 erinnert nicht zufällig an Bild 4-19, das Scheduling-Problem ist unmittelbar mit dem Problem zugesicherter Übertragungszeiten über Bussysteme vergleichbar. Wenn Funktionen auf mehrere Steuergeräte mit zeitgesteuerten und damit deterministischen Betriebssystemen verteilt sind, kann die Zusammenarbeit nur dann sinnvoll funktionieren, wenn auch der Datenaustausch zwischen den Geräten nach dem gleichen Prinzip erfolgt. So ist zu erwarten, dass die Verbreitung zeitgesteuerter Bussysteme und zeitgesteuerter Betriebssysteme parallel erfolgen wird.

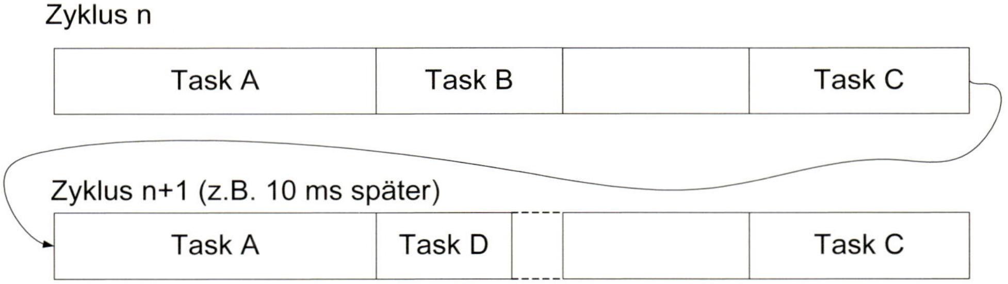

Bild 6-3 Zeitgesteuertes Scheduling

Ein wichtiger Mechanismus beim Scheduling eines Betriebssystems ist der *Interrupt* (Unterbrechung). Ein Interrupt stoppt eine gerade laufende Aktivität zugunsten einer dringenderen Aufgabe (eine Unterscheidung zwischen den Begriffen wichtig und dringend ist bei Rechnern weder sinnvoll noch einfach realisierbar, man redet nur von Prioritäten) und springt nach Erledigung wieder zur alten Aufgabe zurück. Ein Interrupt kann durch die Software ausgelöst werden, durch die interne Hardware des Mikrocontrollers (z. B. Ablauf eines Timers) oder

3 Aussprache: „Skedjuler“, von engl. „schedule“ (Terminplan).

auch durch Signale an bestimmten Eingängen des Controllers. Im weitesten Sinne ist auch das Zurücksetzen des Mikrocontrollers ein Interrupt. Interrupts können systematisch benutzt werden, z. B. vom Scheduler, sie können aber auch durch plötzliche Ereignisse ausgelöst werden, z. B. durch einen kritischen Wert, der von einem Sensor gemeldet wird. In der Regel werden Hardware-Interrupts vom Controller höher priorisiert als Software-Interrupts (und auch höher als der Scheduler). Die Mitwirkung des Betriebssystems beschränkt sich bei Hardware-Interrupts darauf, eine *Sprungtabelle* zu definieren, die besagt, bei welchem Ereignis in welche Reaktion darauf (*Interrupt-Routine*) gesprungen werden soll. Eingetragen wird die Interrupt-Routine in die Sprungtabelle durch ihre Anfangsadresse (*Interrupt-Vektor*).Bei sehr hoch priorisierten Interrupts springen einige Controller in vordefinierte Routinen, die vom Betriebssystem nicht verändert werden können.

6.2.1.2 Hardwareabstraktion

Der Entwickler einer Anwendersoftware könnte um den Durchfluss eines Ventils zu regeln (Bild 5-16) direkt den Ausgangspin eines Mikrocontrollers in einem definierten PWM-Zyklus ein- und ausschalten. Falls ein stromgeregelter Aktor an diesem Ausgang hängt, könnte er in seinem Programm auch die rückgemessenen Ströme aus den Registern des AD-Wandlers auslesen und in Abhängigkeit des gemessenen Stromes das Tastverhältnis am Ausgang verändern.

Zweckmäßiger kann es sein, einen Treiber für dieses Ventil zu nutzen, der sämtliche aktorspezifische Software enthält, so dass der Programmierer nur noch einen Sollstrom vorgeben braucht. In PC-Betriebssystemen ist es längst üblich, auf diese Weise Details der Hardwareansteuerung, die zwar funktional erforderlich sind, den Programmierer einer Anwendung aber nicht interessieren, zu verbergen (man stelle sich nur einmal vor, um einen Text auf den Bildschirm auszugeben, müsste man sich überlegen, wie bei der verwendeten Grafikkarte einzelne Bildpunkte angesteuert werden). Bei Steuergeräten ist man noch nicht ganz so weit, bei den neuesten Geräten werden der Ausgang zur Erzeugung des PWM-Signals und der Eingang zur Strommessung noch durch zwei Treiber dargestellt.

Eine Abstraktion der Hardware hilft auch, wenn mehrere Prozesse gleichzeitig auf die Hardware zugreifen. In diesem Fall liegt die Aufgabe beim Betriebssystem, den Zugriffskonflikt zu lösen.

6.2.1.3 Programmierschnittstelle

Der Programmierer benötigt Schnittstellen, über die er dem Betriebssystem Informationen oder Anfragen übergeben kann. Dies kann z. B. eine Schnittstelle sein, die wie beim obigen Beispiel dem Stromregler einen Sollstrom vorgibt. Solch eine Schnittstelle zur Anwendungsprogrammierung wird API, (**A**pplication **P**rogramming **I**nterface) genannt.

Grundsätzlich gibt es zwei Wege, die ein Betriebssystem dem Programmierer anbieten kann. Der komfortabelste Weg ist, dass das Betriebssystem seine Aufrufe in einer Funktionsbibliothek für die verwendete Programmiersprache bereitstellt. Der Stromregler könnte z. B. in der Sprache C mit einer Funktion

```
ValveSetpointCurrent(Ventil3, 2500);
```

auf einen Sollstrom von 2500 mA gesetzt werden.

Ein andere Möglichkeit ist, Parameter (sofern erforderlich) in bestimmte Register zu schreiben und anschließend über einen Software-Interrupt den Mikrocontroller zu veranlassen, in eine bestimmte Funktion des Betriebssystems zu springen.

Besonders verbreitet sind Programmierschnittstellen beim Zugriff auf Kommunikationsschnittstellen. Hier kann oft mit einem einzigen Betriebssystemaufruf die Übertragung von Nachrichten auf einem externen Bussystem (Kapitel 4) veranlasst werden.

6.2.1.4 Software-Überwachung

Wie bereits in Kapitel 5 erwähnt, ist es unerlässlich bei sicherheitsrelevanten Systemen, durch eine externe Hardware zu überwachen, ob der Mikrocontroller einschließlich der darauf laufenden Software noch funktionsfähig ist. Daneben kann ein Betriebssystem aber weitere Unterstützung bieten. So kann z. B. ein Betriebssystem erkennen, wenn ein Speicherbereich für lokale Variablen (*Stapel* oder *Stack*)) kurz vor dem Überlauf steht und geeignete Vorkehrungen treffen. Insbesondere während der Entwicklung ist es hilfreich, wenn das Betriebssystem in der Lage ist, die Umstände, unter denen ein Fehler auftritt, zu protokollieren (ähnlich dem Hilfsprogramm „Dr. Watson“ älterer Windows-Versionen).

6.2.2 OSEK/VDX

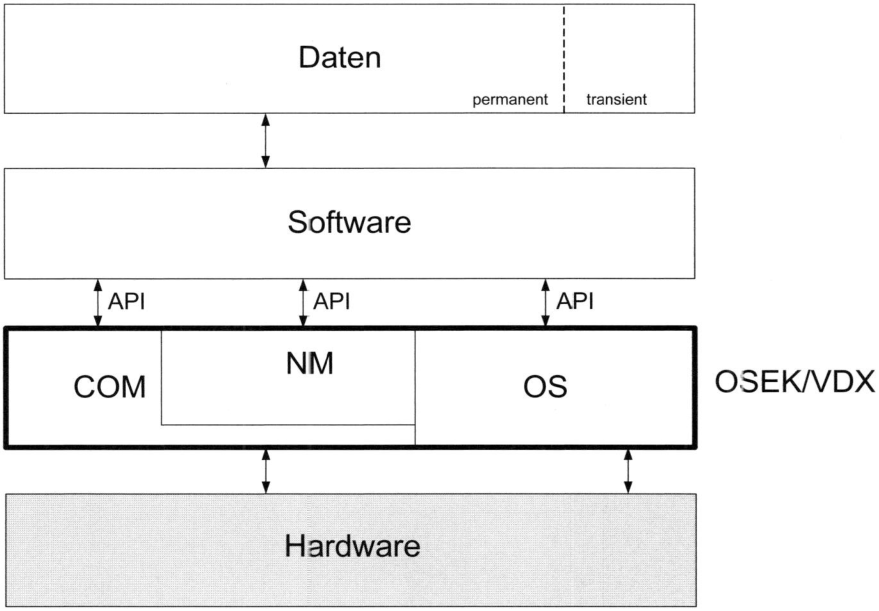

Bild 6-4 Struktur einer Steuergeräte-Software mit OSEK/VDX

OSEK/VDX beruht auf einer Initiative der deutschen Automobilindustrie von 1993 (OSEK, „**O**ffene **S**ysteme und deren Schnittstellen für die **E**lektronik im **K**raftfahrzeug") und der französischen Automobilindustrie von 1988 (VDX, „**V**ehicle **D**istributed e**x**ecutive“), um herstellerübergreifend einen einheitlichen Standard für Echtzeitbetriebssysteme zu definieren. Seit etwa 10 Jahren gilt OSEK/VDX als Standard bei automobilen Steuergeräten und ist seit 2006 auch vollständig genormt in der sechsteiligen [ISO17356]. Zahlreiche Hersteller bieten Betriebssysteme nach diesen Standard an, da allerdings frühere Definitionen des Standards noch viele Details offen ließen, haben die Anbieter diese Lücken mit inkompatiblen eigenen Lösungen geschlossen.

OSEK/VDX standardisiert nicht nur ein Betriebssystem (OS, **O**perating **S**ystem), sondern auch eine Netzwerkverwaltung (NM, **N**etwork **M**anagement) und eine Kommunikationsschnittstelle (COM). Diese Bausteine können auch separat verwendet werden. Dabei wird nur das Verhalten, also was das Betriebssystem tut, standardisiert. Wie dies intern erfolgt, kann jeder Anbieter einer OSEK-Implementierung selbst gestalten.

6.2.2.1 OSEK OS/OSTime

Der Kern des Betriebssystems ist das Task-Modell. Es arbeitet noch klassisch nach Prioritäten gesteuert, alternativ ist aber auch ein zeitgesteuertes Betriebssystem nach Bild 6-3 verfügbar, OSTime [OSEKTT] genannt.

Das prioritätengesteuerte Modell kennt zwei Arten von Tasks (Bild 6-5), *Basic Tasks* und *Extended Tasks*. Da die Extended Tasks nicht immer erforderlich sind, dürfen auch OSEK-Systeme angeboten werden, die nur „Basic Tasks" kennen. Das Ziel bei der Entwicklung von OSEK-OS war, im Sinne eines schlanken Betriebssystems auch den Scheduler möglichst einfach zu halten. So erkennt man im folgenden Bild, dass auf einige vorstellbare Zustands-Übergänge bewusst verzichtet wurde.

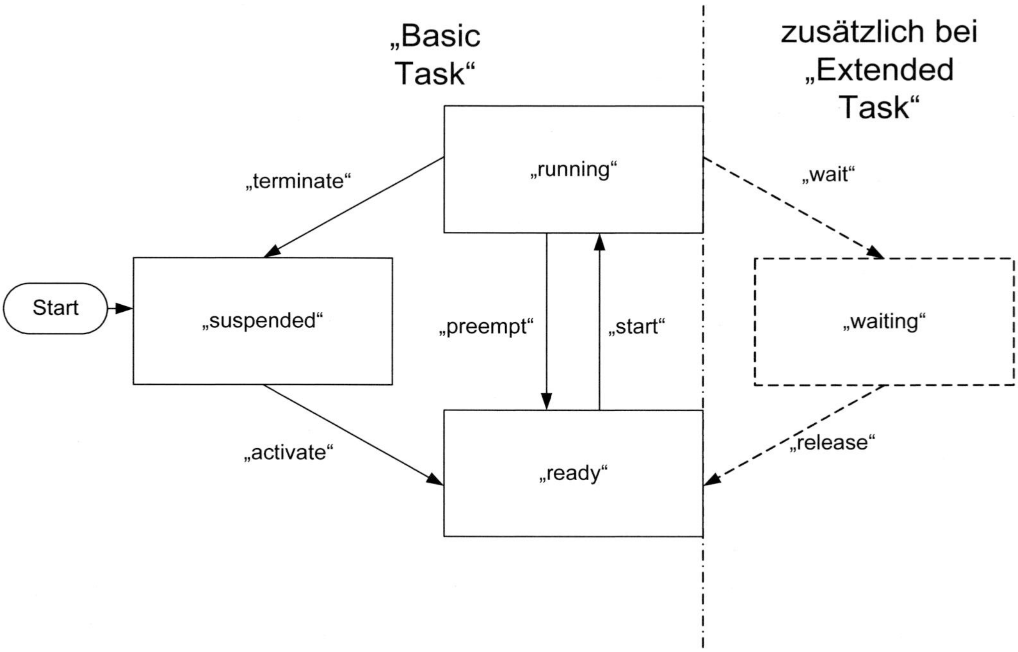

Bild 6-5 Task-Modell in OSEK/VDX

Nach dem Einschalten werden zunächst alle Tasks, gleich welcher Priorität, ruhen („suspended"). In der Priorität noch über allen Tasks stehen der Scheduler selbst sowie die Reaktion auf Interrupts.

Wird nun eine Task mit „activate" vom Betriebssystem angefordert, kann es sein, dass sie trotzdem nicht gleich starten kann, weil andere Tasks ebenfalls angefordert sind oder bereits laufen. Im Zustand „ready" steht sie aber abrufbereit auf der Bereitschaftsliste des Schedulers. Sobald der Prozessor frei wird, weil keine höhere Task abgearbeitet wird, ruft sie der Scheduler mit „start" auf. Nun wird diese Task abgearbeitet, sie befindet sich im Zustand „running". Wenn sie fertig ist, beendet sie sich selbst („terminate"). Wenn plötzlich eine wichtigere Task zur Bearbeitung ansteht, dann wird die laufende Task vorübergehend mit „preempt" in die Bereitschaftsliste des Schedulers zurückgedrängt.

Der Software-Entwickler kann für einzelne Tasks festlegen, dass keine Präemption durch höher priorisierte Tasks stattfindet. In diesem Falle müsste die wichtigere Task warten, bis die laufende Task beendet ist, die Latenzzeiten höherer Tasks können dadurch unbeherrschbar werden. Zu bedenken ist, dass das Betriebssystem für einen präemptiven Task-Wechsel etwas zusätzliche Zeit benötigt, da noch der *Kontext* der unterbrochenen Task (z. B. Registerinhalte, Stack-Pointer) zu sichern ist.

Neben der Unterbrechung durch wichtigere Tasks könnte es auch passieren, dass eine Task selbst bemerkt, dass sie nicht weiterarbeiten kann, weil sie auf einen *Event* (Ereignis), z. B. auf einen Messwert, wartet. In diesem Falle teilt sie dies dem Betriebssystem mit, das die Task solange auf „waiting" setzt. Bei „Basic Tasks" gibt es diese nützliche Option nicht.

Wenn eine höhere Task den Zugriff auf eine Ressource benötigt, die gerade von einer niederen Task benutzt wird, führt dies auf ein Problem, denn wenn die niedere Task unterbrochen wird, kann sie die Ressource nicht freigeben. OSEK OS löst diesen Konflikt, indem die niedere Task in diesem Falle kurzzeitig die höchste Priorität bekommt (*Priority Ceiling*), um den Zugriff auf die benötigte Ressource beenden zu können.

Je nach Erfüllungsgrad der Spezifikation wird ein OSEK OS einer von vier verschiedenen *Conformance Classes* BCC1, BCC2, ECC1, ECC2 zugeordnet. Die mit B beginnenden Klassen unterstützen nur Basic Tasks, die Anderen auch Extended Tasks. [OSEKOS]

6.2.2.2 OSEK COM

Das OSEK-Modul „Communication", genauer die darin als Kernstück enthaltene *Interaction Layer*, organisiert die Kommunikation zwischen Tasks, die mit Hilfe von *Messages* (Nachrichten) erfolgt. Unter Verwendung eines zusätzlichen *Network Layers* und eines *Data Link Layers* kann diese Kommunikation auch zwischen Tasks, die auf verschiedenen Steuergeräten laufen, erfolgen. Die dazwischen liegende Kommunikation über Bussysteme (CAN, LIN, FlexRay) geschieht dabei für den Programmierer einer Anwendung transparent. OSEK/VDX beschreibt lediglich Mindestanforderungen an die „Network Layer" und die „Data Link Layer", ohne diese detailliert zu spezifizieren. Wie das OS-Modul, so ist auch das COM-Modul in verschiedenen Ausführungen erhältlich, die als *Conformances Classes* CCCA, CCCB, CCC0 und CCC1 bezeichnet werden, wobei CCC1 den vollen Umfang der Spezifikation realisiert und nur CCC0 und CCC1 auch die externe Kommunikation unterstützen. [OSEKCO]

Die Verwendung von OSTime ist nur dann sinnvoll, wenn auch die Kommunikation zeitgesteuert abläuft. In diesem Falle ist anstelle des Moduls CPM das entsprechende Modul *FTCom* zu verwenden, das in seiner derzeitigen Ausprägung auf FlexRay als Bussystem zugeschnitten ist, grundsätzlich aber auch auf andere Systeme anwendbar wäre. [OSEKFT]

6.2.2.3 OSEK NM

Das Netzwerkmanagement erweitert die OSEK-Funktionalität um eine Erkennung am Bus angeschlossener Geräte durch eine *Alive Message* von diesen Geräten und realisiert einen logischen Ring (ähnlich dem Profi-Bus in der Automatisierungstechnik). Auch das *Power Management* über den Bus, z. B. das Aufwecken eines Steuergerätes im Ruhezustand, wird durch das Netzwerkmanagement realisiert.

Das Netzwerkmanagement ist allerdings nicht vergleichbar mit dem selbständigen Anmelden eines USB-Gerätes am PC, da jedes Steuergerät nur solche Geräte erkennen kann, die schon vorher durch eine Konfigurationsliste bekannt sind. Diese Liste wird bereits während der Entwicklung angelegt.

NM definiert zusätzlich eine indirekte Überwachung. Diese erkennt auch solche Geräte, die sich nicht explizit im Netz anmelden. Dazu werden die Nachrichten auf dem Bus ihren Absendern zugeordnet. Dies setzt aber ebenfalls voraus, dass bereits während der Entwicklung bekannt ist, welche Nachrichten von anderen Steuergeräten abgesetzt werden, da viele Bussysteme wie der CAN keine Absenderadressen übertragen.

In einem logischen Ring ist eine Reihenfolge von Geräten definiert, wobei Nachrichten immer nur von einem Gerät zum Nachfolger (oder vom letzten Gerät wieder zum Ersten) übertragen werden. Im Gegensatz zu einem physikalischen Ring, sind die Steuergeräte aber in einer Busstruktur, bzw. in einem passiven Stern (Kapitel 4) angeordnet, die Reihenfolge im logischen Ring ist also nicht von der Verdrahtung abhängig. OSEK/VDX implementiert kein neues Bussystem, sondern nutzt den CAN gemäß [ISO11898]. Theoretisch kommen auch andere Busse in Frage, praktisch realisiert ist solch ein Netzmanagement aber bislang nur für den CAN, dem unter Wahrung der Kompatibilität die zusätzlichen Protokollmerkmale aufgesetzt werden.

Beim NM gibt es keine Conformance Classes, sondern nur eine Liste elementarer und optionaler Bestandteile. [OSEKNM]

6.2.2.4 Weitere Merkmale

Das Betriebssystem wird zusammen mit den Anwendungen zu einer ausführbaren Datei verlinkt. OSEK/VDX stellt dem Programmierer eine Sprache zur Beschreibung der zu erzeugenden Konfiguration die *OIL* (**O**SEK **I**mplementation **L**anguage). Die beschriebene Konfiguration enthält einerseits Informationen über die verwendete Hardware des Steuergerätes, andererseits Anforderungen an das Verhalten der Software, die vom Fahrzeughersteller vorgegeben werden. Die OIL-Beschreibung wird zusammen mit dem Quellcode der Anwendung erstellt, wobei evtl. auf eine Unterstützung durch die Entwicklungsumgebung zurückgegriffen werden kann. [OSEKOI]

Die Entwicklung von OSEK-Anwendungen wird durch das *ORTI* (**O**SEK **R**un **T**ime **I**nterface) unterstützt, das dem Entwickler den Zugriff auf interne Informationen (z. B. Auslastung von Tasks) zur Laufzeit ermöglicht. [OSEKOR]

Die folgende Tabelle gibt einen Überblick über OSEK/VDX-konforme Produkte.

Tabelle 6.2 Verfügbare OSEK/VDX-Echtzeit-Betriebssysteme

Hersteller	Internet	Produkt
Accelerated Technology, Mobile, Alabama	www.mentor.com	Nucleus OSEK
Elektrobit Automotive GmbH, Erlangen	www.elektrobit.com	ProOSEK
ETAS GmbH, Stuttgart	de.etasgroup.com	ERCOS^{EK}, RTA-OSEK
Freescale Inc., Chandler, Arizona	www.freescale.com	OSEKturbo
SYSGO AG, Klein-Winternheim	www.sysgo.com	PikeOS (ermöglicht Ergänzung durch OSEK/VDX)
Vector Informatik GmbH, Stuttgart	www.vektor-informatik.de	osCAN

6.2.3 AUTOSAR

AUTOSAR ist eine Initiative der Autohersteller, um den bisherigen engen Zusammenhang von Betriebssystem und Anwendungs-Software aufzulösen. Bisher konnte ein Autohersteller ein Steuergerät einschließlich Betriebssystem und Anwendungen nur komplett aus einer Hand beziehen. Günstigere Einkaufspreise lassen sich erzielen, wenn Hardware und die Software von unterschiedlichen Anbietern gekauft werden und dann vom Fahrzeughersteller integriert werden. Dies hat auch den Vorteil, dass ein Autohersteller, der bestimmte Funktionen in einem Steuergerät implementiert haben möchte, sein Wissen im Hause behalten kann. In der PC-Welt ist es selbstverständlich, dass Hardware, Betriebssystem und die Software von unterschiedlichen Anbietern stammen und dass jeder Anwender selbst Komponenten installieren kann. Dieses Prinzip auch auf Steuergeräte im Fahrzeug umzusetzen, ist eine Zielvorstellung hinter AUTOSAR [Autosar].

Dieser Weg ist mit technischen und politischen Problemen gepflastert. Man kann nicht erwarten, dass unterschiedlichste Softwarekomponenten verschiedener Hersteller völlig problemfrei zusammenspielen (sie tun dies beim PC auch nicht immer, gelegentliche „Abstürze“ sind aber weniger kritisch als bei einigen sicherheitsrelevanten Steuergeräten). Es ist auch nachvollziehbar, dass AUTOSAR den Interessen der Zulieferer widerspricht, insbesondere kleine Zulieferer klagen bereits jetzt über den Wettbewerbsdruck, der sich mit AUTOSAR verschärfen wird.

Ob und wie die politischen Probleme gelöst werden, soll nicht Gegenstand dieses Buchs sein. Die technischen Probleme verlangen sauber definierte Schnittstellen. Das folgende Bild zeigt die Struktur einer AUTOSAR-Implementierung. Die Schnittstellen sollen durch die Laufzeitumgebung (*RTE*, **R**un **T**ime **E**nvironment) realisiert werden. Die RTE wurde Steuergeräte-übergreifend dargestellt, da bei AUTOSAR die Verteilung von Software-Komponenten auf Steuergeräte beliebig durchgeführt werden kann. Zwei Komponenten in einem Steuergerät arbeiten genauso zusammen, wie zwei Komponenten, die auf unterschiedliche Steuergeräte aufgeteilt sind. Die RTE wird deshalb auch als VFB (**V**irtual **F**ield **B**us, virtueller Feldbus) bezeichnet.

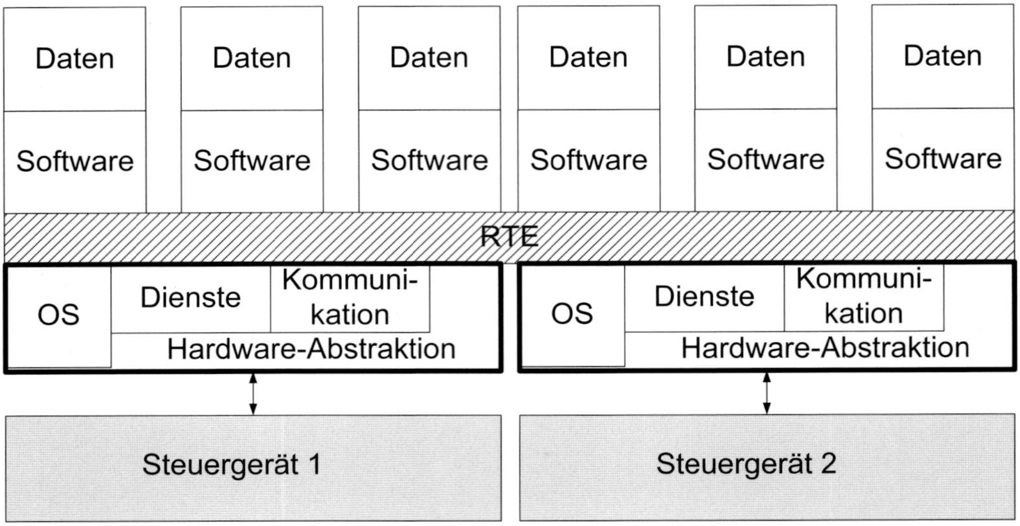

Bild 6-6 Struktur einer Steuergeräte-Software mit AUTOSAR

Die Struktur unterhalb der RTE beinhaltet mit dem Echtzeitbetriebssystem und der Kommunikation Komponenten, die bereits von OSEK/VDX bekannt sind. AUTOSAR versteht sich nicht als Konkurrenz oder gar als Ablösung, sondern als Weiterentwicklung.

Die Hardware-Abstraktion war bei OSEK/VDX noch nicht ausgeprägt. Sie beinhaltet eine Abstraktion des Controllers (virtuelle Maschine) und durchgängige Treiber für die Peripherie. In diesem Bereich wird AUTOSAR die Ergebnisse eines weiteren Arbeitskreises der Automobilindustrie, der HIS (Herstellerinitiative Software) übernehmen, die sich u. a. mit der Standardisierung von Treibern beschäftigt [HIS].

Die Dienste können als leistungsfähige API verstanden werden, die über die RTE von den Anwendungen genutzt werden.

6.3 Steuer- und regelungstechnische Funktionen der Software

Die Hauptaufgabe der Software ist die Steuerung und Regelung von Systemen im Fahrzeug. Darüber hinaus unterstützt sie die Diagnose und die bereits in Kapitel 4 behandelte Kommunikation mit anderen Steuergeräten.

6.3.1 Steuerungen

Aus dem Alltag gut bekannte Beispiele sind die *Ablaufsteuerungen* einer Waschmaschine oder einer Ampelanlage. Ein andersartiges Beispiel (im weitesten Sinne ein Sonderfall einer Ablaufsteuerung) ist die Vorgabe eines Wertes, mit dem ein am Steuergerät angeschlossener Aktor angesteuert wird. In diesem zweiten Kontext ist der Begriff der *Steuerung* vor allem im Gegensatz zu einer *Regelung* zu sehen, bei der überprüft wird, ob ein einzustellender Wert auch eingehalten wird und ggf. eine Korrektur ausgeführt wird. Treffender sind die englischen

Begriffe, die eine reine Steuerung einer Größe ohne messtechnische Kontrolle und Korrektur als *Open Loop Control* und einen geschlossenen Regelkreis mit Rückmeldung als *Closed Loop Control* bezeichnen. Wir werden diesen Unterschied noch im folgenden Unterabschnitt über einfache Regler aufgreifen, in diesem Unterabschnitt sollen zunächst nur Ablaufsteuerungen behandelt werden.

Wenn wir über den Drehwähler ein Waschprogramm einstellen, wird die Ablaufsteuerung dafür sorgen, dass in der richtigen Reihenfolge und mit der richtigen Dauer die einzelnen Schritte Waschen – Weichspülen – Spülen – Schleudern durchgeführt werden. Eine Ampelsteuerung ist etwas komplexer, da zwar auch dort ein bestimmter Ablauf durchgeführt wird (Vorfahrt Straße 1 – Warten – Vorfahrt Straße 2 – Warten usw.), dabei aber die Ampeln an Straße 1 Grün zeigen, während in Straße 2 gleichzeitig Rot gezeigt wird. Außerdem kann man sich neben festen Steuerzeiten auch eine Beeinflussung durch Kontaktschleifen oder gar durch eine automatische Stauerkennung vorstellen.

Zahlreiche derartige Steuerungen befinden sich in unterschiedlichsten Steuergeräten im Fahrzeug, allerdings sind deren Funktionen nicht so offensichtlich wie bei einer Waschmaschine oder einer Ampelsteuerung. Als Beispiel betrachten wir im Folgenden das Vorglühen eines Dieselmotors, dessen Zweck bereits in Abschnitt 3.6 erläutert wurde. Die in Kapitel 4 erläuterte Strategie zur Fehlereingrenzung beim CAN wäre ein weiteres, abstrakteres Beispiel.

Eine reale Glühsteuerung kennt über 10 Zustände, in diesem Beispiel beschränken wir uns vereinfachend auf 4 Zustände. Vor dem Start sollen die Glühkerzen bestromt werden und die Vorglühanzeige im Armaturenbrett soll leuchtet. Danach kann der Fahrer starten. Um den Motor auf Betriebstemperatur zu bringen, sollen die Glühkerzen weiter glühen, die Lampe soll dabei aber nicht mehr leuchten. Nach Erreichen einer Solltemperatur soll der Zustand „kein Glühen" erreicht sein. Um die Abgaswerte zu verbessern, soll ein weiterer Zustand „Zwischenglühen" möglich sein, wenn während des Betriebs die Temperatur zu sehr abfällt.

Bild 6-7 zeigt solch eine Steuerung als *Zustandsautomat*. Bei primitiven Ablaufsteuerungen erfolgt der Sprung von einem Zustand (im Bild als Kasten dargestellt) zum Nächsten immer nach einer bestimmten Zeit. Vor Einführung der Mikroelektronik wurden solche Steuerungen elektromechanisch z. B. durch Schaltwalzen mit Nockenschaltern realisiert. Das hier gezeigte Beispiel des Zustandsautomaten erweitert dieses Konzept um beliebige *Übergangsbedingungen* (als Pfeile dargestellt) von einem Zustand zum Nächsten. Solch eine Übergangsbedingung kann nach wie vor der Ablauf bestimmter Zeiten sein, im Beispiel wurden Temperaturschwellen und die Betätigung des Zündschlosses als Übergangsbedingungen gewählt. Wichtig ist, für jeden Übergang die Bedingung vollständig anzugeben. Außerdem muss für jeden Zustand neben dessen Namen vor allem spezifiziert werden, was in diesem Zustand geschehen soll (z. B. Lampe ein).

Jeder Zustandsautomat hat einen Anfangszustand (der schwarze Punkt links) und einen Endzustand (das Ringsymbol unten).

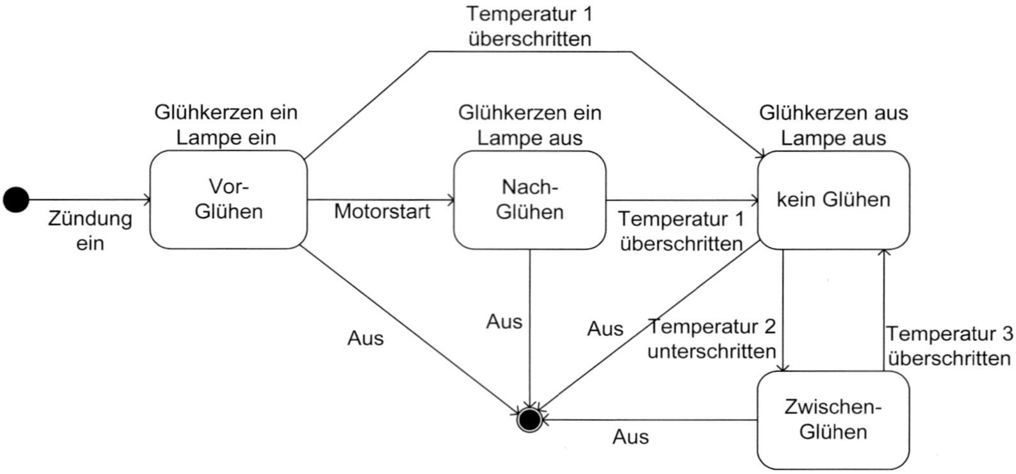

Bild 6-7 Ablaufsteuerung am Beispiel einer Glühsteuerung (vereinfacht)

Zustandsautomaten sind zwar von ihrer Idee her trivial, trotzdem ist ihre Realisierung und vor allem ihre nachträgliche Änderung in der Software manchmal aufwändig. Dies liegt daran, dass sie eine übergeordnete Kontrollstruktur bilden, die unterschiedliche Codesegmente einbindet und gleichzeitig oft viel mehr Bedingungen (häufig sogar von anderen Steuergeräten) abfragen muss, als in diesem einfachen Beispiel dargestellt. Oft werden sie nicht von Anfang an als Zustandsautomaten geplant, sondern entwickeln sich nach und nach mit der Weiterentwicklung der Software aus zunächst noch einfachen `if`-Konstrukten.

Zustandsautomaten sind ein häufiger Ort von Software-Fehlern. Der Fehler liegt dabei meist darin, dass äußere Ereignisse vergessen werden. Ein typisches Beispiel ist das Abwürgen des Motors. Es gibt Zündschlösser, mit denen sich der Motor anschließend wieder starten lässt, ohne die Zündung dabei unterbrechen zu müssen. Im obigen Beispiel heißt das, dass der Zustandsübergang „Aus“ nicht nur durch Unterbrechung der Zündung, sondern auch durch das in der Software zu erkennende Abwürgen vollzogen werden muss. Wird dies vergessen, bleibt der Automat beim Wiederanlassen im letzten Zustand vor dem Abwürgen anstatt den Automaten wieder neu vom Start zu durchlaufen.

6.3.2 PI- und PID-Regler

Bild 3-12 zeigt exemplarisch, wie die Regelung einer Abgasrückführrate aufgebaut sein kann. Dieses Prinzip ist auf beliebige andere Regler im Fahrzeug übertragbar.

Das Grundproblem jeder Regelung ist, eine physikalische Größe, die *Regelgröße*, trotz unterschiedlicher Störeinflüsse auf einem gewünschten Wert, der *Führungsgröße*, zu halten bzw. bei Änderungen der Führungsgröße möglichst schnell und ohne störende Überschwinger die Regelgröße auf den neuen Sollwert zu bringen.

Stellen wir uns als weiteres Beispiel einen Fahrgeschwindigkeitsregler (FGR, „Tempomat“) vor. Zunächst gibt der Fahrer eine Sollgeschwindigkeit vor. Dies geschieht meistens dadurch, dass die aktuelle Fahrgeschwindigkeit beim Einschalten des FGR auf Tastendruck als konstante Führungsgröße (Sollwert) übernommen wird. Einige FGR haben Tasten am Lenkrad, mit denen die Geschwindigkeit erhöht oder gesenkt werden kann. Dies wäre eine Änderung der Führungsgröße. Wir erwarten in diesem Fall, dass die Regelgröße (die Geschwindigkeit) sich auch tatsächlich so ändert, wie der Fahrer es wünscht, und zwar zügig und ohne dass das Fahrzeug bei einer Änderung der Geschwindigkeit ruckelt (Überschwingen der Regelgröße). Wenn der Fahrer mit konstant geregelter Geschwindigkeit fährt, erwartet er auch, dass diese an Steigungen und Gefällen gehalten wird. In diesem Falle ist die Hangabtriebskraft eine Störgröße, die der Regler ausgleichen muss. Auch der beste Regler kann nicht die Physik überlisten: Ist ein Berg so steil, dass der Motor ihn nicht mehr schafft, dann wird die Geschwindigkeit trotz Regelung abfallen oder er wird sogar ausgehen.

Was eine zügige Geschwindigkeitsänderung beim FGR ist, hängt vom Komfortempfinden des Fahrers ab. Die hohe Bedeutung der subjektiven Komfortempfindung unterscheidet die Auslegung einiger Regler im Fahrzeug von anderen technischen Anwendungen der Regelungstechnik. Bei vielen anderen Reglern ist nicht nur eine schnelle Anpassung der Regelgröße erwünscht, ideal wäre eine sofortige Änderung, also eine Sprungfunktion. Real muss dann aber ein machbarer Kompromiss zwischen Ansprechgeschwindigkeit und Überschwingen gefunden werden.

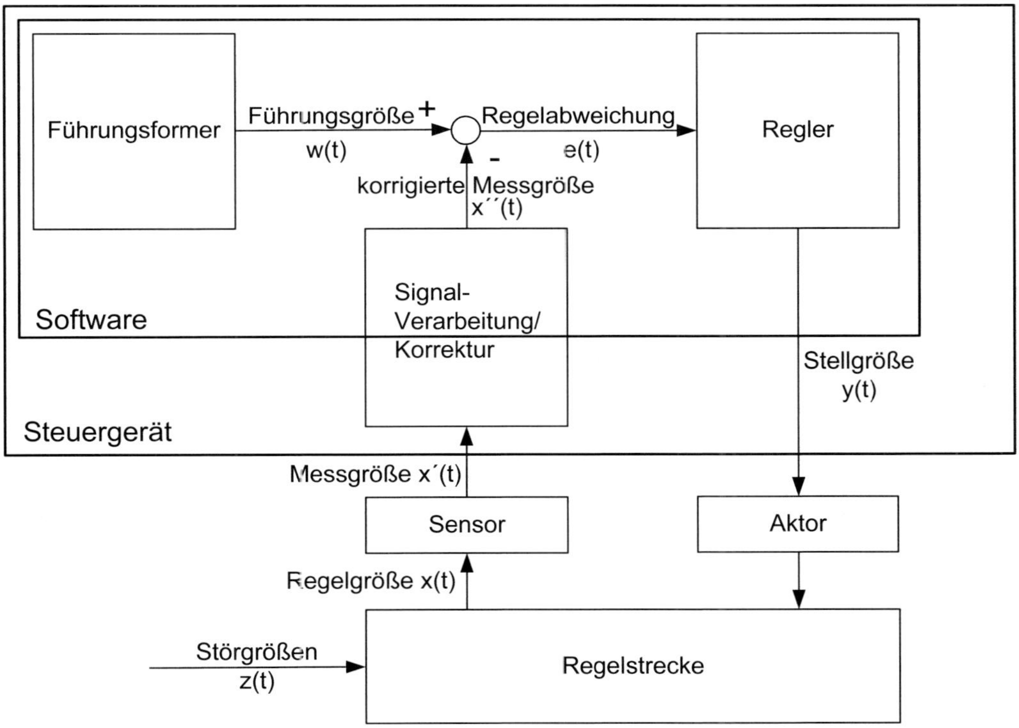

Bild 6-8 Struktur eines Reglers

Bild 6-8 zeigt wie ein Regler in die Soft- und Hardware integriert wird. Die Regelstrecke ist das äußere System, das vom Steuergerät zu beeinflussen ist. Beim FGR wäre es das komplette Fahrzeug mitsamt seiner Umgebung, v. a. der Straße. Bei der Regelung der Abgasrückführrate in Kapitel 3 lässt sich die Strecke auf einen Teil des Luftsystems mit der Abgasrückführleitung eingrenzen. Manchmal – wie bei der Regelung der Rückführrate – lässt sich die Regelgröße gar nicht direkt messen, dann müssen ersatzweise andere Größen wie die Frischluftmasse gemessen werden, um daraus nachher rechnerisch die Regelgröße zu bestimmen.

Der Block Signalverarbeitung/Korrektur enthält teilweise die im vorigen Kapitel beschriebenen Schaltungen zur Sensorauswertung, teilweise auch schon Softwarefunktionen, die von den gemessenen Sensorspannungen auf die ursprüngliche physikalische Größe zurückrechnen und bei der Verwendung von Messgrößen, die nicht der Regelgröße entsprechen, daraus die Regelgröße berechnen. Eine Alternative wäre, die als Ersatz verwendete Messgröße selbst zur Regelgröße zu definieren und dann den Regelkreis auf diese Größe anzusetzen.

Die Berechnung der Regelabweichung, also der Abweichung des Istwertes von der Vorgabe erfolgt in der Software durch eine einfache Subtraktion zweier Werte (bei früheren Steuergeräten ohne Mikrocontroller benötigte man zu diesem Zweck noch eine Schaltung mit mindestens einem Operationsverstärker).

Der Führungsformer kann im einfachsten Falle eine Konstante sein. Beim FGR hingegen muss dieser bei einer Änderung der Vorgabe durch den Fahrer einen als komfortabel empfundenen zeitlichen Übergang erzeugen. Noch komplizierter ist der Führungsformer für die Abgasrückführrate. Die sinnvolle Rückführrate ist stark vom jeweiligen Fahrzustand abhängig, deswegen muss der Führungsformer aus einer Reihe von Sensorsignalen die jeweilige Fahrsituation erkennen und dann über zahlreiche Kennlinien und Kennfelder eine sinnvolle Vorgabe ermitteln. Bei einigen Fahrfunktion kann der Führungsformer sogar aus typischen Mustern der Pedalbetätigung Rückschlüsse über die persönlichen Präferenzen des Fahrers (sportlich, komfortabel oder ökonomisch) ziehen und Führungsgrößen damit an die Vorlieben des Fahrers anpassen.

Das Kernstück der Regelsoftware ist der Regler selbst. Seine Aufgabe ist es, in Abhängigkeit der Regelabweichung zu bestimmen, wie stark ein Aktor der Abweichung entgegen wirken soll. Dieses Buch kann nicht die sehr vielfältige technische Disziplin der Regelungstechnik abdecken, sondern nur darstellen, wie die meisten Regler im Fahrzeug realisiert sind.

Der Standardregler für viele Funktionen im Fahrzeug ist ein *PID-Regler* (Proportional/Integral/Differential). Dabei handelt es sich wie im Bild gezeigt um eine Parallelschaltung eines P-Reglers (nur Proportional), eines I-Reglers (nur Integral) und eines D-Reglers (nur Differential).

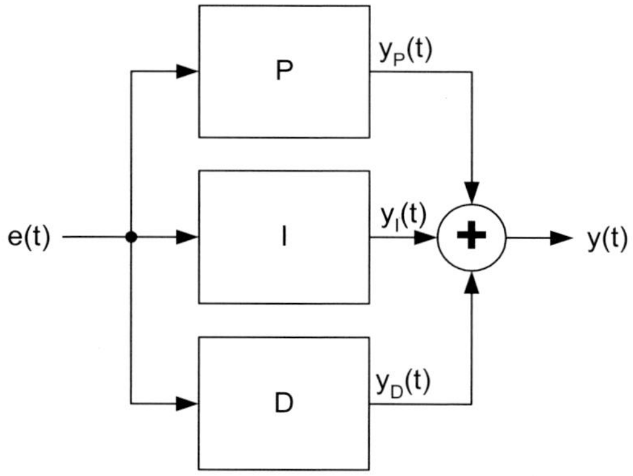

Bild 6-9
PID-Regler

Am einfachsten ist das Proportionalglied. Als Schaltung aufgebaut ist es ein Verstärker (oder eine Dämpfungsschaltung, wenn die Verstärkung kleiner 1 ist). Seine Ausgangsgröße y_P beträgt

$$y_P(t) \quad = \quad K_P e(t) \tag{6.1}$$

Auf einem Mikrocontroller wird das P-Glied durch eine Multiplikation der Regelabweichung mit dem konstanten *Proportionalbeiwert* K_P realisiert.

Das Integralglied kann als Hardware durch eine Integrationsschaltung nach [TieSch02] aufgebaut werden. Seine Ausgangsgröße y_I beträgt mit dem Integrationsbeiwert K_I

$$y_I(t) \quad = \quad K_I \int_0^t e(t)\, d\tau \tag{6.2}$$

Es existieren zahlreiche Algorithmen zur numerischen Integration. Dabei ist zu berücksichtigen, dass *e(t)* keine kontinuierliche Funktion wie bei einem Hardware-Regler ist, sondern die Messgröße bei einem digitalen Regler immer in festen Zeitabständen abgetastet wird und die Software nach jeder Abfrage einmal die Funktion mit dem Regelalgorithmus aufruft (*Abtastregelung*). *e(t)* wird also durch eine Folge von Abtastwerten angenährt. Ein sehr einfacher und deshalb gerade bei Mikrocontrollern meist benutzter Algorithmus ist die Integration durch Aufaddieren von Rechtecken. Da die Abtastrate konstant ist, genügt es, bei jedem Aufruf den aktuellen Wert der Regelabweichung zum vorigen y_i zu addieren. Der durch die Abtastrate entstehende Faktor wird in den Beiwert mit eingerechnet. **Wird ein Regelalgorithmus in eine andere Task mit einer anderen Abtastrate verschoben, darf nicht vergessen werden, den Beiwert anzupassen.** Mit diesem Verfahren lässt sich der I-Anteil mit einer einzigen, schnell zu berechnenden C-Codezeile realisieren: `yI += KI*e;`

Das Differentialglied kann als Hardware durch eine Differentiationsschaltung nach [TieSch02] aufgebaut werden. Seine Ausgangsgröße y_D beträgt mit dem Differentiationsbeiwert K_D

$$y_D(t) \quad = \quad K_D \frac{de(t)}{dt} \tag{6.3}$$

Bei einer Abtastregelung wird die Differentiation durch eine Berechnung von Differenzen angenähert.

$$y_D(t) \quad = \quad K'_D \frac{e(t) - e(t - \Delta t)}{\Delta t} \tag{6.4}$$

Eine Möglichkeit, diese zu programmieren wäre

```
yD    = KD * (e-e_alt);
e_alt = e;
```

Dabei ist e_alt noch die Regelabweichung beim letzten Aufruf. Nach der Berechnung wird dann das neue e in e_alt kopiert. Die Division durch die Zeitdifferenz wurde wieder in den Beiwert eingerechnet, um eine Operation zu sparen. An dieser Stelle sei der (praktisch kaum relevante) Nachteil dieser sehr einfachen Formel erwähnt, dass zum Zeitpunkt *t* eine Differenz berechnet wird, die sich auf die Mitte des letzten Intervalls zum Zeitpunkt *t-Δt/2* bezieht.

D-Regler schlagen bei größeren Änderungen sehr heftig aus und können das System zum Schwingen bringen. Aufgrund dieses Stabilitätsrisikos verzichtet man oft auf D-Glieder (oder setzt deren Beiwert auf 0), daher sind PI-Regler die häufigsten Reglerstrukturen im Auto.

In den vorausgehenden Erläuterungen wurden alle veränderlichen Größen als Funktion der Zeit angegeben. In der Regelungstechnik ebenfalls verbreitet ist eine Betrachtung im Frequenzbereich [LutWen05]. Die Voraussetzung für eine Betrachtung im Frequenzbereich ist Linearität aller Übertragungsglieder sowohl im Regler als auch in der Regelstrecke. Leider zeigen viele Regelstrecken im Fahrzeug nichtlineares Verhalten. Bei kleinen Änderungen der Veränderlichen kann auch ein nichtlineares System näherungsweise um einen Betriebspunkt herum linearisiert werden.

Der betrachtete PID-Regler ist so wie hier bisher dargestellt linear. Tatsächlich werden die P-, I- und D-Grundglieder aber oft modifiziert, indem die normalerweise konstanten Beiwerte selbst zu Funktionen der Eingangsgrößen gemacht werden. Üblich ist z. B. den Wertebereich einer Eingangsgröße in drei Gruppen (hoch, mittel, niedrig) zu unterteilen und dann den Regler für diese drei Wertebereiche unterschiedlich auszulegen. Dann ist der Regler, sobald eine Bereichsgrenze überschritten wird, nicht mehr linear.

6.3.3 Modellbasierte Regler

Wenn von einer modellbasierten Regelung die Rede ist, verbirgt sich dahinter eine Simulation der zu regelnden Strecke in Echtzeit. Oft (nicht zwangsläufig) wird hierzu das vor ca. 50 Jahren von Kálmán[4] eingeführte Konzept des Zustandsraumes verwendet, das auf den nächsten Seiten in knapper Form eingeführt wird, für eine tiefere Betrachtung sei auf [LutWen05] und [Tewari02] verwiesen. Dieses Konzept ist sehr vielseitig einsetzbar, erfordert aber umfangreiche Rechnerressourcen, weil die Regelalgorithmen im Zustandsraum Operationen der linearen Algebra ausführen müssen, also weit aufwändiger als PI(D)-Regler sind. Inzwischen stehen diese Ressourcen aber auch bei einigen Steuergeräten im Fahrzeug zur Verfügung, so dass Zustandsräume auch in der Software im Kfz langsam an Bedeutung gewinnen.

Gibt man auf eine Regelstrecke ein Signal, erhält man von dieser Regelstrecke auch ein Ausgangssignal. Wiederholt man dieses Experiment, wird man das gleiche Ausgangssignal erwarten. Reale Systeme reagieren aber nicht immer auf das gleiche Eingangssignal mit dem gleichen Ausgangssignal. So wie eine Person in der gleichen Situation an verschiedenen Tagen unterschiedlich reagieren kann, je nach Laune, so können auch technische Systeme unterschiedlich reagieren. Man redet hier nicht von „Launen", sondern stattdessen vom Zustand eines Systems.

Jede Zustandsgröße ist eine physikalische Größe im Inneren des Systems, die von der Vorgeschichte des Systems abhängt, also ein Gedächtnis darstellt. Der Zustand ist ein Vektor, der alle Zustandsgrößen enthält. Bild 6-10 zeigt die Struktur eines solchen Systems. Dabei kann es sich z. B. um ein Fahrzeug in einer Kurve handeln, das von einem Fahrdynamik-Steuergerät auf der Spur gehalten werden soll, einen zu steuernden Motor oder einen kompletten Antriebsstrang.

4 Rudolf Kálmán, Mathematiker, geboren am 19. Mai 1930 in Budapest

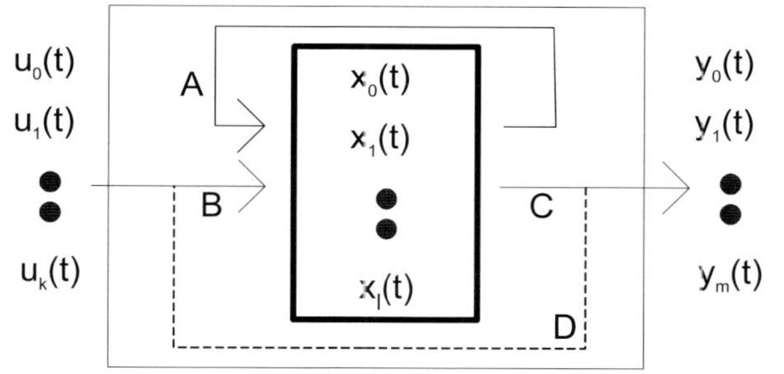

Bild 6-10
Technisches System mit inneren Zustandsgrößen $x_i(t)$, Eingangsgrößen $u_i(t)$ und Ausgangsgrößen $y_i(t)$

Bei vielen einfachen Systemen hängen die inneren Zustände von äußeren Einflüssen ab (Pfeil B) und die Ausgangsgrößen hängen wiederum von dem ab, was gerade im System passiert (Pfeil C). Besonders einfach ist die Beziehung C, wenn die inneren Zustandsgrößen direkt von außen beobachtet werden können, dann sind die $y_i = x_i$.

Fast immer gibt es auch Abhängigkeiten zwischen den Zustandsgrößen untereinander, die hier durch den Pfeil A ausgedrückt werden. Häufig liegt die Abhängigkeit darin, dass eine Zustandsgröße die Ableitung einer anderen Zustandsgröße ist. In diesem Fall verbergen sich hinter dem Pfeil A Gleichungen, in der eine physikalische Größe gleichzeitig in verschiedenen Ableitungen vorkommt, also Differentialgleichungen.

Gestrichelt dargestellt (D) ist noch der Fall, dass Ausgangsgrößen auch unmittelbar von Eingangsgrößen abhängen.

Nicht alle Systeme sind so abgeschlossen mit klar definierten Schnittstellen zur Außenwelt. Gerade bei relativ „offenen" Systemen ist insbesondere die Unterscheidung zwischen Zustands- und Ausgangsgrößen und zwischen Eingangs- und Zustandsgrößen nicht immer eindeutig und die Festlegung erfolgt dann willkürlich. Für ein Steuergerät kann es nun wichtig sein, die Eingangsgrößen u_i so über Aktoren zu manipulieren, dass die inneren Zustandsgrößen sich in definierter Weise verhalten oder durch Messung der Ausgangsgrößen y_i Rückschlüsse auf die inneren Zustandsgrößen zu ziehen. In einem geschlossenen Regelkreis wird das Steuergerät beides tun.

Da reale Anwendungen des Zustandsraumes aus der Fahrdynamik und des Antriebsstrangs an Komplexität den Rahmen dieses Buches übersteigen, soll nur ein einfaches Beispiel gezeigt werden. Ein Stellmotor solle über eine Spindel elektrisch eine Klappe mit der Masse *m* öffnen, die in Ruhe über eine Feder zugehalten wird. Die Feder habe neben ihrer Federkonstante *c* auch eine Dämpfung *d*.

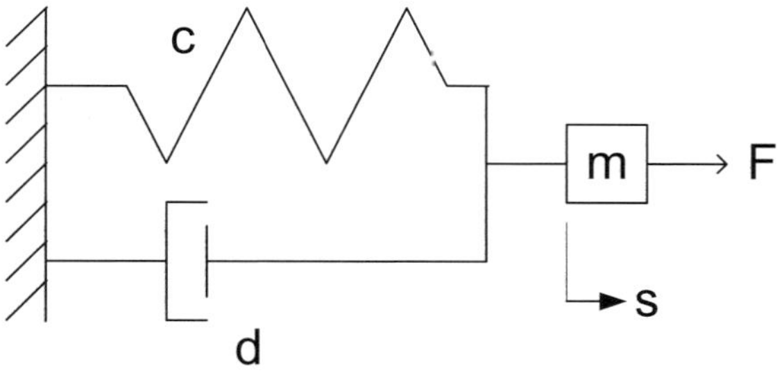

Bild 6-11
Einfaches Beispiel zum Zustandsraum

Der Aktor muss in diesem Falle die Trägheitskraft der zu beschleunigenden Masse, die Federkraft und die Dämpfungskraft aufbringen, sie beträgt also

$$F = m\ddot{s} + d\dot{s} + cs \tag{6.5}$$

Die Kraft F soll hier die einzige Eingangsgröße u darstellen. Der Weg s soll die ebenfalls einzige beobachtete Ausgangsgröße y sein. Die inneren Zustandsgrößen können der Weg s und die Geschwindigkeit $\dot{s}$ sein. Dieser Sonderfall, dass eine Zustandsgröße wie s direkt beobachtet wird und damit gleichzeitig Zustandsgröße und Ausgangsgröße ist, kommt häufig vor.

Wir führen also zwei Zustandsgrößen x_1 und x_2 ein:

$$\begin{aligned} x_1 &= s, \\ x_2 &= \dot{s} \quad (= \dot{x}_1) \end{aligned} \tag{6.6}$$

Durch Einsetzen in (6.5) erhalten wir aus einer Differenzialgleichung zweiter Ordnung zwei Differenzialgleichungen 1. Ordnung, nämlich (jetzt mit den Bezeichnungen aus Bild 6-10)

$$\begin{aligned} \dot{x}_1 &= x_2, \\ m\dot{x}_2 &= -cx_1 - dx_2 + u \end{aligned} \tag{6.7}$$

Dieses Differenzialgleichungssystem lässt sich in Matrix/Vektor-Schreibweise darstellen:

$$\begin{bmatrix} \dot{x}_1 \\ \dot{x}_2 \end{bmatrix} = \begin{bmatrix} 0 & 1 \\ -\frac{c}{m} & -\frac{d}{m} \end{bmatrix} \begin{bmatrix} x_1 \\ x_2 \end{bmatrix} + \begin{bmatrix} 0 \\ 1/m \end{bmatrix} u \tag{6.8}$$

Was noch fehlt, ist der hier besonders einfache Zusammenhang zwischen der Ausgangsgröße y und den beiden Zustandsgrößen x_1 und x_2, nämlich dass $y = x_1$ ist:

$$y = \begin{bmatrix} 1 & 0 \end{bmatrix} \begin{bmatrix} x_1 \\ x_2 \end{bmatrix} \tag{6.9}$$

Die Formeln (6.8) und (6.9) bilden zusammen die vollständige Beschreibung des Systems im Zustandsraum. Allgemein lässt sich jedes auch noch so komplexe System mit einer Eingangsgröße u und einer Ausgangsgröße y in der Form

$$\begin{aligned} \dot{\underline{x}} &= \mathbf{A}\underline{x} + \underline{\mathbf{b}}u \\ y &= \underline{\mathbf{c}}^{\mathrm{T}}\underline{x} + du \end{aligned} \tag{6.10}$$

darstellen. **A** wird als Systemmatrix bezeichnet und birgt vollständig die innere Dynamik eines Systems in sich. $\underline{\mathrm{b}}$ wird als Eingangsvektor oder Steuervektor bezeichnet, weil er beschreibt, wie die Eingangsgröße die Zustandsgrößen beeinflusst. $\underline{\mathbf{c}}^{\mathrm{T}}$ wird als Ausgangsvektor oder Beobachtungsvektor bezeichnet, weil er beschreibt, wie die Zustände mit Hilfe der Ausgangsgröße von außen sichtbar werden. Der hochgestellte Index T drückt aus, dass es sich um einen transponierten Vektor (Zeilenvektor statt Spaltenvektor) handelt. d wird als Durchgriff oder Durchgang bezeichnet, und drückt ein direktes Verhältnis von Ausgangsgröße zur Eingangsgröße unabhängig von irgendwelchen Zuständen aus.

Bei einem System mit mehreren Eingangs- und Ausgangsgrößen werden aus dem Steuervektor, dem Beobachtungsvektor und dem Durchgang Matrizen:

$$\begin{aligned} \dot{\underline{x}} &= \mathbf{A}\underline{x} + \mathbf{B}\underline{u} \\ \underline{y} &= \mathbf{C}\underline{x} + \mathbf{D}\underline{u} \end{aligned} \tag{6.11}$$

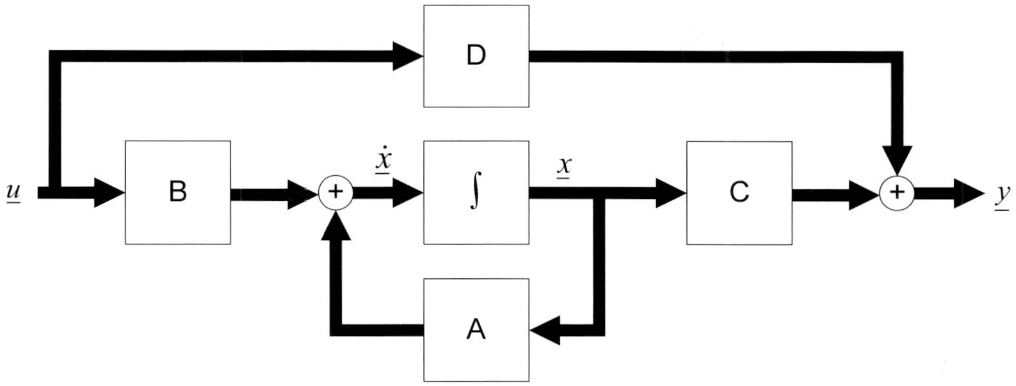

Bild 6-12 Grafische Darstellung des Differenzialgleichungssystems (6.11)

Die zunächst aufwändig erscheinende Darstellung im Zustandsraum und die völlige Abstraktion von den physikalischen Eigenschaften bringen Vorteile in der Entwicklung und ermöglichen Strukturen, die sich mit gewöhnlichen Reglern nicht realisieren lassen.

Ein Vorteil in der Entwicklung ist, dass nach Darstellung des Problems im Zustandsraum auf eine Reihe fertiger Lösungswege und Algorithmen zugegriffen werden kann, die sonst für jeden Einzelfall neu entwickelt werden müssten. So gibt es fertige Software-Bibliotheken, die sich unabhängig vom physikalischen Hintergrund einsetzen lassen und auch viele Simulationsprogramme, z. B. Simulink [MathW06], ermöglichen eine umfangreiche Untersuchung des Systems in der Entwicklung. Schwieriger wird allerdings nach fertiger Software-Entwicklung die Bedatung, also die Definition der Matrix-Koeffizienten. Ein empirisches Vorgehen im Fahrzeug ist hier nicht mehr möglich.

Ein Beispiel für die Strukturen, die durch die Beschreibung eines Systems im Zustandsraum ermöglicht werden, sind Zustandsregler. Diese führen den Zustandsvektor über eine weitere Matrix auf den Eingang zurück. Das so erweiterte System lässt sich wieder als Zustandsraum beschreiben, jedoch hat dieses System eine andere Systemmatrix als das Originalsystem. Die Idee hinter diesem Konzept ist, eine erweiterte Systemmatrix zu definieren, dem System also ein Wunschverhalten aufzuprägen. Aus den Abweichungen zwischen der gewünschten Systemmatrix und der ursprünglichen Systemmatrix berechnen sich die Rückführmatrix sowie ein eventuelles Eingangsfilter.

Bei hohen Stückzahlen möchte man Sensoren einsparen oder interessierende Zustandsgrößen eines Systems sind eventuell nicht messbar. In diesem Falle kann man in Echtzeit ein Modell des beobachteten Systems, also einen simulierten zweiten Zustandsraum mit den gleichen Eingangsgrößen wie im echten System rechnen und aus dieser Simulationsrechnung die interessierenden Parameter gewinnen. Da das Modell nicht perfekt sein kann, werden aber im Laufe der Zeit die realen und die simulierten Zustandsgrößen auseinander laufen. Um dies zu verhindern, kann man die Ausgangsgrößen des echten und des simulierten Systems vergleichen. So lange sich Modell und Wirklichkeit gleich verhalten, unterscheiden sich die Ausgangsgrößen bei gleichen Eingangsgrößen nicht. Divergieren die inneren Zustände des echten und des simulierten Systems, zeigen sich auch Differenzen in den Ausgangsgrößen.

Zum einen können große Differenzen der Ausgangsgrößen für die Diagnose verwendet werden, um einen Fehler im realen System zu erkennen. Zum anderen lassen sich aber auch schon kleine Differenzen verwenden, um das Modell dem realen System nachzuführen. Dazu wird die Differenz der Ausgangsgrößen über eine Matrix L zu den Ableitungen der Zustandsgrößen addiert. Trotz bewährter Verfahren ist die sinnvolle Definition der Koeffizienten dieser Matrix nicht trivial. Eine derartige Struktur, die durch parallele Simulation eines Systems eine Schätzung der Zustandsgrößen liefert, wird *Beobachter* genannt.

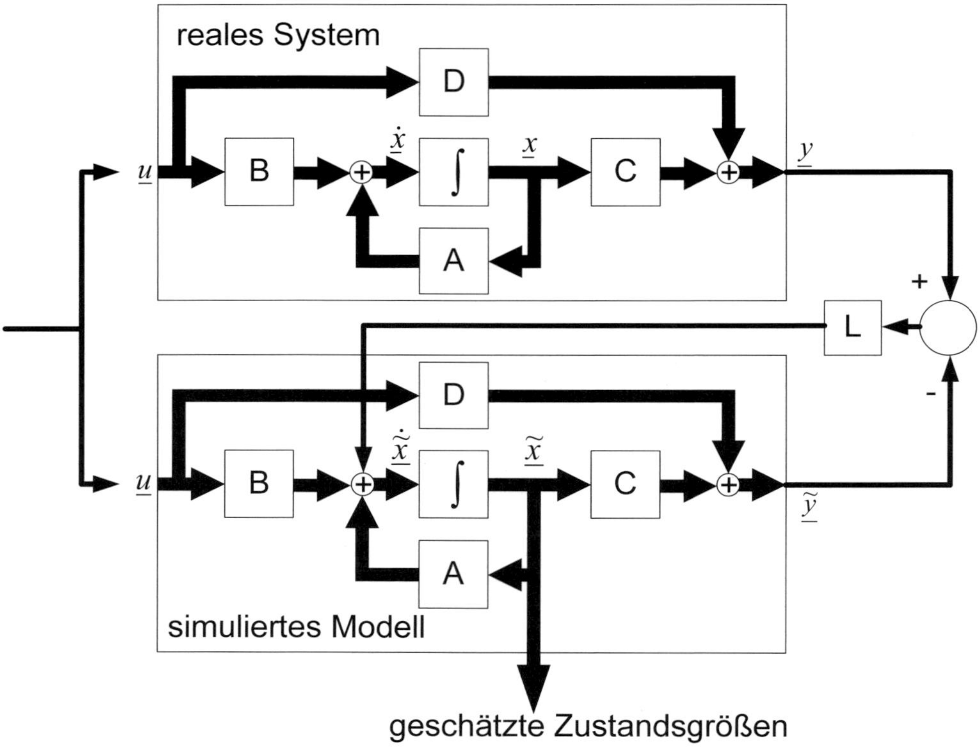

Bild 6-13 Beobachter

Führt man bei einem Beobachter das Eingangssignal dem realen System verzögert zu, gewinnt das parallel simulierte Modell dadurch einen zeitlichen Vorsprung vor dem realen System. Es liefert also bereits Zustandsgrößen, die im realen System erst in der Zukunft auftreten werden. Solche Beobachter, die in die Zukunft blicken können, werden *Prädiktoren* genannt. Damit die Differenzbildung der Ausgangsgrößen wieder stimmig ist, muss das simulierte System auch verzögert werden, aber erst am Ausgang. Die hellseherischen Fähigkeiten eines Prädiktors enden jedoch, wenn im realen System unvorhergesehene Störungen auftreten.

6.4 Diagnosefunktionen der Software

Die Diagnose hat primär die Aufgabe, Fehler im Steuergerät oder auch im gesteuerten System zu erkennen und den Fahrer oder das Personal in der Werkstatt zu informieren. Bei einem Fehler muss das Steuergerät eventuell weitere Reaktionen ausführen, die eine Gefährdung von Personen oder Folgeschäden am Fahrzeug verhindern. Wenn z. B. ein fehlerhaftes elektronisches Gaspedal aufgrund eines elektrischen Fehlers „Vollgas“ meldet, obwohl der Fahrer das Pedal gar nicht betätigt, dann muss eine Überwachungsstrategie im Steuergerät den Fehler umgehend erkennen, eine unbeabsichtigte Beschleunigung muss vermieden werden, der Fahrer muss den Fehler bemerken und die Werkstatt sollte aus dem Steuergerät Informationen herauslesen können, die eine schnelle Eingrenzung des Fehlers unterstützen. Eine übliche Strategie in diesem Beispiel ist, den Motor auf eine konstante niedrige Drehzahl zu bringen, mit der das Fahrzeug zwar noch in die nächste Werkstatt bewegt werden kann, eine komfortable Weiterfahrt aber nicht mehr möglich ist (*Limp Home* oder auf Deutsch „nach Hause humpeln“). Üblich ist auch, im Armaturenbrett eine Warnung anzuzeigen. Wenn die Werkstatt dann ihren *Diagnosetester* am Fahrzeug anschließt, könnte etwa ein Fehler „Motorsteuerung: Unterbrechung Masseleitung Pedalwertgeber“ auf dem Monitor angezeigt werden. Die Werkstatt kann nun den Fehler beheben und danach die im Steuergerät abgelegte Liste von Fehlern löschen. Ein wichtiger Teilbereich der Diagnose ist die gesetzlich vorgeschriebene *On-Board-Diagnose* (*OBD*), die abgasrelevante Fehler erkennt und dokumentiert.

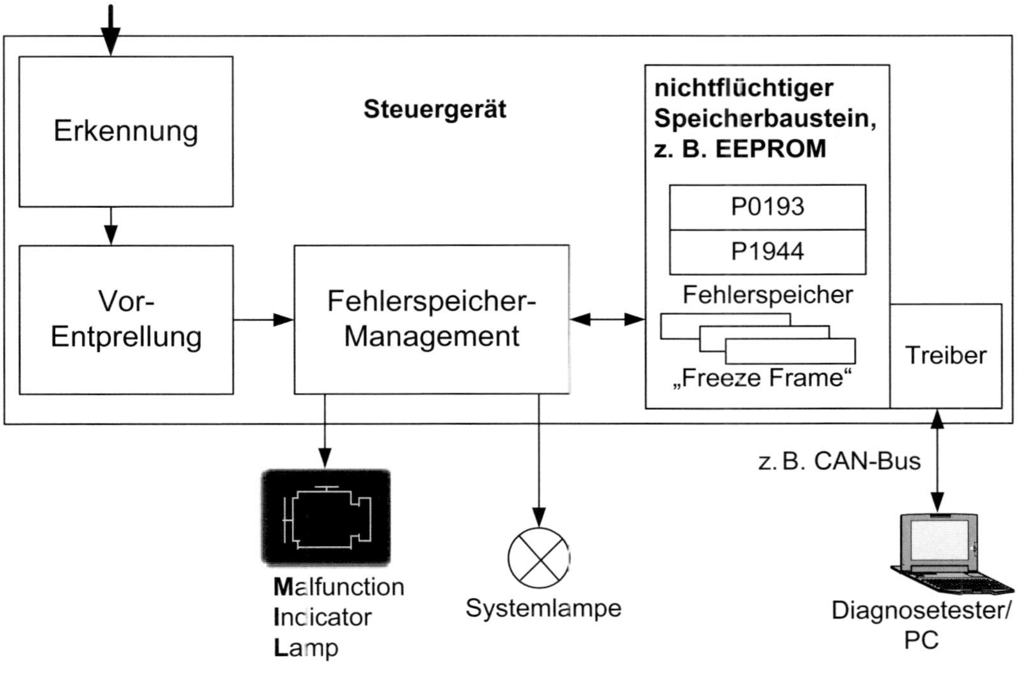

Bild 6-14 Prinzipieller Aufbau der Fehlerdiagnose eines Steuergerätes

Darüber hinaus übernimmt die Diagnose zunehmend weitere Aufgaben. So kann ein Diagnosetester z. B. laufende Messwerte wie die Motordrehzahl permanent anzeigen.

Über ein Menü des Diagnosetesters können auch Funktionen im Steuergerät aufgerufen werden. Hat die Werkstatt z. B. den Verdacht, dass ein Drosselklappensteller klemmt, so kann der Diagnosetester im Steuergerät eine Funktion aufrufen, die probeweise diesen Aktor betätigt, um dessen Funktion zu überprüfen. Dies kann bis hin zu einer geführten Fehlersuche reichen, die dem Bediener des Diagnosetesters Arbeitsschritte in einer definierten Reihenfolge vorschlägt und deren Durchführung durch die Anzeige von Messwerten oder den Aufruf von Funktionen des Steuergerätes unterstützt.

Häufig lassen sich Steuergeräte auch über den Diagnosetester in ihren Eigenschaften verändern. So lässt sich bei Kombiinstrumenten oft die Sprache einstellen, in welcher der Fahrer z. B. über Fehler informiert wird. Diese Möglichkeit wird im Abschnitt über die Programmierung mittels der Diagnoseschnittstelle genauer erläutert.

Im Folgenden werden die Diagnosefunktionen näher erläutert. Dabei werden auch die zugrunde liegenden Normen erwähnt. Der Leser wundere sich bitte nicht, dass es gerade im Bereich der Diagnose zu zahlreichen Überschneidungen von Normen kommt. Insbesondere existieren oft nebeneinander Normen der International Organization for Standardization (ISO) und der Society of Automotive Engineers (SAE), die inhaltlich identisch sind.

6.4.1 Erkennung und Behandlung von Fehlern

Zunächst muss ein Fehler sicher erkannt werden. Die wichtigsten Fehlerarten, die ein Steuergerät erkennen kann, sind elektrische Fehler von Sensoren und Aktoren (z. B. Kurzschluss oder Leitungsunterbrechung), aus dem Wertebereich laufende Regelkreise, fehlerhafte Kommunikation mit anderen Steuergeräten, Spannungseinbrüche, interne Steuergerätefehler (z. B. Recovery) und fehlgeschlagene Tests, die während des Betriebs vom Fahrer unbemerkt ablaufen.

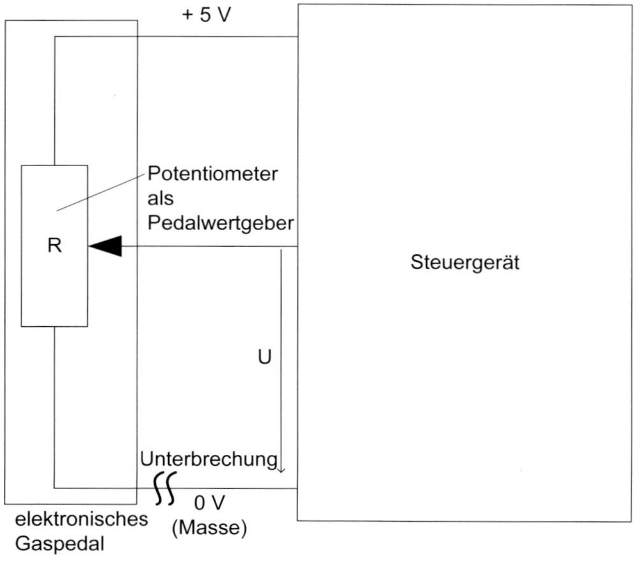

Bild 6-15
Beispiel eines elektrischen Fehlers: Die Masseleitung ist unterbrochen. Die am Pedalwertgeber gemessene Spannung U steigt auf 5 V an. Diese Situation darf vom Steuergerät nicht als „Vollgas“ interpretiert werden, sondern muss als Fehler erkannt werden.

Im Folgenden soll als Beispiel ein elektrischer Fehler dienen, nämlich die in Bild 6-15 dargestellte Situation, dass bei einem elektronischen Gaspedal die Masseverbindung zwischen dem Pedalwertgeber und dem Steuergerät unterbrochen ist, wie dies durch eine Beschädigung des Kabels oder eines Steckverbinders geschehen kann. Das Potentiometer liefert als Pedalwertgeber dem Steuergerät normalerweise eine Spannung zwischen 0 V und 5 V, die proportional zur Winkelstellung des Pedals und damit zum Fahrerwunsch ist. Bei unterbrochener Masseleitung kann das Potentiometer nicht mehr als Spannungsteiler wirken und liegt komplett auf der vom Steuergerät gelieferten Versorgungsspannung von 5 V. Ohne weitere Vorkehrungen könnte dieser Fall eine unbeabsichtigte Vollbeschleunigung verursachen. Mögliche Konsequenzen kann sich der Leser leicht vorstellen.

Wie kann solch ein Fehler nun sicher erkannt werden? Eine mögliche Strategie ist, das Potentiometer so zu gestalten, dass es nicht den vollständigen Spannungsbereich von 0 bis 5 V mit seinem Schleifer abgreifen kann, sondern nur einen Ausschnitt daraus, z. B. von 0,5 V bis 4,5 V. Liegt ein unzulässiger Wert außerhalb dieses Bereiches am Eingang des Steuergerätes an, dann kann das Steuergerät diesen Fall eindeutig als Fehler erkennen. Dieses Verfahren wird nicht nur beim Pedalwertgeber eingesetzt, sondern bei nahezu allen Sensoren.

Eine weitere Methode, die aus Kostengründen aber nicht bei allen Sensoren eingesetzt wird, ist die Nutzung von Redundanz. Beim elektronischen Gaspedal bedeutet dies, zwei Potentiometer mit jeweils eigenen Zuleitungen zu benutzen und deren zurück gelieferte Werte miteinander auf Plausibilität zu vergleichen. In anderen Fällen, in denen ein zweiter Sensor aus Kostengründen nicht realisierbar ist, kann eine grobe *Plausibilisierung* eventuell auch durch Vergleich einer gemessenen Größe mit einer aus anderen Werten vom Steuergerät geschätzten oder berechneten Größe durchgeführt werden.

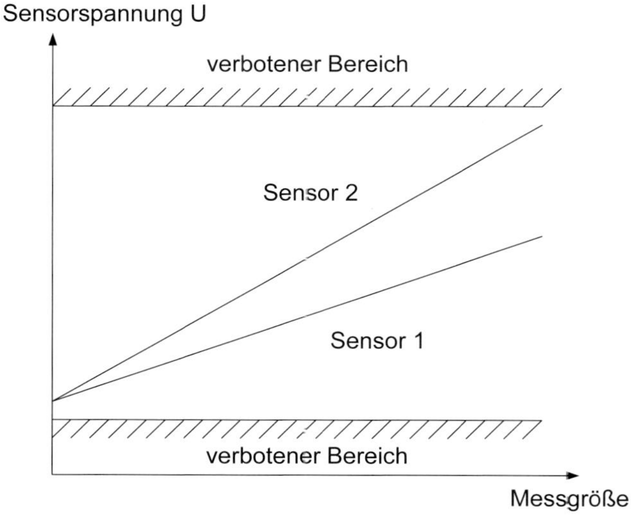

Bild 6-16
Beispiel von Kennlinien zweier redundanter Sensoren. Wenn eine der Sensorspannungen außerhalb des zulässigen Bereiches liegt oder beide Spannungen nicht sinnvoll zueinander passen, wird ein Fehler erkannt.

6.4.2 Entprellung und Heilung von Fehlern

Einerseits wird von der Diagnose eine sichere Erkennung von Fehlern erwartet, andererseits sollen „Fehlalarme“ zuverlässig vermieden werden. So kann z. B. ein kurzer Störimpuls auf einer Leitung die Spannung für einen sehr kurzen Moment in einen verbotenen Bereich bringen, ohne dass wirklich eine reparaturbedürftige Situation vorliegt. Hierzu bedient man sich zweier Maßnahmen, der Entprellung und der damit eng verwandten Heilung.

Die *Entprellung* sorgt dafür, dass die Erkennung eines Fehlers nicht sofort zu Maßnahmen führt, sondern das Steuergerät wartet zunächst einmal ab, ob der Fehler häufiger oder über eine längere Zeit auftritt. Wie ein Fehler entprellt wird, kann für jeden denkbaren Fehler unterschiedlich appliziert werden und sollte auch tatsächlich für jeden Fehler sorgfältig überlegt werden. Bedenkt man die fatalen Folgen einer unbeabsichtigten Beschleunigung, wird man beim zuvor betrachteten Beispiel sicher sehr schnell reagieren und nicht erst lange abwarten wollen. Bei einem weniger kritischen Fehler könnte der Hersteller vielleicht die Absicht haben, den Fahrer nicht gleich mit einer Warnmeldung zu irritieren, sondern die Fehlermeldung erst dann als gültig zu erkennen, wenn der fehlerhafte Zustand mehrere Sekunden andauert.

Wenn ein erkannter Fehler über längere Zeit nicht mehr auftritt, könnte sich das Problem von selbst gelöst haben. Ein Beispiel wäre eine Unterspannung im Bordnetz. In diesem Falle kann es sinnvoll sein, einen Fehler auch wieder zu „vergessen", Diesen Vorgang nennt man *Heilung* eines Fehlers. Auch hier hängt es wieder von der Art des Fehlers ab, ob man eine Heilung zulässt und wenn ja, wann.

Bedenkt man, dass komplexere Steuergeräte Hunderte verschiedener Fehlerfälle unterscheiden, wird der Aufwand einer auf jeden einzelnen Fehlerfall angepassten Entprellung und Heilung deutlich. Die oben angeführten Überlegungen zeigen aber, dass eine zu frühe Fehlererkennung oder zu späte Heilung einen Eindruck mangelnder Zuverlässigkeit hinterlässt, während eine zu späte Erkennung oder eine zu frühe Heilung das Ausmaß eines Schadens verschlimmern, die Lebensdauer des Fahrzeugs reduzieren, die Umwelt belasten oder wie im Beispiel sogar Personen gefährden kann.

6.4.3 Fehlerspeicher-Management

Im Fehlerspeicher-Management wird entschieden, wie auf jeden einzelnen Fehler reagiert werden soll. Möglich ist auch, dass nach der oben beschriebenen Vorentprellung weitere Entprellungen für jede einzelne Reaktion durchgeführt werden.

Im Beispiel wäre eine Reaktion anzustreben, die vom Fahrer bemerkt wird, eine unbeabsichtigte Beschleunigung verhindert, es aber trotzdem ermöglicht, die Werkstatt aufzusuchen. Dies geschieht durch die erwähnte Limp-Home-Funktion, die nicht zu einer heftigen Beschleunigung führt, mit der noch ein höherer Gang eingelegt werden kann, um die Werkstatt aus eigener Kraft erreichen zu können. Der Fahrer würde den Defekt dadurch merken, dass der Motor kein Gas mehr annimmt, sondern auf dieser konstanten Drehzahl verbleibt. Zusätzlich kann noch eine Lampe im Armaturenbrett angesteuert werden.

Reaktionen können schon durch die Software vorbestimmt sein, möglich ist auch eine Matrix aus Fehlern und Reaktionen, die im Datensatz frei mit einer Zuordnung zwischen Fehlern und Reaktionen belegt werden kann. Eine feste Zuordnung der Reaktionen in der Software, die sich aufgrund ähnlicher Überlegungen i. a. zwischen zwei Fahrzeugen nicht wesentlich unterscheiden wird, reduziert die Gefahr möglicher Fehler, die z. B. beim Kopieren von Datensätzen entstehen. Da in allen Fahrzeugen die gleichen Reaktionsmuster eingesetzt werden, erreicht man eine hohe Testintensität und damit eine hohe Reife dieses Programmcodes. Eine freie Applikation hingegen ermöglicht eine flexible Umsetzung unterschiedlicher Konzepte.

Der Fehlerspeicherinhalt muss nach Abschalten der Spannungsversorgung dauerhaft gespeichert bleiben, deswegen wird er meist im seriellen EEPROM des Steuergerätes abgelegt. Ebenfalls möglich wäre eine Ablage im Flash-Speicher.

Neben den aufgetretenen Fehlern legen manche Steuergeräte dort weitere Informationen ab, nämlich wann der Fehler aufgetreten ist (km-Stand oder Datum und Uhrzeit) oder die während des Auftretens vorliegenden Betriebsbedingungen, um später leichter heraus zu finden, wie es zum jeweiligen Fehler kam. Für Motorsteuergeräte ist die Ablage solcher Daten bei abgasrelevanten Fehlern sogar gesetzlich vorgeschrieben (On-Board-Diagnose). Bei Fehlern, die zugunsten schneller Reaktionen erst nach Ausführen der Ersatzreaktion abgespeichert werden, ist die Aussagekraft der Betriebsbedingungen eingeschränkt, weil diese eventuell nicht mehr denen zum Zeitpunkt des Auftretens des Fehlers entsprechen.

6.4.4 Kommunikation zwischen Steuergerät und Tester

Zum Auslesen des Fehlerspeichers wird das Steuergerät mit einem Diagnosetester verbunden. Diagnosetester gibt es als große Rollwagen-Geräte, die häufig weitere Funktionen wie Abgasanalyse (AU-Tester), Oszilloskop, Multimeter, Zündeinstellung usw. beinhalten und als Handgeräte. Während frühere Handgeräte über wenige Tasten und eine kleine Flüssigkristallanzeige verfügten und teilweise nur durch die Eingabe hexadezimaler Codes bedient werden konnten, verfügen heutige Diagnosetester über große Bildschirme und eine komfortable Menüführung, evtl. mit Touch-Screen, und ähneln einem Laptop. Daneben gibt es immer mehr Software-Lösungen für handelsübliche Laptops, ergänzt durch eine CAN/USB-Schnittstelle. Diese Laptop-Lösungen liegen in einer Preisklasse, die auch für Privatpersonen interessant ist, daneben finden sich auch im Internet Bauanleitungen für die Hardwareschnittstelle [OBD2]. Ebenfalls angeboten werden Lösungen für Organizer (z. B. Palm).

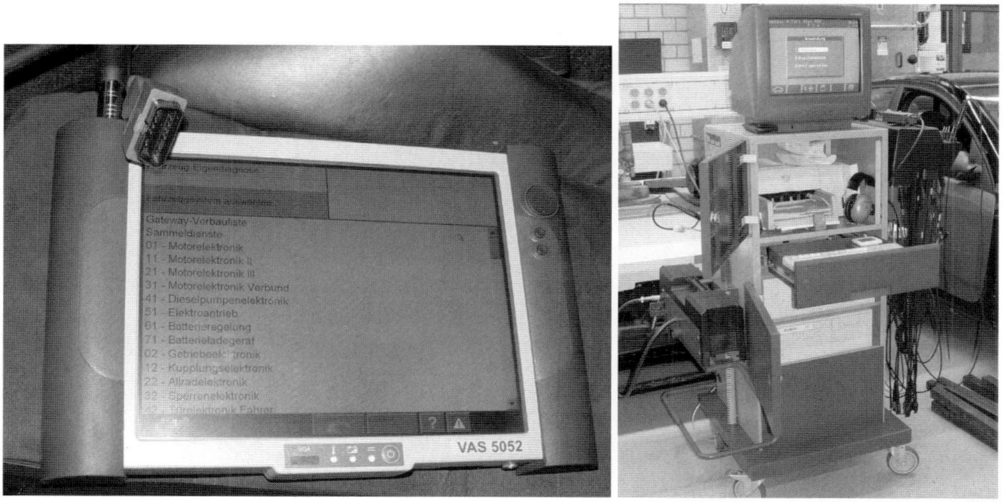

Bild 6-17 Diagnosetester, links ein Handgerät, rechts ein Standgerät mit integriertem AU-Tester

Zum Anschluss des Diagnosetesters verfügen inzwischen fast alle neu zugelassenen Fahrzeuge[5] über eine Schnittstelle, die wie in Bild 6-18 gezeigt genormt ist. Ältere Fahrzeuge benutzen evtl. den gleichen Steckverbinder mit einer anderen Kontaktbelegung. Bei älteren Fahrzeugen ebenfalls verbreitet sind runde Diagnose-Steckverbinder. Während der Steckverbinder früher im Motorraum untergebracht wurde, befindet er sich bei heutigen Fahrzeugen im Innenraum, oft in der Nähe des Fahrersitzes, z. B. beim Hebel zur Öffnung der Motorhaube, an der Mittelkonsole, versteckt unter Aschenbechern oder verdeckt unterhalb der Handbremse.

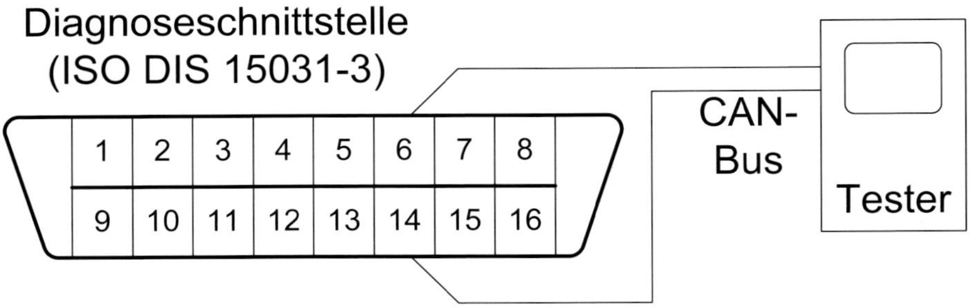

Bild 6-18 Anschluss eines Diagnosetesters an die genormte Schnittstelle. **Achtung**: Einige vor 2001 zugelassene Fahrzeuge besitzen bereits diesen Stecker, aber mit anderer Kontaktbelegung. Die Benutzung ohne einen Adapter kann zu Beschädigungen führen.

Tabelle 6.3 Belegung des Diagnosesteckers nach ISO DIS 15031-3. Nicht alle Kontakte müssen bestückt sein. Die nicht eingetragenen Kontakte können nach Belieben des Herstellers belegt werden.

1		9	
2	J1850+	10	J1850-
3		11	
4	Masse Fahrzeug	12	
5	Masse Signal	13	
6	CAN_H	14	CAN_L
7	K-Line [ISO9141]	15	L-Line [ISO9141]
8		16	Batterie Plus (Klemme 30)

Die Tabelle 6.3 zeigt die Belegung des in Bild gezeigten Steckers. J1850 ist ein veralteter amerikanischer Kommunikationsbus, der in Europa keine Bedeutung hat [ZimSch07]. Lange Zeit war in Europa die K-Line die Standardschnittstelle zur Diagnose. [ISO9141] sah eine weitere Leitung, die L-Line vor, um einzelne Steuergeräte zur Kommunikationsaufnahme anzusprechen, die eigentliche Kommunikation sollte über die K-Line erfolgen. Als auch die Adressierung über die K-Line eingeführt wurde, bestand für die L-Line keine Notwendigkeit

5 Ausnahmen gibt es u. a. bei Zweirädern und landwirtschaftlichen Fahrzeugen.

mehr. Vereinzelt wurde sie als „zweite K-Line“ noch verbaut, einige Geräte wurden dann über die K-Line, andere über die L-Line angesprochen.

Die K-Line ist physikalisch ähnlich aufgebaut wie der LIN-Bus und war bis zu Beginn dieses Jahrtausends die Standardschnittstelle zur Diagnose. Sie besteht aus einem einzelnen Leiter und arbeitet im Ruhezustand mit der Batteriespannung, die dann durch die Ansteuerungstransistoren der Kommunikationsteilnehmer beim Senden auf ca. 0 V gelegt wird. Die übliche Datenrate beträgt 10400 bit/s und ist damit gemessen an moderneren Systemen wie dem CAN langsam.

Bild 6-19 zeigt das Datenformat auf der K-Line, welches dem auf der seriellen Schnittstelle (RS232C) eines PC entspricht. Im Ruhezustand liegt Spannung am Bus an, wird diese auf 0 gezogen (Startbit) wissen die anderen Busteilnehmer, dass ein Zeichen folgt. Danach wird das zu sendende Zeichen mit 7 Bit übertragen, wobei das geringwertigste Bit (*LSB*, **L**east **S**ignificant **B**it) zuerst, das höchstwertigste Bit (*MSB*, **M**ost **S**ignificant **B**it) zuletzt übertragen wird. Ein folgendes Paritätsbit enthält die binäre Quersumme der vorausgehenden Bits. Während des Stop-Bits liegt immer Spannung an.

Start	2^0	2^1	2^2	2^3	2^4	2^5	2^6	Parität	Stop

Bild 6-19 Datenformat auf der K-Line. Ein Zeichen wird mit 7 Bit dargestellt.

Später wurde die K-Line durch den CAN verdrängt. Bild 6-20 gibt einen Überblick über die zahlreichen Leitungssysteme und Protokolle, die zur Diagnose verwendet werden. Auf der linken Seite sind wieder die K-Line und der CAN-Bus dargestellt. Unter den Protokollen sind neben der genormten OBD einige ältere Protokolle, das *Key Word Protocol 2000* (*KWP2000*) und der neue *Unified Diagnosis Service* (*UDS*) dargestellt.

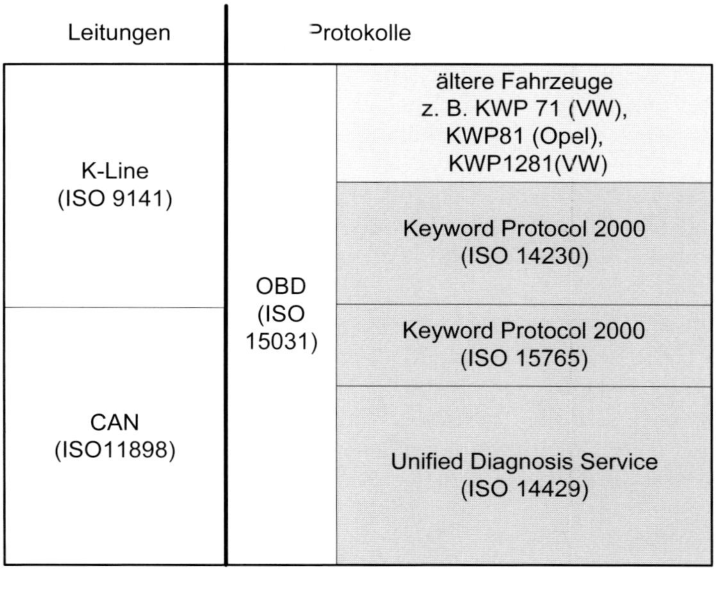

Bild 6-20 Diagnosestandards, links sind die Normen der physikalischen Ebene aufgeführt, rechts die Normen der Protokollebenen.

Das KWP2000 wurde basierend auf der K-Line in enger Anlehnung an [ISO9141] und [ISO15031] genormt bezüglich der physikalischen Ebene [ISO14230-1], der Sicherungsebene [ISO14230-2], der Anwendungs-Ebene [ISO14230-3] und der speziellen Anwendung abgasrelevanter Diagnose [ISO14230-4]. Die grundlegende Bedeutung der Ebenen 1 (physikalisch), 2 (Sicherung) und 7 (Anwendung) wurden bereits in Kapitel 3 eingeführt.

Zur Aufnahme der Kommunikation muss der Tester die Adresse des Steuergerätes, mit dem er kommunizieren möchte, auf die Leitung legen. Man nennt die Benennung eines konkreten Gerätes über seine Adresse auch *physikalische Adressierung*. Daneben gibt es auch eine *funktionale Adressierung*. Ein Beispiel ist die Adresse 33_{16}, bei der sich unabhängig vom Hersteller und Fahrzeugtyp die Diagnose abgasrelevanter Systeme (OBD) meldet, egal in welchem Steuergerät mit welcher physikalischen Adresse sie untergebracht ist (gewöhnlich wird dies das Motorsteuergerät sein). Diese Adresse wird im Normalfall mit einer sehr langsamen Datenrate von 5 Zeichen pro Sekunde übertragen, da der Tester zu diesem Zeitpunkt noch nicht weiß, wie schnell das angesprochene Steuergerät kommunizieren kann (daneben gibt es ein alternatives Initialisierungsverfahren, das bei vorab bekannten Datenraten gleich mit einer schnelleren Kommunikation beginnt). Das angesprochene Steuergerät meldet sich nun mit der Antwort 55_{16}. Die beiden Bytes mit dem Wert 5 bestehen aus einer wechselnden Folge von Einsen und Nullen, anhand derer der Tester jetzt erkennt, wie schnell das Steuergerät überträgt. Bevor die Übertragung der Nutzdaten beginnt, schickt das adressierte Steuergerät noch zwei festgelegte Schlüsselworte (*Keywords*), die dem KWP2000 ihren Namen gaben, an den Tester. Zur Bestätigung sendet der Tester das zweite Schlüsselwort bitweise invertiert ans Steuergerät zurück. Erst wenn die Kommunikation der Sicherungsebene bis zu diesem Punkte fehlerfrei verlief, kann die Nutzdatenübertragung durch die Anwendungs-Schicht beginnen. Besonders wichtig ist dabei auch die exakte Einhaltung der minimalen und maximalen Zeitabstände zwischen diesen initialisierenden Daten, die durch die Norm ebenfalls festgelegt sind. Tritt zwischendurch ein Fehler auf, wird der Kommunikationsaufbau wieder abgebrochen und frühestens 300 ms später ein neuer Versuch unternommen. Außer bei den beiden Synchronisationsbytes 55_{16} erfolgt der Kommunikationsaufbau in dem in Bild 6-19 gezeigten Byte-Format der K-Line.

Während das veraltete KWP71 auch für die Nutzdatenkommunikation noch dieses Format (7 Datenbits, 1 Paritätsbit, daher der Name) nutzt, arbeitet KWP2000 von hier an mit 8 Datenbits und einer Prüfsumme über einen kompletten Datenblock, der bis zu 255 Bytes enthalten kann. Dem Datenblock voraus gehen diverse Protokollinformationen. Im Datenblock befindet sich der Modus, also eine Hexadezimalzahl aus zwei Ziffern (*SID*, **S**ervice **Id**entifier), die angibt, welcher Diagnosedienst ausgeführt wird (Tabelle 6.4), danach eventuell eine PID (Parameter Identifier), um z. B. eine bestimmte physikalische Größe zu messen oder zu verstellen und schließlich die Nutzdaten. War eine Anfrage erfolgreich, beginnt das Steuergerät seine Antwort mit der SID+40_{16}.

Mit der zunehmenden Verbreitung des CAN-Busses auch in der Diagnose wurde das bewährte KWP2000 auf die durch den CAN-Bus definierte physikalische Schicht ([ISO11898-2,3] und Sicherungsschicht [ISO11898-1]) übertragen. Vor allem durch die US-Gesetzgebung [CARB05] hat der CAN-Bus jetzt die Rolle als Standard-Diagnosebus übernommen. Dieses KWP2000 auf CAN wird in der [ISO15765] beschrieben, unterscheidet sich aber im Wesentlichen nur durch die unteren Kommunikationsschichten, nicht durch die Anwendungsschicht.

Tabelle 6.4 Normengerechte Empfehlungen für Service Identifier (SID) (nach [WalRei06]), mit denen die Anwendungen gewählt werden. Unzulässige oder für zukünftige Zwecke reservierte Identifier sind nicht aufgelistet.

SID (hexadezimal)	**Service**	**Bemerkungen**
00-0F	OBD-Anfrage	Tabelle 6.6
10-3E	UDS-Anfrage	Tabelle 6.5
40-4F	OBD-Antwort	(Anfrage + 40_{16})
50-7E	UDS-Antwort (positiv)	(Anfrage + 40_{16})
7F	UDS-Antwort (negativ)	
83-87	UDS-Anfrage	Tabelle 6.5
A0-BE	Diagnose-Anfrage	frei definierbar
C3-C7	UDS-Antwort (positiv)	(Anfrage + 40_{16})
E0-FE	Diagnose-Antwort	(Anfrage + 40_{16})

Noch recht neu ist der Ansatz, mit dem *Unified Diagnosis Service* (*UDS*) [ISO14229] zahlreiche Diagnosedienste herstellerübergreifend zusammenzufassen (Tabelle 6.5). Bisher genormte Dienste, z. B. nach [ISO15031] sind Bestandteil des UDS. Offen bleibt, wie weit Hersteller bereit sind, ihre Diagnosedienste solch einem Standard zu unterwerfen.

Bei Fahrzeugen, die nach dem 1. April 2006 in Deutschland zugelassen werden, wird bei der Hauptuntersuchung (HU, umgangssprachlich auch „TÜV" genannt) auch der Fehlerspeicher sicherheitsrelevanter Systeme ausgelesen. Stellen sich dabei Fehler heraus, welche die Sicherheit der Insassen oder anderer Verkehrsteilnehmer gefährden, kann die Erteilung einer neuen Plakette verweigert oder an Auflagen gebunden werden.

Eine zukünftige Norm, die vor allem auf der Ebene der Diagnosewerkzeuge eine stärkere Vereinheitlichung und Modularisierung bringen soll, befindet sich in Arbeit [ISO22900].

Tabelle 6.5 UDS-Dienste nach [ISO14229] und einige weitere SID (in Klammern). Die mit D markierten Dienste stehen sofort nach dem Verbindungsaufbau in der „Default-Session" zur Verfügung.

SID (hex)	Service	Gruppe	D	Bemerkungen
10	DiagnosticSessionControl	Kommunikationsmanagement	X	Umschaltung von Default-Session in spezielle Modi
11	ECUReset		X	setzt Steuergerät zurück
(20)	stopDiagnosticSession			Rückkehr aus spezieller Session in Default-Session
27	SecurityAccess			verschafft Zutritt zu geschützten Steuergeräte-Daten
28	CommunicationControl			kann zusätzliche Bedingungen definieren
3E	TesterPresent		X	hält die Verbindung während längerer Pausen aufrecht

(81)	startCommunication		X	optional anstelle Synchronisation
(82)	stopCommunication		X	Beendigung kann auch über Stillstand erfolgen
83	AccessTimingParameter			Tester fragt das Timing des Steuergerätes ab
84	SecuredDataTransmission			Übertragung verschlüsselt nach [ISO15764]
85	ControlDTCSetting			Setzen von Fehlercodes auch ohne Fehler erzwingen
86	ResponseOnEvent		X	lässt das Steuergerät auf Ereignisse senden
87	LinkControl			Steuerung der Verbindung
22	ReadDataByIdentifier	Übertragung	X	Daten über PID lesen
23	ReadMemoryByAddress		X	Daten über Adresse lesen
24	ReadScalingDataByIdentifier		X	Skalierung über PID lesen
2A	ReadDataByPeriodicIdentifier			fordert Steuergerät auf, Daten zyklisch zu senden
2C	DynamicallyDefineDataIdentifier		X	definiert vorübergehend Identifier
2E	WriteDataByIdentifier		X	PID in das Steuergerät schreiben
3D	WriteMemoryByAddress		X	Adresse im Steuergerät beschreiben
14	ClearDiagnosticInformation	Fehler-Speicher	X	Fehlerspeicher löschen
19	ReadDTCInformation		X	Fehlerspeicher auslesen
2F	InputOutputControlByIdentifier	I/O		Zugriff auf Eingänge und Ausgänge
31	RoutineControl	Funktions-Aufruf	X	Aufruf von Steuergerätefunktionen, z. B. Tests
(32)	StopRoutineControl		X	Dienst zum vorzeitigen Abbruch
34	RequestDownload	Speicher		Speicherbereich von Steuergerät an Tester senden
35	RequestUpload			Speicherbereich von Tester an Steuergerät senden
36	TransferData			Anforderung blockweisen Datentransfers
37	RequestTransferExit			Ende blockweisen Datentransfers

6.4.5 On-Board-Diagnose (OBD)

Eine wichtige Aufgabe der Diagnose hat die Europäische Union per Gesetz geschaffen, nämlich die *On-Board-Diagnose* (*OBD*), auch als *Europäische On-Board-Diagnose* (*EOBD*) bezeichnet. Dokumentiert ist die EOBD im Anhang XI der Richtlinie [EU98].

Die Entwicklung der OBD begann, als die kalifornische Umweltbehörde *CARB* (**C**alifornian **A**ir **R**esources **B**oard) 1987 verfügte, dass alle ab 1988 in Kalifornien neu zugelassenen Fahrzeuge Defekte, die zu verschlechterten Abgaswerten führen, selbst erkennen und melden müssen. Rasch übernahmen andere US-Bundesstaaten die kalifornischen Regelungen. Daneben existiert in den USA eine Bundesgesetzgebung, die aber gegenüber den scharfen kalifornischen Regelungen nur in den Bundesstaaten, welche die kalifornischen Standards nicht übernommen haben, eine praktische Bedeutung hat. 1996 wurde die zweite Stufe OBD II, manchmal auch CARB II genannt eingeführt.

Die EU führte EOBD in enger Anlehnung[6] an OBD II im Jahre 2001 für PKW mit Ottomotoren und 2004 für PKW mit Dieselmotoren ein. Ab 2007 sind auch LKW einbezogen. Japan führte mit J-OBD ebenfalls ein ähnliches System ein.

Inzwischen arbeitet die CARB an einer dritten Stufe der OBD. Dieser dritten Stufe liegt die Erkenntnis zugrunde, dass zahlreiche Fahrer abgasrelevante Fehler ignorieren, solange sich das Fahrzeug noch uneingeschränkt bewegen lässt. Ein in Kalifornien diskutierter Ansatz ist eine automatische Meldung abgasrelevanter Fehler über Funk an die zuständigen Behörden, die dann die Behebung des Fehlers überwachen. In Europa wird ein derartiges System bislang nicht erwogen.

In Deutschland wird die regelmäßige jährliche oder zweijährliche Abgasuntersuchung (AU) schrittweise bis 2010 abgeschafft. Diese wird dann Teil der Hauptuntersuchung (HU), bei der auch der OBD-Fehlerspeicher ausgelesen wird. Dabei kann auf Abgasmessungen verzichtet werden, wenn die OBD selbsttätig während des Fahrzeugbetriebs alle abgasrelevanten Fehler überprüft hat.

Die EU-Richtlinie [EU98] und die ISO-Normen [ISO15031-3,-4,-5,-6,-7], auf die in der Richtlinie verwiesen wird, lassen offen, welche Fehler als abgasrelevant einzustufen sind. Stattdessen definiert die EU-Richtlinie Abgasgrenzwerte, bei deren Verletzung ein Fehler erkannt werden muss. Diese sind im Anhang XI, Kapitel 3 der Richtlinie als Tabelle angegeben. Diese Grenzwerte sind nicht identisch mit den Grenzwerten, die ein neues Fahrzeug für die Typzulassung auf dem Rollenprüfstand einhalten muss, um z. B. in die Schadstoffklasse Euro IV eingestuft zu werden. Erst bei wesentlich höheren Abweichungen muss die OBD einen Fehler erkennen. Der Fahrzeug-Hersteller muss nun selbst entscheiden, welche Fehlerfälle zu einer Verletzung dieser Grenzen führen können und wie er diese Fehler diagnostizieren möchte. Erfahrungsgemäß verursachen diese Freiräume Unsicherheiten bei asiatischen Herstellern, da die korrekte Erfüllung der EOBD eine Voraussetzung der Typzulassung ist, asiatische Hersteller aber mit den europäischen Zulassungsverfahren kaum vertraut sind. Asiatische Hersteller begegnen dieser Rechtsunsicherheit tendenziell mit einer eher gründlicheren Überwachung, während europäische Hersteller die Freiräume eher zu ihren wirtschaftlichen Gunsten interpretieren. Damit trägt die EOBD unbeabsichtigt auch zu einem Wettbewerbsvorteil einheimischer Hersteller bei.

---

6 Man hört vereinzelt, dass EOBD und OBD II identisch seien. Dies trifft trotz hoher Ähnlichkeit nicht zu.

Im Folgenden wird die technische Realisierung der EOBD dargestellt. Dabei wird deutlich, dass diese der bereits zuvor beschriebenen normalen Werkstattdiagnose in vielerlei Hinsicht ähnelt. In der Tat wurden viele Diagnoselösungen aufbauend auf der schon älteren kalifornischen OBD entwickelt, um nicht mehrere Schnittstellen zur Diagnose im Fahrzeug zu benötigen.

Die grundsätzlichen Eigenschaften der EOBD sind in [ISO15031-1], ergänzt durch [ISO1531-2] definiert. Geregelt ist, dass Fehler, die zum Überschreiten von Abgasgrenzen führen, abzuspeichern und dem Fahrer über die *MIL* (**M**alfunction **I**ndicator **L**amp) zu melden sind. Viele Fehler lassen sich nur in bestimmten Betriebssituationen überprüfen, so kann z. B. ein Fehler eines Stellgliedes eventuell nur dann erkannt werden, wenn dieses während der Fahrt auch tatsächlich betätigt wird. Deswegen speichert die OBD nicht nur Fehler, sondern auch die Information darüber, ob ein möglicher Fehler überhaupt schon getestet werden konnte. Diese Information wird als *Readiness* (sinngemäß: Bereitschaft) eines Fehlers bezeichnet.

[ISO15031-3] standardisiert den schon bekannten 16-poligen Diagnosestecker und auch die elektrischen Schnittstellen (K-Line und CAN).

[ISO15031-4] beschreibt den EOBD-Tester, auch *Scantool* oder *Generic Scantool* genannt. Dieser Tester kann ein eigenständiges Gerät sein, das ausschließlich eine Diagnose nach EOBD durchführen kann. Üblich ist aber, dass ein markenspezifischer Service-Tester oder auch ein Universal-Tester die EOBD als zusätzliche Funktionalität besitzt. Die Verwendung der gleichen Schnittstellen wie für den Service kommt dieser Mehrfachnutzung eines Testers entgegen.

Tabelle 6.6 Auflistung der vorgeschriebenen Diagnosedienste der OBD2 und der EOBD. Diese Liste präzisiert die erste Zeile von Tabelle 6.4.

SID	Funktion
01	Auslesen abgasrelevanter Funktionen
02	Auslesen des Freeze Frames
03	Fehler auslesen
04	Fehlerspeicher löschen
05	Lambdasondentest
06	Testergebnisse auslesen
07	auch vorläufige Fehler auslesen
08	Stellgliedtests
09	statische Identifikationsnummern, z. B. VID (Fahrgestellnummer)

Welchen Funktionsumfang die Diagnose mindestens benötigt, also welche Dienste auf der Anwendungsebene unterstützt werden, regelt [ISO15031-5]. Die Tabelle 6.6 listet die Dienste, auch *Modes* genannt auf. Möchte der Nutzer z. B. die Drehzahl über den EOBD-Tester messen, so wird er zunächst Mode 1 auf dem Tester auswählen und dann ein weiteres Menü sehen, in dem verschiedene Größen aufgeführt sind.

Die EU-Richtlinie schreibt vor, welche Werte mindestens im Mode 01 angezeigt werden müssen. Darüber hinaus dürfen nach Belieben weitere Größen zugänglich gemacht werden. Der

Mindestumfang betrifft die berechnete Motorlast (*CLV*, **C**alculated **L**oad **V**alue), die anhand des Luftdurchsatzes definiert wird sowie die Drehzahl und die Kühlmitteltemperatur. Darüber hinaus nennt die EU-Richtlinie zahlreiche weitere Daten, die aber nur dann auslesbar sein brauchen, wenn sie im Steuergerät auch vorhanden sind. Da die Stelle, die ein System auf EOBD-Konformität prüft, das Vorhandensein nicht dokumentierter Größen kaum überprüfen kann, mangelt es der Richtlinie an dieser Stelle an Verbindlichkeit.

Um zu verstehen, unter welchen Bedingungen ein Fehler auftrat, muss mindestens ein *Freeze-Frame*, ein Satz von Umgebungsbedingungen zum Fehlerzeitpunkt, mit abgespeichert werden. Die Daten, die dabei abgespeichert werden müssen, sind wieder die Motorlast, die Drehzahl, die Kühlmitteltemperatur und weitere Daten, die ähnlich wie oben nur dann abgespeichert werden brauchen, wenn der Hersteller deren Präsenz im Steuergerät vorgesehen hat.

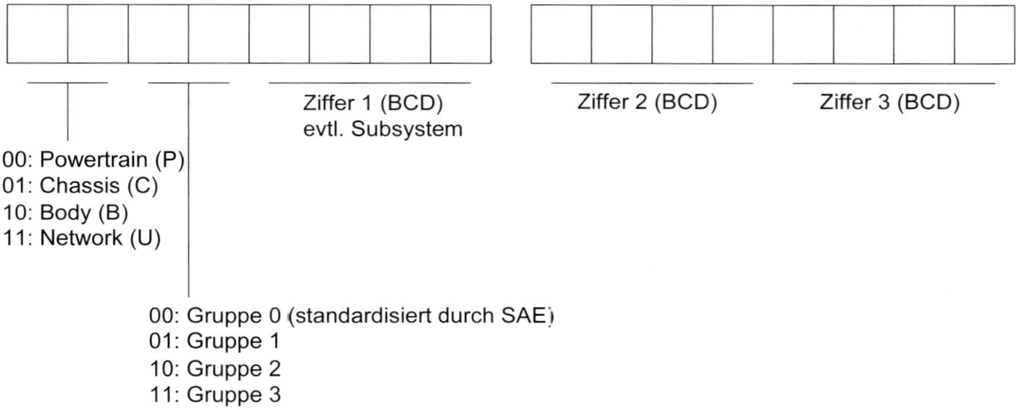

Bild 6-21 Aufbau der Fehlercodes nach [ISO15031-6]/[J2012]

In Mode 03 kann der Fehlerspeicher ausgelesen werden. Jeder der Fehler hat einen Code, der ursprünglich von der SAE in der Norm [J2012] definiert wurde und der dann in [ISO15031-6] übernommen wurde (Bild 6-21). Diese Codes werden *DTC* (**D**iagnostic **T**rouble **C**odes, diagnostische Problemcodes) genannt. Das Format, in dem der Fehler ausgegeben wird, ist dabei bewusst so allgemein gehalten, dass der Hersteller auch seine über die EOBD hinausgehende Service-Diagnose in diesem Format gestalten kann. Für die EOBD sind ausschließlich Fehler von Interesse, die den Motor mit der Abgasanlage betreffen, dieser ist gemeinsam mit dem Getriebe Teil des Antriebsstrangs (*Powertrain*). Da die Codes für Fehler im Antriebsstrang alle mit dem Buchstaben P beginnen, werden sie auch als P-Codes bezeichnet. So bedeutet z. B. P0237, dass der Ladedrucksensor permanent einen zu hohen Druck meldet aufgrund einer abgefallenen Masseleitung. P steht für Powertrain, 0 für die genormten Codes, 2 steht gemeinsam für die Subsysteme Luftsystem und Einspritzsystem. Der zur Einführung dieses Abschnitts erwähnte Fall einer defekten Masseleitung des elektronischen Gaspedals gilt nicht als abgasrelevant und hätte einen herstellerspezifischen Code P1XX, P2XX oder P3XX. XX steht dabei für zwei Ziffern, welche der Hersteller außerhalb der EOBD-Vorschriften frei wählen kann. Die Abkürzung U für Netzwerkfehler hat historische Gründe, weil die mit 11 beginnenden Codes lange Zeit ungenutzt (unused) blieben.

Nach Behebung eines diagnostizierten Fehlers kann dieser in Mode 04 nebst Zusatzinformationen wie dem Freeze-Frame wieder aus dem Fehlerspeicher gelöscht werden. Dabei wird auch die zuvor erwähnte Readiness wieder zurückgesetzt, d. h. die abgasrelevanten Systeme gelten nach dem Löschen zunächst wieder als ungetestet.

Der Lambdasondentest in Mode 05 ist nur für Ottomotoren interessant, bei Dieselmotoren, die inzwischen auch für unterschiedliche Zwecke Lambda-Sonden einsetzten wird er nicht durchgeführt. Dabei wird zunächst z. B. durch zusätzliche Luft eine veränderte Luftzahl erzwungen. Die Regelung sollte die Abweichung erkennen und dann das Lambda durch eine Anpassung der Kraftstoffmenge zügig wieder zu seinem Sollwert 1 zurückführen. Ist dies nicht der Fall, könnte dies auf einen Defekt der Lambda-Sonde oder auch anderer Glieder im Regelkreis hindeuten.

Sehr viele Sensoren im Fahrzeug sind nur oder zumindest einfacher in bestimmten Betriebssituationen testbar. Ein Beispiel ist der Raildrucksensor eines Common-Rail-Systems, bei dem nach dem Abschalten des Motors überwacht wird, ob und wie schnell der gemessene Druck auf den atmosphärischen Druck absinkt. Solche Testergebnisse können z. B. im Nachlauf des Steuergerätes abgespeichert werden und sind dann im Mode 06 verfügbar.

Um beim Überprüfen eines Fehlerverdachts nicht erst die vollständige Entprellung des Fehlers abwarten zu müssen, ermöglicht der Mode 07 auch das Auslesen vorläufiger Fehler.

Möchte man die Funktion eines Stellers überprüfen, kann es sinnvoll sein, wenn dieser Steller über den Tester betätigt werden kann. So ist es beispielsweise möglich, einen durch Verbrennungsrückstände festklemmenden Abgasrückführsteller dadurch zu diagnostizieren, indem er über den Tester betätigt wird. Man könnte dann über das Geräusch feststellen, ob er sich bewegt oder man könnte eine Positionsrückmeldung des Stellers nutzen und am Diagnosetester ablesen, ob und wie er sich bewegt. Diese Funktion wird in Mode 08 (Stellgliedtests) bereitgestellt.

Mode 09 zeigt ab Werk fest einprogrammierte Konstanten an, z. B. die Fahrgestellnummer oder die Version des am Produktionsband in das Steuergerät einprogrammierten Datensatzes.

Die OBD ist vor allem dann sinnvoll, wenn eine missbräuchliche Manipulation ausgeschlossen werden kann. In diese Kategorie kann das Unterdrücken eines erkannten Fehlers fallen, aber auch das Chiptuning, um über eine Änderung der Software die Motorleistung zu erhöhen. Wie Manipulationen zu verhindern sind regelt [ISO15031-5].

6.4.6 Programmierung über die Diagnose-Schnittstelle

Diese Überschrift beschreibt ein weites Spektrum unterschiedlicher Aktivitäten. Allen gemeinsam ist, dass nicht nur Anfragen an das Steuergerät geschickt werden, sondern persistent Daten im Steuergerät verändert werden. Im weitesten Sinne kann darunter auch die komplette Neuprogrammierung einer Software verstanden werden, wie sie später im Abschnitt über die Flash-Programmierung erläutert wird, da zu diesem Zweck die gleiche Hardware-Schnittstelle (K-Line oder CAN) wie zur Diagnose verwendet wird. Im Folgenden soll darunter nur die nachträgliche Umprogrammierung einzelner Parameter verstanden werden bei Fahrzeugen, die bereits in den Verkehr gebracht wurden.

Eine häufige Aufgabe in diesem Kontext ist die Anpassung der Fahrzeugelektronik an Umbauten oder bei einem Verkauf in ein anderes Land die Anpassung an unterschiedliche gesetzliche Bedingungen. Wenn sich z. B. der Halter eines Fahrzeugs nach einem Defekt der Klimaanlage entscheidet, anstelle einer teueren Reparatur künftig auf die Klimaanlage zu verzichten, ist es sinnvoll, dies der Fahrzeugelektronik beizubringen. Bei vielen Lichtsteuergeräten lässt sich z. B. einstellen, ob das Fahrzeug mit Dauerlicht (in Skandinavien und Slowenien Zulassungsvorschrift) fahren soll oder ob das Licht ein- und ausschaltbar sein soll. Es gibt auch Hersteller, bei denen Austausch-Steuergeräte erst nach Eingabe eines Codes, der auf Anforderung von einem zentralen Server des Herstellers generiert wird, funktionsfähig sind.

Häufig wird solch ein Dienst unter KWP2000 mit dem hexadezimalen *SID* (**S**ervice **Id**entifier) $3B_{16}$ („WriteDataByLocalIdentifier") aufgerufen. Wenn es z. B. einen *LID* (**L**ocal **Id**entifier) gibt, der in einem Motorsteuergerät aussagt, dass aus vier Datensatzvarianten für einen Satz von Variablen und Kennfelder eine Variante ausgewählt werden sollen und dieser LID z. B. die Nummer 42_{16} hat, so würde der Tester dem Steuergerät für die Auswahl der Variante 0 die Sequenz `3B 42 00` schicken. Der LID ergänzt und präzisiert hier die vorangehende SID, danach erfolgt die Übertragung der tatsächlich ausgewählten Variante. Wenn die Umprogrammierung erfolgreich war, bestätigt das Steuergerät mit `7B 42`., wobei $7B_{16}$ wiederum die um 40_{16} erhöhte SID ist.

6.4.7 ODX

Der Diagnosebereich ist geprägt von einer Reihe zueinander inkompatibler Lösungen einzelner Hersteller. Dies erschwert die Arbeit der Zulieferer, die ihre Software für unterschiedliche Fahrzeughersteller häufig von Grund auf neu entwickeln müssen und dafür zusätzliche Arbeitskräfte benötigen. Auch der Service wird erschwert, da häufig für verschiedene Marken unterschiedliche Tester benötigt werden. Es gibt jedoch auch Fahrzeughersteller, die den letzten Punkt als Vorteil betrachten, um im Wettbewerb der Markenwerkstätten gegen preisgünstige freie Werkstätten bestehen zu können. *ODX* (**O**pen **D**iagnostic Data E**x**change) ist ein Versuch der *ASAM* (**As**sociation for **S**tandardization of **A**utomation- and **M**easuring Systems), auch unterschiedliche Diagnoselösungen einheitlich zu strukturieren.

Der Kern von ODX ist eine Datei, die in einer einheitlichen Beschreibungssprache sämtliche Merkmale der Diagnose (Hardware und Software) vollständig und eindeutig beschreibt. ODX ist eine logische Fortsetzung älterer MCD2-Standards der ASAM, die sich bereits vor Jahren in der Automobilindustrie etablierten und Datenformate für Messdaten, Applikationsdaten und Diagnosedaten definierten. Eine wesentliche Neuerung ist, dieses Beschreibungsformat auf der vor allem aus Internet-Anwendungen bekannten *XML*[7] (**E**x**t**ensible **M**arkup **L**anguage) aufzubauen und die Einbeziehung weiterer Daten in dieses Format. ODX enthält neben der Beschreibung der Diagnosedaten auch Beschreibungen der Kommunikationsparameter, der fahrzeugspezifischen Daten, der Flashdaten und der Daten von vernetzten Anwendungen, an denen mehrere Steuergeräte beteiligt sind. Die ODX-Dateien sind hierarchisch aufgebaut und maschinenlesbar.

7 Ab ODX 2.0. Zuvor war die SGML (Standard Generalized Markup Language) Grundlage.

6.5 Entwicklung der Anwendungs-Software

6.5.1 Programmierung

Die Module der Anwendungs-Software werden in einem gemeinsamen Build (Kompilieren, Linken, Anordnung im Speicher) mit dem Betriebssystem verlinkt, so dass auf dem Steuergerät nur ein ausführbares Programm läuft, das sowohl den Betriebssystemkern als auch die Anwendungs-Software enthält.

Als Programmiersprache ist C verbreitet, zeitkritische Komponenten werden vereinzelt noch in Assembler geschrieben. Moderne objektorientierte Programmiersprachen wie C++ oder Java haben in der Steuergeräteprogrammierung noch keine Bedeutung. Theoretisch könnte ein sehr guter C++-Compiler den gleichen Code erzeugen wie ein C-Compiler, praktisch überträgt sich der höhere Codeumfang bei objektorientierten Sprachen auch auf das ausführbare Programm, welches mehr Laufzeit und mehr Speicher benötigt, als ein prozedural programmiertes Programm mit gleicher Funktionalität. Ein Ansatz zur Verbesserung der Effizienz objektorientierter Sprachen war die Sprache EC++ (*embedded C++*), eine Untermenge von C++ in der Version von 1998, die auf diesen Anwendungsbereich zugeschnitten war, sich aber nicht durchsetzte [ec2plus02].

Da C eine noch maschinennahe höhere Programmiersprache ist, ermöglicht sie die Erzeugung eines effizienten Codes. Aufgrund der starken Verbreitung von C gibt es sehr viele erfahrene C-Programmierer, dies ist ein Vorteil gegenüber der Sprache Ada, die vor allem in der Wehrtechnik und der Luft- und Raumfahrt eingesetzt wird. Ein erheblicher Nachteil von C sind jedoch die Qualitätsrisiken, die durch den fehlerhaften Gebrauch von Zeigern entstehen. Die fehlerhafte Benutzung von Zeigern kann zu sehr tückischen Fehlern führen, bei denen Adressen in völlig anderen Modulen eins Programms mit ungültigen Werten überschrieben werden. Derartige Fehler werden auch durch intensives Testen nicht sicher erkannt. Die Verwendung von C für sicherheitskritische Systeme ist deshalb fragwürdig. Dies ist der Grund, warum sich in den genannten Anwendungen die eher unbekannte Sprache Ada durchsetzen konnte.

Ein zukünftiger Trend ist die automatische Erzeugung von Programmcode aus Entwicklungswerkzeugen heraus. Es gibt zahlreiche Werkzeuge (z. B. Simulink [MathW07], Easy5 [MSC05], ASCET [ETAS07]), bei denen das Verhalten eines Steuergerätes zunächst als Signalflussplan modelliert werden kann. Der Signalflussplan kann einerseits als Dokumentation genutzt werden, andererseits ermöglichen diese Programme aber eine Simulation sowohl des Systemverhaltens als auch des Steuergerätes in einer sehr frühen Entwicklungsphase. Einige dieser Simulationsprogramme ermöglichen die Erzeugung von C-Code für verschiedene bekannte Mikrocontroller aus dem Simulationsmodell heraus. Diese Vorgehensweise wird als *RCP* (**R**apid **C**ontrol **P**rototyping) bezeichnet. Einige Hersteller solcher Werkzeuge behaupten, dass auf Knopfdruck serienreifer Code erzeugt werden könne. Nachteilig ist die verminderte Effizienz solchen Codes, die schlechte Lesbarkeit maschinell generierten Codes und aufgrund fehlender Standards die Abhängigkeit von einem evtl. sehr teuren Werkzeug. Obwohl die Codegenerierung schon recht zuverlässig funktioniert, bestehen Vorbehalte gegenüber einem Einsatz in sicherheitskritischen Systemen.

Wichtige Anforderungen an den Code sind die Zuverlässigkeit und die Wiederverwendbarkeit. Raffinierte Programmiertricks, die niemand außer dem Programmierer durchschaut und die fehlerträchtig sind, haben besonders bei sicherheitskritischen Anwendungen keine Berechtigung. Eine gute Kommentierung des Codes sollte selbstverständlich sein. Aus diesem Grunde gibt es in den meisten Unternehmen Codierungsrichtlinien, die für den Programmierer verbindlich sind.

Unternehmensübergreifende Richtlinien für die Automobilindustrie wurden von der MISRA [MISRA94] herausgegeben Vor allem die Richtlinien, die speziell auf die Programmiersprache C zugeschnitten sind [MISRA04] finden in der Kfz-Industrie breite Anwendung. Zahlreiche Compiler unterstützen dieses „MISRA-C", indem sie optional eine verschärfte Syntax-Prüfung gemäß den Regeln der MISRA anbieten.

Das folgende Beispiel soll zeigen, dass die Einhaltung der MISRA-Regeln grundsätzlich empfehlenswert ist. `a` und `b` seien zwei boolsche Variablen[8]. Angenommen, der Wert von `b` soll `a` zugewiesen werden und anschließend soll eine Entscheidung basierend auf dem Wert von `a` getroffen werden. Diese zwei Dinge lassen sich in C sehr kurz formulieren:

```
if (a=b) {...
```

Zunächst wird die Klammer, also die Zuweisung, abgearbeitet. Dann wertet die `if`-Abfrage die Variable `a` zur Entscheidung aus. Ist diese ungleich 0, wird der Programmteil hinter dem `if` ausgeführt, sonst übersprungen. Es handelt sich um korrekten C-Code, der allerdings leicht mit der folgenden Zeile

```
if (a==b) {...
```

verwechselt werden kann. Diese Zeile hat eine völlig andere Bedeutung. Hier wird mit dem Vergleichsoperator = = überprüft, ob `a` und `b` gleich sind, wenn ja wird der Code hinter dem `if` ausgeführt, sonst wird er übersprungen. Ein Compiler mit aktiver MISRA-Option würde das obere Beispiel als Fehler melden. Vermeiden lässt sich dieser, indem die Zuweisung und die Abfrage sauber getrennt werden. Ein korrekter Code könnte folgendermaßen aussehen:

```
a=b;      /* erst die Zuweisung */
if (a){   /* und dann die Abfrage */
```

Die Wiederverwendung gleicher und ähnlicher Codemodule erfordert eine saubere Verwaltung dieser Module. Diese wird als *Konfigurationsmanagement* bezeichnet. Bild 6-22 soll die Aufgabe des Konfigurationsmanagements verdeutlichen.

8 Boolsche Variablen waren in C ursprünglich nicht vorgesehen, deshalb werden ganzzahlige Typen benutzt. Das `if` überprüft, ob diese ungleich 0 oder gleich 0 sind.

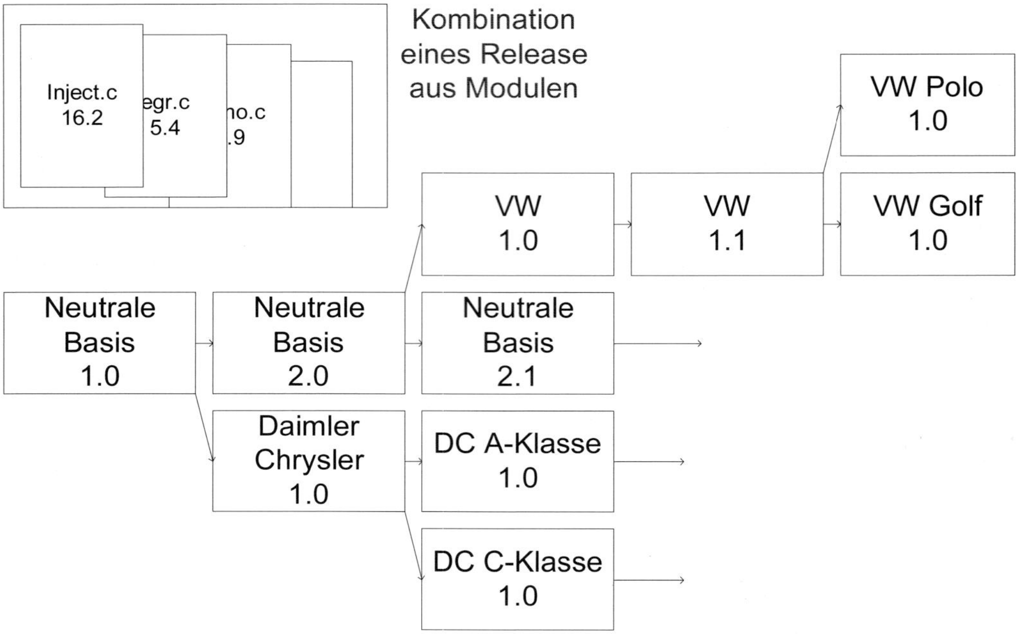

Bild 6-22 Mit einem Konfigurationsmanagement werden zusammenhängende Module verwaltet.

Die Software eines Steuergerätes entwickelt sich vor allem dadurch weiter, dass in den einzelnen Modulen Änderungen durchgeführt werden. Dadurch entstehen von jedem Modul etliche *Versionen*[9]. Eine Software eines bestimmten Motorsteuergerätes könnte zum Beispiel das Softwaremodul für die Einspritzung inject.c in der Version 16.2 enthalten. Das Modul für die Abgasrückführung egr.c könnte z. B. in der Version 5.4 enthalten sein. Das Konfigurationsmanagement bündelt nun alle zusammengehörigen Versionen der einzelnen Module zu einem *Release*. Ein Release ist eine komplette Software, die sich aus einem bestimmten Satz von Modulversionen zusammensetzt. Auch ältere Releases können nachträglich jederzeit wieder erzeugt werden.

Ein weiteres Problem ist, dass sich im Laufe der Zeit zwar ähnliche aber doch unterschiedliche Varianten sowohl der Software-Releases als auch der Modulversionen bilden. Die Koordination dieser Variantenbildung ist eine weitere Aufgabe des Konfigurationsmanagement.

Daneben regelt das Konfigurationsmanagement den gemeinsamen Zugriff mehrerer Programmierer auf eine Quelldatei.

Für das Konfigurationsmanagement gibt es freie und kommerzielle Werkzeuge. Beispiele freier Werkzeuge sind das sehr leistungsfähige aber komplizierte CVS [CVS06] und das sehr einfach gehaltene RCS [RCS05]. Ein in der Kfz-Branche verbreitetes kommerzielles Produkt ist „Doors“ [Telelo07].

---

9 Die Begriffe „Version“ und „Release“ werden uneinheitlich verwendet. Hier werden sie so benutzt, wie es u.a. bei dem Konfigurationsmanagement-Werkzeug CVS üblich ist.

6.5.2 Bypass

In der Entwicklung eines Steuergerätes kann es sinnvoll sein, nicht sämtliche Funktionen eines Steuergerätes schon im Steuergerät zu rechnen, sondern neuartige Funktionen, die umfangreiches Probieren erfordern, auf einen separaten Rechner auszulagern, auf dem diese neuen Funktionen leicht geändert werden können. Dieser separate Rechner muss leistungsfähig genug sein, Funktionen in Echtzeit auszuführen. Hierzu werden häufig spezielle Simulationsrechner mit einer steuergeräteähnlichen Hardware verwendet. Diese können ähnlich kompakt wie ein Steuergerät aufgebaut sein oder aber als modular erweiterbares System wie in Bild 6-23 angedeutet. Die Funktion kann dann auf einem PC mit einem RCP-System (voriger Abschnitt) entwickelt werden und auf den Bypass-Rechner hinunter geladen werden. Dies kann wesentlich schneller gehen, als nach jeder kleinen Änderung eine neue Steuergerätesoftware zu bauen und zu flashen.

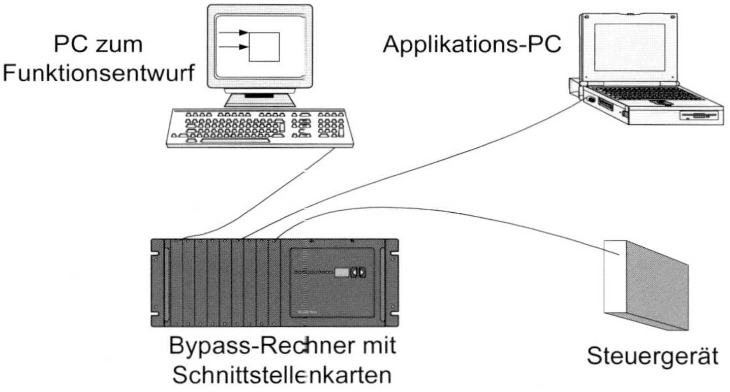

Bild 6-23
Aufbau eines Bypass-Systems

Weiterhin muss die Software des Steuergerätes für die Anwendung des Bypass vorbereitet sein, es muss also saubere Schnittstellen geben zwischen den ausgelagerten Funktionen und den auf dem Steuergerät verbleibenden Funktionen. Man spricht hier vom *Freischnitt* der auszulagernden Funktion. Aus bisher software-internen Schnittstellen werden am Freischnitt jetzt physikalische Schnittstellen zwischen zwei Geräten, die ebenso wie die Software echtzeitfähig sein müssen. Bewährt haben sich hier die gleichen Schnittstellen, wie sie auch zur Applikation (nächster Unterabschnitt) benutzt werden.

Problematisch beim praktischen Einsatz sind das nicht immer reibungslose Zusammenwirken der unterschiedlichen Werkzeuge sowie deren Kosten. Oft müssen bei Bedarf noch zusätzliche Freischnitte programmiert werden, bei kleinen Änderungen von Funktionen kann dadurch die Bypass-Technik in Einzelfällen aufwändiger sein, als wenn die zu erprobende Funktion gleich in eine neue Versuchssoftware integriert wird. Deswegen wird das Potenzial der Bypass-Technik in der Praxis kaum genutzt.

6.5.3 Datensatz und Applikation

Im Steuergerät werden Daten und Software in getrennten Speicherbereichen vorgehalten. Ein übliches Verfahren ist, dass der Steuergerätehersteller die Software mit einem vorläufigen Datensatz in den Flash-Speicher lädt und die Software gegen Überschreiben schützt. Das Steuergerät wird dann an den Fahrzeughersteller ausgeliefert, der anschließend selbst den Datensatz optimiert. Der optimierte Datensatz wird vor dem Serienanlauf evtl. an den Zulieferer zurück gesandt, falls dieser die Seriensteuergeräte flasht.

Die Entwicklung des Datensatzes am Schreibtisch, im Labor, am Prüfstand, auf der Teststrecke oder auf der Straße wird als Applikation oder Kalibrierung bezeichnet. Bei komplexen Steuergeräten kann die Anzahl der einzustellenden Daten inzwischen fünfstellig sein, die Komplexität der Einstellung, damit aber auch die Flexibilität, hat also gegenüber den wenigen Einstellschrauben an einem Vergaser extrem zugenommen. Ein großer Anteil der Applikation kann oft unverändert aus anderen Projekten übernommen werden, einige Labels (Applikationsdaten) lassen sich mit hinreichender Erfahrung auch theoretisch festlegen. Ein großer Teil sollte oder muss aber am realen Objekt festgelegt werden. Der Datensatz prägt das Verhalten eines Fahrzeugs maßgeblich, die Applikation im Fahrzeug ist daher eine sehr interessante Tätigkeit, deren Auswirkung auf das Fahrzeug unmittelbar erfahrbar ist.

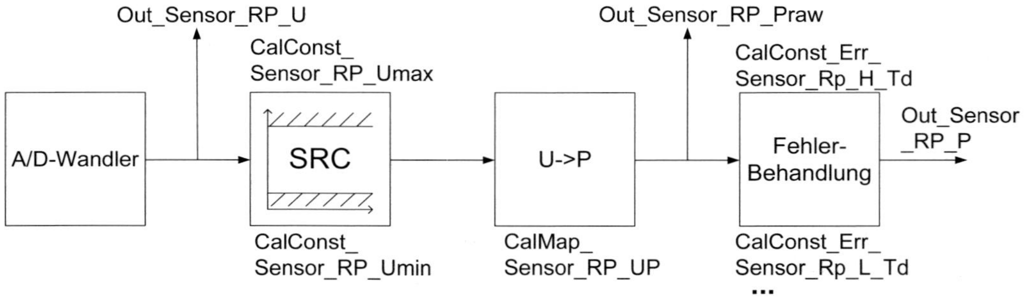

Bild 6-24 Beispiele für Einstellwerte bei einer Sensorauswertung

Um eine Vorstellung zu bekommen, wie die hohe Zahl an Applikationsdaten zustande kommt, zeigt das abgebildete Beispiel die Signalauswertung des Sensors für den Raildruck aus Kapitel 3. An diesem Beispiel wird auch deutlich, dass nicht alle Applikationsdaten eine emotionale Qualität haben wie z. B. Kennfelder, die das Fahrverhalten prägen, sondern dass die Applikation auch einen großen Anteil reiner Fleißarbeit beinhaltet.

Die einzustellenden Daten beinhalten binäre Konstanten (z. B. zum Aktivieren oder Abschalten einzelner Softwarefunktionen), numerische Konstanten (im Bild `CalConst`... genannt), Kennlinien (im Bild `CalMap`... genannt) und Kennfelder, also mehrdimensionale Kennlinien. Neben einzugebenden Werten zeigt das Bild weiterhin auszugebende Werte (im Bild `Out`... genannt), die in anderen Teilen der Software ausgewertet werden können oder auch nur der Überprüfung während der Applikation dienen.

Der AD-Wandler liefert die vom Drucksensor erzeugte Spannung, auf die in der Software unter der Bezeichnung `Out_Sensor_RP_U` zugegriffen wird. Bei vielen Sensoren wird nur ein Teil des physikalisch möglichen Spannungsbereiches genutzt, um durch Verlassen dieses Bereiches elektrische Fehler feststellen zu können. Diese Überprüfung des Signalbereichs (SRC) setzt voraus, dass die Software weiß, welche Spannungen im regulären Betrieb auftreten und welche Spannungen einem Fehlerfall entsprechen. Es sind also eine zulässige Untergrenze `Cal_Const_RP_Umin` und eine Obergrenze `Cal_Const_RP_Umax` anzugeben. Da die Software letztlich nicht an der Spannung am Sensor, sondern dem gemessenen Druck interessiert ist, muss die inverse Kennlinie `CalMap_Sensor_RP_UP` im Steuergerät hinterlegt sein. Der Rohwert des so ermittelten Druckes `Out_Sensor_RP_Praw` wird eventuell durch die folgende Fehlerbehandlung überschrieben. Für diese sind hier exemplarisch nur zwei einzustellende Konstanten angegeben, die definieren, wie lange die beiden Fehler, die beim SRC erkannt werden können, anliegen müssen, damit das Steuergerät Maßnahmen ergreift. Diese Maßnahmen betreffen das Abspeichern von Fehler (s. Abschnitt Diagnose), aber auch den Ersatz des im Fehlerfall ungültigen Messwertes durch einen Ersatzwert. Das Ergebnis ist der von der Software benutzte Raildruck `Out_Sensor_RP_P`, der in der Regel dem Rohwert vor der Fehlerbehandlung entspricht, im Fehlerfall aber einem Ersatzwert. In der Fehlerbehandlung kann eingestellt werden, ob der letzte gültige Wert eingefroren wird oder ob der Ersatzwert ein zuvor programmierter Wert ist, wie schnell vom letzten Wert auf den Ersatzwert gewechselt wird und Vieles mehr. Man kann leicht nachvollziehen, dass alleine für die Fehlerstrategie und die folgende Behandlung durch die Diagnose noch zahlreiche weitere Labels einzugeben sind.

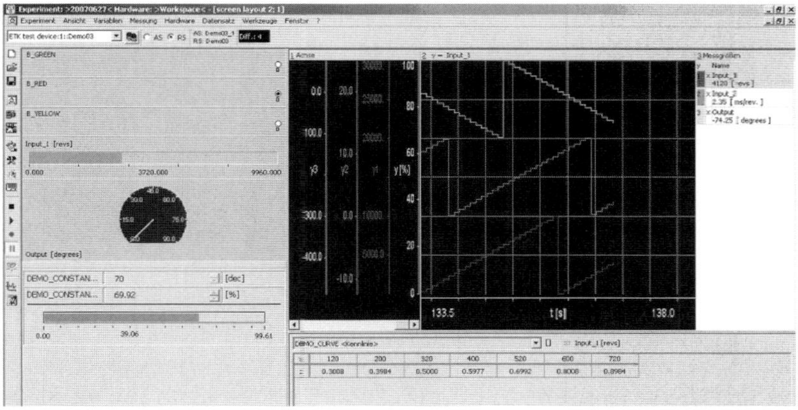

Bild 6-25
Benutzeroberfläche einer verbreiteten Applikationssoftware (INCA, ETAS GmbH)

Wie findet dieser Vorgang der Applikation praktisch statt? Zunächst wird eine Software benötigt, die das Verstellen von Software-Labels und die Ausgabe von Messgrößen (also der Größen, deren Namen im Beispiel oben mit `Out` begann) ermöglicht. Das Verstellen kann offline am Schreibtisch geschehen, wenn der Datensatz anschließend ins Steuergerät kopiert werden kann. Bei vielen Labels ist es dagegen erforderlich, deren Auswirkung unmittelbar experimentell zu ermitteln. Dies kann z. B. bedeuten, dass der Applikateur während der Fahrt Kenngrößen der Motorsteuerung verändert und sofort durch die Aufzeichnung der Ausgabewerte, durch Messgrößen oder auch durch subjektives Empfinden bewertet. Es bietet sich an, das Verstellen von Werten sowie das Darstellen von Ausgabegrößen mit Hilfe des gleichen Softwarewerkzeugs umzusetzen. Bild 6-25 zeigt, wie sich solch eine Software dem Benutzer gegenüber darstellt.

Bild 6-26 stellt dar, wie solch ein Programm mit dem Steuergerät zusammen arbeitet. ASAM-MCD1-MC definiert eine physikalische Verbindung nebst zugehörigem Protokoll. ASAM-MCD2-MC definiert eine „Label-Datenbank", die beschreibt, wie interne Daten des Steuergerätes von der Applikationssoftware dem Nutzer dargestellt werden. Heutige Applikationsprogramme können nicht nur manuell bedient werden, sondern auch über die ASAM-MCD3-MC-Schnittstelle ferngesteuert werden. Dies ist sinnvoll zur automatisierten Applikation, wenn

z. B. am Prüfstand selbsttätig Optimierungen am Datensatz durchgeführt werden. Eine Optimierungssoftware übergibt dann Werte an das Applikationsprogramm, dieses übergibt diese Werte ans Steuergerät, misst dabei die zu optimierenden Größen und leitet diese wieder an die Optimierungssoftware zurück, die solange die Applikationsdaten manipuliert, bis die Messgröße ein Optimum erreicht hat.

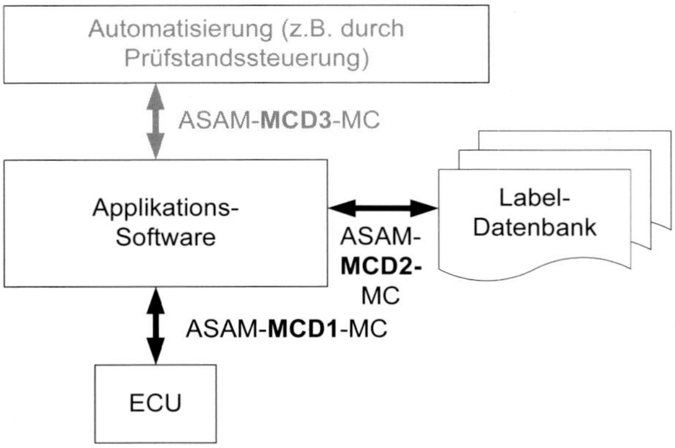

Bild 6-26
Durch die ASAM standardisierte Schnittstellen zur Applikation. MCD: Measurement, Calibration, Diagnosis

6.5.3.1 Applikationsprotokolle

Ältere Protokolle zur Applikation nutzen die zu Diagnosezwecken vorhandene K-Line. Da diese Protokolle an Bedeutung verlieren, soll hier auf die aktuellen Protokolle CCP (**C**AN **C**alibration **P**rotocol) und das darauf aufbauende XCP (ursprünglich E**x**tended **C**alibration **P**rotocol) nach ASAM-MCD1-MC eingegangen werden.

6.5.3.1.1 CCP

Das CAN Calibration Protocol [ASAM99] wurde eingeführt, um über den CAN-Bus Kalibrierdaten und Messdaten zu übertragen. Es stellt ein interessantes Beispiel dar, wie dem auf nur zwei Schichten (physikalisch und Sicherung, Kapitel 4) definierten CAN ein Protokoll überlagert werden kann.

Das CCP arbeitet mit einem Master-Slave-Konzept. Im Gegensatz zur normalen Nutzung des CAN, bei der jeder Busteilnehmer grundsätzlich auf dem Bus senden darf, darf beim CCP nur der Applikations-PC als Master selbständig Daten versenden, andere Steuergeräte dürfen dies nur, wenn sie vom Master dazu aufgefordert wurden. Die vom Master gesendeten Objekte werden CRO (**C**ommand **R**eceive **O**bjects) genannt. Die Slaves liefern DTO (**D**ata **T**ransmission **O**bjects) zurück. Da bei der Applikation oft permanent Messdaten auf dem PC mitgeschrieben werden, gibt es neben einzelnen DTO auch solche DTO, die nach einmaliger Aufforderung durch den Master zyklisch vom Steuergerät verschickt werden und DAQ-DTO (**D**ata **Acq**uisition **DTO**, Datenerfassungs-DTO) genannt werden.

Der in Kapitel 4 vorgestellte Datenrahmen des CAN-Busses erlaubt die Einfügung von bis zu 8 Datenbytes in eine CAN-Nachricht. Wenn auf das CAN-Format ein zusätzliches Protokoll aufgesetzt wird, fallen dafür zusätzliche Protokolldaten an. Außerhalb der CAN-Nachrichten können diese nicht übertragen werden, weil immer noch das CAN-Protokoll zugrunde liegt und weitere Daten, die nicht dem CAN-Format entsprechen, als Fehler erkannt werden. Um die Kompatibilität zum CAN-Format zu erhalten, verbleibt die Möglichkeit einige der 8 CAN-Datenbytes für zusätzliche Protokollinformationen zu opfern und nur in den dann noch übrigen Bytes Nutzdaten zu übertragen. Die nutzbare Datenrate sinkt also durch diese Protokollschachtelung, allerdings in einem in der Praxis akzeptablen Ausmaß. Das Bild zeigt, wie die CCP-Botschaften in die CAN-Botschaften eingefügt werden. Eine andere Möglichkeit wäre, einen Teil des Identifiers zur Übertragung von Protokolldaten zu nutzen, wie dies beim Diagnoseprotokoll J1939 geschieht. Von dieser Möglichkeit wird beim CCP kein Gebrauch gemacht.

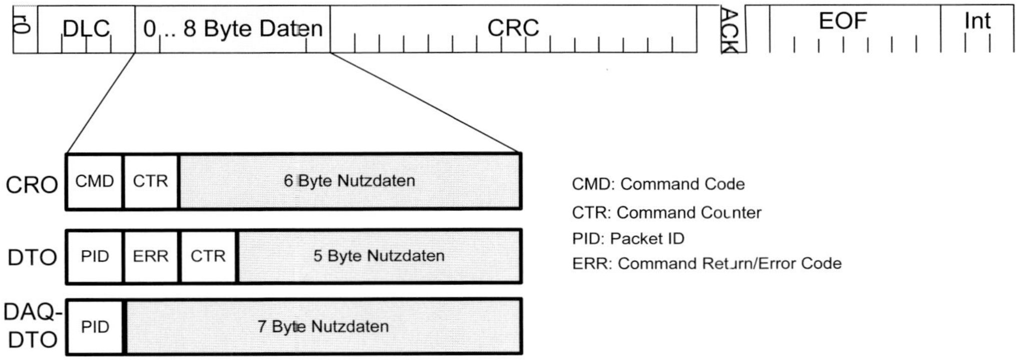

Bild 6-27 Einbettung von CCP-Nachrichten in das CAN-Format

6.5.3.1.2 XCP

XCPDas CCP benötigt als physikalische Schicht und Sicherungsschicht einen CAN-Bus. Da zunehmend auch andere Kommunikationsschnittstellen in Steuergeräten verwendet werden, kam die Zielsetzung auf, die Bindung des CCP an den CAN zu lösen zugunsten eines universellen Protokolls, das außer auf dem CAN (*XCP on CAN*) [ASAM03C] auch auf vielen anderen Schnittstellen laufen kann.

Bei diesen neuen Schnittstellen handelt es sich z. B. um Anschlüsse, die ursprünglich von den Herstellern der Mikrocontroller zum Testen und zur Fehlersuche vorgesehen waren, sich aber auch für andere Zwecke eignen. Es bietet sich daher an, zumindest bei Entwicklungssteuergeräten, diese Anschlüsse für Applikationszwecke heraus zu führen. Solch eine Schnittstelle ist z. B. das in der Digitaltechnik bekannte *JTAG*-Interface (**J**oint **T**est **A**ction **G**roup, gemeinsame Testaktionsgruppe) [IEEE1149.1].

Auch serielle Schnittstellen, die ursprünglich von den Halbleiterherstellern zur Kommunikation zwischen den IC in einem Gerät entwickelt wurden, z. B. SPI (**S**erial **P**eripheral **I**nterface) [Freescal04] oder SCI, zusammenfassend auch SxI genannt, werden unterstützt [ASAM03S].

Weitere Beispiele neuerer Schnittstellen, die im XCP bereits unterstützt werden, kommen aus PC-Welt, z. B. USB (**U**niversal **S**erial **B**us) [ASAM04] und Ethernet [ASAM03E]. Auch weitere automobile Bussysteme wie FlexRay werden bereits unterstützt [ASAM05].

Daneben gibt es beim XCP noch einige kleinere Änderungen gegenüber dem CCP. So wird unterschieden zwischen fünf verschieden Arten von CTO (**C**ommand **T**ransfer **O**bjects), nämlich einem Kommandotyp CMD zum Steuergerät und vier weiteren (Antwort, Fehler, Ereignis,

Server Request Processor), die vom Steuergerät zum Testgerät übertragen werden. Für die Übertragung größerer Datenblöcke gibt es zwei Arten DTO (**D**ata **T**ransfer **O**bjects), nämlich je nach Richtung DAQ und STIM.

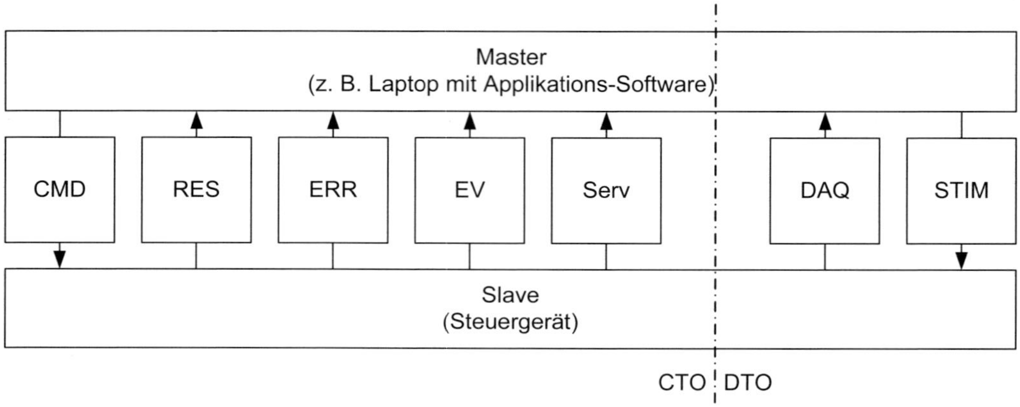

Bild 6-28 Nachrichtentypen im XCP

6.5.3.2 Label-Datenbanken

Ähnlich wie bei der Diagnose müssen die im Speicher vorhandenen Daten (die oft sogar als Integer-Zahlen im Steuergerät abgelegt sind) für den Applikateur benutzerfreundlich aufbereitet werden durch eine Umrechnung in physikalische Größen und Zuordnung physikalischer Einheiten. Außerdem müssen den Speicheradressen im Steuergerät aussagekräftigen Namen wie im vorangehenden Beispiel `Out_Sensor_RP_P` zugeordnet werden. Dies besorgt eine auf dem Applikationsrechner abgelegte Datenbank nach dem ASAM_MCD2_MC-Standard, die in ihrer Funktion der ODX-Datenbank bei der Diagnose entspricht. Dieses einheitliche Format löst die unterschiedlichen Lösungen einzelner Hersteller von Applikationshilfsmitteln ab. Vor allem aus historischen Gründen werden für die Applikation immer noch andere Formate verwendet als für die Diagnose, langfristig ist ein einheitliches Format für Diagnose und Applikation vorstellbar.

Abgelegt wird diese Datenbank auf dem Applikationsrechner in Form einer einfachen ASCII-Datei, die vom Zulieferer mit der Steuergeräte-Software zusammen an den Fahrzeughersteller abgeliefert wird. Aufgrund der häufig verwendeten Dateiendung „A2L“ wird sie auch A2L-Datei genannt. Mit einer geeigneten Entwicklungsumgebung entsteht sie automatisch bei der Erzeugung einer Steuergerätesoftware.

6.5.4 Softwaretests

Das Ziel eines Tests, also auch eines Softwaretests, ist die Entdeckung von Fehlern. Je mehr Fehler beim Test gefunden werden und umso schwerer die gefundenen Fehler sind, umso erfolgreicher kann der Test bezeichnet werden. Ernsthaftes Testen sollte ungefähr den gleichen zeitlichen Umfang annehmen, wie die Erstellung des Codes, was in der Praxis jedoch häufig nicht geschieht. Aus den daraus resultierenden Kosten folgt geradezu ein Zwang, dass das

Testen zu einer Wertsteigerung der Software führen muss. Ein Test, der keine nennenswerten Fehler findet und nur der Beruhigung des Gewissens und der formalen Erfüllung von Qualitätsnormen dient, trägt nicht zur Wertsteigerung bei und ist seine Kosten nicht wert.

Daraus folgt auch, dass in einem Projekt stets so früh wie möglich Fehler durch Testen entdeckt werden sollten, da unmittelbar vor der Serie keine Zeit mehr vorhanden ist, Fehler zu korrigieren. Zu spätes Testen führt dazu, dass kleine Fehler großzügig übersehen werden, dass der Starttermin für die Produktion nach hinten zu rutschen droht, wenn ein Fehler nicht mehr übersehbar ist, dass hektisches „Flicken“ zu neuen Fehlern führt oder dass man dem Kunden zu erklären versucht, es handele sich um ein besonderes Merkmal.

Wenn Fehler gefunden werden sollen, muss das Testen mit destruktiver Kreativität geplant und durchgeführt werden. Dies gelingt demjenigen, der die Software codiert hat, in der Regel nicht, weil er einerseits blind für seine eigenen Fehler ist und gegenüber seiner eigenen Arbeit vermutlich nicht die oben erwähnte destruktive Einstellung entwickeln kann. Es würde funktionieren, wenn der Zeitraum zwischen Erstellung und Test so lang wäre, dass der Programmierer den nötigen Abstand zu seiner Arbeit gefunden hat, dies widerspricht aber dem Prinzip des frühen Testens und würde ein Projekt in die Länge ziehen. Der Vorteil der Unabhängigkeit bei einem Test durch einen Dritten hat auch eine Kehrseite, nämlich dessen zuvor fehlende Kenntnis über den Prüfling.

Wird der Test von einer anderen Person durchgeführt, so sollte dies in einem Klima geschehen, in dem es nicht darum geht, dem Programmierer vermeintliche Unfähigkeit zu unterstellen, sondern das Produkt zu verbessern. Entdeckte Fehler dürfen also nicht als Grundlage einer Leistungsbeurteilung missbraucht werden. Organisatorisch lässt sich diese Voraussetzung z. B. derart ausgestalten, dass Programmierer gegenseitig ihre Produkte testen. Ein völlig anderer Ansatz wäre, eine völlig unabhängige Testinstanz zu schaffen. Diese eigenständige Institution würde maximale Unabhängigkeit gewährleisten und über sehr viel Erfahrung beim Testen verfügen. Schwierig ist allerdings die Einbindung solcher unabhängigen Instanzen in einen straffen Projektterminplan.

Grundsätzlich unterscheidet man die folgenden vier Kategorien von Tests:

- Modultest (Unit Test),
- Integrationstest (Integration Test),
- Systemtest (System Test),
- Akzeptanztest (Acceptance Test).

Neben den Tests mit der laufenden Software werden auch *Code-Inspektionen* oder *Walk-Throughs* durchgeführt, bei denen unbeteiligte Mitarbeiter den ausgedruckten Code begutachten, ohne dass dieser ausgeführt wird. Sie werden auch als *statische Tests* bezeichnet.

Effektives Testen von Software ist ein umfangreiches Thema. Hier soll nur ein Überblick gegeben werden sowie aufgezeigt werden, welche Besonderheiten es beim Test von Steuergeräten im Fahrzeug gibt. Dem Leser seinen vertiefend [Ligges02] und [Thallr02] empfohlen.

6.5.4.1 Modultest

Ein Modul ist ein Baustein einer Software. Bevor die Software als Ganzes getestet wird, muss zunächst sicher sein, dass auch alle Bausteine fehlerfrei sind. Ein Modultest einer Steuerung ist schwieriger als ein entsprechender Test für eine PC-Software, weil ein Steuergerät (bis auf wenige Ausnahmen aus dem Cockpit-Bereich) über keinen Bildschirm und keine Anzeige verfügt. Der Test muss auf einem Original-Controller durchgeführt werden, der beim Testen auch über die gleichen Schnittstellen verfügt, wie später das Seriensteuergerät. In der Regel wird der Modultest auf einem Prototypen des zu entwickelnden Systems durchgeführt.

Ein Modultest wird meist als *Whitebox-Test* durchgeführt, d. h. dem Mitarbeiter, der diesen Test durchführt, liegt der dokumentierte Quellcode vor und die Testfälle werden so definiert, dass ein möglichst großer Bereich des Codes abgedeckt wird. Die optimale Testabdeckung festzulegen, ist nicht trivial. Es genügt nicht, nur jeden Befehl im Programm einmal auszuführen. Um eine vollständige Abdeckung zu erreichen, müssten auch alle möglichen Kombinationen von Verzweigungen und Schleifendurchläufen getestet werden, der Aufwand dazu nimmt schnell gigantische Ausmaße an. Daher wird ein Kompromiss aus Testaufwand und Testabdeckung angestrebt. Vor der Definition von Testfällen ist es deshalb sinnvoll, zu überlegen, wo Fehler die größten Auswirkungen haben und wo am ehesten mit Fehlern zu rechnen ist. Besondere Aufmerksamkeit ist angebracht bei Zustandsautomaten, Anfangs- und Endbedingungen von Schleifen und Vergleichen (>/≥ und </≤).

Da das Verhalten eines Controllers in einem Steuergerät schwierig zu beobachten ist, werden häufig Hilfsmittel benutzt, die in einen Controller „hineinschauen". Im einfachsten Fall handelt es sich um eine Software (oft als *Monitor* bezeichnet), die zusätzlich zur zu testenden Software im Steuergerät sitzt und z. B. über die serielle Schnittstelle eine Debugger-Oberfläche auf dem PC ansteuert, die dem Testingenieur den Programmablauf und die Belegung von Variablen anzeigt. Nachteilig ist, dass das Zeitverhalten des Controllers in solch einer Testumgebung nicht mehr der Realität entspricht, weil er zusätzlich mit der Übermittlung von Informationen an den PC beschäftigt ist. Vorteilhaft sind aber die geringen Kosten solcher Lösungen, die sinnvoll eingesetzt werden können, wenn man sich derer Grenzen bewusst ist.

Der Controller behält sein Echtzeitverhalten, wenn er von einer schnellen Hardware beim Test emuliert wird. Ein solcher Echtzeit-Emulator ist ein Gerät, das anstelle des Controllers im Steuergerät über einen Adapter eingesetzt wird. Es handelt sich um einen schnellen Rechner, der über seine Schnittstelle zum Steuergerät einen echten Controller simuliert, gleichzeitig aber auch mit dem PC des Entwicklers kommunizieren kann. Solche Geräte sind ab etwa 10 000 € aufwärts erhältlich. Schwierig ist die mechanische Adaption an das Steuergerät, weil integrierte Schaltungen in Fahrzeugsteuergeräten nicht gesockelt werden. Ebenfalls nicht unterschätzt werden sollte die intensive Einarbeitung, die für solch ein Entwicklungswerkzeug erforderlich ist. Die Verwendung eines Emulators ist nicht auf den Modultest beschränkt, ist aber nur sinnvoll, solange noch auf der Code-Ebene getestet wird.

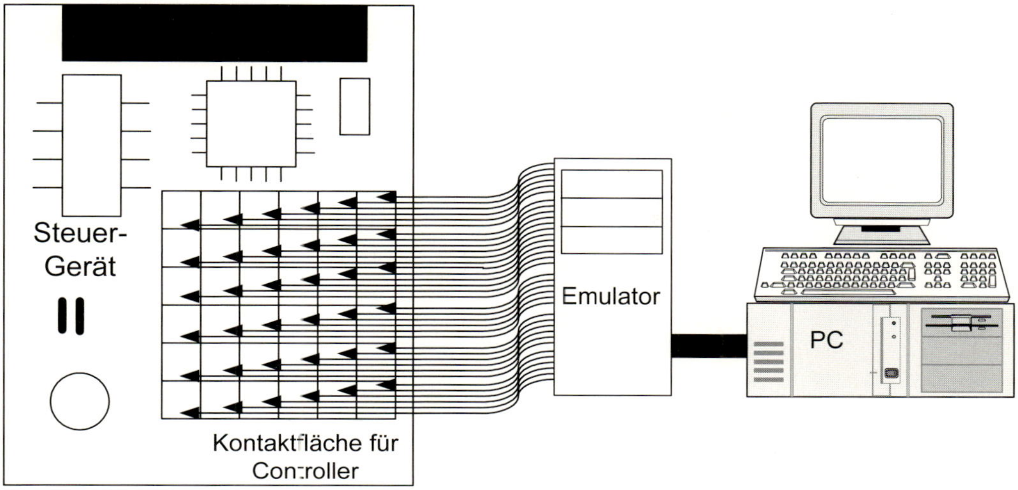

Bild 6-29 Echtzeit-Emulator

Neuere Generationen von Controllern ermöglichen eine abgespeckte Version dieser Emulatoren, da diese Controller bereits serielle Schnittstellen mit wenigen (oft fünf) Leitungen für die Fehlersuche anbieten (OCDS, **O**n **C**hip **D**ebug **S**ystem, chipintegrierte Fehlersuchhilfen), die dann z. B. über Pfostenstecker in Entwicklungssteuergeräten zugänglich sind.

Oft benötigt ein Modul zum Betrieb und damit auch zum Test Daten von anderen Modulen. Wenn diese bei Test eines Moduls noch nicht verfügbar sind, benötigt man Hilfsprogramme, welche die Schnittstellen des zu testenden Moduls mit sinnvollen Daten versorgen. Diese Programme nennt man *Testtreiber*. Wenn die anderen Module der Software bereits fertig sind, können ggf. auch diese als Treiber benutzt werden.

Durchgeführt wird der Modultest oft vom Programmierer selbst.

6.5.4.2 Integrationstest

Wenn alle Module funktionieren, müssen sie zur gesamten Software zusammengefügt werden. Dies kann inkrementell durchgeführt werden, indem die Testtreiber aus dem Modultest nach und nach durch reale Module ersetzt werden, bis die komplette Software gebaut ist. Neben dieser *inkrementellen Integration* ist es auch möglich, nach dem Modultest gleich alle Module gemeinsam zu integrieren.

Durchgeführt werden kann der Integrationstest in der Form, dass modulübergreifende Funktionen getestet werden. Zusätzlich können auch gezielt die Schnittstellen zwischen den Modulen getestet werden.

Erfahrungsgemäß treten bei der Integration besonders viele Probleme auf. Am häufigsten und glücklicherweise am einfachsten zu finden sind Fehler, die sich aus einer unterschiedlichen Realisierung einer Schnittstelle zwischen zwei Modulen ergeben, weil z. B. die Beschreibung nicht eindeutig war und von zwei Programmierern unterschiedlich interpretiert wurde, anstatt Rücksprache zu halten.

Subtiler sind Fehler, bei denen mehrere Module unbeabsichtigt auf gemeinsame Speicherbereiche zugreifen. Dies kann durch fehlerhafte Benutzung von Zeigern geschehen. Wenn ein Modul ein anderes Modul dadurch stört, dass es eine unzulässige Adresse überschreibt, tritt der Fehler nicht im verursachenden, sondern im gestörten Modul auf. Das Ergebnis ist eine langwierige Fehlersuche an der falschen Stelle.

Durchgeführt wird der Integrationstest zum Teil noch als Whitebox-Test, teilweise werden aber auch schon Funktionen wie beim folgenden Systemtest als abgeschlossene Einheiten ohne deren Interna betrachtet. Die Durchführung des Integrationstests obliegt häufig einem oder mehreren der beteiligten Software-Entwickler.

6.5.4.3 Systemtest

Beim Systemtest wird untersucht, ob die Software das tut, was sie laut Spezifikation tun soll. Während die beiden vorigen Tests noch stark codeorientiert sind, ist das Ziel des Systemtests, auch konzeptionelle Fehler zu finden. Der Systemtest wird als *Blackbox-Test* durchgeführt, bei dem der Code dem Tester nicht mehr bekannt ist. Der Tester betrachtet die Software vielmehr als schwarzen Kasten unsichtbaren Inhalts, aus dem bei einer bestimmten Eingabe etwas Bestimmtes herauskommen soll. Da die Software aber in der Regel gedächtnisbehaftet ist und deshalb in unterschiedlichen Situationen unterschiedlich auf ein Eingabemuster reagieren kann, genügt es nicht, zur Definition von Testfällen einfach in einer Tabelle Eingabegrößen den resultierenden Ausgabegrößen zuzuordnen und diese der Reihe nach abzuprüfen.

Unter den Systemtest fällt eine große Anzahl unterschiedlicher Teiltests mit unterschiedlichen Zielsetzungen.

Der Hauptbestandteil ist der **funktionale Test**. Dabei wird auf der Grundlage der Spezifikation überprüft, ob die geforderten Funktionen erfüllt werden. Ein weiteres Hilfsmittel ist dabei die Dokumentation, die als Bestandteil einer Software betrachtet werden kann und beim Systemtest durch unabhängige Tester mitbewertet werden kann. Wurde die Dokumentation unmittelbar aus der Spezifikation erzeugt, ist der funktionale Systemtest automatisch auch ein **Dokumentationstest**.

Weiterhin gibt es unterschiedliche Formen von **Robustheitstests**, bei denen die Auslastung von Ressourcen, vor allem des Speichers und der Rechenzeit überprüft wird. Gängige Echtzeitbetriebssysteme stellen (ähnlich der Systemleistungsanzeige eines PC-Betriebssystems) Messwerte über die Ressourcenauslastung zur Verfügung, die über die Schnittstellen zur Applikation während des Betriebs ausgelesen werden können. Im Extremfall kann bei einer Überlastung der Ressourcen kein ordnungsgemäßer Betrieb mehr gewährleistet werden. Solche Extremfälle sollten vorher überlegt und als Testfälle definiert werden.

Beim **Recovery-Test** wird untersucht, ob sich das Steuergerät nach einer funktionalen Störung wieder in den ordnungsgemäßen Betrieb überführen lässt. Im günstigsten Fall würde der Fahrer nicht bemerken, dass sich ein Steuergerät nach einem schweren Fehler zurückgesetzt hat, im ungünstigsten Fall wäre das Kfz nicht mehr fahrbereit aufgrund eines Software-Fehlers.

Bei **Benchmarks** werden Leistungsmerkmale wie z. B. die Rechenzeit bestimmter Algorithmen mit anderen Programmen oder Steuergeräten verglichen. Oft sind diese Leistungsmerkmale nicht absolut spezifiziert, sondern relativ zu anderen Programmen.

Die **Konfigurationstests** oder **Kompatibilitätstests** stellen sicher, dass ein Steuergerät auch unter unterschiedlichen Randbedingungen (z. B. Ausstattungsvarianten eines Fahrzeugs) funktioniert.

Usability Tests untersuchen die Benutzerfreundlichkeit einer Software. Diese ist bei solchen Steuergeräten relevant, die eine Benutzerschnittstelle zum Fahrer oder den Insassen haben (z. B. einem Multifunktionsdisplay) oder zum Servicepersonal (Diagnose). Da bei diesen Tests auch subjektive Empfindungen in die Bewertung eingehen, genügt es nicht, diese Systeme durch einen Entwicklungsingenieur zu testen, vielmehr ist eine große Gruppe von Probanden zusammen zu stellen, die möglichst repräsentativ die spätere Nutzergruppe des Fahrzeugs darstellt.

Auch **Sicherheitstests** werden durchgeführt. Dabei kann z. B. überprüft werden, ob ein Steuergerät gegen Tuning geschützt ist. Bei Software oder Steuergeräten mit überwiegenden Sicherheitsaufgaben (z. B. Wegfahrsperre) ist der Sicherheitstest ein Teil des funktionalen Tests.

Dauertests klingen zunächst bei Hardware sinnvoll, sie nützen aber auch bei Software. Ein Dauertest kann so aussehen, dass Steuergeräte mit der zu überprüfenden Software in Versuchsfahrzeugen verbaut sind, die mit möglichst vielen Fahrern am normalen Straßenverkehr teilnehmen. Dabei entstehen zufällig ständig neue Situationen und damit Testfälle, die evtl. bei der systematischen Planung von Testfällen vergessen wurden.

6.5.4.3.1 Hardware in the Loop

Ein Systemtest setzt voraus, dass ein Steuergerät in seiner späteren Umgebung, also im Fahrzeug unter Betriebsbedingungen getestet wird. Dieser wünschenswerte Zustand ist aber oft nicht realisierbar, weil Extremsituation nicht gefahrlos am Fahrzeug erzeugt werden können oder weil ein Fahrzeug nicht zur Verfügung steht.

Deshalb wird das Fahrzeug im Labor häufig simuliert. Dabei genügt es, die Teile des Fahrzeugs zu simulieren, mit denen ein Steuergerät funktional in einer direkten oder auch indirekten Beziehung steht. Ein besonderes Problem in diesem Kontext ist die zunehmende Vernetzung von Systemen, dadurch wächst auch der Umfang der nachzubildenden Fahrzeugsysteme. Oft ist es auch wichtig, nicht nur ein einzelnes Steuergerät zu testen, sondern ein Netzwerk von Steuergeräten (Steuergeräteverbund). In diesem Falle müssen auch entsprechend viele Teilsysteme des Fahrzeugs zusammenhängend simuliert werden. Im Extremfall wird die komplette Elektronik eines Fahrzeugs schon als Gesamtsystem erprobt, bevor überhaupt ein Fahrzeug verfügbar ist.

Im Fahrzeug stellt der Steckverbinder eines Steuergerätes die Schnittstelle zwischen dem Gerät selbst und der Fahrzeugumgebung dar. Im Labor muss also alles nachgebildet werden, was sich im Fahrbetrieb aus Steuergerätesicht jenseits des Steckverbinders abspielt.

Betrachtet man das Steuergerät vor allem als System von Reglern, so folgt, dass alle im Fahrzeug vorhandenen Regelstrecken im Labor nachgebildet werden. Erschwerend kommt hinzu, dass die Regelstrecken keine in sich geschlossenen Systeme sind, sondern untereinander, mit der Straße und dem Fahrer in Wechselwirkung stehen. Darüber hinaus lassen sich nicht alle Strecken aus einfachen linearen Gliedern wie P-,I-,D-Gliedern oder Tiefpässen darstellen, sondern zeigen teilweise ausgeprägt nichtlineares Verhalten.

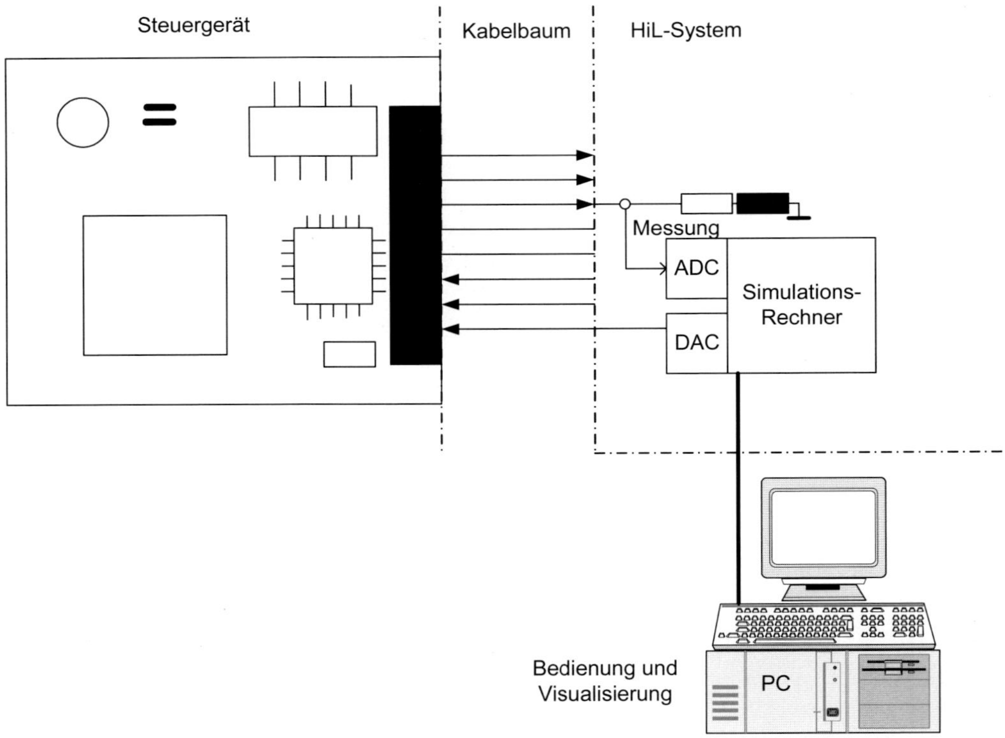

Bild 6-30 **H**ardware-**i**n-the-**L**oop-System (HiL)

Zur Simulation des Fahrzeugs in Echtzeit wird also ein hinreichend leistungsstarker Rechner benötigt, sowie eine Modellbibliothek aus linearen und nichtlinearen Übertragungsgliedern, aus denen ein Simulationsmodell für das komplexe Verhalten z. B. eines Verbrennungsmotors oder eines schleudernden Fahrzeugs aufgebaut werden kann.

Das Steuergerät steuert die Regelstrecke über elektrische Ausgänge und Aktoren an und empfängt Rückmeldungen über Sensoren und elektrischen Eingänge. Neben der Systemsimulation müssen also die elektrischen Signale, mit denen das Steuergerät die Aktoren anspricht, digitalisiert in das Simulationsmodell eingespeist werden. Das Simulationsmodell simuliert dann physikalische Größen wie den Raildruck. Damit die Regler im Steuergerät auf diese Größen richtig reagieren können, muss das simulierte Fahrzeug nicht nur die physikalischen Größen zur Verfügung stellen, sondern das Steuergerät muss auf dem dafür vorgesehenen Anschluss eine Spannung bekommen, die in der Realität dem Signal vom Raildrucksensor entspräche.

Damit das Steuergerät keinen elektrischen Fehler aufgrund nicht angeschlossener Aktoren erkennt, muss der Fahrzeugsimulator außerdem alle Ausgänge des Steuergerätes elektrisch so belasten, wie es im Fahrzeug mit realen Aktoren der Fall sein wird. Dies kann mit Hilfe von Ersatzlasten geschehen (z. B. Induktivität und Widerstand zur Nachbildung eines Magnetventils) oder auch durch den Anschluss originaler Aktoren.

In Bild 6-30 sind der Simulationsrechner und der PC zur Bedienung und Anzeige zwei unterschiedliche Geräte. Leistungsfähige Simulationsrechner sind Parallelrechner, die aus etwa 10 leistungsfähigen Prozessoren (in vielen Systemen PowerPC von Freescale) bestehen können. Bei geringeren Anforderungen kann auch ein leistungsfähiger PC sowohl als Simulationsrechner als auch als Bedienrechner benutzt werden, die Schnittstellenkarten zum Steuergerät sind dann oft in einem kompakten 19"-Gehäuse untergebracht.

Die höchsten Anforderungen werden an HiL-Systeme zur Simulation der Fahrdynamik gestellt, wie sie z. B. beim Test und bei der Entwicklung von ESP-Steuergeräten eingesetzt werden. In diesem Falle ist das HiL-System ein kompletter 19"-Schrank mit Spannungsversorgung, Parallelrechner und Schnittstellenkarten. Bei Fahrdynamiksystemen werden nicht nur hohe Anforderungen an die Simulation gestellt, sondern auch an die Visualisierung. Anspruchsvolle Fahrdynamik-HiL-Systeme sind gleichzeitig Fahrsimulatoren, die über ein Lenkrad und Pedale bedient werden und dem Bediener eine bildliche Darstellung des Fahrgeschehens bis hin zur wirklichkeitsgetreuen Fahrersicht bieten.

Tabelle 6.7 Verfügbare Hardware-in-the-Loop-Systeme

Anbieter	Internet	Produkt
Applied Dynamics International, Ann Arbor (MI), USA	www.adi.com	rtX
carts Real-Time Solutions GmbH, Kassel	www.carts.de	Carts
dSPACE GmbH, Paderborn	www.dspace.de	dSPACE Simulator
ETAS GmbH, Stuttgart	www.etas.de	LabCar
FH Aschaffenburg, Labor für Fahrzeugmechatronik	www.fh-aschaffenburg.de	(in Entwicklung)
National Instruments Corporation, Austin (TX), USA	www.ni.com	(diverse)

6.5.4.4 Akzeptanztest

Der *Akzeptanztest* oder *Abnahmetest* wird vom Kunden oder gemeinsam mit dem Kunden durchgeführt, um zu überprüfen, ob dessen Anforderungen erfüllt sind. In der Durchführung ähnelt er dem Systemtest. Er wird vom Kunden auch gerne benutzt, um nach der Fertigstellung noch neue Anforderungen als Testergebnisse zu „verpacken". Sowohl aus technischer Sicht (hektische „Last-Minute"-Änderungen sind fehleranfällig) als auch aus wirtschaftlicher Sicht sollte vorsichtig geprüft werden, wie weit auf solche Wünsche eingegangen werden kann.

Der Akzeptanztest ist Bestandteil eines formalen Abnahmeverfahrens (Unterabschnitt 7.5.3). Der Auftraggeber wird für den Akzeptanztest in der Regel nicht den gleichen Aufwand betreiben, wie der Auftragnehmer für den Systemtest. Dies setzt für ihn einen glaubwürdigen Nachweis voraus, dass er sich auf den Systemtests des Auftragnehmers verlassen kann.

Eine besondere Form des Akzeptanztests ist der bei Entwicklern gefürchtete „Management Drive“, bei dem z. B. Vorstandsmitglieder eines Automobilkonzerns ein neues Fahrzeug noch während der Entwicklungsperiode Probe fahren. Ein dabei nicht funktionierendes Steuergerät kann dem Ruf des Zulieferers schaden, selbst wenn allen Beteiligten klar ist, dass es sich noch nicht um den Serienstand handelt.

6.5.5 Flash-Programmierung

Wie kommen die fertige Software und der Datensatz in das Steuergerät hinein? Wie zuvor gezeigt, wird die Software im Flash-Speicher abgelegt. Hinter diesem einfachen Sachverhalt verbirgt sich aber ein komplexer Ablauf, der eine Reihe technischer und organisatorischer Fragen aufwirft.

Durchgeführt wird das Flashen mit Hilfe eines PC oder eines auf diese Aufgabe spezialisierten Computers. Dabei stellt die Frage, wie die Verbindung zwischen dem Steuergerät und dem Flash-Computer hergestellt wird. Man verzichtet auf eigene Schnittstellen für das Flashen und benutzt Schnittstellen des Steuergerätes, die ohnehin vorhanden sind, also z. B. den CAN-Bus, den LIN-Bus oder bei älteren Geräten die Diagnoseleitung „K-Line“.

Die nächste Frage ist, wie denn diese Schnittstellen überhaupt funktionieren können, solange auf dem Steuergerät noch keine Software vorhanden ist, die das Protokoll bedient. Die Lösung ist, ein Minimalprotokoll bereits in den Boot-Lader im ROM zu integrieren.

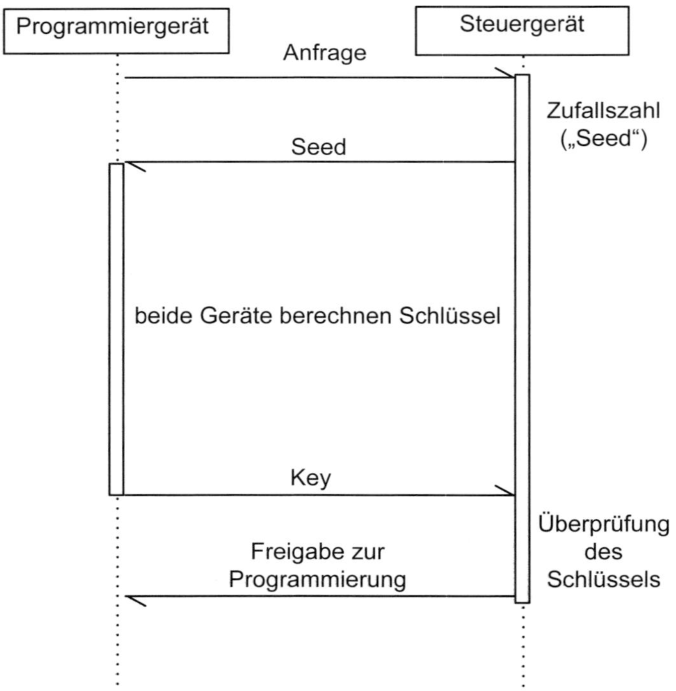

Bild 6-31
„Seed&Key“-Verfahren. Das Steuergerät bestimmt zunächst eine Zufallszahl. Der Algorithmus, nach dem beide Geräte aus der Zufallszahl den Schlüssel berechnen, bleibt geheim. Vor der Freigabe prüft das Steuergerät, ob das Programmiergerät aus der Zufallszahl den richtigen Schlüssel berechnet hat.
Den Algorithmus auszuforschen ist wesentlich schwieriger, als z. B. nur eine Geheimzahl.

Während die Flash-Programmierung im Werk unterstützt werden soll, muss gleichzeitig eine unbefugte Programmierung (Tuning) verhindert werden. Das Programmiergerät muss sich gegenüber einem zu programmierenden Steuergerät als berechtigt „ausweisen". Dieser Vorgang wird *Authentifikation* genannt. Wie die Authentifikation nach einem gängigen Verfahren, *Seed & Key* oder *Challenge & Response* genannt, ablaufen kann, zeigt Bild 6-31. Bei einem unberechtigten Programmiergerät wird der Programmierversuch zurück gewiesen. Einige Geräte protokollieren alle Flash-Versuche in einem besonders geschützten Speicherbereich.

Auch eine versehentliche Flash-Programmierung muss verhindert werden. Denkbar ist z. B. dass die Software während des Fahrbetriebs wegen eines Bugs in die Flashprogrammierung hineinspringt. Selbst wenn keine neue Software verfügbar ist, wäre dann evtl. die vorhandene Software zerstört und das Steuergerät damit unbrauchbar. Aus diesem Grunde werden die Flash-Routinen nicht im ROM abgelegt, sondern bevor die Anwendungs-Software geladen wird, werden zunächst einmal die Flash-Routinen ins RAM geladen. Nach der Flash-Programmierung und einem folgenden Reset sind die Flash-Routinen wieder gelöscht, die Anwendungs-Software steht dann aber bei erfolgreicher Programmierung im Flash-Speicher.

Dadurch, dass die Flashroutinen selbst nicht in den Flash-Speicher geladen werden, vermeidet man auch die Gefahr, dass diese bei einem missglückten Programmierversuch evtl. selbst korrumpiert werden und das Steuergerät dann nicht mehr programmierbar wäre und verschrottet werden müsste. Besonders ärgerlich wäre ein derartiger Vorfall bei einem bereits im Fahrzeug verbauten Steuergerät. Wenn die Flashroutinen dagegen ins RAM geladen werden, kann nach einem Reset in jedem Falle ein neuer Programmierversuch gestartet werden. Als zusätzliche Sicherung kann man den Controller so einrichten, dass die Flash-Programmierung nur dann möglich ist, wenn an bestimmten Pins definierte Signale anliegen, die im Fahrbetrieb nicht vorkommen.

Eine wichtige organisatorische Frage ist, wo die Programmierung durchgeführt wird. Der Zulieferer kann die Steuergeräte bereits fertig programmiert dem Fahrzeughersteller liefern oder der Fahrzeughersteller baut ein „rohes" Steuergerät in das Fahrzeug ein und programmiert es erst in der Fahrzeug-Linie.

Meist wird die erste Variante gewählt. Diese hat für den Zulieferer den Vorteil, dass er seinen geheimen Algorithmus zur Authentifikation nicht nach außen geben braucht. Der Fahrzeughersteller vermeidet Bandstillstände durch eventuelle Probleme beim Flashen und Verzögerungen. Gerade in einer sehr stark mit elektromagnetischen Störungen verseuchten Produktionsumgebung kann es erforderlich werden, die Datenrate auf z. B. 9600 Bit/s zu reduzieren. Ein solch langsamer Flash-Vorgang wäre ein Nadelöhr der Fahrzeugproduktion.

Es gibt jedoch auch Argumente, die dafür sprechen, erst nach der Fahrzeugmontage zu flashen. Hierfür spricht vor allem die einfache Logistik. Bedenkt man, dass sich schon je nach Ausstattung eines Fahrzeugs etliche Datensatzvarianten ergeben, so wären diese Datensatzvarianten bei vorprogrammierten Steuergeräten auch Steuergeräte-Varianten. Der Hersteller muss damit z. B. eine zwei- oder dreistellige Anzahl verschiedener Motor-Steuergeräte am Band handhaben, obwohl diese Geräte physikalisch gleich sind. Dadurch entsteht Aufwand und ein Risiko, Steuergeräte zu verwechseln. Dies würde nicht so leicht geschehen, wenn die Steuergeräte erst fertig verbaut mit der zum jeweiligen Fahrzeug passenden Software programmiert werden.

Eine weitere Lösung ist, in jeder geflashten Software mehrere Datensatzvarianten vorzuhalten. Am Bandende braucht dann nicht mehr die komplette Datensatzvariante programmiert werden, sondern stattdessen kann z. B. über die Diagnoseleitung eine Auswahlvariable im EEPROM abgelegt werden. Dieses Verfahren ist schneller, als die Software und den Datensatz komplett nach der Fahrzeugmontage zu flashen.

Zunehmend kommt die Notwendigkeit, Steuergeräte auch im Service flashen zu können, um z. B. während der Serie erkannte Softwarefehler z. B. im Rahmen der regelmäßigen Inspektion zu korrigieren. Damit wächst das Risiko missbräuchlicher Programmierung.

7 Projekte, Prozesse und Produkte

7.1 Besonderheiten der Kfz-Branche

Der Ablauf eines einzelnen Entwicklungsprojektes wird durch das branchenübliche Umfeld geprägt. Charakteristisch sind die geringe Fertigungstiefe und auch die geringe Entwicklungstiefe. Der Fahrzeughersteller, oft als *Original Equipment Manufacturer* (*OEM*) bezeichnet, hat selbst nur einen sehr geringen Anteil am fertigen Produkt, ein großer Anteil der Entwicklung und der Wertschöpfung in der Produktion erfolgt über Zulieferer. Aufgaben, die typischerweise beim OEM verbleiben sind das Design, das Marketing, die Endmontage und teilweise die Entwicklung und Produktion der Motoren. In Einzelfällen vergeben die OEM sogar diese Aufgaben an Dritte. So produzieren z. B. Karmann in Osnabrück, Magna-Steyr in Graz und Valmet in Uusikaupunki (Finnland) verschiedene Marken nach Auftrag des jeweiligen OEM. Valmet stellte zwischen 1997 und 2003 sogar am selben Band Fahrzeuge der Marken Porsche und Saab her. Auch Designaufträge werden extern vergeben, so wurde z. B. das Design des Golf I vom italienischen Designer Giorgio Giugiaro entwickelt [VW05]. Die Motoren werden meist noch von den Autoherstellern selbst entwickelt und gebaut, manchmal stammen aber auch sie von speziellen Motorenbauern, vereinzelt sogar von anderen Herstellern (z. B. der Toyota-Dieselmotor in einem BMW-Modell). Lediglich das Marketing bleibt eine Kernkompetenz des Autoherstellers.

Die Zulieferer beauftragen ihrerseits wiederum Zulieferer. Die direkten Zulieferer der OEM werden als Tier-I-Zulieferer (engl. Tier: Schicht) bezeichnet, die indirekten Zulieferer als Tier-II-Zulieferer, deren Zulieferer wiederum als Tier III, usw. Besonders ausgeprägt ist diese Zulieferer-Hierarchie im mechanischen Bereich.

Im Elektronik-Bereich sieht die Aufgabenteilung zwischen OEM und Zulieferern meist so aus, dass der OEM die elektronischen Systeme und vor allem deren Schnittstellen spezifiziert und koordiniert. Entwickelt und produziert werden die elektronischen Systeme dann von den Zulieferern. Die Unterlieferanten der Zulieferer sind dann Hersteller elektronischer Bauelemente (passive Bauelemente werden vollständig eingekauft, spezielle Leistungshalbleiter und IC werden von großen Kfz-Zulieferern wie Bosch teilweise im eigenen Hause entwickelt und gefertigt), in seltenen Fällen werden auch kleinere Teile der Software-Entwicklung von den Kfz-Zulieferern extern vergeben. Grundsätzlich ist die Vergabe von Unteraufträgen in der Kfz-Industrie, gleich auf welcher Ebene, von einem starken Preisdruck und einer strengen Qualitätskontrolle geprägt.

Insbesondere der hohe Kostendruck prägt die Denk- und Arbeitsweise in der Kfz-Industrie recht stark. Man braucht sich nur verdeutlichen, dass eine Einsparung von einem Cent bei einer Stückzahl von 100.000 Fahrzeugen eines Modells bereits zu einer jährlichen Einsparung von 1000 € führt. Dieser Multiplikatoreffekt der Stückzahl bei Kosten und Einsparungen ist nur in wenigen Branchen (z. B. Mobiltelefone und Elektrokleingeräte) noch höher.

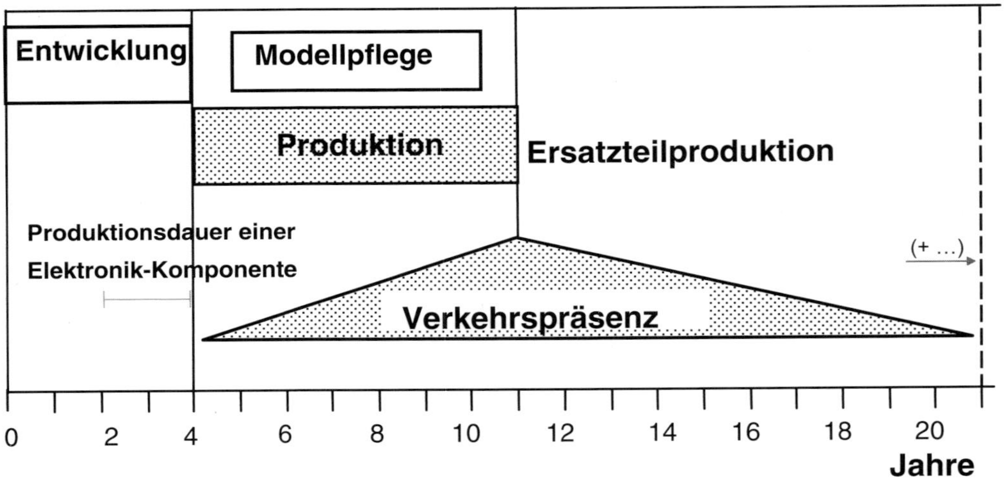

Bild 7-1 Zeitliche Dimensionen eines Fahrzeugprojekts, modifiziert nach [Lohr89]

Das obige Bild verdeutlicht die Zeitspannen, mit denen in der Autoindustrie gearbeitet wird. Die Entwicklung eines neuen Fahrzeugs dauert etwa 4 Jahre. Diese Dauer hat sich gegenüber der Vergangenheit verkürzt, so dauerte z. B. eine Neuentwicklung um 1970 herum noch etwa doppelt so lang. Das Bedürfnis der Hersteller, mit einem neuen Modell schneller am Markt zu sein als andere Hersteller, könnte die Entwicklungszeiten weiter verkürzen. Hier wirkt vor allem der mit immer kürzer werdenden Entwicklungszyklen steigende Umfang von Qualitätsproblemen begrenzend.

Nach dem Beginn der Produktion (*Start of Production, SOP*) bleiben europäische Fahrzeuge meist 8 Jahre auf dem Markt, bei asiatischen Modellen erfolgt der Modellwechsel bereits nach kürzerer Zeit. Parallel zur Produktion wird Modellpflege betrieben. Mängel, die sich in der Serie herausstellen werden korrigiert. Vor allem die Software erfährt inzwischen auch während der laufenden Serie eine Weiterentwicklung. Neuerdings tendieren europäische Hersteller dazu, etwa nach der halben Produktionsdauer eine umfangreichere Überarbeitung vorzunehmen, die häufig auch äußerlich erkennbar ist (*Facelift*).

Ein Problem in der Kfz-Elektronik sind die kurzen Zyklen in denen komplexe elektronische Bauelemente wie z. B. Mikrocontroller verfügbar sind. Häufig werden für ein Produkt eingeplante Bauelemente schon während der Entwicklungszeit vom Bauelementehersteller wieder abgekündigt. Dies heißt nicht zwangsläufig, dass ein Bauteil völlig vom Markt verschwindet, häufig wird es durch ein nachfolgendes Modell mit gleicher Typenbezeichnung aber evtl. anderen Eigenschaften ersetzt. So ist z. B. der Mikrocontroller C167CR-LM [Infineon03] seit über einem Jahrzehnt auf dem Markt, hat in dieser Zeit aber etliche Überarbeitungen (*Steps*) erfahren, die die Spezifikation dieses Bausteins im Laufe der Zeit teilweise erheblich veränderten. Mit jeder Überarbeitung eines solchen Bauelements muss erneut seine Eignung überprüft werden, auch wenn diese Überarbeitungen meist Verbesserungen sind. Vereinzelt ergeben sich daraus Veränderungen auch während der laufenden Serie. Besonders umfangreich fallen diese Veränderungen aus, wenn ein Bauelement völlig abgekündigt wird und durch ein andersartiges Element zu ersetzen ist. Die Reaktion auf solch ein Ereignis kann dann leicht die Dimension einer Neuentwicklung annehmen.

Auch nach Einstellung der Serie verbleibt ein Fahrzeug noch lange im Straßenverkehr. Das Durchschnittsalter der in Deutschland zugelassenen Fahrzeuge lag am 1. Januar 2006 bei 8,1 Jahren [Destat06], man wird also auch über 8 Jahre nach Einstellung eines Modells noch eine bedeutende Anzahl im Straßenverkehr finden. Der Halter wird auch dann selbstverständlich noch eine ausreichende Versorgung mit Ersatzteilen erwarten. Üblich sind Vereinbarungen zwischen OEM und Zulieferer, die den Zulieferer verpflichten, 10 bis 15 Jahre, teilweise noch länger, nach Einstellung der Fahrzeugproduktion Ersatzteile bereit zu stellen. Wenn eine Serie 8 Jahre lang auf dem Markt bleibt, kann dies also bedeuten, dass ein Zulieferer ein passendes Steuergerät 23 Jahre lang produziert. Die Fertigung muss flexibel genug sein, um gelegentlich ein kleines Los eines älteren Steuergerätes in die Produktion einzuschieben, wenn die Nachfrage nach Ersatzteilen dies erfordert. Sehr schwierig wird es zukünftig werden, heutige Fahrzeuge als Oldtimer betriebsfähig zu erhalten.

Die Zusammenarbeit zwischen dem OEM und den Zulieferern ist hierarchisch, besonders in Ostasien. Während in Europa sachliche Kritik durch einen Zulieferer möglich ist (aber der OEM natürlich das letzte Wort hat), verbietet sich diese in Japan und Korea. Traditionell bevorzugten die OEM nationale Zulieferer oder zumindest Zulieferer aus dem gleichen Wirtschafts- und Kulturraum (z. B. Europa). Inzwischen bedienen die Zulieferer globale Märkte. Dies erfolgt teilweise über ausländische Niederlassungen und Werke, teilweise aber auch durch die jeweiligen technischen Kompetenzzentren im Stammland.

Um die Abhängigkeit von den Zulieferern zu begrenzen und günstigere Preise auszuhandeln, versuchen einige OEM, für eine Komponente zwei Zulieferer zu haben (*2nd Source*).

7.2 Stufen der Elektronik-Entwicklung

Die Elektronikentwicklung wird erst relativ spät in die Entwicklung eines Fahrzeugs einbezogen. Zunächst werden das Konzept und das Design entwickelt. Ebenfalls recht früh wird der Motor entwickelt. Die eher verborgene Elektronik wird dann in den letzten 2 bis 3 Jahren untergebracht. Dabei wird ein Steuergerät nicht für jedes Fahrzeug von Grund auf neu entwickelt, sondern ein „neutrales“ Steuergerät wird in Hard- und Software an das jeweilige Fahrzeug nach den Vorstellungen des OEM angepasst. Aufgrund der Vielfalt von Anforderungen erfordert jedoch auch diese Anpassung immer wieder neue Lösungen, die dann in recht kurzer Zeit zu realisieren sind. Die verschiedenen Stufen der Elektronik-Entwicklung sind in Bild 7-2 dargestellt.

Die untere Stufe ist die Grundlagenforschung. Das Ziel ist, neue Techniken und neue Ideen zu entwickeln, die zukünftige Produkte verbessern können, und sich somit einen langfristigen Vorsprung gegenüber den Wettbewerbern zu verschaffen. Ein weiteres Ziel ist, Patente anzumelden. Patente sollen den eigenen technischen Vorsprung sichern, sie haben aber auch eine strategische Funktion, nämlich den Wettbewerber bei seinen Entwicklungen zu behindern. Die Grundlagenforschung kann auch schon in eine Entwicklung übergehen, es handelt sich dabei aber noch nicht um serienreife Entwicklungen, sondern um Demonstratoren, welche die grundsätzliche Eignung einer neuen technischen Lösung unter Beweis stellen sollen. Die Grundlagenforschung wird in zentralen Forschungsabteilungen, oft in Zusammenarbeit mit Hochschulen, durchgeführt. Durch eine Minimierung der Grundlagenforschung lassen sich kurzzeitig Kosten einsparen, langfristig droht damit aber die Gefahr, den Anschluss an die technische Entwicklung zu verpassen und dann mit veralteten Produkten Marktanteile zu verlieren. Eine wichtige Managementaufgabe ist, einerseits ein kreatives Klima für neue Ideen in der Forschung zu schaffen, andererseits aber sicher zu stellen, dass nicht am Bedarf des Unternehmens vorbei geforscht wird.

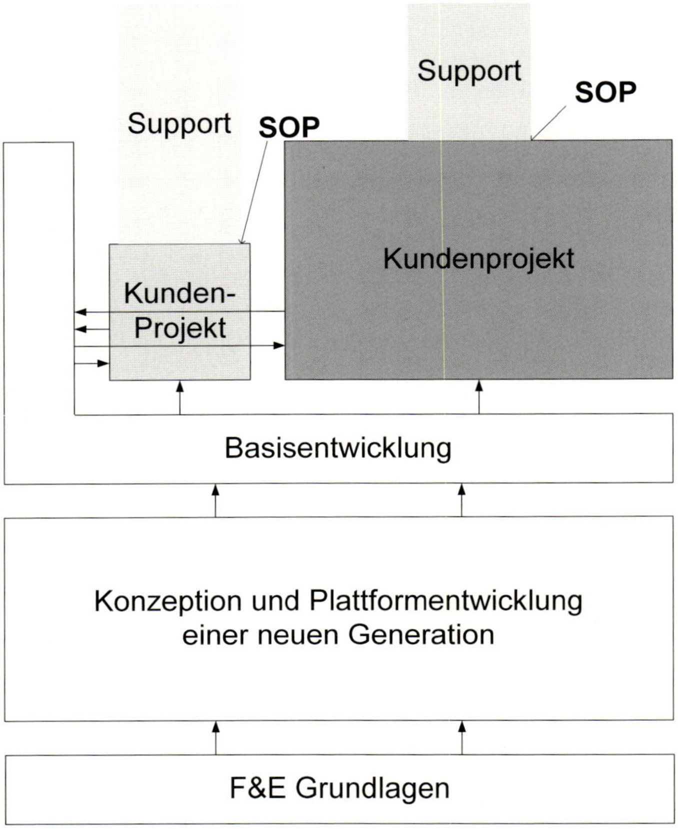

Bild 7-2
Stufen der Steuergeräte-Entwicklung von den Grundlagen bis hin zum fertigen Gerät für einen Fahrzeugtyp. Die Stufen sind im Allgemeinen unterschiedlichen Abteilungen zugeordnet.

Die Stufe darüber entwickelt ein Konzept für ein zukünftig geplantes Produkt und stellt eine Plattform zur Verfügung, aus der das Produkt abgeleitet wird. Am Ende dieser Stufe sollte bereits ein Produkt in Form z. B. eines Steuergerätes stehen. Dieses Steuergerät braucht aber noch nicht für die Serienfertigung geeignet sein und braucht auch noch nicht auf unterschiedliche Fahrzeugvarianten abgestimmt sein. Es enthält aber schon die technischen Lösungen, z. B. die Rechnerarchitektur oder das Gehäusekonzept, die sich in späteren Seriensteuergeräten wieder finden und es muss auch schon als Prototyp experimentell z. B. am Prüfstand einsetzbar sein.

Steht dieses Konzept, so ist darauf aufbauend ein serienreifes Produkt zu entwickeln, allerdings vorerst noch meist kundenneutral. Diese Stufe nennt sich z. B. Basisentwicklung. Die Kundenneutralität ist keine zwingende Anforderung mehr, wenn die Zeit zum Markteintritt drängt, kann auch schon ein Pilotprojekt für ein bestimmtes Fahrzeug als Basis dienen. Dem Pilotkunden (in der Regel der OEM) muss dann klar sein, dass dieses neue Produkt noch unerprobt ist und dass er Vorleistungen finanziert, die letzten Endes auch seinen Wettbewerbern mit einiger zeitlichen Verzögerung zu Gute kommen.

Ausgehend von der Basis können Produkt-Varianten für beliebige Hersteller und Fahrzeuge abgeleitet werden. Da aus den Kundenprojekten Erfahrungen zurückfließen, kann es sinnvoll sein, parallel zu den Kundenprojekten auch die Basisentwicklung noch in vermindertem Umfang weiter laufen zu lassen. Die Entwicklung in den Kundenprojekten erfolgt in nahezu täglichem Kontakt mit dem Auftraggeber.

Auf die Basis bauen nun die kundenspezifischen Projekte auf, in denen es darum geht, z. B. ein ESP-Steuergerät speziell für einen bestimmten Fahrzeugtyp zu entwickeln. Die Entwicklung geht nach dem Produktionsstart dann in die Serienbetreuung über.

Typisch für diese mehrstufige Struktur in der Entwicklung ist ein Fließband-Prinzip: Während für die heute verkauften Fahrzeuge die Produktion und die Serienbetreuung läuft, wird in den Kundenprojekten bereits die nächste Produktgeneration entwickelt. Die Basisentwicklung bereitet indessen bereits die übernächste Generation vor, während die Mitarbeiter in den Plattform-Abteilungen sich bereits über die darauf folgende Generation Gedanken machen. Wichtig ist, dass das Wissen und die Erfahrung aus den Kundenprojekten durch Wissens-Management oder Mitarbeiter-Rotation an die vorgelagerten Entwicklungsstufen weitergegeben werden. Die Kosten, die durch Fehler in diesen frühen Stadien entstehen, können sich in späteren Phasen potenzieren. Ein Negativ-Beispiel könnte eine sehr leistungsfähige Regler-Struktur sein, die in der Plattformentwicklung eingeführt wird. In den Kundenprojekten könnte sich später heraus stellen, dass diese Struktur dermaßen komplex ist, dass die Applikation (Bedatung) in vielen Projekten einen wirtschaftlich nicht mehr vertretbaren Aufwand verursacht. Ähnliche Beispiele, die in der Praxis häufig vorkommen, sind Produkte, die sich später nur unter hohen Kosten produzieren lassen, weil die Entwickler beispielsweise aufgrund seiner physikalischen Eigenschaften einen Werkstoff wählten, der schwierig zu bearbeiten ist.

7.3 Projekte und Prozesse

Wir hatten den Begriff des Projekts bereits benutzt, da jeder aus dem Alltag zumindest eine grobe Vorstellung davon hat, was ein Projekt ist. Um den Ablauf eines Projekts besser zu versehen, ist hier eine engere Abgrenzung des Begriffs sinnvoll. *Projekt* ist vom lateinischen Wort „proiacere" abgeleitet, das man im Deutschen mit „voraus werfen" übersetzen könnte. Typisch für jedes Projekt ist nämlich ein klares Ziel für die Zukunft, das in die Gegenwart „voraus geworfen" wird, um es planen, erarbeiten und schließlich erreichen zu können. Nach Erreichen des Ziels ist das Projekt beendet. Das Ziel kann aus Sicht eines Autoherstellers ein neues Fahrzeug im Programm oder auch nur eine überarbeitete Variante sein. Aus der Sicht eines Zulieferers könnte ein Projektziel ein Airbag-System oder ein Steuergerät für ein neues Fahrzeug sein. Ein Projekt eines Zulieferers ist also oft ein Bestandteil eines größeren Projektes des Fahrzeugherstellers. Auch das Projekt des Zulieferers kann sich noch feiner in Unterprojekte aufteilen, die von weiteren Zulieferern oder unterschiedlichen Projektgruppen im eigenen Hause bearbeitet werden, beim Airbag-System z. B. die Entwicklung des Steuergerätes und des Gasgenerators.

Jedes Projekt beginnt damit, dass jemand ein zukünftiges Ziel definiert und vorgibt, wann dieses Ziel erreicht sein soll. Fast immer gibt es noch eine dritte Vorgabe, die Kosten. Angestoßen wird ein Projekt in seltenen Fällen durch die Idee eines Mitarbeiters, meistens durch einen Kundenauftrag, wobei der Kunde nicht notwendigerweise ein anderes Unternehmen sein braucht. Oft übernimmt die Unternehmensleitung, z. B. aufgrund einer Marktanalyse die Kundenrolle, man spricht dann vom *internen Kunden*.

Wenn Projekte scheitern liegt es nicht selten daran, dass die Zielvorgabe fehlt und Auftraggeber und Auftragnehmer unterschiedliche Vorstellungen hatten. Daraus resultiert der Zwang, dieses Ziel zu Beginn eines Projektes klar zu definieren und so eindeutig und verständlich zu dokumentieren, dass alle Beteiligten auch tatsächlich das gleiche Ziel vor Augen haben. Diese eindeutige und vollständige Dokumentation des Projektziels nennt sich *Spezifikation*.

Spezifikationen sind in der Realität selten eindeutig und vollständig. Dies liegt daran, dass der Arbeitsaufwand für eine gute Spezifikation so hoch ist, dass die erforderliche personelle Kapazität selten verfügbar ist und ein spürbarer Anteil der verfügbaren, meist knappen Zeit eines Entwicklungsprojektes bereits in die Spezifikation investiert werden müsste. Häufig besteht zu Beginn eines Projekts seitens des Auftraggebers nur eine grobe Vorstellung, was herauskommen soll und erst wenn er erste Entwicklungsmuster ausprobieren kann, konkretisieren sich seine Vorstellungen.

Wenn Projekte nicht an der Spezifikation scheitern, sind auch häufig unrealistische Vorstellungen über Kosten und Termine der Grund. Ein Projekt mit unrealistischen Kosten- und Terminvorgaben durch den Auftraggeber abzulehnen heißt aber meist, ein Projekt oder gar einen Kunden an den Wettbewerber zu verlieren. Hier ist also viel Verhandlungsgeschick erforderlich, um das Projekt „trotz“ realistischer Kosten- und Terminziele zu bekommen und in angemessener Qualität realisieren zu können.

Ein weiteres Merkmal eines Projekts ist seine Einmaligkeit. Wenn ein Ziel erreicht ist, dann ist die Idee Wirklichkeit geworden und es gibt keinen Grund mehr exakt dasselbe Produkt ein zweites Mal zu entwickeln. Was aber durchaus sinnvoll sein kann, ist, sehr ähnliche Produkte, also Produktvarianten oder überarbeitete Versionen eines Produktes zu entwickeln. Für Projekte bedeutet dies, dass sie zwar einmalig sind, dass aber andere Projekte sehr ähnlich bis fast gleich sein können, aber nicht exakt gleich. In der Regel wird ein Unternehmen, das auf bestimmte Produkte spezialisiert ist, meist Projekte mit sehr hoher Ähnlichkeit bearbeiten. Bei ähnlichen Projekten werden sich viele Tätigkeiten im Rahmen dieser Projekte ständig wiederholen.

Man kann dies mit einer Produktion vergleichen, in der jedes produzierte Auto genau einmal existiert, aber trotzdem immer wieder mit den gleichen Arbeitsschritten fast identische Fahrzeuge produziert werden. Die Arbeitsschritte sind nicht einmalig, sie sollen ja im Interesse einer hohen Qualität reproduzierbar sein. Die Produktion läuft nach der Fertigstellung eines Fahrzeugs, also dem Erreichen des Ziels, gleich mit dem nächsten Fahrzeug weiter. Dieses Fortlaufen wird als *Prozess* (lateinisch „procedere”) bezeichnet.

Projekte in einem Unternehmen oder Abteilungen haben trotz ihrer Einmaligkeit häufig ähnliche Inhalte, so wird mal ein Steuergerät für den OEM X und mal ein ähnliches Steuergerät für einen anderen OEM entwickelt. Auch hier sind nur die Projekte einmalig, nicht aber die Arbeitsschritte in einem Projekt, die sich zu einem großen Anteil von Projekt zu Projekt wiederholen. So ist auch ein einzelnes Entwicklungsprojekt Teil eines Prozesses, der darin besteht immer wieder neue (aber ähnliche) Produkte zu entwickeln. Dieser Prozess trägt in vielen Unternehmen Namen wie „Produktentwicklungs-Prozess“ oder „Produktentstehungs-Prozess“.

So wie ein Fertigungsprozess aus einzelnen Arbeitschritten geplant und zusammengesetzt wird, so lässt sich auch ein Entwicklungsprozess definieren, indem ebenfalls die Arbeitsschritte geplant und zusammengesetzt werden. Sehr viele Mechanismen der Qualitätssicherung, die aus der Produktion stammen, lassen sich auch auf die Entwicklung anwenden. Der Versuch erfolgreiche Methoden aus der Produktion automatisch und unverändert auch der Entwicklung überzustülpen scheitert allerdings in der Praxis oft. Trotz vieler Parallelen zwischen Produktionsprozessen und Entwicklungsprozessen darf nicht vergessen werden, dass eine Reihe von Unterschieden bleibt:

- Die Ergebnisse aus einem Produktionsprozess ähneln sich wesentlich stärker als die Entwicklungsergebnisse.
- Das beabsichtigte Ergebnis eines Produktionsprozess ist genau bekannt, während der Entwicklungsprozess erfahrungsgemäß mit zunächst noch wenig detaillierten Zielen startet, die sich erst im Laufe der Entwicklung präzisieren. So ist die Erstellung der Spezifikation selbst ein Teil des Entwicklungsprozesses.
- In Entwicklungsabteilungen herrscht eine andere Mentalität als in der Produktion. Während in der Produktion detaillierte, klar dokumentierte Arbeitsanweisungen üblich sind, rufen diese bei Ingenieuren in Entwicklungsabteilungen eher ein negatives Gefühl der Bevormundung hervor.
- Es ist schwierig, Entwicklungsprozesse durch messbare Prozessgrößen zu überwachen. In der Produktion hingegen sind Prozessgrößen meist physikalische Größen, z. B. Abmessungen, die messtechnisch erfassbar sind.

Nicht nur Projekte sind oft hierarchisch organisiert, also in Teilprojekte unterteilt. Auch Prozesse lassen sich in Unterprozesse unterteilen. So enthält jedes Entwicklungsprojekt den Unterprozess „Spezifikation". Ein Unterprozess lässt sich eventuell noch feiner unterteilen.

7.4 Projekte in der Praxis

Die Lösung von technischen Aufgaben in Projekten war lange Zeit nicht selbstverständlich. Mit der Entwicklung von Unternehmen hat sich zunächst eine *Linienorganisation* herausgebildet mit Hauptabteilungen, Abteilungen und Gruppen, die jeweils einer Führungskraft unterstanden. Jede dieser Organisationseinheiten war für ein Spezialgebiet zuständig, eine vielleicht für die Entwicklung von Analogschaltungen, eine andere für Digitalschaltungen, noch eine andere für die Software. Die Zusammenarbeit bei der Lösung eines technischen Problems war oft mangelhaft oder überhaupt nicht vorhanden. Für undankbare Aufgaben betrachtete sich jede Organisationseinheit im Zweifel als nicht zuständig. Erst in einem Projekt und der damit verbundenen *Projektorganisationen* werden die unterschiedlichen Kompetenzen von Mitarbeitern gebündelt und auf ein gemeinsames Ziel ausgerichtet, organisatorische Grenzen verlieren an Bedeutung. In der Praxis findet man heute in den meisten Unternehmen eine *Matrixorganisation*. Dabei gehört zwar jeder Mitarbeiter disziplinarisch noch einer Organisationseinheit der Linienstruktur, also z. B. einer Abteilung für Hardware-Entwicklung an, der Arbeitsalltag spielt sich aber in Projektgruppen ab, die sich aus Kollegen unterschiedlicher Organisationseinheiten zusammen setzten.

Die Projektarbeit hat sich als Fortschritt herausgestellt, trotzdem ist sie nicht die perfekte Lösung. Vor allem im Software-Bereich ist das Scheitern von Projekten (zu teuer, Terminüberschreitung, fehlerhaftes Produkt oder gar Projektabbruch) leider fast der Normalfall, obwohl die Gründe seit Jahren bekannt sind (und im Folgenden an den entsprechenden Stellen genannt werden). Ein interessantes, provokant geschriebenes Buch, das sich mit dem Scheitern von Projekten befasst ist [Fröhl 01]. Ein Artikel, der die Geschichte eines gescheiterten großen Datenbankprojekts beschreibt, stellt sehr plastisch dar, was in einem Softwareprojekt alles schief gehen kann [IEEESp05]. Obgleich es sich hier nicht um ein Automobilprojekt handelt, sind es doch die typischen Probleme.

Die erste größere systematische Untersuchung über den Misserfolg von Projekten war die in Fachkreisen bekannte „Chaos-Studie“ der Standish Group, die 1994 zum ersten Male durchgeführt wurde und seit dem regelmäßig wiederholt wurde [Standi07]. Die analysierten Gründe gescheiterter Projekte wurden grob in unterschiedliche Kategorien eingeteilt.

Die wichtigste Kategorie: **Das Entwicklungsziel ist unklar oder unrealistisch.** Unter dem Gliederungspunkt 7.5.2.5 wird das Problem, dass die Entwickler oft nicht wissen, was herauskommen soll, später noch genauer behandelt. Oft leiden Projekte unter Kosten- und Terminvorgaben, die schon von Projektbeginn an nicht erreichbar sind, aber ausgehandelt wurden, um einen Auftrag zu bekommen.

Die zweitwichtigste Kategorie sind Fehler im Management oder in der Durchführung des Projekts. Hierbei gibt es keine Standardfehler, am Ende dieses Kapitels wird der Leser eine Vorstellung haben, was während der Projektphasen vom Projektleiter oder den anderen Projektmitarbeitern falsch gemacht werden kann.

Erst an dritter Stelle kommt die fehlende Unterstützung durch das Management. Dies kann z. B. bedeuten, dass dem Projekt nicht genügend Personal zugestanden wird, um es geordnet durchführen zu können. Ein Lösungsansatz, die Unterstützung durch das Management zu verbessern ist, die jeweiligen Manager selbst einzubinden, in dem sie einem Kreis angehören, der den Projekterfolg überwacht. In der Frühphase lassen sich Projekte, die dem Management später unwichtig zu erscheinen, aussortieren, indem die Entscheidungsträger über das Projekt informiert werden und dem Projektstart zustimmen müssen. Vereinzelt stehen auch Konflikte zwischen der Projektstruktur und der Linienstruktur hinter dieser Gruppe von Problemen.

7.5 Projektphasen

Jedes Entwicklungsprojekt eines Zulieferers besteht aus den Phasen Akquisition, Planung und Entwicklung. Oft schließt sich eine Serienbetreuung an. Es gibt unterschiedliche unternehmensspezifische Betrachtungsweisen zur Serienbetreuung. Sie kann als eine dritte Projektphase betrachtet werden, sie kann als Prozess betrachtet werden, der nicht mehr in direktem Bezug zur Entwicklung steht oder wenn es noch zu vielen nachträglichen Änderungen in der Serienbetreuung kommt, können diese einzeln oder auch in ihrer Gesamtheit als eigenständige Projekte betrachtet werden.

Wenn ein OEM ein Fahrzeug neu entwickelt entfällt die Akquisitionsphase, stattdessen gehen aber mittelfristige Marktbeobachtungen und langfristige Trendanalysen der Entwicklung voraus.

Da die Entwicklung eines Fahrzeugs mehrere Jahre dauert, ist die Reaktion auf kurzfristige Marktbewegungen nicht sinnvoll. Ein wichtiges Ziel der Hersteller ist deshalb, die Entwicklungszeiten zu verkürzen, um „dichter am Markt“ zu sein. In der Vergangenheit führten Verkürzungen der Entwicklungszyklen häufig dazu, dass Produkte noch nicht ausgereift an den Endkunden verkauft wurde. Imageverluste und die Kosten von Rückrufen relativieren dann den Vorteil der Marktnähe.

7.5.1 Akquisitionsphase

In der Akquisitionsphase spielt der technische Verkauf die entscheidende Rolle. In der Akquisitionsphase entscheidet sich nicht nur, ob ein Projekt überhaupt zustande kommt. Es entscheidet sich auch, wie viel Geld mit einem Produkt oder auch der Entwicklung selbst als Dienstleistung verdient oder verloren wird. Vereinzelt werden auch Projekte durchgeführt, von denen man weiß, dass sie keinen Gewinn bringen werden, die aber aus langfristigen strategischen Gründen (Kundenbindung, Einführung neuer Technologien) trotzdem sinnvoll sein können. Neben dem Gewinn entscheidet sich in dieser Phase auch der Termin. Die Kosten und der Termin beeinflussen die Qualität, daher bestimmt die Akquisitionsphase auch schon entscheidend den technischen Erfolg des Projekts. Verhandlungsfehler, die zu unrealistisch niedrigen Zielkosten oder unrealistisch frühen Terminen führen, sind später kaum noch durch technische Exzellenz zu korrigieren.

Die Akquisitionsphase beginnt, sobald von einem Kunden die Bitte um ein Angebot (*Request for Quotation*, *RFQ*) beim Verkauf eingeht. Ein Unternehmen wird natürlich nicht passiv den Eingang eines RFQ abwarten, sondern die zuständigen Abteilungen für Marketing, Werbung oder Verkauf werden bereits im Vorfeld die Interessen potentieller Kunden sondieren und diesen ggf. ein Projekt attraktiv darstellen. Eventuell verschickt ein potentieller Auftraggeber den RFQ nicht an alle denkbaren Auftragnehmer, sondern veröffentlicht diesen in gedruckten Medien (häufig bei Ausschreibungen öffentlicher Auftragnehmer[1]) oder im Internet (häufig bei Ausschreibungen von Großunternehmen, z. B. Automobilherstellern).

Liegt ein RFQ vor, steht der technische Verkauf vor dem Problem, ein Angebot zu erstellen. Ein Problem ist das Angebot deshalb, weil der Verkäufer zum einen die Angebote der Wettbewerber kennen müsste, zum anderen aber auch die tatsächlichen Kosten für die Entwicklung und die Entwicklungsdauer. Wie man die Angebote der Mitbewerber herausbekommt (oder die undichten Stellen beim Auftraggeber findet), ist sicher ein spannendes Thema, würde aber den thematischen Rahmen dieses Buches verlassen. Wichtig ist aber, zügig zu einer belastbaren Schätzung des Entwicklungsaufwandes zu kommen.

Der Verkauf wird dabei auf die Unterstützung der Entwicklung angewiesen sein, die bei der Kostenschätzung zum ersten Mal ins Spiel kommt. Die Entwicklung wird dem Verkauf den personellen Aufwand, das benötigte Material und die Dauer nennen. Da zu diesem Zeitpunkt noch keine Mitarbeiter dem entstehenden Projekt zugeteilt sind, muss dies ein Entwicklungsingenieur zusätzlich zu seiner täglichen Arbeit tun.

Der Verkauf wird bei seiner Kalkulation bestrebt sein, einen marktüblichen Preis zu erzielen, auch wenn die tatsächlichen Kosten darunter bleiben. Weiterhin besteht die Möglichkeit, die Entwicklungskosten teilweise oder komplett auf den Stückpreis umzulegen. Ein Autohersteller wird dies zu 100 % tun müssen, da er zukünftige Autokäufer nicht vorab an den Entwicklungskosten beteiligen kann. Wird eine Entwicklung als reine Dienstleistung durchgeführt, können gar keine Kosten auf den Stückpreis umgelegt werden. Ein Zulieferer hat hier weitgehende Gestaltungsmöglichkeiten, verbreitet ist jedoch, die Entwicklungskosten separat zu berechnen, da der Kunde so besser abschätzen kann, welche zusätzlichen Kosten Änderungs-

1 Es ist selten, dass öffentliche Auftraggeber Fahrzeuge, Fahrzeugsysteme oder Fahrzeugkomponenten neu entwickeln lassen, kommt in Einzelfällen aber vor (z. B. bei Verteidigungssystemen). Aus Kostengründen geht aber auch hier die Tendenz zur Beschaffung bereits auf dem Markt befindlicher Produkte.

wünsche verursachen und auch der Zulieferer selbst erhält so intern eine höhere Transparenz der Kosten.

Ähnliche Überlegungen stellen sich manchmal sogar, wenn der Auftraggeber und der Auftragnehmer Teile desselben Unternehmens sind. In diesem Falle hat die Kalkulation aber nicht den maximalen Gewinn des internen Auftraggebers zum Ziel, sondern übergeordnete Unternehmensinteressen. Das Ziel könnte dann z. B. sein, Gewinne rechnerisch nicht dort entstehen zu lassen, wo die Leistung erbracht wird, sondern in anderen, steuerlich besonders günstigen Unternehmensteilen oder Standorten.

Nach erfolgreichen Preisverhandlungen wird der Auftrag erteilt und die Akquisitionsphase ist beendet.

7.5.1.1 Kostenschätzung

Eine *Kostenschätzung vor* einem Projekt ist naturgemäß unsicherer als eine *Kostenrechnung nach* einem Projekt oder Projektabschnitt. Die Kosten setzen sich zusammen aus Personalkosten, Investitionsgütern, Verbrauchsmaterial, projektanteiligen Gemeinkosten, Unteraufträgen.

Die Personalkosten stellen oft den größten Anteil eines Projektbudgets dar, sind daher auch der Kern der Kostenschätzung. Da die Entwicklung in der Regel den personellen Aufwand in Mannwochen oder Mannmonaten dem Verkauf meldet, sollte man streng genommen nicht von einer Kostenschätzung reden, sondern eher von einer Aufwandsschätzung, dieser Begriff ist aber unüblich. In der Elektronikentwicklung lässt sich der personelle Entwicklungsaufwand weiter unterteilen in Softwareentwicklung, Hardwareentwicklung, Systementwicklung, Applikation, Projektmanagement und ggf. weitere Aufgaben. Die Aufwandsschätzung erfolgt eng verknüpft mit der ersten, groben Terminplanung, da diese ebenfalls vom Umfang einzelner Arbeitspakete abhängt.

Zur Abschätzung des Aufwandes existieren vor allem im Softwarebereich zahlreiche mehr oder minder formale Verfahren, z. B. die Analogiemethode, Relationsmethode, Multiplikatormethode, Gewichtungsmethode, parametrische Gleichungen, Function Points und COCOMO2 (**CO**nstructive **CO**st **MO**del) sowie andere COCOMO-Weiterentwicklungen [USC]. Einen umfangreichen Überblick über solche Verfahren gibt [BunFab04]. Ein Nachteil dieser Methoden (außer den Function Points) ist, dass eine wesentliche Größe zur Aufwandsschätzung die Anzahl der Codezeilen (*LOC*, **L**ines **o**f **C**ode) ist, die zu diesem Zeitpunkt in der Regel unbekannt ist.

Für die Schätzung des Aufwandes für die Hardwareentwicklung sind solche formalen Verfahren unüblich. Bei vielen Projekten der Kfz-Elektronik dominiert der Entwicklungsaufwand für die Software den Hardwareaufwand, bei den Stückkosten für das fertige Produkt hingegen kostet jedes elektronische Bauteil Geld, während die Software nur dann eingeht, wenn die Entwicklungskosten auf die Stückkosten umgelegt werden.

Da sich Projekte oft ähneln, liefert eine intuitive Schätzung mit der Erfahrung aus älteren Projekten sehr schnell eine Schätzung, die sich im Nachhinein oft als erstaunlich präzise erweist, was vermutlich auch daran liegt, dass die anfängliche Schätzung während des Projekts wie die Führungsgröße eines Regelkreises wirkt. In der Regel werden die geschätzten Kosten als Zielkosten für verbindlich erklärt, dann ist sie definitiv eine Führungsgröße des Entwicklungsprozesses. Die Vorgabe von Zielkosten und deren Erreichung wird auch als *Target Costing* bezeichnet.

Investitionsgüter, also z. B. teure Laborgeräte, die noch nicht verfügbar sind, können für einzelne Projekte oder auch gemeinsam für mehrere Projekte beschafft werden. Eine präzise Angabe der Investitionskosten wäre erst möglich, wenn alle Angebote für die zu beschaffenden Geräte eingeholt sind und eine Produktentscheidung gefallen ist. Da noch keine Projektmitarbeiter benannt sind und die Zeit drängt, wenn der Kunde auf ein Angebot wartet, ist dieses präzise Vorgehen nicht praktikabel, auch hier muss also geschätzt werden. Ähnlich geschieht dies beim Verbrauchsmaterial.

Gemeinkosten sind Kosten, die zunächst projektunabhängig im gesamten Unternehmen bestehen. Dazu können z. B. die Kosten zur Miete oder Erhaltung von Immobilien, die Kosten zentraler Abteilungen wie dem Personalwesen oder auch die Vorstandsgehälter zählen. Diese Kosten fallen zunächst als konstante Größen unabhängig von einzelnen Projekten an, müssen aber letzten Endes doch irgendwie (nämlich von den Kunden) getragen werden.

7.5.2 Planungsphase

Nachdem der Auftrag erteilt und angenommen ist, kann nicht sofort die technische Detailarbeit beginnen, sondern das Projekt muss geplant werden. Die wichtigsten Planungen (Kosten, Termine) wurden schon grob für die Akquisition überschlagen und müssen nun so verfeinert werden, dass diese Planungen als Grundlage für die tägliche Projektarbeit geeignet sind. Eine unzureichende Planung kann ein Projekt zum Scheitern bringen, eine übertrieben detaillierte Vorausplanung kann ein Projekt allerdings auch behindern. Es gibt keinen festen Maßstab für die Detaillierung einer Planung und damit auch kein allgemeingültiges Optimum, dies hängt vom Projekt ab, von der Unternehmenskultur und der Mentalität der Mitarbeiter[2]. Die wichtigste Aufgabe der Planungsphase ist aber, ein Team von Mitarbeitern zusammen zu stellen. In vielen Unternehmen wird außerdem ein Gremium von Führungskräften (meist die Leiter der am Projekt beteiligten Abteilungen) zusammengestellt, die den Erfolg des Projektes überwachen. Neben dem Kernteam werden ggf. weitere Mitarbeiter definiert, die am Rande mit der Entwicklung zu tun haben. Diese können z. B. Mitarbeiter der Produktion sein oder der Servicebetreuung sein, die heute oft schon während der Entwicklung und nicht erst kurz vor Produktionsbeginn eingebunden sind.

7.5.2.1 Teambildung

Zunächst wird ein Projektleiter, der damit auch Teamleiter ist, eingesetzt. Dies geschieht durch das oben erwähnte Aufsichtsgremium oder durch andere Führungskräfte. Es wäre eine Idealsituation, wenn der Projektleiter sein Team nun selbst zusammen stellen könnte aus Mitarbeitern, die für das Projekt die passenden Qualifikationen mitbringen und bei denen auf menschlicher Ebene eine gute Zusammenarbeit sichergestellt ist. Kein Unternehmen kann es sich aber leisten, eine größere Anzahl von Mitarbeitern in einem Personal-Pool auf den nächsten Einsatz warten zu lassen. Alle in Frage kommenden Mitarbeiter sind in der Regel in anderen Projekten eingespannt. Über der Frage „Welche Mitarbeiter passen in das Projekt?“ steht also noch die Frage „Welche Mitarbeiter sind in anderen Projekten gerade abkömmlich?“. Die Teambildung wird in dieser Hinsicht immer ein Kompromiss sein, von den Mitarbeitern werden deshalb die nötige Flexibilität und die Fähigkeit, gemeinsam mit anderen Menschen ein Ziel zu erreichen,

2 In internationalen Unternehmen wird bewundert, wie minutiös in Deutschland unvorhersehbare Ereignisse vorausgeplant werden, die sich dann aber doch ganz anders ereignen als geplant.

erwartet. Stehen gar keine Mitarbeiter bereit, sind qualifizierte Leihkräfte oder die Vergabe von Arbeitspaketen an externe Dienstleistungsunternehmen Lösungen, das Projekt trotzdem zu ermöglichen.

Nachdem einzelne Mitarbeiter zunächst zusammengewürfelt wurden, kann sich nun im Laufe der Zeit ein funktionierendes Team entwickeln. Dieser soziale Prozess, der vom Projektleiter und den Führungskräften unterstützt werden sollte, ist Thema zahlreicher Seminare und soll hier nicht vertieft werden.

Welche Qualifikationen werden in einem Kfz-Elektronik-Projekt benötigt? Der Anteil der Software nimmt an der Wertschöpfung in der Elektronik inzwischen den größten Anteil ein, daraus folgt, dass die Software-Entwickler oft die größte Fraktion stellen. Erst danach kommen Applikateure und Hardware-Entwickler. Weitere Mitarbeiter sollten das Gesamtsystem (Motor, Fahrdynamik), in dem die Elektronik nur eine Komponente ist, überblicken und die Schnittstellen zur Elektronik (Sensorik, Aktorik) überblicken. Ein Projektleiter übernimmt die Verantwortung für das Gesamtprojekt. Bei sehr kleinen Projekten müssen nicht alle diese Rollen von unterschiedlichen Mitarbeitern besetzt werden, sondern können teilweise auch in Personalunion zusammengelegt werden. Ein eher seltener aber möglicher Extremfall ist ein 1-Mann-Projekt, bei dem der Projektleiter alles selbst entwickelt. Ein anderes häufigeres Extrem ist ein Projekt mit einer zweistelligen Anzahl von Mitarbeitern, bei dem es schon sinnvoll sein kann, Teilprojekte und Teilprojektleiter zu benennen.

7.5.2.2 Terminplanung

Da der Zieltermin bei Projektbeginn bereits mit dem Auftraggeber vereinbart ist, geht es jetzt darum, das Projekt in kleine Arbeitspakete zu zerlegen, deren Dauer zu definieren und damit auch deren Endtermine. Dabei sind Restriktionen zu beachten, so können nicht zwei Arbeitspakete gleichzeitig bearbeitet werden, die beide um eine nur einmal vorhandene Ressource konkurrieren. Solche Ressourcen können Mitarbeiter oder besondere Geräte (z. B. Prüfstände) sein. Weiterhin sind Arbeitspakete oft nicht voneinander unabhängig. So kann eine hardwarenahe Software dann am sinnvollsten entwickelt werden, wenn die nötige Hardware zuvor fertig gestellt ist (es mag mit einigen Kunstgriffen auch schon vorher gehen, effizient wäre das aber nicht). Damit nicht das kleinste unvorhergesehene Ereignis ein Projekt aus der Bahn wirft, ist es zweckmäßig Puffer einzuplanen.

Selbst, wenn ein Projekt unter besonderen, unsicheren Randbedingungen geplant wird und spätere Korrekturen am Terminplan zu erwarten sind, sollte trotzdem geplant werden, um zu Beginn einen guten Überblick über die durchzuführenden Aktivitäten und eventuelle Probleme zu bekommen.

Einen Terminplan mit allen Randbedingungen auf dem Papier zu erstellen wird mit zunehmender Projektgröße schwierig bis unmöglich. Verwendet werden heute deswegen Programme wie Microsoft Project oder das Modul PS von SAP, welche die oben genannten Arbeitsschritte unterstützen. Zunächst können die Arbeitspakete tabellarisch eingegeben werden, dabei sind auch Hierarchien mit Unterpaketen möglich. Neben der Tabelle befindet sich eine wählbare grafische Darstellung. Meist wird mit einem *Gantt-Diagramm* gearbeitet, bei dem alle Arbeitspakete als Balken über einer Zeitachse dargestellt sind. Um Abhängigkeiten auszudrücken, kann jedem Paket ein anderes Paket (oder mehrere) als Vorgänger zugeordnet werden. Zunächst noch parallel dargestellte Abläufe werden dann automatisch sequentiell dargestellt. Zu jedem Paket können die erforderlichen Ressourcen angegeben werden. Ressourcenkonflikte können dann auf Wunsch dargestellt und manuell oder automatisch aufgelöst werden. Wenn ein Mitarbeiter z. B. zwei Pakete gleichzeitig mit 60 % bzw. 40 % seiner Kapazität bearbeitet, lässt sich das auch berücksichtigen.

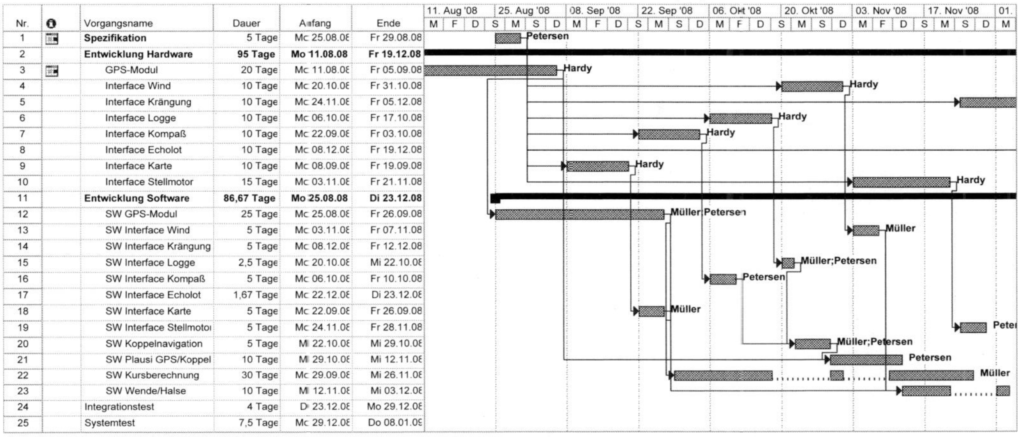

Nr.		Vorgangsname	Dauer	Anfang	Ende
1		**Spezifikation**	5 Tage	Mo 25.08.08	Fr 29.08.08
2		**Entwicklung Hardware**	**95 Tage**	**Mo 11.08.08**	**Fr 19.12.08**
3		GPS-Modul	20 Tage	Mo 11.08.08	Fr 05.09.08
4		Interface Wind	10 Tage	Mo 20.10.08	Fr 31.10.08
5		Interface Krängung	10 Tage	Mo 24.11.08	Fr 05.12.08
6		Interface Logge	10 Tage	Mo 06.10.08	Fr 17.10.08
7		Interface Kompaß	10 Tage	Mo 22.09.08	Fr 03.10.08
8		Interface Echolot	10 Tage	Mo 08.12.08	Fr 19.12.08
9		Interface Karte	10 Tage	Mo 08.09.08	Fr 19.09.08
10		Interface Stellmotor	15 Tage	Mo 03.11.08	Fr 21.11.08
11		**Entwicklung Software**	**86,67 Tage**	**Mo 25.08.08**	**Di 23.12.08**
12		SW GPS-Modul	25 Tage	Mo 25.08.08	Fr 26.09.08
13		SW Interface Wind	5 Tage	Mo 03.11.08	Fr 07.11.08
14		SW Interface Krängung	5 Tage	Mo 08.12.08	Fr 12.12.08
15		SW Interface Logge	2,5 Tage	Mo 20.10.08	Mi 22.10.08
16		SW Interface Kompaß	5 Tage	Mo 06.10.08	Fr 10.10.08
17		SW Interface Echolot	1,67 Tage	Mo 22.12.08	Di 23.12.08
18		SW Interface Karte	5 Tage	Mo 22.09.08	Fr 26.09.08
19		SW Interface Stellmotor	5 Tage	Mo 24.11.08	Fr 28.11.08
20		SW Koppelnavigation	5 Tage	Mi 22.10.08	Mi 29.10.08
21		SW Plausi GPS/Koppel	10 Tage	Mi 29.10.08	Mi 12.11.08
22		SW Kursberechnung	30 Tage	Mo 29.09.08	Mi 26.11.08
23		SW Wende/Halse	10 Tage	Mi 12.11.08	Mi 03.12.08
24		Integrationstest	4 Tage	Di 23.12.08	Mo 29.12.08
25		Systemtest	7,5 Tage	Mo 29.12.08	Do 08.01.09

Bild 7-3 Terminplan eines Übungsprojekts „Yacht-Autopilot“ mit Ausschnitten aus dem Eingabefeld und aus dem Gantt-Diagramm

In jedem Projekt gibt es eine Abfolge von Vorgängen, innerhalb derer jede Verzögerung eines einzelnen Vorganges unweigerlich zur Verzögerung des gesamten Projektes führt. Diese Abfolge wird *kritischer Pfad* genannt. Das folgende Bild soll diesen an einem Beispiel erläutern. Im Gegensatz zum Gantt-Diagramm wird die Zeitachse hier nicht dargestellt, es kommt hier lediglich auf die Abhängigkeiten der Vorgänge untereinander an. Solch eine Darstellung des Projektes nennt sich *Netzplan*. Das gesamte unten dargestellte Projekt dauert 38 Tage (Summe der Dauern von A, B, C und E). Kommt es in einem dieser Vorgänge zu Verzögerungen, wirken sich diese unmittelbar auf die Gesamtdauer des Projekts aus. Dauert z. B. C 21 statt 20 Tage verlängert sich das gesamte Projekt um einen Tag. Die Vorgänge A-B-C-E bilden den kritischen Pfad des Projektes. Vorgang D hingegen kann sich Verzögerungen ohne Konsequenzen für das gesamte Projekt erlauben, sofern D dadurch nicht länger dauert als B und C zusammen. Bei sehr umfangreichen Projekten ist der kritische Pfad nicht mehr erkennbar, deshalb ist es hilfreich, dass Programme zur Terminplanung diesen Pfad finden und markieren können.

Da es bei komplexen Projekten schwierig ist, jeden Einzelvorgang auf termingerechte Abwicklung zu überwachen, ist es bewährte Praxis, ein Projekt in größere Abschnitte zu unterteilen, deren Abschluss als *Meilenstein* bezeichnet wird. Sind zu einem Meilenstein nicht alle zu einem Projektabschnitt gehörigen Pakete erfolgreich abgeschlossen, ist dies ein Anzeichen für eine Gefährdung des Fertigstellungstermins. In diesem Falle sind Maßnahmen einzuleiten, um den Projektfortschritt sicher zu stellen. Eine sehr schlechte Maßnahme ist, in einer späten Projektphase bei Verzug zusätzliches Personal einzubinden, da die Einarbeitung zusätzlicher Teammitglieder und deren Einbindung kurzfristig eher Kapazitäten bindet als schafft.

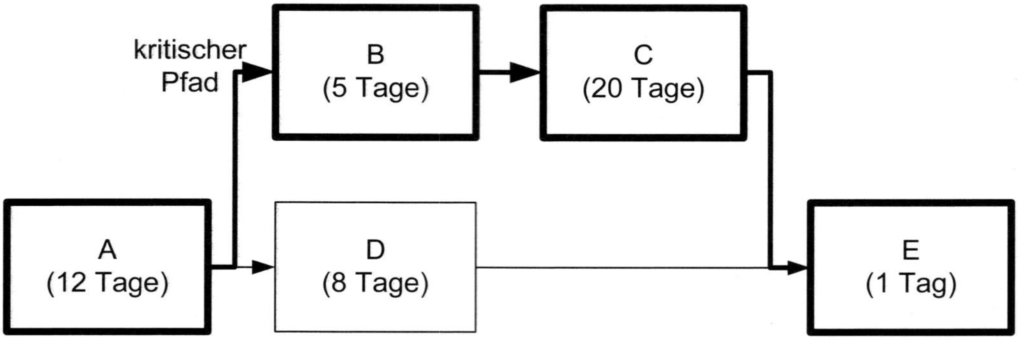

Bild 7-4 Netzplan mit dem fett markierten kritischen Pfad

7.5.2.3 Kostenplanung

Dem Angebot sollte bereits eine brauchbare Kostenschätzung zugrunde liegen. Die erfolgte Terminplanung kann jedoch insbesondere bei den Personalkosten neue Erkenntnisse liefern.

Aus Unternehmenssicht kann es sinnvoll sein, zu planen, in welchem Zeitraum jeweils welche Kosten anfallen. Während die Zielkosten absolute Verbindlichkeit besitzen, dienen Etappenziele, sofern sie überhaupt definiert werden dazu, die laufende Finanzierung des Projekts passend zu steuern. Werden für einen bestimmten Zeitraum zu wenig Mittel vorgesehen, kann sich dieses mit anderen Projekten ausgleichen. Geschieht ein derartiger Planungsfehler aber in einem Unternehmen systematisch, müssen evtl. kurzfristig unter entsprechend hohen Kosten Kapitalengpässe überbrückt werden. Der umgekehrte Fall, dass zu viele Finanzmittel für Projekte eingeplant sind, kann dazu führen, dass Kapital unnötig gebunden wird, anstatt anderweitig Gewinne zu erwirtschaften.

7.5.2.4 Vorgehensmodelle

Der Begriff Vorgehensmodell stammt aus der Softwaretechnik, lässt sich aber auf die Entwicklung mechatronischer Systeme übertragen. Das Vorgehensmodell beschreibt, wie die verschiedenen Arbeitsschritte in der Entwicklung zeitlich angeordnet werden und welche Beziehungen zwischen diesen Arbeitsschritten bestehen. Das verwendete Vorgehensmodell sollte in der Planungsphase ausgewählt werden. Häufig ist ein Vorgehensmodell unternehmensweit für alle Projekte vorgeschrieben. Da viele Vorgehensmodelle mit ihrer starken Standardisierung nicht der Vielfalt unterschiedliche Branchen und Unternehmenskulturen gerecht werden, müssen diese auf ein Unternehmen oder gar auf ein Projekt angepasst werden. Diese Anpassung wird als *Tailoring* (Zuschneiden) bezeichnet. Unterbleibt diese Anpassung, werden die Entwickler das aufgezwungene, unpassende Modell in nicht definierter Weise so anpassen, dass sie damit arbeiten können, evtl. werden sie es sogar völlig umgehen.

Man wird bestrebt sein, ein einheitliches Vorgehensmodell für Software- und Hardware-Anteile des Projekts einzusetzen. Dies ist jedoch nicht zwingend erforderlich.

Die wesentlichen Schritte eines Entwicklungsprojekts, mit denen sich die Vorgehensmodelle beschäftigen, sind Spezifikation, Entwurf, Implementierung, Modultest, Integration und Systemtest. Die Spezifikation (das Pflichtenheft) wird bereits im nächsten Unterabschnitt erläutert, weil sie noch als Bestandteil der Planungsphase betrachtet werden kann. Die anderen Schritte werden im folgenden Abschnitt über die Entwicklungsphase näher erläutert, hier soll zunächst eine grobe Vorstellung dieser Schritte genügen.

Der Entwurf ist eine Verfeinerung der Spezifikation. Während die Spezifikation vor allem das Systemverhalten aus Anwendersicht beschreibt, stellt der Entwurf das Verhalten aus Sicht des Programmierers oder seines Hardware-Kollegen dar.

Die Implementierung umfasst die Programmierung oder den Aufbau eines Entwicklungsmusters.

Im Modultest (auch *Unit Test* genannt) wird die Hardware oder Software noch nicht als komplettes Produkt, sondern zunächst noch modulweise getestet.

Erst nach dem Modultest werden die einzelnen Module zu einem Ganzen zusammengefasst und gemeinsam in Betrieb genommen und getestet. Dieser Arbeitsschritt wird Integration genannt.

Im Systemtest wird in Anlehnung an die Spezifikation geprüft, ob das System aus Anwendersicht das tut, was ursprünglich von ihm erwartet wurde.

Als weiterer Arbeitschritt lässt sich noch der Akzeptanztest in die Vorgehensmodelle integrieren, dies ist ein vom Kunden durchgeführter Systemtest, der Bestandteil der Abnahme ist.

Die folgenden Modelle, welche diese und ggf. weitere Schritte untereinander sinnvoll zu arrangieren versuchen, sind heute bekannt:

- Wasserfallmodell/Sashimi-Modell,
- V-Modell/V-Modell XT,
- nebenläufiges Modell,
- objektorientiertes Modell,
- Spiralmodell,
- Prototypenmodell,
- evolutionäres Modell,
- inkrementelles Modell,
- Time Box (oder Timeboxing),
- agile Modelle.

Wir werden im Folgenden einige dieser Modelle, die für die Kfz-Elektronik relevant sind oder zumindest das Potential haben, es zu werden, näher beschreiben und vergleichen. Dabei muss nicht notwendigerweise ein Modell als „Sieger“ hervorgehen. Es wird sich zeigen, dass sich Vorgehensmodelle auch kombinieren lassen. Die anderen Modelle werden nur kurz erwähnt, für eine detaillierte Beschreibung sei auf [Balzrt97] sowie auf Quellen im Internet verwiesen.

7.5.2.4.1 Wasserfallmodell/Sashimi-Modell

Das einfachste Modell ist benannt nach seiner grafischen Darstellung (Bild 7-5) das Wasserfall-Modell [Royce70], das die Schritte Spezifikation, Entwurf, Implementierung, Modultest, Integration und Systemtest sequenziell ordnet. Evtl. wird die Anforderung zu Beginn und der Akzeptanztest zum Schluss mit eingebunden. Die aufwärts gerichteten Pfeile im Bild deuten die Möglichkeit und oft auch Notwendigkeit von Rekursionen an. Heute ist in Vergessenheit geraten, dass Royce auch einen mehrfachen Durchlauf der Kaskade vorsah.

Eine klare Abgrenzung der Schritte voneinander ist nicht immer möglich. Das Sashimi-Modell entspricht dem Wasserfallmodell, weicht aber die harte Abgrenzung auf, indem es eine Überlappung der Blöcke vorsieht. Auch hier resultiert der Name vermutlich aus der überlappenden grafischen Darstellung, die entfernt an Sashimi[3] erinnert.

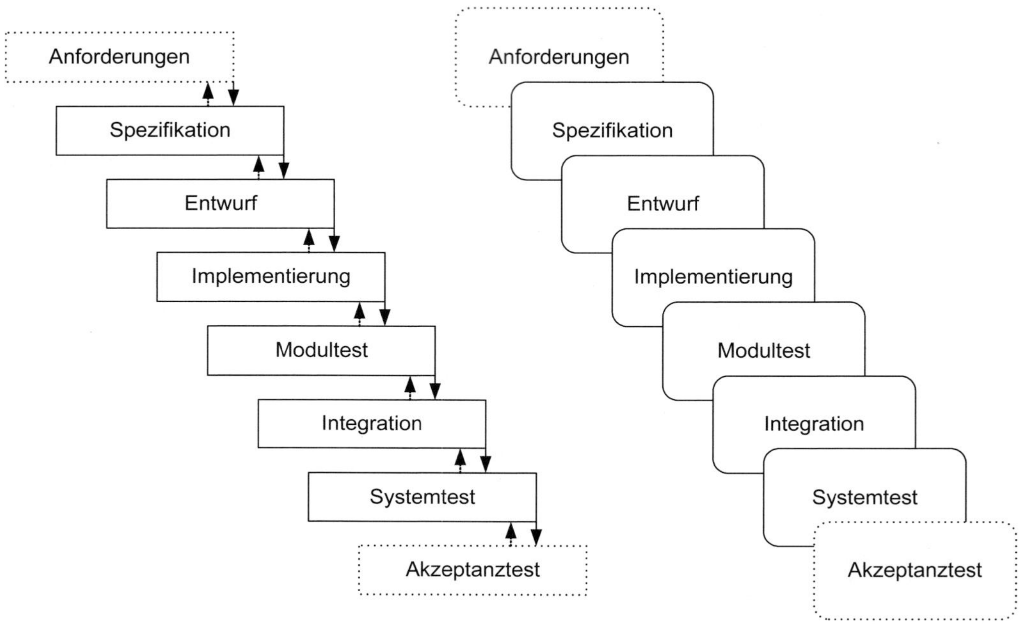

Bild 7-5 Wasserfallmodell (links) und Sashimi-Modell (rechts)

7.5.2.4.2 V-Modell/V-Modell XT

Zwischen den Blöcken im Wasserfallmodell oder im Sashimi-Modell bestehen Abhängigkeiten, die diese Modelle nicht berücksichtigen. Im Modultest und auch im Integrationstest wird die Implementierung gegen den Entwurf getestet. Im Systemtest wird das implementierte und integrierte Produkt gegen die Spezifikation getestet. Im Akzeptanztest überprüft der Kunde das implementierte und integrierte Produkt gegen seine ursprünglichen Anforderungen (wobei es nicht der Realität entspricht, diese als unverändert anzunehmen). Diese Zusammenhänge werden wie im Bild durch das V-Modell ausgedrückt. Es entscheidet sich vom Wasserfallmodell inhaltlich dadurch, dass die Aktivitäten im rechten Zweig von den im linken Zweig entstehenden Dokumenten abhängig gemacht werden. Da in jedem Schritt Dokumente entstehen (wie z. B. die Spezifikation) und die Abläufe von diesen Dokumenten abhängen, wird *es als dokumentengetriebenes* Modell bezeichnet.

3 Sashimi (japanisch) sind rohe Fischscheiben, die überlappend serviert werden.

Das folgende Bild zeigt, wie das V-Modell den Kernprozess, nämlich die Systementwicklung sieht. Daneben standardisiert es das Projektmanagement, das Konfigurationsmanagement (s. Abschnitt 6.5) und die Qualitätssicherung.

In den 70er Jahren tauchte das V-Modell erstmals in der wissenschaftlichen Fachliteratur auf [Boehm79]. Da vor allem im militärischen Bereich in den 80er Jahren bereits für damalige Verhältnisse hochkomplexe Softwaresysteme mit hohen Anforderungen an die Zuverlässigkeit entwickelt wurden, interessierte man sich dort am meisten für das V-Modell, weil es eine sehr strukturierte Vorgehensweise bietet. 1997 wurde es zum offiziellen Vorgehensmodell für zivile und militärische Projekte des Bundes erklärt [BRD97] und in dieser Form als *V-Modell 97* bezeichnet.

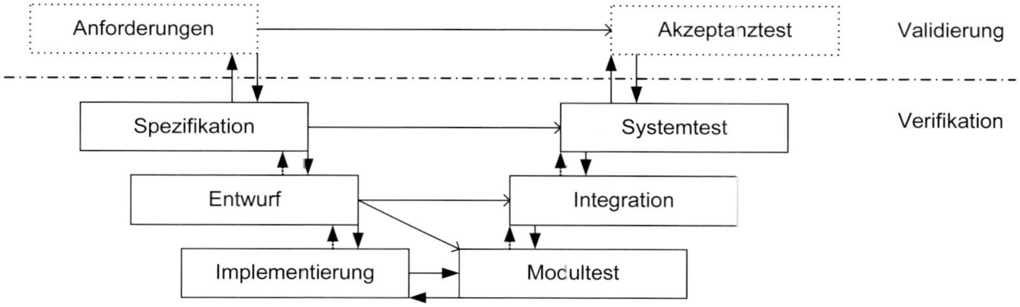

Bild 7-6 V-Modell

Dieses Modell fand auch in der Automobilbranche Verbreitung. Dabei stellten sich aber auch zwei wesentliche Nachteile heraus. So erfordert das V-Modell, dass bereits zu Beginn des Projekts alle Anforderungen festliegen, eine oft wirklichkeitsfremde Annahme. Eine flexible Reaktion auf Kundenwünsche ist nicht mehr möglich. Ein weiteres Problem ist, dass sich grundlegende Fehler erst zum Schluss des Projekts herausstellen, also dann, wenn zur Korrektur keine Zeit mehr ist.

Um die Flexibilität zu erhöhen, wurde 2004 eine neue Variante, das *V-Modell XT*[4] veröffentlicht. Ein PDF-Dokument, das die Version 1.2 des V-Modells XT beschreibt, ist im Internet verfügbar [BRD06]. Der Umfang des Dokuments von 624 Seiten verdeutlicht, dass hier nicht alle Einzelheiten erläutert werden können. Eine wesentliche Neuerung ist, dass davon über 137 Seiten dem Tailoring gewidmet sind. Das V-Modell XT soll durch Anpassungsmöglichkeiten (bis hin zu agilen Methoden, s. 7.5.2.4.10) verhindern, dass für ein Projekt das V-Modell zum Vorgehensmodell erklärt wird, aber niemand danach arbeitet, weil es evtl. unpassend ist.

Inhaltlich ist das V-Modell XT auf unterschiedlichste Projekte anwendbar, genannt werden Hardware-Systeme, Software-Systeme, eingebettete Systeme, mechatronische Systeme im weitesten Sinne (dort „komplexe Systeme" genannt) und auch die reine Systemintegration mit unterschiedlichen Auftraggeber/Auftragnehmer-Konstellationen. Der Umfang wird über den technischen Bereich in den kaufmännischen Bereich ausgedehnt.

4 XT wird häufig als Abkürzung für „eXtreme Tailoring" angenommen, die Originalquellen erläutern die Abkürzung nicht.

V-Modelle lassen sich hierarchisch benutzen, so kann z. B. ein Projekt mit zunächst gemeinsamen Anforderung für das Gesamtsystem in einen Hardware- und einen Software-Anteil unterteilt werden. Das „große V“ kann sich dann an geeigneter Stelle in zwei „kleine V“ verzweigen, die dann im rechten Zweig des V-Modells wieder zusammenlaufen. So kann z. B. die Spezifikation eines Gesamtsystems gleichzeitig die Anforderung für die enthaltenen Teilsysteme sein. Diese Teilsysteme können jeweils in einem eigenen V-Modell entwickelt und anschließend zu einem Gesamtsystem integriert werden. Ein besonders interessanter Fall ist die Entwicklung sicherheitskritischer Systeme. [Benz03] beschreibt einen möglichen Ansatz bei dem die Sicherheit eines Produkts parallel zur Funktion in einem zweiten V entwickelt wird.

7.5.2.4.3 Nebenläufiges Modell

Das Ziel des nebenläufigen Modells ist, möglichst viele Aktivitäten zu parallelisieren, um Zeit zu sparen. Dieses Modell ist nicht anstelle anderer Modelle, sondern vielmehr als Ergänzung zu betrachten. Wird z. B. das V-Modell benutzt, so könnte ein Schritt erst begonnen werden, wenn der vorige abgeschlossen ist. Nun kann aber ein Produkt in Teilprodukte unterteilt werden (zumindest theoretisch, praktisch besteht die Gefahr, künstlich Schnittstellen zu schaffen, die zur Funktion nicht erforderlich sind). Während ein Teilprodukt fertig gestellt wird, könnte sich das nächste bereits in der Spezifikationsphase befinden. Die Schwierigkeit dabei ist, dass die verschiedenen Teilprodukte in der Regel voneinander abhängig sind. So stellt sich in späteren Phasen oft heraus, dass die zuerst erstellten Teilprodukte noch einmal (im ungünstigsten Fall total) überarbeitet werden müssen. Ein hoher Abstimmungsbedarf erhöht ebenfalls den personellen Aufwand. Die Nebenläufigkeit ist also nicht kostenneutral realisierbar.

7.5.2.4.4 Objektorientiertes Modell

Die objektorientierte Programmierung in C++ oder Java wird im Automobil außer im Multimedia-Bereich kaum eingesetzt. Die Gründe dafür sind im Kapitel über Softwareentwicklung ausführlich erläutert.

Auch wenn nicht objektorientiert programmiert wird, lässt sich die Grundidee, die Software in kleine Einheiten (die man dann vielleicht nicht Objekt, sondern Modul nennt) zu zerlegen und diese später in anderen Projekten wieder zu verwenden, nutzen. Auch für die Hardware kann solch ein Baukastensystem sinnvoll sein.

Dieses Modell, das mit anderen Modellen gut kombinierbar ist, spielt seine Stärken immer dann aus, wenn sich Projekte stark ähneln. Genau dies ist in der Kfz-Elektronik der Fall, bei der Hardware noch eher als bei der Software. Deswegen wird dieses Modell auch intensiv eingesetzt, man redet hier allerdings eher von einem „Baukasten-System“ und meidet den Begriff „objektorientiertes Modell“.

Das Bild zeigt unter Verwendung der objektorientierten Fachbegriffe den Ablauf. Wird ohne Objekte Software erstellt oder wird Hardware erstellt, funktioniert der Ablauf entsprechend, das Präfix „OO“ vor den einzelnen Schritten entfällt dann.

Die Besonderheit des Modells liegt darin, beim Design schon zu prüfen, ob sich in der Bibliothek bereits verwertbare Komponenten befinden und diese dann bei der Programmierung zu verwenden oder andernfalls die Bibliothek um neue Komponenten zu bereichern.

Praktisch bedarf es einer hohen Disziplin, bei einer Entwicklung unter Zeitdruck nicht nur das Produkt termingerecht fertig zu stellen, sondern neue Module oder Objekte so zu entwickeln und vor allem zu dokumentieren, dass sie später aus der Bibliothek heraus für andere Projekte nutzbar sind. Das beste Modul oder Objekt kann unbrauchbar werden, wenn aufgrund einer fehlenden Dokumentation niemand damit umgehen kann.

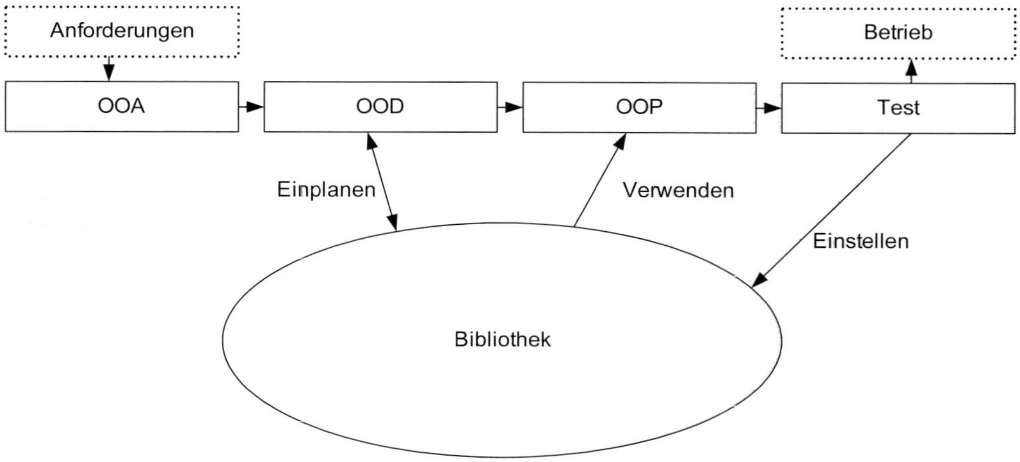

Bild 7-7 Objektorientiertes Modell (mit den Fachtermini der objektorientierten Entwicklung: OOA objektorientierte Analyse, OOD objektorientiertes Design, OOP objektorientierte Programmierung)

7.5.2.4.5 Spiralmodell

Für Projekte mit einem hohen unternehmerischen Risiko bestand Bedarf an einem Modell, das ausreichend Entscheidungsmöglichkeiten für eine Kurskorrektur bis hin zum Projektabbruch enthält. Ein solches Modell ist das ebenfalls von Boehm vorgeschlagene Spiralmodell [Boehm88].

Zu dieser Zeit hatten viele Unternehmen und vor allem die Streitkräfte der USA begonnen, in größerem Umfang erfolgskritische Software-Projekte durchzuführen oder durchführen zu lassen, die nicht selten in einem finanziellen Disaster oder einem unbrauchbaren Endprodukt endeten.

Der Entwicklungsfortschritt wurde in [Boehm88] als Spirale dargestellt, diese Darstellung gab dem Modell seinen Namen. Es besteht aus mehreren Zyklen, die wiederholt (z. B. 4 Mal) die Bausteine Festlegung von Zielen (evtl. auch Projektabbruch) und Alternativen (z. B. Kaufen), Risikoanalyse, Prototyp, nächste Entwicklungsstufe, Fortschreibung der Planung durchlaufen. Es enthält also zahlreiche Maßnahmen zum Abfangen von Risiken und wird daher als risikogetriebenes Modell bezeichnet. Es ist in seiner originalen Ausprägung aufwändig und spielt daher keine praktische Rolle in der Kfz-Elektronik. Wir werden aber im Folgenden einige Modelle kennen lernen, die Ideen aus dem Spiralmodell in schlankerer Form aufgreifen.

Neben verschlankten Modellen gibt es auch ein Modell, welches das Spiralmodell noch erweitert mit dem Ziel, für alle Beteiligten eine Gewinnsituation zu erzeugen. Dieses *WinWin*-Modell stammt ebenfalls von Boehm [Boehm89], ist aber trotz einiger interessanter Ansätze, es durch Berücksichtigung psychologischer Erkenntnisse besser auf die im Projekt beteiligten Menschen auszurichten, weitgehend unbekannt geblieben und hat auch in anderen Branchen keine praktische Bedeutung erlangt.

7.5.2.4.6 Prototypenmodell

Der Auftraggeber kann oft nicht zu Beginn eines Projekts, auch nicht mit Hilfe einer Spezifikation, über seine Anforderungen entscheiden, er muss etwas in der Hand haben, um zu entscheiden, wie das Projekt weiterläuft („*I don't know what I want, but I will know it when I see it*“). Da dieser Satz von Auftraggebern häufig gesagt oder zumindest gedacht wird, hat sich die Abkürzung *IKWISI* für dieses Prinzip eingebürgert.

Diese Zwischenschritte, die der Auftraggeber zu sehen bekommt und sogar schon in Versuchsfahrzeugen erproben kann, heißen Prototypen. Zwischen den Prototypen wird wiederholt ein kompletter Entwicklungszyklus durchlaufen, der nach einem weiteren Vorgehensmodell ablaufen kann. Damit ist das Prototypenmodell also ein vereinfachtes Spiralmodell. Während das Spiralmodell selbst keine große Verbreitung in der Kfz-Elektronik hat, ist das Prototypenmodell sehr verbreitet, oft in Kombination mit dem V-Modell.

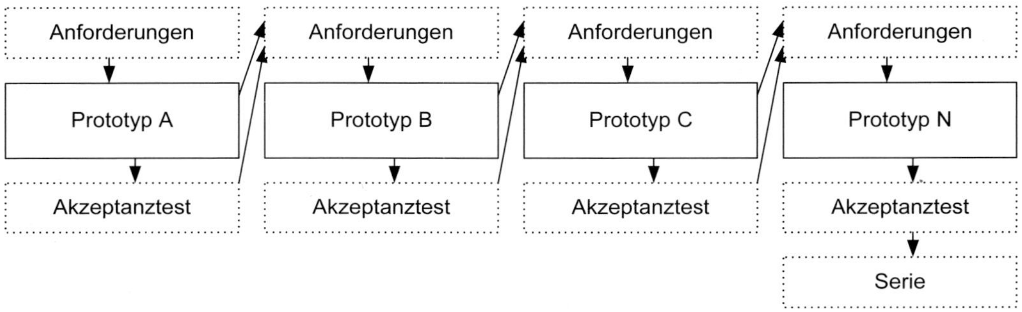

Bild 7-8 Prototypen-Modell

Man erkennt im Bild über jedem Prototypen Anforderungen und unter jedem Prototypen einen Akzeptanztest. Dieses sind die jeweiligen Anfangs- und Endpunkte anderer Modelle, die innerhalb eines Prototypen ablaufen können. Aus den eigenen Erfahrungen mit dem neuen Prototypen als auch aus den Erfahrungen des Kunden werden die Anforderungen für den nächsten Prototypen definiert. Während der Kunde erprobt, können im eigenen Hause Tests durchgeführt werden. Da die Kundenerprobung eines Prototyps durchaus so lange dauern kann wie die Entwicklung des jeweiligen Prototypen, kann es sinnvoll sein, die Entwicklung parallel zur Erprobung fortzusetzen und einen Teil der Erfahrung erst in den übernächsten Prototypen einfließen zu lassen.

7.5.2.4.7 Evolutionäres Modell

Eng verwandt mit dem Prototypenmodell und nicht eindeutig gegenüber diesem abgrenzbar ist das evolutionäre Modell. Zunächst werden alle Kernanforderungen umgesetzt. Danach kann der Kunde zusätzliche Anforderungen definieren. Problematisch kann dieses Vorgehen werden, wenn sich herausstellt, dass der zunächst angelegte Kern für die späteren Erweiterungen nur schlecht geeignet war und dann schlimmstenfalls neu programmiert werden muss.

7.5.2.4.8 Inkrementelles Modell

Beim inkrementellen Modell wird im Gegensatz zum evolutionären Modell bereits zu Begin ein Gesamtsystem entworfen, um die Notwendigkeit einer massiven Überarbeitung des Kernsystems möglichst zu vermeiden. Dieses Gesamtsystem wird aber wieder in Raten ausgeliefert, damit der Kunde genügend Möglichkeiten behält, seine Vorstellungen einzubringen. Die Wahrscheinlichkeit ist groß, dass er trotz der früheren Definition des Gesamtsystems dabei auch völlig neue Ideen hat und dass das inkrementelle Modell sich so im Laufe des Projekts wieder zum evolutionären Modell entwickelt.

7.5.2.4.9 Timebox

Dieser Ansatz hat in der Kfz-Elektronik keine Bedeutung. Die Idee hinter diesem Modell ist, kein fertiges Entwicklungsziel vorzugeben, sondern nur den Kosten- und Zeitrahmen. Wie weit damit technische Anforderungen umgesetzt werden, ergibt sich dann. Das Prinzip der Timebox wird manchmal den agilen Methoden zugeordnet.

7.5.2.4.10 Agile Modelle

Wie bereits geschildert, bieten einige Modelle wie das V-Modell keine Möglichkeit, wenn das Projekt erst einmal läuft, auf nachträgliche Kundenwünsche einzugehen. Mit dem Prototypenmodell, dem evolutionären und dem inkrementellen Modell steigt die Flexibilität etwas. Das Ziel der agilen Modelle ist eine schnelle, flexible Berücksichtigung auch später Kundenwünsche.

Stellt man sich das Prototypenmodell mit sehr vielen kleinen Prototypen vor, so könnte man noch einen großen Schritt weiter gehen und sich den Grenzfall mit unendlich vielen, infinitesimal kleinen Prototypen vorstellen. Ganz so radikal sind die agilen Modelle nicht, dies hieße ja, nach jeder geänderten Codezeile (und selbst eine Zeile Code ist keine unendlich kleine Änderung) dem Kunden eine neue Software zu geben. Der Kunde müsste dann auf allen Rechnern, auf denen Software entwickelt wird, permanent angemeldet sein. Bei der Hardware wäre dies noch schwieriger vorstellbar. Die agilen Modelle versuchen aber dieser Extremvorstellung so nahe zu kommen, wie es noch realistisch bleibt.

So wurden zahlreiche agile Modelle entwickelt, z. B. *AD* (**A**gile Database Techniques) nach Scott W. Ambler, *AM* (**A**gile **M**odeling) [Ambler01], *ASD* (**A**daptive **S**oftware **D**evelopment) [Highsm00], *Crystal* [Cckbrn01], *FDD* (**F**eature **D**riven **D**evelopment) [CoLeDL99], *DSDM* (**D**ynamic **S**ystems **D**evelopment **M**ethod) [DSDM], *Lean Software Development* [PopPop06], *Scrum* [BeeSch02], der nicht immer zu den agilen Modellen gezählte *RUP* (**R**ational **U**nified **P**rocess) [Ration], *TDD* (**T**est **D**riven **D**esign) [Beck02], *Agile Enterprise* mit *XBreed* [Xbreed], *XP* (*eXtreme Programming*).

Interessant ist, dass auch das V-Modell in der Version XT inzwischen ausdrücklich Methoden der agilen Systementwicklung im Rahmen des Tailorings einbezieht.

Diese Modelle weisen Überschneidungen auf und ergänzen sich teilweise gegenseitig. Nachdem seit etwa der Jahrtausendwende mit großer Dynamik neue agile Modelle aufkamen und teils wieder verschwanden, hat sich aus dieser schwer zu überblickenden Vielfalt vor allem ein Modell herauskristallisiert, nämlich XP, das deshalb stellvertretend für die Klasse der agilen Modelle betrachtet werden soll. Die erste Version wurde 2000 in [Beck00] vorgestellt, inzwischen ist eine überarbeitete zweite Version, in die bereits Erfahrungen eingeflossen sind, Stand der Technik [Beck04].

XP spezifiziert ein Produkt nicht zu Beginn als Ganzes, sondern es werden immer nur kleine Arbeitspakete für z. B. 2 Wochen definiert, erstellt und abgeliefert (im XP-Jargon „Short Releases“). Welche Kundenwünsche in den nächsten Zyklus einfließen wird in einem „Planning Game“ festgelegt, einem Abstimmungsgespräch zwischen Auftraggeber und Auftragnehmer, in denen Wünsche und der damit verbundene Aufwand für die nächste Ablieferung gegenüber gestellt werden und priorisiert werden. Funktionalitäten werden dabei weniger in abstrakten Spezifikationssprachen, sondern allgemeinverständlich in Metaphern („Metaphors“) dargestellt. Der Kunde ist eng in die Entwicklung involviert, idealerweise wäre er sogar permanent vor Ort[5] („On-Site Customer“). Darüber hinaus wird ein tägliches „Standup-Meeting“ zwischen allen Projektbeteiligten gefordert.

Das „Testing“ spielt in jedem Vorgehensmodell eine Rolle, je zeitnäher umso besser. XP schlägt deshalb sogar vor, erst die Tests zu entwickeln, eventuell sogar automatisierte Tests, und dann den erst den Code. Diese Reihenfolge klingt zunächst seltsam, aber bereits beim V-Modell wurden die Tests auf die Spezifikation oder das Design bezogen. So ist es nur konsequent, schon beim Schreiben einer Spezifikation anzugeben, wie deren Einhaltung später getestet werden soll. XP geht hier noch einen Schritt weiter und benutzt das Test-Programm anstelle detailliert beschreibender Dokumente wie das Design. Dieser Ansatz unterbindet auch Versuchungen, ein fehlerhaftes Produkt unter Zeitdruck „schön zu testen“, indem die Tests solange angepasst oder gar auskommentiert werden, bis das Produkt scheinbar funktioniert. Unmittelbar nach einer Änderung wird ein Modul schon einmal versuchsweise integriert, um sofort erkennen zu können, wenn es mit anderen Modulen nach einer Änderung evtl. nicht mehr zusammen spielt („Continuous Integration“).

Weitere Techniken in XP sind „Retrospectives“, also Rückblicke, die dem gemeinsamen Lernen aus Erfahrung dienen, „Coding Standards“, also verbindliche Richtlinien, wie die Programmierung zu erfolgen hat. „Sustainable Pace“ soll verhindern, dass ein unangemessener Zeitdruck die Fehlerrate in die Höhe treibt. Ein „Simple Design“ soll sicherstellen, dass nachträgliche Änderungen jederzeit eingefügt werden können. Sollte ein Modul infolge zahlreicher Überarbeitungen irgendwann nicht mehr wartbar oder zu langsam sein, sollte der Mut vorhanden sein, dieses Modul mit den vorhandenen Funktionen noch einmal sauber neu zu schreiben („Refactoring“). Eine Besonderheit ist das „Pair Programming“, dabei arbeiten immer zwei Leute gemeinsam am Rechner. Die dahinter stehende Idee ist, dass Fehler unwahrscheinlicher werden, mehr kreative Ideen entstehen und durch wechselnde Paare die „Collective Ownership“ gestärkt wird, also die gemeinsame Verantwortung für das Produkt durch das gesamte Team[6].

Lassen sich agile Methoden wie XP auch auf die Entwicklung von Hardwareanteilen übertragen? Hier ist Skepsis angebracht, würden permanente Änderungen zu ständig neuen Layouts der Leiterplatte führen, triebe dies die Kosten immens in die Höhe. Da die Hardware im Automobilbereich oft modular für verschiedene Kunden angepasst werden kann und die meisten Änderungen von Funktionen später nur noch die Software betreffen, besteht im Hardwarebereich auch weniger Bedarf für agile Entwicklungsmethoden. Diese werden also im Gegensatz zu anderen Vorgehensmodellen auf Software begrenzt bleiben.

Die agilen Modelle sind als Vorgehensmodell für den ganzen Entwicklungszyklus in der Praxis noch sehr neu, vor allem mit XP liegen aber bereits erste Erfahrungen vor. Erfahrungen,

5 In der Praxis erscheint wenig realistisch, dass ein Auftraggeber einen Mitarbeiter permanent zu seinem Auftragnehmer setzt, auch umgekehrt ist dies meist nicht erwünscht.

6 Es dürfte einige Mühe bereiten, ein kostenbewusstes Management davon zu überzeugen, je zwei Mitarbeiter für eine Arbeit einzustellen, die auch ein Mitarbeiter erledigen könnte, obwohl Fehler vermieden werden und sich der Personalaufwand dadurch geringer als um den Faktor Zwei erhöht. XP kann aber auch ohne „Pair Programming“ durchgeführt werden.

die dem Autor aus verschiedenen Unternehmen aus anderen Branchen zu Ohren kamen, klangen positiv, sind allerdings aufgrund ihres kleinen Umfanges noch nicht repräsentativ. Diese Unternehmen setzten XP nicht vollständig um, sondern passten das Modell an. Insbesondere auf den Kunden vor Ort und auf das paarweise Programmieren wird häufig verzichtet. Aus einem Unternehmen der Kfz-Elektronik kam aber auch bereits die Feststellung, dass XP für das Unternehmen keine Alternative darstelle. Wenn in Lehrveranstaltungen Projekte parallel nach V-Modell und XP bearbeitet werden, empfinden die Studenten in den XP-Gruppen die Arbeit als flexibler und auch kreativer, wünschen sich jedoch mit zunehmenden Wachstum des Projekts eine bessere Dokumentation, die im V-Modell vorhanden ist. Detaillierte und anonymisierte Erfahrungsberichte aus verschiedenen Unternehmen sind auch in [WoRoLi05], das auch als Einführung in XP empfehlenswert ist, nachzulesen.

Eng verwandt mit agilen Modellen ist das *RAD* (**R**apid **A**pplication **D**evelopment, schnelle Anwendungsentwicklung). Diskutiert wurden dieses in der Software-Entwicklung bereits seit 20 Jahren, man dachte dabei auch schon an spezielle Entwicklungswerkzeuge, mit denen sich schnell erste Prototypen generieren oder schon Erfahrungen sammeln lassen. Der Begriff „agil" war noch nicht üblich. Man benutzt diesen Begriff heute noch, wenn man den Prozess durch Werkzeuge unterstützt, die ein schnelles Überprüfen der Funktionalität (z. B. durch Simulation) ermöglichen. Eng damit verwandt ist das im vorigen Kapitel beschriebene *Rapid Prototyping* oder *Rapid Control Prototyping*, dieser Begriff wird vor allem bei eingebetteten Systemen (also auch der Fahrzeugelektronik) benutzt.

7.5.2.4.11 Vergleich der Vorgehensmodelle

Vorgestellt wurden dokumentengetriebene Modelle wie das V-Modell, deren Vorteil das Entstehen eines Dokuments nach jedem Arbeitschritt ist. Die Nachteile liegen in der geringen Flexibilität und dem späten Test. Diese Nachteile ließen sich mit dem Prototypenmodell oder gar einem agilen Modell vermeiden.

Dem Einsatz agiler Methoden in einer bezüglich ihrer Prozesse konservativen Branche steht die geringe Erfahrung mit diesen Modellen entgegen.

Eine für die Kfz-Elektronik verbreitete Lösung ist, die Anwendung eines Prototypenmodells, bei dem jeder Prototyp intern nach einem V-Modell abgearbeitet wird.

7.5.2.5 Anforderungen und Spezifikation

Mit dem Abschluss der Planungsphase sollte klar sein, **was** im Projekt gemacht werden soll, noch nicht, **wie** es umgesetzt werden soll. Es muss also eine *Spezifikation*, auch *Pflichtenheft* genannt vorliegen (die vom Kunden definierten *Anforderungen* werden im Gegensatz dazu als *Lastenheft* bezeichnet). Die Spezifikation ist die Grundlage der oben erwähnten Planungen.

Das Vorliegen der Spezifikation zum Ende der Planungsphase ist allerdings eine idealisierte Vorstellung. Oft reicht die Arbeit an der Spezifikation weit in die Entwicklung hinein und manchmal steht das Ergebnis erst kurz vor Serienbeginn fest. Dies liegt häufig daran, dass der Kunde zu Projektbeginn selbst noch keine präzisen Vorstellungen hat, vielmehr benötigt er häufig Zwischenstände des Projekts, um eine Vorstellung zu gewinnen, wie es weiter gehen soll. Auch das Entwicklungsteam selbst kann währen der Arbeit zu neuen Erkenntnissen kommen, die eine Änderung der Spezifikation erfordern (im ungünstigsten Fall die Erkenntnis, dass etwas nicht geht).

Der Prozess, eine Spezifikation zu erstellen, wird auch *Requirements Engineering* genannt. Für den Leser, der detailliert in dieses Gebiet einsteigen möchte, sei [Rupp06] empfohlen. Das Requirements Engineering lässt sich in zwei Teilaufgaben unterteilen: Im ersten Schritt ist das Ziel, den Kundenwunsch zu erfassen, im zweiten Schritt muss die Spezifikation in sinnvoller Form „verwaltet", also unmissverständlich aufgeschrieben und abgelegt werden.

Das Erfassen des Kundenwunsches beginnt zunächst formal mit dessen Lastenheft, dass durch Nachfragen zum Pflichtenheft komplettiert werden muss. Dabei sind auch die bereits im Lastenheft stehenden Angaben noch einmal kritisch zu hinterfragen, um eventuellen späteren Änderungen schon frühzeitig vorzubeugen. Der Kunde wird eventuell weitere Vorstellungen haben, die ihm so selbstverständlich sind, dass er vergisst, sie zu erwähnen. Man könnte zwar nachträglich argumentieren, dass es seine eigene Schuld sei, wenn er Dinge vergisst, der Kundenzufriedenheit ist es aber zuträglicher, ihm vorher dabei zu helfen, nichts zu vergessen. Eventuell kann der Auftragnehmer dem Auftraggeber auch eigene Ideen vorschlagen.

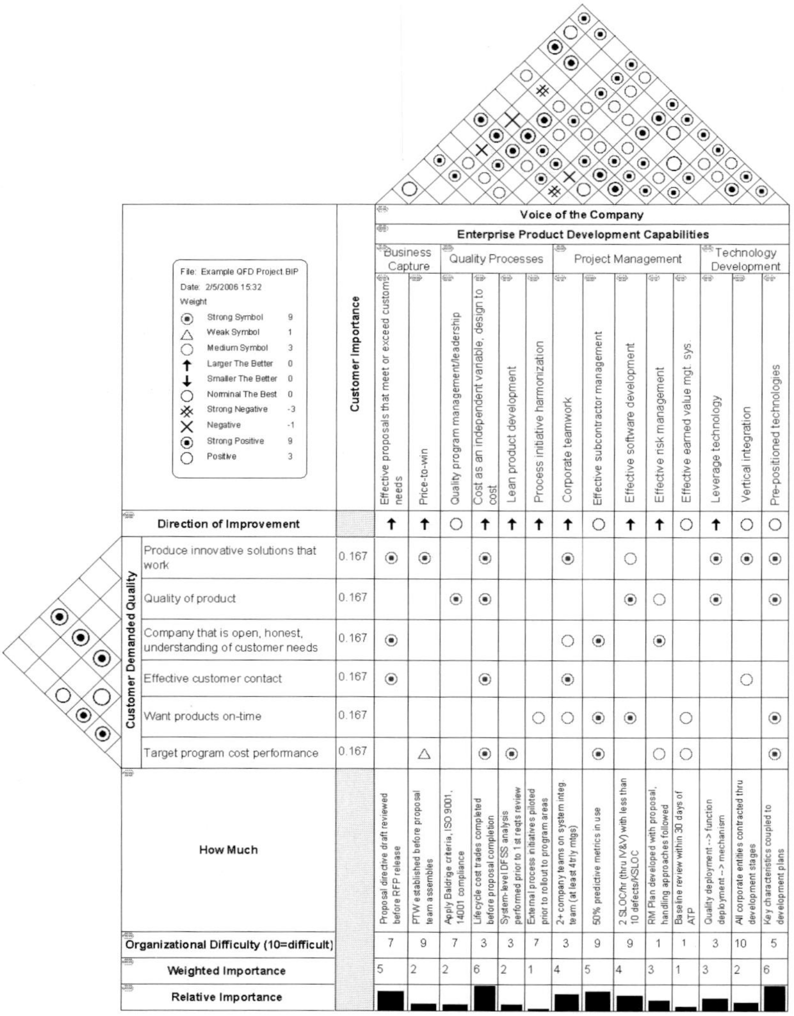

Bild 7-9
Beispiel eines House of Quality [WikiQ]

Neben dem Kunden gibt es aber noch weitere Quellen für das Pflichtenheft. So gilt es, einschlägige Gesetze und Normen und auch die werkseigenen Standards zu erfüllen. Daneben gibt es evtl. ungeschriebene gesellschaftliche oder moralische Standards, deren Missachtung den Ruf des Auftragsnehmers schädigen kann. Wo es mehrere Quellen gibt, können diese auch zueinander in Konflikt treten. So kann es notwendig werden, dem Kunden auch mal einen Wunsch auszureden, wenn dieser den Auftragnehmer zu einem ungesetzlichen oder sittenwidrigen Handeln zwingen würde, ein Beispiel hierfür wäre ein wissentlicher Verzicht auf notwendige Sicherheitsmaßnahmen bei sicherheitsrelevanten Systemen.

Wenn eine Entwicklung nicht aus einem Auftrag resultiert, sondern eigenverantwortlich durchgeführt wird, können mit den späteren potentiellen Kunden auch keine Spezifikationsgespräche geführt werden. In diesem Falle müssen wahrscheinliche Kundenwünsche, evtl. unterstützt durch Marktforschungen, antizipiert und in technische Anforderungen übersetzt werden. Ein verbreitetes Verfahren dazu ist das *QFD* (**Q**uality **F**unction **D**eployment) [AkKiMa04].

Eine wichtige Methode im Rahmen des QFD (fälschlicherweise oft mit QFD synonym verwendet) ist das *House of Quality* (Qualitätshaus). Es handelt sich um eine zusammengesetzte Bewertungsmatrix, die aufgrund einer dreieckig dargestellten Halbmatrix auf der Spitze optisch an ein Haus erinnert, daher kommt der Name. In der Haupt-Matrix wird grob quantitativ dargestellt, wie verschiedene technische Merkmale (Spalten) zur Befriedigung von Kundenwünschen (Zeilen) beitragen. Außerdem wird ein Vergleich mit den technischen Merkmalen der Wettbewerb aufgestellt. Die bereits erwähnte Halbmatrix soll veranschaulichen, ob und wie sich die technischen Merkmale gegenseitig unterstützen oder auch ausschließen (zum Beispiel kann ein großes Display eines im Armaturenbrett verbauten Gerätes dem gleichzeitigen Wunsch nach kleinen Einbaumaßen widersprechen). Schließlich werden die technischen Merkmale nach ihrem Aufwand zur Realisierung (Kosten) unterschieden. In ähnlicher Weise lassen sich aus den so identifizierten technischen Merkmale Anforderungen an Komponenten und in einem weiteren Schritt Anforderungen an die Produktion ableiten. Wie Bild 7-9 zeigt, kann das House of Quality nicht nur für technische Produkte verwendet werden, sondern auch für Prozesse. Im Beispiel wird der Entwicklungsprozess eines Unternehmens in Abhängigkeit der Kundenerwartung mit dem gleichen Verfahren spezifiziert.

Ein weiterer bereits erwähnter Punkt ist die Erstellung und Ablage des eigentlichen Dokuments. Eine sauber erstellte Spezifikation kann nach Fertigstellung als Dokumentation verwendet werden und spart damit einen kompletten Arbeitsvorgang. Aus Mangel an Zeit und Personalkapazität entfällt dies manchmal, es ist aber unwahrscheinlich, dass zu einem späteren Zeitpunkt mehr Kapazität zum Dokumentieren vorhanden ist.

Die Spezifikation kann grafisch oder als Text erstellt werden, in der Regel wird man beides mischen. Zwecks Eindeutigkeit sollte eine standardisierte Sprache (dies kann auch eine grafische Sprache sein) zur Funktionsbeschreibung gewählt werden.

Für die Hardware gibt es schon seit langer Zeit eine einheitliche grafische Sprache: der Schaltplan. Für die Software haben sich unternehmensspezifische Beschreibungsstandards etabliert. Üblich ist auch, Spezifikationen mit dem grafischen Editor eines Simulationsprogramm (s. Kapitel über Softwareentwicklung) zu erstellen, damit kann die spezifizierte Funktion anschließend gleich durch eine Simulation überprüft werden.

Eine inzwischen in Spezifikationen sehr verbreitete grafische Beschreibungssprache für Software ist die *UML* (**U**nified **M**odeling **L**anguage, vereinheitlichte Modellierungssprache). Die UML stellt verschiedene Diagrammtypen zur Verfügung, die sich im Grad der Detaillierung unterscheiden und darin, ob sie dynamisch das Laufzeitverhalten (also die Funktion eines Programms) oder statisch die interne Programmstruktur darstellen. Erfunden wurde sie mit einem starken Fokus auf die im Fahrzeugbereich noch sehr seltene objektorientierte Programmierung, ein wichtiger Bestandteil sind daher zahlreiche Arten von Klassendiagrammen. Aber auch bei der Benutzung prozeduraler Programmiersprachen wie C lässt sich UML sinnvoll einsetzen. Viele der in UML enthaltenen Diagrammtypen wurden nicht erst in UML eingeführt, sondern waren auch vorher schon bekannt, z. B. Zustandsdiagramme oder Klassendiagramme.

Der Verdienst von UML ist vor allem darin zu sehen, dass viele verschiedene Diagrammarten angepasst und in einen sinnvollen Kontext zueinander gestellt wurden, in dem sie sich gegenseitig ergänzen. In UML kann eine Funktion so eindeutig spezifiziert werden, dass mit Hilfe entsprechender Softwarewerkzeuge aus der Spezifikation automatisch ein Codegerüst generiert werden kann, UML kann also sogar als Programmiersprache benutzt werden. Eine gut strukturierte, knappe aber verständliche Einführung in UML bietet die alte Auflage [SeeGud00], die allerdings nicht mehr auf dem allerneuesten Stand (UML2) ist. Für eine Vertiefung von UML2 sei [Kecher06] empfohlen. Für den Leser, der sich näher mit der automatischen Codegenerierung aus UML befassen möchte, ist das „UMLStudio" [PraSof07] interessant, da dieses Programm mit Grundkenntnissen der UML schnell erlernbar ist und als kostenlose Demo (mit Einschränkungen beim Abspeichern großer Projekte) auf der Homepage des Herstellers angeboten wird.

Damit nicht nur die Entwickler wissen, was sie tun sollten, sondern auch der Kunde einer Spezifikation zustimmen kann, sind verständliche Erläuterungen zu den Beschreibungen unerlässlich. Da der Auftraggeber weder Zeit noch Lust hat, unverständliche Spezifikationen zu entziffern, wird er solche nickend zur Kenntnis nehmen ohne sie wirklich genau anzuschauen und wenn das Produkt fertig ist, darauf hinweisen, dass er sich etwas Anderes vorgestellt hat. Wird eine Funktion beschrieben, ist es manchmal schon sehr hilfreich, wenigstens in einem Satz zu erwähnen, was die Funktion überhaupt tun soll, anstatt gleich in Details einzusteigen.

Ein Problem ist, das der Kunde und die Entwickler ein eher abstraktes Dokument vorliegen haben. Eine Spezifikation ist nicht begreifbar ist, wie z. B. ein Modell eines geplanten Fahrzeugkarosserie. Trotzdem sollten die Beteiligten das Dokument so anschaulich wie möglich gestalten, da wie bereits erwähnt ein häufiges Problem von Softwareprojekten falsche Vorstellungen über das Ziel sind.

7.5.2.6 Projekthandbuch

Die zuvor genannten Entscheidungen sollten in einem *Projekthandbuch* aufgenommen werden. Dabei handelt es sich nicht um ein umfangreiches Buch, sondern um ein ca. 10-seitiges Dokument, das die wesentlichen Merkmale des Projekts beschreibt und allen Mitgliedern des Projektteams zugänglich ist.

Es bietet sich an ein gemeinsames Verzeichnis für alle Projektmitglieder anzulegen. Wenn das Projektteam über mehrere Standorte verteilt arbeitet und keine Sicherheitsbedenken gegen einen Zugriff über ein entsprechend gesichertes virtuelles Firmennetzwerk über öffentliche Leitungen besteht, sollte dieses Verzeichnis auch den anderorts tätigen Mitarbeitern des Projekts zugänglich sein.

Die Spezifikation ist in der Regel zu umfangreich für eine Aufnahme ins Projekthandbuch und gilt bereits selbst ein Entwicklungsprodukt. Sie sollte aber im gleichen Verzeichnis abgelegt werden.

Im Projekthandbuch sollten auch die in der Planungsphase definierten „Kleinigkeiten" stehen, also wo welche Dokumente abgelegt sind und ähnliche Informationen.

7.5.3 Entwicklungsphase

Nachdem alle Planungen abgeschlossen sind, kann die Entwicklung beginnen. In der Gliederung des Buches wurde die Spezifikation idealisierend bereits in die Planungsphase eingeordnet, real setzt sich auch diese oft bis in die Entwicklung fort, sie kann sogar den überwiegenden Anteil der personellen Kapazität in der Entwicklungsphase beanspruchen. Andere Dokumente aus der Planungsphase wie der Terminplan sollten keiner Änderung mehr bedürfen, tatsächlich kommt es aber auch dort in geringerem Umfang zu Anpassungen, man denke beispielsweise an einen erkrankten Mitarbeiter oder an kleinere Planungsfehler, die erst während Projektes deutlich werden (größere Planungsfehler können ein Projekt erheblich gefährden und sollten durch Mechanismen der Qualitätssicherung möglichst ausgeschlossen werden).

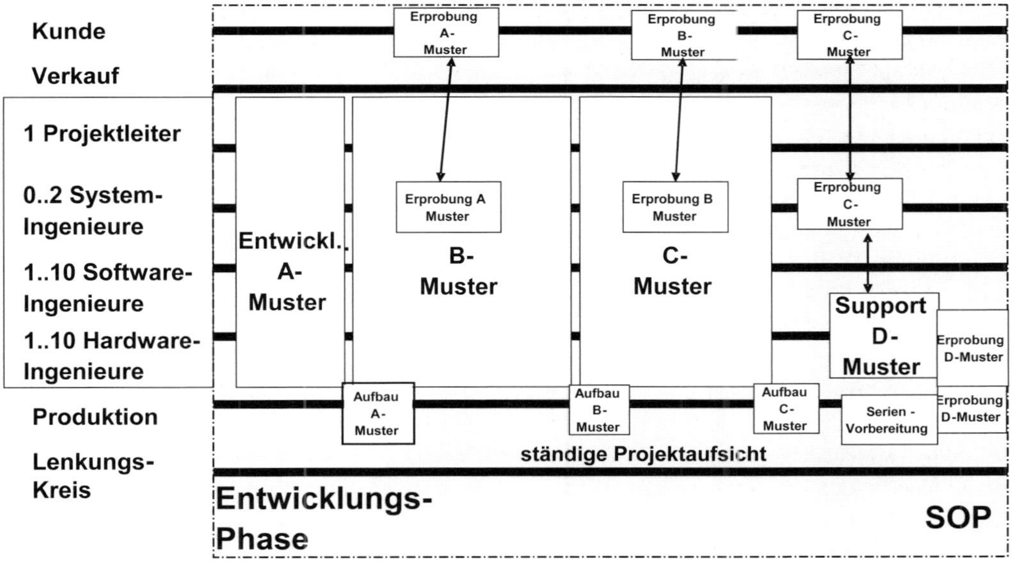

Bild 7-10 Typischer Ablauf der Entwicklungsphase

Das Bild zeigt einen in der Kfz-Branche, nicht nur bei der Elektronik, typischen Projektablauf. Die Projektgruppe in der Entwicklung besteht aus einem Projektleiter, einigen System-Ingenieuren, und einer größeren Zahl von Hardware- und Software-Entwicklern. Weitere Beteiligte sind u. a. der Kunde, die Produktion und der aus meist zwei oder drei Führungskräften bestehende Lenkungskreis[7], der das Projekt beaufsichtigt. Eventuell läuft die Kommunikation zwischen Kunde und Entwicklung über den Verkauf, dies mag den Vorteil haben, dass die Entwickler nicht durch die Beantwortung übermäßig viele Kundenanfragen an ihrer Entwicklungstätigkeit gehindert werden, führt aber zu Verzögerungen in der Kommunikation und erhöht das Risiko von Missverständnissen.

Die Hauptbeschäftigung der Entwicklungsgruppe liegt also in der Entwicklung mehrerer Muster, in der Kfz-Branche als A-, B- oder C-Muster bezeichnet. Man findet hier das bei den Vorgehensmodellen beschriebene Prototypenmodell mit drei Prototypen wieder. Bei internen Projekten ohne Kundenbeziehung vereinfacht sich dieser Ablauf, dann kann auch die Anzahl der Musterstufen reduziert werden. Bei hochgradig experimentellen Projekten in der Vorentwicklung kann die Anzahl der Stufen auch größer werden.

Das *A-Muster* ist kleiner gezeichnet, da es oft nur ein schnell erstellter Versuchsaufbau ist, der mit dem fertigen Produkt in der Regel noch nicht viel gemeinsam hat. Es ist durchaus denkbar, als A-Muster ein bereits vorhandenes anderes Produkt zu nehmen und geringfügig (falls überhaupt) zu modifizieren, damit der Kunde damit erste Erfahrungen sammeln kann. Die A-Muster können im Musterbau eines Produktionswerkes in Handarbeit erstellt oder umgebaut werden. Wenn die Umbauten gegenüber einem vorhandenen Produkt minimal sind, kann es schneller sein, wenn die Entwicklungsgruppe selbst die oder das A-Muster herstellt. Die Stückzahl der A-Muster bewegt sich im einstelligen Bereich, oft gibt es sogar nur ein Einzelstück als A-Muster. Wenn zu Beginn der Entwicklung schon eine Spezifikation feststeht, wäre ein A-Muster für die Entwicklung verzichtbar, der Kunde benötigt es aber auch, um eventuell parallel andere Systeme oder Fahrzeugkomponenten zu entwickeln oder entwickeln zu lassen, die mit dem zu entwickelnden Produkt später zusammen funktionieren sollen.

Beim *B-Muster* und *C-Muster* handelt es sich um Neuentwicklungen für die Kunden, aus Kostengründen sollte aber auch hier soweit möglich auf vorhandene ähnliche Produkte und das dadurch vorhandene Wissen zurückgegriffen werden. Während das B-Muster noch experimentellen Charakter hat, sollte das C-Muster nur noch der Bestätigung für die Serie dienen. Tatsächlich werden aber auch während der Entwicklung des C-Musters noch neue Anforderungen einfließen. Ein Einfrieren der Spezifikation vor dem C-Muster ist schwer mit dem Auftraggeber verhandelbar. Selbst wenn dies gelingt, wird der Auftraggeber versuchen, neue Anforderungen einbringen und diese dann nicht als neue Anforderung, sondern als Fehler zu definieren.

Während einer Musterphase wird sowohl beim Auftraggeber als auch im eigenen Hause das vorige Muster erprobt. Dies ist notwendig, weil ein Abwarten der Erprobung bis zum Beginn des nächsten Musterschrittes das Projekt in die Länge ziehen würde, erschwert aber ebenfalls ein Einfrieren der Spezifikation vor dem C-Muster, weil der Kunde zu diesem Zeitpunkt das B-Muster noch gar nicht erproben konnte.

Die B- und C-Muster werden im Musterbau des Produktionswerks erstellt. Die Produktion ist also schon während der Entwicklung in das Projekt eingebunden.

---

7 Je nach Unternehmen existieren viele unterschiedliche Namen für dieses Gremium, es ist aber in fast allen Unternehmen vorhanden.

Das *D-Muster* sollte dem Serienprodukt entsprechen. Es dient als Generalprobe für die Serienproduktion und wird nicht mehr im Musterbau, sondern von den für die Serienproduktion vorgesehenen Anlagen gefertigt. Wenn sich die D-Muster nach eingehender Überprüfung als fehlerfrei herausstellen, wird dies im *Erstmusterprüfbericht* (*EMPB*) dokumentiert. Danach kann die Serienproduktion durch den Kunden frei gegeben werden, diese Freigabe wird nach [ISO16949] *PPAP* (**P**roduction **P**art **Ap**proval, Produktionsteilabnahme) genannt. Im einfachsten Falle wird sich der Kunde für den PPAP mit einer dafür vorgesehenen Dokumentation des Zulieferers (*PSW*, **P**art **S**ubmission **W**arrant, Teil-Einreichungsbeleg) zufrieden geben.

Oft wird er selbst D-Muster (oder zusätzliche Freigabemuster, die dann *F-Muster* genannt werden) begutachten und evtl. sogar die Produktionseinrichtungen abnehmen wollen. Für den PPAP hat jeder OEM typische Anforderungen, die er oft mit seinen Einkaufsbedingungen veröffentlicht oder in der Planungsphase des Projekts mit dem Zulieferer vereinbart. Da diese formalen Vorgänge aufwändig aber äußerst wichtig sind (man stelle sich die Kosten einer fehlgeschlagenen Abnahme, evtl. verbunden mit einem Rechtsstreit vor), werden sie oft von darin geschulten und routinierten Mitarbeitern durchgeführt.

Der auf die erfolgreiche Abnahme folgende Produktionsbeginn wird *SOP* (**S**tart **o**f **P**roduction) genannt. Damit ist das Entwicklungsprojekt abgeschlossen und die Gruppe, die an dem Projekt gearbeitet hat, kann bis auf einen Ansprechpartner für die Serienbetreuung aufgelöst werden.

7.5.3.1 Änderungsmanagement

Im Laufe des Projektes fließen in der Regel Änderungen ein. Diese können neue Anforderungen des Auftraggebers sein (die dieser hoffentlich auch bezahlt), dies können aber auch Fehler sein, die sich beim Testen herausstellen (in diesem Falle trägt üblicherweise der Auftragnehmer die Kosten). Oft entsteht die Spezifikation auch erst schrittweise während des Projekts. Das Änderungsmanagement, auch *Anforderungsmanagement* oder *Change Request Management* genannt, organisiert diese nachträglichen Anforderungen im Projekt. Das Änderungsmanagement kann als Sonderfall des bereits erwähnten Requirements Management betrachtet werden, nämlich mit der Besonderheit, dass während des Projektes ständig neue Anforderungen einfließen und nicht nur zu Beginn.

Das folgende Bild zeigt grundsätzlich, mit welchen internen Abläufen auf eine neue Anforderung reagiert werden kann. Zunächst ähnelt der Ablauf ein wenig der Akquisitionsphase des Projektes bis zur Auftragserteilung. Eine nachträgliche Anforderung wird also behandelt wie ein kleines Projekt innerhalb des Gesamtprojekts. Es wird wieder über Preis und Umfang verhandelt, erst wenn darüber eine Übereinkunft erzielt wurde, ist die Entwicklungsmannschaft voll eingebunden. Handelt es sich um eine größere Anforderung, ist dazu eine temporäre Erweiterung der Entwicklungsgruppe möglich. Die Entwicklung kann (und sollte) auch eine einzelne Anforderung nach einem der Vorgehensmodelle für ganze Projekte entwickeln.

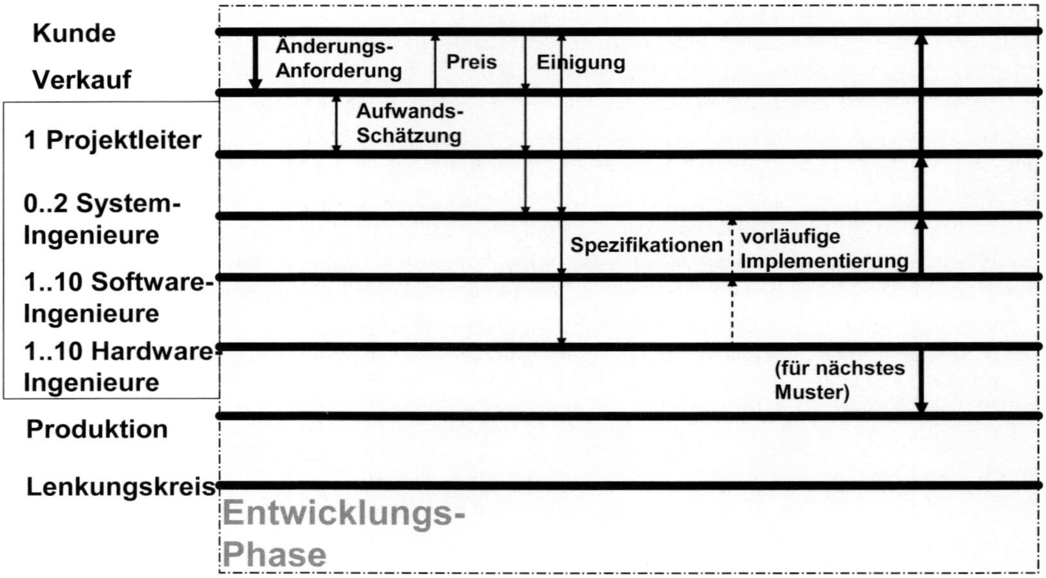

Bild 7-11 Änderungsmanagement in der Entwicklungsphase

Besteht eine Spezifikation aus vielen Teilspezifikationen, die aufgrund häufiger Kundenwünsche während der Entwicklungsphase ergänzt und geändert werden, ist es sinnvoll, jede Teilspezifikation (z. B. für eine einzelne Funktion eines Gerätes) in einem eigenen Dokument abzulegen und von einer zentralen Tabelle aus auf diese Dokumente zu verweisen. Das folgende Bild zeigt solch eine Tabelle.

	No	description			Spec Stat	Impl Stat	Test Stat	submission by	submission date	Spec Review	Spec Hyperlinks	requested for	Comments	Estimated Effort [PW]	
FR	1	Air pressure depending throttle control						Adenauer	28.01.2007	28.01.2007	FR001_2.pdf	01.06.2007		12	
FR	2	Send engine speed on CAN						Erhard	12.03.2007		FR002_0.pdf	24.12.2007		6	
FR	3	...						Kiesinger	13.04.2007	15.04.2007	FR003_26.pdf	24.12.2007		3	
FR	4	...						Clinton	27.07.2007	29.07.2007	FR004_1.pdf	01.04.2008		2	
FP	5	...						Koizumi	30.07.2007		FP005.pdf	01.04.2008		?	

Bild 7-12 Beispiel einer Liste zur Zusammenfassung von Spezifikationsdokumenten

Links sind alle Anforderungen durchnummeriert. Dabei wird nicht zwischen Hardware und Software unterschieden. Nach einer knappen Beschreibung der Funktion sind drei Farbfelder, die in Ampelfarben den Fortschritt der jeweiligen Funktion darstellen.

Einige Anforderungen sind als FR, eine als FP bezeichnet. In diesem Falle steht FR für „Functional Request“ (Funktionsanforderung) und FP für „Functional Problem“ (Funktionsproblem, Bug). Es ist sinnvoll, nachgereichte (und akzeptierte) Anforderungen und erkannte Fehler gleichartig zu behandeln, in beiden Fällen kommen zusätzliche zunächst nicht vorgesehene Arbeitspakete in das Projekt. Das Dokument zur Beschreibung eines Fehlers sieht allerdings anders aus als bei einem Spezifikationsdokument, schließlich ist ein Fehler eine Abweichung von einer bereits vorhandenen Spezifikation. Daher ist in der Fehlerbeschreibung nur anzugeben, wie sich der Fehler äußerte, unter welchen Bedingungen er auftrat und auf welche Spezifikation er sich bezieht. Besonders wichtig ist die Angabe der Fehlerbedingungen, um den Fehler bei der Fehlersuche sicher reproduzieren zu können und um später aus diesem Fehler einen neuen Testfall abzuleiten, der dessen Wiederkehr ausschließen soll.

Bei einem Fehler, der sich kritisch auf ein Projektziel auswirken kann (Terminverzug), erwartet der Auftraggeber in der Regel, darüber informiert zu werden. Dies kann formlos geschehen, oft wird der Auftragnehmer aber ein in der Kfz-Branche verbreitetes Formular anfordern, den *8-D-Report*. Einige Unternehmen verwenden dieses Formular auch intern. Es enthält neben organisatorischen Informationen Angaben über das Team, dessen Leiter, der Art des Fehlers, die Ursachen, die Sofortmaßnahmen und deren Erfolg, die langfristigen Maßnahmen und wie deren Wirksamkeit überprüft werden soll, wie eine Wiederholung des Fehlers verhindert werden soll, den Abschluss der fehlerbedingten Maßnahmen und eine Gratulation an die Entwicklergruppe nach erfolgreicher Lösung des Problems.

Wenn Spezifikationen überarbeitet werden, ist es sinnvoll, eine Versionsgeschichte anzugeben. Man kann sogar noch einen Schritt weitergehen und ein Textdokument wie eine Software mit Hilfe eines Konfigurationsmanagements versionieren (s. Abschnitt 6.5).

7.5 Serienbetreuung

Nach dem Ende eines Entwicklungsprojekts unterstützt die Entwicklung bei der Serienbetreuung. Im Wesentlichen finden jetzt aber die Produktion und der Service statt.

7.5.1 Serienbetreuung durch die Entwicklung

Da niemand ein Produkt so gut kennt, wie diejenigen, die es entwickelt haben, steht in der Entwicklung noch ein Ansprechpartner bereit für Fragen aus dem Service. Da dieser inzwischen wieder an anderen Projekten mitarbeitet, wird er zeitlich nicht die Funktion einer Hotline übernehmen können, sondern nur sehr begrenzt für diese Aufgabe zur Verfügung stehen.

Eine kritische Situation liegt vor, wenn sich nach Auslieferung von Fahrzeugen herausstellt, dass das Produkt fehlerhaft oder gar gefährlich ist. In diesem Falle tritt das Schreckgespenst eines jeden Entwicklers in der Automobilbranche in Erscheinung: Ein *Rückruf* wird erforderlich. Neben der Sachmängelhaftung (gesetzlich vorgeschriebene Gewährleistung) wird der Fahrzeughersteller dem Zulieferer eines fehlerhaften Produkts auch die Kosten für die Durchführung des Rückrufs in Rechnung stellen. Darüber hinaus leidet das Ansehen einen Unternehmens.

Der Serienbetreuer wird in der Regel ein Problem nicht alleine lösen können, sondern wieder auf einige Mitarbeiter der Entwicklungsgruppe zurückgreifen müssen.

Neben solchen Problemen, können während der Serie weitere Anforderungen zurückfließen. Es ist in diesem Falle eine unternehmenspolitische Entscheidung, ob kleine Änderungen „nebenbei“ durchgeführt werden oder ob aus einer Änderung in der Serie ein neues Projekt gemacht wird.

Typisch für die Kfz-Elektronik ist, dass Fahrzeuge in Europa üblicherweise etwa 8 Jahre lang gefertigt werden, Ersatzteile sogar noch 10 oder 20 Jahre länger (Bild 7-1). Im Extremfall könnte es also passieren, dass ein Steuergerät fast drei Jahrzehnte lang produziert wird. Im Gegensatz dazu stehen die kurzen Produktzyklen der Halbleiterhersteller, die einen Zeitraum weniger Jahre selten überschreiten. So ist es ein normaler Vorgang, dass während der Produktion eines Steuergerätes z. B. die verwendete Version des Mikrocontrollers von dessen Hersteller abgekündigt wird. Dann muss das Gerät so verändert und wieder freigegeben werden, dass es mit anderen Bauteilen die gleichen Anforderungen erfüllt.

7.5.2 Produktion

Damit die Produktion nahtlos nach dem SOP anlaufen kann, wurde das Produktionswerk schon während der Entwicklung beteiligt. Durch die Prüfmuster konnte die Fähigkeit zur Produktion bereits vor Beginn des SOP nachgewiesen werden.

Der Ablauf der Steuergeräteproduktion unterscheidet sich nicht wesentlich von der Fertigung anderer elektronischer Produkte und ist im folgenden Bild dargestellt. Für eine detaillierte Betrachtung der Elektronik-Produktion sei auf [Scheel99] verwiesen.

Zunächst wird im Siebdruckverfahren die Lötpaste auf die Leiterplatte aufgetragen. Danach platziert ein Bestückungsautomat die SMD-Bauelemente, die evtl. durch Klebepunkte fixiert werden. Dabei werden die Lötseiten der Bauelemente in die Lötpaste hineingedrückt. Die bestückte Leiterplatte durchfährt dann ein Temperaturprofil im Lötofen (Reflow-Ofen), bei dem Lösungsmittel und Bindemittel (z. B. Kolophonium) in der Lötpaste verdampfen oder sich zersetzen und die metallischen Bestandteile aufschmelzen. Werden neben SMD-Elementen auch bedrahtete Bauelemente (z. B. der Steckverbinder oder große Induktivitäten) bestückt, kann dies in einem zusätzlichen Schritt über einer Lötwelle oder durch selektives Löten einzelner Elemente erfolgen. Danach können die Software und der Datensatz programmiert werden (sofern dies überhaupt in der Steuergeräteproduktion passiert und nicht erst beim Fahrzeughersteller). Anschließend kann die Leiterplatte in das Gehäuse verbaut werden. Dabei wird evtl. auch Wärmeleitkleber zwischen die Leistungshalbleiter und dem Gehäuse eingebracht.

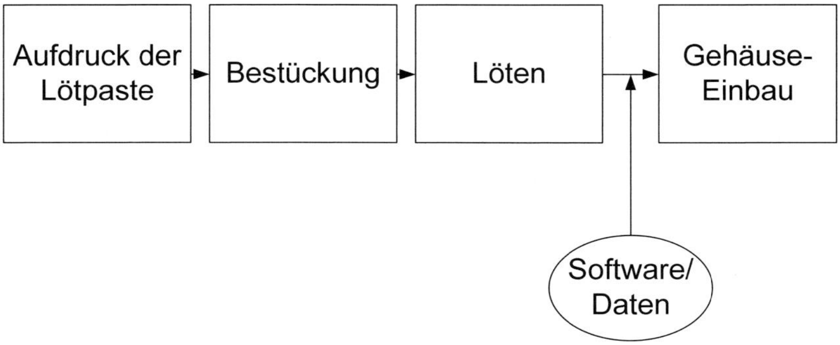

Bild 7-13 Ablauf der Steuergerätefertigung. Zwischen den Stationen befinden sich Testpunkte.

Zwischen den einzelnen Stationen finden Überprüfungen statt, die heutzutage weitestgehend automatisiert sind. Dies sind zunächst Sichtprüfungen, die durch automatische Mustererkennung durchgeführt werden. Nach dem Löten können auch elektrische Tests durchgeführt werden in Form von *ICT* (*In-Circuit-Tests*, Tests in der Schaltung), bei denen Testpunkte in der

Schaltung über ein Nagelbett stimuliert oder gemessen werden oder auch Endtests, bei denen die fertigen Geräte über den Steckverbinder mit betriebstypischen Signalen stimuliert werden.

Typische Stückzahlen in der Kfz-Elektronik liegen bei einigen 100 000 Steuergeräten eines Typs. Diese Stückzahlen sind höher als bei Investitionsgütern, aber immer noch wesentlich geringer als bei anderen Konsumgütern, wie z. B. Mobiltelefonen. Die Stückzahlen variieren sehr stark, so ist leicht einsichtig, dass z. B. der VW-Konzern weniger Steuergeräte für einen Bugatti Veyron abnimmt, als für eine Ausstattungsvariante des VW Golf.

Die hohe Varianz der Stückzahlen stellt die Steuergeräteproduktion vor das Dilemma, einerseits flexibel kleinste Stückzahlen bis hinunter in den zweistelligen Zahlenbereich liefern zu können, andererseits hohe Stückzahlen bis in den Bereich mehrerer Millionen so kostengünstig, wie nur möglich zu produzieren. Dieses Dilemma lässt sich durch zwei Werke (oder Werksteile) lösen, wenn eines über hoch automatisierte Fertigungsstraßen für die billige Massenproduktion verfügt (*Linienfertigung* oder *Fließfertigung*) und ein anderes Werk über einzelne Fertigungsstationen, die untereinander flexibel verbunden sind (diese „flexible Verbindung“ könnte im Extremfall ein Mitarbeiter sein, der mit einer Kiste von einer Fertigungsstation zur Nächsten läuft) und somit auch Kleinstserien ermöglicht.

Daneben spielen logistische Überlegungen bei der Auswahl eines Fertigungswerkes eine Rolle, es wäre teuer, Steuergeräte für ein in Übersee in hoher Stückzahl produziertes Auto in Europa zu produzieren und über weite Strecken in hoher Stückzahl zu transportieren.

Die Entscheidung, wo ein Steuergerät produziert werden soll, fällt möglichst früh in der Planungsphase des Entwicklungsprojekts, um bereits während der Entwicklung das Werk einbinden zu können.

7.5.3 Service

Der Service beinhaltet die regelmäßige Wartung und Reparaturen in freien Werkstätten und markengebundenen Werkstätten. Im weitesten Sinne kann auch die Pannenhilfe (durch unabhängige Hilfsdienste wie dem ADAC und durch die eigenen Pannendienste einiger Hersteller) oder die selbst durchgeführte Wartung am Fahrzeug dazugezählt werden.

Der Service ist zum einen ein lukrativer Markt, der für einen Händler durchaus attraktiver sein kann als der Neuwagenverkauf. Es besteht also ein Interesse, im Service einen hohen Umsatz zu erzielen. Andererseits trägt der Service zum Qualitätsempfinden durch den Endkunden bei, zum einen über die Service-Organisation der Herstellermarke, aber auch durch die Service-Fähigkeit des Fahrzeugs.

Bezüglich der Elektronik sind die wichtigsten Tätigkeiten die Diagnose elektronischer Systeme oder der durch die Elektronik überwachten Systeme mit Hilfe eines Diagnosetesters (Kapitel 6) und der Austausch elektronischer Steuergeräte und der damit verbundenen Sensoren und Aktoren.

Bestrebungen einzelner Hersteller, nur der eigenen Service-Organisation den vollen Diagnoseumfang bereit zu stellen und so freie Werkstätten zu benachteiligen, sind nicht mehr zulässig [EU02-1400]. Gerade für ausländische Hersteller mit einem dünnen Händler- und Servicenetz kann eine offene Bereitstellung von Diagnoseschnittstellen und eine Einbindung freier Werkstätten auch einen zusätzlichen Kundennutzen bieten.

Ein zunehmendes Problem im Service ist die Vielfalt und Komplexität neuer elektronischer Systeme, die es den Servicemitarbeitern zunehmend erschwert, den Überblick zu behalten.

Auch hier zeichnet sich ein Nachteil für freie Werkstätten ab, wenn diese alle elektronischen Systeme aller Hersteller beherrschen müssen. Eine Lösung könnte in einer stärkeren Spezialisierung entweder auf Marken oder auf bestimmte Systeme liegen.

7.6 Product Lifecycle Management

In den vorausgegangenen Kapiteln wurden wesentliche Stationen im „Lebenslauf" eines Produkts beschrieben. Oft wird von einem Lebenszyklus gesprochen, weil die Erfahrungen mit einem Produkt auf dem Markt wieder als Anforderungen in neue zukünftige Produkte einfließen.

Unter dem Begriff *PLM* (**P**roduct **L**ifecycle **M**anagement, Produktlebenszyklusverwaltung) versteht man die Verwaltung aller Produktdaten während der Lebensdauer eines Produkts. Dies beginnt bei Entwicklungsunterlagen wie Spezifikationen, Entwürfen, Konstruktionen und Quellcodes, geht über Qualitätsdaten aus der Produktion bis hin zu Teilenummern im Vertrieb und Service.

Um die vielen Daten, die während der Lebensdauer eines Produktes entstehen, auch stets verfügbar zu halten, ist es sinnvoll, diese mit Hilfe einer Datenbank zu strukturieren (in vielen Unternehmen geschieht dies häufig noch durch Textdokumente oder einzelne Tabellen). Diese Aufgabe ließe sich mit einer Standarddatenbank realisieren. Da es sich um eine und allen Branchen stets wiederkehrende Aufgabe handelt, sind inzwischen spezielle Softwarelösungen für das PLM auf dem Markt, die alle auf einer internen Datenbank basieren oder mit anderen bereits vorhandenen Datenbanken verknüpft werden können. Dabei besteht in vielen Unternehmen ein großes Interesse, das PLM-System mit einer Unternehmensdatenbank zu verknüpfen. Diese Unternehmensdatenbanken sind auch bekannt als *ERP-Systeme* (**E**nterprise **Re**source **P**lanning, Planung des Einsatzes der Unternehmensressourcen), besondere Verbreitung genießen dabei die Produkte des Anbieters SAP.

Die heutigen PLM-Systeme haben zahlreiche Vorläufer, die jeweils Teilbereiche des PLM abdecken, so können weitesten Sinne sogar Programme zur Versionsverwaltung (Kapitel 6) zu den PLM-Systemen gezählt werden. Sie decken jedoch nicht den gesamten Lebenszyklus, sondern nur die Entwicklung ab. Erweiterte Lösungen, die den gesamten Lebenszyklus für Software und Datenbanken abbilden werden auch als *ILM* (**I**nformation **L**ifecycle **M**anagement, Informationslebenszyklusverwaltung) bezeichnet. In der Konstruktion sind spezielle Versionsverwaltungen bekannt, die *EDB* (**E**ngineering **D**ata**b**ase, Engineering Datenbank) oder *EDM* (**E**ngineering **D**ata **M**anagement, Engineering-Daten-Verwaltung) genannt werden. Das Ziel der PLM-Systeme ist, die Vielzahl nebenher existierender meist inkompatibler Teillösungen zu einer Gesamtlösung zusammenzufassen. Dabei darf allerdings nicht übersehen werden, dass die Umstellung vorhandener Systeme auf ein PLM-System einen nicht immer erfolgreichen finanziellen und organisatorischen Kraftakt darstellt.

Während bislang die Verwaltung von Produktdaten im Vordergrund steht, ein PLM-System quasi als übergeordnete Datenbank der in allen Stationen des Lebenszyklus anfallenden Daten zu verstehen ist, gewinnt die Einbindung von Entwicklungsabläufen, also die Unterstützung der Schritte *zwischen* den Stationen des Lebenszyklus an Bedeutung.

Die Anforderungen an ein Fahrzeug und die darin verbauten Komponenten der Zulieferer werden durch den Fahrzeughersteller definiert. Erste Überlegungen, was ein Fahrzeug können soll, resultieren oft aus unterschiedlichen Methoden der Marktforschung, nicht selten spielen auch persönliche Vorlieben aus dem Vorstand eine Rolle. Bei der Definition der Fähigkeiten eines Fahrzeugs taucht bereits eine erste Komplexitätsfalle auf, mit allen Optionen und Ausstattungsvarianten kann ein Modell durchaus eine zweistellige Zehnerpotenz unterschiedlicher Realisierungen repräsentieren.

Man wird also typische Beispiele von Varianten als Ausgangspunkt für die Entwicklung nehmen, wobei zunächst grob Funktionen als Kästchen dargestellt und vernetzt werden, dann können die Funktionen auf einzelne Steuergeräte verteilt werden und erst später können elektrische, mechanische und Software-Anforderungen für Komponenten sowie die Kommunikations- und Versorgungsnetze definiert werden. Mit zunehmender Komplexität lässt sich dieser Prozess nicht mehr auf intuitiver Basis durchführen, sondern wird Entwicklungswerkzeuge erfordern. Dieser Entwicklungsprozess ist eng verknüpft mit den dabei entstehenden Entwicklungsprodukten und damit auch dem PLM.

Eine weitreichende Einführung in das Product Lifecycle Management ist in [PLM] zu finden.

7.7 Qualität

Der Leser wird bereits eine mehr oder weniger klare Vorstellung besitzen, was Qualität für ihn bedeutet. Das Qualitätsbewusstsein vieler Menschen manifestiert sich in Stichworten wie „Erfüllung von Anforderungen, Erfüllung von Erwartungen, Zuverlässigkeit, Langlebigkeit". Wollte man diese und weitere Ziele in idealer Weise erreichen, hieße das, ein Produkt zu entwickeln, das jedem Käufer alle Wünsche erfüllt (auch wenn unterschiedliche Käufer auch unterschiedliche Vorstellungen haben), das nie defekt ist und seinen Käufer überlebt. Solch ein Produkt wäre sicher schön, aber auch so teuer, dass es sich niemand mehr leisten kann. Die Entwicklung eines solchen Wunders würde viel Zeit in Anspruch nehmen, während der der Hersteller kein Geld damit verdienen kann.

Die 2007 abgelöste [DIN55350-11] und in ähnlichem Wortlaut die ebenfalls abgelöste [DIN8402] definierten Qualität zweckmäßiger und präziser als

> „Gesamtheit der Merkmale, die eine Einheit zur Erfüllung vorgegebener Forderungen geeignet macht. Eine Einheit kann ein Produkt, ein [....] sein. Die vorgegebenen Forderungen können festgelegt oder vorausgesetzt sein und ergeben sich aus dem Verwendungszweck (Art des Gebrauchs)."

Eine ähnliche Definition liefert [ISO 9126-1] speziell für Softwarequalität.

Demnach wird von einem Produkt erwartet, dass es festgelegte oder vorausgesetzte Anforderungen für den bestimmungsgemäßen Gebrauch erfüllt.

Festgelegte Anforderungen sind die vom Kunden konkret in Auftrag gegebenen Merkmale, die Wichtigkeit unausgesprochen vorausgesetzter Merkmale wurde bereits beim Thema Spezifikation diskutiert. An dieser Stelle wird deutlich, dass der Qualitätsbegriff ins Leere läuft, wenn die Anforderungen nicht genau bekannt sind. Besonders schwierig ist die Erfassung der vorausgesetzten Merkmale, da diese häufig subjektiv sind. Hier kommt auch die eingangs schon erwähnte Zuverlässigkeit zum Tragen. Welche Zuverlässigkeit beispielsweise ein Käufer von einem Produkt erwartet, ist individuell unterschiedlich und muss durch statistische Verfahren, z. B. aus Befragungen, auf quantifizierbare und messbare Zielgrößen abgebildet werden.

Wichtig ist auch, die Qualität auf den Verwendungszweck zu beziehen. Würde ein Hersteller ein Produkt auch für abweichende Verwendungen geeignet machen (z. B. einen PKW für die Fahrt auf Binnengewässern[8]), wird dies von der Mehrzahl der Käufer nicht als Qualitätsmerkmal ernst genommen werden. Der Käufer, der nur auf der Straße fährt, wird lediglich zur Kenntnis nehmen, dass solch ein schwimmfähiges Fahrzeug für seine Zwecke unverhältnismäßig teuer ist und den zusätzlichen Wartungsaufwand für die Propellerwellen wird er auch nicht als Qualitätsmerkmal wahrnehmen.

Anders würde dies wiederum aussehen, wenn dieser zusätzliche Verwendungszweck angepriesen wird und das Produkt gerade deswegen gekauft wird. Wer auf Gewässern fahren will und deswegen ein schwimmfähiges Fahrzeug kauft, wird es durchaus als Qualität bezeichnen, wenn kein Wasser in den Innenraum eindringt und der Motor zuverlässig die Wellen antreibt.

Der Verwendungszweck ist also durchaus von der Zielgruppe abhängig, ein interessantes Beispiel ist in dieser Hinsicht auch die scheinbare oder die tatsächliche Geländetauglichkeit einiger PKW. Wer solch einen PKW nur aufgrund seiner äußeren Gestalt zum Einsatz im Straßenverkehr kauft, wird kaum bereit sein, den Preis für eine echte Geländetauglichkeit zu zahlen. Hätte dieses Fahrzeug trotzdem eine gewisse Geländetauglichkeit, würde diese als Qualitätsmerkmal nicht wahrgenommen werden. Wer sich hingegen einen PKW als geländetauglich verkaufen lässt, wird bereit sein, für diesen zusätzlichen Verwendungszweck mehr zu bezahlen, es aber als schweren Qualitätsmangel einstufen, wenn dieser im Gelände beschädigt liegen bleibt.

Einfacher als bei ganzen Fahrzeugen und in der Regel eindeutig ist die Festlegung des Verwendungszwecks bei Zulieferteilen. Deshalb ist gerade bei zugelieferten elektronischen Steuergeräten, sofern die Anforderungen vom Auftraggeber ausreichend formuliert wurden, die obige Definition der Qualität auch in der Praxis gut anwendbar.

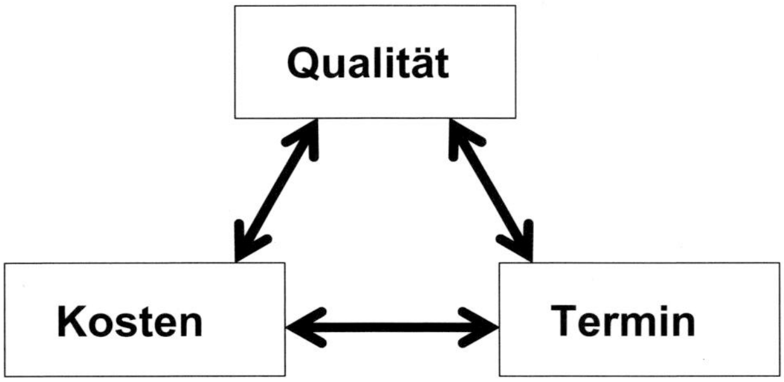

Bild 7-14
„Magisches Dreieck" der Qualität

Bild 7-14 zeigt den schon angedeuteten Konflikt, in dem sich der Entwickler elektronischer Produkte fürs Fahrzeug (und auch nahezu beliebiger anderer Produkte und Dienstleistungen) stets befindet. Bezogen auf die Entwicklung von Kfz-Elektronik bedeutet dies, wenn eine höhere Qualität angestrebt wird, dann werden die Entwicklungs- und Produktkosten und auch die Dauer, bis das Produkt fertig entwickelt ist, fast zwangsläufig ansteigen. Eine andere Lesart des Dreiecks ist, dass eine Senkung von Kosten oder der Entwicklungsdauer zu Qualitätseinbußen führt.

8 Solche Autos wurden gebaut, z. B. das Amphicar in den 60er Jahren.

In der Öffentlichkeit bekannt geworden ist ein Fall in der Mitte der 90er Jahre, bei dem ein neuer Chef für „Produktionsoptimierung und Beschaffung" eines Automobilkonzerns gefeiert wurde, weil er die Kosten im Einkauf durch massiven Druck auf die Zulieferer erfolgreich reduzierte. Einige Zeit später bekam der Konzern Qualitätsprobleme, weil der gewaltige Kosten- und auch Termindruck auf die Zulieferer nicht zur Absage von Aufträgen aufgrund unrealistischer Bedingungen, sondern zu fehlerhaften Produkten führte.

7.7.1 Qualitätsmanagement

Die Ursprünge der Qualitätssicherung und des Qualitätsmanagements finden sich in der Produktion. Während lange Zeit nur *Qualitätskontrolle* betrieben wurde, indem fehlerhafte Produkte durch Tests identifiziert und ausgesondert wurden, drängte mit zunehmendem Kostenbewusstsein die Frage, wie die Produktion fehlerhafter Teile von vornherein reduziert werden kann.

Die Erfolge der Qualitätssicherung in der Produktion führten dazu, dass vergleichbare Instrumente auch in der Entwicklung eingeführt wurden. Fehler in der Entwicklung sind in der Regel teurer als in der Produktion, da sie zum kostenintensiven Rückruf eventuell hoher Stückzahlen führen, von Imageschäden und Haftungsansprüchen ganz zu schweigen.

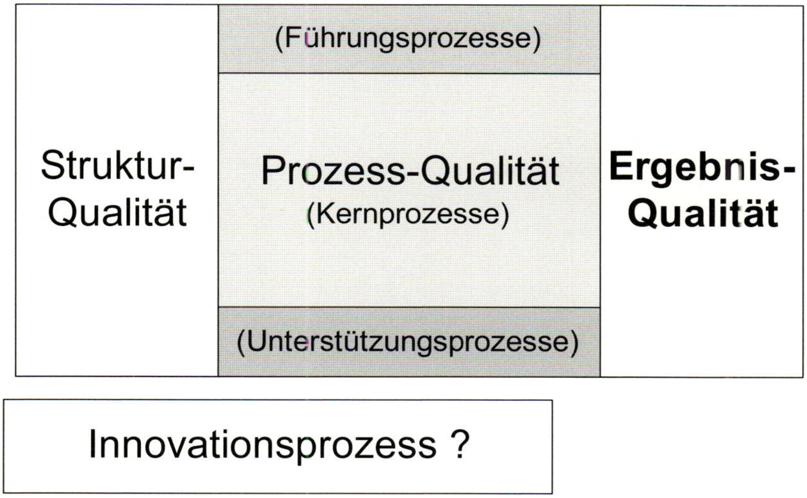

Bild 7-15 Grundelemente einer umfassenden Qualitätssicherung

Das Bild veranschaulicht die Vielfältigkeit einer umfassenden Qualitätssicherung. Aus der zuvor diskutierten Definition der Qualität folgt, dass sich diese auf das Endprodukt bezieht, dessen Qualität wird als *Ergebnisqualität* bezeichnet. Würden wir nur diese betrachten, wären wir wieder bei der reinen Qualitätskontrolle. Wie in der Produktion, ist es aber auch in der Entwicklung sinnvoll, es gleich richtig zu machen und nicht erst nachher zu merken, dass etwas daneben ging. Selbst wenn die Ergebnisqualität zunächst stimmt, kann dies ein glücklicher Zufall sein und die Reproduzierbarkeit dieser beabsichtigten Qualität ist noch keineswegs gesichert.

Um systematisch und reproduzierbar zum Erfolg zu kommen, müssen also die Prozesse stimmen, aus denen das Endprodukt hervor geht. Die Kernprozesse umfassen alles was die Entwickler von Kfz-Elektronik tun, um zum Ziel zu gelangen. Die Qualitätssicherung in diesem Bereich könnte man als Frage in der Form „Entwickeln wir richtig?" formulieren.

Vielleicht laufen die Entwicklungsprozesse sogar richtig, kommen aber immer wieder ins Stocken, weil z. B. aufgrund von organisatorischen oder technischen Problemen im Rechenzentrum Server im Unternehmen oft nicht verfügbar sind. Derartige Unterstützungsprozesse wie die Wartung der Server sind wichtig, damit die Kernprozesse überhaupt funktionieren können. Sie müssen also ebenfalls in die Qualitätssicherung einbezogen werden.

Auch die beste Entwicklung lässt sich durch Managementfehler lahm legen. Schon kleine Fehler im Management können gravierende Auswirkungen haben. Diese Erkenntnis impliziert auch eine Qualitätssicherung bei den Führungsprozessen. In der Praxis ist dies oft besonders schwierig, weil alleine die Möglichkeit von Managementfehlern nicht in jedem Unternehmen eingestanden wird.

Auch wenn alle Prozesse funktionieren, ist dies noch keine Garantie für eine erfolgreiche Entwicklung. Wenn knifflige Programmieraufgaben in einem lauten Großraumbüro gelöst werden, wird es trotz durchdachter Entwicklungsprozesse zu zahlreichen Fehlern kommen. Wenn in den Laboren nicht die nötigen Werkzeuge und Geräte vorhanden sind, wird sich dies auf die Arbeitsergebnisse auswirken. Es muss also eine funktionsfähige Infrastruktur vorhanden sein, auf der sämtliche Aktivitäten aufsetzen. Die Sicherung der Strukturqualität hat die Aufgabe, dies zu überprüfen und eventuell zu verbessern.

Viele Leser können sich diese Aspekte der Qualität sicher gut anhand der ihnen bekannten Welt einer Hochschule veranschaulichen. Dieses Beispiel ist besonders interessant, weil viele Aspekte der Qualität hier schwer messbar sind. Um die Ergebnisqualität sicher zu stellen, würde man messen, wie gut die Ausbildung war und ggf. korrigierend eingreifen. Man müsste also den beruflichen Erfolg der Absolventen verfolgen und messen. Wer ist eigentlich erfolgreich? Wer viel Geld verdient? Wer viel Freude am Beruf hat? Hier zeigen sich schon erhebliche Probleme, die Ergebnisqualität zu quantifizieren und doch ist genau dieser schwer zu messende Erfolg das Ziel der gesamten Ausbildung[9]. Eine Komponente der Qualitätssicherung bei Kernprozessen ist hier die Evaluation von Lehrveranstaltungen. Die Qualität der Unterstützungsprozesse ließe sich z. B. durch eine Evaluation zentraler Einrichtungen oder der Verwaltung messen. Bekäme die politische Führung des Hochschulwesens eine Rückmeldung über die Qualität ihrer Arbeit, wäre dies eine qualitätssichernde Maßnahme im Bereich der Führungsprozesse. Die Strukturqualität würde die z. B. Ausstattung der Labore, die Qualifikation der Professoren oder im weitesten Sinne auch die Begabung des Studenten für das von ihm gewählte Fach umfassen.

Ein Punkt, der in der Abbildung mit Fragezeichen versehen ist, ist der Innovationsprozess. Während über die anderen Punkte in der Fachwelt ein weitreichender Konsens herrscht, ist bei Innovationsprozessen umstritten, ob und wie hier eine Qualitätssicherung möglich und sinnvoll ist. Dieses inhomogene Meinungsbild beruht nicht zuletzt auch auf unterschiedlichen Vorstellungen, was ein Innovationsprozess ist. Wird nur ein neues Produkt entwickelt, das in seiner Beschaffenheit bereits vorhandenen Produkten ähnelt, so ist dies das Kerngeschäft einer Entwicklungsabteilung und bedarf keinerlei Sonderstellung. Interessant wird es bei der Einfüh-

9 Dabei wird unterstellt, dass ein Ingenieurstudium eine berufliche Ausbildung sei.

rung einer grundlegend neuen Technik, die vielleicht auf Grundlagenebene in einem Forschungslabor beginnt und vielleicht ein ganzes Jahrzehnt benötigt, um als Produkt auf den Markt zu kommen. Je näher man in der Hierarchie in Bild 7-2 in die Nähe des Kundenprojekts kommt, desto stärker sind die Prozesse dort vereinheitlicht und dementsprechend können dort bewährte Maßnahmen der Qualitätssicherung eingesetzt werden. In der kreativen Frühphase, die in Forschungslaboratorien stattfindet, gibt es kaum Standardprozesse und an jede neue Aktivität wird anders herangegangen. Hinzu kommt, dass in dieser frühen Phase oft auch die späteren Anforderungen noch so unklar sind, dass die Qualitätssicherung schon an der Schwierigkeit, den Qualitätsbegriff hier sinnvoll einzusetzen, scheitern kann. Schließlich besteht die Gefahr, in dieser frühen Phase die erforderliche Kreativität durch Reglementierung einzuschränken.

In diesem Abschnitt wurde schon häufig der Begriff Messung benutzt. Offenbar ist es wichtig, qualitätsrelevante Größen zu messen, obwohl es manchmal schon schwierig genug ist, diese Größen zu definieren. Man kann sich nun vorstellen, dass es nicht genügt, nur über bestimmte Messgrößen bescheid zu wissen, vielmehr muss auch definiert sein, wie auf Abweichungen vom Idealzustand reagiert werden soll. Als Ingenieur denkt man bei einem Soll/Ist-Vergleich und eine Reaktion darauf an einem Regelkreis.

In der Tat spielt der Begriff des Regelkreises auch in der Qualitätssicherung eine Rolle, auch wenn die Messgrößen nicht immer so greifbar sind, wie z. B. eine elektrische Spannung oder eine Drehzahl in der Technik. Bild 7-16 stellt exemplarisch einen *Qualitätsregelkreis* dar.

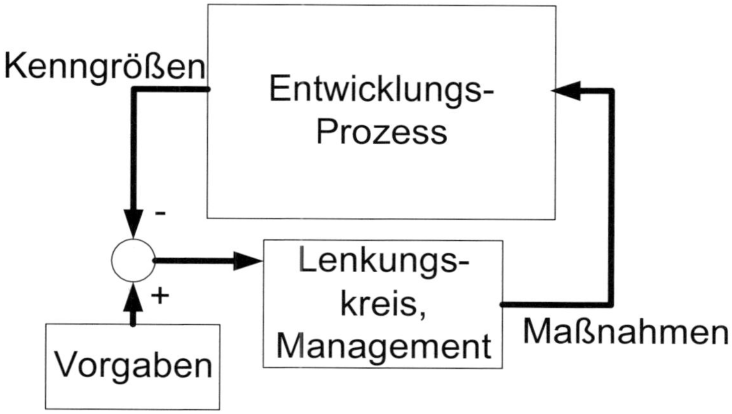

Bild 7-16 Beispiel eines Qualitätsregelkreises

Der Entwicklungsprozess innerhalb eines Projekts stellt in diesem Beispiel die Regelstrecke dar. Wie gut dieser Prozess funktioniert wird durch Kenngrößen beschrieben. Im Gegensatz zu einem Produktionsprozess, bei dem die Kenngrößen einfache physikalische Größen sind, z. B. Maßtoleranzen, handelt es sich bei Entwicklungsprozessen um schwierig zu definierende abstrakte Größen, um beispielsweise die Terminsituation, die bisher aufgelaufenen Entwicklungskosten oder die Anzahl aufgetretener Probleme darzustellen. Die Abstraktion solcher Größen ist häufig mit einer Abweichung verbunden zwischen der Messgröße und dem, was diese Größe darstellen soll. So stellt die Anzahl der Probleme selbst dann, wenn für unterschiedliche Kategorien von Problemen Gewichtungen eingeführt werden, kein exaktes Maß dafür dar, in welchem Umfang das Projekt tatsächlich gefährdet ist.

Die Ist-Werte werden nun wie bei einem technischen Regler mit den Vorgaben (in der Regelungstechnik Führungsgrößen genannt) verglichen und die Differenzen (Regelabweichungen) gebildet. Die Vorgaben wurden in der Planungsphase des Projekts definiert oder sie werden durch das Management vorgegeben und können sich dann im ungünstigsten Fall sogar während der Laufzeit verändern.

Als Regler fungieren hier das Management und der Lenkungskreis, die bei Auftreten von Abweichungen Maßnahmen definieren, die dann durch die Projektgruppe umzusetzen sind. Diese Maßnahmen entsprechen also den Stellgrößen eines technischen Regelungsprozesses.

In der Praxis funktionieren solche organisatorischen Regelkreise nicht immer so gut, wie technische Regler dies bei sinnvoller Auslegung tun. Ein bereits erwähntes Problem ist die Verwendung abstrahierter Qualitäts-Messgrößen bei komplexen Prozessen. Dies führt im ungünstigsten Falle dazu, dass die Messgrößen evtl. sogar zu Lasten des Prozesses optimiert werden. Ein Beispiel ist, Probleme zu ignorieren, damit sie nirgendwo in Qualitätsdokumenten sichtbar auftauchen. Natürlich lösen sie sich so nicht von selbst, sie drohen vielmehr anzuwachsen, bis sie sich nicht mehr verstecken lassen und das Projekt dadurch in eine schwere Krise gerät.

Eine weitere Abweichung zwischen Qualitätsregelkreisen und technischen Regelkreisen ist, dass in den Prozessen Menschen komplex handeln und denken im Gegensatz zu technischen Regelkreisgliedern, die häufig sogar linear und zeitinvariant sind. Einen Menschen zu belehren, dass er sich als eine Regelstrecke oder einen Teil davon zu betrachten hat, kann aufgrund eines möglicherweise abweichenden Selbstverständnisses auf Ablehnung stoßen.

Ein dritter Punkt hängt ebenfalls mit der menschlichen Natur zusammen. Die bei Abweichungen ergriffenen Maßnahmen haben häufig bestrafenden Charakter. Eine übliche Maßnahme ist, mehr Druck auszuüben, anstatt z. B. Engpässe bei den Arbeitsbedingungen zu beseitigen, die zur Abweichungen führten. Auch dies kann die Unterstützung von Qualitätszielen durch eine ablehnende Einstellung ersetzen.

Eine von dieser ingenieurmäßigen Darstellung eines Qualitätsregelkreises abweichende Darstellung ist der *PDCA-Kreis*, auch *Deming*[10]*-Kreis* genannt. PCDA steht für die zyklisch wiederholte Reihenfolge der Schritte: plan-do-check-act (planen-tun-überprüfen-handeln) [Zollon06]. Zunächst wird ein Prozess geplant, dann durchgeführt, überprüft und ggf. geändert. Dieser Zyklus wird wiederholt durchlaufen. Ein Nachteil dieser Darstellung ist, dass bei der Anwendung auf einen laufenden Prozess die Planung bei wiederholten Durchläufen nicht klar von der Änderung des Prozesses unterschieden werden kann. Insgesamt ist diese Darstellung „weicher", als die ingenieurmäßige Darstellung eines Regelkreises. Diese Unschärfe kann allerdings den positiven Effekt haben, dass der Illusion, ein organisatorisches System könnte in der gleichen Weise mit der gleichen Präzision geregelt werden, wie ein technisches System, nicht Vorschub geleistet wird.

10 William Edwards Deming, 14.10.1900–20.12.1993 war ein Physiker, der in japanischen und amerikanischen Unternehmen Qualitätsmanagementsysteme implementierte und als einer der Pioniere des Qualitätsmanagements gilt.

7.7.1.1 *Qualitätsregelkreis im Großen: Kontinuierlicher Verbesserungsprozess*

Dieser Kreis kann nur mit der besagten Unschärfe als Modell betrachtet werden, um einen laufenden Prozess parallel zu regeln, er kann aber auch den Lernprozess beschreiben, aus einem Projekt für das Nächste zu lernen und den gleichen wiederkehrenden Prozess dass nächste mal von Beginn an besser ablaufen zu lassen. Das Planen kann dann z. B. für die Planungsphase eines Entwicklungsprojekts stehen, das tun für die Durchführung, das Überprüfen für eine nachträgliche Rückschau auf das Projekt. Das Handeln könnte dann darin liegen, für zukünftige Projekte eine andere Vorgehensweise vorzuschlagen oder vorzuschreiben. Damit würde ein Prozess mit jeder Durchführung immer besser werden (ähnlich einem einzelnen Menschen, der etwas zum ersten Mal evtl. ungeschickt macht und dann mit zunehmender Übung immer besser wird). Diese Vorgehensweise wird als *kontinuierlicher Verbesserungsprozess* (*KVP*) bezeichnet. Weitere Bezeichnungen des KVP sind das *lernende Unternehmen*, der englische Begriff *CIP* (*Continuous Improvement Process*) sowie der japanische Begriff *Kaizen* (japanisch Veränderung zum Besseren).

7.7.1.2 *Qualitätsregelkreis im Kleinen: Reviews*

Während der KVP langsame aber weitreichende Verbesserungen bewirken kann, werden innerhalb des Projekts schnellere Regelkreise benötigt, die Teilprozesse eines Projekts überwachen und korrigieren. Eine verbreitete Qualitätstechnik ist, nach jedem Abschnitt eines Projektes eine Überprüfung und ggf. Korrektur der bisherigen Arbeit durchzuführen. Besonders wichtig wird dies bei Vorgehensmodellen, die erst in einem sehr späten Stadium Tests vorsehen, wie z. B. beim V-Modell.

Wenn wir beim Beispiel des V-Modells bleiben, beinhaltet eine konsequente Durchführung des Reviews, dass jede Spezifikation oder Teilspezifikation, jedes Design oder Teildesign, und jede Implementierung in allen Teilen einem Review unterzogen werden. Ein Review kann als ein Test verstanden werden, der nicht am realen Objekt durchgeführt wird, sondern schon bevor das Objekt realisiert wird auf dem Papier. Wenn z. B. eine Spezifikation einem Review unterzogen werden soll, setzt sich der Autor der Spezifikation mit sinnvoll ausgewählten weiteren Personen zusammen, mit denen dieses Dokument diskutiert wird. Die sinnvolle Auswahl dieser Personen ist wieder ein Thema für sich, dies könnte z. B. jemand sein, der das Ganze später umsetzen soll sowie ein Experte, der sich mit dem Thema der Spezifikation gut auskennt, selbst aber nicht im Projekt involviert ist. Das zu überprüfende Zwischenprodukt, im Folgenden Prüfling genannt, wird zuvor an die Teilnehmer des Reviews versandt, damit sich diese gut vorbereiten können.

Im Review bringen die Gutachter dann ihre Fragen, Kritiken und Verbesserungsvorschläge vor. Diese werden protokolliert. Wichtig ist, dass nur der Prüfling kritisiert wird und nicht der Ersteller. Um einen fairen Verlauf sicherzustellen kann daher der Einsatz eines Moderators sinnvoll sein. Der Autor des Prüflings sollte sich nicht rechtfertigen, sondern die Kritiken zur Kenntnis nehmen und lediglich bei Unklarheiten erklären.

Das Protokoll verbleibt schließlich beim Autor. Dieser entscheidet selbst, wie weit er die Kritiken in eine Überarbeitung einfließen lässt. Dadurch wird ein offener Umgang mit Fehlern im Review sichergestellt und der Autor wird nicht in die Situation gebracht, sich zu rechtfertigen oder gar Fehler schönreden zu müssen.

Ein nützlicher Nebeneffekt von Reviews ist der Wissensaustausch im Unternehmen.

Eine im Aufwand minimierte Variante des Reviews liegt darin, dass keine Besprechung stattfindet, sondern eine weitere Person den Prüfling einschließlich des Protokollvordrucks ausgehändigt bekommt und das Protokoll nach dem Lesen ausgefüllt zurückgibt.

Es ist nicht sinnvoll, einen Test, einem Review zu unterziehen, es kann aber sinnvoll sein, dies mit einem Testplan zu tun, um weitere Anregungen für die durchzuführenden Tests zu gewinnen. Außerdem können Reviews auch parallel zu Tests durchgeführt werden, ein typisches Beispiel ist ein Code-Review bei Software. Eine spezielle Form des Code-Reviews ist ein *Walk-Through*, bei dem der Code schrittweise durchgegangen und besprochen wird, so wie es später auch ein Prozessor tun wird.

Erfahrungen mit Reviews zeigen, dass diese vor allem bei frühen Zwischenprodukten wie Spezifikationen helfen, Fehler frühzeitig zu erkennen und Ideen einzubringen. Die Effektivität eines Code-Reviews ist hingegen deutlich geringer, trotzdem werden auch hier vereinzelt Fehler entdeckt, die im Test nicht auffallen.

7.7.2 Qualitätsstandards

Gerade bei einem „weichen" Thema wie dem Qualitätsmanagement existieren sehr viele unterschiedliche Vorstellungen und Realisierungen. Diese Vielfalt erschwert die Vereinbarung definierter Qualitätsstandards, die ein Auftraggeber einem Auftragnehmer auferlegt. Zwar könnte der Auftraggeber Qualitätsmerkmale an das Produkt definieren, er möchte aber vielleicht nicht jedes Produkt noch einmal einzeln überprüfen müssen, sondern sich darauf verlassen, dass der Auftragnehmer reproduzierbar gute Qualität liefert. Es wurde bereits erwähnt, dass ein Grundgedanke des Qualitätsmanagements der Ansatz ist, dass nur durch Prozessqualität auch eine stabile Produktqualität gewährleistet ist. In der Praxis bestätigt sich dieser Ansatz allerdings nicht immer in dieser Deutlichkeit.

Damit der Auftraggeber Anforderungen an die Prozessqualität des Auftragnehmers definieren kann, bedarf es einer einheitlichen Sprachregelung. Auf diese Weise entstanden unterschiedliche Qualitätsstandards.

7.7.2.1 ISO 9000

Nachdem zunächst länderspezifische und branchenspezifische Standards zur Qualitätssicherung entstanden, hat die ISO mit Ihrer Norm ISO 9000 erstmals für eine international und branchenübergreifend einheitliche Sprachregelung gesorgt. Während 1987 zunächst die Normen ISO 9000 bis ISO 9003 eingeführt wurden, fand 2000 eine wesentliche Überarbeitung statt, welche die heutige Grundstruktur schuf. In Ihrer heutigen Form besteht die Normenreihe aus der namensgebenden [ISO9000], der [ISO9001] sowie der [ISO9004]. Die zu erfüllende Anforderungsnorm ist die ISO 9001, die ISO 9000 enthält lediglich Begriffsbestimmungen dazu. Sie enthält seit 2005 auch ein über die bloße Anwendung der ISO 9001 hinausgehendes umfangreiches Vokabular zu Qualitätsthemen, das früher in einer eigenen Norm zu finden war [ISO8402]. Die ISO 9004, von der ISO als „Guidelines" bezeichnet, dient als Anleitung, wie die Anforderungen an ein Qualitätsmanagementsystem erfüllt werden können. Wer „ISO 9000" sagt, meint damit meist die komplette Normenreihe mit ISO 9001 als Kern, in diesem Sinne wird der Begriff auch in diesem Buch benutzt.

Woher weiß ein Auftraggeber, dass sein Auftragnehmer alle Anforderungen nach ISO 9000 erfüllt? Der Auftragnehmer darf sich als ISO-9000-zertifiziert bezeichnen, wenn er sein Qualitätsmanagement-System regelmäßig in einem *Audit* überprüfen lässt. Bei einem Audit, dessen

Durchführung nicht in der ISO 9000 selbst, sondern in der Norm [ISO19011] geregelt ist, kommen Gutachter einer Zertifizierungsgesellschaft gegen ein entsprechend hohes Entgelt in das Unternehmen und begutachten das Qualitätsmanagement. Dabei schauen sich die Auditoren den Betrieb gründlich an, befragen auch zufällig Mitarbeiter und schauen sich deren Arbeitsunterlagen an. Typische Fragen eines Auditors an die Mitarbeiter sind „Warum machen Sie das, was Sie gerade tun?“, „Warum machen Sie es gerade so?“, oft verbunden mit der Zusatzfrage „Wo steht das?“.

Die am häufigsten genannte Kritik an ISO 9000 ist der hohe bürokratische Aufwand, vor allem durch die umfangreichen Dokumentationspflichten. Die Gefahr, dass der hohe zusätzliche Aufwand für ein sehr umfangreiches formales Qualitätsmanagement die Mitarbeiter an ihren eigentlichen Aufgaben hindert und auf diese Weise sogar zu Verschlechterungen der Produktqualität führen kann, ist real.

Ein weiterer Kritikpunkt ist, dass Betriebe häufig nicht ernsthaft das Ziel verfolgen, die teilweise durchaus sinnvollen Gedanken der ISO 9000 inhaltlich umzusetzen, sondern lediglich „auditfest“ dem Wortlaut nach. Daraus resultieren häufig absurde Maßnahmen, vor allem unmittelbar vor einem Audit, welche die Akzeptanz unter den Mitarbeitern in Frage stellen.

7.7.2.2 ISO/TS16949

Den Fahrzeugherstellern gingen die Anforderungen nach ISO 9000 nicht weit genug, so dass sie zusätzliche Anforderungen für ihre Zulieferer definierten, z. B. bezüglich der Kundenzufriedenheit, die Mitarbeiterzufriedenheit, der Produktsicherheit (s. Kapitel 8) und der Prüfmittelüberwachung. Insbesondere die Erkenntnis, dass Qualität motivierte Mitarbeiter erfordert, ist keineswegs in allen Branchen selbstverständlich und doch unmittelbar einsichtig. Die Prüfmittelüberwachung soll fehlerhafte Messungen verhindern, indem Messgeräte regelmäßig überprüft, ggf. kalibriert und z. B. durch Aufkleber gekennzeichnet werden und zwar nicht nur in der Produktion, sondern auch in der Entwicklung.

Einige Hersteller hatten auch vorher schon entsprechende Werksnormen, die sie nicht zugunsten von ISO 9000 aufgeben, sondern zusätzlich fordern wollten. So entstanden zunächst einmal sehr ähnliche, aber nicht identische Ergänzungen zur ISO 9000, wie z. B. die nach dem Verband der Automobilindustrie e.V. benannte VDA 6 von 1991 in Deutschland (später die *VDA 6.1*), die *AVSQ* (*ANFIA Valutazione Sistemi Qualità*) des italienischen Branchenverbandes ANFIA, die *EAQF* (*Evaluation Aptitude Qualité Fournisseurs*) in Frankreich und die QS 9000 in den USA. Selbst diese nationalen Normen entstanden oft aus herstellerspezifischen Normen, so haben Chrysler, Ford und GM 4 Jahre verhandelt, um QS 9000 als gemeinsames Dokument zu realisieren.

Der internationale Standard ISO/TS 16949 [ISO16949] versucht, die Standards VDA 6.1, AVSQ, EAQF und QS 9000 zu einem internationalen Standard zu harmonisieren. Eine detaillierte Synopse, welche Aspekte der Qualitätssicherung aus welchen Standards in die ISO/TS 16949 einflossen und welche Aspekte die ISO 9000 ergänzen, ist in [Hoyle00] dargestellt.

Es ist nicht möglich, nach ISO/TS 16949 zu arbeiten ohne die ISO 9000, da diese ausdrücklich vorausgesetzt wird und sogar mit einem Abschnitt fast wörtlich in ISO/TS 16949 enthalten ist.

7.7.2.3 Reifegrade von Prozessen

Die zuvor genannten Standards sind sehr umfassend und werden nach dem Alles-oder-Nichts-Prinzip auditiert. Zwar bekommt ein Unternehmen beim Audit eine detaillierte Rückmeldung und ein Ergebnis, zu wie vielen Prozent die Anforderungen erfüllt sind. Nach außen hin kann ein Unternehmen sein Qualitätsmanagement aber nur „digital“ repräsentieren, d. h. es bekommt die Erfüllung aller Anforderungen zertifiziert oder nicht.

Häufig haben Unternehmen das Ziel, sich dadurch positiv von ihren Wettbewerbern abzuheben, dass sie ihre Entwicklungs-Prozesse besser beherrschen als Andere. So entstanden gestufte Systeme, die angeben, wie gut (oder schlecht) der Entwicklungsprozess in einem Unternehmen funktioniert. Diese Stufen der Prozessqualität werden auch *Reifegrade* genannt.

Die beiden gängigen Systeme zur Messung des Reifegrads von Entwicklungsprozessen stammen ursprünglich aus der Software-Entwicklung, sind dann später auf die Entwicklung kompletter Systeme erweitert worden und werden auch in der Entwicklung von Fahrzeug-Steuergeräten häufig eingesetzt. Während CMM und CMMI in den USA verbreitet sind, findet SPICE in Europa große Verbreitung. Als Zulieferer wird man sich häufig nach seinen Kunden richten zu müssen, beide Systeme parallel zu implementieren ist aber mit einem unverhältnismäßigen Aufwand verbunden. Die Einführung dieser Systeme ist ein attraktives Geschäft für beratende Unternehmen.

7.7.2.3.1 CMM(I)

Eines dieser Systeme ist das seit 1986 zunächst für militärische Softwareanwendungen vom Software Engineering Institute der Carnegie Mellon University entwickelte *CMM* (**C**apability **M**aturity **M**odel, Fähigkeitsreifemodell). Dieses sah zunächst fünf Reifegrade vor. Für jeden Reifegrad mussten in bestimmten Bereichen (*Key Process Areas*, *KPA*) vorgegebene Anforderungen erfüllt werden. CMM fand in seinem Ursprungsland USA eine rasche Verbreitung, zumindest die unteren Reifegrade wurden auch bei einigen europäischen Unternehmen der Kfz-Branche implementiert. Überprüft wird der Reifegrad in einem *Appraisal* genannten Audit.

Der unterste Reifegrad „initial“ stellt noch überhaupt keine Anforderungen, wird also immer erreicht. Der zweite Reifegrad „repeated“ soll – ein bereits erwähnter Grundgedanke der Qualitätssicherung – sicherstellen, dass gute Ergebnisse nicht zufällig, sondern wiederholbar erzeugt werden. Im Wesentlichen sind einige grundlegenden Praktiken des Software-Engineerings (Anforderungsmanagement, Projektmanagement und Qualitätsmanagement) zu erfüllen. Schwieriger wird der Reifegrad 3 („defined“). Ein wesentlicher Schwerpunkt ist hier die Arbeit nach definierten (d. h. genauestens dokumentierten) Prozessen sowie eine aufgabenbasierte Aus- und Fortbildung der Mitarbeiter und eine Teamkoordination. Kritiker bemängeln den bürokratischen Aufwand, sowie den Ersatz kreativer Arbeit durch das Abarbeiten von Verfahrensanweisungen.

Von hier erfolgt ein weiter Sprung zu den Reifegraden 4 („managed“) und 5 („optimizing“). Unter „managed“ wird verstanden, dass des Entwicklungsprozess vollständig überwacht und verstanden wird. Im Idealzustand kann man sich das vorstellen, als hätte das Management eine Leitwarte, in der für alle laufenden Projekte die laufenden Prozessparameter angezeigt werden[11]. Im höchsten Reifegrad schließlich werden die Messwerte der Entwicklungsprozesse nicht nur gesammelt, sondern genutzt, um den Entwicklungsablauf zu regeln, hier schließen sich also die bereits erwähnten Qualitätsregelkreise.

CMM wurde zunächst auf die Softwareentwicklung angewandt und später zu CMMI (**CMM** **I**ntegrated) erweitert, das auf die Entwicklung ganzer Systeme mit unterschiedlichen Technologien zugeschnitten ist. Inzwischen wird auch für die reine Softwareentwicklung (die letztlich ein Spezialfall der Systementwicklung ist) CMMI empfohlen. Das Software Engineering Institute erklärt alte CMM Appraisals mit Wirkung vom 31.12.2007 für ungültig, um einen Anreiz zu einem neuen Appraisal nach CMMI zu schaffen. Da CMMI neuer ist, erfuhr es neben der Erweiterung auf die Systementwicklung auch einige Aktualisierungen. Der aktuelle Stand ist CMMI 1.2 [CMMI].

Leider wurde gegenüber CMM auch teilweise eine neue Begriffswelt eingeführt und damit neuer Beratungsbedarf geschaffen. Auch die CMMI-Reifegrade wurden in teilweise verwirrender Weise neu benannt, ähneln aber inhaltlich den entsprechenden Stufen in CMM.

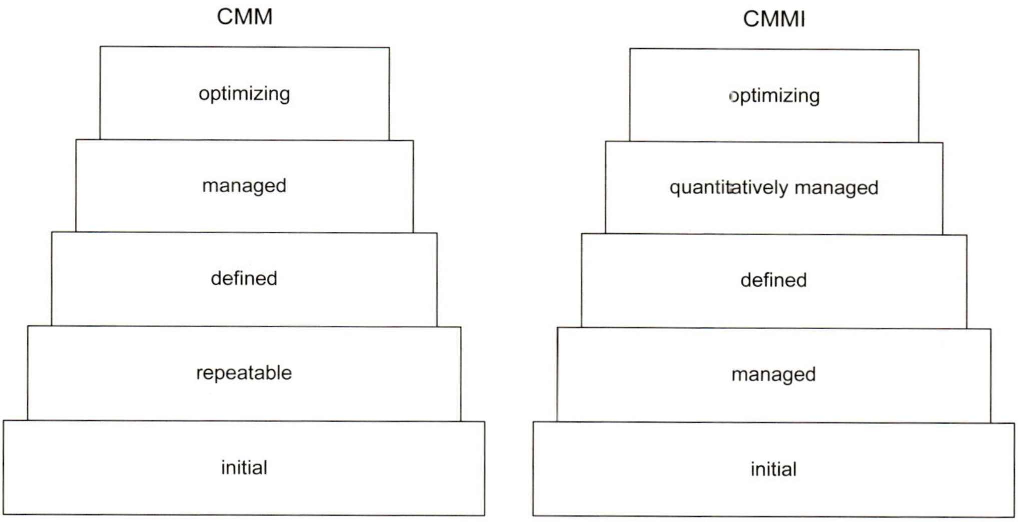

Bild 7-17 Reifegrade in CMM und CMMI

7.7.2.3.2 SPICE

Ein konkurrierendes Modell zur Einstufung eines Entwicklungsprozesses in Reifegrade ist *SPICE* (**S**oftware **P**rocess **I**mprovement **C**apability **D**etermination) nach ISO/IEC 15504. [ISO15504-1] erläutert das grundlegende Konzept, die Dokumente [ISO15504-2,3] beschreiben die Durchführung eines *Assessments* (entspricht dem „Appraisal" bei CMMI). Das Assessment soll kein Selbstzweck sein, sondern die Prozessverbesserung unterstützen. Wie das geschieht ist in [ISO15504-4] beschrieben. [ISO15504-5] enthält ein Beispiel.

---

11 Die Einführung dieses Reifegrades erfordert eine Balance zwischen den Gutachtern und dem Betriebsrat, da auch die Leistungen von Arbeitnehmern unmittelbar vergleichbar werden.

SPICE bestimmt für jeden einzelnen Prozess im Entwicklungsablauf einen Reifegrad, diese Teil-Reifegrade gehen in den Gesamtreifegrad ein. Für welche Prozesse im Entwicklungsablauf dies geschieht, ist vorgegeben. Nachdem bereits einige andere Branchen das SPICE-Modell anpassten, hat 2006 eine Gruppe von Unternehmen der Automobilindustrie eine Untermenge der Prozessliste ausgewählt, einige branchenspezifische Prozesse auch hinzugefügt und dieses Prozessbewertungsmodell (PAM, **P**rocess **A**ssessment **M**odel) Automotive-SPICE genannt. Herausgekommen sind 31 bewertungsrelevante Prozesse aus den 7 Prozess-Gruppen „Management“, „Engineering“, „Supporting“, „Acquisition“, „Supply“, „Process Improvement“ und „Reuse“. Aus den SPICE-Prozessgruppen „Ressource & Infrastructure“ und „Operation“ wurden keine Prozesse obligatorisch nach Automotive-SPICE übernommen [MüHöDZ07].

SPICE kennt 6 Reifegrade (0: „incomplete“, 1: „performed“, 2: „managed“, 3: „established“, 4: „predictable“, 5: „optimizing“), die sich aber erheblich von den Reifegraden in CMM(I) unterscheiden.

8 Sicherheit und Zuverlässigkeit

Der Ausfall von Fahrzeugsystemen kann zu einer Verärgerung des Fahrers führen (das Fahrzeug springt nicht an), die Folgen können aber noch wesentlich weiter reichen. Wenn das Fahrzeug z. B. aufgrund eines Fehlers in der Elektronik ungewollt beschleunigt, hilft oft nur noch eine schnelle Reaktion des Fahrers, um einen schweren Unfall zu verhindern. Beispiele sicherheitskritischer Systeme sind *Steer-by-Wire*, also die elektronisch vermittelte Lenkung und *Brake-by-Wire*, die elektronisch vermittelte Bremse. Teile dieser zusammenfassend *X-by-wire* genannten Techniken sind bereits in heutigen Fahrzeugen integriert, z. B. in Form elektromotorischer Lenkhilfen.

Ein geradezu historisches Beispiel bot ein mit Kraftstoff beladener Tanklastzug mit einer damals neuen elektropneumatischen Getriebesteuerung. Am 7. Juli 1987 versagten bei dem Fahrzeug auf einer abschüssigen Strasse die Bremsen. Der Fahrer wollte die Motorbremse nutzen, weil das Steuergerät jedoch feststellte, dass der angewählte Gang nicht zur Drehzahl passte, ließ sich der gewünschte Gang nicht einlegen. Das Fahrzeug wurde zunehmend schneller und prallte im Ortskern in ein Gebäude. Der Kraftstoff lief aus, es kam zu Bränden und Explosionen. Nicht nur die historische Altstadt Herborns wurde zerstört, es gab auch Tote und Verletzte. Bilder des zerstörten Ortskerns sind unter [Herborn] zu sehen.

Der Entwickler muss Risiken für Leib und Leben erkennen und so handeln, dass diese minimiert werden. Kommt es durch ein Produkt zu Personenschäden, greift die Produkthaftung durch den Hersteller [ProdHaftG]. Bei Produkten, die in den USA verkauft werden, ist wegen der dort üblichen Schadenersatzhöhen besondere Vorsicht angebracht. Ein grobes Verschulden eines Entwicklers kann für diesen persönlich zu strafrechtlichen Konsequenzen führen [StGB]. Ungeachtet rechtlicher Konsequenzen sollte es ein persönliches Anliegen sein, andere Personen nicht durch leichtfertiges oder vorsätzliches Handeln zu schädigen.

Sicherheit und Zuverlässigkeit sind unterschiedliche, in Einzelfällen sogar widersprüchliche Anforderungen, die trotzdem beide bei einem Fahrzeug erfüllt sein müssen. Wird beispielsweise vom Steuergerät eines Steer-by-Wire-Systems ein sicherheitskritischer Fehler bemerkt, kann die Abschaltung dieses Systems zu einem sicheren Zustand führen, ggf. mit der Konsequenz, dass das Fahrzeug nicht mehr fährt. Der Fahrer würde das Fahrzeug deshalb als unzuverlässig empfinden. Die als zuverlässig empfundene Lösung wäre, den Fehler zu ignorieren und weiter zu fahren. In den meisten Fällen würde dann vermutlich nichts passieren, in Einzelfällen hingegen könnte diese Strategie zu Todesfällen führen. Zwischen diesen beiden Extremen wären noch Zwischenlösungen denkbar, z. B. dass das Fahrzeug noch mit Schrittgeschwindigkeit von der Straße entfernt werden kann oder eine redundante mechanische Lösung (die aber gerade durch Steer-by-Wire vermieden werden soll) existiert.

Der Entwickler steht vor schwierigen Abwägungen. Die Methoden, die ihn dabei unterstützen können, sollen in diesem Kapitel besprochen werden. Darüber hinaus benötigt er Kenntnisse über Ausfälle technischer Systeme. Während einzelne Systeme auf sehr spezielle Weise ausfallen, gibt es doch einige gemeinsame Gesetzmäßigkeiten die ebenfalls in diesem Kapitel dargestellt werden. Eine erschöpfende Behandlung der *technischen Zuverlässigkeit* würde den Rahmen dieses Buches sprengen und erfordert profunde Kenntnisse der Wahrscheinlichkeitsrechnung, als weiterführende Literatur seien [Biro03] und [Hnatek03] empfohlen.

Die Gesamtheit von Maßnahmen (Funktionen), die das inhärente Risiko eines Fahrzeugs oder eines anderen Systems herabsetzen, wird *funktionale Sicherheit* genannt. Anforderungen an die funktionale Sicherheit elektrischer, elektronischer und programmierbarer sicherheitsrelevanter Systeme werden durch [IEC61508] definiert. Das lange Zeit geltende Dogma, dass sicherheitskritische Systeme überhaupt nicht durch Elektronik oder gar Software gesteuert werden dürfen, gilt heute als überholt, hierzu hat diese Norm sicher einen Beitrag geleistet. Es gilt aber nach wie vor in abgeschwächter Form bei vielen Herstellern der Grundsatz, nicht mehr Software/Elektronik als unbedingt nötig in sicherheitsrelevante Systeme zu integrieren, andererseits hat sich auch die Erkenntnis durchgesetzt, dass manche Sicherheitsfunktionen überhaupt erst durch Software und Elektronik realisiert werden können.

Ein wesentlicher Bestandteil der IEC 61508 ist die Definition von vier *SIL* (**S**afety **I**ntegrity **L**evels, Sicherheitsanforderungsstufen) für Sicherheitsfunktionen, wobei SIL 4 die höchsten Sicherheitsanforderungen stellt[1]. SIL 4 findet z. B. in Kernkraftwerken und großchemischen Anlagen Anwendung. Im Fahrzeug wird für viele Systeme SIL 3 angestrebt, es gibt aber auch weniger kritische Systeme, bei denen eine niedrige Stufe genügt. Die SIL sollen also einen für die jeweilige Anwendung sinnvollen Kompromiss aus Risiko und Kosten sicherstellen. Das heißt aber auch, dass nicht in jedem Fall das geringste mögliche Risiko angestrebt wird. Eine wichtige Anforderung aus dieser Norm ist auch die Eignung von Entwicklungshilfsmitteln. Dadurch soll z. B. verhindert werden, dass eine sinnvoll entworfene Sicherheitsfunktion aufgrund eines Compilerfehlers versagt. Die höheren SIL stellen auch Mindestanforderungen an die Entwicklungsprozesse, die sich teilweise mit CMM(I) und SPICE (Kapitel 7) überschneiden. Eine auf die IEC 61508 aufbauende Norm ISO 26262 für die Automobilindustrie befindet sich in Vorbereitung. Diese wird spezielle SIL für den Automobilbereich (ASIL) definieren.

8.1 Ausfälle elektronischer Systeme

Die *Ausfallrate* λ ist ein Maß für die Ausfallhäufigkeit einer Baugruppe, eines Bauteils oder auch eines kompletten Fahrzeugs. Man könnte zunächst auf die Idee kommen, die Ausfallrate als Anzahl der Ausfälle pro Lebensdauer zu definieren. Da ein Teil genau 1 Mal während seiner Lebensdauer ausfällt, nämlich an deren Ende (sofern es nicht repariert wird), wäre die Ausfallrate genau der Kehrwert der Lebensdauer. Durch Mittelwertbildung lässt sich diese statistisch aus einer großen Anzahl von Prüflingen bestimmen.

In der Realität sind Ausfälle aber nicht gleichmäßig über die Lebensdauer verteilt. Deshalb wird die Ausfallrate als Anzahl von Ausfällen n pro Zeitdifferenz ΔT angegeben und ist selbst eine Funktion der Zeit. Stellt man die üblichen Ausfallraten technischer Komponenten und Systeme grafisch dar, bekommt man die in Bild 8-1 dargestellte *Badewannenkurve*. Diese Kurve gilt (unter Verwendung anderer Begriffe) auch in der Biologie z. B. für die Sterberate von Menschen. Sie ist jedoch nicht auf Software anwendbar.

Systeme mit Produktionsfehlern fallen kurz nach ihrer Produktion aus, meist noch während der gesetzlichen Sachmängelhaftung oder einer vom Hersteller angebotenen Garantie. Sehr viele Frühausfälle finden bereits beim Hersteller statt und erreichen den Endkunden gar nicht. Ver-

1 Zuvor existierte schon eine deutsche Vornorm DIN V 19251, die ähnlich den SIL acht Anforderungsklassen (AK) definierte. Diese wurde inzwischen zurückgezogen.

einzelt werden Produkte unmittelbar nach ihrer Herstellung Stressfaktoren ausgesetzt, damit möglichst viele Frühausfälle noch beim Hersteller stattfinden.

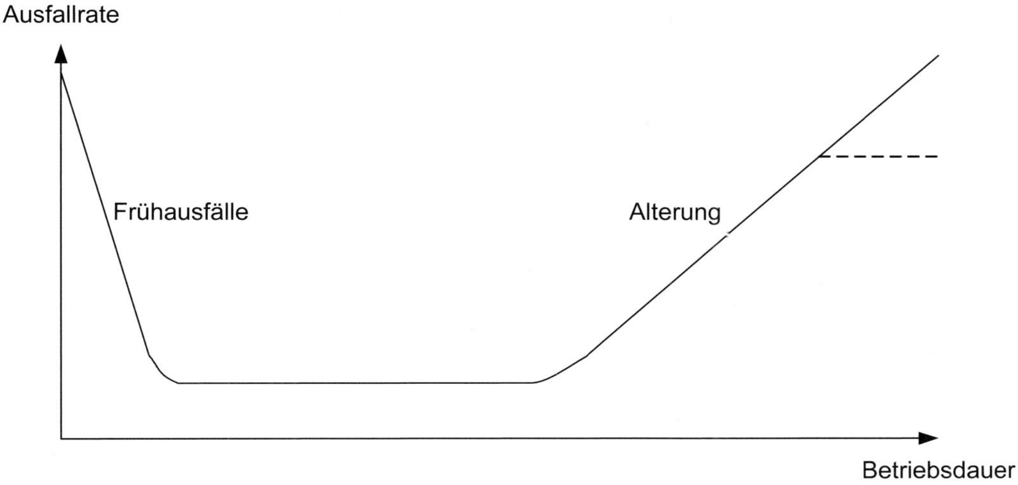

Bild 8-1 Badewannenkurve

Nach dieser Phase tut ein System über lange Zeit mit einer eher geringen Ausfallrate seinen Dienst. Alterung und Verschleiß sorgen jedoch dafür, dass nach einer zu planenden Betriebsdauer die Ausfälle langsam wieder zunehmen. Es liegt im Ermessen des Herstellers, diese Zunahme z. B. durch Verwendung hochwertiger Bauteile oder Materialien (unter entsprechend höheren Kosten) hinauszuschieben. Die Ausfallrate im Alter steigt oft nicht beliebig lange linear, sondern bleibt kann nach Erreichen eines durch die gestrichelte Linie angedeuteten Niveaus etwa konstant bleiben.

Setzt sich ein Fahrzeug aus mehreren Teilsystemen zusammen oder auch ein System aus mehreren Komponenten, erhält man die gesamte Ausfallrate einfach durch Addition der Ausfallraten aller Bestandteile:

$$\lambda_{\text{ges}} = \sum_{i=1}^{n} \lambda_i \tag{8.1}$$

Diese Gleichung gilt allerdings nur unter zwei Bedingungen:

1. Sie ist eine Näherung für sehr kleine Teilausfallraten λ_i. Mit zunehmenden λ_i wächst die Wahrscheinlichkeit, dass mehrere Komponenten gleichzeitig ausfallen und damit einen Systemausfall verursachen. Gehen z. B. in einem Steuergerät zwei Kondensatoren gleichzeitig kaputt, so handelt es sich doch nur um einen und nicht um zwei Ausfälle des Gerätes. Gleichung (8.1) würde aber diese beiden Fälle als zwei Geräteausfälle zählen. Mit zunehmenden λ_i führt die einfache Addition also zu einer Überschätzung der Ausfallrate. In der Praxis ist dies kein Problem, da einerseits realistische Ausfallraten „normaler“ elektronischer Bauteile hinreichend klein sind (falls nicht, sollte man den Einsatz derart anfälliger

Bauelemente überdenken) und da man andererseits mit einer Überschätzung auf der sicheren Seite liegt.

2. Sie gilt nur bei redundanzfreien Systemen.

Neben der zeitabhängigen Ausfallrate werden auch andere Kriterien zur Darstellung der Zuverlässigkeit benutzt. Eine einfache Konstante, die oft angegeben wird ist die mittlere Zeit zwischen zwei Ausfällen (MTBF, **M**ean **T**ime **b**etween **F**ailures). Die Abbildung des komplexen Ausfallgeschehens auf eine Konstante ermöglicht zwar keine zuverlässigen Ausfallprognosen, eignet sich aber aufgrund ihrer Einfachheit gut zum Vergleich von Produkten. Ein irreparables Produkt kann nur einmal ausfallen, deswegen betrachtet man hier nicht die Zeit zwischen zwei Ausfällen, sondern die mittlere Zeit bis zum ersten Ausfall und damit zum Ende der Lebensdauer (MTTF, **M**ean **T**ime to **F**ailure).

Unter Sicherheitsaspekten kann es sinnvoll sein, bei Ausfällen zwischen gefährlichen und ungefährlichen Ausfällen zu unterscheiden. Mit dieser Unterscheidung kann man außer der gesamten Ausfallrate zwei weitere Ausfallraten für gefährliche und ungefährliche Ausfälle angeben, die in der Summe wieder die gesamte Ausfallrate ergeben. Bei den gefährlichen Ausfällen wiederum ist es sinnvoll, zwischen erkennbaren Ausfällen (die folglich durch Maßnahmen beherrschbar sind) und nicht erkennbaren Ausfällen zu unterscheiden. Der Anteil sicherer sowie erkannter, gefährlicher Ausfälle an den gesamten Ausfällen wird als **S**afe **F**ailure **F**raction (SSF) bezeichnet.

8.1.1 Alterung und Ausfall elektronischer Bauelemente

Wer ein älteres Auto fährt, mag sich die Frage stellen, ob beispielsweise der Airbag, dessen Steuergerät alterungsempfindliche Elektrolytkondensatoren enthalten kann, noch funktioniert. Möglicherweise wird er im Service mit einer hohen Rechnung für den Austausch eines der vielen Steuergeräte konfrontiert, deren Funktion er nicht einmal kennt.

Die Tatsache, dass elektronische Komponenten altern, muss beim Verbau in elektronischen Steuergeräten akzeptiert werden. Die Aufgabe des Entwicklers ist aber, bei der Auswahl von Bauelementen das Kriterium Alterung in Betracht zu ziehen und möglichst wenige alterungsempfindliche Bauelemente zu verwenden. Daneben ist auf eine robuste Auslegung zu achten, die Auswirkungen der Alterung minimiert. Ebenso ist auf Fahrzeugebene darauf zu achten, dass der Ausfall eines Steuergerätes möglichst nicht das gesamte Fahrzeug lahm legt. Diese Forderung ist allerdings nicht immer erfüllbar, ein Fahrzeug mit einem völlig ausgefallenen Getriebe- oder Motorsteuergerät kann nicht mehr fahren.

Kritischer als die Alterung passiver oder aktiver elektronischer Bauelemente in Steuergeräten ist meist die Alterung von Sensoren, die dazu führen, dass Regelkreise ungenau regeln oder ganz ausfallen.

Es sei darauf hingewiesen, dass unter Alterung ein natürlicher Prozess beim Betrieb innerhalb der Spezifikation verstanden wird. Selbst innerhalb der Spezifikation kann der Betrieb in noch zulässigen Grenzbereichen die Alterung erheblich beschleunigen [IEC61709]. Insbesondere hohe Betriebstemperaturen beschleunigen die Alterung fast aller Bauelemente. Ein Betrieb außerhalb der Spezifikation kann zu sofortigen Ausfällen führen. Der Alterungsprozess hingegen führt nicht unbedingt zu plötzlichen Ausfällen nach einer Betriebszeit, sondern oft zu einer schleichenden Verschiebung von Kenndaten. Von einem alterungsbedingtem Ausfall kann dann gesprochen werden, wenn diese Verschiebung den spezifizierten Bereich überschritten hat.

Die Ausfallraten einzelner Bauelemente werden häufig unter der vereinfachenden Annahme einer konstanten Ausfallrate in der Einheit *FIT* (**F**ailures **i**n **T**ime) spezifiziert. Ein FIT steht für einen Ausfall innerhalb von 10^9 Stunden. Einen Anhaltspunkt für die Auswahl von Bauelementen gibt folgende Tabelle:

Tabelle 8.1 Beispiele typischer Ausfallraten elektronischer Bauelemente, Auszug nach [Biro03]

Bauelement	Ausfallrate in FIT, bestimmt nach [IEC61709]
Metallfilmwiderstand, ¼ W, 100 kΩ	1
Cermet-Potentiometer	6
Keramikkondensator 100 nF (Keramik Typ I)	1
Folienkondensator 1 µF	1
Tantal-Elektrolytkondensator 100 µF	2
Universal-Siliziumdiode	2
Kleinsignal-Transistor	3..4
IC	10..40 (steigend mit Komplexität)

Zu dieser Tabelle ist zu bemerken, dass unterschiedliche Verfahren zur Bestimmung der Ausfallrate existieren, deren Ergebnisse sich bis zu einem Faktor von etwa 5 unterscheiden können, die Verhältnisse verschiedener Bauelemente untereinander bleiben dabei aber in einer ähnlichen Größenordnung.

Die größten Ausfallraten bei IC sind bei großen Speicherbausteinen und leistungsfähigen Prozessoren/Controllern zu finden. Würde man diese Schaltungen mit über einer Million Transistoren aus diskreten Bauteilen aufbauen, dann käme man mit Gleichung (8.1) schon alleine für die Summe der Ausfallraten der Transistoren auf eine nicht mehr hinnehmbare Gesamt-Ausfallrate von mehreren Millionen FIT. Dies zeigt, dass integrierte Schaltungen trotz ihrer auf den ersten Blick hohen Ausfallraten die Zuverlässigkeit einer Schaltung gegenüber einem diskreten Aufbau um Größenordnungen erhöhen können.

8.1.1.1 Alterung passiver Bauelemente

Die in Steuergeräten verbauten Schichtwiderstände gelten nicht als besonders anfällig gegenüber Alterung. Zu beachten ist allerdings, dass vor allem hochohmige Widerstände über längere Zeit dazu neigen, durch Diffusion des Widerstandsmaterials den Widerstandswert geringfügig zu steigern. Gefördert wird dieser Prozess durch Wärme. Gegenmaßnahmen sind, soweit möglich, ein Schutz vor hohen Temperaturen und eine Schaltungsauslegung, die zumindest auf extrem hochohmige Widerstände im MΩ-Bereich verzichtet.

Sehr kritische Bauelemente bezüglich der Alterung sind Aluminium-Elektrolytkondensatoren, die z. B. als Energiereserve in Airbag-Steuergeräten eingesetzt werden. Sie enthalten ein flüssiges Elektrolyt, das im Laufe der Zeit austrocknet. In der Literatur findet sich die Abschätzung, dass sich die Lebensdauer jeweils halbiert mit einer Erhöhung der Betriebstemperatur um 7 °C [Reisch07]. Ein weiteres Problem ist, dass sich die dielektrische Oxid-Schicht auf der Aluminiumfolie bei Nichtbenutzung abbaut. Aluminium-Elektrolytkondensatoren sollten möglichst vermieden werden. Ist dies nicht möglich, sollte der Elko stärker als jedes andere passive Bauelement vor Wärme und vor hohen Strömen geschützt werden. Er sollte regelmäßig geladen werden, um den Abbau der Oxidschicht zu verhindern. Tantal-Elektrolytkondensatoren sind in der Kfz-Elektronik sehr verbreitet. Sie sind weniger alterungsempfindlich als Aluminium-Elektrolytkondensatoren, können aber im Laufe der Zeit niederohmig werden und in Einzelfällen durch die dann entstehende Verlustleistung brennen oder explodieren. In letzter Zeit kommen vermehrt minderwertige Tantal-Elkos aus Fernost mit gefälschten Aufdrucken auf den europäischen Markt, diese Elemente stellen ein besonderes Risiko dar.

Keramikkondensatoren mit kleinen Kapazitätswerten altern praktisch nicht, bei höheren Kapazitäten werden jedoch andere Keramiken verwendet, die zu einem leichten Kapazitätsverlust über die Lebensdauer führen.

Folienkondensatoren sind, sofern Sie keine Qualitätsmängel haben oder außerhalb der Spezifikation betrieben werden, nahezu alterungsfrei.

Trotz zahlreicher anderer Nachteile (Gewicht, Volumen, Kosten) sind Spulen solange sie innerhalb ihrer Spezifikation betrieben werden in Hinblick auf Alterung unkritisch. Der Isolierlack, der die einzelnen Wicklungen voneinander trennt, kann altern. Beschleunigt wird die Alterung durch hohe Temperaturen. Neben der Umgebungswärme ist dabei vor allem die eigene Wärmeentwicklung zu beachten. Die Spule könnte langfristig einen Wicklungsschluss bekommen. Vibrationen oder Temperaturwechsel können auch mechanische Schäden verursachen, Vibrationen und klimatische Extreme sollten also vermieden werden. Da große Spulen über entsprechendes Gewicht verfügen, können Vibrationen auch die Lötverbindung zwischen starren Anschlussdrähten der Spule und der Leiterplatte mechanisch überbeanspruchen.

Bild 8-2
Durch thermische Überlastung zerstörte Zündspule, Vergussmasse Bitumen

8.1.1.2 Alterung aktiver Bauelemente

Ein Alterungsmechanismus, der vor allem bei Halbleiterbauelementen mit inneren leitenden Strukturen aus Aluminium auftritt, in geringem Ausmaß aber auch bei Kupferleitern, ist die Elektromigration. Dabei kommt es im Laufe der Zeit bei hohen Stromdichten an kleinen Strukturen nicht nur zur Ladungsbewegung durch Elektronen, sondern auch zu einer schleichenden

Bewegung von Ionen[2], die über längere Zeit zu Materialwanderungen führt. Die Anfälligkeit eines Bausteins für Elektromigration ist also durch die Herstellung bestimmt, daneben gibt es auch einen Einfluss der Betriebstemperatur [Black69]. Tatsächlich kann ein Zulieferer, der ein Steuergerät entwickelt, nur selten wählen zwischen einem Baustein mit Aluminium-Leitern und einem ansonsten gleichartigen Baustein mit Kupferleitern. Die sehr feinen Materialstrukturen lassen sich theoretisch vermeiden durch den Einsatz gering integrierter Bausteine. In der Praxis ist dies kaum umsetzbar, da dies den Ersatz hoch integrierter Bausteine durch mehrere geringer integrierte Bausteine erfordern würde. Damit steigen aber Platzbedarf und Kosten und durch den Ersatz eines Bauteils durch zwei Bauteile steigt schon aufgrund der Anzahl der Bauelemente die Wahrscheinlichkeit eines Ausfalls. Hinzu kommt, dass gerade bei höher integrierten Bausteinen eher Kupfer als Aluminium eingesetzt wird und damit der Materialvorteil den Nachteil der feinen Strukturen mehr als kompensiert.

Bei Bauelementen in Gehäusen aus Epoxidharz können die unzureichende Kapselung und das Eindringen von Feuchtigkeit zum Problem werden. Eindringende Feuchtigkeit kann in Verbindung mit Temperaturwechseln zu Aufsprengungen (auch Popcorn-Effekt genannt) führen. Funktionsstörungen und Korrosion sind weitere mögliche Folgen eingedrungener Feuchtigkeit, der Chip selbst ist heute aber meist durch eine dünne Passivierungsschicht aus Siliziumnitrid geschützt. Die im Luft- und Raumfahrtbereich verwendeten dichten, keramischen IC-Gehäuse sind für automobile Anwendungen zu teuer, Bauelemente in dichten Metallgehäusen werden immer weniger angeboten und sind ebenfalls teurer. Ein namhafter Hersteller von Digitalkameras[3] wurde mit einem massenhaften Ausfall von Bildsensoren im Feld konfrontiert, nachdem er die Kapselung der Bausteine von Keramik auf das kostengünstigere Epoxidharz umstellte.

Unter belastenden Betriebsbedingungen können auch die Bonddrähte, die den Chip mit dem äußeren Anschluss des Bauelements verbinden, ausfallen.

Ein spezielles Problem bei MOS-Bausteinen ist die Alterungsbeschleunigung bei hohen Spannungen (auch dann, wenn diese noch im zulässigen Bereich liegen und nicht unmittelbar zum Durchschlag des Gate-Oxids führen).

8.1.1.3 Alterung elektromechanischer Bauelemente

Unter den elektromechanischen Bauteilen kommen v. a. Schalter und Taster in Betracht. In diese Kategorie sind auch elektromagnetisch betätigte Schalter (Relais) einzuordnen, die aber inzwischen weitgehend durch kontaktlose Halbleiterschalter (Transistoren, in wenigen Einzelfällen auch Thyristoren) verdrängt wurden. Ausfälle können einerseits bei häufiger Betätigung durch mechanischen Verschleiß erfolgen (v. a. bei mechanisch aufwändigen Schaltern wie dem Zündschloss), besonders anfällig sind aber die Kontakte. Bei Schaltkontakten für niedrige Ströme dominiert das Problem der Korrosion. Eine Oxidschicht auf der Kontaktfläche bildet einen elektrischen Übergangswiderstand. In Einzelfällen kann es sogar passieren, dass eine halbleitende Oxidschicht mit dem Metall eine Sperrschicht ausbildet und so ähnlich einer Diode eine nichtlineare Spannungs-/Strom-Kennlinie bildet. Bei Schaltern für hohe Ströme dominiert das Problem, dass sich beim Öffnen kurzzeitig ein Lichtbogen ausbilden kann, der zwar

2 Heutige Theorien zur Entstehung der Elektromigration vermuten die Impulsübertragung bei Stößen von Elektronen auf Ionen als Ursache.

3 und der Autor als Besitzer einer betroffenen Kamera

Oxidschichten, aber auch den Kontaktwerkstoff im Laufe der Zeit abbrennen kann. Dieser Effekt lässt sich evtl. daheim eindrucksvoll (sichtbar und hörbar) nachvollziehen, indem ein Lichtschalter geringer Qualität sehr langsam geöffnet wird.

Das Problem der Oxidation ist lösbar durch geeignete Kontaktwerkstoffe sowie durch einen Schutz gegen Feuchtigkeit. Letzteres ist im Auto sehr schwierig, da selbst im Innenraum ständig mit eingetragener oder kondensierter Feuchtigkeit gerechnet werden muss. Kondenswasser ist dabei glücklicherweise weniger kritisch, weil es kaum (unmittelbar nach der Kondensation gar keine) korrosiven Salze enthält. Als Kontaktwerkstoffe kommen Edelmetalle wie Gold oder auch kostengünstigere Legierungen zum Einsatz. Aus Kostengründen werden edle Kontaktwerkstoffe meist nicht massiv, sondern nur als dünne Oberflächenbeschichtung eingesetzt.

Weitere elektromechanische Bauelemente sind Steckverbinder. Auch hier greifen Kontakte ineinander, deren Oberflächen oxidieren können. Im Gegensatz zur Situation bei Schaltern ist es aber weniger wahrscheinlich, dass es zur Oxidation zwischen zwei Flächen kommt, die sich unter hohem Anpressdruck berühren. Bei unzureichenden Anpressdrücken aufgrund zu weiter mechanischer Toleranzen oder zu häufigen Lösezyklen bildet der Steckverbinder einen erhöhten Übergangswiderstand (oder er schließt gar nicht mehr). Der erhöhte Übergangswiderstand kann nicht nur die Funktion eines Systems (z. B. des Einspritzsystems) beeinträchtigen, er führt auch zu einer Erwärmung des Übergangs und damit zu einer langfristigen Schädigung des Steckverbinders. Steckverbinder sind in der Regel nicht dafür ausgelegt, unter Last getrennt zu werden.

8.1.1.4 Alterung von Sensoren

Im Fahrzeug werden unterschiedlichste Sensoren eingesetzt, viele davon erreichen (abgesehen von vereinzelten vorzeitigen Ausfällen) eine durchschnittliche Lebensdauer, die länger ist, als jene des Fahrzeugs. Im Folgenden werden deshalb nur exemplarisch einige Sensoren betrachtet, deren Ausfälle von besonderer Bedeutung sind.

Ein Sensor, der sich in der Praxis als besonders kritisch herausstellt, ist der Luftmassenmesser, der die Luftzufuhr zum Motor misst (Bild 3-11). Beim Ottomotor muss die Kraftstoffmenge auf die Luftmenge abgestimmt werden, andernfalls ist mit Leistungsverlusten und Verschlechterung der Abgaswerte zu rechnen. Beim Dieselmotor ist dieser Sensor ein wichtiger Bestandteil der Abgasrückführung. Auch hier drohen Leistungsverluste und Verschlechterungen der Abgaswerte. Der Sensor ist, auch wenn er sich hinter dem Luftfilter befindet, Verschmutzungen ausgesetzt. Besonders stark wird der Sensor beeinträchtigt durch Ölnebel und Blow-by-Gase (am Kolben vorbeigedrückte Verbrennungsgase), die über die Kurbelgehäuseentlüftung aus dem Motor in den Ansaugtrakt gelangen. Die hohen Betriebstemperaturen der Sensoren führen teilweise zum Abbrand der Rückstände, teilweise brennen diese aber durch die hohen Temperaturen fest. Die Erfahrung im Feld zeigt, dass gerade bei diesem Sensor eine erhebliche Degeneration oft schon nach wenigen Betriebsjahren stattfindet. Während der schleichende Leistungsverlust kaum bemerkt wird, verändern sich die Abgaswerte so stark, dass eine Einstufung nach einem bestimmten Abgasstandard, z. B. Euro 4 oft schon nach kurzer Betriebszeit hinfällig ist. Genau solche Probleme waren der Anlass, die in Kapitel 6 erwähnte OBD einzuführen.

Ein unter Sicherheitsaspekten kritischer Sensor, der allerdings im Feld als recht zuverlässig gilt, ist das redundante Potentiometer, das den über das Gaspedal ausgedrückten Fahrerwunsch an die Motorelektronik meldet. In Kapitel 6 wurde dieser bereits als Beispiel für die Sensordiagnose benutzt. Dort wurde erwähnt, dass ein Abfall der Masseleitung dazu führt, dass am

Schleifer die positive Versorgungsspannung liegt. Ohne weitere Maßnahmen würde das Motorsteuergerät diese Spannung als „Vollgas“ interpretieren. Die Risiken, mit denen dieser Sensor behaftet ist, lassen sich durch diversitär redundante Auslegung (zwei Potentiometer mit unterschiedlichen Kennlinien und jeweils eigenen Anschlüssen) beherrschen. Durch die Bewegung des Schleifers eines Potentiometers auf der Widerstandsbahn kommt es einerseits zur Abnutzung der Bahn (bei einem Audioverstärker, bei dem das Lautstärkepotentiometer abgenutzt ist, kann man dies bei der Betätigung als Knistern im Lautsprecher hören), andererseits kann sich der Abrieb an den Enden der Bahn sammeln und dort den gewöhnlich linearen Zusammenhang zwischen Winkel und abgegriffener Spannung verändern. Der Abrieb reduziert sich, wenn anstelle einer Kohlebahn eine Bahn aus leitfähigen Kunststoffen oder aus einem keramisch/metallischen Verbundwerkstoff (Cermet) verwendet wird, die Kosten steigen dadurch allerdings. Bei berührungslosen Potentiometern, die mit Magneten und Magnetfeldsensoren arbeiten, können keine Probleme durch Abrieb entstehen, auch hier steigen aber die Kosten.

Eine Schwierigkeit vieler Gassensoren ist die Anfälligkeit gegenüber anderen als den zu messenden Gasen. Fremdgase können nicht nur kurzzeitig eine Messung beeinflussen, sondern den Sensor auch dauerhaft beeinträchtigen. Derartige Ausfälle, bei denen ein Sensor nicht zerstört wird, sondern nur ungenau wird, lassen sich nur bei großen Abweichungen diagnostizieren. Wenn Sensoren Teil eines Regelkreises sind, kann dies z. B. über eine dauerhaft hohe Regelabweichung oder über Vergleiche auf Plausibilität mit anderen Größen geschehen.

8.1.1.5 Alterung von Aktoren

Die meisten Aktoren sind elektromechanische Aktoren (Hubmagnet, Magnetventil, Motor, Piezo-Injektor), von denen die meisten elektromagnetisch angetrieben werden. Während die betätigende Spule bezüglich ihrer Alterung wie jede andere Spule zu betrachten ist, kann der mechanische Anteil verschleißen. Bei Injektoren kann der in den Brennraum ragende Teil verkoken und dann zu massiven Mengentoleranzen führen, dieses Problem wird aber von einigen Herstellern inzwischen sicher beherrscht. Umfangreiche Erfahrungen mit der Alterung von Piezo-Injektoren im Feld liegen noch nicht vor. Die verwendete Piezokeramik ist hygroskopisch und darf auch nicht nach längerem Betrieb mit Feuchtigkeit in Berührung kommen, nach derzeitigem Erfahrungstand ist aber nicht mit Problemen in dieser Hinsicht zu rechnen.

8.2 Ausfälle von Software

Software fällt in anderer Form aus, als Hardware (der Sonderfall, dass ein Speicherbaustein ausfällt, der eine Software enthält, soll hier als Hardware-Ausfall betrachtet werden). Software ist zwar schnell veraltet, es handelt sich dabei aber nicht um einen verschleißartigen Alterungsprozess, sondern um eine Veränderung der Anforderungen während des Betriebs. Ausfälle von Software sind ausschließlich auf Herstellungsfehler zurückzuführen. Sieht man von der Herstellung eines Datenträgers ab, sind bei Software Herstellung und Entwicklung identisch. Anstelle der Badewannenkurve liegt eine konstante Ausfallrate vor Werden die Fehler in einer späteren Software behoben, ist die Ausfallrate meist niedriger, sofern bei der Korrektur nicht neue Fehler entstanden sind und keine weiteren Änderungen in der Software enthalten sind.

8.3 Methoden zur Analyse von Sicherheit und Zuverlässigkeit

Bevor wirksame Maßnahmen zur Reduktion von Risiken getroffen werden, ist zunächst die Identifikation der Risiken nötig. Dieser Abschnitt beschreibt einige bewährte Methoden. Viele dieser Methoden hat die Autoindustrie aus der Luft- und Raumfahrt übernommen. Das mit Abstand wichtigste Verfahren ist die FMEA.

8.3.1 FMEA

Ein Produkt sollte so entwickelt werden, dass mögliche Fehlfunktionen bereits relativ früh während der Entwicklung auffallen und nicht erst beim Test. Sieht man bei Beginn einer Entwicklung Ausfallmöglichkeiten, sollten diese bewertet werden. Bewertungskriterien können die Wahrscheinlichkeit eines Ausfalls, die Schwere der Auswirkungen und auch eine rechtzeitige Erkennbarkeit sein. Bei gravierenden Ausfällen muss sich der Entwickler überlegen, ob er das Produkt verändert, Überwachungsmechanismen einbaut oder andere Maßnahmen ergreift. Ein Werkzeug, das bei diesem Vorgang unterstützt, ist die *FMEA* (**F**ailure **M**ode **E**ffect **A**nalysis, Ausfalleffektanalyse), vereinzelt auch *FMECA* (**F**ailure **M**ode **E**ffect and **C**riticality **A**nalysis) genannt. Sie wird deshalb bei nahezu jedem Entwicklungsprojekt in der Automobilindustrie angewandt.

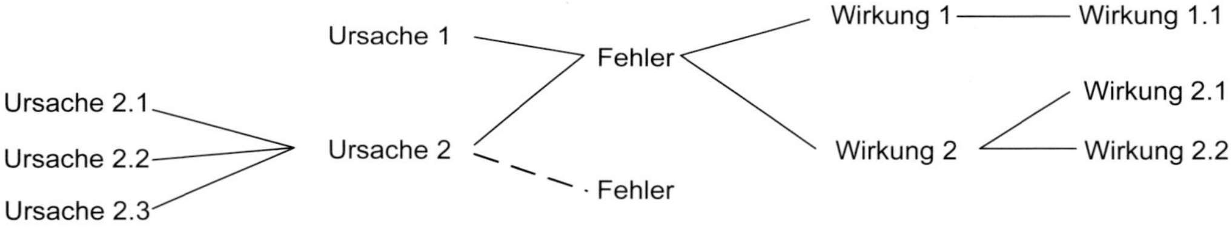

Bild 8-3 Zusammenhang von Ursachen, Fehlern und Wirkungen

Der erste Schritt liegt darin, möglichst alle erdenklichen Fehlfunktionen eines Systems aufzulisten. Bei komplexen Systemen ist der Anspruch, alle Ausfälle im Voraus zu finden, nur noch schwer umzusetzen. Das Ziel muss aber bleiben, möglichst viele mögliche Fehlfunktionen zu finden und wirklich alle schweren Fehler. Dieses kreative „Fehlerfinden" gelingt in der Praxis in einer kleinen Gruppe unter der Anleitung eines geschulten Moderators.

Im nächsten Schritt werden zu jedem Fehler alle möglichen Ursachen und Folgen definiert. Dabei können die in den nachfolgenden Unterabschnitten vorgestellten Verfahren hilfreich sein.

Ursachen haben ihrerseits Ursachen und Folgen ziehen weitere Folgen nach sich. Die Ursachen eines Fehlers lassen sich also wie in Bild 8-3 durch eine Baumstruktur mit einem bestimmten Fehler als Wurzel darstellen. Da die Folgen ebenfalls eine Baumstruktur bilden, findet sich der betrachtete Fehler in der Mitte des Bildes in einer sich sowohl nach links als auch nach rechts verzweigenden Baumstruktur. In der FMEA führt diese Baumstruktur immer wieder zu Diskussionen. So könnte im Beispiel Bild 8-3 durchaus die Wirkung 2 als Fehler und das im Bild als Fehler bezeichnete Ereignis als dessen Ursache betrachtet werden. Würden zwei Arbeitsgruppen unabhängig voneinander eine FMEA desselben Systems erstellen, so werden sich beide FMEA schon aus diesem Grunde zumindest äußerlich unterscheiden. Es empfiehlt sich deshalb, zunächst die Funktionen des Systems zu definieren und die Fehler dann als Ausfall dieser Funktionen zu definieren.

Nachdem dieser doppelte Baum bestimmt ist, wird er in eine tabellarische Ansicht wie z. B. im folgenden Bild umgewandelt (nicht selten wird die FMEA auch gleich als Tabelle erstellt). Häufig werden dazu Software-Werkzeuge verwendet, die ein einfaches Umschalten zwischen grafischer Doppelbaum-Darstellung und einer geeigneten Tabellendarstellung ermöglichen, solche Werkzeuge erleichtern auch durch Kopierfunktionen die Wiederverwendung bereits durchgeführter FMEA für ähnliche Baugruppen. Ein in der deutschen Automobilindustrie verbreitetes FMEA-Werkzeug ist IQ-FMEA [Apis], unter Verzicht auf einige sinnvolle Merkmale kann eine FMEA aber auch mit einer Tabellenkalkulation erstellt werden.

Nachdem eine Liste aller Fehler mit Ursachen und Wirkungen aufgestellt wurde, muss nun quantitativ bewertet werden, wie kritisch jeder Fehler ist. Dazu werden die Wahrscheinlichkeit (P), die Schwere (S) und die Schwierigkeit der Fehlererkennung (D) auf einer Ordinalskala von 1 (gering) bis 10 (hoch) bewertet.

In großen Unternehmen kann oft aus erfahrungsbasierten Tabellen ein Skalenwert für die Wahrscheinlichkeit gewonnen werden, oftmals handelt es sich aber um grobe Schätzungen. Hilfreich kann auch eine im Folgenden noch vorgestellte Fehlerbaumanalyse sein. Ein subjektiver Anteil der Bewertung lässt sich nicht sicher ausschließen.

Auch die Bewertung der Schwere unterliegt einer subjektiven Einschätzung. Der Schweregrad 1 wird für Fehler vergeben, die der Fahrer nicht bemerkt, der Schweregrad 10 für Fehler mit wahrscheinlicher Todesfolge (v. a. unbeabsichtigtes Beschleunigen aus dem Stillstand), auch ein Fahrzeugbrand kann zur Bewertung 9 oder 10 führen.

Besonders schwierig ist der Parameter D einzuschätzen. Fehler, die völlig überraschend ohne Vorwarnungen kommen, werden mit 10 bewertet. Fehler, bei denen eine rechtzeitige Vorerkennung durch Überwachungs-Maßnahmen oder gar durch sicht- oder hörbare Anzeichen möglich ist bekommen hingegen einen geringen Wert auf der D-Skala.

FMEA für Yacht-Autopilot		Aschaffenburg, 14.11.2003			Bewertung				RPN
Funktion	Teilfunktion	Fehlerart	Fehlerfolge	Fehlerursache	P	S	D	RPN	Maßnahme
Schiff sicher von A nach B bringen	Position bestimmen	falsche Position	falscher Kurs	Sonnenwinde	1	5	1	5	
				GPS wird abgeschaltet	1	10	9	90	
				zivile Genauigkeit reduziert	1	5	9	45	
				GPS defekt	1	10	9	90	
				GSP Satellit defekt	1	5	9	45	
	Wind bestimmen	falsche Windrichtung	Drift falsch berechnet	Windmesser ungenau	5	5	1	25	
			Skipperwarnung falsch	schnell drehende Winde	10	9	5	450	...
				zu wenig Wind	10	9	5	450	..
				Windmesser abgeweht	1	9	9	81	
		zu niedrig	Drift falsch berechnet	Windmesser ungenau	5	5	1	25	
				Windmesser abgeweht	1	5	9	45	
		zu hoch		Windmesser ungenau	5	5	1	25	
	Wassertiefe bestimmen	zu niedrig	falscher Seekartenort	Echolot defekt	5	10	9	450	...
				Fischschwarm	5	5	10	250	
		zu hoch		Echolot defekt	5	5	9	225	
	Route berechnen	falsche Route	falsche Ausgabe	falsche Eingabe	5	10	1	50	
				falsche Position	1	10	9	90	
				Spiel in Lenkung	5	10	3	150	
	Ruder einstellen	völlig falsch	völlig falscher Kurs	Abriß	1	10	9	90	
				mech. Defekt	1	10	9	90	
		ungenau	leichte Abweichung	Spiel in Lenkung	5	5	3	75	
		zu stark	leichte Abweichung	zu hohe Motorspannung	5	5	9	225	
		zu schwach	leichte Abweichung	Riemen	9	5	5	225	
		Null	völlig falscher Kurs	Riemen	5	10	9	450	...
	Geschwindigkeit messen	zu niedrig	Abweichung zu vGPS	starke Strömung	10	5	5	250	
				v-Messer defekt	5	5	10	250	
		zu hoch		starke Strömung	10	5	5	250	
				v-Messer defekt	5	5	10	250	
	Skipper warnen	Fehlalarm	Skipper irritiert	Defekt	1	1	10	10	
		gar nicht	Kentern	Defekt	5	10	10	500	Warnsystem doppelt ausleg

Bild 8-4 Ausschnitt aus einer FMEA

Die drei Werte für Wahrscheinlichkeit, Schwere und Nichtdetektierbarkeit werden für jeden Fehler durch Multiplikation zu einer Risikoprioritätszahl (RPZ) oder Risk Priority Number (RPN) zusammengefasst:

$$\mathrm{RPZ} = \mathrm{P} * \mathrm{S} * \mathrm{D} \tag{8.2}$$

Diese RPZ bietet nun eine grobe Einschätzung wie kritisch ein Fehler ist. Aus Kostengründen wird man leichtere Fehler eventuell riskieren, muss aber Gegenaßnahmen bei gravierenden Fehlern treffen. Üblicherweise wird man eine bestimmte RPZ (typische Werte sind z. B. 250 oder 300) als Schwelle definieren, oberhalb derer Maßnahmen obligatorisch sind. Auch wird man bei Fehlern der Schwere 10 unabhängig von der RPZ Maßnahmen ergreifen. Die definierten Maßnahmen werden oft mit verantwortlichem Mitarbeiter und Termin in die FMEA eingetragen. Die Praxis zeigt, dass die subjektiven Spielräume bei der FMEA oft dahingehend missbraucht werden, eine RPZ möglichst unter die Schwelle zu drücken, um zusätzliche Arbeit oder gar Projektverzögerungen zu vermeiden. Gibt ein Zulieferer eine FMEA an seinen Kunden heraus, so könnte dies ebenfalls zu Lasten einer ehrlichen Risikobewertung führen.

Für einen Fehler wird man aufgrund mehrerer Ursachen und mehrerer Auswirkungen zu mehreren Bewertungen kommen. Ein kurzer Ansatz wäre, für die Bewertung jedes Fehlers jeweils die wahrscheinlichste Ursache und die schlimmste Folge anzunehmen. Bewährt hat sich aber, jede Ursache-Fehler-Folge-Kombination separat zu bewerten.

In der Kfz-Elektronik werden FMEA häufig für mechatronische Systeme durchgeführt, die aus einem Steuergerät mit Aktorik, Sensorik und dem gesteuerten oder geregelten System bestehen (System-FMEA). Daneben gibt es weitere Anwendungen, um Fehlermöglichkeiten in Produktionsprozessen zu identifizieren (Prozess-FMEA) oder zur Analyse mechanischer Konstruktionen (Konstruktions-FMEA).

Um sich der Probleme und Mehrdeutigkeiten einer FMEA einerseits und der Vielseitigkeit des Verfahrens andererseits bewusst zu werden, sei dem Leser empfohlen, eine kleine FMEA für einen einfachen Gegenstand oder einen einfachen Vorgang aus dem Alltag aufzustellen.

Ein mit der FMEA verwandtes Verfahren ist die *HAZOP* (**HAZ**ard and **OP**erability Study), im Deutschen auch PAAG (**P**rognose, **A**uffinden der Ursache, **A**bschätzen der Auswirkungen, **G**egenmaßnahmen) genannt, die auf eine quantitative Einschätzung von Fehlern verzichtet und Maßnahmen gegen alle Fehler sucht. Im Gegensatz zur FMEA ist die HAZOP kein vorgeschriebenes Verfahren in der Autoindustrie, sie kann trotzdem in Einzelfällen nützlich sein.

8.3.2 Fehlerbaumanalyse

Bereits im Zusammenhang mit der FMEA wurde die Baumstruktur von Fehlerursachen deutlich. Stellt man den linken Teilbaum einer FMEA wie in Bild 8-3 auf, so hat man bereits eine einfache *Fehlerbaumanalyse* oder *FTA* (**F**ault **T**ree **A**nalysis) durchgeführt. Die Fehlerbaumanalyse nach [DIN25424-1,2] systematisiert dieses Verfahren in einigen Punkten weiter.

Stellt man einen Fehlerbaum auf, so wird man feststellen, dass ein Fehler in unterschiedlicher Weise von dessen Ursachen abhängen kann. Die „Blätter" dieses Baumes sind elementare Ursachen, die sich nicht mehr auf weitere Ursachen zurückführen lassen, bzw. bei denen dieses nicht sinnvoll ist.

Oft genügt eine einzige aus vielen Ursachen, um ein darauf folgendes Ereignis eintreten zu lassen. Ist z. B. ein Bremspedal defekt, versagt die Bremse auch dann, wenn alle anderen Komponenten der Bremsanlage noch intakt sind. In diesem Falle liegt eine logische **ODER-**

Verknüpfung zwischen einem Ereignis (Ausfall der Bremse) und dessen Ursachen (defektes Pedal) vor.

Wenn ein Fahrzeug zwei Bremskreise hat, darf dagegen ein Bremskreis ausfallen, eine Bremsung mit dem zweiten Kreis ist trotzdem noch möglich. In diesem Falle liegt eine logische **UND**-Verknüpfung zwischen einem Ereignis (Ausfall der Bremse) und dessen Ursachen (Ausfall Kreis 1 und Ausfall Kreis 2) vor. Wir werden diesen Sachverhalt unter dem Begriff *Redundanz* noch näher betrachten.

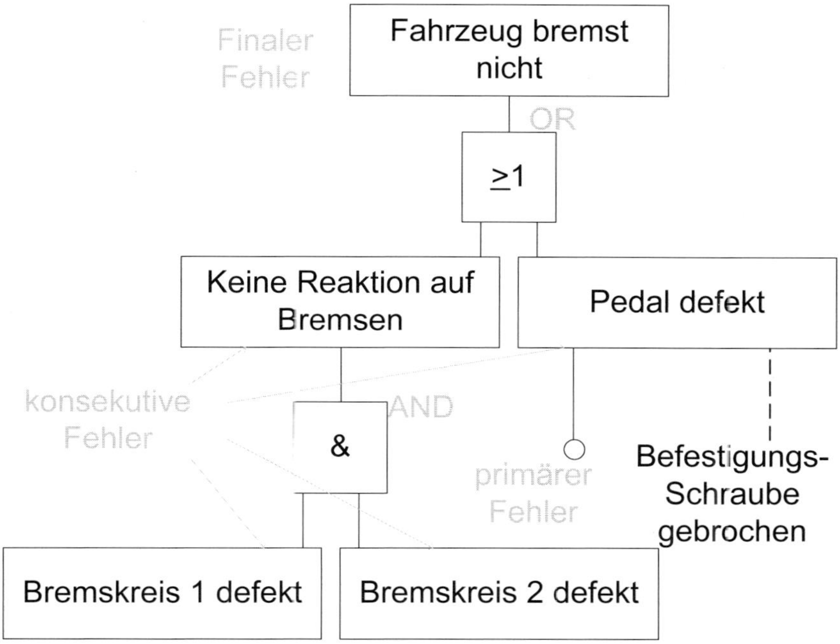

Bild 8-5 Ausschnitt aus einem Fehlerbaum

Ein Fehlerbaum lässt sich wie im Bild qualitativ erstellen, um Zusammenhänge zu erkennen (z. B. als Vorbereitung oder Ergänzung einer FMEA), er lässt sich aber auch quantitativ erstellen, um Wahrscheinlichkeiten zu ermitteln.

Bei ODER-verknüpften Ereignissen ist die Wahrscheinlichkeit die Summe der Wahrscheinlichkeiten aller Unterursachen. Dies gilt allerdings nur, solange nicht mehrere Unterursachen gleichzeitig auftreten können. Man spricht hier von unvereinbaren Ereignissen. Mit den Definitionen nach Bild 8-6 ist

$$p(c) = p(a) + p(b) \tag{8.3}$$

Lässt man zu, dass z. B. zwei Unterursachen zeitgleich zu einem Fehler führen können, so dürfen diese Unterereignisse nicht doppelt gezählt werden, weil der Fehler trotzdem nur einmal auftritt. In diesem Falle muss zunächst wie bei zwei unvereinbaren Ereignissen die Summe gebildet werden, dann aber die Wahrscheinlichkeit dass beide Unterursachen gleichzeitig auftreten wieder abgezogen werden. Es gilt dann also

$$p(c) = p(a) + p(b) - p(a \wedge b) \tag{8.4}$$

Bei UND-verknüpften Ereignissen ist die Wahrscheinlichkeit das Produkt der Wahrscheinlichkeiten aller Unterursachen, solange diese Unterursachen voneinander unabhängig sind. Es gilt

$$p(c) = p(a) \cdot p(b) \tag{8.5}$$

Bestehen gegenseitige Abhängigkeiten zwischen den Wahrscheinlichkeiten der Unterereignisse (z. B. weil ein Ausfall einer Komponente zu einer erhöhten Belastung einer zweiten Komponente führt), muss mit bedingten Wahrscheinlichkeiten gearbeitet werden:

$$p(c) = p(a) \cdot p(b|a) \tag{8.6}$$

Die Schreibweise $p(b|a)$ kennzeichnet darin die Wahrscheinlichkeit, dass Ereignis b eintritt, **nachdem** Ereignis a bereits eingetreten ist.

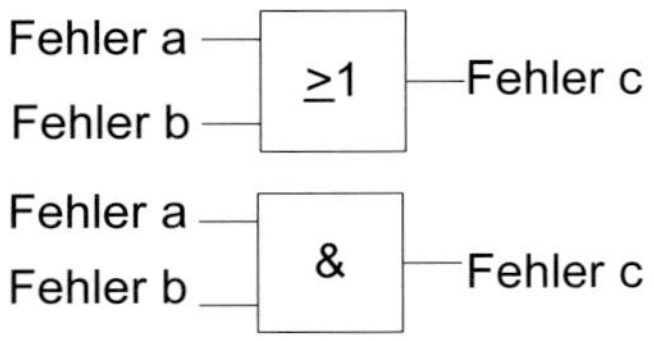

Bild 8-6
Definitionen der Fehler a, b und c für die ODER-Verknüpfung (oben) und die UND-Verknüpfung (unten). Die Eintrittswahrscheinlichkeiten seien jeweils p(a), p(b) und p(c) genannt.

Der Fehlerbaum lässt sich durch einfache logische Überlegungen aufstellen, ungleich schwieriger ist es hingegen, Wahrscheinlichkeiten der Elementarereignisse richtig anzugeben, insbesondere wenn es sich um bedingte Wahrscheinlichkeiten handelt. Selbst wenn die Zulieferer einzelne Komponenten detaillierte Angaben zur Zuverlässigkeit veröffentlichen, beziehen sich diese meist auf unterschiedliche Test- und Betriebsbedingungen und sind daher nicht vergleichbar.

8.3.3 Ereignisfolgenanalyse

Die Ereignisfolgenanalyse nach [DIN25419], auch ETA (**E**vent **T**ree **A**nalysis) genannt, eignet sich zur Analyse der Auswirkungen eines Fehlers, besonders auch dann, wenn einzelne Überwachungs- oder Sicherheitseinrichtungen nicht ansprechen.

Der Ausgangspunkt einer Ereignisfolgenanalyse ist ein konkreter Fehlerfall. Ein gravierender Fehler sollte durch Schutzmechanismen abgefangen werden. Oft sind diese Mechanismen mehrstufig und je nachdem, welche Mechanismen ansprechen und welche nicht, kann das System unterschiedliche Endzustände von verschiedener Kritikalität erreichen. Das Bild zeigt einen Sondefall, weil hier nicht nur technische Sicherungsmechanismen eingebunden werden, sondern auch die Reaktion des Fahrers.

Eine Ereignisfolgenanalyse könnte auch quantitativ erfolgen, es ist aber schwierig, für die Wahrscheinlichkeiten an jeder Verzweigung konkrete Zahlenwerte zu bestimmen.

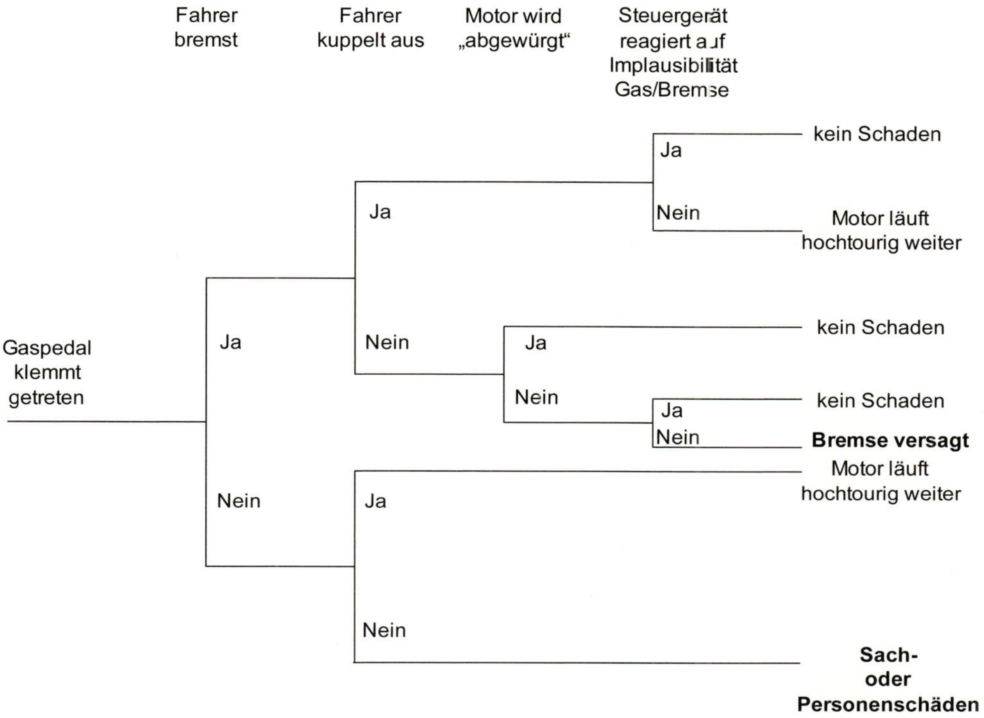

Bild 8-7 Beispiel zur Ereignisfolgenanalyse

8.4 Verbesserungsmaßnahmen

8.4.1 Qualifizierung von Bauelementen

Die in der Kfz-Elektronik verwendeten Bauelemente müssen vielfältigen Anforderungen gewachsen sein. Soll z. B. ein Widerstand mit 100 Ω verbaut werden, so genügt es nicht, aus dem Katalog eines Elektronik-Versandhandels einen Posten zu bestellen, der diese 100 Ω ggf. mit einer vorgegebenen Toleranz und einem vorgegebenen Temperaturkoeffizienten erfüllt. Der Widerstand muss über die Lebensdauer vorgegebene Ausfallraten einhalten können. Die Überprüfung der Eignung in umfangreichen Testreihen nennt sich *Qualifizierung*.

Die Tests zur Qualifizierung können von Zulieferern oder OEM nach eigenen Werksnormen erfolgen, sinnvoller sind aber brancheneinheitliche Verfahren. Die Standardisierung von Tests zur Qualifizierung von Bauelementen hat sich das Automotive Electronics Council [AEC] zur Aufgabe gemacht, dessen Mitglieder Automobilzulieferer und Hersteller elektronischer Bauelemente sind. Die AEC gibt im Wesentlichen drei Dokumentenreihen heraus, die Q100-Serie für IC, die Q101-Serie für diskrete Halbleiter und die Q200-Serie für passive Bauelemente. So werden z. B. für Widerstände Temperatur- und Temperaturwechseltests, Feuchtigkeitstests für Betrieb und Lagerung, Lebensdauertests, Sichtprüfungen, Überprüfungen der Abmessungen, mechanische Belastungstests der Anschlüsse, Schwing- und Stoßtests, Tests mit Lösungsmitteln, Löttests, ESD-Tests und Entflammbarkeitstests vorgesehen. Eine Ähnlichkeit zu den in Kapitel 4 vorgestellten Tests, denen ganze Steuergeräte unterworfen werden, wundert nicht, ist doch die Beständigkeit der Bauelemente gegen diverse Einflüsse auch ein Beitrag, das ganze Steuergerät resistent gegen diese Einflüsse zu halten.

Ändert der Hersteller eines qualifizierten elektronischen Bauteils seine Fertigung, muss er dies seinem Kunden, dem Automobilzulieferer und letzten Endes dem Automobilhersteller mitteilen. In der Regel muss dann die Qualifizierung wiederholt werden. Dies ist auch bei minimalen Modifikationen erforderlich, die auf dem ersten Blick nicht als qualitätsrelevant erkennbar sind.

In einem dem Autor bekannten Fall ging es um eine farbliche Veränderung des Kunststoffgehäuses eines Kondensators. Einem Fahrzeughersteller fiel auf, dass sich in einem analysierten Steuergerät die Farbe eines Bauelementes geändert habe und er bat den Zulieferer um Erklärung, warum ein andersfarbiges Bauelement eingesetzt wurde und wie ein Risiko durch dieses Bauelement ausgeschlossen werden kann. Die folgende intensive Diskussion zwischen Hersteller und Zulieferer um die Farbe eines Kondensators mag zunächst eher sinnlos erscheinen. Und doch handelte der OEM so aufgrund schlechter Erfahrungen in einem ähnlich gelagerten Fall: Eine andere Farbe des Kunststoffs erfordert eine wenn auch nur minimal andere chemische Zusammensetzung. Dieser Fahrzeughersteller hatte bereits einmal die Erfahrung gemacht, dass es nach solch einer scheinbar irrelevanten Modifikation bei hohen Betriebstemperaturen zu Ausdunstungen kam, welche die Leiterplatte und benachbarte Bauelemente angriffen.

Für den Entwickler bedeuten diese Anforderungen, dass er nicht auf alle auf dem Markt verfügbaren Bauelemente zugreifen kann, sondern dass er sich an eine im Unternehmen vorhandene Vorzugsliste (QPL, **Q**ualified **P**arts **L**ist oder **Q**ualified **P**roduct **L**isting) zu halten hat. Diese Vorzugsliste soll nicht nur die Zuverlässigkeit durch Verwendung qualifizierter Teile erhöhen, sie dient auch oft der Kostensenkung durch Beschränkung auf wenig unterschiedliche Bauteile, die dann mit entsprechend hoher Stückzahl zu günstigen Konditionen eingekauft werden können. Eine Begrenzung der Bauelemente-Vielfalt kann auch die Logistik-Kosten in der Steuergeräte-Produktion reduzieren. Bei Verwendung nicht in dieser Liste enthaltener Bauelemente kann in einigen Unternehmen eine Sonderfreigabe angestrebt werden, in der Regel erfordert diese aber eine vollständige (und damit sehr langwierige und teure) Qualifizierung.

8.4.2 Überwachung und Diagnose

Die Folgen gefährlicher Ausfälle können durch eine rechtzeitige Erkennung abgewendet werden. In Kapitel 6 ist dies bereits ausführlich am Beispiel des elektronischen Gaspedals beschrieben worden. Während Totalausfälle einer Komponente oft leicht erkennbar sind, gestaltet sich dies schwieriger, wenn eine Komponente noch arbeitet, aber dabei ihre Spezifikation verlassen hat.

Zu einem Sicherheitskonzept eines Fahrzeugs oder Systems gehört die Definition einer angemessenen Reaktion auf jeden Ausfall, sei es ein Fehlerspeichereintrag, eine Warnlampe oder das Abschalten des Systems. Bei einem gefährlichen Ausfall muss eine Ersatzreaktion den Übergang in einen sicheren Zustand beinhalten, in dem das System eventuell nicht mehr funktionsfähig ist, aber keine Gefahr mehr darstellt (*fail safe*). Oft ist der sichere Zustand die Abschaltung eines Systems, aber nicht immer. Deutlich wird dies bei PKW-Motoren, die für kleinere Sportflugzeuge modifiziert werden. Während beim PKW das Abschalten des Motors als sicherer Zustand betrachtet wird (trotz einzelner Situationen wie knappen Überholmanövern oder der Überquerung von Bahnübergängen, in denen dies nicht gilt), ist bei einem einmotorigen Propellerflugzeug nur der Weiterbetrieb des Motors ein sicherer Zustand, selbst wenn damit z. B. das Risiko eines Motorbrandes erhöht wird. In diesem Fall gilt ein völlig anderes Sicherheitskonzept, das zahlreiche Änderungen des Steuergerätes erfordert, allerdings in erster Linie bei der Software.

Die Definition von Maßnahmen sollte Teil der FMEA sein.

8.4.3 Komplexität und Redundanz

Die aus dem Alltag bekannte Erfahrungsregel „Je mehr dran ist, umso mehr kann kaputt gehen", gilt auch in der Kfz-Elektronik und folgt aus Gleichung (8.1). Jedes zusätzliche Bauelement kann auch ausfallen und damit das Ausfallrisiko eines Gesamtsystems erhöhen. Aus Gründen der Zuverlässigkeit (und natürlich der Kosten) sind also Lösungen anzustreben, die mit wenigen Bauelementen auskommen. Dies kann vereinzelt zu Konflikten führen, so soll eine Freilaufdiode parallel zu einer geschaltete induktiven Last oder eine Z-Diode an einem Eingang das System vor Überspannungen schützen, gleichzeitig wird aber durch das zusätzliche Bauelement das statistische Ausfallrisiko erhöht. Bei diesen beiden Beispielen wird der Zuverlässigkeitsgewinn des Systems durch die Schutzwirkung der Dioden das zusätzliche Ausfallrisiko durch das zusätzliche Bauelement überwiegen, es mag aber Fälle geben, indem dies nicht so eindeutig ist, dann sind aufwändige Abschätzungen erforderlich.

In den Erläuterungen zu Gleichung (8.1) wurde bereits ein Fall erwähnt, in dem diese Gleichung nicht gilt: bei Redundanz. Diese ist in der Luftfahrt sehr verbreitet und oft vorgeschrieben, um die Zuverlässigkeit der Avionik[4] zu erhöhen. Im Kfz hingegen sucht man vor allem aus Kostengründen, Redundanz zu vermeiden. In Flugzeugen sind sicherheitskritische Rechner dreifach vorhanden. Wenn ein Rechner ausfällt, bleiben in diesem Falle die anderen beiden Rechner funktionsfähig. Dies ist ein offenkundiger Widerspruch zur Gleichung 8.1 nach der das Ausfallrisiko für alle drei Rechner dreimal so hoch sein müsste. Redundanz liegt immer dann vor, wenn eine Funktion in der Weise parallel ausgeführt wird, dass der Ausfall einer Funktion (eines Rechners oder auch nur eines Bauteils) keinen Systemausfall darstellt.

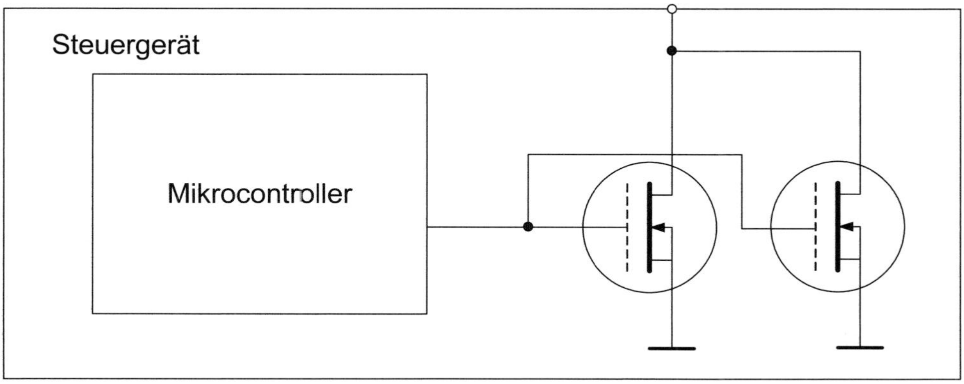

Bild 8-8 Redundanz eines Ausgangstransistors

4 Flugelektronik

Im Bild sehen wir am Beispiel des Low-Side-Schalters aus Kapitel 5, wie Redundanz auf Schaltungsebene realisiert werden kann. Stellen wir uns vor, der angesteuerte Aktor sei sicherheitskritisch. Wenn jetzt einer der Leistungstransistoren ausfällt, kann der Aktor über den parallel geschalteten, noch funktionsfähigen Leistungstransistor immer noch betätigt werden. Gerade in Schaltungen kann Redundanz aber auch Tücken mit sich bringen. Ein Transistor kann nicht nur in der Weise ausfallen, dass er nicht mehr schaltet, der umgekehrte Fall, dass der Transistor in Form eines Kurzschlusses zwischen Drain und Source ständig eingeschaltet bleibt, ist auch möglich. Bezüglich dieses Fehlers haben wir aber mit der Verdopplung genau das Gegenteil erreicht, die Gefahr eines Ausfalls durch einen Kurzschluss zwischen Drain und Source ist nun doppelt so hoch, hier trifft Gleichung 8.1 also wieder zu. Der Grund liegt darin, dass hier nur Redundanz bezüglich des ersten Fehlers vorliegt. Bezüglich des zweiten Fehlers gilt, sobald dieser in einem der Transistoren auftritt, ist dies ein Gesamtausfall.

Nun ist eine Abwägung gefordert: Wenn ein Ausfall der Schaltfunktion des Transistors in der FMEA wesentlich kritischer bewertet wird als ein unbeabsichtigtes Schalten, dann kann diese redundante Auslegung sinnvoll sein, andernfalls kann die Redundanz hier mehr schaden als nützen.

Im Folgenden soll nun der Fall betrachtet werden, dass es gelingt, ein System durch eine Doppelredundanz zuverlässiger zu machen. Nun stellt sich die Frage, wie groß ist die Ausfallwahrscheinlichkeit eines doppelt redundanten Systems gegenüber einem einfachen System? Dass die Ausfallwahrscheinlichkeit **nicht** halbiert wird, wie man vielleicht spontan vermuten mag, soll anhand eines Gedankenexperiments gezeigt werden. Dazu können wir auf Gleichung (8.5) zurückgreifen. Ereignis a sei ein Ausfall von Teilsystem a, Ereignis b ein Ausfall von Teilsystem b, c der Ausfall des Gesamtsystems. Unter der Annahme dass Teilsystem a und b die gleiche Ausfallwahrscheinlichkeit haben, gilt

$$p(c) = p^2(a) = p^2(b) \tag{8.7}$$

Wenn wir gedanklich ein extrem ausfallgefährdetes System mit $p(a)=p(b)=0{,}9$ betrachten, so verbessern wir die Ausfallwahrscheinlichkeit durch die doppelte Redundanz nur geringfügig von 0,9 auf 0,81. Nun betrachten wir den realistischeren Fall, dass $p(a)=p(b)=10^{-6}$ sei. Dann würde die doppelte Redundanz die Ausfallwahrscheinlichkeit sehr stark von 10^{-6} auf 10^{-12} verbessern.

Diese Rechnung enthält allerdings noch eine Vereinfachung, nämlich die stillschweigende Annahme, dass die Teilsysteme a und b unabhängig voneinander arbeiten und auch unabhängig voneinander ausfallen. Nun ist aber die Betrachtung des Ausfalls als stochastischer Prozess nur eine modellhafte Annahme, die eine Berechenbarkeit ermöglichen soll. Tatsächlich fällt kein Bauelement oder System zufällig aus, sondern es sind komplexe physikalische Prozesse oder bei Rechnersystemen gar Algorithmen im Inneren, die irgendwann den Ausfall herbeiführen. Erzeugen wir nun Redundanz durch Verdopplung des Bauelements oder des Systems ist damit zu rechnen, dass in beiden Teilsystemen ähnliche physikalische Prozesse oder sogar dieselben Algorithmen ablaufen. Dadurch wird es wahrscheinlich, dass beide Teilsysteme sehr zeitnah oder sogar gleichzeitig ausfallen, dieses Problem kommt weder in (8.5) noch in (8.7) zum Ausdruck. Wir haben es aber bereits in (8.6) angesprochen. In diesem Falle, in dem beide Teilsysteme nicht unabhängig voneinander ausfallen, muss also mit der bedingten Wahrscheinlichkeit gearbeitet werden, die aber zahlenmäßig sehr schwer zu bestimmen ist. Die bedingte Wahrscheinlichkeit und damit die Ausfallwahrscheinlichkeit eines redundanten Systems steigt aber, je ähnlicher beide Teilsysteme einander sind. Im Extremfall, wenn es sich bei den beiden Teilsystemen um Rechner handelt, deren Ausfallverhalten primär durch die Software bestimmt ist, würden beide Rechner gleichzeitig durch einen Software-Fehler ausfallen, wenn beide parallel die gleichen Algorithmen verarbeiten. Die bedingte Wahrscheinlichkeit wäre nahezu 1 (nicht genau 1, weil auch bei softwarebestimmten Systemen noch Hardware-Ausfälle möglich sind). Damit wäre die Redundanz nahezu nutzlos.

Um dieses Problem zu lösen, ist von redundanten Teilsystemen eine möglichst große Unterschiedlichkeit zu fordern. Dieses Konzept heißt *diversitäre Redundanz*. Bei softwarebasierten Systemen, bei denen die oben beschriebene Gefahr besteht, wird diversitäre Redundanz ideal durch unterschiedliche Rechner (Steuergeräte) mit unterschiedlichen Betriebssystemen und unterschiedlicher Software (aber mit exakt derselben Aufgabe) realisiert.

Das weitere Verhalten eines redundanten Systems nach dem Ausfall kann wie im Beispiel mit den beiden Transistoren physikalisch vorgegeben sein. Wie aber sollte darauf reagiert werden, wenn zwei Steuergeräte unterschiedliche Ergebnisse liefern? Eine geläufige Methode ist eine dreifache diversitäre Redundanz, bei der sich die drei Steuergeräte gegenseitig überwachen. Ein abweichendes Steuergerät wird dann von den anderen beiden Steuergeräten als fehlerhaft erkannt und „überstimmt". Man nennt dieses in der Luftfahrt praktizierte Prinzip *Mehrheitsredundanz*. Im Fahrzeug ist dieses Prinzip bei Steer-by-Wire- oder Brake-by-Wire-Systemen (Kapitel 9) wichtig, problematisch sind aber die Kosten, da ein Auto im Gegensatz zum Flugzeug ein Konsumgut mit hohen Stückzahlen ist.

Mehrheitsredundanz wird auch gerne bei der Ablage wichtiger Daten im EEPROM in Form dreifacher Ablage desselben Wertes verwandt, da EEPROM gegenüber anderen Speicherbausteinen ein erhöhtes Risiko zufälliger Bitfehler haben.

9 Anwendungen

In diesem Kapitel werden exemplarisch einige Anwendungen der Kfz-Elektronik betrachtet. Eine umfassende Behandlung aller Systeme ist im Rahmen dieses Buchs weder möglich noch sinnvoll, es soll aber zumindest ein Überblick gegeben werden, für die hier nicht betrachteten Systeme werden Literaturhinweise gegeben. Eine Sonderstellung besitzt der erste Abschnitt 9.1. In diesem soll anhand eines relativ einfachen Beispiels einer Klimaregelung das Vorgehen bei einer Funktionsentwicklung erläutert werden.

9.1 Funktionsentwicklung am Beispiel Klimaregelung

9.1.1 Prinzip der Klimaregelung

Klimaanlagen haben sich zum Standard in heutigen Fahrzeugen entwickelt. Sie tragen zum Wohlbefinden der Insassen und durch die verbesserte Konzentration des Fahrers auch zur Sicherheit bei. Vorteilhaft ist ebenfalls die Trocknung der Innenluft, die ein Beschlagen der Scheiben verhindert. Nachteilig ist der erhöhte Kraftstoffverbrauch. Umweltprobleme durch im Betrieb, bei der Wartung oder bei der Stilllegung entweichende Kältemittel werden durch Umstellung auf CO_2 als Kältemittel gelöst sein. Ein weiterer Nachteil für den Halter ist die regelmäßig erforderliche Wartung der Klimaanlage [Deh03].

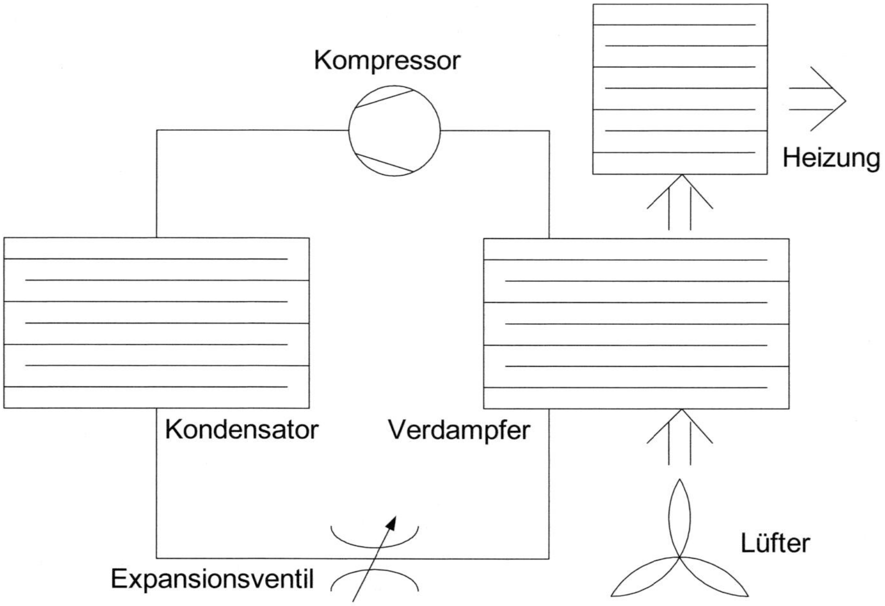

Bild 9-1 Aufbau einer Fahrzeugklimatisierung (vereinfacht). Links ist der Kältekreislauf mit Verdampfer, Kompressor, Kondensator und Expansionsventil dargestellt, rechts der Luftpfad.

Ihr Funktionsprinzip entspricht dem eines Kompressor-Kühlschranks und ist in Bild 9-1 dargestellt. Im geschlossenen Kühlsystem zirkuliert ein Kältemittel, das unter Atmosphärendruck bei ca. –30 °C verdampft. Der Verdampfer ist als Wärmetauscher ausgebildet, um die Verdampfungswärme der Innenraum-Luft zu entziehen. Das verdampfte Kältemittel wird vom Kompressor auf einen Druck von mehreren bar verdichtet. Im Kondensator, der sich hinter dem Kühlergrill befindet, kondensiert das Kältemittel und gibt die Wärme an den einströmenden Fahrtwind ab. Das dann wieder flüssige Kältemittel steht noch unter Druck und wird im Expansionsventil entspannt. Das Expansionsventil kann, wie im Bild durch den Pfeil angedeutet, einstellbar sein. Es sollte dem Verdampfer so viel Kältemittel zuführen, dass er einerseits die maximal mögliche Wärmemenge aufnehmen kann, andererseits aber nicht zu viel Kältemittel, weil dann Flüssigkeitstropfen hinter dem Verdampfer den Kompressor schädigen können.

Der Kompressor wird über eine elektromagnetische Kupplung durch den Riementrieb des Motors angetrieben. Denkbar wäre eine Temperaturregelung über das Ein-/Aus-Schalten dieser Kompressorkupplung (wie beim Kühlschrank üblich). Diese Lösung würde aber zu einer Beanspruchung der Kupplung und zu einer stoßweise wechselnden Belastung des Riementriebs führen. Üblich sind deshalb zwei andere Lösungen, nämlich eine externe Temperaturregelung über die im Luftstrom nachfolgende Heizung oder eine interne Regelung über die Fördermenge des Kompressors. Zwecks Energieeinsparung ist die zweite Variante vorzuziehen.

Die Heizung der Luft erfolgt wie auch bei nicht klimatisierten Fahrzeugen über das im Betrieb ca. 90 °C warme Motorkühlwasser, eventuell unterstützt durch elektrische Heizelemente im Kühlkreislauf, um nach dem Kaltstart schnell die Betriebstemperatur zu erreichen. Die Regelung der Heizung erfolgt über ein Ventil am Abzweig der Heizungsleitungen vom Haupt-Kühlkreislauf des Motors oder durch Mischung von Kaltluft und Warmluft über Klappen.

Da der Kompressor ein großer Verbraucher ist, der auch den Motor mit einem spürbaren Gegenmoment belastet, darf der Klimakompressor erst zugeschaltet werden, nachdem das Motorsteuergerät eine Freigabe erteilt hat. Sowohl bei einem Überdruck hinter dem Verdichter (deutlich oberhalb 25 bar) als auch bei einem Unterdruck (z. B. unterhalb 2 bar) muss der Kompressor abgeschaltet werden, weil ein Überdruck die Anlage beschädigen könnte und ein starker Unterdruck auf ein Leck hindeutet.

9.1.2 Struktur der Klimaregelung (Beispiel)

Im folgenden Beispiel sei angenommen, dass die Förderleistung des Kompressors regelbar sei. Das Expansionsventil sei regelbar. Der Einfachheit halber sei nur eine Temperatur im Innenraum angenommen, Temperaturverteilungen werden hier ignoriert. Auch sei davon ausgegangen, dass das Beispielsystem nicht mehrere Zonen unterschiedlich klimatisieren kann. Es seien 4 Steuergeräte beteiligt: das Motorsteuergerät, das Klimasteuergerät, das Heizungssteuergerät und die Bedieneinheit. Bild 9-2 zeigt, wie solch ein System strukturiert sein könnte. Die Steuergeräte kommunizieren untereinander über den CAN-Bus. Da das Motorsteuergerät nicht am CAN-Bus für die Komfortelektronik liegt, sondern am Antriebs-CAN, würde ein Gateway die Signale wie ein Router weiterleiten. Da die Kommunikation zwischen Klimaanlage und Motorsteuergeräten manchmal auch sehr zeitkritisch sein kann, wurden die beiden Geräte im Beispiel über zwei separate Leitungen („Freigabe“) verbunden.

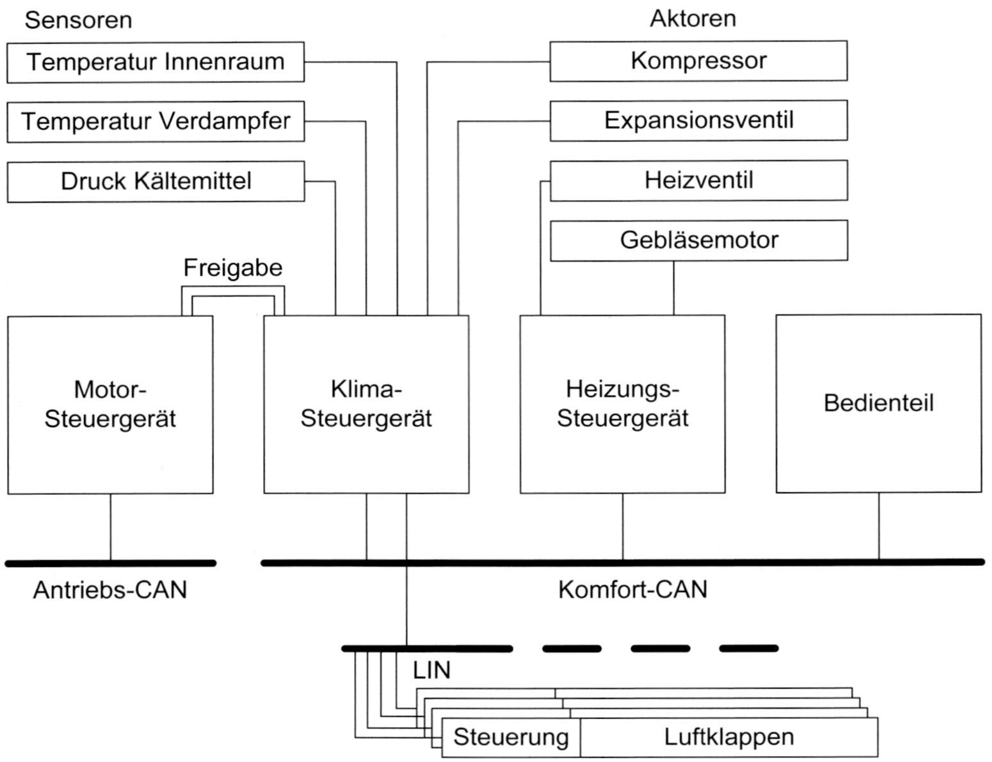

Bild 9-2 Struktur der Klimasteuerung (Beispiel)

9.1.3 Funktionsentwicklung im Klimasteuergerät (Beispiel)

Das Klimasteuergerät hat zwei zum einen die Aufgabe, die Temperatur zu regeln, zum anderen das Expansionsventil.

Bei der Klimaregelung ist eine am Bedienteil eingestellte Temperatur der Vorgabewert, die Temperatur Innenraum die Regelgröße. Diese Funktion kann wie in Bild 9-3 aussehen. Der CAN-Handler liefert den eingestellten Sollwert der Temperatur T_SOLL vom Bedienteil. Die Sensorsignalverarbeitung liefert die gemessene Innentemperatur T_IST. Von beiden Größen wird die Differenz T_Diff gebildet. Diese Regelabweichung wird sowohl auf ein Proportionalglied als auch auf einen Integrator gegeben. Die Ausgangsgrößen werden addiert und auf eine Kennlinie gegeben. Diese Kennlinie soll die Darstellung von Nichtlinearitäten ermöglichen. Weiterhin ist zu berücksichtigen, dass das Stellglied Kompressor bei Erhöhung des Volumenstromes die Regelabweichung so, wie sie hier definiert ist, noch weiter erhöhen würde. Die Kennlinie kann hingegen so appliziert werden, dass der Kompressor entgegengesetzt wirkt, die Kühlleistung also verringert, wenn die Regelabweichung positiv ist.

Grundsätzlich sollte der Einbau von Kennlinien und Kennfeldern immer dann in Erwägung gezogen werden, wenn ein Nutzen auch nur denkbar erscheint, selbst wenn eine zwingende Notwendigkeit noch nicht erkennbar ist. Die Erfahrung zeigt, dass sich Funktionen während der Applikation oder gar während des Tests so flexibel an die Anforderungen anpassen lassen und dass eine teure Änderung der Software so häufig vermieden werden kann. Funktionen, die sich später als unnötig herausstellen lassen sich durch eine Kennlinie auch sehr einfach deaktivieren (in der Umgangssprache der Applikateure *„tot applizieren“*).

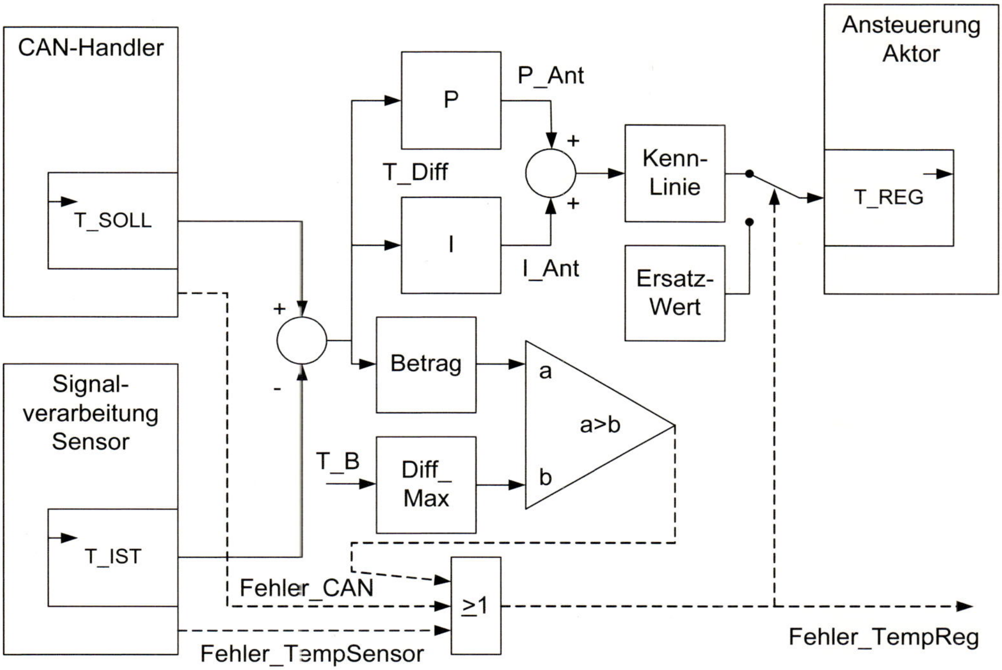

Bild 9-3 Klimasteuergerät: Funktion Temperaturregelung mit Fehlerbehandlung
(P: Proportionalglied, I: Integrator)

Zusätzlich zur normalen Funktion muss überlegt werden, welche Fehler auftreten können und wie die Funktion darauf reagieren soll. In diesem Falle sind drei Fehler definiert worden, nämlich ein Fehler des Sensors, des CAN-Signals und ein unzulässig hohen Betrag der Regelabweichung. Welche Regelabweichung zulässig ist, wurde hier als Funktion der Betriebsdauer der Anlage definiert, da beim Einschalten der Klimatisierung naturgemäß eine hohe Regelabweichung möglich ist, die dann bis zum Einregeln sinkt. Sobald einer der Fehler auftritt, wird der „Schalter“ hinter dem Kennlinienausgang umgelegt und an Stelle des berechneten Ansteuersignals tritt ein Ersatzwert, hier eine durch den Applikateur vorwählbare Konstante. Bei der Überwachung der Regelabweichung kann es sinnvoll sein, anstelle der Betragsbildung unterschiedliche Überwachungsgrenzen nach oben und nach unten zu definieren. Zugunsten der Übersichtlichkeit wurde hier darauf verzichtet.

Bild 9-4 zeigt eine Möglichkeit, wie das Expansionsventil angesteuert werden könnte. In diesem Falle wurde die Temperatur am Verdampfer als fester Sollwert gewählt. Hier könnte z. B. eine Temperatur, die etwas über der Verdampfungstemperatur des Kältemittels liegt als Festwert angegeben werden, z. B. –20 °C. Anstelle des Festwertes könnte man hier z. B. auch Umgebungseinflüsse berücksichtigen, indem die Verdampfertemperatur über ein Kennfeld als Funktion der Außentemperatur (evtl. vom Motorsteuergerät als Temperatur der Ansaugluft gemessen) angegeben wird.

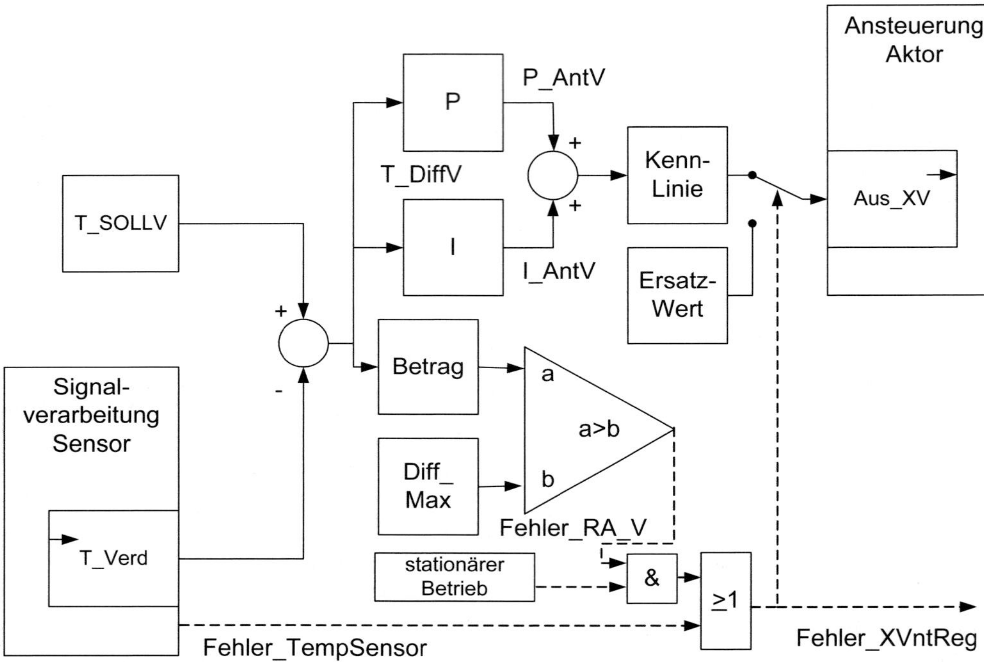

Bild 9-4 Klimasteuergerät: Funktion Ansteuerung des Expansionsventils
(P: Proportionalglied, I: Integrator)

Der Regler in Bild 9-4 wurde weitgehend aus der Temperaturregelung in Bild 9-3 übernommen. Die Übernahme einer Struktur, die – eventuell auch für andere Aufgaben oder in anderen Projekten – bereits in anderen Funktionen benutzt wird, hilft auch, den Entwicklungsaufwand für die Software zu reduzieren, da so sehr viel vorhandener Code wieder verwendet werden kann.

Da der Verdampfer die optimale Temperatur erst nach einiger Betriebszeit erreichen kann, wird ein Regelabweichungsfehler erst dann berücksichtigt, wenn die Verdampfertemperatur sich stationären einstellen konnte. Die Zeit, nach der eine zu große Regelabweichung auf einen Fehler hindeutet, könnte z. B. über ein Kennfeld aus der Außentemperatur und der Kompressorleistung abgeleitet werden.

Für das Heizungssteuergerät können ähnliche Funktionen definiert werden.

Bevor der Klimakompressor eingekuppelt wird, muss das Motorsteuergerät um Erlaubnis gefragt werden. Hierfür ist eine weitere Funktion im Klimasteuergerät und im Motorsteuergerät nötig. Während die Klimaseite hier recht einfach ist, kann die Funktion auf Seiten des Motorsteuergerätes recht komplex werden. Zur Übung mag sich der Leser selbst einfache Funktionen überlegen, in der Praxis werden auch für diese zunächst einfach erscheinende Aufgabe teilweise extrem komplexe Funktionen, z. B. mit kaskadierten Zustandsautomaten und Hysteresen realisiert.

9.2 Systeme im Antriebsstrang

Im Antriebsstrang werden v. a. Motorsteuergeräte für Dieselmotoren oder Ottomotoren eingesetzt, bei Automatikfahrzeugen kommt ein Getriebesteuergerät hinzu. Wie bereits in Kapitel 3 erwähnt, werden im Antriebsbereich sehr viele Funktionen auf diese wenigen Steuergeräte konzentriert. Nur sehr vereinzelt werden Motorfunktionen in separate Steuergeräte (z. B. Glühzeitsteuerung für Dieselmotoren) implementiert.

9.2.1 Motorsteuergeräte (Otto)

Dieselsteuergeräte wurden bereits in Kapitel 3 ausführlich behandelt. Steuergeräte für Ottomotoren funktionieren naturgemäß ähnlich, selbst die Einspritzung, gleich ob in das Saugrohr oder direkt in den Zylinder gespritzt wird, funktioniert heute ähnlich wie eine Diesel-Einspritzung mit dem in Kapitel 3 vorgestellten Common-Rail-System, allerdings bei einem wesentlich kleineren Druckniveau bis 250 bar. Die Einspritzung muss um ein homogenes Gemisch zu erhalten spätestens im Ansaugtakt stattfinden[1], lediglich bei Schichtladung (*Fuel Stratified Injection*, *FSI*), also wenn ein dünner Kraftstoffstrahl direkt an der Zündkerze vorbei geführt wird, erfolgt die Einspritzung ähnlich wie beim Diesel kurz bevor der Kolben seinen oberen Totpunkt erreicht. Auch beim Betrieb mit Erdgas (*CNG*, **C**ompressed **N**atural **G**as) oder mit Wasserstoff ist das Einspritzsystem ähnlich aufgebaut mit einer Sammelschiene, von der die Einblasventile versorgt werden, die von ihrem Prinzip einem Common-Rail-Injektor oder einem Benzin-Injektor entsprechen. Bei bivalentem Betrieb ist das Einspritzsystem doppelt aufgebaut (Benzin/Gas). Beim Betrieb mit Flüssiggas (Autogas, **L**iquefied **P**etrol **G**as, *LPG*), wird der Kraftstoff im flüssigen Zustand in das Saugrohr eingespritzt, auch hier ist die Einspritzanlage ähnlich einem Common-Rail-System aufgebaut.

---

1 Mehrere Hersteller entwickeln moderne Einspritzkonzepte, bei denen zusätzlich zur homogenisierenden Einspritzung eine zündnahe Einspritzung folgt [BasSpi07].

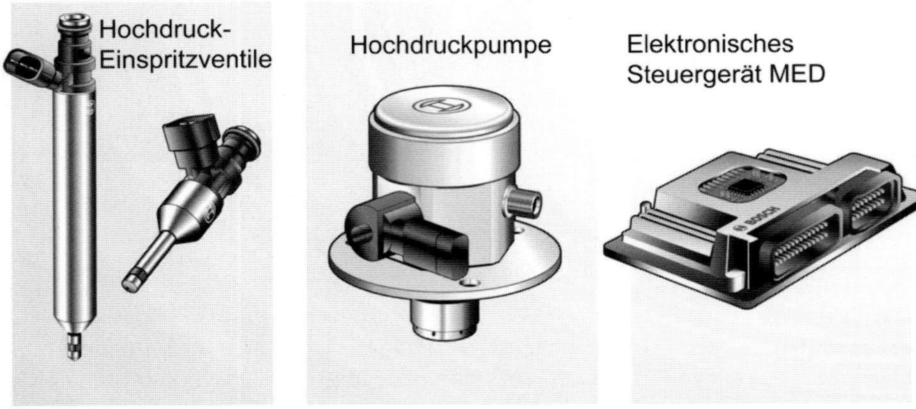

Bild 9-5 Komponenten einer Benzin-Direkteinspritzung (Foto: Robert Bosch GmbH)

Ein Ottomotor und dessen Steuerung unterscheidet sich aber vom Dieselmotor und dessen Steuergerät durch eine Fremdzündung des Kraftstoffs mit Regelung des Zündzeitpunktes und durch eine λ-Regelung. Die λ-Regelung kann bei Schichtladung entfallen. In diesem Betriebsfall ähnelt die ottomotorische Verbrennung jener eines Dieselmotors.

Die Fremdzündung ist in heutigen Ottomotoren erforderlich, weil die Temperaturerhöhung im Zylinder durch die Verdichtung nicht ausreicht, um eine Selbstzündung des Kraftstoffes zu bewirken, an Ottomotoren mit kontrollierter Selbstzündung wird aber geforscht. Die Fremdzündung erfolgt durch einen elektrischen Funken zwischen zwei Elektroden der Zündkerze. Alternativen wie z. B. durch einen Laser oder durch ein Mikrowellenplasma sind in der frühen Forschungsphase, ob diese jemals serientauglich sein werden ist unsicher.

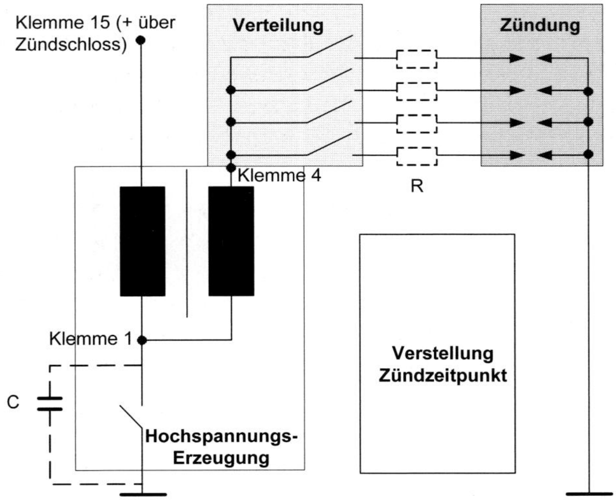

Bild 9-6
Prinzip einer Zündanlage (sowohl elektromechanisch als auch Transistorzündung). Der Unterbrecherkontakt zwischen Klemme 1 und Masse zur Hochspannungserzeugung und der Zündverteiler sind elektronischen Komponenten gewichen, das Prinzip ist aber unverändert geblieben.

Erzeugt wird der Zündfunke durch eine hohe Spannung von 15 kV bis zu 35 kV. Die Elektronik wählt aus, welche Kerze gerade zünden soll (Verteilung) und stellt auch die Zündspannung zur Verfügung (Hochspannungserzeugung). Zur Erzeugung der Hochspannung wird ein Strom durch eine Spule (Zündspule) unterbrochen, die dabei entstehende Induktionsspannung wird dadurch erhöht, dass die Zündspule als Transformator realisiert ist (Bild 9-6). Es gibt zunehmend elektronische Zündanlagen, bei denen die Verteilung auf der Niederspannungsseite erfolgt und dahinter jede Zündkerze eine eigene Zündspule besitzt, die dann direkt oberhalb der Zündkerze im Motorblock montiert ist (*Pencil Coil*). Eine Variante sind Doppelfunkenspulen, bei denen an beiden Sekundäranschlüssen je eine Zündkerze angeschlossen ist und damit zwei Kerzen (mit umgekehrter Polarität) gleichzeitig gezündet werden.

Bei älteren Fahrzeugen erfolgt die Unterbrechung des Stromes durch die Zündspule noch durch einen mechanischen Unterbrecherkontakt, der durch einen Nocken auf der rotierenden Verteilerwelle betätigt wird, und die Verteilung durch einen Kontaktfinger im Zündverteiler, der ebenfalls mit der Verteilerwelle rotiert. Eine Variante der elektronischen Zündung, die in Motorrädern vereinzelt eingesetzt wird, entlädt schlagartig mit Hilfe eines Thyristors einen Kondensator über die Zündspule. Die bereits im 19. Jahrhundert erfundene Magnetzündung wird schon seit Jahrzehnten nicht mehr in Fahrzeugen eingesetzt, ist aber noch dort zu finden, wo keine Spannungsversorgung vorhanden ist (z. B. in Gartengeräten).

Zur Entstörung durch Strombegrenzung befinden sich Widerstände in den Kerzensteckern oder die Zündleitungen werden als widerstandsbehaftete Kohlefaser-Leitungen ausgeführt. Vereinzelt wird auch der Stromanstieg durch Induktivitäten begrenzt.

Die Berechnung eines optimalen Zündzeitpunktes erfolgt über Kennfelder. Grundsätzlich wird man bei hoher Last oder hoher Drehzahl bestrebt sein, den Zündzeitpunkt möglichst früh zu legen. Dabei kann es aber zu einer unkontrollierten, explosionsartigen Verbrennung des Kraftstoffs (*Klopfen*) kommen. Deshalb kann der gemäß den Kennfeldern optimale Zeitpunkt oft nicht erreicht werden. Stattdessen tastet sich eine zusätzliche Klopfregelung in kleinen Schritten in Richtung früh an diesen Punkt heran, bis das Klopfen einsetzt und verschiebt die Zündung beim Erreichen der Klopfgrenze wieder etwas in Richtung spät. Dabei kommt es zwar immer wieder beim Erreichen der Klopfgrenze zu einem leichten Klopfen, im Gegensatz zu einem ständigen intensiven Klopfen wird der Motor dadurch aber nicht beschädigt. Durch die Klopfregelung ist auch eine automatische Anpassung des Motors an verschiedene Kraftstoffqualitäten möglich. Erkannt wird das Erreichen der Klopfgrenze durch einen auf den Motorblock geschraubten Klopfsensor, der über eine Piezokeramik die Erschütterungen in eine elektrische Spannung umsetzt.

Bei den meisten Ottomotoren, die ein bereits vorgemischtes Gas aus Luft und Kraftstoff ansaugen, ist auch die Mengenberechnung aufwändiger, da man nicht einfach wie beim Dieselmotor oder Benzindirekteinspritzer die Leistung durch eine höhere Menge steigern kann, sondern immer auf ein ausgewogenes Verhältnis von Luft und Kraftstoff (Luftzahl λ) achten muss. Sowohl bei einem zu mageren Gemisch (zu hohes λ) als auch einem zu fetten Gemisch (zu kleines λ) läuft ein Otto-Motor unrund oder geht aus. Der heute bei allen Benzinfahrzeugen verbaute 3-Wege-Katalysator reduziert den Spielraum für das λ noch weiter und fordert eine präzise Regelung auf $\lambda=1$. Dies geschieht durch eine λ-Sonde vor dem Katalysator. Abweichungen vom Sollwert werden durch eine Änderung der eingespritzten Kraftstoffmenge korrigiert. Die Funktion des Katalysators wird bei neueren Fahrzeugen durch eine zweite λ-Sonde überprüft. Liefern beide Sonden etwa das gleiche Signal, lässt sich daraus schließen, dass der Katalysator unwirksam ist [Bosch05].

9.2.2 Steuergeräte für variable Nockenwellen

Die Steuerung einer variablen Nockenwelle ist dermaßen komplex, dass für diese Aufgabe oft ein eigenes, sehr leistungsfähiges Steuergerät verwendet wird. Das Ziel einer Nockenwellensteuerung ist, die unflexibel mechanisch vorgegebenen Zeiten zum Öffnen und Schließen der Einlassventile und der Auslassventile variieren zu können. Neben den Steuerzeiten tritt gelegentlich auch der Wunsch, den Hub und damit die Menge einströmenden Frischgases zu variieren, beim ausströmenden Abgas sind hingegen keine sinnvollen Anwendungen einer Strömungsvariation bekannt.

Ein Verfahren, das zwei oder mit höherem Aufwand auch mehr unterschiedliche Hubverläufe zulässt, ist die Verwendung mehrerer Nocken pro Ventil. Über einen hydraulisch geschalteten Stößel wird dann festgelegt, welche Nocken tatsächlich die Kraft auf das Ventil übertragen und welche leer mitlaufen.

Ein Verfahren, das sich inzwischen bei mehreren Herstellern bewährt hat, ist eine relative Verdrehung (und damit eine Verschiebung der Steuerzeiten) durch einen hydraulischen Schwenkmotor (Bild 9-7). Dessen „Ständer“ wird durch eine Kette angetrieben, die Nockenwelle ist mit dem Läufer fest verbunden. Zum Verdrehen werden mehrere über den Umfang verteilte Kammern hydraulisch befüllt, im Bild ist exemplarisch eine solcher Kammern mit dem hydraulischen Steuerventil gezeigt. Diese Kammern ähneln in ihrer Funktion einem doppelt wirkenden Hydraulikzylinder. Das Steuerventil befindet sich in unmittelbarer Nähe zum Schwenkmotor und bestimmt je nach Stellung, ob alle Kammern jeweils links oder rechts mit Öl befüllt werden. Inzwischen werden solche Systeme nicht nur mit zwei Endwinkeln, sondern über Proportionalventile gesteuert auch in beliebigen Zwischenpositionen betrieben.

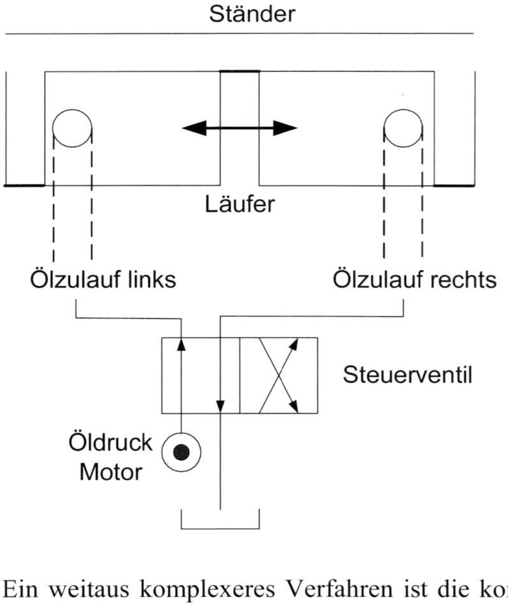

Bild 9-7
Schema eines Schwenkmotors zur Verdrehung der Nockenwelle. In der gezeigten Stellung des Ventils werden alle linken Kammern mit Öl befüllt, alle rechten Kammern können sich über den Rücklauf zur Ölwanne entleeren. Der Läufer dreht durch den höheren Druck links nach rechts. In der anderen Ventilstellung werden die rechten Kammern befüllt, der Läufer dreht nach links.

Ein weitaus komplexeres Verfahren ist die kombinierte Steuerung der Einlassmenge und der Schließzeit des Einlassventils, wie BMW sie über einen komplizierten Mechanismus in der Valvetronic realisiert. Eine völlig variable Ventilsteuerung würde man durch eine elektrohydraulische, elektropneumatische oder elektromagnetische Einzelansteuerung erreichen („elektronische Nockenwelle“). Diese ist aber noch nicht serienreif.

9.2.3 Getriebesteuergeräte

Während der Fahrer bei einem Schaltgetriebe selbst die Kupplung betätigen und einen passenden Gang wählen kann und muss, wird bei einem Automatikgetriebe, das ohne Auszukuppeln unter Last schaltet, vom Getriebesteuergerät der jeweils passende Gang ausgewählt und eingelegt. Bei stufenlosen Automatikgetrieben (*CVT*, **C**ontinuous **V**ariable **T**ransmission) bestimmt das Getriebesteuergerät stufenlos ein Übersetzungsverhältnis. Als Kompromiss zwischen Schaltgetrieben und den teuren Automatikgetrieben kommen zunehmend *automatisierte Schaltgetriebe* auf den Markt. Diese sind wie herkömmliche Schaltgetriebe aufgebaut, der Gangwahlhebel, evtl. auch das Kupplungspedal, wird aber durch einen elektronisch gesteuerten Mechanismus ersetzt. Beliebt sind Funktionen, die dem Fahrer wie im Rennsport die Möglichkeit geben, über Tasten am Lenkrad in die Elektronik einzugreifen und so z. B. auf Tastendruck die Anweisung geben, den nächsthöheren Gang einzulegen. Sowohl Automatikgetriebe als auch automatisierte Schaltgetriebe benötigen Steuerungen. Die bei früheren Automatikgetrieben verwendeten hydraulischen Steuerungen sind inzwischen aufgrund geringerer Kosten, geringeren Gewichts und flexibler Programmiermöglichkeiten vollständig durch elektronische Steuergeräte verdrängt worden, die häufig als *TCU* (*Transmission Control Unit*) oder *TCM* (*Transmission Control Module*) bezeichnet werden.

Einen sehr umfassenden Überblick über Getriebe und damit auch über die Aufgaben elektronischer Getriebesteuergeräte gibt [LechNaun94]. Eine kurze, aber gut einführende Darstellung über die Funktionen elektronischer Getriebesteuergeräte gibt [Reif07].

Bei automatisierten Schaltgetrieben muss das Getriebesteuergerät besonders eng mit der Kupplungssteuerung zusammen arbeiten, evtl. ist die Steuerung der Kupplung sogar in das Getriebesteuergerät integriert.

9.2.4 Kupplungssteuergeräte

Zwischen dem Motor und dem Getriebe ist ein Anfahrelement erforderlich, um den im Leerlauf drehenden Motor bei stehendem Fahrzeug vom festgebremsten Antriebsstrang zu entkoppeln. Bei Getrieben, die nicht unter Last geschaltet werden, in der Praxis sind das alle Schaltgetriebe und automatisierte Schaltgetriebe, ist auch während des Schaltens der Kraftfluss zwischen Motor und Getriebe zu unterbrechen. Während Automatikgetrieben ein hydrodynamischer Wandler vorgeschaltet ist, benötigen andere Getriebe zu diesen Zwecken eine Kupplung, die beim Anfahren und Schalten den Kraftfluss unterbricht. Neben der üblichen Trockenkupplung (einfach und doppelt) gibt es spezielle Bauarten wie Magnetpulverkupplungen und Lamellenkupplungen.

Betätigt wird die Kupplung vom Fahrer über das Kupplungspedal. Um den Komfort zu erhöhen, sind einige Fahrzeuge mit einer elektronischen Kupplungssteuerung ausgestattet, die beim Anfahren und während des Schaltens selbsttätig elektrisch, pneumatisch oder hydraulisch auskuppelt. Bei automatisierten Schaltgetrieben ist ebenfalls eine Kupplungssteuerung vorhanden, da hier das Kuppeln besonders stören wurde.

Problematisch ist die subjektive Wahrnehmung der automatischen Kupplung, da nicht selbst mit dem Pedal ausgeführte Kupplungsvorgänge von vielen Fahrern als sehr lang empfunden werden (Geschwindigkeitsverlust), auch wenn sie tatsächlich schneller sind, als würde der Fahrer selbst kuppeln. In Verbindung mit automatisierten Schaltgetrieben kommen bei einigen Herstellern deshalb Doppelkupplungen zum Einsatz. Diese bestehen aus zwei koaxial angeordneten Lamellenkupplungen, die wahlweise zwei unterschiedliche Wellen des Getriebes schalten können. Dies erfordert ein spezielles Getriebe, das zwei Gänge gleichzeitig eingelegt haben kann, von denen aber nur jeweils einer eingekuppelt ist (von VW als Direktschaltgetriebe bezeichnet). Der zu erwartende folgende Gang wird dann vom Getriebe schon vorgewählt und der Schritt zum nächsten Gang erfolgt dadurch, dass eine Teilkupplung den alten Gang trennt, während gleichzeitig die zweite Teilkupplung den neuen bereits vorbereiteten Gang verbindet. Dadurch kann die Kuppelpause durch einen kurzen, sanften Übergang zwischen zwei Gängen ersetzt werden. Lediglich in dem Fall, dass das Steuergerät für die Vorwahl des folgenden Ganges den falschen Gang vermutet hat, verbleibt noch eine längere Schalt- und Kuppelpause.

9.2.5 Elektronische Differenzialsperre

In einer Kurve drehen sich die äußeren Räder schneller als die inneren Räder, weil die äußeren Räder in der gleichen Zeit einen etwas längeren Weg zurück zu legen haben. Möglich wird solch ein Drehzahlunterschied erst durch ein *Ausgleichsgetriebe* (*Differenzial*) zwischen beiden Achshälften.

Das Differenzial hat allerdings auch Nachteile. Wenn auf beide Räder der Antriebsachse unterschiedliche Gegenkräfte wirken, wird das Antriebsmoment unsymmetrisch übertragen. Wenn man sich vorstellt, dass sich das linke Rad auf Asphalt steht, das Rechte auf Eis, dann bewirkt das Differenzial beim Anfahren, dass ausgerechnet das Rad auf dem Eis, das zur Traktion kaum beitragen kann, das größere Antriebsmoment bekommt und durchdreht, während das Rad auf dem Asphalt stehen bleibt. Da solche unsymmetrischen Anfahrvorgänge vor allem bei Fahrzeugen vorkommen, die abseits befestigter Strassen benutzt werden, muss es bei diesen Fahrzeugen möglich sein, das Differenzial zu sperren, damit sich die beiden Achshälften wie eine durchgehende starre Achse verhalten. Dass gleiche Problem tritt bei Allradantrieben auch bei der Momentenverteilung zwischen der vorderen und der hinteren Antriebsachse auf.

Das Problem lässt sich mechanisch im Differenzial lösen, solche Getriebe, die sich mit zunehmendem Drehzahlunterschied oder Drehmomentunterschied quasi versteifen, werden *selbstsperrende* Differenziale oder *Sperrdifferenziale* genannt. Das Problem lässt sich aber auch elektronisch lösen, indem das Steuergerät über Drehzahlsensoren (die für andere Systeme wie das ABS meist schon vorhanden sind) die Drehzahlunterschiede erkennen und über hydraulische Aktoren das Differenzial ggf. sperren. Im Gegensatz zu mechanischen Sperrdifferenzialen werden bei elektronischen Lösungen nur Drehzahlunterschiede ausgewertet, eine Momentensensorik wäre zu teuer. Dabei darf das ABS (s. Unterabschnitt 9.3.1) nicht beeinträchtigt werden. Die elektronische Differenzialsperre meldet dem Motorsteuergerät eine Begrenzungsmenge, um auch bei einem ungeübten Fahrer das Gas richtig zu dosieren.

9.3 Systeme für die Fahrdynamik und die aktive Sicherheit

In der Mechanik beschäftigt sich die *Dynamik* mit dem Zusammenwirken von Kräften und Bewegungen. Die *Fahrdynamik* beschreibt die Reaktion des Gesamtfahrzeugs auf Beschleunigung und Bremsen, auf Lenkbewegungen, sowie auf Straßeneinflüsse. Bestimmt wird die Fahrdynamik v. a. durch das Fahrwerk, die Reifen und den Schwerpunkt des Fahrzeugs und natürlich durch Eingriffe moderner mechatronischer Systeme wie ABS oder ESP.

Die Fahrdynamik wird häufig unterteilt in die *Längsdynamik* (Beschleunigen, Bremsen), die *Querdynamik*, die sich vor allem mit dem Kurvenverhalten des Fahrzeugs beschäftigt und die *Vertikaldynamik*, die sich mit aufwärts und abwärts gerichteten Kräften und Bewegungen be-

fasst. Während die Längsdynamik und die Querdynamik einen erheblichen Einfluss auf die Sicherheit haben, beeinflusst die Vertikaldynamik überwiegend den Reisekomfort (aber auch die Sicherheit). Wegen der zahlreichen Wechselwirkungen zwischen den drei Bereichen der Fahrdynamik wurden diese gemeinsam in dieses Kapitel aufgenommen. Beispiele für diese Wechselwirkungen sind das *Nicken* beim Bremsen und Beschleunigen, das Schräglegen (*Wanken*) in einer Kurve oder das Ausbrechen des Fahrzeugs bei einer starken Bremsung in einer Kurve. Aufgrund der zahlreichen Wechselwirkungen von Längs-, Quer- und Vertikaldynamik ist die Kombination einzelner elektronischer Regelsysteme zu einem Gesamtsystem eine anspruchsvolle Aufgabe, die sich bislang noch häufig darauf beschränkt, sicher zu stellen, dass sich die Systeme nicht gegenseitig behindern. Ein Beispiel eines integrierten Ansatzes ist das *ICC* (**I**ntegrated **C**hassis **C**ontrol, integrierte Chassis-Regelung) von Opel oder das *GCC* (**G**lobal **C**hassis **C**ontrol, globale Chassis-Regelung) von Continental-Teves.

Das Ziel der aktiven Sicherheit ist im Gegensatz zur passiven Sicherheit die vorbeugende Verhinderung von Unfällen. Systeme die der aktiven Sicherheit dienen, greifen häufig in die Fahrdynamik ein Hierzu zählt z. B. die zuverlässige Funktion der Bremsen auch bei schlechten Witterungsverhältnissen, die Erhaltung der Lenkbarkeit bei einer Vollbremsung durch ABS oder eine Verbesserung des Verhaltens in Kurven durch ESP. Dies sind nur wenige Beispiele, die gemeinsam mit anderen Systemen in den nächsten Abschnitten näher erläutert werden. An vielen Stellen wird dabei der enge Zusammenhang von Fahrdynamik und aktiver Sicherheit deutlich.

Für eine äußerst detaillierte Behandlung der Fahrdynamik sei auf [Willum98] (eher theoretisch) und [HeiErs07] (eher praktisch) verwiesen, die mechatronischen Systeme zur Fahrdynamikregelung sind in [Isermn06] umfassend beschrieben.

9.3.1 Längsdynamik und Bremsen

9.3.1.1 Schlupfregelung

Der Schlupf eines Rades ist

$$\lambda = \frac{v - \omega_{Rad} r_{Rad}}{v}, \tag{9.1}$$

wobei r_{Rad} der Radradius, ω_{Rad} die Winkelgeschwindigkeit des Rades und v die Fahrgeschwindigkeit des Fahrzeugs ist. Das Produkt $\omega_{Rad}\ r_{Rad}$ ist die Umfangsgeschwindigkeit des Rades. Der Schlupf ist ein Maß dafür, ob ein Rad präzise abrollt (Fahrgeschwindigkeit = Umfangsgeschwindigkeit, λ=0) oder im anderen Extremfall (λ=1) ohne sich zu drehen über die Straße rutscht, was z. B. bei einer Vollbremsung auf glattem Untergrund der Fall ist und sich durch Verlust der Kontrolle über das Fahrzeug und einem quietschenden Geräusch der über den Grund schiebenden Reifen bemerkbar macht.

Eine wichtige elektronische Innovation, die dazu beiträgt, die Lenkbarkeit eines Fahrzeugs beim Bremsen zu erhalten und den Bremsweg zu verkürzen, ist das *Antiblockiersystem* (*ABS*) [Bosch04S]. Das ABS misst die Drehzahlen einzelner Räder (beim 4-Kanal-ABS aller 4 Räder) und versucht, für jedes Rad den Schlupf einzustellen, bei dem der beste Kompromiss bezüglich der Übertragung von Seiten- und Längskräften erreicht wird. Während die beste Lenkbarkeit bei einem Schlupf von exakt 0 gegeben ist, kann ein Rad in diesem Zustand weder Brems- noch Beschleunigungskräfte übertragen, der optimale Schlupf liegt deshalb etwas über

0. Bei älteren ABS-Systemen, die versuchten, den Schlupf zu minimieren (also die Zielgröße 0 zu erreichen) wurde zwar die Lenkbarkeit während des Bremsens verbessert, der Bremsweg konnte sich dadurch aber verlängern. ABS ist auch für Zweiräder verfügbar.

Eingestellt wird der Schlupf eines Rades über eine Modulation des Bremsdruckes. Ist der Schlupf zu hoch, wird der Bremsdruck gesenkt, ist er zu gering, wird der Bremsdruck erhöht. Das Erhöhen oder Halten des Druckes erfolgt über elektromagnetisch gesteuerte Hydraulikventile für jedes Rad. Die Ventile werden nicht im Fahrzeug untergebracht, sondern in einem *ABS-Aggregat* oder *Hydroaggregat* konstruktiv zusammengefasst. Zur Senkung des Bremsdruckes ist in das Aggregat eine elektrisch angetriebene Pumpe integriert, evtl. sind auch getrennte Pumpen für einzelne Achsen oder Räder integriert. Die Anpassung des Bremsdrucks bei einer Vollbremsung mit ABS führt zu einem deutlich spürbaren Pulsieren am Bremspedal, der Fahrer sollte sich dadurch nicht irritieren lassen und trotzdem das Pedal weiterhin voll durchtreten.

Das ABS kann zur ***A****ntriebs****s****chlupf****r****egelung* (*ASR*), auch ***T****raction* ***C****ontrol* ***S****ystem* (*TCS*) genannt, erweitert werden, die ein Durchdrehen der Antriebsräder beim Anfahren verhindert. Diese arbeitet nicht nur wie beim ABS über eine Modulation des Bremsdruckes, sondern wirkt auch begrenzend auf das Motormoment. Der Druck zum Bremsen wird beim ABS wie bei einer konventionellen Bremse beim Treten des Pedals durch den Bremszylinder erzeugt. Dies ist bei der ASR nicht möglich, weil der Fahrer beim Anfahren nicht die Bremse betätigt. In diesem Falle wird die bereits erwähnte elektrische Pumpe verwendet, da sie beim ABS jedoch dem Druckabbau dient, bedarf es einiger zusätzlicher Ventile im Hydraulikaggregat, um sie auch zum Druckaufbau nutzen zu können.

Die Elektronik für das ABS und die ASR kann in einem separaten Steuergerät untergebracht sein oder wird auf einem LTCC-Substrat (Kapitel 5) in das Hydroaggregat integriert.

Bild 9-8
Hydraulikaggregat mit integrierter elektronischer Steuerung. Oben ist das Gehäuse des Elektromotors für die Hydraulikpumpen zu erkennen.

9.3.1.2 Geschwindigkeits- und Abstandsregelung

Um den Fahrer zu entlasten, besitzen einige Fahrzeuge einen Fahrgeschwindigkeitsregler, auch „Tempomat“ genannt. Der Fahrer stellt zunächst wie gewohnt über Gas und Bremse eine Geschwindigkeit ein. Wenn die Wunschgeschwindigkeit erreicht ist, gibt er über eine Taste (oft „set“ genannt) am Lenkrad dem Regler den Befehl, die aktuelle Geschwindigkeit als Sollwert zu übernehmen. Der Fahrer kann dann den Fuß vom Gas nehmen und das Fahrzeug hält die Geschwindigkeit. Störgrößen wie Steigungen oder Gefälle werden durch das System ausgeregelt. Durch Treten von Gas oder Bremse übernimmt der Fahrer wieder die Kontrolle. Durch Betätigung einer weiteren Taste (oft „resume“ genannt) kann die Kontrolle danach an den Regler zurückgegeben werden. Dieser geht dann über eine Rampenfunktion wieder auf die zuletzt programmierte Geschwindigkeit. Untergebracht ist dieser Regler im Motorsteuergerät.

Die Entlastung des Fahrers durch solch ein System ist erheblich, die Aufmerksamkeit des Fahrers droht dabei nachzulassen. Beim Fahren mit Geschwindigkeitsregelung wird eine Unterbrechung der Regelung, um z. B. auf ein langsameres Fahrzeug voraus zu reagieren, als störend empfunden. Dadurch kann ein Fahrer versucht sein, mit konstanter Geschwindigkeit dicht aufzufahren und erst im letzten Moment das System zu unterbrechen.

Das *ACC (**A**daptive **C**ruise **C**ontrol)* ist die logische Fortentwicklung des Fahrgeschwindigkeitsreglers und beantwortet das zweite Problem durch eine automatische Erkennung vorausfahrender Hindernisse und eine Anpassung der Geschwindigkeit. Es regelt einen wählbaren Abstand zum vorausfahrenden Fahrzeug, auf freier Strecke verhält es sich wie ein Fahrgeschwindigkeitsregler. Es ist somit ein interessantes Beispiel einer *kaskadierten Regelung* [LutWen05], mit der Abstandsregelung als äußeren Regelkreis und einer unterlagerten Geschwindigkeitsmessung.

Als Abstandssensor dient ein unterhalb des Stossfängers oder hinter dem Kühlergrill montiertes RADAR oder ein dort oder hinter dem Rückspiegel montiertes LIDAR. Stehende Fahrzeuge oder Fahrzeuge hinter Kurven werden von vielen Systemen nicht sicher erkannt, der Fahrer muss das Verkehrsgeschehen also im Auge behalten und ggf. bremsen. Die RADAR-Systeme arbeiten mit gepulsten oder frequenzmodulierten Signalen um 24 GHz oder 77 GHz. Eine typische Sendeleistung liegt bei 10 mW, damit sind gesundheitliche Schäden nach heutigem Forschungsstand unwahrscheinlich. Aus der Laufzeit, die ein sich mit Lichtgeschwindigkeit ausbreitender Radarimpuls benötigt, um ein vorausfahrendes Fahrzeug zu treffen und nach Reflexion an diesem wieder an der kombinierten Sende/Empfangsantenne einzutreffen, wird die Entfernung bestimmt. Zusätzlich kann aus der Frequenzverschiebung des reflektierten Signals aufgrund des Doppler-Effekts eine Geschwindigkeitsinformation direkt aus dem RADAR-Signal gewonnen werden. Bei Systemen, die nicht die Frequenzverschiebung messen können, wird die Geschwindigkeit aus der Änderung der Laufzeit und somit aus der Abstandsänderung pro Zeiteinheit errechnet. Eine große Herausforderung liegt darin, die sehr aufwändige Radartechnik als preisgünstige Massenware zu realisieren. Einen großen Anteil an diesem Erfolg haben die kostengünstig als gedruckte Schaltung realisierten Antennen. Die Antennen bilden mit dem Rechner zur Signalauswertung ein Steuergerät. Die in Japan gebräuchlicheren LIDAR-Systeme funktionieren prinzipiell wie ein RADAR, arbeiten aber mit nicht augenschädlichen Infrarotlasern anstelle von GHz-Wellen.

Bild 9-9
ACC–Steuergerät mit RADAR
(Foto: Robert Bosch GmbH)

9.3.1.3 Bremsassistenten und Brake-by-Wire

Brake-by-Wire-Systeme („Bremsen über Draht“) ersetzen die bisherige hydraulische Verbindung vom Haupt-Bremszylinder zu den Radbremsen durch eine elektrische Verbindung. Die Fahrzeughersteller versprechen sich dadurch Kosteneinsparungen, problematisch sind hingegen noch ungeklärte Sicherheitsrisiken. Ein nützlicher Nebeneffekt wäre eine Gewichtseinsparung sowie in Zukunft eventuell die Integrierbarkeit weiterer Funktionen. Realisieren ließe sich solch ein System hinreichend sicher durch drei redundante Bremssteuergeräte, die auch die ABS-Funktionen mit übernehmen können. Die Steuergeräte bekommen durch einen Pedalwertgeber am Bremspedal den Bremswunsch des Fahrers mitgeteilt und leiten dann ein Bremssignal entweder über eigene Leitungen oder über ein echtzeitfähiges Bussystem (FlexRay) an die vier Radbremsen weiter. Die teure Dreifachredundanz ließe sich evtl. umgehen durch ein Zweikreis-System mit nur zwei Steuergeräten, analog zur heutigen hydraulischen Bremse. Die Radbremsen könnten dann über elektrohydraulische Aktoren verfügen oder elektromagnetisch angesteuert werden. Kritisch ist das Verhalten dieser Aktoren bei Ausfall der elektrischen Ein Versagen der Bremse kann nicht akzeptiert werden, aber auch eine Auslegung derart, dass die Bremse bei einer Störung greift und damit im Fehlerfall unbeabsichtigt das Fahrzeug stoppt, ist kritischer, als z. B. ein Ausfall des Motors, der zumindest noch ein sicheres Ausrollen des Fahrzeugs ermöglicht.

Bild 9-10 Elektronische Keilbremse (Bild: Siemens)

Ein interessantes Beispiel für die Realisierung eines Aktors ist die elektronische Keilbremse (***E****lectronic* ***W****edge* ***B****rake, EWB*), die von der Firma eStop erfunden wurde und jetzt von Siemens VDO (wiederum von Continental übernommen) weiter entwickelt wird. Darin wird eine Scheibe mit Wellenprofil (im Bild Nr. 6) durch elektrische Aktoren linear um kurze Wege verfahren. Der Bremsbelag (2) befindet sich auf einer ebenso profilierten Scheibe. Zwischen diesen beiden Profilen befinden sich Rollen (5). Wenn nun die Berge im Profil der Scheibe 6 geringfügig in Richtung der Rollen verfahren werden, übertragen diese einen erhöhten Anpressdruck auf Baugruppe 2. Den Namen Keilbremse trägt diese Bremse, weil die angedrückten Bremsbeläge von der rotierenden Bremsscheibe bewegt werden und so auch das Profil auf der Bremsscheibe unterstützend in die Rollen hineinläuft und sich „verkeilt". Durch dieses selbstverstärkende Prinzip kann mit einer kleinen Aktorbewegung eine hohe Anpresskraft auf die Bremsbeläge erzeugt werden. Bei Stromausfall bleibt die Bremswirkung erhalten.

Eine drahtgebundene Bremsanlage wird das Bremsgefühl im Pedal künstlich simulieren müssen. Dies hat aber auch einen Vorteil, nämlich dass das irritierende Pulsieren des Pedals bei einer ABS-Vollbremsung entfällt.

Die Erfahrung zeigt, dass sehr viele Fahrer bei einer Vollbremsung die Bremse nicht heftig genug durchtreten und damit unnötig den Bremsweg in einer Notsituation verlängern. Einen Ausweg stellen *Bremsassistenten* dar, die an einem schnellen Durchtreten der Bremse oberhalb einer Mindestgeschwindigkeit die Bremsabsicht des Fahrers erkennen und dann den maximal möglichen Bremsdruck erzeugen. Auch hier sei auf die Gefährlichkeit einer vom System irrtümlich eingeleiteten Vollbremsung hingewiesen. Erste Erfahrungen mit solchen Systemen waren von häufigen Ausfällen geprägt. Vereinzelt sind sogar durch das Ausbleiben der erwarteten Bremswirkung neue Gefahrensituationen entstanden.

Eine nützliche zusätzliche Funktion ist die elektronische Bremskraftverteilung (EBV oder Electronic Brake Force Distribution EBD). Ohne EBV ist die Verteilung der Bremskraft zwischen Vorderrädern und Hinterrädern konstruktiv vorgegeben, mit EBV kann die Elektronik die Verteilung ändern, um z. B. den Einfluss der Beladung oder der Fahrzeugbewegung (Nicken) auf die Bremswirkung zu kompensieren.

9.3.1.4 Parkbremse und Anfahrhilfe

In Oberklassefahrzeugen wird die Handbremse zunehmend durch elektronische Parkbremsen (EPB) abgelöst, die auf Knopfdruck verriegeln und in bestimmten Situationen, z. B. beim Anfahren wieder öffnen.

Eine Anfahrhilfe (HSA) erleichtert das Anfahren am Berg. Sie hält die Bremse betätigt, nachdem der Fahrer den Fuß vom Bremspedal genommen hat und löst diese erst, wenn der Fahrer wieder Gas gibt.

9.3.2 Querdynamik, Lenkung und ESP

9.3.2.1 Lenksysteme

Ein Zwischenschritt zwischen der heute üblichen mechanischen und einer zukünftig möglichen elektrischen Lenkung sind elektrisch unterstützte Lenkungen wie das „Active Front Steering" von BMW. Diese können im einfachsten Falle als Servolenkung benutzt werden, bei denen ein Elektromotor der mechanisch übertragenen Drehung vom Lenkrad ein zusätzliches Drehmoment überlagert. Der Elektromotor ersetzt in diesem Falle die bei bisherigen Servolenkungen übliche hydraulische Unterstützung der Lenkung. Die Flexibilität bei der Ansteuerung von Elektromotoren ermöglicht darüber hinaus neuartige Anwendungen, die sich mit einer hydraulischen Unterstützung nicht wirtschaftlich realisieren lassen. Denkbare Zusatz-Anwendung sind z. B. eine Servolenkung, deren Leichtgängigkeit sich sehr kurzfristig an die jeweilige Fahrsituation anpasst oder die Erzeugung eines leichten Gegenmomentes im Lenkrad, wenn ein Spurwechselassistent (s. dort) einen gefährlichen oder unbeabsichtigten Spurwechsel erkennt. Ein elektronischer Eingriff in die Lenkung ist sicherheitskritisch und stellt entsprechend hohe Anforderungen an das System.

Unter *Steer-by-Wire* versteht man eine Lenkung, welche die Drehung des Lenkrades nicht mechanisch über ein Lenkgetriebe auf die Spurstangen und damit die Räder überträgt, sondern voll elektronisch.

9.3.2.2 ESP

Da die langen, einsamen Strassen Skandinaviens häufig von wilden Tieren, z. B. Elchen, überquert werden, konnte sich in diesen Ländern ein Test etablieren, der einen Ausweichvorgang mit einem schnellen doppelten Spurwechsel simuliert und demzufolge *Elch-Test* genannt wird.

Als solch ein Test 1997 mit einer A-Klasse von Daimler durchgeführt wurde, kippte das Fahrzeug um. Nach diesem Ereignis hat der Konzern reagiert und die Fahrzeuge mit einer Technik ausgestattet, die dieses verhindert: dem ***e**lektronischen* ***S**tabilitäts**p**rogramm* (*ESP*) [Bosch04S], auch *Fahr**d**ynamik**r**eglung* (FDR), ***E**lectronic* ***S**tability* ***C**ontrol* (ESC) oder ***V**ehicle* ***D**ynamics* ***C**ontrol* (*VDC*) genannt.

Inzwischen wurde der Elch-Test zu einem genormten Standard-Test [ISO3888-2] und Fahrdynamikregelungen, die vor allem das Ausbrechen des Fahrzeugs bei heftigen Lenkbewegungen verhindern können, sind Stand der Technik.

Eine Fahrdynamikregelung ermittelt den Lenkwunsch über einen *Lenkwinkelsensor*. Dabei handelt es sich um einen an der Lenksäule entweder noch im Innenbereich oder nahe dem Lenkgetriebe angebrachten Winkelgeber. Bei einer Drehbarkeit des Lenkrades um je 720° in beide Richtungen wäre die Bestimmung des Lenkwunsches über die reine Winkelinformation vierdeutig. Um eine eindeutige Aussage zu bekommen, verwendet man zwei Teilsensoren, die über geringfügig unterschiedliche Zahnradübersetzungen beim Lenken mitbetätigt werden. Die beiden Teilsensoren bestehen üblicherweise aus je einem mit dem Zahnrad rotierenden Magneten und einem feststehenden Magnetfeldsensor. Im Gegensatz zum berührungslosen elektronischen Gaspedal (das ebenfalls einen Winkelsensor darstellt, aber Hall-Sensoren verwendet), kommen hier AMR-Sensoren zum Einsatz (**a**nisotrop **m**agneto**r**esistiv). Dies sind Magnetfeldsensoren, deren Widerstand sich stark mit der Richtung eines einfallenden Magnetfeldes ändert. Über die elektromagnetisch abgefragten Positionen beider Teilsensoren, errechnet ein *Noniusalgorithmus* im Steuergerät den Lenkwunsch. Diesem Lenkwunsch wird über ein in Echtzeit berechnetes Fahrzeugmodell ein entsprechendes Lenkverhalten als Führungsgröße zugeordnet.

Über einen Sensor für die *Gierrate* $d\Psi/dt$, also die tatsächliche Drehgeschwindigkeit des Fahrzeugs um seine senkrechte Achse, und einen Seitenbeschleunigungssensor (a_y) für die Fliehkraft wird das tatsächliche Lenkverhalten mit dem beabsichtigten Lenkverhalten verglichen und korrigiert. Die Beschleunigungs- und Drehratensensoren sind mikromechanische Sensoren, die häufig gemeinsam zu einem Sensorgerät im Fahrzeugboden zusammengefasst werden und über den CAN mit dem Fahrdynamik-Steuergerät und falls erforderlich auch mit anderen Steuergeräten kommunizieren.

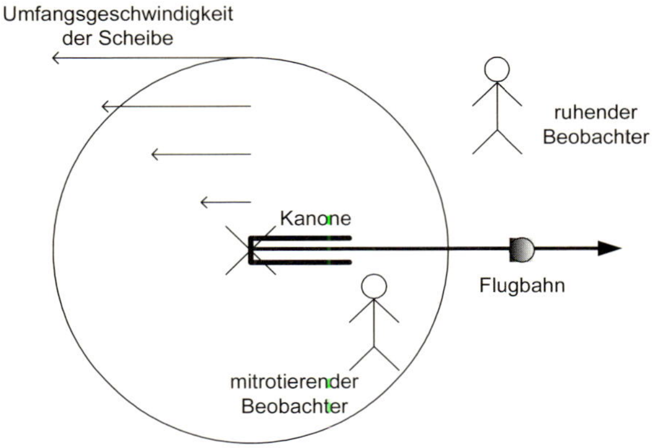

Bild 9-11
Gedankenexperiment zur Corioliskraft

Intern nutzen die Drehratensensoren oft die *Corioliskraft*. Für eine Berechnung dieser Kraft sei auf die physikalische Fachliteratur verwiesen, hier soll nur kurz das Prinzip anhand eines Gedankenexperiments veranschaulicht werden.

Wenn auf einer rotierenden Scheibe ein Objekt abgeschossen wird, so wird es geradeaus weiter fliegen. Der ruhende Beobachter wird die Flugbahn so gerade sehen, wie im Bild eingezeichnet. Ein weiterer Beobachter, der auf der Scheibe mitrotiert, wird sich aber durch die zusätzliche Drehung mit der Umfangsgeschwindigkeit, die mit der Entfernung vom Mittelpunkt proportional zunimmt, auf die Flugbahn zu bewegen. Aus seiner Sicht, scheint sich die Flugbahn zu ihm hin zu krümmen, im ungünstigsten Fall könnte er sogar mit der Kugel kollidieren, obwohl er beim Abschuss der Kugel noch außerhalb der Flugbahn steht. Ihm scheint es, als würde eine unsichtbare Kraft die Kugel zu ihm hin beschleunigen. Diese scheinbare Kraft ist die Corioliskraft.

Möchte der rotierende Beobachter dies verhindern, könnte er für die Kugel eine Führung bauen, die vom Rotationsmittelpunkt radial nach außen verläuft (z. B. indem er das Kanonerohr bis zum Rand der Scheibe verlängert). So kann die Kugel nicht mehr auf ihn zufliegen, da die Flugbahn jetzt durch das Rohr aus Sicht des rotierenden Systems zwangsweise begradigt wird. Nun sollte sich aber der ruhende Beobachter einen sicheren Platz suchen, da aus Sicht der ruhenden Umgebung jetzt die Kugel durch die Führung mit der Drehbewegung mitgenommen wird. Die Führung übt also eine Kraft auf die Kugel aus, welche die Kugel in tangentialer Richtung beschleunigt. Diese Kraft ist die Corioliskraft, die nun nicht nur scheinbar auftritt, sondern sogar messbar ist.

Beim ESP stellt das Auto, das sich in der Kurve oder beim Schleudern um seine Hochachse dreht die rotierende Scheibe dar. Im Sensor werden allerdings keine Kugeln abgeschossen, sondern eine seismische Masse schwingt radial von der Drehachse weg und wieder zurück. Wie dies im Detail realisiert wird unterscheidet sich zwischen den Sensorherstellern (z. B. Bosch und VT Technologies) und teilweise auch zwischen den Sensoren eines Herstellers [Bosch07, KRLPRSS97]. Die Unterschiede liegen v. a. darin, wie die radiale Schwingbewegung im µm-Maßstab erzeugt wird, z. B. elektromagnetisch oder elektrostatisch. Die Corioliskraft wird in der Führung gemessen und noch auf dem Chip wird der Messwert elektronisch weiterverarbeitet und schließlich dem Steuergerät zur Verfügung gestellt. Eine vertiefende Darstellung über mikrosystemtechnische Realisierungen von Sensoren und Aktoren bietet [Mesch06].

Da ein aktiver Eingriff in die Lenkung bei den meisten Fahrzeugen noch nicht möglich ist und nicht immer ausreicht, bremst das System über das ABS gezielt einzelne Räder ab. Dadurch bekommt das abgebremste Rad einen erhöhten Schlupf und kann nicht mehr in dem gleichen Maße Seitenkräfte übertragen wie die anderen Räder. Durch die unterschiedlichen Seitenkräfte an den Rädern wirkt ein korrigierendes Drehmoment auf das Fahrzeug. Beim gezielten Abbremsen des kurveninneren Hinterrades dreht das Fahrzeug stärker in die Kurve hinein. Wenn das Fahrzeug hingegen übersteuert, also stärker in die Kurve hineindreht, als dies der Fahrer vorgibt (ausbrechendes Heck), wird das äußere Vorderrad abgebremst. Dadurch wirkt am Hinterrad eine Kraft, die das Heck wieder nach innen drückt, die Fahrzeugdrehung in die Kurve wird also durch ein entgegen gesetztes Drehmoment abgeschwächt.

9.3.2.3 Sturzregelung

Im Forschungsfahrzeug „F400 Carving" hat Daimler eine elektronische Regelung des Radsturzes vorgeführt. Dieses Fahrzeug war mit speziellen Reifen ausgestattet, die wie bei Motorrädern zu den Flanken hin ein auf Kurvenfahrt optimiertes Profil (und auch eine veränderte Gummimischung) hatten. Die Sturzregelung hat die Räder bei Kurvenfahrt so schräg gestellt (bis 20°) und gehalten, dass dann die darauf optimierten Reifenflanken in Kontakt mit der Straße kamen. In Serienfahrzeugen werden solche Systeme bislang nicht eingesetzt. [Ammon04]

9.3.3 Vertikaldynamik

Die Vertikaldynamik beeinflusst überwiegend den Fahrkomfort (weiche Federung). Eine zu weiche Federung oder eine schwache Schwingungsdämpfung kann aber auch dazu führen, dass ein Rad kurzzeitig von der Straße abhebt und sich damit die Bremsbarkeit und vor allem die Spurführung verschlechtert.

Wird mit einem komfortabel weich gefederten Fahrzeug eine Kurve zügig durchfahren, *wankt* das Fahrzeug, d. h. die kurvenäußere Seite senkt sich, die kurveninnere Seite hebt sich. Die Entlastung der kurveninneren Räder kann sicherheitskritisch sein. Als Ursache des Wankens kann man sich modellhaft ein Drehmoment um die Fahrzeuglängsachse vorstellen, dass durch den Angriff der Fliehkraft am Schwerpunkt entsteht. Bei „hochbeinigen" Fahrzeugen (SUV) führt dieses Moment häufig sogar zum Kippen und wird als eine Ursache der höheren Getöteten-Zahlen in SUV betrachtet [KweKok03]. Systeme, die das Wanken ausregeln sind unter den Bezeichnungen *ARS* (**A**ctive **R**oll **S**tabilization, aktive Wankstabilisierung, von BMW auch „Dynamic Drive" genannt) oder *ABC* (Active **B**ody **C**ontrol, Aktive Karosserieregelung, Daimler) auf dem Markt.

Der Autohersteller muss sich entscheiden, ob er ein weiches, komfortables, ein hartes, sportliches Fahrzeug oder einen Kompromiss zwischen diesen beiden Extremen bauen will. Optimal wäre ein *adaptives Fahrwerk*, das sich an die jeweilige Fahrsituation anpasst.

Ein erster Schritt, den Citroën schon in den 60er Jahren wagte, ist eine Höhenverstellung, damals noch ohne Elektronik realisiert. Eine derartige Höhenverstellung etabliert sich momentan in der Oberklasse. Im einfachsten Falle erfolgt diese nach Vorwahl des Fahrers. Während die Citroën-Lösung eine deutliche Verstellung von ca. 20 cm Unterschied ermöglichte, handelt es sich bei modernen Lösungen um Größenordnungen, die kaum sichtbar sind, bei hohen Geschwindigkeiten aber schon einen erheblichen Einfluss haben. Ein nächster Schritt wird die automatische Höhenanpassung sein, die bereits in wenigen Serienfahrzeugen realisiert ist.

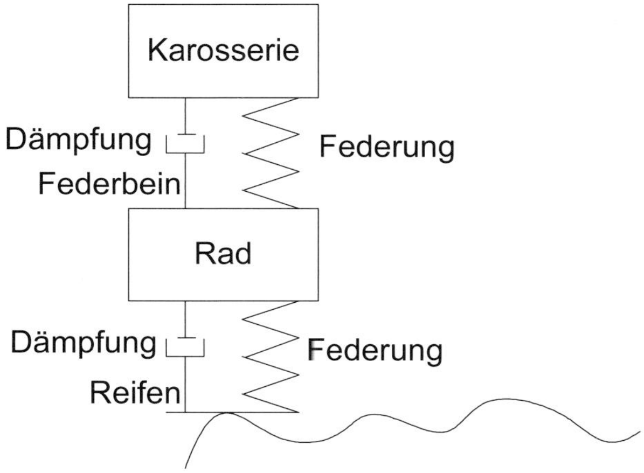

Bild 9-12
Einfaches Modell für die Vertikaldynamik. Sowohl das Federbein als auch der Reifen werden durch Parallelschaltung einer Feder und einer Dämpfung dargestellt. Eine Feder erzeugt eine ihrer Auslenkung proportionale Kraft, ein Dämpfer erzeugt eine Kraft, die der Auslenkungsgeschwindigkeit proportional ist. Eine beschleunigte Masse erzeugt eine Trägheitskraft, die proportional der Beschleunigung, also der zweiten Ableitung der Auslenkung ist. Durch Addition aller Kräfte entsteht ein System von Differentialgleichungen [Willum98].

Neben der Höhe ist die Federhärte ein wichtiger Parameter, der schwieriger einzustellen ist, aber ebenfalls einen großen Einfluss hat. Eine Verstellung der Federhärte ist nur bei Luftfedern realistisch, bei Spiralfedern wären Aktormechaniken zum Überbrücken oder zum Parallelschalten von Federsegmenten zwar denkbar, aber praktisch zu aufwändig.

Einfacher als eine Verstellung der Federhärte ist eine Verstellung der Dämpfung (*CDC*, **C**ontinuous **D**amping **C**ontrol, kontinuierliche Dämpfungsregelung) durch einen elektronisch angesteuerten Aktor, meist ein Ventil, das die Strömung des Fluids (Öl oder Luft) im Dämpfer steuert. Fahrwerke mit verstellbarer Härte oder Dämpfung werden adaptive Fahrwerke genannt.

Langfristig planen Hersteller, das System aus Federn und Schwingungsdämpfung im Federbein komplett durch ein aktives mechatronisches System zu ersetzen, das anstelle des Federbeins den Abstand zwischen Rad und Karosserie als Funktion der Zeit hochdynamisch verändert und damit Federung und Dämpfung simuliert. Derartige Systeme scheitern zurzeit aber noch ein den erforderlichen Aktoren, die extrem schnell hohe Kräfte verändern müssen.

Auf dem Weg von adaptiven Fahrwerken zu zukünftigen aktiven Fahrwerken realisieren einige Hersteller gerade einen Zwischenschritt, die semiaktiven Fahrwerke. Diese ähneln im Aufbau noch den adaptiven Fahrwerken, deren Parameter sind aber dermaßen schnell veränderbar (bezogen auf die Schwingungen der Federung), dass sie mit Einschränkungen bereits wie aktive Fahrwerke verwendet werden können [HeiErs07].

9.3.4 Reifenüberwachung

Im normalen Betrieb überträgt der Reifen Längskräfte beim Bremsen und Beschleunigen sowie Seitenführungskräfte in den Kurven. Diese Fähigkeiten hängen von der im Betrieb abnehmenden Profiltiefe sowie den sich alterungsbedingt verschlechternden Hafteigenschaften der Gummimischung ab. Eine elektronische Überwachung ist hier noch nicht möglich, es obliegt dem Fahrer, die Profiltiefe zu überwachen und zu alte Reifen selbst bei noch gutem Profil zu ersetzen.

Weiterhin noch nicht möglich ist eine Erkennung von Schäden, die z. B. beim schnellen Auffahren auf Kantsteine oder durch unsachgemäßes Parken entstehen können. Solche Schäden sind äußerlich nicht erkennbar, können aber zum Platzen des Reifens bei hohen Geschwindigkeiten und damit zu einem totalen Kontrollverlust über das Fahrzeug führen.

Möglich hingegen ist eine elektronische Überwachung des Druckes und auch der Temperatur der Luft innerhalb des Reifens. Damit lässt sich ein schleichender Druckverlust erkennen, der zu einer reduzierten Auflagefläche auf der Straße und einem erhöhten Kraftstoffverbrauch führt. Die Gefahr eines platzenden Reifens lässt sich zumindest in wenigen Fällen reduzieren, wenn sich eine fortschreitende Beschädigung durch einen Druckabfall ankündigt.

Solch ein System, auch *TMPS* (***T****ire* ***P****ressure* ***M****onitoring* ***S****ystem*) genannt, das in der Erstausstattung vorhanden sein kann oder auch als Nachrüstsatz erhältlich ist, besteht aus einer Messeinheit pro Rad, die innerhalb des vom Reifen umschlossenen Volumens auf der Felge sitzt und den Druck und die Temperatur misst. Ein Steuergerät wertet die Messsignale aus und warnt ggf. den Fahrer.

Da die Messeinheiten auf den Felgen rotieren, muss die Datenübertragung zwischen den Messeinheiten und dem Steuergerät drahtlos erfolgen. Häufig wird der Frequenzbereich um 433 MHz zur Datenübertragung verwendet. Die Energieversorgung der Messeinheiten erfolgt aus Lithium-Batterien (Knopfzellen). Um die Lebensdauer der Batterien zu maximieren, besitzen die Messeinheiten Algorithmen, die Sendebotschaften auf ein unvermeidliches Minimum reduzieren. Selten sind Ansätze, die auch die Energieversorgung drahtlos über Mikrowellen realisieren.

Das Bild zeigt exemplarisch ein solches Modul (als Versuchsaufbau). Links wird die Lithium-Batterie eingelegt. Neben der Batterie ist in einem IC-ähnlichen Gehäuse mit Öffnung nach unten der kapazitive Drucksensor mit integrierter Elektronik und integrierter Temperaturmessung untergebracht. Dieser sendet sein Signal in bereits digitaler Form über eine serielle Schnittstelle an den rechts daneben liegenden Mikrocontroller. Der Controller hat einen Teil der Hochfrequenzschaltung zur Ansteuerung der Antenne bereits integriert. Die Antenne selbst ist als schleifenförmige Leiterbahn auf der Rückseite der Platine realisiert. Das längliche Bauteil unterhalb des Sensors und des Controllers ist der Quarz.

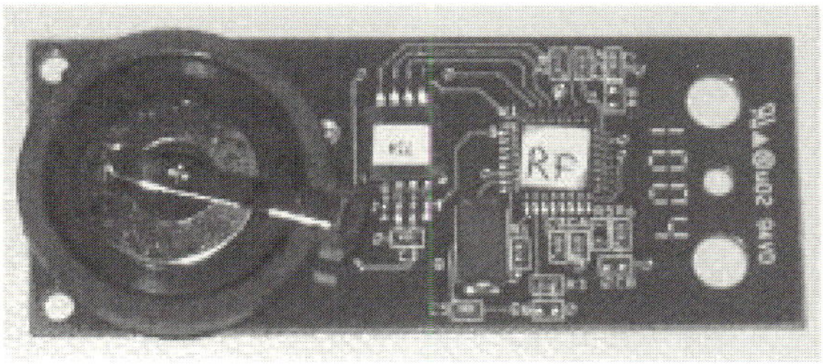

Bild 9-13
Sensormodul für Reifenüberwachung (Freescale)

Neben der direkten Druckmessung gibt es auch indirekte Messprinzipien. So kann z. B. das ABS-System, das ohnehin die Raddrehzahlen überwacht, über eine permanente Drehzahlerhöhung eines Rades auf einen druckbedingt reduzierten Radius schließen, eine zusätzliche Hardware ist also nicht erforderlich. Die Empfindlichkeit ist gegenüber einer direkten Messung reduziert.

9.4 Systeme für die passive Sicherheit

Im Gegensatz zur aktiven Sicherheit ist das Ziel der passiven Sicherheit, bei einem nicht mehr verhinderbaren oder soeben geschehenen Unfall, die Schäden zu minimieren. Dies können Sachschäden sein, die Minimierung von Personenschäden (Verletzungen, Tod) steht aber im Vordergrund. Dabei spielt neben dem Schutz der Insassen zunehmend auch der Schutz anderer Verkehrsteilnehmer eine Rolle. Intensiv erläutert werden Maßnahmen zur passiven Sicherheit in [Kramer06].

Traditionell wurde die passive Sicherheit durch die Gestaltung der Karosserie und des Fahrzeuginnenraumes sichergestellt. Ein Beispiel ist auch der Ersatz gerader Lenksäulen, die sich bei einem Aufprall durch den Fahrer bohren können, durch abgeknickte Lenksäulen. Auch heute noch gibt es ständige Fortschritte in diesen Bereichen. Zu verdanken sind diese Fortschritte leistungsfähigen Simulationsverfahren, modernen Crash-Anlagen und auch der wachsenden Erfahrung. Die Elektronik spielt hier nur indirekt bei der Entwicklung eine Rolle, man denke nur an einen Crash-Dummy, der mit elektronischer Messtechnik zur Aufnahme von Kräften und Beschleunigungen ausgestattet ist, nicht aber im fertigen Produkt.

Der Einzug der Elektronik in die passiven Sicherheitssysteme im Fahrzeug selbst begann, nachdem Ingenieure der heutigen Firmen Takata und TRW Experimente mit aufblasbaren

Kissen im Innenraum begannen. Die Herausforderung liegt darin, dass solch ein Kissen innerhalb von gut 20 ms nach der Erkennung eines Unfalls aufgeblasen sein muss, um die Insassen zu schützen. Dieses schnelle Aufblasen gelingt nur mit Hilfe einer elektrisch gezündeten Sprengladung. Obwohl keine Luft benutzt wird, hat sich der Name *Airbag* (Luft-Tasche) für diese Kissen durchgesetzt. Man sollte den Airbag nicht mit einem weichen Ruhekissen assoziieren, seine Entfaltung wird von Betroffenen als sehr unangenehm oder schmerzhaft empfunden, er kann gar Verletzungen verursachen (vor allem bei einer inadäquaten Sitzhaltung), der Knall bei der Auslösung kann zu bleibenden Gehörschäden führen. Angesichts der zahlreichen durch den Airbag geretteten Menschenleben sind diese Risiken aber vertretbar.

Die Elektronik hat die Aufgabe, zunächst die Kollision über Beschleunigungssensoren, in den Türen auch durch Drucksensoren, zu erkennen und dann durch die Zündung der Gasgeneratoren in Sekundenbruchteilen die Airbags mit Gas zu füllen. Daneben überwacht sie durch einen ständigen Prüfstrom, ob die Airbag-Zünder noch angeschlossen sind. Sowohl das Nichtauslösen bei einer Kollision als auch das unbeabsichtigte Auslösen stellen gefährliche Situationen dar, die zuverlässig verhindert werden müssen. Werden Airbags oder Sensoren nicht direkt, sondern über digitale Busse an das Steuergerät angeboten, so sind speziell für diesen Zweck entwickelte Bussysteme (s. Unterabschnitt 4.4.3) zu verwenden. Moderne Airbag-Systeme sprechen in Abhängigkeit von Sitzposition oder Gewicht der Insassen dosiert an, dies stellt aber zusätzliche Anforderungen an die Elektronik, die z. B. auch die Physis einer Person grob einschätzen muss. Verbreitet sind bereits Kontaktmatten in den Sitzen, mit deren Hilfe das Airbag-Steuergerät erkennen kann, ob ein Sitz belegt ist und wie groß und schwer die Person in etwa ist, auch optische Verfahren kommen in Betracht.

Ein weiteres *Rückhaltesystem* ist der elektronische Gurtstraffer. Nachdem zunächst nur pyrotechnische Gurtstraffer mit elektrischer Zündung eingesetzt wurden, verwendet man zunehmend elektrische Kleinmotoren in Gurtstraffern. Diese ermöglichen auch neue, zusätzliche Funktionen, z. B. durch sanfteres Anziehen den Fahrer vor Gefahren zu warnen. Bevor solche Funktionen auf den Markt kommen, muss aber durch psychologische Testreihen sichergestellt sein, dass der Fahrer dadurch tatsächlich gewarnt wird und nicht womöglich sogar abgelenkt wird.

Inzwischen werden Rückhaltesysteme nicht nur bei Kollisionen aktiviert, sondern auch in anderen Unfallsituationen, v. a. in Verbindung mit einer Überrollsensierung (ROSE, **R**oll-**O**ver-**Se**nsierung) beim Überschlag des Fahrzeugs. Die Wirkung des Rückhaltesystems wird auf die Unfallsituation abgestimmt, bei einem Überschlag würden die Front-Airbags nicht auslösen, sondern die seitlichen Airbags und die Gurtstraffer.

Neue gesetzliche Bestimmungen [EU05] zwingen die Fahrzeughersteller, auch den Schutz von Fußgängern bei einer Kollision zu verbessern. Neben konstruktiven Maßnahmen wie fußgängerfreundlichen Abmessungen, Vermeidung von Spitzen und scharfen Kanten im vorderen Fahrzeugbereich und genügend Zwischenraum zwischen Motorhaube und harten Motorteilen wird hier an mechatronischen Systemen gearbeitet, die den Fußgängerschutz weiter verbessern. Gegenwärtig wird von Zulieferern, Herstellern und Forschungseinrichtungen intensiv an Außen-Airbags, einer Abfederung des Fußgängers durch eine hinten aufspringende Motorhaube und an einer aktiven Verschiebung von Teilen der Frontpartie gearbeitet.

Solche Fußgängerschutz-Systeme bestehen aus einem Sensor, der eine bevorstehende oder schon stattfindende Kollision mit einem Fußgänger oder Radfahrer erkennt, einem Steuergerät und den Aktoren, die eine Maßnahme zum Schutze des Fußgängers auslösen. Verschiedene Sensorprinzipien werden aktuell erforscht und erprobt, die größten Schwierigkeiten aber liegen

in der Aktorik. Außen-Airbags entsprechen technisch weitgehend den im Inneren verbauten Airbags, haben aber den Nachteil, dass sie auch nach einer Fehlauslösung in der Werkstatt ausgetauscht werden müssen. Technisch äußerst anspruchsvoll ist die schnelle Verstellung der Motorhaube oder gar eine Verschiebung von Teilen der Frontpartie (z. B. von Spoilern), da sehr schnell hohe Kräfte aufzubringen sind. Gerade diese Aktoren sind aber für den Endkunden attraktiv, sie können so gestaltet werden, dass der Fahrer sie selbst wieder nach einer Auslösung in die Normalposition bringen kann.

9.5 Fahrerassistenz- und Informationssysteme

Wie der Name sagt, unterstützen Fahrerassistenzsysteme den Fahrer. Dies kann durch die Bereitstellung von Informationen erfolgen, eventuell auch durch direkte Eingriffe z. B. in die Bremse oder die Lenkung. Die Zielsetzung ist eine Steigerung von Komfort und Sicherheit. Insofern besteht bei vielen Fahrerassistenzsystemen, z. B. bei Nachtsichtsystemen, eine enge thematische Nähe zur aktiven Sicherheit. Im weitesten Sinne kann auch die Beleuchtung des Fahrzeugs sowohl als System zur aktiven Unfallvermeidung als auch als Assistenzsystem betrachtet werden. Deshalb wurde auch die Lichttechnik in dieses Kapitel integriert. Insbesondere wenn das System selbst eingreift, wie z. B. bei einem Bremsassistenten, sind die Grenzen zwischen einem aktiven Sicherheitssystem und einem Fahrerassistenzsystem fließend.

9.5.1 Spurwechselassistent

Eine häufige Unfallursache auf Fernstraßen ist das langsame Verlassen der Fahrbahn, meist infolge einer Übermüdung des Fahrers. Dadurch kann das Fahrzeug ganz von der Straße abkommen oder mit einem Fahrzeug auf einer anderen Spur kollidieren. Ebenfalls gefährlich sind beabsichtigte Spurwechsel, bei denen andere Fahrzeuge, die sich von hinten mit höherer Geschwindigkeit nähern, übersehen werden, weil sie sich im toten Winkel des Außenspiegels befinden.

Die Automobilbranche arbeitet an technischen Lösungen, die in solchen Fällen den Fahrer durch optische, akustische oder haptische (fühlbare) Signale warnen (LDW, **L**ane **D**eparture **W**arning). Die Erkennung der Spur erfolgt dabei mit Hilfe einer Kamera und Mustererkennungs-Algorithmen. Ein geeignetes optisches Signal kann eine Leuchtdiode im Außenspiegel sein. Akustische Signale werden nicht instinktiv der Ursache zugeordnet und könnten als lästig empfunden werden. Haptische Signale können zwar mit dem Spurwechsel assoziiert werden (z. B. durch Vibrationen im Lenkrad), können aber auch bei gewollten Spurwechseln als lästig empfunden werden.

9.5.2 Einparkhilfen

Die einfachsten Einparkhilfen sind Abstandssensoren (Ultraschall oder optisch) in den Stoßfängern, auch *PDC* (*Park Distance Control*) genannt. Bei Bussen oder LKW können auch rückseitige Kameras hilfreich sein.

Ein Einparkassistent, der vor allem bei schwierig einzuparkenden SUV optional angeboten wird, soll bei langsamer Vorbeifahrt den Fahrer auf eine ausreichend große Parklücke hinweisen und auf Wunsch dem Fahrer beim Einparken Lenkhinweise geben oder selbsttätig in die Parklücke hinein lenken. Damit die Verantwortung auch im rechtlichen Sinne beim Fahrer bleibt, muss dieser beim Einparkmanöver Gas geben und bremsen, die Einparkhilfe übernimmt nur die Lenkung und gibt dem Fahrer ggf. Hinweise.

Ein Einparkassistent funktioniert im weitesten Sinne ähnlich einer Fahrdynamikregelung, ist jedoch auf die Situation des Einparkens spezialisiert. Anstelle des Lenkwunsches einer Fahrdynamikregelung muss ein Einparkassistent zunächst die optimale Bahn in eine Parklücke berechnen. Diese sollte sich durch möglichst einfache mathematische Funktionen darstellen lassen, z. B. durch Trochoiden. Der Assistent muss die tatsächliche Position mit dieser Bahn vergleichen und Abweichungen korrigieren, bzw. Hinweise geben. Ein Navigationssystem wäre zur Bestimmung der Ist-Position auf der beim Einparken nur sehr kurzen tatsächlichen Bahn übertrieben und auch zu ungenau in der örtlichen Auflösung. Stattdessen merkt sich das System während des Einparkens die Raddrehzahlen, die gemessene Gierrate und den Lenkwinkel und bestimmt daraus die aktuelle Position, es handelt sich also um eine Koppelnavigation (s. nächster Unterabschnitt) über kurze Entfernungen von wenigen Metern.

9.5.3 Navigationssysteme

Die Navigation beinhaltet zwei Hauptaufgaben, nämlich zunächst die aktuelle Position zu bestimmen und dann anhand dieser Information den Weg zum Ziel zu finden. Bei einem Navigationssystem, das nur die erste Aufgabe erfüllt, verbleibt die Aufgabe, den Weg von der aktuellen Position zum Ziel zu finden, beim Benutzer. Bei einem Navigationssystem, das beide Aufgaben erfüllt, braucht der Nutzer nur noch dem System sein Ziel mitteilen, das System gibt dem Benutzer dann Anweisungen, wie er z. B. sein Fahrzeug lenken muss.

Für die Zukunft ist vorstellbar, dass das Navigationssystem dem Führer auch diese Aufgabe abnimmt und das Fahrzeug selbsttätig ins Ziel lenkt. Für solche Systeme ist eine Erkennung von Hindernissen nötig. Systeme zur Erkennung von Hindernissen werden auch den *Fahrerassistenzsystemen* zugeordnet, insbesondere in Kombination mit der Navigation verwendet man auch den nicht präzise definierten Begriff *Telematik*.

Die Seefahrt und die Luftfahrt benutzen bereits seit Jahrzehnten elektronische Systeme wie Funkpeilung, Radar oder Hyperbelnavigation zur Positionsbestimmung [Mies94, Riet92], während an Land ohne elektronische Hilfsmittel mit Kompass, Karten, Wegweisern oder einfach anhand markanter Bauten oder Geländepunkte navigiert wurde. Dies änderte sich, nachdem die USA 1995 das militärische Navigationssystem *GPS* (***G****lobal* ***P****ositioning* ***S****ystem*) in Betrieb nahmen. Mit reduzierter Genauigkeit konnte dieses System auch kostenfrei zivil genutzt werden. Im Jahre 2000 stand dann auch für zivile Anwendungen die volle Genauigkeit zur Verfügung. Parallel zu GPS steht das russische System GLONASS (***Гло****бальная* ***На****вигационная* ***С****путниковая* ***С****истема, globales Navigationssatellitensystem*) zur Verfügung, das ebenfalls für militärische Zwecke entwickelt wurde. Das europäische System GALILEO befindet sich zurzeit im Aufbau und wird noch höhere Genauigkeiten ermöglichen, einige Dienstqualitäten werden bei GALILEO allerdings kostenpflichtig sein [Mans04].

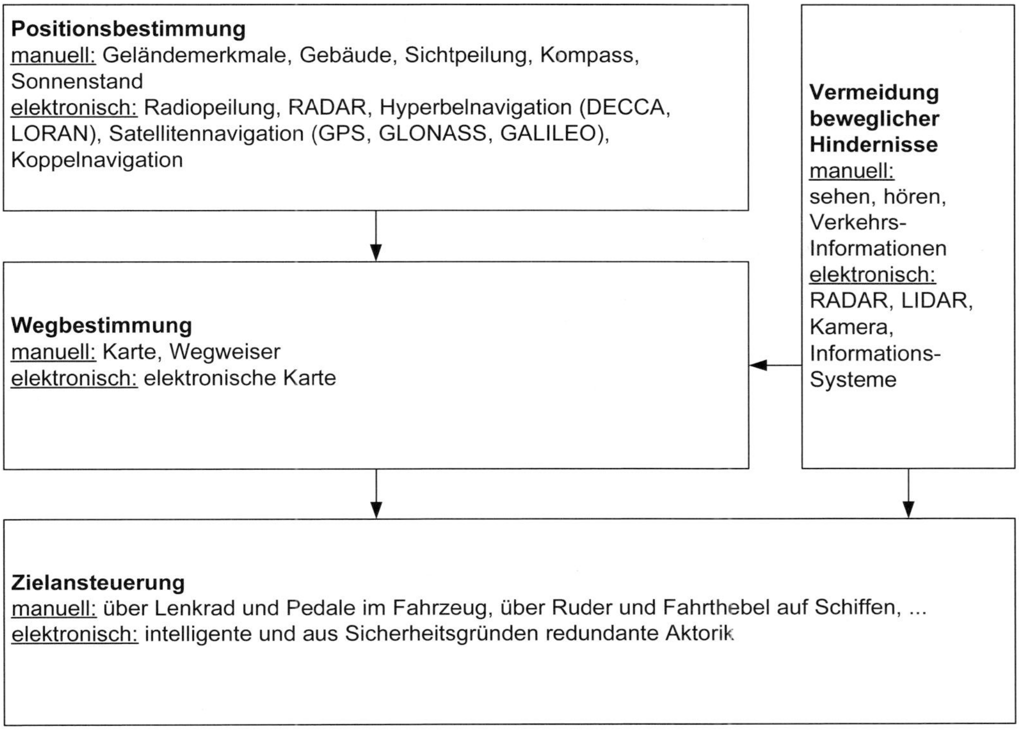

Bild 9-14 Übersicht über Navigationsaufgaben

Die satellitengestützten Systeme, vor allem GPS, haben insbesondere in der Schifffahrt ältere Navigationssysteme nahezu verdrängt, die Navigation im Landverkehr wurde mit diesen Systemen gerade erst in den letzten Jahren eingeführt.

Diese Systeme bestehen aus den Satelliten, welche die Erde umkreisen und dem Empfangsgerät, das z. B. in einem Fahrzeug verbaut ist.

Die Satelliten senden auf zwei Frequenzbändern (zivil um 1575,42 MHz, militärisch auch 1227,60 MHz) codierte Signale aus, die u. a. die Sendezeit und die aktuelle Position des Satelliten enthalten.

Der Empfänger besteht aus einer Empfangsantenne und der Signalverarbeitung, die aus den empfangenen Daten die eigene Position bestimmt.

Zur Bestimmung der Position misst der Empfänger die Zeitpunkte, zu denen er die Botschaften bekommt. Da die Signale die Sendezeit enthalten, kann der Empfänger für jeden Satelliten die Differenz zwischen Sendezeit und Empfangszeit bestimmen und aus dieser Differenz wiederum die Entfernung jedes empfangenen Satelliten. Bei bekannter Empfangszeit könnte der Empfänger aus den Entfernungen zu drei Satelliten eindeutig seine Position im Raum bestimmen. Da dem Empfänger aber die exakte Empfangszeit nicht bekannt ist (man müsste zu diesem Zweck jeden Empfänger mit einer Atomuhr ausstatten), benötigt er noch das Signal eines vierten Satelliten. Damit stehen dem Empfänger vier Gleichungen (je eine pro Satellit) mit vier

Unbekannten (absolute Empfangszeit und drei Raumkoordinaten) zur Verfügung. Dieses nichtlineare Gleichungssystem wird vom Empfänger gelöst. Ausgegeben wird die berechnete Position in Kugelkoordinaten (Breitengrad, Längengrad, evtl. auch Höhe) mit dem Erdmittelpunkt als Koordinatenursprung.

Die zivil nutzbare Genauigkeit beträgt zurzeit 15 m, erhöht werden kann sie durch ein *DGPS* (**D**ifferential **GPS**) genanntes Verfahren. DGPS benötigt einen stationären Empfänger, der seine eigene genau bekannte Position mit der aus dem GPS Signal ermittelten Position vergleicht. Die DGPS-Station sendet ein Korrektursignal, das von DGPS-fähigen mobilen Empfängern ausgewertet wird. Neben den DGPS-Stationen auf der Erde gibt es auch zwei DGPS-Systeme, die geostationäre Satelliten[2] als Station benutzen, nämlich das 2003 in Betrieb gegangene amerikanische WAAS (**W**ide **A**rea **A**ugmentation **S**ystem) und das 2006 in Betrieb gegangene europäische EGNOS (**E**uropean **G**eostationary **N**avigation **O**verlay **S**ervice). Die Genauigkeit lässt sich bis auf 3 m verbessern. Diese satellitengestützten DGPS-Systeme werden auch als SBAS (**S**atellite **B**ased **A**ugmentation **S**ystem) bezeichnet. Ein Vorteil der SBAS-Systeme gegenüber terrestrischen DGPS-Systemen ist, dass sie die Korrektursignale in einem ähnlichen Frequenzband übertragen, wie die GPS-Signale selbst. Damit kann im Empfänger auf eine zusätzliche Antenne für das Korrektursignal verzichtet werden.

Bei einer Unterbrechung der Verbindung zu den Satelliten (z. B. in einer engen Häuserschlucht oder einem Tunnel) soll auch weiterhin die Position ermittelt werden. Dies kann durch Koppelnavigation erfolgen. Bei der Koppelnavigation wird permanent beobachtet, mit welcher Richtung und Geschwindigkeit sich ein Fahrzeug von einem bekannten Punkt fortbewegt. Als Geschwindigkeitsinformation benutzt das GPS-System das Tachosignal. Richtungsänderungen können über einen Drehratensensor erkannt und berücksichtigt werden.

Nach Bestimmung der Position muss der optimale Weg zum Ziel gefunden werden. Der Fahrer muss also vor Fahrtantritt über eine Bedienoberfläche sein Ziel in das System eingeben. Dies kann ein Ortsname, eine Straße mit Hausnummer oder ein bekanntes Bauwerk sein. Danach berechnet das System ausgehend von der automatisch ermittelten Startposition die optimale Route. Die Informationen zur Routenberechnung erhält das System aus gespeicherten Straßenkarten, die z. B. von einer CD oder DVD eingelesen werden können. Die Qualität der Wegnavigation ist von der Aktualität des Kartenmaterials abhängig. Eine sinnvolle Zukunftsperspektive ist eine permanente Aktualisierung der gespeicherten Kartendaten über Funk, aufgrund der hohen wirtschaftlichen Bedeutung des Kartenmaterials, sind dann aber Verfahren nötig, die nur autorisierten Kunden der Kartenanbieter den Zugriff erlauben. Ergänzend zum Kartenmaterial können bereits jetzt bei neueren Navigationssystemen aktuelle Informationen zum Verkehrsfluss in die Navigation einbezogen werden, z. B. die von Radiosendern über den *TMC* (**T**raffic **M**essage **C**hannel, Verkehrsnachrichtenkanal) oder zukünftig beim digitalen Rundfunk über das *TPEG*-Protokoll (**T**ransport **P**rotocol **E**xperts **G**roup) ausgesendeten Informationen über Staus, Unfälle und andere Behinderungen.

Nachdem die optimale Route berechnet wurde, vergleicht das Navigations-System ständig die Ist-Position mit der Sollroute und informiert den Fahrer optisch oder akustisch, welchem Weg er zu folgen hat. Optisch erfolgt dies am besten über eine stilisierte Straßendarstellung mit einem Pfeil. Die Einblendung in eine detaillierte Karte, wie Sie z. B. bei den Chartplottern in der Seefahrt üblich ist, birgt im Straßenverkehr die Gefahr, den Fahrer zu stark vom Verkehrs-

---

2 Geostationär sind Satelliten, die auf einer ca. 36000 km hohen Umlaufbahn immer über der gleichen Position auf der sich drehenden Erde stehen.

geschehen abzulenken. Akustisch erfolgen die Hinweise über eine synthetische Stimme, die Anweisungen wie z. B. „nach 400m rechts abbiegen" gibt.

Die Idee einer automatischen Zielansteuerung existierte schon in den 70er Jahren als Vision, ist aber noch immer weit von einer Serieneinführung für zivile Fahrzeuge entfernt. Die größten Aktivitäten in dieser Richtung finden im militärischen Bereich statt, befinden sich aber auch noch im frühen Experimentierstadium. Ein öffentliches bekanntes Beispiel ist ein von der amerikanischen DARPA (**D**efense **A**dvanced **R**esearch **P**rojects **A**gency) organisiertes Vergleichsrennen selbsttätig lenkender Fahrzeuge, bei denen bislang viele Fahrzeuge das Ziel nicht erreichten [DARPA05]. Die Motivation des US-Verteidigungsministeriums ist, unbemannte Fahrzeuge in umkämpfte Gebiete schicken zu können. Bei zivilen Fahrzeugen stellt sich die Frage, ob eine automatische Zielansteuerung, wenn sie denn eines Tages möglich ist, vom Autokäufer überhaupt gewünscht wird.

9.5.4 Telematik

Der Begriff der *Telematik*, speziell der *Verkehrstelematik*, ist unpräzise definiert, taucht aber seit einigen Jahren verstärkt wieder auf. Man kann den Begriff wörtlich mit „Fernwirken" übersetzten. Das Ziel der Telematik ist die Datenabfrage oder die Steuerung auf große Distanzen. Insofern könnten auch die gerade zuvor angesprochenen Fahrzeuge, die ihr Ziel ohne Zutun eines menschlichen Fahrers ansteuern, unter diesen Begriff einsortiert werden, vor allem, wenn dies nicht völlig autonom, sondern mit Hilfe einer übergeordneten Zentrale geschieht.

Die Forschung zur Telematik in Europa wurde von 1986 bis 1992 vor allem durch das EU-Forschungsprojekt *PROMETHEUS* angestoßen. Die sehr hohen Erwartungen an dieses Projekt wurden nicht alle erfüllt, weil die Rechnertechnik und die Kommunikationstechnik damals noch nicht weit genug fortgeschritten war. Nachdem der Begriff „Telematik" danach negativ besetzt war, gibt es seit einigen Jahren wieder neue Aktivitäten auf dem Gebiet, die mit dem heutigen Stand der Technik verbesserte Erfolgschancen haben.

Zukünftige und teilweise auch schon gegenwärtige Anwendungen der Telematik sind autonomes Fahren, Ergänzung des Navigationssystems durch aktuelle Verkehrsinformationen (Baustellen, Unfälle, Staus, Parkhausbelegung), verkehrsabhängige Ampelsteuerungen, Wechselverkehrszeichen, Umfeldinformationssysteme für den Fahrer und elektronische Mauterfassung.

Allen Anwendungen der Telematik gemeinsam ist, dass sie sowohl Rechner in einem Fahrzeug, als auch Rechner außerhalb des Fahrzeuges (stationär oder auch in anderen Fahrzeugen) benötigen. Diese verteilten Rechner müssen über drahtlose Kommunikations-Schnittstellen miteinander Daten austauschen. Wenn Fahrzeuge Daten mit der stationären Infrastruktur (z. B. einer Ampel) austauschen, bezeichnet man diese Kommunikation auch als *Car2I* (***Car** to **In**frastructure*). Wenn Fahrzeuge Daten mit anderen Fahrzeugen austauschen, nennt man diese Kommunikation auch *Car2C* (*Car to **C**ar*). Ein Sammelbegriff für Car2C und Car2I ist *Car2X*. Exemplarisch für eine Telematik-Anwendung sei ein System genannt, das den Fahrer warnt, wenn er ein Verkehrszeichen übersieht [Eberlein06, Staab06]. Die Struktur solch eines Systems ist in Bild 9-15 gezeigt. Bei diesem System ist das Verkehrszeichen mit einem zigarettenschachtelgroßen Web-Server ausgestattet, dessen WLAN-Modul bei Vorbeifahrt Kontakt mit Fahrzeugen aufnimmt. Das Fahrzeug empfängt über sein WLAN-Modul eine Datei z. B. im XML-Format, die neben Informationen über das Verkehrszeichen auch schon offen ist für zukünftige Erweiterungen.

Die im Fahrzeug empfangene Datei wird an ein Entscheidungsmodul weitergereicht. Während der Entwicklungsphase ist dies ein Programm auf einem im Kofferraum mitgeführten Laptop, später kann dieses ein im Fahrzeug eingebautes Steuergerät sein. Das Entscheidungsmodul kann das Erkennen eines Verkehrszeichens mit der Kamera abgleichen. Wird ein Verkehrszeichen anhand der Lage und Richtung (durch Vergleich übermittelter Standortdaten mit GPS-Daten des Fahrzeugs) als gültig für das Fahrzeug erkannt, kann bei Missachtung der Fahrer über Aktoren gewarnt werden. Diese vier Aktoren sind ein Innenspiegel, in den das Zeichen eingeblendet wird, ein Head-Up-Display, welches das Zeichen in die Frontscheibe einblendet, ein vibrierendes Lenkrad und ein elektromotorischer Gurtstraffer.

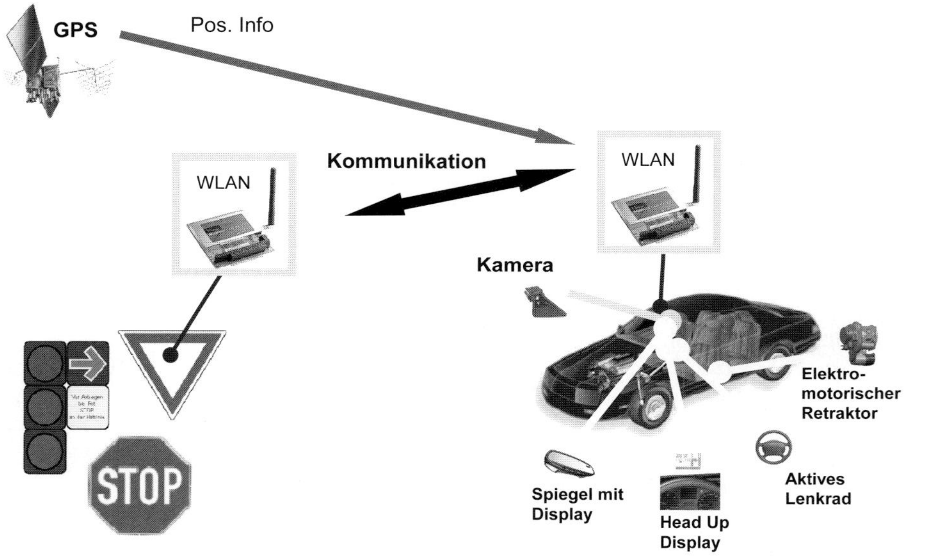

Bild 9-15 Beispiel eines Telematik-Systems

Ein elementarer Bestandteil von Telematik-Systemen sind die drahtlosen Übertragungsstrecken. Während im obigen Beispiel noch WLAN benutzt wurde, könnten zukünftig Übertragungsstandards an Bedeutung gewinnen, die auf automobile Anwendungen zugeschnitten sind, z. B. *DSRC* (**D**edicated **S**hort **R**ange **C**ommunication, dedizierte Kurzstrecken-Kommunikation) [ISO14822-1, IEEE802.11p]. In den USA entstehen unter dem Namen *WAVE* (**W**ireless **A**ccess in **V**ehicular **E**nvironments, drahtloser Zugang in Fahrzeugumgebungen) zurzeit weitere Standards, die auf IEEE 802.11p aufbauen [IEEE1609.1-4].

Ein weiteres Beispiel eines Telematik-Systems im weitesten Sinne ist das in Deutschland auf Autobahnen und zukünftig evtl. auf ausgewählten Bundesstrassen installierte System zur Erfassung der Straßen-Benutzung durch LKW und zur Erhebung eines nutzungsabhängigen Beitrags zu den verursachten Kosten (LKW-Maut). Ein solches System soll den Grundsatz „Wer viel nutzt, soll auch entsprechend dafür zahlen“ mit technischen Mitteln in die Realität umsetzen. Der Preis für diese Gerechtigkeit ist eine höhere technische Komplexität gegenüber

Für Augenblicke
wie diese
arbeiten wir
Wir haben es uns zur Aufgabe
gemacht, sichere Autos noch sicherer
zu machen. Tag für Tag.
oliv B.V. & Co. KG
-Hahn-Straße 4
37 Elmshorn
04121 797-0
04121 75776
w.autoliv.com
Insassenschutz
Unfallvermeidung
Autoliv

einer einfachen Vignette, wie der Öffentlichkeit bei der verspäteten Inbetriebnahme des inzwischen stabil arbeitenden Systems deutlich wurde.

Bei dem hierzulande realisierten System kann die Maut für eine bestimmte Strecke im voraus bezahlt werden (an Automaten oder über das Internet) oder ein elektronisches Gerät im Fahrzeug (*OBU*, **O**n **B**oard **U**nit) registriert über die Positionsdaten vom GPS die tatsächlich gefahrene Strecke und übermittelt diese dann zur Abrechnung über Mobilfunk an den Betreiber des Systems. Ergänzt wird das System durch die an Autobahnen installierten Kamerabrücken, die automatisch die Kennzeichen passierender Fahrzeuge identifizieren und somit Betrüger, die weder eine OBU besitzen, noch vorweg für den jeweiligen Abschnitt bezahlt haben, melden.

Einige Merkmale eines automatischen Maut-Systems wurden inzwischen auch genormt, nämlich der Test [ISO14907] und die Systemarchitektur [ISO17573]. Dieses Beispiel verdeutlicht auch, dass bei der Entwicklung von Telematik-Systemen gesellschaftliche, politische und wirtschaftliche Ziele, technische Aufgaben und juristische Fragestellungen eng miteinander verknüpft sein können.

9.5.5 Scheibenreinigungssysteme

Die wichtigste Informationsquelle des Fahrers ist zweifellos die Sicht durch die Scheiben. Besonders deutlich lässt sich die Gefährdung durch verschmutzte Scheiben nachts im Winter erleben, wenn der aufgewirbelte Schneematsch auf der Autobahn innerhalb kürzester Zeit die Scheiben nahezu erblinden lässt. Selbst wenn die Front- und die Heckscheibe sauber sind, können verschmutzte Seitenscheiben z. B. zu Missachtungen der Vorfahrt führen. Zur Reinigung sind die Frontscheiben (gemäß §40 [StVZO]) und meist auch die Heckscheiben mit Scheibenwischern ausgestattet[3]. Bewegt werden die Scheibenwischer über eine aufwändige Kinematik durch permanent erregte, kleine Gleichstrommotoren, die durch eine elektronische Schaltung angesteuert werden. Diese Schaltung hat die Aufgabe, entweder den Wunsch des Fahrers direkt vom Lenkstockhebel weiterzugeben oder aber die Scheibenwischer automatisch in regelmäßigen Intervallen zu betätigen. Einige Systeme besitzen optische Regensensoren, die eine Anpassung der Wischgeschwindigkeit und –Frequenz bewirken. Während bei älteren Fahrzeugen die Betätigung eines festgefrorenen Wischers zu Schäden führen kann, erkennt die Elektronik heute eine Überlast des Motors und schaltet ab. Die Datenübertragung vom Hebel am Lenkrad zur Wischerelektronik erfolgt heute oft über den Komfort-CAN.

Eine weitere nützliche Aufgabe der Wischerelektronik ist die Warnung des Fahrers, wenn nicht mehr viel Reinigungsflüssigkeit vorhanden ist.

In der Heckscheibe, neuerdings auch schon in Frontscheiben, steht als weiteres System zur Sichtverbesserung eine Heizung in Form eines Heizdrahtes zur Verfügung. Da die Heizung ein starker Stromverbraucher ist, sorgt evtl. das Energiemanagement dafür, dass diese während eines Startvorganges die Batterie nicht zusätzlich belastet.

3 Für die im Laufe der Zeit ebenfalls stark verschmutzende Innenseite der Scheibe verwendet man ein Reinigungsmittel für Glas und einen mit Muskelkraft über die Scheibe bewegten Lappen. Das ist technisch nicht sehr anspruchsvoll, aber äußerst wirksam.

Die Beleuchtung des Fahrzeugs soll einerseits dem Fahrer eine gute Sicht auch in der Dunkelheit ermöglichen, andererseits soll sie andere Verkehrsteilnehmer über die Anwesenheit des Fahrzeugs und über aktuelle Fahrmanöver (Bremslichter) und geplante Fahrmanöver (Blinker) informieren. Insofern kann die Beleuchtung als ein primitiver Vorgänger moderner Informationssysteme betrachtet werden, der aber vermutlich trotz moderner Systeme nichts von seiner Wichtigkeit einbüssen wird.

Signalleuchten wie Blinker und Bremslichter wurden in der Vergangenheit durch Glühlampen realisiert. Die Bremslichter wurden über einen Schalter am Bremspedal geschaltet, die Blinker über ein Blinkrelais.

Inzwischen werden die Lampen von Transistoren in elektronischen Steuergeräten geschaltet. Bei Beleuchtungssteuergeräten dominieren MOSFET als High-Side-Schalter (abweichend von den in anderen Steuergeräten eher verbreiteten High-Side-Schaltern, vgl. Kapitel 5). Diese Steuergeräte können Kurzschlüsse erkennen und dann die betreffende Lampe abschalten. Sobald der Kurzschluss beseitigt ist, wird die Lampe auch wieder angesteuert, ein Sicherungswechsel entfällt. Die Erkennung defekter Lampen führt zu einem zusätzlichen Sicherheitsgewinn. Neben dem gewöhnlichen Ein- und Aus-Schalten der Blinkleuchten kann ein elektronisches Steuergerät auch spezielle Blinkmuster, z. B. Autobahnblinken bei nur kurzer Betätigung des Blinkerhebels oder Panik-Blinken in einer Notsituation erzeugen. Um das gewohnte Geräusch des Blinkrelais auch nach dessen Ersatz durch die Elektronik zu erhalten, wird dieses inzwischen meist durch einen kleinen Lautsprecher im Kombi-Instrument nachgebildet. Über eine Ansteuerung der Lampen mit PWM-Signalen ist auch eine Dimmung möglich.

Zusätzliche Bremslichter bestehen häufig aus Leuchtdioden. Da sich die Lichtausbeute von Leuchtdioden in der Vergangenheit kontinuierlich verbessert hat, findet zurzeit auch beim Blinker und den Hauptbremsleuchten eine Verdrängung durch Leuchtdioden statt. Diese zeichnen sich aus durch eine längere Lebensdauer und einen geringeren Stromverbrauch. Darüber hinaus bieten sie neuartige Design-Möglichkeiten.

Das Fahrlicht wurde bislang durch Halogenlampen, überwiegend mit Doppelwendel für Fernlicht und Abblendlicht, realisiert. In Oberklassemodellen wurden diese durch hellere Gasentladungslampen ersetzt, die mit einer Mischung aus Xenon und Metallhalogeniden gefüllt sind [Bosch07E]. In diesen Lampen wird mit einer Spannung von bis zu 20 kV ein Lichtbogen gezündet, der dann mit einer Wechselspannung von z. B. 400 Hz erhalten wird. Bereitgestellt wird die Betriebsspannung für diese Lampen durch ein elektronisches Steuergerät, das mit dem Lampenträger meist eine gemeinsame Einheit bildet. Als problematisch wird die Blendung des entgegenkommenden Verkehrs durch Gasentladungslampen betrachtet. Ein Nachteil ist ebenfalls der hohe Preis. In der Zukunft ist auch beim Fahrlicht ein Ersatz durch Leuchtdioden absehbar.

In den 80er Jahren galt die Einführung von Halogenlampen mit zwei Wendeln (*Bilux-Lampen*) als fortschrittlich. Mit diesen Lampen war es möglich, Fernlicht und Abblendlicht in einer Scheinwerfereinheit durch Umschaltung der Glühwendeln zu kombinieren. Die Lichttechnik-Zulieferer arbeiten an Lösungen, die neben den konventionellen Lichtprofilen Fernlicht und Abblendlicht weitere Lichtverteilungen ermöglichen, z. B. Autobahnlicht, das eine gerade Spur möglichst weit ausleuchten soll oder quasi als Gegenstück dazu das Stadtlicht, das vor allem einen breiten Bereich vor dem Fahrzeug gut ausleuchten soll. Dies soll durch verstellbare Optiken vor den Halogenlampen erfolgen.

Bei heute zugelassenen Fahrzeugen ist eine automatische Leuchtweitenregelung vorgeschrieben, die sicherstellt, dass bei einer hecklastigen Beladung des Fahrzeugs der Lichtkegel der Frontscheinwerfer nicht zu hoch strahlt.

Eine weitere Entwicklung im Bereich des Fahrlichts ist das Kurvenlicht [Reif07], das den Lichtstrahl beim Durchfahren einer Kurve so schwenkt, dass auch die gekrümmte Strasse optimal ausgeleuchtet ist.

9.5.7 Nachtsichtsysteme

Die Möglichkeiten zur Ausleuchtung der Straße sind durch die Anforderung, entgegenkommenden Verkehr nicht zu blenden sowie durch den Energiebedarf der Lichtsysteme begrenzt. Besonders schwach ist bei herkömmlichen Systemen der Randbereich der Straße ausgeleuchtet, in dem sich z. B. Menschen oder Tiere mit der Absicht, die Straße zu überqueren, befinden.

Eine weitere Verbesserung der Sicht bei Nacht lässt sich mit Nachtsichtsystemen erzielen, die anstelle des sichtbaren Lichts der Schweinwerfer mit Infrarotlicht arbeiten. Dabei werden zwei grundsätzliche Ansätze unterschieden.

Ein Ansatz benutzt *nahes Infrarot*. Der Begriff „nah" drückt dabei aus, dass sich die Wellenlänge in der Nähe des sichtbaren Lichts befindet, z. B. bei 1 µm (sichtbares Licht ca. 400...800 nm). Erzeugt wird dieses Infrarotlicht durch zusätzliche Infrarotleuchten in der Fahrzeugfront, aufgenommen wird es durch eine Kamera, die im infraroten Bereich ihr Empfindlichkeitsmaximum hat. Das empfangene Bild wird auf einem Monitor dargestellt oder auf die Frontscheibe projiziert. Es ähnelt einem mit sichtbarem Licht aufgenommenen Schwarzweißbild.

Bild 9-15
Nachtsichtsystem (nahes Infrarot)
Foto: Robert Bosch GmbH

Der zweite Ansatz benutzt *fernes Infrarot* mit einer Wellenlänge um 10 µm, das also schon im Bereich der Wärmestrahlung liegt. Dadurch werden belebte Objekte, die es durch Nachtsichtsysteme hautsächlich zu erkennen gilt, durch ihre eigene Wärmestrahlung sichtbar. Eine zusätzliche Infrarot-Ausleuchtung ist nicht erforderlich. Anstelle der Kamera beim nahen Infrarot ist ein teureres Wärmebildsystem erforderlich. Ein weiterer Nachteil ist, dass Wärmebilder sehr ungewohnt wirken und bei ungeübten Benutzern eher zu Verwirrung führen, anstatt zu unterstützen.

9.6 Mensch-Maschine-Schnittstelle

Je mehr Technik in einem Fahrzeug untergebracht ist, umso mehr muss der Hersteller darauf achten, dass sich das Fahrzeug noch intuitiv ohne intensive Lektüre einer Anleitung bedienen lässt. Die Mensch-Maschine-Schnittstelle (***M**an **M**achine **I**nterface, MMI*) besteht aus den Pedalen, dem Lenkrad mit zusätzlichen Bedienelementen, dem Kombiinstrument hinter dem Lenkrad, weiteren Bedienelementen in der Mittelkonsole (Gangwahl, Klima) und evtl. einem *Head-Up-Display*, das Informationen im Blickfeld des Fahrers auf die Windschutzscheibe projizieren kann. Beim Fahren sollte der Fahrer möglichst genau die Informationen bekommen und die Bedienelemente in der Nähe des Lenkrades haben, die er braucht, sowohl weniger als auch mehr wären ungünstig. Die optimale Gestaltung ist oft keine rein technische Frage und erfordert die Mitwirkung von Psychologen sowie umfangreiche Befragungen potentieller Käufer.

Die Pedale haben sich aus Fahrersicht in den letzten 50 Jahren nicht verändert. Sowohl das Bremspedal als auch das Kupplungspedal wurden mit Schaltern ausgestattet, die den betreffenden Steuergeräten (z. B. Bremse, Fahrdynamik, Motor, Getriebe) zusätzliche Informationen über deren Betätigung liefern. Mit der Einführung von By-Wire-Systemen werden die mechanischen Betätigungen, die durch die Pedale ausgelöst werden, durch Sensoren, die elektrisch den Betätigungswinkel messen, ersetzt. Beim Gaspedal ist bereits heute der klassische Bowdenzug zur Drosselklappe eines Vergasers oder zur Regelstange einer Einspritzpumpe durch ein elektrisches System (*E-Gas*) ersetzt. Bei der Beschreibung des Dieselsteuergerätes in Kapitel 3 wird das elektronische Gaspedal näher erläutert. Das Gefühl bei der Pedalbetätigung wird mechanisch über Federn vermittelt, in Zukunft ist eine zusätzliche Aktorik denkbar, die den Fahrer z. B. beim Überschreiten einer zulässigen Geschwindigkeit einen Druckpunkt im Pedal spüren lässt.

Das Lenkrad hat sich auch äußerlich in den letzten Jahren bei einigen Herstellern verändert. Da der Fahrer für manche Bedienvorgänge (z. B. Lautstärke des Autoradios) eine Hand weit vom Lenkrad entfernen musste, wurden immer mehr Tasten mit unterschiedlichen Funktionen in das Lenkrad integriert (*Multifunktionslenkrad*). Es gab auch schon Versuche einzelner Hersteller, Anzeigelemente (z. B. Uhr, Tacho) in das Lenkrad zu integrieren, die bislang aber nicht erfolgreich waren. In der Oberklasse gibt es beheizte Lenkräder. Unmittelbar hinter dem Lenkrad befinden sich Lenkstockschalter für Funktionen, die während der Fahrt häufig benötigt werden, z. B. Blinker und Scheibenwischer. An für den Fahrer unsichtbaren Veränderungen ist vor allem die Integration des Airbags (s. Abschnitt über passive Sicherheit) und die Integration eines elektrischen Lenkwinkelsensors (s. Abschnitt über aktive Sicherheit) zu nennen. Weitere Veränderungen wird es mit den zuvor erwähnten Steer-by-Wire-Systemen geben. Wenn die mechanische Verbindung zum Fahrwerk entfällt, wird es wichtig sein, die taktile Rückmeldung über das Verhalten des Fahrzeugs im Lenkrad durch ein elektronisches System zu simulieren. Diese Technik wird heute bereits ansatzweise in Fahrsimulatoren benutzt, um ein Gefühl für die Lenkung zu vermitteln.

Versuchsfahrzeuge wurden mit einem *Joystick* ausgestattet, der die Lenkung (links/rechts) sowie Bremse und Gas (vorne/hinten) steuerte. Gewöhnungsbedürftig erscheint das Beschleunigen durch Zurückziehen und das Bremsen durch das Schieben des Joysticks nach vorne. In Computerspielen wird oft die intuitivere, entgegengesetzte Bedienung eingesetzt. Im bewegten Fahrzeug jedoch, wird der Fahrer beim Bremsen nach vorne geschoben und könnte dann mit dem Joystick unbeabsichtigt Gas geben, deshalb ist das intuitivere Konzept in Gefahrensituationen als kritisch zu bewerten. Technisch ist der Joystick heute leicht realisierbar. Bei Fahrern, die es gewohnt sind, ein Fahrzeug über ein Lenkrad zu steuern, findet dieser aber keine Akzeptanz. Eine weitere Herausforderung ist, den Joystick mit einer taktilen Rückmeldung zu versehen, um ein Fahrgefühl zu vermitteln [ChaSch04].

Der zentrale Bestandteil des MMI ist das Kombiinstrument hinter dem Lenkrad. Bei älteren Fahrzeugen bestand dieses aus einigen mechanischen Zeiger-Instrumenten (z. B. Tachometer), aus vereinzelten elektrisch angesteuerten Zeigerinstrumenten (z. B. für Kühlwassertemperatur) und einigen Schaltern (Licht, Warnblinker) und Kontrollleuchten, die zunächst durch Glühlampen, später durch LED realisiert wurden. Bereits in den 80er Jahren gab es Versuche, diese Kombiinstrumente durch Digitalanzeigen zu ersetzen. Technisch ist dies damals gerade möglich geworden, der Fahrzeugkäufer bevorzugt aber weiterhin die klassischen runden Instrumente, die neben ihrer technischen Funktion auch maßgeblich zum Design des Cockpits beitragen. Später wurden kleine Informationsdisplays in die Kombiinstrumente integriert, die z. B. Informationen zum Kraftstoffverbrauch, Warnhinweise oder Navigationshinweise anzeigen können. Aufgrund der Vielseitigkeit digitaler Systeme aus Herstellersicht, wird diese Entwicklung zurzeit wieder neu aufgegriffen. Dabei wird aber nicht versucht, wie in den 80er Jahren futuristische Designs zu integrieren, sondern ein klassisches Design digital nachzubilden.

Geändert hat sich auch die Versorgung des Kombiinstruments mit Informationen. Wurden alte Tachos noch mechanisch über Tachowellen angetrieben, kam später diese Information elektronisch vom ABS-Steuergerät oder vom Motorsteuergerät. Auch andere mechanische Instrumente wurden in ähnlicher Weise durch Elektronik ersetzt. Nachdem der Stecker am Kombiinstrument immer mehr Leitungen benötigte, hat sich inzwischen die Leitungen sparende Ansteuerung über den CAN-Bus durchgesetzt. Das Kombiinstrument ist also inzwischen selbst ein vernetztes Steuergerät, das sich von anderen Steuergeräten durch die Schnittstelle zum Bediener stark unterscheidet.

Das Odometer[4] zur Messung der gesamten Kilometerleistung ließ sich sowohl bei mechanischen Lösungen, als auch bei den ersten elektronischen Lösungen leicht manipulieren, um beim Verkauf eines Fahrzeugs einen niedrigeren Kilometerstand vorzutäuschen. Mittels kryptografischer Verfahren ist der Aufwand inzwischen für den Fahrzeugbenutzer zu hoch, es gibt jedoch „Profis", die auch aktuelle Schutzmechanismen knacken. Aus diesem Grunde hat der Gesetzgeber die Manipulation und sogar die Beschaffung oder Entwicklung von Hilfsmitteln zur Manipulation durch Einführung des §22b [StVG] unter Strafe gestellt. Wer im Ausland das

4 Der Tacho ist das Instrument zur Messung der Fahrgeschwindigkeit, in der Umgangssprache wird aber auch das Odometer häufig als Tacho(meter) bezeichnet, die Manipulation des Odometers als Tachomanipulation. In Gesetzestexten ist der Begriff *Wegstreckenzähler* üblich.

Odometer manipulieren lässt, macht sich spätestens beim Verkauf des Fahrzeugs im Inland strafbar.

In der Mittelkonsole sind Bedienelemente untergebracht, die während der Fahrt nur vereinzelt benötigt werden (z. B. Klimatisierung und Radio). Unterhalb der Mittelkonsole befindet sich meist der Gangwahlhebel bzw. der Wählhebel für ein Automatikgetriebe. Dieser befindet sich nicht aus ergonomischen Gründen dort, sondern um die mechanische Anbindung an das Getriebe zu vereinfachen. Bei Automatikgetrieben oder automatisierten Schaltgetrieben wäre an dieser Stelle kein Wahlhebel mehr erforderlich. So hat z. B. der Hyundai Trajet den Wählschalter für das Automatikgetriebe als Stockschalter hinter dem Lenkrad und der Platz unter der Mittelkonsole ist damit frei. Damit ist aber eine versehentliche Betätigung beim Lenken möglich, evtl. kann die aktuelle Position nicht erkannt werden, wenn der Hebel gerade durch eine Lenkradspeiche abgedeckt ist.

In der Oberklasse befindet sich im Bereich der Mittelkonsole häufig ein kleiner Bildschirm, der Fahrzeugeinstellungen, Radiosender, Einstellmenüs oder gar Fernsehbilder zeigt.

Eine neue Entwicklung sind Anzeigen, die aus unterschiedlichen Perspektiven unterschiedliche Bilder darbieten. Eine mögliche Anwendung ist, dass der Fahrer auf der Mittelkonsole Navigationsinformationen bekommt, während der Beifahrer auf demselben Schirm ein Unterhaltungsprogramm sieht. Eine Erweiterung auf drei unterschiedliche Bilder aus drei unterschiedlichen Blickrichtungen ist möglich. Dazu werden wie im folgenden Bild gezeigt die zwei oder drei Bilder verschachtelt auf benachbarten Bildpunkten (Pixel) gezeigt. Vor der Anzeige befindet sich eine Lochmaske, die jedem Betrachter nur den Blick auf die Pixel des für ihn bestimmten Teilbildes ermöglicht.

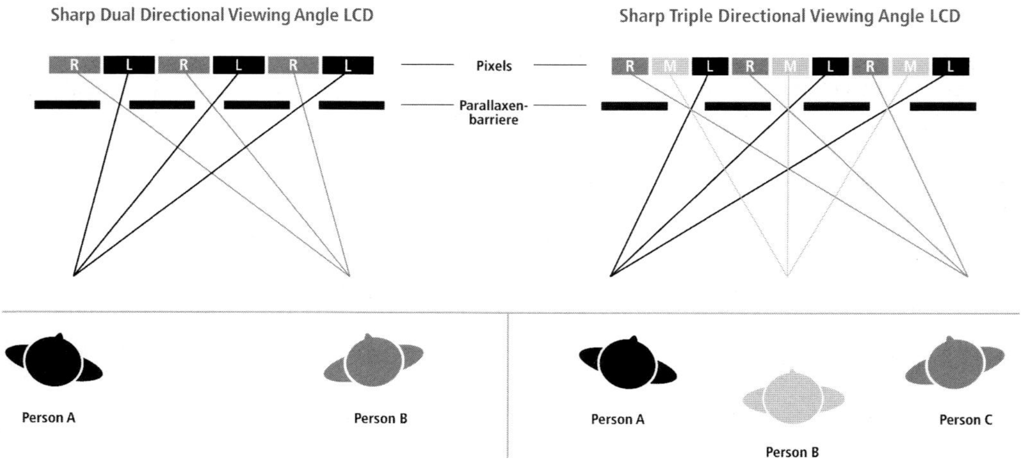

Bild 9-16 Anzeigeschirm mit richtungsabhängig unabhängigen Bildern (Sharp Microelectronics Europe)

Eine zukünftige Entwicklung für die Oberklasse sind *haptische Drehschalter*. Diese sind Drehschalter, bei deren Betätigung elektromagnetisch ein Gegenmoment erzeugt werden kann. Dadurch lässt sich die Leicht- oder Schwergängigkeit elektronisch steuern und an bevorzugten Schaltstellen lassen sich künstliche Druckpunkte erzeugen, an denen der Schalter einzurasten scheint. Dies kann vor allem dann sinnvoll sein, wenn ein Drehschalter mit unterschiedlichen Funktionen belegt wird.

Einige Fahrzeuge von BMW und Citroën verfügen über *Headup-Displays*. Diese Technik wurde ursprünglich für Kampfflugzeuge entwickelt, um dem Piloten in die Scheibe Informationen zu projizieren. So kann der Pilot z. B. mit einem Leuchtcursor über die Frontscheibe navigieren und Bauten oder Fahrzeuge dann als Ziel markieren. Im Auto dienen diese Displays dem Zweck, wichtige Informationen dem Fahrer direkt in sein Blickfeld zu bringen. Während in Kampfflugzeugen hinter der Frontscheibe meist eine zweite Scheibe als Projektionsscheibe vorhanden ist, wird im Auto direkt die Windschutzscheibe verwendet, die für die Benutzung als Display werkseitig vorbereitet sein muss. Das Display selbst befindet sich im Armaturenbrett hinter dem Kombiinstrument und besteht aus einer lichtstarken Bildquelle und einer komplexen, elektronisch verstellbaren Optik, die das Bild verzerrungsfrei und für den Fahrer gut sichtbar in die gekrümmte Windschutz-Scheibe projiziert. Aufgrund der hohen Kosten der Projektionsoptik bleibt das Headup-Display der Oberklasse vorbehalten.

9.7 Komfortsysteme

Neben der bereits ausführlich als Beispiel behandelten Klimaanlage und der Heizung spielen für den Komfort die Sitze eine zentrale Rolle, die immer häufiger mit Hilfe mehrerer Elektromotoren verstellbar sind und sich beim Einsteigen individuell an einzelne Fahrer anpassen können. Einige Sitze sind auch beheizbar oder bieten sogar Massagefunktionen. Die Sitzstruktur muss einer Person im Falle eines Crashs nicht nur sicheren Halt bieten, in die Sitze werden auch zunehmend Sicherheitssysteme wie Seitenairbags, aktive Kopfstützen oder Sensoren integriert.

Ein Standard sind inzwischen elektrische Fensterheber geworden, die auf Tastendruck die Seitenscheiben heben oder absenken. Nachteilig ist, dass sich die Fenster ohne Energieversorgung nicht mehr betätigen lassen. Ähnlich funktionieren elektrische Schiebedächer. Das Problem, dass spielende Kinder durch die hochfahrende Scheibe verletzt werden konnten, wurde zwischenzeitlich entschärft, indem der Motor abschaltet oder umkehrt, wenn ein Anstieg des Motorstromes auf ein Hindernis hindeutet. Damit der Fensterheber auch bei Schwergängigkeit noch funktioniert, heben manche Hersteller diese Sicherheitsfunktion auf oder erhöhen die Schwelle, wenn der Strom wiederholt den Normalwert übersteigt.

Fahrzeuge der Oberklasse verfügen oft über sehr viel verschiedene individuelle Einstellungen eines Benutzers, z. B. Sitzstellungen, persönliches Adressverzeichnis für das Autotelefon, eine Vorzugsliste von Zielen für das Navigationssystem, usw. Um solche Einstellungen bei einem Wechsel des Benutzers nicht immer neu durchführen zu müssen, können für unterschiedliche Benutzer individuelle Profile gespeichert sein. Die Erkennung des Benutzers kann über eine Chipkarte oder über biometrische Merkmale, z. B. den Fingerabdruck, erfolgen.

Zum Komfort gehört auch die Beleuchtung des Innenraumes. Während bei einfachen Fahrzeugen die Beleuchtung durch einen Türkontakt geschaltet wird, ermöglicht die Elektronik eine Anpassung an individuelle Vorlieben und sanfte Dimmfunktionen. Vereinzelt werden Beleuchtungen an Ablagefächern oder Kartentaschen durch Annäherung geschaltet oder gedimmt.

Diese exemplarische Aufzählung von Komfortfunktionen ließe sich beliebig weiter fortsetzen. Vielen Funktionen gemeinsam ist, dass obwohl sie von ihren Nutzern lediglich als angenehme

Kleinigkeiten wahrgenommen werden, oft ein erheblicher technischer Aufwand betrieben wird, an dem häufig sogar mehrere über ein Bussystem kommunizierende Steuergeräte beteiligt sind. Viele Komfort-Details können deshalb aus Kostengründen nur in Fahrzeugen der Oberklasse realisiert werden. Ein Problem einiger Oberklassefahrzeuge ist, dass die zahlreichen Komfortfunktionen, die z. T. auch im Stand betriebsbereit sein sollen, den Ruhestrom des Fahrzeugs erhöhen und damit trotz eines fortschrittlichen Energiemanagements die Startbereitschaft des Fahrzeugs nach längerer Abstellzeit gefährden.

9.8 Unterhaltungselektronik

Die Unterhaltungselektronik im Fahrzeug entwickelt sich langsamer als andere Bereiche. Dies ist letzten Endes auf Kundenwünsche zurückzuführen, die z. B. Sicherheitsfunktionen höher priorisieren als Multimedia-Funktionen im Fahrzeug.

Das zentrale Element ist nach wie vor das Autoradio mit Empfang auf UKW und eventuell in weiteren Frequenzbereichen. Meist ist ein CD-Spieler integriert. Der Trend zur Miniaturisierung in der Elektronik kommt gerade Autoradios zugute, moderne Radios erreichen teilweise Leistungen, die die erforderliche Leistung zur Beschallung des Fahrzeuginnenraums übersteigen und eine Klangqualität, die früher nur stationären Radios vorbehalten war. Die in der Vergangenheit übliche Antenne am Kotflügel wich einer kurzen Dachantenne, inzwischen werden diese durch Antennen verdrängt, die unsichtbar in die Scheibe eingelassen werden. Montiert wurden die Autoradios in Schächten nach [ISO7736], häufig auch als DIN-Schacht bezeichnet montiert. Viele Autohersteller haben diese genormten Schächte durch eigene Einbauformate ersetzt, um die Kunden stärker an die eigene Zubehörpalette zu binden. Üblich sind heute Stereo-Systeme mit 4 Lautsprechern.

Heutige Autoradios verfügen über das schon aus den 70er Jahren stammende analoge Informationssystem *ARI* (**A**utofahrer-**R**undfunk-**I**nformation), das einem Autoradio die automatische Erkennung einer Verkehrsmeldung ermöglicht. Dadurch kann sich ein stumm geschaltetes Radio durch eine Meldung vorübergehend auf laut stellen. Weiterhin üblich ist das aus den 80er Jahren stammende *RDS* (***R**adio **D**ata **S**ystem*), das in digitaler Form weitere Informationen wie die Senderkennung oder Programmart im Signal unterbringt. Eine besonders wichtige RDS-Information ist der *TMC*, der digital codierte Verkehrsmeldungen überträgt, die dann z. B. von einem Navigationssystem automatisch weiterverarbeitet werden können.

Das heute verbreitete UKW-Radio könnte zukünftig durch eine digitale Übertragung abgelöst werden. Erste digitale Ausstrahlungen laufen bereits regulär über *DAB* (**D**igital **A**udio **B**roadcast, digitale Audioausstrahlung) auf UKW und im Testbetrieb über *DRM (***D**igital **R**adio **M**ondiale) auf anderen Frequenzen. In Verbindung mit der digitalen Übertragung wird auch der TMC durch das vielseitigere TPEG-Protokoll abgelöst [TPEG]. Einige deutsche Sender strahlen bereits digitale Radioprogramme mit TPEG-Informationen aus.

Manche Fahrzeughalter haben ein Bedürfnis, die Lautstärke und die Reichweite der Bass-Lautsprecher über das übliche Maß hinaus zu erhöhen. Solchen Kunden bietet die Zubehörindustrie Verstärker an, die Leistungen von mehreren 100 W erzeugen können. Um diese Leistung konstant verfügbar zu haben und um das Bordnetz nicht beim Betrieb solcher Geräte zusammenbrechen zu lassen, wird die Versorgungsspannung durch Kondensatoren mit einer Kapazität von mehreren Farad gepuffert. Die Basslautsprecher werden häufig in den Kofferraum eingebaut. Die Schallabstrahlung in die Umgebung wird verstärkt durch die Einbeziehung der Karosserie als Resonator. Beim Betrieb ist zu beachten, dass eine Lautstärke, die den Fahrer in seinen Fähigkeiten einschränkt, gegen die [StVO] verstößt.

In der Oberklasse werden neben Audio-Anlagen vereinzelt auch Video-Systeme integriert. Zu diesem Zweck kann ein Monitor genutzt werden, des sonst der Fahrerinformation dient. Für weitere Insassen werden auch Monitore in der Sitzrückseite oder unter dem Fahrzeugdach angeboten. Der TV-Tuner wird getrennt vom Monitor im Fahrzeug verbaut, z. B. hinter der Kofferraum-Verkleidung.

Für die digitale Vernetzung verteilter Multimedia-Systeme werden Bussysteme verwendet, die im dortigen Kapitel näher beschrieben werden.

9.9 Diebstahlschutz

Die sicher einfachste Methode, das Fahrzeug vor Diebstahl zu schützen, ist es abzuschließen. Dies geschah zunächst über ein mechanisches Schloss an allen Türen, auch am Deckel des Kofferraumes. Die Bequemlichkeit, alle Schlösser durch Betätigung eines einzelnen Schlosses zu ver- oder entriegeln, führte zur *Zentralverriegelung*. Um zu verhindern, dass Kinder während der Fahrt die Tür öffnen können, wurden *Kindersicherungen* eingeführt. Als Aktoren dienen elektromagnetische Antriebe, die auf das Schloss wirken. Angesteuert werden diese bei Nachrüstlösungen von einem eigenen Steuergerät, bei Serienlösungen ist dies meist eine Aufgabe der Türsteuergeräte, evtl. gemeinsam mit einem Steuergerät zur Zugriffskontrolle. Die Kommunikation der beteiligten Steuergeräte erfolgt üblicherweise über den Komfort-CAN. Heutige Zentralverriegelungen werden von einem im Schlüssel untergebrachten Sender betätigt, ein Einstecken ins Schloss ist nur dann erforderlich, wenn die Funkfernsteuerung z. B. aufgrund einer leeren Batterie im Schlüssel nicht mehr funktioniert. Die im Schlüssel untergebrachten Lithium-Batterien überdauern aber häufig die Lebensdauer des Fahrzeugs.

Ein Komfortmerkmal einiger Fahrzeuge der Oberklasse ist der *Keyless Entry*, also der Zutritt zum Fahrzeug, ohne das Fahrzeug aufschließen zu müssen. Dabei genügt es, den Schlüssel beim Öffnen in der Hosentasche zu haben. Dieser wird über eine drahtlose Signalübertragung erkannt, wenn versucht wird die Tür zu öffnen. Ist der erkannte Schlüssel für das jeweilige Fahrzeug gültig, gibt das Türsteuergerät die Tür zum Öffnen frei.

Ein weiteres Komfortmerkmal in der Oberklasse sind *Schließhilfen*. Mit diesen genügt es, eine Tür leicht ins Schloss fallen zu lassen, ein elektromotorischer Antrieb stellt dann ein vollständiges Schließen sicher.

Bild 9-17
Transponder für Wegfahrsperre im Größenvergleich mit Schlüssel (etwa Originalgröße)

Eine zweite Hürde nach dem Zutritt zum Fahrzeug ist die Berechtigung zum Starten. Das Einschalten der Spannungsversorgung für die meisten Fahrzeugfunktionen und das Starten des

Motors erfolgt seit jeher über einen Schlüsselschalter (Zündschloss). Da ein Schlüsselschalter mit einem Draht überbrückt werden kann, stellt er kein großes Diebstahlhindernis dar. Da die Autodiebstähle in Europa zu Beginn der 90er Jahre stark zunahmen, wurde auf Druck der Versicherer ein weiterer Schutzmechanismus eingeführt, nämlich die *Wegfahrsperre* (*WFS*), branchenintern oft mit dem englischen Begriff *Immobilizer* oder umgangssprachlich *Immo* bezeichnet.

Unter der Lenkradverkleidung befindet sich in der Nähe des Schlüsselschalters ein kleines Steuergerät. Bei einem Startversuch überprüft dieses Gerät mittels einer drahtlosen Übertragung, ob sich ein gültiger Schlüssel in unmittelbarer Nähe (z. B. im Schloss) befindet. Dieser Schlüssel wird erkannt mit Hilfe eines im Schlüssel eingebauten Transponders, einem kleinen (Bild 9-17) Sender und Empfänger, der auch sämtliche Energie zum Betrieb induktiv dem Signal vom Wegfahrsperren-Steuergerät entnimmt. Dieses Prinzip wird auch als *RFID* (**R**adio **F**requency **Id**entification) bezeichnet. Der Transponder empfängt eine Anfrage vom Steuergerät und sendet dann ebenfalls über Funk einen passenden Code zurück. Bei einem gültigen Code kann das Fahrzeug gestartet werden, bei einem ungültigen Code wird der Start verweigert. Da die Überprüfung des Codes eine merkliche Zeit in Anspruch nimmt, kann bei einigen Fahrzeugen zunächst gestartet werden, der Motor wird dann aber ohne gültigen Code wieder abgeschaltet. Die Funktion der Wegfahrsperre wird heute meist im Motorsteuergerät untergebracht, da dieses auch Zugriff auf die vorgeschriebenen mindestens drei Abschaltpfade (z. B. Anlasser, Kraftstoffpumpe, Einspritzung) hat. Das Motorsteuergerät verfügt auch über einen ausreichenden Rechner, um weitere Funktionen wie das Anlernen neuer Schlüssel zu unterstützen. Das Steuergerät am Schloss dient dann nur der Kommunikation mit dem Transponder im Schlüssel.

Für den Fall, dass es trotz aller Sicherheitsvorkehrungen gelingt, unbefugt ein Auto zu öffnen oder wegzufahren, sind viele Fahrzeuge zusätzlich mit *Alarmanlagen* ausgestattet, die ggf. durch automatische Betätigung der Hupe und der Blinker die Aufmerksamkeit auf das Fahrzeug lenken. Diese können z. B. auf die manuelle Öffnung einer elektronisch verriegelten Tür reagieren. Die häufigen Fehlalarme werden durch Beschleunigungssensoren ausgelöst, die Erschütterungen schon dann erkennen sollen, sobald jemand am Fahrzeug hantiert. Mit Hilfe der Erdbeschleunigung g können Beschleunigungssensoren auch als Neigungssensoren benutzt werden, die Versuche, das Fahrzeug komplett zu verladen, erkennen. Aufgrund möglicher Fehlalarme unterliegen Alarmanlagen gesetzlichen Vorschriften bezüglich der Lautstärke und Dauer eines Alarms.

10 Selbstbau und Tuning

Für den Bastler wäre es sicher eine interessante Vorstellung, sich die Elektronik seines Fahrzeugs selber zu bauen oder auch nur zu verändern. Dieser Versuchung sind jedoch rechtliche, technische und auch Sicherheits-Grenzen gesetzt.

Jedes im Straßenverkehr zugelassene Fahrzeug besitzt eine allgemeine Betriebserlaubnis gemäß [StVZO] §20, die dem Hersteller für den jeweiligen Fahrzeugtyp erteilt wurde. Durch Umbauten erlischt die Betriebserlaubnis und damit auch die Zulassung. Dies gilt keineswegs nur für Eingriffe in den Antrieb oder in Sicherheitssysteme, sondern auch für manch „harmlose“ Bastelei, z. B. in Form von Lichteffekten, die den Fahrer oder andere Verkehrsteilnehmer ablenken können. Das Führen eines nicht zugelassenen Fahrzeugs im öffentlichen Straßenverkehr ist nicht nur eine Ordnungswidrigkeit, sondern eine Straftat. Nach einem Umbau ist nach [StVZO] §21 eine Betriebserlaubnis für Einzelfahrzeuge zu beantragen. Diese ist gemessen an den Kosten, die bei der Anmeldung eines Serienfahrzeugs entstehen, teuer.

Wer in Sicherheits- und Fahrdynamik-Systeme eingreift, sollte sehr genau wissen was er tut. Das System sollte so intensiv erprobt werden wie ein Serienprodukt. Da dem durchschnittlichen Bastler nicht die Simulationssysteme und Teststrecken der Fahrzeughersteller und Zulieferer zur Verfügung stehen, sollte im Interesse der eigenen Sicherheit und der Sicherheit anderer von Basteleien in diesem Bereich abgesehen werden.

Daneben wird der Bastler im Fahrzeug aber technisch sehr schnell an seine Grenzen stoßen. Während Serienprodukte von Teams aus Experten unterschiedlichster Richtung mit einem Aufwand von mehreren Mannjahren in entsprechend ausgestatteten Laboren entwickelt werden, muss der Selbstbauer Erfahrung in Leistungselektronik, elektromagnetischer Verträglichkeit, Mikrocontrollerprogrammierung und Fahrzeugtechnik nebst entsprechender Laborausrüstung mitbringen. Diese Liste lässt sich in vielen Fällen noch verlängern. Selbst in Entwicklungsabteilungen wird der Tatendrang nicht selten z. B. durch eine störrische Wegfahrsperre aufgehalten, für die dann meist aus gutem Grunde keine Dokumentation erhältlich ist.

Das alles heißt aber nicht zwangsläufig, dass Fahrzeuge für Selbstbauer oder gar Selbst-Entwickler eine Tabuzone sind. So sind einige Basteleien im Komfortbereich durchaus möglich und auch gegen einen selbst gebauten Drehzahlmesser ist nichts einzuwenden. Ein besonders dankbares Tätigkeitsfeld, zu dem vereinzelt auch in Elektronikzeitschriften und in der Hobby-Literatur Bauanleitungen veröffentlicht werden, ist die Test- und Diagnose-Elektronik [Elekto05, Elekto06, Elekto07, Schäff07].

Selbst Eingriffe in den Antriebsstrang sind möglich. Ein Beispiel ist der Einbau selbstgebauter Zündanlagen [Clarke05]. Damit diese ohne rechtliche Konsequenzen und ohne nachteilige Folgen für die Umwelt bleiben, sind Abgasmessungen auf einem Rollenprüfstand sowie eventuelle technische Gutachten zur OBD (Kapitel 6) erforderlich, um die Betriebserlaubnis für Einzelfahrzeuge zu bekommen. Wie sich Umbauten auf die Lebensdauer auswirken, weiß man eventuell nach einem frühzeitigen Motorschaden. Damit wird der Eingriff zwar sehr kostspielig, aber legal. Da Eingriffe in den Antriebsstrang auch technische Erfahrung und die entsprechende Ausrüstung erfordern, bieten zahlreiche Tuner Leistungssteigerungen als Dienstleistung an. Seriöse Tuner kümmern sich auch um sämtliche rechtliche Belange und man bekommt gegen einen entsprechenden Preis wieder ein zugelassenes Fahrzeug.

Häufig ist die Zielsetzung beim Tuning die maximal mögliche Leistungssteigerung. Damit stellt sich die Frage, warum nicht bereits der Hersteller die maximal mögliche Leistung realisiert hat. Dafür gibt es drei Gründe. Ein Grund ist die Modellpolitik. Nicht selten wird ein Motor in verschiedenen Leistungsklassen angeboten. Die Unterschiede zwischen diesen Motoren sind meist gering, im Extremfall handelt es sich sogar um exakt gleiche Motoren, für die lediglich in der Software unterschiedliche Datensätze hinterlegt wird. Gegen Aufpreis bekommt der Käufer dann den „besseren" Datensatz.

Ein weiterer Grund sind die Streuungen zwischen den Motoren. Selbst innerhalb eines Motors können sich die Zylinder bereits erheblich in ihrem Drehmomentbeitrag unterscheiden. Zwischen Motoren einer Serie ist mit noch größeren Streuungen zu rechnen. Eine individuelle Anpassung eines Datensatzes durch den Hersteller wäre aber recht teuer, deswegen ist der Datensatz eher für den Durchschnittsmotor einer Serie ausgelegt, in der Erwartung, dass auch statistische Randexemplare noch mit diesem Datensatz funktionieren. Eine Anpassung vereinzelter Parameter an Einzelmotoren erfolgt aber zunehmend automatisch durch „intelligente" Lernfunktionen im Steuergerät.

Der dritte Grund ist, dass eine extreme Optimierung der Leistung immer zu Lasten anderer Eigenschaften (Lebensdauer, Verbrauch und Emissionen erfolgt). Die Hersteller kennen die Tuning-Tricks recht gut und bemerken bei Gewährleistungsansprüchen einen Tuning-geschädigten Motor auch dann, wenn der Eingriff zwischenzeitlich wieder rückgängig gemacht wurde.

Tuning über motorische Maßnahmen sowie ein Tuning, das primär das Aussehen eines Fahrzeugs sportlicher oder aggressiver gestalten soll (und dabei nicht selten zu geradezu komisch wirkenden Verunstaltungen führt), sind kein Thema der Kfz-Elektronik. Die einfachste Möglichkeit, über die Elektronik Fahrzeuge zu tunen, ist die Manipulation von Sensorsignalen. Wird beispielsweise mit Hilfe eines Widerstandes das Signal des Ladedrucksensors reduziert, wird die Ladedruckregelung einen höheren tatsächlichen Ladedruck (aber den gleichen scheinbaren Ladedruck) einstellen. Diese Praxis führt zwangsläufig dazu, dass häufige überhöhte Drücke zu Schäden führen. Einen Schritt weiter gehen Zusatzgeräte, die Sensorsignale abhängig vom Fahrzustand manipulieren. Die wirksamste und schwierigste Stufe des elektronischen Tunings ist schließlich das *Chiptuning*. Dabei wird der Datensatz oder gar die komplette Software des Steuergerätes durch andere Daten oder eine andere Software überspielt. Ein technisch ähnlicher Vorgang ist die Veränderung des Kilometerstandes im Kombiinstrument, die in Deutschland sogar mit bis zu einem Jahr Haft geahndet werden kann.

Die Hersteller versuchen die Veränderung von Software und Datensätzen zu verhindern und sind dabei durchaus erfolgreich. Trotzdem gibt es keinen perfekten Schutz und so gelingt es professionellen Tunern mit umfangreicher Software-Kenntnis immer wieder, bestimmte Steuergeräte zu „knacken".

11 Zukunftstechnologien im Fahrzeug

Im folgenden Kapitel soll ein kurzer Ausblick in die Zukunft gewagt werden. Dabei werden vor allem neue Querschnittstechnologien wie die Adaptronik, die Nanotechnologie und die Photonik mit ihren Auswirkungen auf die Kfz-Elektronik betrachtet. Eine begrifflich scharfe Abgrenzung dieser Technologien gegenüber vorhandenen Technologien ist nicht möglich, da sich derartige Begriffe schnell als Modewörter etablieren, die auch an unpassender Stelle in der Werbung oder in politischen Festreden benutzt werden und damit eine ursprüngliche Bedeutung verwässern. Natürlich können an dieser Stelle nur Trends aufgezeigt werden, verlässliche Prognosen sind nur bei solchen Innovationen möglich, die kurz vor der Markteinführung stehen.

Die Mikrosystemtechnik wird hier nicht hervorgehoben, da sie inzwischen als etablierte Technologie der Gegenwart bezeichnet werden kann und bereits heute die Grundlage zahlreicher Sensoren im Fahrzeug und auch einiger Aktoren darstellt.

In einem Atemzug mit den hier aufgeführten Technologien wird oft die Biotechnologie genannt. Anwendungen der Biotechnologie im Kfz sind aber gegenwärtig nicht erkennbar. Allerdings könnten Ingenieure aus der Kfz-Industrie auf andere Art mit der Biotechnologie in Berührung kommen: In einigen Unternehmen, die mikrosystemtechnische Produkte für die Kfz-Industrie entwickeln, existieren Bestrebungen, die vorhandenen Kompetenzen auch für Anwendungen in der Biotechnologie zu nutzen.

11.1 Adaptronik

Die Adaptronik ist eine junge Disziplin, die versucht, Werkstoffe mit intelligenten Eigenschaften zu versehen („*smart materials*"). Ein klassisches Beispiel intelligenter Werkstoffe sind fototrope Gläser, die sich durch Sonneneinstrahlung selbsttätig verdunkeln. Nur selten lassen sich solche Eigenschaften unmittelbar in ein Material integrieren. Wenn dies nicht möglich ist, lassen sich aber häufig Aktoren und Sensoren über die Fläche oder das Volumen eines Materials verteilen und durch eine geeignete elektronische Steuerung lassen sich auch so Materialeigenschaften im Betrieb dynamisch anpassen.

Adaptronische Lösungen verlangen interdisziplinäre Lösungsansätze und Kompetenzen. Das System, das durch Adaptronik beeinflusst werden soll, muss verstanden werden, der Werkstoff muss beherrscht werden, die Sensorik und Aktorik muss eingebracht werden, die Signalverarbeitung, die Regelalgorithmen und die Ansteuerelektronik für die Aktoren müssen realisiert werden.

Die Adaptronik ist noch ein junges Forschungsgebiet, das für heutige Fahrzeuge kaum relevant ist, aber langfristige Potenziale bietet, vor allem in der aktiven Reduktion von Luftschall und Körperschall. Der Körperschall besteht aus Schwingungen, die vom Antriebsstrang oder dem Fahrwerk erzeugt werden und sich über die Karosserie fortpflanzen. Diese Schwingungen werden im Fahrzeuginneren als Luftschall weitergegeben. Weitere Beispiele von Luftschall sind Geräuschemissionen der Abgasanlage oder vom Antriebsstrang.

Ein Beispiel für Anwendungen, die der begrifflich nicht scharf eingegrenzten Adaptronik zugeordnet werden, sind aktive Motoraufhängungen. Häufig wird die Einheit aus Motor, Kupplung und Getriebe über drei Stützen aus Metall und Gummi mit der Karosserie verbunden. Eventuell ist eine Flüssigkeitsdämpfung ähnlich den Schwingungsdämpfern im Fahrwerk vorhanden. Die Aufhängung sollte zum einen das Antriebsaggregat möglichst fest abstützen, zum anderen aber störende Vibrationen weich abfedern und so die Einleitung von Schwingungen in die Karosserie (und auch von fahrtbedingten Stößen in den Motor) reduzieren. Mit passiven Aufhängungen laufen diese widersprüchlichen Anforderungen auf eine Kompromisslösung hinaus. Vorteilhafter sind Stützen, die sich anpassen können, indem sie im Regelfall hart sind, bei kritischen Frequenzen aber weicher werden können.

Der einfachste Weg ist ein mit Flüssigkeit gefüllter Schwingungsdämpfer, bei dem ein Loch zur Drosselung der Strömung elektromagnetisch geöffnet oder geschlossen werden kann. Solche aktiven Schwingungsdämpfer werden bereits in einigen Fahrzeugen der Oberklasse, bei Motoren mit Zylinderabschaltung oder auch bei kleinen Dreizylindermotoren in großen Stückzahlen verbaut.

Als adaptronische Dämpfer werden im derzeitigen Sprachgebrauch neuartige Systeme bezeichnet, die über das Ein- und Ausschalten eines Drosselventils hinausgehen. Dies beinhaltet zahlreiche Lösungen, an denen geforscht und entwickelt wird, z. B. Flüssigkeitsdämpfer, bei denen die Viskosität der Flüssigkeit elektrisch oder magnetisch verändert werden kann.

Piezo-Elemente werden als ein Standard-Bauteil vieler mechatronischer Anwendungen betrachtet und eignen sich auch für Aufhängungen. Piezo-Elemente sind Keramiken, meist Blei-Zirkonat-Titanat (PZT), oder auch Polymere, v. A. Polyvinylidenflourid (PVDF), die durch Druck eine elektrische Spannung erzeugen oder umgekehrt beim Anlegen einer Spannung einen Druck bzw. eine Kraft erzeugen. Sie eignen sich daher sowohl als Sensoren wie auch als Aktoren, dabei kann sogar dasselbe Element als Sensor und als Aktor wirken. Um dies zu bewirken bedarf es einer geeigneten passiven oder aktiven Elektronik. Einen Einblick in solche Schaltungen gibt [GYMPLR06].

Interessant für variable Dämpfer sind auch Flüssigkeiten, die durch Anlegen eines elektrischen oder magnetischen Feldes reversibel ihre Viskosität ändern. Elektroviskose Flüssigkeiten bestehen aus dielektrischen Partikeln in Öl. Durch das Anliegen des Feldes verketten sich die Partikel und machen die Flüssigkeit zähflüssiger. Ein sehr schwacher elektroviskoser Effekt lässt sich sogar mit Mehl in Wasser nachweisen. Problematisch für praktische Anwendungen elektroviskoser Flüssigkeiten sind noch die erforderlichen hohen Feldstärken, die Steuerspannungen im kV-Bereich erfordern, sowie die Dauerhaltbarkeit der Suspension. Magnetorheologische Flüssigkeiten funktionieren ähnlich, anstelle der dielektrischen Partikel enthalten Sie ferromagnetische Partikel. Auch hier sind die Ziele, mit kleineren Flussdichten auszukommen und die Sedimentation, also das Absetzen der Partikel im Stillstand zu verhindern. Momentan scheinen magnetorheologische Flüssigkeiten für viele Anwendungen geeigneter als elektrorheologische Flüssigkeiten. Entwicklungsarbeiten laufen u. a. am Würzburger Fraunhofer-Institut ISC.

Verwandt mit adaptronischen Dämpfern sind aktive Tilger, also Gegengewichte, die zu den eingeleiteten Kräften und Momenten Gegenkräfte und Gegenmomente erzeugen und sich mit den ursprünglichen Kräften durch Vektor-Addition auslöschen. Bei den aktiven Tilgern wird der Begriff Adaptronik im Zusammenhang mit elektronisch gesteuerten Tilgern benutzt, dabei darf nicht übersehen werden, dass mechanisch gesteuerte Tilger (Gegengewichte an der Kurbelwelle oder Ausgleichswellen in hochwertigen Motoren) bereits seit den Anfängen der Motorenentwicklung Stand der Technik sind.

Ähnliche Entwicklungen wie für Motorlager laufen auch für die Schwingungsdämpfung im Fahrwerk, aufgrund der hohen Kräfte und der langen Federwege sind adaptronische Systeme hier aber schwieriger zu realisieren.

Ein weiteres Anwendungsbeispiel, das im weitesten Sinne auch der Adaptronik zugerechnet werden kann, ist die kurzzeitige Verriegelung einer Fahrzeugtür durch Memory-Metall bei einem Unfall, um kurzzeitig die Struktur zu stabilisieren. Memory-Metalle (SMA, **S**hape **M**emory **A**lloys) sind Legierungen (z. B. Nickel-Titan), die sich verformen lassen und unter Wärmeeinwirkung wieder in ihre alte Form schnell und mit hohen Kräften zurückspringen. Ein solches System wird vom Darmstädter Fraunhofer-Institut LBF entwickelt. Die Anwendung von Memory-Metallen für andere Aktoren ist denkbar.

11.2 Nanotechnologie

Die Nanotechnologie beschäftigt sich mit der Entwicklung und Herstellung von Teilen, die nur aus wenigen Atomen bestehen oder mit Materialien, deren Verhalten an der Oberfläche von wenigen Atomlagen bestimmt wird.

Die Industrie verwendet bereits Lacke, die aufgrund von Nanopigmenten spezielle Eigenschaften haben. Lager-Oberflächen und Abgasnachbehandlung sind weitere potenzielle Anwendungsbereiche, speziell in der Kfz-Elektronik sind aber noch keine Anwendungen in Serie.

Die Nanotechnologie besitzt Schnittstellen zur Adaptronik, da sie teilweise verwendet wird, um Flüssigkeiten (elektrorheologisch oder magnetorheologisch) für Aktoren zu erzeugen.

Bereiche, in denen die Nanotechnologie Einzug in die Elektronik Einzug halten könnte, sind in der EMV ultradünne Schichten zur Absorption elektromagnetischer Wellen oder neuartige elektronische Bauelemente, z. B. Feldeffekt-Transistoren aus Nanotubes, also aus kleinen Kohlenstoffröhrchen, die aus nur wenigen Atomen bestehen. Auch die Fertigungsprozesse der herkömmlichen Mikroelektronik drängen in die Dimensionen weniger Atome vor. Erhofft werden langfristige Beiträge der Nanotechnologie zur Optimierung von Brennstoffzellen und Batterieelektroden.

Vorstellbar sind mit der Nanotechnologie auch neuartige Sensoren, vor allem chemische Sensoren, bislang zeichnen sich hier aber noch keine konkreten Anwendungen im Fahrzeug ab.

Bei den Aktoren ist langfristig ein Ersatz heutiger Einspritzventile durch eine Matrix aus Nanoventilen vorstellbar.

Einen Überblick über Potenziale der Nanotechnologie im Fahrzeug aus Sicht der Forschung eines deutschen Automobilherstellers gibt [PreKön03].

11.3 Photonik

Der Begriff Photonik setzt sich aus den Worten Elektronik und Optik zusammen und beschreibt den Bereich der Optik, der in früher von der Elektronik beherrschten Domänen eingesetzt wird, v. a. in der Nachrichtenübertragung und der Nachrichtenverarbeitung. Eine Abgrenzung zur klassischen Optik ist nicht immer möglich, so werden auch optische Sensoren oft zur Photonik gezählt, vereinzelt auch Laser oder sogar Lichtquellen.

Die optische Nachrichtenübertragung im Fahrzeug ist bereits Stand der der Technik, so z. B. der optische Ringbus MOST (Kapitel 4). Die Nachrichtenverarbeitung erfolgt in jedem Fall elektronisch (Kapitel 5), optische arbeitende Prozessoren werden sich vermutlich zuerst in der optischen Nachrichtentechnik durchsetzen, dann in gewöhnlichen Rechnern und dann erst im Fahrzeug. Die Photonik bietet gegenüber der Elektronik eine höhere Störsicherheit, der Kostendruck wird den Einzug ins Fahrzeug allerdings selbst dann noch verzögern, wenn optische Chips eines Tages Massenware sein werden.

Bezieht man auch Sensoren in diesen Begriff mit ein, stößt man auf besonders interessante Neuentwicklungen, die auch im Fahrzeug an Bedeutung gewinnen könnten. Ein Beispiel sind photonische Mischer (PMD, **P**hotonic **M**ixer **D**evices). Es handelt sich um Kameras, die neben der üblichen Bildinformation auch zu jedem Pixel eine Entfernungsinformation liefern. Denkbar wäre der Einsatz dieser noch sehr teuren Sensoren in Fahrerassistenzsystemen und Sicherheitssystemen zur automatischen Früherkennung von Gefahrensituationen [XuRHBR].

11.4 Weitere Zukunftsentwicklungen

Die größten Fortschritte in den letzten 25 Jahren wurden einerseits von der Anforderungsseite getrieben, andererseits von den verfügbaren Technologien.

Die langfristigen Anforderungen wurden bereits in der Einleitung genannt: weniger schädliche Emissionen, weniger Verbrauch und mehr Sicherheit. Szenarien, die der Autor noch aus seiner Schulzeit kennt, nach denen wir uns alle im Jahre 2000 vollautomatisch durch den Verkehr bewegen würden, sind nicht Realität geworden, obwohl sie technisch inzwischen möglich wären, wohl aber Assistenz-Systeme, die den Fahrer unterstützen.

Daneben haben sich aber im gleichen Zeitraum Technologien weiterentwickelt, die diese Fortschritte erst ermöglichen. Im Fahrzeug befindet sich eine zweistellige Zahl digitaler Rechner, die damalige Tischrechner größtenteils weit in den Schatten stellen. Ein Vergleich mit damaligen Fahrzeugrechnern ist nicht möglich, weil es damals noch keine Steuergeräte mit Mikrocontrollern in normalen Fahrzeugen gab. Vermutlich wird sich dieser Trend, dass die verfügbare Rechenleistung exponentiell steigt, fortsetzen. Damit lassen sich in Steuergeräten komplexere Funktionen realisieren, z. B. die im Kapitel 6 erwähnten modellbasierten Regelungen. Auch Konzepte wie neuronale Netze, für die bisher die wirtschaftlich ins Fahrzeug integrierbare Rechenleistung noch eine Hürde darstellte, sind interessant für Anwendungen wie der Mustererkennung oder dem selbsttätigen Treffen komplexer Entscheidungen in unmittelbar bevor stehenden Unfallsituation.

Die Mikrosystemtechnik hat zahlreiche Sensoren (z. B. Beschleunigungssensoren, Drehratensensoren, Drucksensoren) in ihrem heutigen Leistungsvermögen ermöglicht und dabei Systeme wie ABS und elektronische Einspritzungen erst ermöglicht. International hat Deutschland inzwischen eine führende Position in der Mikrosystemtechnik erreicht, die weitere Entwicklung führt einerseits zu noch kleineren Strukturen bis hin zur Nanotechnologie, andererseits wird uns die Möglichkeit, Maschinebau im Maßstab von Millimetern oder darunter sicher weitere neuartige Aktoren und v. a. Sensoren bescheren.

A Abkürzungen

ABC	**A**ctive **B**ody **C**ontrol	aktive Karosserieregelung
ABS		**A**nti-**B**lockier-**S**ystem
ACC	**A**daptive **C**ruise **C**ontrol	Fahrtregler
ACK	**Ack**nowledge	(CAN)
AD	**A**gile **D**atabase Techniques	Agile Datenbank-Techniken
AD...	**A**nalog-/**D**igital-...	
ADC	**A**nalog **D**igital **C**onverter	AD-Wandler
AEC	**A**utomotive **E**lectronics **C**ouncil	Rat für Automobilelektronik
AFC	**A**lkaline **F**uel **C**ell	Alkali-Brennstoffzelle
AGN		**A**rbeits**g**ruppe **N**ormung
AM	**A**gile **M**odeling	Agile Modellierung
Amd	**Am**en**d**ment	Nachtrag
AMR		**a**nisotrop **m**agneto**r**esistiv
ANFIA	**A**ssociazione **N**azionale **F**ra **I**ndustrie **A**utomobilistiche	(italienisches Äquivalent zum VDA)
ANSI	**A**merican **N**ational **S**tandards **I**nstitute	(Normungsorganisation der USA)
APU	**A**uxiliary **P**ower **U**nit	(Energieversorgung für Dauerverbraucher)
API	**A**pplication **P**rogramming **I**nterface	Schnittstelle zur Programmierung der Anwendung
ARI		**A**utofahrer-**R**undfunk-**I**nformation
ARS	**A**ctive **R**oll **S**tabilization	aktive Wankstabilisierung
ASAM	**A**ssociation for **S**tandardization of **A**utomation and **M**easuring Systems	Gesellschaft zur Standardisierung von Automatisierungs- und Mess-Systemen
ASD	**A**daptive **S**oftware **D**evelopment	Adaptive Software-Entwicklung
ASIC	**A**pplication **S**pecific **IC**	**a**nwendungs**s**pezifisches **IC**
ASIL	**A**utomotive **SIL**	**A**utomobil-**SIL**
ASSP	**A**pplication **S**pecific **S**tandard **P**roduct	**a**nwendungs**s**pezifisches **S**tandard**p**rodukt
ASR		**A**ntriebs**s**chlupf**r**egelung
AU		**A**bgas-**U**ntersuchung
AUTOSAR	**AUT**omotive **O**pen **S**ystem **AR**chitecture	**aut**omobile **o**ffene **S**ystem**ar**chitektur
AVSQ	**A**NFIA **V**alutazione **S**istemi **Q**ualità	ANFIA-Bewertung von Qualitätssystemen
BCC	**B**asic **C**onformance **C**lass	(OSEK/VDX OS mit Basic Tasks)
BCD	**B**inary **C**oded **D**ecimal	**b**inär **c**odiert **d**ezimal
BCI	**B**ulk **C**urrent **I**njection	(Störsimulation durch Injektion von Strömen)
C		(eine verbreitete Programmiersprache)
CAD	**C**omputer **A**ided **D**esign	rechnergestützter Entwurf
CAN	**C**ontroller **A**rea **N**etwork	(automobiles Bussystem)
CARB	**C**alifornian **A**ir **R**esources **B**oard	(kalifornische Umweltbehörde, s. OBD)
Car2C	**Car to C**ar	Fahrzeug zu Fahrzeug
Car2I	**Car to I**nfrastructure	Fahrzeug zu Infrastruktur
Car2X		(Oberbegriff Car2C/Car2I)
CCP	**C**AN **C**alibration **P**rotocol	Protokoll zur Applikation über CAN
CCC	**C**ommunication **C**onformance **C**lass	(Kategorie für OSEK/VDX COM)
CCP	**C**onsumer **C**onvenience **P**ort	(IEEE1394-Schnittstelle)
CD	**C**ommittee **D**raft	Komitee-Entwurf (einer ISO-Norm)
CD	**C**ompact **D**isc	Kompaktplatte
CDC	**C**ontinuous **D**amping **C**ontrol	Kontinuierliche Dämpferregelung
CIP	**C**ontinuous **I**mprovement **P**rocess	kontinuierlicher Verbesserungsprozess
CISPR	**C**omite **I**nternational **S**pécial des **P**erturbations **R**adioélectriques	(EMV-Normungsgremium)
CLV	**C**alculated **L**oad **V**alue	berechneter Lastwert
CMD	**C**om**m**an**d** Code	Kommandocode (CCP)
CMM	**C**apability **M**aturity **M**odel	Reifemodell der Fähigkeiten
CMMI	**CMM I**ntegrated	integriertes CMM

CMOS	**C**omplementary **MOS**	Komplementär-MOS
CNG	**C**ompressed **N**atural **G**as	komprimiertes Erdgas
COCOMO	**Co**nstructive **Co**st **Mo**del	(Kostenschätzverfahren für Software)
COM	**Com**munication	(OSEK/VDX-Kommunikationsmodul)
CPLD	**C**omplex **PLD**	komplexer PLD
CPU	**C**entral **P**rocessing **U**nit	(Mikroprozessor oder Controller)
CRC	**C**yclic **R**edundancy **C**heck	zyklische Redundanzüberprüfung
CRO	**C**ommand **R**eceive **O**bject	Kommando-Empfangsobjekt
CRT	**C**ontinuous **R**egeneration **T**rap	kontinuierliche Regenerationsfalle
CTO	**C**ommand **T**ransfer **O**bject	Kommando-Übertragungsobjekt (XCP)
CTR	**C**ommand Coun**t**e**r**	Kommando-Zähler (CCP)
CVS	**C**oncurrent **V**ersions **S**ystem	(Konfigurations-Management-System)
CVT	**C**ontinuous **V**ariable **T**ransmission	(stufenloses Getriebe)
C++		(eine objektorientierte Programmiersprache)
D	**D**rain	(Anschluss von FET)
DA...	**D**igital-/**A**nalog-...	
DAB	**D**igital **A**udio **B**roadcast	Digitale Audioaussendung
DAC	**D**igital **A**nalog **C**onverter	DA-Wandler
DAQ	**D**ata **A**c**q**uisition	Datenerfassung
DARPA	**D**efense **A**dvanced **R**esearch **P**rojects **A**gency	(Forschungsagentur des US-Verteidigungsministeriums)
DDB		**D**igitaler **D**aten**b**us
DDR	**D**ouble **D**ata **R**ate	doppelte Datenrate
DGPS	**D**ifferential **GPS**	differenzielles GPS
DIN		**D**eutsches **I**nstitut für **N**ormung e.V.
DIS	**D**raft **I**nternational **S**tandard	Internationale Norm im Entwurf
DKE		**D**eutsche **K**ommission **E**lektrotechnik
DLC	**D**ata **L**ength **C**ode	Datenlängencode (CAN)
DMFC	**D**irect **M**ethanol **F**uel **C**ell	direkte Methanolbrennstoffzelle
DoE	**D**esign **o**f **E**xperiments	(systematische Versuchsplanung)
DRAM	**D**ynamic **RAM**	**d**ynamisches **RAM**
DRM	**D**igital **R**adio **M**ondiale	(Standard für Digitalradio)
DSDM	**D**ynamic **S**ystems **D**evelopment **M**ethod	dynamische Systementwicklungsmethode
DSG		**D**irekt**s**chalt**g**etriebe
DSP	**D**igital **S**ignal **P**rocessor	**d**igitaler **S**ignal**p**rozessor
DSRC	**D**edicated **S**hort **R**ange **C**ommunication	(Protokoll zur drahtlosen Nahkommunikation)
DTC	**D**iagnostic **T**rouble **C**ode	diagnostischer Problemcode
DTO	**D**ata **T**ransmission/Transfer **O**bject	Datenübertragungsobjekt (CCP/XCP)
DVD	**D**igital **V**ersatile **D**isc	digitale Mehrzweckplatte
D2B		(= DDB, **D**igitaler **D**aten**b**us)
EAQF	**E**valuation **A**ptitude **Q**ualité **F**ournisseurs	Auswertung der Qualitätsfähigkeit von Zulieferern
EBD	**E**lectronic **B**rake Force **D**istribution	Elektronische Bremskraftverteilung
EBV		**E**lektronische **B**remskraft**v**erteilung
ECC	**E**xtended **C**onformance **C**lass	(OSEK/VDX OS mit Extended Tasks)
ECU	**E**lectronic **C**ontrol **U**nit	elektronisches Steuergerät
EC++	**E**mbedded **C++**	(C++ für eingebettete Systeme)
EDB	**E**ngineering **D**ata**b**ase	**E**ngineering-**D**aten**b**ank
EDC	**E**lectronic **D**iesel **C**ontrol	elektronische Dieselsteuerung
EDM	**E**ngineering **D**ata **M**anagement	Engineering-Datenverwaltung
EEPROM	**E**lectrically **E**rasable **PROM**	elektrisch löschbares PROM
EGNOS	**E**uropean **G**eostationary **N**avigation **O**verlay **S**ervice	Europäischer geostationärer Navigationszusatzdienst
Elko		**El**ektrolyt-**Ko**ndensator
EMPB		**E**rst**m**uster**p**rüf**b**ericht
EMV		**E**lektro**m**agnetische **V**erträglichkeit
EN		**E**uro**n**orm
EOBD	**E**uropean **OBD**	**E**uropäische **OBD**
EOF	**E**nd **O**f **F**rame	Ende des Rahmens (CAN)
EPB	**E**lectronic **P**arking **B**rake	**E**lektronische **P**ark**b**remse

ERP	**E**nterprise **R**esource **P**lanning	Planung des Unternehmensressourcen-Einsatzes
ESC	**E**lectronic **S**tability **C**ontrol	elektronische Stabilitätsregelung
ESD	**E**lectro**s**tatic **D**ischarge	elektrostatische Entladung
ESP	**E**lectronic **S**tability **P**rogram	**e**lektronisches **S**tabilitäts**p**rogramm
ETA	**E**vent **T**ree **A**nalysis	Ereignisfolgenanalyse
e.V.		**e**ingetragener **V**erein
EWB	**E**lectronic **W**edge **B**rake	elektronische Keilbremse
FAKRA		(Normenausschuss Kraftfahrzeuge im DIN)
FDD	**F**eature **D**riven **D**evelopment	merkmalgetriebene Entwicklung
FDIS	**F**inal **DIS**	abschließender Entwurf eines ISO-Standards
FDR		**F**ahr**d**ynamik**r**egelung
FET	**F**ield **E**ffect **T**ransistor	**F**eld-**E**ffekt-**T**ransistor
FGR		**F**ahr**g**eschwindigkeits**r**egler
FIBEX	**Fi**eld **B**us **Ex**change **F**ormat	Feldbus-Austauschformat
FIT	**F**ailures **i**n **T**ime	(Ausfälle pro 10^9 Stunden)
FMEA	**F**ailure **M**ode **E**ffect **A**nalysis	Ausfalleffektanalyse
FMECA	**F**ailure **M**ode **E**ffect and **C**riticality **A**nalysis	(= FMEA)
FPGA	**F**ield **P**rogrammable **G**ate **A**rray	feldprogrammierbare Gattermatrix
FTA	**F**ault **T**ree **A**nalysis	Fehlerbaumanalyse
F&E	**F**orschung **und** **E**ntwicklung	
G	**G**ate	(Steueranschluss von Leistungshalbleitern)
GAL	**G**eneric **A**rray **L**ogic	Logik mit generischem Feld
GCC	**G**lobal **C**hassis **C**ontrol	globale Chassis-Regelung
GLONASS	**Glo**balnaya **Na**vigatsionaya **S**putnikovaya **S**istema	Globales Navigationssatellitensystem
GM	**G**eneral **M**otors	
GNU	GNU's Not UNIX	(ursprünglich eine UNIX-Alternative)
GPL	**GNU** **P**ublic **L**icense	öffentliche GNU-Lizenz
GPS	**G**lobal **P**ositioning **S**ystem	**G**lobales **P**ositionier**s**ystem
GTO	**G**ate **T**urn **O**ff	Abschaltung über Gate
HAZOP	**HAZ**ard and **OP**erability Study	(systematisches Verfahren zur Gefahrenanalyse)
HiL	**H**ardware **i**n the **L**oop	Hardwareeinbindung in Regelkreise
HIS		**H**ersteller-**I**nitiative **S**oftware
HS	**H**igh-**S**ide	(Schaltung gegen +)
HSA	**H**ill **S**tart **A**ssistance	Hang-Anfahr-Assistenz
HTCC	**H**igh **T**emperature **C**ofired **C**eramic	bei Hochtemperatur gesinterte Keramik
IC	**I**ntegrated **C**ircuit	integrierte Schaltung
ICC	**I**ntegrated **C**hassis **C**ontrol	integrierte Chassis-Regelung
ICP	**I**n **C**ircuit **P**rogramming	Programmierung in der Schaltung
ICT	**I**n-**C**ircuit-**T**est	Test in der Schaltung
IDB	**I**TS **D**ata **B**us	**ITS**-**D**aten**b**us
IDE	**ID**entifier **E**xtension	Identifier-Erweiterung (CAN)
IEEE	**I**nstitute of **E**lectric and **E**lectronic **E**ngineers	Institut der Elektro- und Elektronikingenieure
IFS	**I**nter**F**rame **S**pace	Zwischenraum zwischen CAN-Rahmen
IGBT	**I**nsulated **G**ate **B**ipolar **T**ransistor	(Kombination aus FET und Bipolar-Transistor)
IKWISI	„**I** **k**now **i**t **w**hen **I** **s**ee **i**t"	„Ich weiß es, wenn ich es sehe"
ILM	**I**nformation **L**ifecycle **M**anagement	Informationslebenszyklusverwaltung
IP	**I**ngress **P**rotection	Eindringschutz
ISO	**I**nternational **O**rganization for **S**tandardization	(internationale Normungsorganisation)
ISP	**I**n **S**ystem **P**rogramming	Programmierung im System
IT	**I**nformation **T**echnology	Informationstechnik
ITS	**I**ntelligent **T**ransportation **S**ystems	Intelligente Verkehrssysteme
J-OBD	**J**apan-**OBD**	**J**apan-**OBD**
JTAG	**J**oint **T**est **A**ction **G**roup	gemeinsame Testaktionsgruppe
JTC	**J**oint ISO/IEC **T**echnical **C**ommittee	Gemeinsamer Ausschuss von ISO und IEC
KPA	**K**ey **P**rocess **A**rea	Schlüssel-Prozessbereich (bei CMM und CMMI)
KVP		**K**ontinuierlicher **V**erbesserungs**p**rozess
KW		**K**urbel**w**elle
KWP	**K**ey **W**ord **P**rotocol	Schlüsselwortprotokoll
K15		**K**lemme 15

LAN	**L**ocal **A**rea **N**etwork	Lokalbereichsnetzwerk
LCA	**L**ogic **C**ell **A**rray	Logikzellenmatrix
LDF	**L**IN **D**escription **F**ile	LIN-Beschreibungsdatei
LDW	**L**ane **D**eparture **W**arning	Warnung bei Verlassen der Fahrspur
LED	**L**ight **E**mitting **D**iode	Licht emittierende Diode (Leuchtdiode)
LID	**L**ocal **Id**entifier	(Identifikation innerhalb eines Diagnosedienstes)
LIDAR	**Li**ght **D**etecting **a**nd **R**anging	Erkennung und Vermessung mit Licht
LiMa		Lichtmaschine
LIN	**L**ocal **I**nterconnect **N**etwork	(automobiles Bussystem)
Li-Ion		**Li**thium-**Ion**en
LKW		**L**ast**k**raft**w**agen
LLC	**L**ogic **L**ink **C**ontrol	(logische Verbindungsabsicherung)
LOC	**L**ines **o**f **C**ode	Code-Zeilen (als Maß für Software-Umfang)
LPG	**L**iquefied **P**etrol **G**as	Flüssiggas
LS	**L**ow-**S**ide	(Schaltung gegen Masse)
LSB	**L**east **S**ignificant **B**it	geringwertigstes Bit
LTCC	**L**ow **T**emperature **C**ofired **C**eramic	bei Niedertemperatur gesinterte Keramik
MAC	**M**edium **A**ccess **C**ontrol	(Medienzugriffssteuerung)
MCD	**M**easurement, **C**alibration, **D**iagnosis	Messung, Applikation, Diagnose
MCFC	**M**olten **C**arbonate **F**uel **C**ell	Schmelzkarbonat-Brennstoffzelle
MCNet	**M**obile **C**ommunication **Net**work	(Multimedia-Kommunikationsnetz von Bosch)
MDI	**M**edium **D**ependant **I**nterface	(Medienschnittstelle bei Bussystemen)
MISRA	**M**otor **I**ndustry **S**oftware **R**eliability **A**ssociation	(Gesellschaft für zuverlässige Codierung)
MMI	**M**an **M**achine **I**nterface	Mensch-Maschine-Schnittstelle
MML	**M**obile **M**ultimedia-**L**ink	(Multimedia-Bus von Delphi)
MOS	**M**etal **O**xide **S**emiconductor	Metall/Oxid/Halbleiter
MOST	**M**edia **O**riented **S**ystem **T**ransport	(Multimedia-Bussystem)
MROM	**M**ask Programmed **ROM**	**m**askenprogrammiertes **ROM**
MSB	**M**ost **S**ignificant **B**it	höchst wertiges Bit
MTBF	**M**ean **T**ime **b**etween **F**ailures	mittlere Zeit zwischen Ausfällen
MTTF	**M**ean **T**ime **t**o **F**ailures	mittlere Zeit zum Ausfall
NCL	**N**ode **C**apability **L**anguage	(Sprache zur Beschreibung von LIN-Knoten)
NiCd		**Ni**ckel-**Cd**mium
NiMH		**Ni**ckel-**M**etall**h**ydrid
NM	**N**etwork **M**anagement	**N**etzwerk**m**anagement (bei OSEK/VDX)
NP	**N**ew Work Item **P**roposal	Vorstufe eines Normenentwurfs
NRZ	**N**on **R**eturn to **Z**ero	keine Nullrückkehr
NTC	**N**egative **T**emperature **C**oefficient	Heißleiter
OBD	**O**n **B**oard **D**iagnosis	**O**n**b**oard-**D**iagnose
OBU	**O**n **B**oard **U**nit	Bordeinheit
OCDS	**O**n **C**hip **D**ebug **S**ystem	chipintegrierte Fehlersuchhilfe
ODX	**O**pen **D**iagnostic **D**ata E**x**change	offener Diagnosedatenaustausch
OEM	**O**riginal **E**quipment **M**anufacturer	Originalgerätehersteller
OIL	**O**SEK **I**mplementation **L**anguage	OSEK-Implementierungssprache
OOA	**O**bject **O**riented **A**nalysis	**o**bjekt**o**rientierte **A**nalyse
OOD	**O**bject **O**riented **D**esign	**o**bjekt**o**rientiertes **D**esign
OOP	**O**bject **O**riented **P**rogramming	**o**bjekt**o**rientierte **P**rogrammierung
ORTI	**O**SEK **R**untime **I**nterface	OSEK-Laufzeitschnittstelle
OS	**O**perating **S**ystem	Betriebssystem
OSEK		**O**ffene **S**ysteme und deren Schnittstellen für die **E**lektronik im **K**raftfahrzeug
OT		oberer Totpunkt
OTP	**O**ne **T**ime **P**rogrammable	einmalig programmierbar
PAAG		**P**rognose, **A**uffinden der Ursache, **A**bschätzen der Auswirkungen, **G**egenmaßnahmen
PAFC	**P**hosphoric **A**cid **F**uel **C**ell	Phosphorsäure-Brennstoffzelle
PAK		**p**olyzyklische **a**romatische **K**ohlenwasserstoffe
PAL	**P**rogrammable **A**rray **L**ogic	Logik mit programmierbaren Feld
PAM	**P**rocess **A**ssessment **M**odel	Prozessbewertungsmodell

PAS	Peripheral Acceleration Sensor	(Sensorbus für Rückhaltesysteme)
PBB		Polybromierte Biphenyle
PBDE		Polybromierte Diphenylether
PC	Personal Computer	persönlicher Computer
PDC	Park Distance Control	Parkdistanzkontrolle
PDCA	plan, do, check, act	plane, tue, überprüfe, handele
PEMFC	Proton Exchange Membrane Fuel Cell	Protonenaustauschmembran-Brennstoffzelle
PID	Parameter Identifier	Parameter-Identifikation
PID	Packet Identifier	Paket-Identifikation (CCP)
PID	Proportional/Integral/Differential	Proportional/Integral/Differential
PKW		Personenkraftwagen
PLA	Programmable Logic Array	Logik mit programmierbarem Feld
PLM	Product Lifecycle Management	Produktlebenszyklusverwaltung
PLS	Physical Signaling	Physikalische Signalisierung
PMA	Physical Medium Attachment	physikalischer Medienzugang
PMD	Photonic Mixer Device	photonischer Mischer
PPAP	Production Part Approval	Produktionsteilabnahme
PRF	Proof	Entwurf (einer ISO-Norm)
PROM	Programmable ROM	programmierbares ROM
PSI	Peripheral Sensor Interface	(Sensorbus für Rückhaltesysteme)
PSoC	Programmable System on Chip	programmierbares System auf einem Chip
PSW	Part Submission Warrant	Teil-Einreichungsbeleg
PTC	Positive Temperature Coefficient	Heißleiter
PVC	Polyvinyl Chloride	Polyvinylchlorid
PVDF	Polyvinylidene Difluoride	Polyvinylidenflourid
PWG		Pedalwertgeber
PWM	Pulse Width Modulation	Pulsweitenmodulation
PZT	Plumb Zirconate Titanate	Blei-Zirkonat-Titanat
QFD	Quality Function Deployment	(Verfahren zur Anforderungsanalyse)
RAD	Rapid Application Development	Schnelle Entwicklung von Anwendungen
RC	Resistor/Capacitor	Widerstand/Kondensator
RCP	Rapid Control Prototyping	Schnelle Prototypenerstellung von Steuerungen
RADAR	Radio Detecting and Ranging	Erkennung und Vermessung mit Radio
RAM	Random Access Memory	(beschreibbarer und lesbarer Speicher)
RCS	Revision Control System	(Konfigurations-Management-System)
RDS	Radio Data System	Radio-Daten-System
REC	Receive Error Counter	Empfangsfehlerzähler (CAN)
RFID	Radio Frequency Identification	Radiofrequenz-Identifikation
RFQ	Request for Quotation	Anfrage eines Angebotes
RoHS	Restriction of Hazardous Substances	Beschränkung gefährlicher Substanzen
ROM	Read-only-Memory	Nur-Lese-Speicher
ROSE	Roll-Over-Sensing	Roll-Over-Sensierung
RPN	Risk Priority Number	Risiko-Prioritäts-Zahl
RPZ	Risk Priority Number	Risiko-Prioritäts-Zahl
RTE	Run Time Environment	Laufzeitumgebung (AUTOSAR)
RTR	Remote Transmission Request	Fernsendungsanfrage (CAN)
RUP	Rational Unified Process	vereinheitlichter Prozess von Rational
S	Source	(Anschluss von FET)
SAE	Society of Automobile Engineers	Gesellschaft der Automobil-Ingenieure
SBAS	Satellite Based Augmentation System	satellitenbasierte Navigationssystem-Erweiterung
SC	Subcommittee	Unterausschuss
SCR	Selective Catalytic Reduction	Selektive katalytische Reduktion
SDRAM	Synchronous DRAM	Synchrones DRAM
SELV	Save Extra Low Voltage	Schutzkleinspannung
SFF	Safe Failure Fraction	Anteil sicherer Ausfälle
SGML	Standard Generalized Markup Language	(allgemein gehaltene Beschreibungssprache)
SI	Système international d'unités	internationales Einheitensystem
SID	Service Identifier	Identifikation eines Diagnosedienstes
SIL	Safety Integrity Level	Sicherheitsanforderungsstufe

SJW	**S**ynchronization **J**ump **W**idth	Synchronisationssprungweite (CAN)
SLIO	**S**erial **L**inked **IO**	seriell verbundene Ein-/Ausgabe
SMA	**S**hape **M**emory **A**lloy	Formgedächtnislegierung
SMD	**S**urface **M**ounted **D**evice	oberflächenmontiertes Bauteil
SOF	**S**tart **o**f **F**rame	Rahmenbeginn (CAN)
SOFC	**S**olid **O**xide **F**uel **C**ell	Festoxid-Brennstoffzelle
SOP	**S**tart **o**f **P**roduction	Produktionsbeginn
SPICE	**S**oftware **P**rocess **I**mprovement and **C**apability D**e**termination	Softwareprozess-Verbesserungs- und Fähigkeitsbestimmung
SPLD	**S**imple **PLD**	einfaches PLD
SRAM	**S**tatic **RAM**	statisches RAM
SRC	**S**ignal **R**ange **C**heck	Prüfung des Signalbereichs
SRR	**S**ubstitute **R**emote **R**equest	(Bit im erweiterten CAN-Rahmen)
SUV	**S**port **U**tility **V**ehicle	(einen Geländewagen imitierender PKW)
TC	**T**echnical **C**ommittee	technischer Ausschuss
TCU	**T**ransmission **C**ontrol **U**nit	Getriebesteuergerät
TDD	**T**est **D**riven **D**esign	Testgetriebener Entwurf
TDMA	**T**ime **D**ivision **M**ultiple **A**ccess	zeitunterteilter Mehrfachzugriff
TEC	**T**ransmission **E**rror **C**ounter	Sendefehlerzähler (CAN)
TEM	**T**ransversal **E**lectro**m**agnetic	**t**ransversal-**e**lektro**m**agnetisch
THT	**T**hrough-**H**ole-**T**echnology	Durchsteckmontage
TMC	**T**raffic **M**essage **C**hannel	Verkehrsnachrichten-Kanal
TP	**T**ransport **P**rotocol	**T**ransport**p**rotokoll
TPEG	**T**ransport **P**rotocol **E**xperts **G**roup	**T**ransport**p**rotokoll-**E**xperten**g**ruppe
TPMS	**T**ire **P**ressure **M**onitoring **S**ystem	Reifendrucküberwachungssystem
TQM	**T**otal **Q**uality **M**anagement	**t**otales **Q**ualitäts**m**anagement
TR	**T**echnical **R**eport	technischer Bericht
TS	**T**echnical **S**pecification	**t**echnische **S**pezifikation
TTCAN	**T**ime **T**riggered **CAN**	zeitgesteuerter CAN
TTP	**T**ime **T**riggered **P**rotocol	zeitgesteuertes Protokoll
TÜV		**T**echnischer **Ü**berwachungs-**V**erein
TV	**T**ele**v**ision	Fernsehen
UDS	**U**nified **D**iagnosis **S**ervice	vereinheitlichter Diagnosedienst
UKW		**U**ltra**k**urz**w**elle
UML	**U**nified **M**odeling **L**anguage	vereinheitlichte Modellierungssprache
US	**U**nited **S**tates	Vereinigte Staaten
USB	**U**niversal **S**erial **B**us	universeller serieller Bus
VAN	**V**ehicle **A**rea **N**etwork	Fahrzeugbereichsnetzwerk
VDA		**V**erband **d**er **A**utomobilindustrie e.V.
VDC	**V**ehicle **D**ynamics **C**ontrol	Fahrdynamikregelung
VDE		**V**erband **d**er **E**lektrotechnik, Elektronik und Informationstechnik e.V.
VDX	**V**ehicle **D**istributed e**x**ecutive	(französischer Vorschlag eines RTOS)
VFB	**V**irtual **F**ield **B**us	**v**irtueller **F**eld**b**us (AUTOSAR)
VHDL	**VHSIC** **H**ardware **D**escription **L**anguage	VHSIC Hardware-Beschreibungssprache
VHSIC	**V**ery **H**igh **S**peed **I**ntegrated **C**ircuit	IC mit sehr hoher Verarbeitungsgeschwindigkeit
VID	**V**ehicle **Id**entifier	(Fahrgestellnummer)
VNG	**V**ariable **N**ozzle **G**eometry	variable Düsengeometrie
VTG	**V**ariable **T**urbine **G**eometry	**v**ariable **T**urbinen**g**eometrie
WAAS	**W**ide **A**rea **A**ugmentation **S**ystem	Großbereichserweiterungssystem
WAVE	**W**ireless **A**ccess in **V**ehicular **E**nvironments	drahtloser Zugang in Fahrzeugumgebungen
WEEE	**W**aste **E**lectrical and **E**lectronic **E**quipment	Elektro- und Elektronikschrott
WFS		**W**eg**f**ahr**s**perre
WLAN	**W**ireless **LAN**	drahtloses LAN
XCP	E**x**tended **C**alibration **P**rotocol	erweitertes Applikationsprotokoll
XML	E**x**tensible **M**arkup **L**anguage	erweiterbare Bezeichnungssprache
XP	E**x**treme **P**rogramming	(ein agiles Vorgehensmodell)

B Symbole in Formeln und Naturkonstanten

A	Querschnittsfläche
A	Systemmatrix (Zustandsraum)
a	Beschleunigung
a_y	Querbeschleunigung
B	Steuermatrix (Zustandsraum)
$\vec{\mathbf{b}}$	Steuervektor (Zustandsraum)
C	Kapazität
C_{th}	Wärmekapazität
C'	Kapazitätsbelag einer Leitung
c	Federkonstante
C	Beobachtungsmatrix (Zustandsraum)
$\vec{\mathbf{c}}^{\mathrm{T}}$	transponierter Beobachtungsvektor (Zustandsraum)
D	FMEA: Wahrscheinlichkeit, einen Fehler nicht zu erkennen, auf einer Ordinalskala von 1...10
D	Durchgangsmatrix (Zustandsraum)
d	Abstand, Dicke
d	Durchgang (Zustandsraum)
d	Dämpfung
E	elektrische Feldstärke (fett: als Vektor)
$e(t)$	Regelabweichung
F	Kraft
e	Emissionsgrad
g	Erdbeschleunigung (9.81m/s^2)
H	magnetische Feldstärke (fett: als Vektor)
I	Strom (präzisiert ggf. durch Indizes zur Angabe eines Schaltungszweigs, z. B. I_C),
I_{aus}	Ausgangsstrom
I_D	Drainstrom
K_D, K'_D	Differentialbeiwert
K_I	Integralbeiwert
K_P	Proportionalbeiwert
L	Induktivität (ein Index: Selbstinduktivität, Doppelindex: Gegeninduktivität)
L'	Induktivitätsbelag einer Leitung
L	Rückkopplungsmatrix im Beobachter
m	Masse
n	Anzahl
n	Drehzahl
P	FMEA: Auftrittswahrscheinlichkeit eines Fehlers auf einer Ordinalskala von 1...10
P	Leistung
P_V	Verlustleistung
$p()$	Wahrscheinlichkeit des in Klammern angegebenen Ereignisses
Q	Wärme (durch Punkt gekennzeichnete 1. Ableitung nach der Zeit: Wärmestrom)
R	Widerstand
R_{on}	Einschaltwiderstand
R_{th}	Wärmewiderstand
R'	Widerstandsbelag einer Leitung
R_S	Serienwiderstand
RPZ	FMEA: Risikoprioritätszahl
r_{Rad}	Radius eines Rades
t	Zeit

S	FMEA: Schwere eines Fehlers auf einer Ordinalskala von 1...10
S	Stromdichte
$\boldsymbol{S}$	Poynting-Vektor
s	Weg
T	Periodendauer
T_{aus}	Ausschaltzeit
t	Zeit
U	elektrische Spannung
U_{aus}	Spannungsamplitude
U_B	Batteriespannung, Betriebsspannung
U_{DS}	Spannung zwischen Drain und Source eines FET
U_{ind}	induzierte Spannung
U_{ref}	Referenzspannung eines AD-Wandlers
U_{Sensor}	Sensorspannung
u_i	Eingangsgrößen (im Zustandsraum)
v	Geschwindigkeit
v_T	Tastverhältnis
W	Energie
$w(t)$	Führungsgröße eines Reglers
$x(t)$	Regelgröße
$x'(t)$	Messgröße
$x''(t)$	korrigierte Messgröße
x_i	Zustandsgrößen (im Zustandsraum)
$y(t)$	Stellgröße eines Reglers
$y_D(t)$	Differentialanteil Stellgröße eines Reglers
$y_I(t)$	Integralanteil der Stellgröße eines Reglers
y_i	Ausgangsgrößen (im Zustandsraum)
$y_P(t)$	Proportionalanteil der Stellgröße eines Reglers
Z	Wellenwiderstand
$z(t)$	Störgröße
α	Wärmeübergangskoeffizient
Δ	(vor einem anderen Symbol, um eine Differenz auszudrücken)
ε_0	Dielektrizitätskonstante (Permittivität), $8.85419\ 10^{-12}$ As/Vm
ε_r	relative Permittivität (1,0 für Vakuum und Luft)
υ	Temperatur
υ_{amb}	Umgebungstemperatur
λ	Luftzahl
λ	Wärmeleitfähigkeit
λ	Ausfallrate
λ	Schlupf
ω_{Rad}	Raddrehzahl
ρ	spezifischer Widerstand, spezifischer Wärmewiderstand
σ	Stefan-Boltzmann-Konstante (10^{-8} W/m^{2}K^4)
τ	Zeit als Integrationsvariable
φ	Winkel (allgemein) oder Winkel der Kurbelwelle
Ψ	Gierwinkel (Abweichung zwischen Fahrzeuglängsachse und Bewegungsrichtung)

Die Amplitude einer veränderlichen Größe wird durch ein Zirkumflex über dem Symbol (z. B. $\hat{U}$) dargestellt. Punkte über einem Symbol stellen die zeitliche Ableitung dar, $\ddot{s}$ ist z. B. die zweite Ableitung eines Weges s über der Zeit (also die Beschleunigung).

C Literaturverzeichnis

[AEC] Automotive Electronic Council: Homepage unter http://www.aecouncil.com (21.09.2007)

[AGN00] AGN: *„Elektrische und elektronische Ausrüstung für ein 42-V-Bordnetz“*, Normentwurf, Teile 1,2, 2000

[AkKiMa04] Y. Akao, B. King, G.H. Mazur: *„Quality Function Deployment: Integrating Customer Requirements Into Product Design“*, Productivity Press, 2004, ISBN 978-1563273131. Der Hauptautor Yoji Akao ist Miterfinder der QFD.

[AltfahrzeugV] Bundesrepublik Deutschland: *„Verordnung über die Überlassung, Rücknahme und umweltverträgliche Entsorgung von Altfahrzeugen“* vom 4. Juli 1997, neu gefasst durch Bek. v. 21.06.2002 (BGBl I 2214); zuletzt geändert durch Art. 364 der Verordnung v. 31.10.2006 (BGBl I 2407)

[Ambler01] S.W. Ambler: *„Agile Modeling“*, Wiley, 2001, ISBN 978-0471202820

[Ammon04] D. Ammon: *„Künftige Fahrdynamik- und Assistenzsysteme“*, Automatisierungstechnische Praxis 06/2004

[Apis] Apis Informationstechnologien GmbH, Wörth/Donau, Homepage unter http://www.iq-fmea.com (21.09.2007)

[ASAM99] H. Kleinknecht, A. Krüger, H.-G. Kunz, R. Maier, H. Schröter, R. Zaiser: *„CAN Calibration Protocol“*, ASAM AE MCD 1 Standard, Version 2.1, 18.02.1999, kostenfrei verfügbar unter http://www.asam.net (03.10.2007)

[ASAM03C] R. Schuermans, R. Zaiser, F. Hepperle, H. Schröter, R. Motz, A. Aberfeld, H.-G. Kunz, T. Tyl, R. Leinfellner, H. Amsbeck, H. Styrsky, B. Ruoff, L. Wahlmann: *„The Universal Measurement and Calibration Protocol Family, Part 3 XCP on CAN – Transport Layer Specification“*, ASAM AE MCD 1 Standard, Version 1.0, 08.04.2003, kostenfrei verfügbar unter http://www.asam.net (03.10.2007)

[ASAM03E] R. Schuermans, R. Zaiser, F. Hepperle, H. Schröter, R. Motz, A. Aberfeld, H.-G. Kunz, T. Tyl, R. Leinfellner, H. Amsbeck, H. Styrsky, B. Ruoff, L.Wahlmann: *„The Universal Measurement and Calibration Protocol Family, Part 3 XCP on Ethernet – Transport Layer Specification“*, ASAM AE MCD 1 Standard, Version 1.0, 08.04.2003, kostenfrei verfügbar unter http://www.asam.net (03.10.2007)

[ASAM03S] R. Schuermans, R. Zaiser, F. Hepperle, H. Schröter, R. Motz, A. Aberfeld, H.-G. Kunz, T. Tyl, R. Leinfellner, H. Amsbeck, H. Styrsky, B. Ruoff, L.Wahlmann: *„The Universal Measurement and Calibration Protocol Family", Part 3 XCP on SxI – Transport Layer Specification“*, ASAM AE MCD 1 Standard, Version 1.0, 08.04.2003, kostenfrei verfügbar unter http://www.asam.net (03.10.2007)

[ASAM04] A. Aberfeld, M. Bornefeld. D. Forwick, F. Henzinger, F. Hoffmann, J. Holtz, B. Jonik, B. Kellers, H.-G. Kunz, B. Ruoff, R. Schuermans, T. Tyl, L.Wahlmann, R. Zaiser, T. Zagotta: *„The Universal Measurement and Calibration Protocol Family, Part 3 XCP on USB – Transport Layer Specification“*, ASAM AE MCD 1 Standard, Version 1.0, 03.02.2004, kostenfrei verfügbar unter http://www.asam.net (03.10.2007)

[ASAM05] R. Schuermans, O. Kalweit, R. Zaiser, O. Kitt, A. Herkommer, A. Aberfeld, R. Motz, K. Wehefritz, H.-G. Kunz, H. Amsbeck, B. Kellers, T. Kirschbaum, M. Laichinger: *„The Universal Measurement and Calibration Protocol Family, Part 3 XCP on FlexRay – Transport Layer Specification"*, ASAM AE MCD 1 Standard, Version 1.0, 21.12.2005, kostenfrei verfügbar unter http://www.asam.net (03.10.2007)

[ASAM06] G. Dengel, Dr. J. Krammer, T. Barthel, J. Ruh, E. Schwaiger, Dr. R. Nossal, K. Oberhofer, R. Lucas, S. Kuttenkeuler, H. Quecke, C. Kricke: *„FIBEX – Field Bus Exchange Format"*, ASAM AE MCD 2 Standard, Version 2.0, 27.06.2006, kostenfrei verfügbar unter http://www.asam.net (03.10.2007)

[Aschen06] N. Aschenbrenner, Siemens AG: *„Der Charme der Hybriden"*, Pictures of the Future, Siemens AG, Frühjahr 2006

[ATZ06] E. Markus, H. Randoll, M. Knauer: *„Aktuelle Entwicklungen bei Motorsteuerungen"*, ATZ elektronik 1/2006

[Autosar] http://www.autosar.org (03.10.2007)

[BalZrt97] H. Balzert: *„Lehrbuch der Software-Technik"*, Band 2, Software-Management, Software-Qualitätssicherung und Unternehmensmodellierung, Spektrum Akademischer Verlag, 1. Auflage, 1997, ISBN 978-3827400659

[BalZrt00] H. Balzert: *„Lehrbuch der Software-Technik"*, Band 1, Software-Entwicklung, Spektrum Akademischer Verlag, 2. Auflage, 2000, ISBN 978-3827404800

[BasSch07] R. van Basshuysen, F. Schäfer: *„Handbuch Verbrennungsmotor"*, Vieweg, Wiesbaden, 4. Auflage, 2007, ISBN 978-3-8348-0227-9

[BasSpi07] R. van Basshuysen, U. Spicher: *„Ottomotoren mit Direkteinspritzung. Verfahren, Systeme, Entwicklungspotenzial"*, Vieweg, Wiesbaden, 1. Auflage, 2007, ISBN 978-3-8348-0202-6

[Beck00] K. Beck: *„eXtreme Programming Explained – Embrace Change"*, Addison-Wesley, Reading (MA), 1. Auflage, 2000

[Beck02] K. Beck: *„Test Driven Development"*, Addison-Wesley, 2002, ISBN 978-0321146533

[Beck04] K. Beck: *„eXtreme Programming Explained – Embrace Change"*, Addison-Wesley, Reading (MA), 2. Auflage, 2004

[BeeSch02] M. Beedle, K. Schwaber: *„Agile Software Development with Scrum"*, Prentice Hall, 2002, ISBN 978-0130676344

[Benz03] S. Benz: *„Eine Entwicklungsmethodik für sicherheitsrelevante Elektroniksysteme im Automobil"*, 15. Workshop „Testmethoden und Zuverlässigkeit von Schaltungen und Systemen", Timmendorfer Strand, 23.-25. März 2003

[Beuken36] D.L. Beuken: *„Wärmeverluste bei periodisch betriebenen Öfen"*, Dissertation Universität Freiburg, 1936

[BImSchV28] Bundesrepublik Deutschland: *„Achtundzwanzigste Verordnung zur Durchführung des Bundes-Immissionsschutzgesetzes (Verordnung über Emissionsgrenzwerte für Verbrennungsmotoren)"* vom 20. April 2004, BGBl I 614 (1423), zuletzt geändert durch die Verordnung vom 18. Mai 2005 (BGB. I 1404)

[Biroli03] A. Birolini: *„Reliability Engineering. Theory and Practice"*, Springer, 2003, ISBN 978-3540402879

[Black69] J. R.Black: *„Electromigration – A Brief Survey and some Recent Results"*, IEEE Transactions on Electronic Devices, April 1969, S. 338-347

[BltSIG] Homepage der Bluetooth Special Interest Group, http://www.bluetooth.com (15.07.2007)

[Boehm79] B. W. Boehm: *„Guidelines for Verifying and Validating Software Requirements and Design Specifications"*, Euro-IFIP 1979, Tagungsband erschienen bei North-Holland Publishing Company, 1979

[Boehm88] B. W. Boehm: *„The spiral model of software development and enhancement"*, Computer, Volume 21, Heft 5, 1988

[Boehm89] B. W. Boehm, R. Ross: *„Theory-W software project management principles and examples "*, IEEE Transactions on Software Engineering, Volume 15, Juli 1989

[Bosch91]Robert Bosch GmbH: *„CAN Specification"*, Version 2.0, Stuttgart, 1991, als PDF-Datei kostenlos erhältlich unter http://www.can.bosch.de

[Bosch96]Robert Bosch GmbH, Unternehmensbereich Blaupunkt: *„Mobile Communication Architecture MCNet Layer Definitions, Services and Protocols"*, Version 1.0, August 1996

[Bosch00]Robert Bosch GmbH: *„Data Sheet CG687"*, Stuttgart, 2000, als PDF-Datei kostenlos erhältlich unter http://www.semiconductors.bosch.de

[Bosch04S] Robert Bosch GmbH: *„Sicherheits- und Komfortsysteme"*, 3. Auflage, Vieweg, 2004, ISBN 3-528-13875-0

[Bosch04D] Robert Bosch GmbH: *„Dieselmotor-Management"*, 4. Auflage, Vieweg, 2004, ISBN 3-528-23873-9

[Bosch05] Robert Bosch GmbH: *„Ottomotor-Management"*, 3. Auflage, Vieweg, 2005, ISBN 978-3-8348-0037-4

[Bosch06-420] Robert Bosch GmbH: *„Product Information Smart Quad Switch – CJ406 / CJ420B"*, Reutlingen, 2006, als PDF-Datei kostenlos erhältlich unter http://www.semiconductors.bosch.de

[Bosch06-920] Robert Bosch GmbH: *„Product Information Motronic IC CJ920"*, Reutlingen, 2006, als PDF-Datei kostenlos erhältlich unter http://www.semiconductors.bosch.de

[Bosch07]Robert Bosch GmbH: *„Kraftfahrtechnisches Taschenbuch"*, 26. Auflage, Vieweg, 2007, ISBN 3-528-23876-3

[Bosch07E] Robert Bosch GmbH: *„Autoelektrik, Autoelektronik"*, 5. Auflage, Vieweg, 2007, ISBN 3-528-13872-6

[BraIij06] T. Brachmann, T. Iijima: *„The Integrated Motor Assist (IMA) Powertrain of the new Honda Civic Hybrid"*, Elektromobilausstellung Aschaffenburg, 2006

[BRD06] Bundesrepublik Deutschland: *V-Modell XT*, 2004, aktuelle Version 1.2, 1996, kostenfreier Download bei der IABG (Industrieanlagen-Betriebsgesellschaft) mbH unter http://v-modell.iabg.de

[BRD97] Bundesrepublik Deutschland: *„Entwicklungsstandard für IT-Systeme des Bundes"*, gegliedert in AU (allgemeiner Umdruck) 250: *„Vorgehensmodell"*, AU 251: *„Methodenzuordnung"*, AU 252 *„Funktionale Werkzeuganforderungen"*, 1997

[BunFab04] M. Bundschuh, A. Fabry: *„Aufwandschätzung von IT-Projekten"*, MITP-Verlag, April 2004, ISBN 978-3826608643

[CARB05] California Air Resources Board (CARB): *„Title 13, California Code Regulations, Section 1968.2, Malfunction and Diagnostic System Requirements for 2004 and Subsequent Model-Year Passenger Cars, Light-Duty Trucks, and Medium-Duty Vehicles and Engines (OBD II)"*, Entwurf der Überarbeitung vom 3. November 2005, kostenlos verfügbar unter http://www.arb.ca.gov

[Cckbrn01] Alistair Cockburn: *„Agile Software Development"*, Addison-Wesley, 2001, ISBN 978-0201699692

[ChaSch04] R. Chakirov, H.-P. Schöner: *„Aktiver Sidestick für Steer-by-Wire-Systeme"*, Automatisierungstechnische Praxis (atp), Heft 06/2004

[CiA DS102] CAN in Automation e.V.: *„CAN physical layer for industrial applications"*, Standard CiA DS102, V2.0, 2005

[Clarke05] J. Clarke: *„Universal High-Energy Electronic Ignition System "*, Silicon Chip, Hefte 207 und 2008, Dezember 2005 und Januar 2006

[CMMI] CMMI-Homepage, Carnegie Mellon University, Software Engineering Institute, http://www.sei.cmu.edu/cmmi (02.07.2007)

[CoLeDL99] P. Coad, E. Lefebvre, J. De Luca: *„Java Modeling in Color With UML: Enterprise Components and Process"*, Prentice Hall International, 1999, ISBN 0-13-011510-X

[CVS06] J. Berliner, D. Zuhn, J. Polk e.a.: *„Concurrent Versions Systems"* (CVS), Release 1-11-22, 2006, offizielle Homepage http://www.nongnu.org/cvs

[DARPA05] DARPA, Homepage zur „DARPA Grand Challenge", http://www.grandchallenge.org (03.10.2007)

[Deh03] U. Deh: *„Kfz-Klimaanlagen"*, Vogel, 2003, 2. Auflage, ISBN 3-802319494

[Destat06] Bundesrepublik Deutschland, Statistisches Bundesamt: „Verkehr in Deutschland 2006", Wiesbaden, September 2006, Broschüre im PDF-Format kostenlos erhältlich unter http://www.destat.de (03.10.2007)

[DIN8402] DIN, CEN ISO TC176: *„Quality management and quality assurance – Vocabulary"* , DIN EN ISO 8402 (abgelöst durch ISO9000ff.)

[DIN25419] DIN: *„Ereignisablaufanalyse; Verfahren, graphische Symbole und Auswertung"*, DIN 25419, 11/1985

[DIN25424-1] DIN: *„Fehlerbaumanalyse; Methode und Bildzeichen"*, DIN 25424, Teil 1, 09/1981

[DIN25424-2] DIN: *„Fehlerbaumanalyse; Handrechenverfahren zur Auswertung eines Fehlerbaumes"*, DIN 25424, Teil 2, 04/1990

[DIN40050-9] DIN: *„Straßenfahrzeuge; IP-Schutzarten; Schutz gegen Fremdkörper, Wasser und Berühren; Elektrische Ausrüstung"*, DIN 40050, Teil 9, 05/1993

[DIN40839-1] DIN: *„Elektromagnetische Verträglichkeit (EMV) in Straßenfahrzeugen; Leitungsgeführte impulsförmige Störgrößen auf Versorgungsleitungen in 12-V- und 24-V-Bordnetzen"*, DIN 40839-1, Teil 1, 10/1992

[DIN55012] DIN: *„Fahrzeuge, Boote und von Verbrennungsmotoren angetriebene Geräte – Funkstöreigenschaften – Grenzwerte und Messverfahren zum Schutz von Empfängern mit Ausnahme derer, die in den Fahrzeugen, Booten, Geräten selbst oder in benachbarten Fahrzeugen, Booten, Geräten installiert sind"*, DIN EN 55012, 12/2005

[DIN55025] DIN: *„Funk-Entstörung zum Schutz von Empfängern in Fahrzeugen, Booten und Geräten – Grenzwerte und Messverfahren"*, DIN EN 55025, 11/2007

[DIN55350-11] DIN: *„Begriffe zu Qualitätsmanagement und Statistik – Teil 11: Begriffe des Qualitätsmanagements"*, DIN 55350, Teil 11, 8/1995, im März 2007 abgelöst durch eine reduzierte und wesentlich veränderte Neufassung

[DIN57870] DIN, VDE (K767): *„Elektromagnetische Beeinflussung (EMB) – Begriffe"*, DIN 57870, Teil 1, 07/1984 (entspricht DIN VDE 0870)

[DIN57879] DIN, VDE (UK 767.14): *„Funk-Entstörung von Fahrzeugen, von Fahrzeugausrüstungen und von Verbrennungsmotoren; Eigen-Entstörung; Messungen an Fahrzeugausrüstungen"*, DIN 57879, Teil 3, 04/1981 (entspricht DIN VDE 0879, zurückgezogen)

[DIN60529] DKE/K212: *„Schutzarten durch Gehäuse (IP-Code)"*, IEC 60529:1989 + A1:1999); Deutsche Fassung DIN EN 60529:2000

[DIN61140] DIN: *„Schutz gegen elektrischen Schlag – Gemeinsame Anforderungen für Anlagen und Betriebsmittel"*, DIN EN 61140; VDE 0140-1:2007-03

[DIN61346-1] DIN: *„Industrielle Systeme, Anlagen und Ausrüstungen und Industrieprodukte – Strukturierungsprinzipien und Referenzkennzeichnung – Teil 1: Allgemeine Regeln"*, DIN EN 61346, Teil 1, 01/1997

[DIN61346-2] DIN: *„Industrielle Systeme, Anlagen und Ausrüstungen und Industrieprodukte – Strukturierungsprinzipien und Referenzkennzeichnung – Teil 2: Klassifizierung von Objekten und Kodierung von Klassen"*, DIN EN 61346, Teil 2, 12/2000

[DIN72552-1] DIN (FAKRA): *„Klemmenbezeichnungen in Kraftfahrzeugen; Zweck, Grundsätze, Anforderungen"*, DIN 72552, Teil 1, 03/1971

[DIN72552-2] DIN (FAKRA): *„Klemmenbezeichnungen in Kraftfahrzeugen; Bedeutungen"*, DIN 72552, Teil 2, 03/1971

[DIN72552-3] DIN (FAKRA): *„Klemmenbezeichnungen in Kraftfahrzeugen; Anwendungsbeispiele in Anschlußplänen"*, DIN7 2552, Teil 3, 03/1971

[DIN72552-4] DIN (FAKRA): *„Klemmenbezeichnungen in Kraftfahrzeugen; Übersicht"*, DIN 72552, Teil 4, 03/1971

[DIN72552-5] DIN (FAKRA): *„Klemmenbezeichnungen in Kraftfahrzeugen – Teil 5: System- und Funktionsbezeichnungen"*, 2004

[DSDM] Homepage DSDM Consortium, http://www.dsdm.org (03.10.2007)

[Eberlein06] R. Eberlein: *„Entwicklung eines Assistenzsystems zur Warnung des Fahrers bei Missachtung von Verkehrszeichen mit CAN-Anbindung von Aktoren"*, Diplomarbeit, FH Aschaffenburg, 2006

[ec2plus02] Homepage des EC++-Gremiums, http://www.caravan.net/ec2plus, 2002

[Elekto05] Elektor: *„OBD-2-Analyser, Zugriff auf die Fahrzeug"*, Bauanleitung Elektor, Juli/August 2005

[Elekto06] Elektor: *„Fahrzeug-Diagnose für unterwegs, OBD-2-Analyser"*, Bauanleitung Elektor, Mai 2006

[Elekto07] Elektor: *„Kompakter OBD-2-Analyser"*, Bauanleitung Elektor, Juni 2007

[Emadi05] A. Emadi: *„Handbook of Automotive Power Electronics and Motor Drives"*, CRC Press, Boca Raton (Florida), 2005, ISBN 0-8247-2361-9

[ETAS07] ETAS GmbH: Software *„ASCET"*, Version 5.2.1, Stuttgart, 2007

[Etschb02] K. Etschberger: *„Controller-Area-Network. Grundlagen, Protokolle, Bausteine, Anwendungen"*, Hanser, München, April 2002, ISBN 978-3446217768

[EU95] Europäische Union: *„Richtlinie der Kommission vom 31. Oktober 1995 zur Anpassung der Richtlinie 72/245/EWG des Rates zur Angleichung der Rechtsvorschriften der Mitgliedstaaten über die Funkentstörung von Kraftfahrzeugmotoren mit Fremdzündung an den technischen Fortschritt und zur Änderung der Richtlinie 70/156/EWG des Rates zur Angleichung der Rechtsvorschriften der Mitgliedstaaten über die Betriebserlaubnis von Kraftfahrzeugen und Kraftfahrzeuganhängern"*, 95/54/EG, Brüssel, 1995

[EU97] Europäische Union: *„Richtlinie des Europäischen Parlaments und des Rates vom 16. Dezember 1997 zur Angleichung der Rechtsvorschriften der Mitgliedstaaten über Maßnahmen zur Bekämpfung der Emission von gasförmigen Schadstoffen und luftverunreinigenden Partikeln aus Verbrennungsmotoren für mobile Maschinen und Geräte"*, 97/68/EG, Brüssel, 1997

[EU98] Europäische Union: *„Richtlinie des Europäischen Parlaments und des Rates vom 13. Oktober 1998 über Maßnahmen gegen die Verunreinigung der Luft durch Emissionen von Kraftfahrzeugen und zu Änderung der Richtlinie 70/220/EWG des Rates"*, 98/69/EG, Brüssel, 1998, umgangssprachlich als EOBD-Richtlinie bezeichnet

[EU00] Europäische Union: *„Richtlinie des Europäischen Parlaments und des Rates vom 18. September 2000 über Altfahrzeuge"*, 2000/53/EG, Brüssel, 2000

[EU02-95] Europäische Union: *„Richtlinie des Europäischen Parlaments und des Rates vom 27. Januar 2003 zur Beschränkung der Verwendung bestimmter gefährlicher Stoffe in Elektro- und Elektronikgeräten"*, 2002/95/EG, Brüssel, 2002

[EU02-96] Europäische Union: *„Richtlinie 2002/96/EG Europäischen Parlaments und des Rates vom 27. Januar2003 über Elektro- und Elektronik-Altgeräte"*, 2002/96/EG, Brüssel, 2002

[EU02-1400] Europäische Union: *„Verordnung (EG) Nr. 1400/2002 der Kommission vom 31. Juli 2002 über die Anwendung von Artikel 81 Absatz 3 des Vertrags auf Gruppen von vertikalen Vereinbarungen und aufeinander abgestimmten Verhaltensweisen im Kraftfahrzeugsektor"*, Brüssel, 2002 (in der Branche unter der Bezeichnung „Gruppenfreistellungsverordnung" bekannt)

[EU05] Europäische Union: *Richtlinie 2005/66/EG des Europäischen Parlaments und des Rates vom 26. Oktober 2005 über die Verwendung von Frontschutzsystemen an Fahrzeugen und zur Änderung der Richtlinie 70/156/EWG des Rates"*, 2005/66/EG, Brüssel, 2005

[Floyd05] T. L. Floyd: *„Digital Fundamentals"*, Prentice Hall, 2005, ISBN 978-0131972551

[Freescal04] Freescale Semiconductor, Inc.: „SPI Block Guide V04.01", Juli 2004, kostenloser Download unter http://www.freescale.com

[Fröhli01] A. W. Fröhlich: *„Mythos Projekt – Projekte gehören abgeschafft. Ein Plädoyer."*, Galileo Press, 2001, ISBN 978-3898421539

[GesMah07] Ralf Gessler, Thomas Mahr: *„Hardware-Software-Codesign"*, Vieweg, 2007, ISBN 978-3-834-80048-0

[GevGrü06] H.-J. Gevatter, U. Grünhaupt (Hrsg.): *„Handbuch der Mess- und Automatisierungstechnik im Automobil"*, Springer, 2006, ISBN 978-3-540-21205-8

[GonschSing92] Karl Heinz Gonschorek, Hermann Singer (Hrsg.): *„Elektromagnetische Verträglichkeit – Grundlagen, Analysen, Maßnahmen"*, Teubner, 1992

[GYMPLR06] D. Guyomar, K. Yuse, Th. Monnier, L. Petit, E. Lefeuvre, C. Richard: *„Semi-passive Vibration Control: Principle and Applications"*, Annals of the University of Craiova, Electrical Engineering series, No. 30, 2006

[HeiErs07] Bernd Heißing, Metin Ersoy: *„Fahrwerkhandbuch"*, Vieweg, Wiesbaden, 2007, ISBN 978-3834801050

[Herborn] Homepage über das LKW-Unglück von Herborn am 7. Juli 1987, http://herborn1987.de (03.07.2007)

[Hertzb01] A. Hertzberg: *„Betriebsstrategien für einen Ottomotor mit Direkteinspritzung und NOx-Speicher-Katalysator"*, Dissertation, Universität Karlsruhe, 2001

[Heumann89] Klemens Heumann: *„Grundlagen der Leistungselektronik"*, Teubner, 1989, ISBN 3-519-06110-4

[Highsm00] J. A. Highsmith: *„Adaptive software development: a collaborative approach to managing complex systems"*, Dorset House, New York, 2000, ISBN 0-932633-40-4

[HIS] Herstellerinitiative Software, http://www.automotive-his.de (30.06.2007)

[Hnatek03] E. R. Hnatek: *„Practical Reliability of Electronic Equipment"*, Marcel Dekker, Inc., 2003

[Hoffm04] J. Hoffmann: *„Taschenbuch der Messtechnik "*, Fachbuchverlag Leipzig, 4. Auflage 2004, ISBN 978-3446219779

[Hoyle00] D. Hoyle: *„Automotive Quality Systems Handbook"*, Butterworth-Heinemann Ltd., Oxford, 2000

[IEC61508] IEC: *„Functional safety of E/E/PE safety-related systems",* Standards IEC61508-1:1998, -2:2000, -3:1998, -4:1998, -5:1998, -6:2000, -7:2000

[IEC61691-1] IEC: *„Behavioural languages – Part 1-1: VHDL language reference manual",* IEC61691-1:2004

[IEC61709] IEC: *„Electronic components – Reliability – Reference conditions for failure rates and stress models for conversion",* IEC61709:1996

[IEEESp05] IEEE Spectrum: *„Who killed the Virtual Case File?"*, Ausgabe September 2005

[IEEE802.11p] IEEE 802.11 Working Group, Standard für mobile WLAN (noch nicht veröffentlicht)

[IEEE1149.1] IEEE Computer Society: *„IEEE standard test access port and boundary-scan architecture"*, IEEE1149.1: 2001, ISBN 0-7381-2944-5

[IEEE1394] IEEE p1394 Working Group: *„High Performance Serial Bus"*, IEEE1394:1995, ISBN 0-7381-1203-8, später ergänzt durch IEEE Std. 1394a:2000 und IEEE Std. 1394b:2002

[IEEE1609.1-4] IEEE Trial-Use Standard for Wireless Access in Vehicular Environments (WAVE), 2006, 2007

[Infineon03] Infineon AG: *„C167CR Derivatives, User's Manual"*, V3.2, Mai 2003, als PDF-Datei kostenlos erhältlich unter http://www.infineon.com

[IR04] International Rectifier: *„IR2117(S)/IR2118(S) & (PbF) Single Channel Driver"*, Data Sheet No. PD60146 Rev N, 2004

[Isermn06] R. Isermann (Hrsg.): *„Fahrdynamik-Regelung"*, Vieweg, Wiesbaden, 2006, ISBN 978-3-8348-0109-8

[ISO3888-2] ISO, TC22, SC9: *„Passenger cars – Test track for a severe lane-change manoeuvre – Part 2: Obstacle avoidance"*, ISO 3888-2:2002

[ISO6722] ISO, TC22, SC3: *„Road vehicles – 60 V and 600 V single-core cables – Dimensions, test methods and requirements"*, ISO 6722:2006

[ISO7498] ISO, ANSI JTC1: *„Information technology – Open Systems Interconnection – Basic Reference Model: The Basic Model"*, ISO/IEC 7498-1:1994

[ISO7637-1] ISO, TC22, SC3: *„Road vehicles – Electrical disturbances from conduction and coupling – Part 1: Definitions and general considerations"*, ISO 7637-1:2002

[ISO7637-2] ISO, TC22, SC3: *„Road vehicles – Electrical disturbances from conduction and coupling – Part 2: Electrical transient conduction along supply lines only"*, ISO 7637-2:2004

[ISO7637-3] ISO, TC22, SC3: *„Road vehicles – Electrical disturbance by conduction and coupling – Part 3: Vehicles with nominal 12 V or 24 V supply voltage – Electrical transient transmission by capacitive and inductive coupling via lines other than supply lines"*, ISO 7637-3:1995

[ISO7736] ISO, TC22: *„Road vehicles – Car radio for front installation – Installation space including connections"*, ISO 7736:1984

[ISO8402] ISO: *„Quality management and quality assurance – Vocabulary"*, ISO 8402:1994, wurde nach inhaltlicher Aufnahme in die ISO 9000:2005 zurückgezogen.

[ISO9000] ISO, TC176, SC1: *„Quality management systems – Fundamentals and vocabulary"*, ISO 9000:2005

[ISO9001] ISO, TC176, SC1: *„Quality management systems – Requirements"*, ISO 9001:2000

[ISO9004] ISO, TC176, SC2: *„Quality management systems – Guidelines for performance improvements"*, ISO 9004:2000

[ISO9126-1] ISO, IEC (JTC1, SC7): *„Software engineering – Product quality – Part 1: Quality model"*, ISO/IEC 9126-1:2001

[ISO9141] ISO, TC22: *„Road vehicles – Diagnostic systems – Requirements for interchange of digital information"*, ISO 9141:1989

[ISO9141-2] ISO, TC22: *„Road vehicles – Diagnostic systems – Part 2: CARB requirements for interchange of digital information"*, ISO 9141-2:1994 (+Amd1:1996)

[ISO9141-3] ISO, TC22: *„Road vehicles – Diagnostic systems – Part 3: Verification of the communication between vehicle and OBD II scan tool"*, ISO 9141-3:1998 (+Amd1:1996)

[ISO10605] ISO, ANSI JTC1: *„Road vehicles – Test methods for electrical disturbances from electrostatic discharge"*, ISO 10605:2001

[ISO11451-1] ISO, TC22, SC3: *„Road vehicles – Vehicle test methods for electrical disturbances from narrowband radiated electromagnetic energy – Part 1: General principles and terminology"*, ISO 11451-1:2005

[ISO11451-2] ISO, TC22, SC3: *„Road vehicles – Vehicle test methods for electrical disturbances from narrowband radiated electromagnetic energy – Part 2: Off-vehicle radiation sources"*, ISO 11451-2:2005

[ISO11451-3] ISO, TC22, SC3: *„Road vehicles – Vehicle test methods for electrical disturbances from narrowband radiated electromagnetic energy – Part 3: On-board transmitter simulation"*, ISO 11451-3:1994

[ISO11451-4] ISO, TC22, SC3: *„Road vehicles – Electrical disturbances by narrowband radiated electromagnetic energy – Vehicle test methods – Part 4: Bulk current injection (BCI)"*, ISO 11451-4:1995

[ISO11452-1] ISO, TC22, SC3: *„Road vehicles – Component test methods for electrical disturbances from narrowband radiated electromagnetic energy – Part 1: General principles and terminology"*, ISO 11452-1:2005

[ISO11452-2] ISO, TC22, SC3: *„Road vehicles – Component test methods for electrical disturbances from narrowband radiated electromagnetic energy – Part 2: Absorber-lined shielded enclosure"*, ISO 11452-2:2004

[ISO11452-3] ISO, TC22, SC3: *„Road vehicles – Component test methods for electrical disturbances from narrowband radiated electromagnetic energy – Part 3: Transverse electromagnetic mode (TEM) cell"*, ISO 11452-3:2001

[ISO11452-4] ISO, TC22, SC3: *„Road vehicles – Component test methods for electrical disturbances from narrowband radiated electromagnetic energy – Part 4: Bulk current injection (BCI)"*, ISO 11452-4:2005

[ISO11452-5] ISO, TC22, SC3: *„Road vehicles – Component test methods for electrical disturbances from narrowband radiated electromagnetic energy – Part 5: Stripline"*, Standard ISO 11452-5:2002

[ISO11452-7] ISO, TC22, SC3: *„Road vehicles – Component test methods for electrical disturbances from narrowband radiated electromagnetic energy – Part 7: Direct radio frequency (RF) power injection"*, ISO 11452-7:2003

[ISO11452-8] ISO, TC22, SC3: *„Road vehicles – Component test methods for electrical disturbances from narrowband radiated electromagnetic energy – Part 8: Immunity to magnetic fields"*, ISO/PRF 11452-8

[ISO11452-9] ISO, TC22, SC3: *„Road vehicles – Component test methods for electrical disturbances from narrowband radiated electromagnetic energy – Part 8: Portable transmitters"*, ISO/CD 11452-9

[ISO11452-10] ISO, TC22, SC3: *„ Road vehicles – Component test methods for electrical disturbances from narrowband radiated electromagnetic energy – Part 10: Conducted immunity in the extended audio frequency range"*, ISO/DIS 11452-10

[ISO11898-1] ISO TC22, SC3: *„Road Vehicles – Controller area network (CAN) – Part 1: Data link layer and physical signalling"*, ISO/IEC 11898-1:2003

[ISO11898-2] ISO, TC22, SC3: *„Road Vehicles – Controller area network (CAN) – Part 2: High-speed medium access unit"*, ISO/IEC 11898-2:2003

[ISO11898-3] ISO, TC22, SC3: „*Road Vehicles – Controller area network (CAN) – Part 3: Low-speed, fault-tolerant, medium-dependent interface*“, ISO/IEC 11898-3 (in Arbeit, soll ISO 11519-2:1994 ablösen)

[ISO14229] ISO, TC22, SC3: „*Road vehicles – Diagnostic systems – Diagnostic services specification*“, ISO 14229:1998

[ISO14230-1] ISO, TC22, SC3: „*Road vehicles – Diagnostic systems – Keyword Protocol 2000 – Part 1: Physical layer*“, ISO 14230-1:1999

[ISO14230-2] ISO, TC22, SC3: „*Road vehicles – Diagnostic systems – Keyword Protocol 2000 – Part 2: Data link layer*“, ISO 14230-2:1999

[ISO14230-3] ISO, TC22, SC3: „*Road vehicles – Diagnostic systems – Keyword Protocol 2000 – Part 3: Application layer*“, ISO 14230-3:1999

[ISO14230-4] ISO, TC22, SC3: „*Road vehicles – Diagnostic systems – Keyword Protocol 2000 – Part 4: Requirements for emission-related systems*“, ISO 14230-4:2000

[ISO14822-1] ISO, TC204: „*Traffic and Travel Information – General specifications for medium-range pre-information via dedicated short-range communication – Part 1: Downlink*“, ISO/TS 14822-1:2006

[ISO14907-1] ISO, TC204: „*Road transport and traffic telematics – Electronic fee collection – Test procedures for user and fixed equipment – Part 1: Description of test procedures*“, ISO/TS 14907-1:2005

[ISO14907-2] ISO, TC204: „*Road transport and traffic telematics – Electronic fee collection – Test procedures for user and fixed equipment – Part 2: Conformance test for the onboard unit application interface*“, ISO/TS 14907-2:2006

[ISO15031-1] ISO, TC22, SC3: „*Road vehicles – Communication between vehicle and external equipment for emissions-related diagnostics – Part 1: General information*“, ISO 15031-1:2001

[ISO15031-2] ISO, TC22, SC3: „*Road vehicles – Communication between vehicle and external equipment for emissions-related diagnostics – Part 2: Terms, definitions, abbreviations and acronyms*“, ISO/TR 15031-2:2004

[ISO15031-3] ISO, TC22, SC3: „*Road vehicles – Communication between vehicle and external equipment for emissions-related diagnostics – Part 3: Diagnostic connector and related electrical circuits, specification and use*“, ISO 15031-3:2004

[ISO15031-4] ISO, TC22, SC3: „*Road vehicles – Communication between vehicle and external equipment for emissions-related diagnostics – Part 4: External test equipment*“, ISO 15031-4:2005

[ISO15031-5] ISO, TC22, SC3: „*Road vehicles – Communication between vehicle and external equipment for emissions-related diagnostics – Part 5: Emissions-related diagnostic services*“, ISO 15031-5:2006

[ISO15031-6] ISO, TC22, SC3: „*Road vehicles – Communication between vehicle and external equipment for emissions-related diagnostics – Part 6: Diagnostic trouble code definitions*“, ISO 15031-6:2005

[ISO15031-7] ISO, TC22, SC3: „*Road vehicles – Communication between vehicle and external equipment for emissions-related diagnostics – Part 7: Data link security*“, ISO 15031-7:2001

[ISO15504-1] ISO/IEC, JTC1, SC7: „*Information technology – Process assessment – Part 1: Concepts and vocabulary*“, ISO/IEC 15504-1:2004

[ISO15504-2] ISO/IEC, JTC1, SC7: „*Information technology – Process assessment – Part 2: Performing an assessment*“, ISO/IEC 15504-2:2003/Cor 1:2004

[ISO15504-3] ISO/IEC, JTC1, SC7: „*Information technology – Process assessment – Part 3: Guidance on performing an assessment*“, ISO/IEC 15504-3:2004

[ISO15504-4] ISO/IEC, JTC1, SC7: „*Information technology – Process assessment – Part 4: Guidance on use for process improvement and process capability determination*“, ISO/IEC 15504-4:2004

[ISO15504-5] ISO/IEC, JTC1, SC7: „*Information technology – Process assessment – Part 5: An exemplar Process Assessment Model*“, ISO/IEC 15504-5:2006

[ISO15764] ISO, TC22, SC3: „*Road vehicles – Extended data link security*“, ISO 15764:2004

[ISO15765-1] ISO, TC22, SC3: „*Road vehicles – Diagnostics on Controller Area Networks (CAN) – Part 1: General information*“, ISO 15765-1:2004

[ISO15765-2] ISO, TC22, SC3: „*Road vehicles – Diagnostics on Controller Area Networks (CAN) – Part 2: Network layer services*“, ISO 15765-2:2004

[ISO15765-3] ISO, TC22, SC3: „*Road vehicles – Diagnostics on Controller Area Networks (CAN) – Part 3: Implementation of unified diagnostic services (UDS on CAN)*“, ISO 15765-3:2004

[ISO15765-4] ISO, TC22, SC3: „*Road vehicles – Diagnostics on Controller Area Networks (CAN) – Part 4: Requirements for emissions-related systems*“, ISO 15765-4:2005

[ISO16750-2] ISO, TC22, SC3: „*Environmental conditions and testing for electrical and electronic equipment – Part 2: Electrical loads*“, ISO 16750-2:2006

[ISO16750-3] ISO, TC22, SC3: „*Environmental conditions and testing for electrical and electronic equipment – Part 3: Mechanical loads*“, ISO 16750-3:2007

[ISO16750-4] ISO, TC22, SC3: „*Road vehicles – Environmental conditions and testing for electrical and electronic equipment – Part 4: Climatic loads*“, ISO/IEC 16750-4:2006

[ISO16750-5] ISO, TC22, SC3: „*Road vehicles – Environmental conditions and testing for electrical and electronic equipment – Part 5: Chemical loads*“, ISO/IEC 16750-5:2003

[ISO16949] ISO, TC176: „*Quality management systems – Particular requirements for the application of ISO 9001:2000 for automotive production and relevant service part organizations*“, ISO/TS 16949:2002

[ISO17356] ISO, TC22, SC3: „*Road vehicles – Open interface for embedded automotive applications*“ ISO 17356-1:2005, ISO 17356-2:2005, ISO 17356-3:2005, ISO 17356-4:2005, ISO 17356-5:2006, ISO 17356-6:2006,

[ISO17573] ISO, TC204: „*Road Transport and Traffic Telematics – Electronic Fee Collection (EFC) – Systems architecture for vehicle related transport services*“, ISO/TS 17573:2003

[ISO19011] ISO, TC176, SC3: „*Guidelines for quality and/or environmental management systems auditing*“, ISO 19011:2002

[ISO22896] ISO, TC22, SC3: „*Road vehicles – Deployment and sensor bus for occupant safety systems*“, ISO 22896:2006

[ISO22900] ISO, TC22, SC3: *„ Road vehicles – Modular vehicle communication interface (MVCI)"*, ISO/FDIS 22900-1 (09/2007): *Hardware design requirements*, ISO/DIS 22900-2 (03/2007): *Diagnostic protocol data unit application programmer interface (D-PDU API)* und ISO/NP 22900-3 (09/2007): *Diagnostic server application programming interface (D-Server API)*

[J1850] Society of Automotive Engineers: *„Class B Data Communications Network Interface"*, SAE J1850, 2006

[J1939-21] Society of Automotive Engineers: *„Data Link Layer"*, SAE J1939-21, 1998

[J1939-31] Society of Automotive Engineers: *„Network Layer"*, SAE J1939-31, 2004

[J1939-71] Society of Automotive Engineers: *„Vehicle Application Layer"*, SAE J1939-71, 2006

[J1939-73] Society of Automotive Engineers: *„Application Layer – Diagnostics"*, SAE J1939-73, 2006

[J2012] Society of Automotive Engineers: *„Diagnostic Trouble Code Definitions Equivalent to ISO/DIS 15031-6:2002, April 30, 2002"*, SAE J2012, 2002

[J2411] Society of Automotive Engineers: *„Single Wire Can Network for Vehicle Applications"*, SAE J2411, 2000

[KAFSCD05] J. Knighten, B. Archambeault, J. Fan, G. Selli, S. Connor, J. Drewniak: *„PDN Design Strategies: I. Ceramic SMT Decoupling Capacitors – What Values Should I Choose?"*, IEEE EMC Society Newsletter 207, Herbst 2005

[KAFSXC06] J. Knighten, B. Archambeault, J. Fan, G. Selli, L. Xue, S. Connor, J. Drewniak: *„PDN Design Strategies: II. Ceramic SMT Decoupling Capacitors – Does Location Matter?"*, IEEE EMC Society Newsletter 208, Winter 2006

[KAFSXD06] J. Knighten, B. Archambeault, J. Fan, G. Selli, L. Xue, S. Connor, J. Drewniak: *„PDN Design Strategies: III. Planes and Materials – Are They Important Factors in Power Bus Design?"*, IEEE EMC Society Newsletter 210, Sommer 2006

[Kecher06] Chr. Kecher: *„UML 2.0 Das umfassende Handbuch"*, Galileo Press, 2. Auflage, Mai 2006, ISBN 978-3898427388

[KEQSFK03] E. Kallenbach, R. Eick, P. Quendt, T. Ströhla, K. Feindt, M. Kallenbach: *„Elektromagnete"*, Teubner, Wiesbaden, 2. Auflage, 2003, ISBN 3-519-16163-X

[Kiehn00] H.A. Kiehne und 11 Mitautoren: *„Batterien"*, Expert-Verlag, Renningen, 2000, ISBN 3-8169-1469-1

[Kilgen92] O. Kilgenstein: *„Schaltnetzteile in der Praxis"*, Vogel-Verlag, Würzburg, 1992, ISBN 3-8023-1436-0

[Kramer06] F. Kramer: *„Passive Sicherheit von Kraftfahrzeugen"*, Vieweg, Wiesbaden, 1996

[KRLPRSS97] H. Kuisma, T. Ryhänen, J. Lahdenperä, E. Punkka, S. Ruotsalainen, T. Sillanpää, H. Seppä *„A Bulk micromachined Silicon Angular Rate Sensor"*, Transducers '97, Chicago 1997

[Künne04] B. Künne. *„Köhler/Rögnitz Maschinenteile 2"*, Teubner, Wiesbaden, April 2004, ISBN 3-519-16342-X

[KweKok03] Y.-J. Kweon, K. M. Kockelman: *„Overall injury risk to different drivers: combining exposure, frequency, and severity models. Accident Analysis and Prevention 35“*, S. 441-450, 2003.

[LechNau94] G. Lechner, H. Naunheimer: *„Fahrzeuggetriebe“*, Springer, Heidelberg, 1994, ISBN 3-540-57423-9

[Ligges02] Peter Liggesmeyer: *„Software-Qualität“*, Spektrum, 2002, ISBN 3-8274-1118-1

[LIN2006] Lin Consortium: *„LIN Specification Package“*, Revision 2.1, November 2006

[Lohr89] in Anlehnung an eine Grafik von F. W. Lohr: *„Marktorientierte Kraftfahrzeugentwicklung“*, 2. Aachener Kolloquium "Fahrzeug- und Motorentechnik", 1989, S. 1-18

[LutWen05], H. Lutz, W. Wendt, *„Taschenbuch der Regelungstechnik“*, Verlag Harri Deutsch, 2005, ISBN 978-3817117499

[Mans04] W. Mansfeld: „Satellitenortung und Navigation“, Vieweg, 2004, ISBN 3-528-16886-2

[MathW07] MathWorks Inc.: *„Simulink“*, Version 7.0, South Natick, USA, 2007

[ME02] P. Freudenberger: *„Blitzschlag legt im Stadtteil Nilkheim Fernseher, Computer, Radiogeräte, Garagentore und Autos lahm“*, Artikel im Main-Echo, Ausgabe vom 22.06.2002

[MeScSO04] G. P. Merker, Chr. Schwarz, G. Stiesch, F. Otto: *„Verbrennungsmotoren, Simulation der Verbrennung und Schadstoffbildung“*, Teubner, Wiesbaden, 2004, ISBN 3-519-16382-9

[Mesch06] D. Meschede: *„Gerthsen Physik“*, 23. Aufl., Springer, Heidelberg, 2006, ISBN 3-540-25421-8

[Mesche06] Ulrich Mescheder: *„Mikrosystemtechnik, Konzepte und Anwendungen“*, 2. Aufl., Teubner, Wiesbaden, 2006, ISBN 978-3519162568

[Mies94] J. Mies: *„Flugnavigation“*, Motorbuch-Verlag, 1994, ISBN 361301632X

[MISRA94] The Motor Industry Software Reliability Association: *„Development Guidelines for Vehicle Based Software“*, ISBN 0-952-41560-7, November 1994

[MISRA04] The Motor Industry Software Reliability Association: *„Guidelines for the Use of the C Language in Critical Systems“*, ISBN 0-952-41562-3 (Buch), ISBN 0-952-41564-X (PDF), Oktober 2004.

[MOST07] http://www.mostnet.org (08.05.2007)

[MSC05] MSC Software Corporation: *„Easy5“*, Version 8.0.6, Santa Ana, USA, 2005

[MüHöDZ07] Hörmann, Dittmann, Hindel, Müller: *„Automotive SPICE™ in der Praxis“*, dpunkt-Verlag, 2007, ISBN 978-3-89864-469-3

[OBD2] http://www.obd-2.de (05.10.2007)

[Ohno95] T. Ohno: *„Toyota Production System: Beyond Large-scale Production“*, B&T, 1995, ISBN 978-0915299140

[OSEKCO] OSEK/VDX: *„Communication“,* Spezifikation Version 3.0.3, 20.07.2004, erhältlich unter http://www.osek-vdx.org (05.10.2007)

[OSEKFT] OSEK/VDX: *„Fault Tolerant Communication“,* Spezifikation Version 1.0, 24.07.2001, erhältlich unter http://www.osek-vdx.org (05.10.2007)

[OSEKNM] OSEK/VDX: *„Network Management“,* Spezifikation Version 2.5.3, 26.07.2004, erhältlich unter http://www.osek-vdx.org (05.10.2007)

[OSEKOI] OSEK/VDX: *„System Generation, OIL: OSEK Implementation Language“,* Spezifikation Version 2.5, 01.07.2004, erhältlich unter http://www.osek-vdx.org (05.10.2007)

[OSEKOR] OSEK/VDX: *„OSEK Run Time Interface (ORTI)“,* Teile A und B, Spezifikation Version 2.2, 14/25.11.2005, erhältlich unter http://www.osek-vdx.org (05.10.2007)

[OSEKOS] OSEK/VDX: *„Operating System“,* Spezifikation Version 2.2.3, 17.02.2005, erhältlich unter http://www.osek-vdx.org (05.10.2007)

[OSEKTT] OSEK/VDX: *„Time-Triggered Operating System“,* Spezifikation Version 1.0, 24.07.2001, erhältlich unter http://www.osek-vdx.org (05.10.2007)

[PLM] http://www.plmportal.de (27.08.2007)

[PolKop05] W. Polifke, J. Kopitz: *„Wärmeübertragung“*, Pearson Studium, Januar 1995, ISBN 978-3827371041

[PopPop06] M. Poppendieck, T. Poppendieck: *„Implementing Lean Software Development“*, Addison-Wesley, 2006, ISBN 978-0321437389

[PraSof07] *„UMLStudio“,* PragSoft Corporation, Newark (DE), USA, Version 8.0, Build 823, 24. August 2007, ohne Lizenzschlüssel im Demo-Modus verwendbar, Download unter http://www.pragsoft.com

[PreKön03] H. Presting, U. König: *„Future nanotechnology developments for automotive applications“*, online verfügbar unter http://www.sciencedirect.com (06.06.2007)

[ProdHaftG] Bundesrepublik Deutschland: *„Gesetz über die Haftung für fehlerhafte Produkte (Produkthaftungsgesetz)“*, vom 15.12.89 (BGBl I 89,2198), zuletzt geändert durch Art.9 Abs.3 des 2.Gesetzes zur Änderung schadensersatzrechtlicher Vorschriften vom 19.07.02 (BGBl I 02,2674)

[PSI5] Internetseiten der PSI5-Organisation mit kostenlos verfügbarer Spezifikation, http://www.psi5.org

[Ration] Homepage Rational, http://www.ibm.com/rational (06.02.2007)

[RCS05] W. Tichy e. a.: *„Revision Control System“* (RCS), Release 5.7, 2005, offizielle Homepage: http://www.cs.purdue.edu/homes/trinkle/RCS

[Reif07] K. Reif: *„Automobilelektronik“*, Vieweg, 2007, ISBN 978-3834802972

[Reisch07] M. Reisch: *„Elektronische Bauelemente“*, Springer, Berlin, 2007, ISBN 978-3-540-34014-0

[Riet92] T. Rietveld: *„Decca, Radar und Satellitennavigation“*, Delius-Klasing, 1992, ISBN 3874121097

[Royce70] W. W. Royce: *„Managing the Development of Large Software Systems“*, Proceedings IEEE Wescon, August 1970

[Rupp06] Chris Rupp: *„Requirements-Engineering und -Management. Professionelle, iterative Anforderungsanalyse für die Praxis“*, Hanser, 4. Auflage, 2006, ISBN 978-3446405097

[Schäff07] F. Schäffer: *„Fahrzeugdiagnose mit EOBD“*, Elektor-Verlag, 2007, ISBN 978-3-89576-173-7

[Schaum92] Hanno Schaumburg: *„Werkstoffe und Bauelemente der Elektrotechnik, Bd.3, Sensoren“*, Teubner, 1992, ISBN 978-3519061250

[Scheel99] W. Scheel: *„Baugruppentechnologie der Elektronik, Montage“*, Verlag Technik, Berlin, 1999, ISBN 978-3341012345

[Schlie07] U. Schlienz: *„Schaltnetzteile und ihre Peripherie. Dimensionierung, Einsatz, EMV (Vieweg Praxiswissen)“*, Vieweg, Wiesbaden, 3. Auflage, 2007

[SeeGud00] J. Seemann, J. Fr. Wolff v. Gudenberg: *„Softwareentwurf mit UML“*, Springer, 2000, ISBN 3-540-64103-3

[Simonyi56] K. Simonyi, H. Theil: *„Theoretische Elektrotechnik“*, Deutscher Verlag der Wissenschaften, 1956, ISBN B0000BNZ04

[Staab06] S. Staab: *„Entwicklung und Erprobung einer WLAN-basierten Datenübertragung von Verkehrszeichen zu Fahrzeugen“*, Diplomarbeit, FH Aschaffenburg, 2006

[Standi07] Standish Group: *„Chaos 2007 Research Results“*, http://www.standishgroup.com

[StGB] Deutsches Reich, Bundesrepublik Deutschland: *„Strafgesetzbuch“* vom 15. Mai 1871 (RGBl 1871, 127), neu gefasst durch Bek. v. 13.11.1998 (BGBl I 3322); zuletzt geändert durch Art. 168 G v. 19.4.2006 (BGBl I 866)

[StVG] Deutsches Reich, Bundesrepublik Deutschland: *„Straßenverkehrsgesetz“* vom 3. Mai 1909 (RGBl 1909, 437), neu gefasst durch Bek. v. 05.03.2003 (BGBl I 1458); zuletzt geändert durch Art. 12 G v. 20.07.2006 (BGBl I 1706)

[StVO] Deutsches Reich, Bundesrepublik Deutschland: *„Straßenverkehrsordnung“* vom 16. November 1970 (BGBl 1970, 1565), zuletzt geändert durch Art. 1 und 2 Verordnung v. 11.05.2006 (BGBl I 1160)

[StVZO] Deutsches Reich, Bundesrepublik Deutschland: *„Straßenverkehrs-Zulassungs-Ordnung“* vom 13. November 1937 (RGBl 1937, 1215), neu gefasst durch Bek. v. 28.09.1988 (BGBl I 1793); zuletzt geändert durch V v. 24.05.2007 (BGBl I 893)

[TAN03] A.S. Tanenbaum: *„Computernetzwerke“*, Pearson Studium, 4. Auflage, 2003, ISBN 3-8273-7046-9

[Telelo07] Telelogic: *„Doors“, http://www.telelogic.de (14.08.2007)*

[Tewari02] A. Tewari: *„Modern Control Design with MATLAB and SIMULINK“*, J. Wiley & Sons, Chichester, 1. Auflage, 2002, ISBN 978-0471496793

[Thallr02] Georg E. Thaller: *„Software-Test“*, Heise, 2002, ISBN 3-88229-198-2

[TieSch02] U. Tietze, Ch. Schenk: *„Halbleiter-Schaltungstechnik“*, Springer, 12. Auflage, 2002, ISBN 3-540-42849-6

[TPEG] Homepage der Transport Protocol Experts Group, http://www.tpeg.org (12.03.2007)

[TTPTUW] TU Wien, Real Time Systems Group, Internetseiten über TTP/C und TTP/A, http://www.vmars.tuwien.ac.at/projects/ttp/ttpmain.html

[Unger96] H.-G. Unger: *„Elektromagnetische Wellen auf Leitungen"*, Hüthig, Heidelberg, 4. Auflage, 1996

[UnMaKa90] J. Unruh, H. J. Mathony, K. H. Kaiser: *„Error Detection Analysis of Automotive Communication Protocols"*, SAE International Congress, Detroit, 1990

[USC] University of Southern California, Los Angeles, Center for Systems and Software Engineering, http://csse.usc.edu/research/cocomosuite (26.03.2007)

[vBurg98] P. von Burg: *„Moderne Schwungmassenspeicher – eine alte Technik in neuen Aufschwung"*, VDI-GET Fachtagung Energiespeicherung für elektrische Netze, 10/11. November 98, Gelsenkirchen

[VDI-N06] K. Spilok: *„Noch kleiner, noch gemeiner?"*, Artikel in den VDI-Nachrichten vom 18. August 2006

[VW05] Homepage des Volkswagen Auto-Museums, http://automuseum.volkswagen.de (12.03.2007)

[WalRei06] H. Wallentowitz, K. Reif: *„Handbuch Kraftfahrzeugelektronik. Grundlagen, Komponenten, Systeme, Anwendungen"*, Vieweg, Wiesbaden, 1. Auflage 2006, ISBN 3-528-03971-X

[WikiP] diverse Autoren: *„Prellen"*, Artikel in Wikipedia, Version vom 24.09.2007, http://de.wikipedia.org/wiki/Prellen

[WikiQ] diverse Autoren: *„Quality function deployment"*, Artikel in Wikipedia, Version vom 01.10.2007, http://en.wikipedia.org/wiki/Quality_function_deployment

[Willum98] H.-P. Willumeit: *„Modelle und Modellierungsverfahren in der Fahrzeugdynamik"*, Teubner, Stuttgart, 1998, ISBN 3-519032457

[WoRoLi05] H. Wolf, S. Roock, M. Lippert: *„eXtreme Programming, Eine Einführung mit Empfehlungen und Erfahrungen aus der Praxis"*, dpunkt.verlag, Heidelberg, 2005, ISBN 3-89864-339-5

[XBreed] http://www.xbreed.net (07.02.2007)

[XuRHBR] Z. Xu, R. Schwarte, H. Heinol, B. Buxbaum, T. Ringbeck: *„Smart pixel – photonic mixer device (PMD)"*, verfügbar unter http://www.pmdtec.com (06.06.2007)

[ZimSch07] W. Zimmermann, R. Schmidgal: *„Bussysteme in der Fahrzeugtechnik, Protokolle und Standards"*, Vieweg, Wiesbaden, 2. Auflage, 2007, ISBN 978-3834802354

[Zollon06] H.-D. Zollondz: *„Grundlagen Qualitätsmanagement. Einführung in Geschichte, Begriffe, Systeme und Konzepte"*, Oldenbourg, 2. Aufl., ISBN 978-3486579642

Sachwortverzeichnis

S